イラストで徹底理解する
シグナル伝達キーワード事典

編集／山本 雅, 仙波憲太郎, 山梨裕司

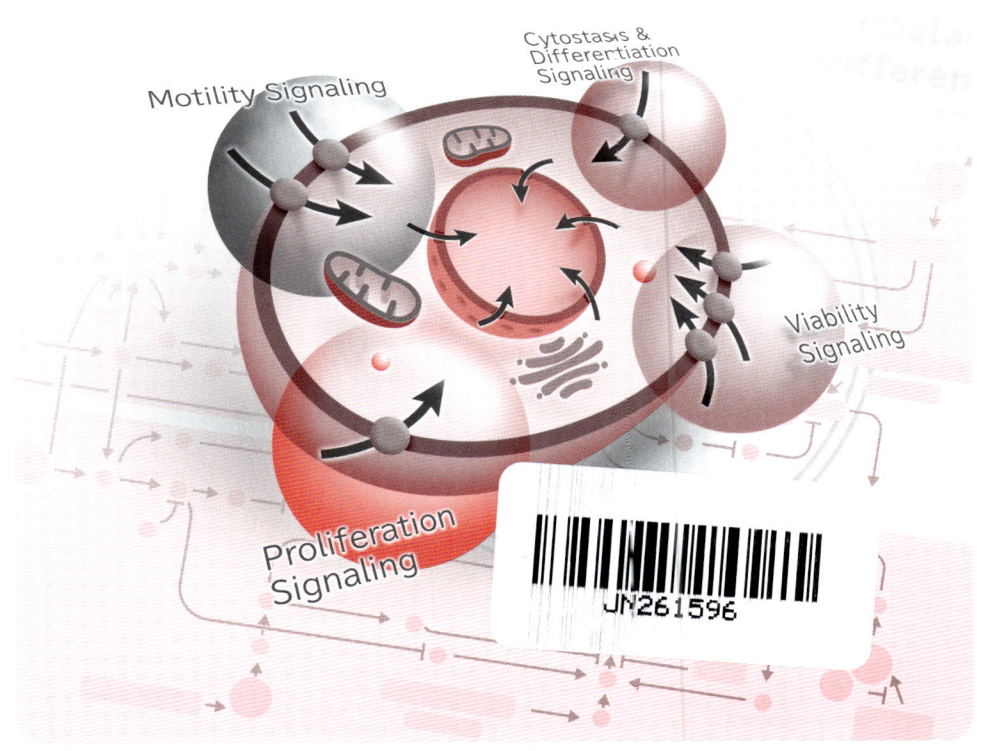

羊土社
YODOSHA

【注意事項】本書の情報について ──────────────────────
　本書に記載されている内容は，発行時点における最新の情報に基づき，正確を期するよう，執筆者，監修・編者ならびに出版社はそれぞれ最善の努力を払っております．しかし科学・医学・医療の進歩により，定義や概念，技術の操作方法や診療の方針が変更となり，本書をご使用になる時点においては記載された内容が正確かつ完全ではなくなる場合がございます．また，本書に記載されている企業名や商品名，URL等の情報が予告なく変更される場合もございますのでご了承ください．

序
~細胞シグナルネットワークから生命のダイナミズムを観る~

　生物は，外界からの情報を認識・処理し，適切に応答しながら生命活動を維持している．これは個体レベルでも，また個体を構成する1つの単位である細胞レベルでも営まれていることである．上皮細胞，間充織細胞，そしてまた免疫細胞，血液細胞，神経細胞等々の細胞は，さまざまな状況下で外来情報に応答しながら，増殖し，分化し，そして機能している．近年の分子生物学は細胞が外来情報に応答している仕組み，つまり細胞シグナル伝達系を明らかにしてきた．さらに細胞生物学と連携した分子細胞生物学は，高度な細胞内分子の可視化技術を駆使して細胞シグナル伝達系を俯瞰的に理解することを容易にしている．

　細胞シグナル伝達は，たとえばRPTK（受容体型チロシンキナーゼ）→Ras→MAPK→TF（転写因子）のように直線的に描かれるが，これは細胞シグナルの一成分である．実際は，RPTKの下流に複数の細胞シグナル成分が存在する．また細胞は，RPTKを活性化する以外の外来シグナルを受容しており，そこからも別の成分から成る細胞シグナルが駆動されている．これら細胞シグナル成分の総和が細胞シグナルネットワークである．衆知のことであるが，細胞は生きており，同じ状態には滞まっていない．つまり，増殖し，機能し，老化し，そして死んでいく．これは細胞シグナル成分が，context依存的に，つまり時空間の支配を受けながらネットワークを構成していることを意味している．したがって細胞シグナルネットワークは固定的に捉えられるべきでなく，動的に理解される必要がある．一方で近年ゲノム科学や情報生命科学が大きな進歩をとげ，またケミカルバイオロジーや構造生物学が進展している．生物個体の理解のためには，これらの研究領域を融合して，細胞シグナルネットワーク研究を動的生命科学と位置付けることが必要であろう．とはいっても，現実には生命現象のある一面をスナップショット的にとりあげ，そこで機能している分子を同定，解析することが，細胞シグナルネットワーク研究の基本である．そこでは質量分析技術やタンパク質構造解析技術や，タンパク質イメージング技術が欠かせない．得られたスナップショットを巧みにつなぎ合わせることで細胞シグナルネットワークのダイナミズムが見えてくるのである．

　さて，生化学の教科書で学ぶクエン酸回路やカルビン回路，オルニチン回路等々は，生化学反応から生体の代謝システムの動態を理解させるものである．細胞シグナルが作るネットワークは，描写するとこれらの生化学反応回路に似たところがあるが，主としてタンパク質分子の機能的・物理的相互作用に立脚して生命活動を理解させるものである．動的生化学の進展は基本的な生命活動の理解に役立った．一方，細胞シグナルネットワーク研究の進展は外界に応答する生命体のしなやかさとダイナミズムを理解する上

で重要であろう．

　『シグナル伝達イラストマップ』が出されてから10年近くが経過しようとしている．この間に細胞シグナルネットワークに関して新たな知見が加わっていることは言うまでもない．そこで，新しい研究の息吹を取り込むことやまた読者の視点に立つことを意識して，内容を一新した．そして第一部では主要シグナル因子や経路を概観し，さらに第二部で個々の生命現象に照らしてキーとなる分子を抽出し，細胞シグナル成分とそのネットワークを理解できるように心がけた．本書が動的生命科学研究を進める上で少しでも役立つことを，編者を代表して祈念している．

　最後にご多忙のなか，貴重な時間を割いて執筆の労をとってくださった先生方に心からお礼申し上げたい．

　　2012年7月

　　　　　　　　　　　　　　　　　　　　　　　　　　　　　　沖縄恩納村にて
　　　　　　　　　　　　　　　　　　　　　　　　　　　　　　山本　雅

イラストで徹底理解する シグナル伝達キーワード事典
ー 目 次 概 略 ー

※このページは『目次概略』です．本書の構成の全体を把握するためにご活用ください．『目次』は次ページから始まります．

第1部 概説
シグナル伝達の主要因子と経路

主要なシグナル経路と因子について，基本メカニズム・ポイントを大きなイラスト付きで解説

1. 三量体Gタンパク質 ……………… 16
2. 低分子量Gタンパク質 ……………… 19
3. チロシンキナーゼ（受容体型・非受容体型） …… 21
4. MAPキナーゼカスケード ……………… 25
5. プロテインホスファターゼ ……………… 27
6. リン脂質シグナリング ……………… 31
7. NF-κBシグナリング ……………… 35
8. Smadシグナリング ……………… 38
9. Wnt/βカテニンシグナリング ……………… 40
10. Fasシグナル経路 ……………… 42
11. Notchシグナリング ……………… 45
12. JAK/STATシグナリング ……………… 47
13. ヘッジホッグシグナル経路 ……………… 50
14. cAMPシグナリング ……………… 53
15. DNA損傷シグナリング ……………… 55
16. Hippoシグナリング ……………… 58
17. mTORシグナリング ……………… 61
18. NAD^+シグナリング ……………… 64
19. NOシグナリング ……………… 67
20. p53シグナリング ……………… 70
21. PKCシグナリング ……………… 74
22. セマフォリンシグナリング ……………… 77
23. ROSシグナリング ……………… 80
24. TLRシグナリング ……………… 82
25. オートファジーシグナリング ……………… 84
26. カルシウムシグナリング ……………… 87
27. ケモカインシグナル ……………… 90
28. サーカディアンシグナリング ……………… 93
29. 低酸素シグナリングーHIFシグナリングー ……………… 95
30. メカノセンサーシグナリング ……………… 98
31. 核内受容体シグナリング ……………… 102

第2部 キーワード解説
生命現象からみたシグナル伝達因子

項目ごとに，「概論」と「イラストマップ」でシグナル伝達経路の全体像を説明．ネットワーク中の各因子の位置づけが一目瞭然．「キーワード解説」では各因子の重要な情報をコンパクトに解説

1. 細胞周期 ……………… 108
2. 細胞分裂 ……………… 118
3. DNA複製・修復 ……………… 126
4. がん① がん遺伝子 ……………… 142
5. がん② がん抑制遺伝子 ……………… 157
6. 細胞骨格・運動・極性 ……………… 163
7. 細胞接着 ……………… 174
8. タンパク質輸送 小胞輸送を中心に ……………… 185
9. タンパク質の品質管理 ……………… 194
10. タンパク質分解 ……………… 203
11. ストレス応答 ……………… 215
12. アポトーシス ……………… 223
13. 免疫① 自然免疫とTLRシグナル伝達 ……… 232
14. 免疫② 獲得免疫 ……………… 239
15. 炎症 ……………… 250
16. 神経① 神経発生 ……………… 258
17. 神経② 神経可塑性 ……………… 266
18. 感覚受容 五感 ……………… 274
19. 血管新生 ……………… 283
20. 幹細胞 ……………… 292
21. 初期発生 ……………… 300
22. 形態形成 ……………… 309
23. 骨代謝 ……………… 317
24. エピジェネティック制御 ……………… 327
25. 小分子RNA ……………… 335

イラストで徹底理解する シグナル伝達キーワード事典
Keywords of Signal Transduction

CONTENTS

序 .... 山本 雅

第1部 概説 シグナル伝達の主要因子と経路

1	三量体Gタンパク質 .... 榎森康文	16
2	低分子量Gタンパク質 .... 佐藤孝哉	19
3	チロシンキナーゼ（受容体型・非受容体型）............ 岡田雅人	21
4	MAPキナーゼカスケード .... 斎藤春雄	25
5	プロテインホスファターゼ .... 小林孝安，村田陽二，的崎 尚，田村眞理	27
6	リン脂質シグナリング .... 伊集院壮，竹縄忠臣	31
7	NF-κBシグナリング .... 山本瑞生，井上純一郎	35
8	Smadシグナリング .... 星野佑香梨，宮園浩平	38
9	Wnt/βカテニンシグナリング .... 秋山 徹	40
10	Fasシグナル経路 .... 福岡あゆみ，米原 伸	42
11	Notchシグナリング .... 勝山 裕	45

12	JAK／STATシグナリング	吉村昭彦	47
13	ヘッジホッグシグナル経路	片平立矢，元山 純	50
14	cAMPシグナリング	萩原正敏	53
15	DNA損傷シグナリング	藪田紀一，野島 博	55
16	Hippoシグナリング	畠 星治，仁科博史	58
17	mTORシグナリング	高原照直，前田達哉	61
18	NAD^+シグナリング	吉野 純，今井眞一郎	64
19	NOシグナリング	藤井重元，赤池孝章	67
20	p53シグナリング	井川俊太郎	70
21	PKCシグナリング	吉田清嗣	74
22	セマフォリンシグナリング	佐々木幸生，五嶋良郎	77
23	ROSシグナリング	三木裕明	80
24	TLRシグナリング	山川奈津子，三宅健介	82
25	オートファジーシグナリング	水島 昇	84
26	カルシウムシグナリング	大洞将嗣，高柳 広	87
27	ケモカインシグナリング	村上 孝	90
28	サーカディアンシグナリング	堀川和政，柴田重信	93
29	低酸素シグナリング−HIFシグナリング−	合田亘人，金井麻衣	95
30	メカノセンサーシグナリング	松井裕之，町山裕亮，平田宏聡，澤田泰宏	98
31	核内受容体シグナリング	井上 聡	102

第2部 キーワード解説　生命現象からみたシグナル伝達因子

1 細胞周期
渡邉信元　108

イラストマップ 細胞周期制御因子のシグナル伝達 …… 109

Keyword
1. サイクリンファミリー …… 111
2. CDKファミリー …… 112
3. KIP／CIPファミリー …… 113
4. INK4ファミリー …… 115
5. WEE1ファミリーキナーゼ …… 115
6. CDC25ファミリー …… 117

2 細胞分裂
國仲慎治，佐谷秀行　118

イラストマップ 細胞分裂とその制御分子 …… 119

Keyword
1. サイクリンB／Cdk1（サイクリンB／Cdc2）…… 120
2. APC／C …… 121
3. MEN …… 124

3 DNA複製・修復
浴　俊彦，花岡文雄　126

イラストマップ 真核生物のDNA複製と修復の概要 …… 127

Keyword
1. DNAポリメラーゼ …… 129
2. ORC …… 131
3. pre-RC …… 132
4. ヌクレオチド除去修復 …… 134
5. 相同組換え …… 136
6. DNA損傷チェックポイント …… 138

4 がん① がん遺伝子
岡田雅人　142

イラストマップ がん化にかかわる主要なシグナル分子 …… 143

Keyword
1. EGF受容体（受容体型チロシンキナーゼ）…… 144
2. Src（非受容体型チロシンキナーゼ）…… 145
3. Abl（非受容体型チロシンキナーゼ）…… 147
4. Ras（GTP結合タンパク質）…… 149
5. PI3K（非タンパク質キナーゼ）…… 150
6. Akt（セリン／スレオニンキナーゼ）…… 152
7. Myc（転写制御因子）…… 154

5 がん② がん抑制遺伝子
秋山　徹　157

イラストマップ がん抑制遺伝子の機能 …… 158

Keyword
1. p53 …… 159
2. RB …… 160
3. APC …… 161

6 細胞骨格・運動・極性
三木裕明，山崎大輔　163

イラストマップ 運動する細胞での細胞骨格制御 …… 164

Keyword
1. Rhoファミリー …… 166
2. WASPファミリー …… 167
3. PAR／aPKC複合体 …… 169
4. ＋TIPs …… 170
5. BARドメインタンパク質ファミリー …… 172

7 細胞接着　　　　　　　　　　　　　　　　　　　　　　　　永渕昭良　174

イラストマップ 上皮細胞と細胞間接着装置 ……… 175

Keyword
1. インテグリン ……… 177
2. カドヘリン ……… 178
3. αカテニン ……… 180
4. βカテニン ……… 181
5. デスモソーマルカドヘリン ……… 182
6. ビンキュリン ……… 183

8 タンパク質輸送　小胞輸送を中心に　　　　　　　　　　大野博司　185

イラストマップ 小胞輸送による細胞内タンパク質輸送経路 ……… 186

Keyword
1. クラスリン ……… 188
2. AP複合体 ……… 189
3. COP I 複合体 ……… 191
4. COP II 複合体 ……… 192

9 タンパク質の品質管理　　　　　　　　　　　　山口奈美子，西頭英起　194

イラストマップ タンパク質の一生 ……… 195

Keyword
1. フォールディング ……… 196
2. 分子シャペロン ……… 196
3. 天然変性タンパク質 ……… 198
4. 小胞体ストレス ……… 198
5. コンフォメーション病 ……… 200

10 タンパク質分解　　　　　　　　　　　　　　　中山敬一，蟹江共春　203

イラストマップ いろいろなタンパク質分解機構とその局在 ……… 204

Keyword
1. ユビキチン化システム ……… 206
2. プロテアソーム ……… 208
3. 小胞体関連タンパク質分解（ERAD） ……… 210
4. オートファジー ……… 212

11 ストレス応答　　　　　　　　　　　　　　　　　　　　斎藤春雄　215

イラストマップ ストレス応答MAPキナーゼシグナル伝達経路 ……… 216

Keyword
1. p38ファミリー ……… 217
2. JNKファミリー ……… 218
3. ストレスMAPKKファミリー ……… 219
4. ストレスMAPKKKファミリー ……… 220

12 アポトーシス　　　　　　　　　　　　　　　　染田真孝，米原　伸　223

イラストマップ アポトーシスのシグナル伝達 ……… 224

Keyword
1. デスリガンド/デスレセプター ……… 226
2. Bcl-2ファミリー ……… 227
3. カスパーゼ ……… 229

13 免疫①　自然免疫とTLRシグナル伝達　　　　山川奈津子，三宅健介　232

イラストマップ TLR4を介したシグナル伝達 ……… 233

Keyword
1. TLR4 ……… 234
2. MyD88 ……… 235
3. TIRAP ……… 236
4. TRIF ……… 237
5. TRAM ……… 238

14 免疫② 獲得免疫
大洞将嗣, 黒崎知博　239

イラストマップ　獲得免疫の形成過程 ……… 240

Keyword
1. T-bet ……… 242
2. GATA-3 ……… 243
3. RORγt ……… 244
4. Bcl-6 ……… 246
5. AID ……… 247

15 炎症
吉村昭彦　250

イラストマップ　炎症の細胞応答 ……… 251

Keyword
1. プロスタグランジンE2（PGE2）……… 252
2. TNFα ……… 252
3. Th1/2/17 ……… 254
4. 抗炎症性サイトカイン ……… 256

16 神経① 神経発生
吉川貴子, 大隅典子　258

イラストマップ　神経発生 ……… 259

Keyword
1. Shh ……… 260
2. ホメオドメイン型転写因子 ……… 262
3. bHLH型転写因子 ……… 263
4. Reelin ……… 264

17 神経② 神経可塑性
渡部文子, 真鍋俊也　266

イラストマップ　海馬興奮性シナプスにおける神経可塑性に関与するシグナル系 ……… 267

Keyword
1. NMDA受容体 ……… 269
2. CaMキナーゼ ……… 270
3. MAPキナーゼ ……… 271
4. 足場タンパク質と機能制御補助サブユニット ……… 272
5. 代謝型グルタミン酸受容体 ……… 273

18 感覚受容 五感
榎森康文　274

イラストマップ　感覚受容-五感 ……… 275

Keyword
1. GPCR ……… 277
2. 嗅覚受容体 ……… 278
3. PLC-β ……… 279
4. CNGチャネル ……… 279
5. TRPチャネル ……… 280

19 血管新生
矢花直幸, 渋谷正史　283

イラストマップ　血管新生のシグナルの概略図 ……… 284

Keyword
1. VEGF ……… 285
2. VEGF受容体 ……… 286
3. HIF ……… 288
4. Tie2 ……… 289

20 幹細胞
柳田絢加, 中内啓光　292

イラストマップ　未分化性維持に関与するシグナル系, 造血幹細胞ニッチ ……… 293

Keyword
1. LIF/Stat3 ……… 295
2. BMP/Smad ……… 296
3. FGF/Erk, GSK-3β ……… 297
4. ニッチ ……… 298

21 初期発生
道上達男，浅島　誠　300

イラストマップ ツメガエルの初期発生とシグナル伝達 …… 301

Keyword
1. Wntファミリー …… 303
2. dsh／Dvl …… 304
3. アクチビン …… 305
4. ノーダル関連遺伝子 …… 306
5. BMP …… 307

22 形態形成
片平立矢，元山　純　309

イラストマップ モルフォゲンShhの終脳発生過程での役割／Shhシグナル経路の概要 …… 310

Keyword
1. Hh …… 312
2. Ptch …… 313
3. Smo …… 314
4. Gli …… 314
5. Boc，Cdo，Gas1 …… 315

23 骨代謝
根岸-古賀貴子，高柳　広　317

イラストマップ 骨組織を構成する細胞による骨代謝シグナリング …… 318

Keyword
1. RANKL関連分子（RANKL，RANK，OPG） …… 320
2. NFATc1 …… 321
3. ITAM分子 …… 323
4. Runx2，Osx …… 324
5. Wnt／Wntシグナル分子（Wnt，LRP5，LRP6） …… 325

24 エピジェネティック制御
日野信次朗，中尾光善　327

イラストマップ クロマチン構造制御 …… 328

Keyword
1. Dnmt …… 329
2. MBP …… 330
3. HMT …… 331
4. HDM …… 332

25 小分子RNA
石田尚臣　335

イラストマップ 小分子RNAの関与する遺伝子発現調節機構 …… 336

Keyword
1. siRNA …… 337
2. miRNA …… 338
3. piRNA …… 340
4. Argonaute …… 341

索　引 …… 344

執筆者一覧

■ 編　集

山本　雅（Tadashi Yamamoto）……………沖縄科学技術大学院大学細胞シグナルユニット
仙波憲太郎（Kentaro Semba）………………早稲田大学理工学術院先進理工学部生命医科学科
山梨裕司（Yuji Yamanashi）…………………東京大学医科学研究所腫瘍抑制分野

■ 執　筆（50音順）

赤池孝章（Takaaki Akaike）…………………熊本大学大学院生命科学研究部医学系微生物学分野
秋山　徹（Tetsu Akiyama）…………………東京大学分子細胞生物学研究所分子情報研究分野
浅島　誠（Makoto Asashima）………………産業技術総合研究所幹細胞工学研究センター
井川俊太郎（Shuntaro Ikawa）………………東北大学学際科学国際高等研究センター
石田尚臣（Takaomi Ishida）…………………東京大学医科学研究所アジア感染症研究拠点／中国科学院微生物研究所中日連携研究室
伊集院　壮（Takeshi Ijuin）…………………神戸大学大学院医学系研究科質量分析総合センター
井上　聡（Satoshi Inoue）……………………東京大学大学院医学系研究科抗加齢医学
井上純一郎（Jun-ichiro Inoue）………………東京大学医科学研究所分子発癌分野
今井眞一郎（Shin-ichiro Imai）………………ワシントン大学医学部発生生物学部門
浴　俊彦（Toshihiko Eki）……………………豊橋技術科学大学大学院工学系研究科環境・生命工学系
榎森康文（Yasufumi Emori）…………………東京大学大学院理学系研究科生物化学専攻
大隅典子（Noriko Osumi）……………………東北大学大学院医学系研究科発生発達神経科学分野
大野博司（Hiroshi Ohno）……………………理化学研究所免疫・アレルギー科学総合研究センター免疫系構築研究チーム
大洞将嗣（Masatsugu Oh-hora）………………東京医科歯科大学大学院医歯学総合研究科分子情報伝達学
岡田雅人（Masato Okada）……………………大阪大学微生物病研究所発癌制御研究分野
片平立矢（Tatsuya Katahira）…………………同志社大学大学院脳科学研究科神経発生分子機能部門
勝山　裕（Yu Katsuyama）……………………東北大学大学院医学系研究科発生発達神経科学分野
金井麻衣（Mai Kanai）…………………………早稲田大学理工学術院先進理工学部生命医科学科
蟹江共春（Tomoharu Kanie）…………………九州大学生体防御医学研究所分子医科学分野
吉川貴子（Takako Kikkawa）…………………東北大学大学院医学系研究科発生発達神経科学分野
國仲慎治（Shinji Kuninaka）…………………慶應義塾大学医学部先端医科学研究所遺伝子制御研究部門
黒崎知博（Tomohiro Kurosaki）………………大阪大学免疫学フロンティア研究センター分化制御
合田亘人（Nobuhito Goda）……………………早稲田大学理工学術院先進理工学部生命医科学科
五嶋良郎（Yoshio Goshima）…………………横浜市立大学大学院医学研究科医科学専攻
小林孝安（Takayasu Kobayashi）……………東北大学加齢医学研究所遺伝子情報研究分野
斎藤春雄（Haruo Saito）………………………東京大学医科学研究所分子細胞情報分野
佐々木幸生（Yukio Sasaki）…………………横浜市立大学大学院医学研究科医科学専攻
佐藤孝哉（Takaya Satoh）……………………大阪府立大学大学院理学系研究科生物科学専攻
佐谷秀行（Hideyuki Saya）……………………慶應義塾大学医学部先端医科学研究所
澤田泰宏（Yasuhiro Sawada）…………………名戸ヶ谷病院ロコモティブシンドローム研究所メカノメディスン部門／シンガポール国立大学メカノバイオロジー研究所／東京医科大学医学総合研究所
柴田重信（Shigenobu Shibata）………………早稲田大学理工学術院先進理工学部電気・情報生命工学科
渋谷正史（Masabumi Shibuya）………………上武大学／東京医科歯科大学大学院医歯学総合研究科分子腫瘍医学分野
染田真孝（Masataka Someda）………………京都大学大学院生命科学研究科高次遺伝情報学分野
高原照直（Terunao Takahara）………………東京大学分子細胞生物学研究所高難度蛋白質立体構造解析センター
高柳　広（Hiroshi Takayanagi）………………東京大学大学院医学系研究科病因・病理学専攻免疫学講座免疫学／ＥＲＡＴＯ高柳オステオネットワークプロジェクト
竹縄忠臣（Tadaomi Takenawa）………………神戸大学大学院医学系研究科質量分析総合センター
田村眞理（Shinri Tamura）……………………東北大学加齢医学研究所遺伝子情報研究分野

中内啓光 (Hiromitsu Nakauchi)	東京大学医科学研究所幹細胞治療分野
中尾光善 (Mitsuyoshi Nakao)	熊本大学発生医学研究所細胞医学分野
永渕昭良 (Akira Nagafuchi)	奈良県立医科大学医学部医学科生物学教室
中山敬一 (Keiichi I. Nakayama)	九州大学生体防御医学研究所分子医科学分野
西頭英起 (Hideki Nishitoh)	東京大学大学院薬学系研究科細胞情報学／宮崎大学医学部機能生化学
仁科博史 (Hiroshi Nishina)	東京医科歯科大学難治疾患研究所発生再生生物学分野
根岸-古賀貴子 (Takako Negishi-Koga)	東京医科歯科大学大学院医歯学総合研究科分子情報伝達学／ERATO高柳オステオネットワークプロジェクト
野島 博 (Hiroshi Nojima)	大阪大学微生物病研究所分子遺伝研究分野
萩原正敏 (Masatoshi Hagiwara)	京都大学大学院医学研究科生体構造医学講座形態形成機構学教室
畠 星治 (Shoji Hata)	東京医科歯科大学難治疾患研究所発生再生生物学分野
花岡文雄 (Fumio Hanaoka)	学習院大学理学部生命科学科
日野信次朗 (Shinjiro Hino)	熊本大学発生医学研究所細胞医学分野
平田宏聡 (Hiroaki Hirata)	シンガポール国立大学メカノバイオロジー研究所
福岡あゆみ (Ayumi Fukuoka)	京都大学大学院生命科学研究科高次遺伝情報学分野
藤井重元 (Shigemoto Fujii)	熊本大学大学院生命科学研究部医学系微生物学分野
星野佑香梨 (Yukari Hoshino)	東京大学大学院医学系研究科病因・病理学専攻
堀川和政 (Kazumasa Horikawa)	早稲田大学理工学術院先進理工学部電気・情報生命工学科
前田達哉 (Tatsuya Maeda)	東京大学分子細胞生物学研究所高難度蛋白質立体構造解析センター
町山裕亮 (Hiroaki Machiyama)	シンガポール国立大学メカノバイオロジー研究所
松井裕之 (Hiroyuki Matsui)	名戸ヶ谷病院ロコモティブシンドローム研究所メカノメディスン部門／東北大学大学院歯学研究科口腔システム補綴学分野
的崎 尚 (Takashi Matozaki)	神戸大学大学院医学研究科生化学分子生物学講座 シグナル統合分野
真鍋俊也 (Toshiya Manabe)	東京大学医科学研究所基礎医科学部門神経ネットワーク分野
三木裕明 (Hiroaki Miki)	大阪大学微生物病研究所細胞制御分野
水島 昇 (Noboru Mizushima)	東京医科歯科大学大学院医歯学総合研究科細胞生理学分野
道上達男 (Tatsuo Michiue)	東京大学大学院総合文化研究科広域科学専攻生命環境科学系
三宅健介 (Kensuke Miyake)	東京大学医科学研究所感染遺伝学分野
宮園浩平 (Kohei Miyazono)	東京大学大学院医学系研究科病因・病理学専攻
村上 孝 (Takashi Murakami)	高崎健康福祉大学薬学部腫瘍生物学研究室
村田陽二 (Yoji Murata)	神戸大学大学院医学研究科生化学分子生物学講座 シグナル統合分野
元山 純 (Jun Motoyama)	同志社大学大学院脳科学研究科神経発生分子機能部門
柳田絢加 (Ayaka Yanagida)	東京大学医科学研究所幹細胞治療分野
矢花直幸 (Naoyuki Yabana)	東京大学医科学研究所（現：医薬品医療機器総合機構）
藪田紀一 (Norikazu Yabuta)	大阪大学微生物病研究所分子遺伝研究分野
山川奈津子 (Natsuko Yamakawa)	東京大学医科学研究所感染遺伝学分野
山口奈美子 (Namiko Yamaguchi)	東京大学大学院薬学系研究科細胞情報学
山崎大輔 (Daisuke Yamazaki)	大阪大学微生物病研究所細胞制御分野
山本瑞生 (Mizuki Yamamoto)	東京大学医科学研究所分子発癌分野
吉田清嗣 (Kiyotsugu Yoshida)	東京慈恵会医科大学生化学講座
吉野 純 (Jun Yoshino)	ワシントン大学医学部内科
吉村昭彦 (Akihiko Yoshimura)	慶應義塾大学医学部微生物学免疫学
米原 伸 (Shin Yonehara)	京都大学大学院生命科学研究科高次遺伝情報学分野
渡邉信元 (Nobumoto Watanabe)	理化学研究所基幹研究所ケミカルバイオロジー研究基盤施設
渡部文子 (Ayako M. Watabe)	東京慈恵会医科大学総合医科学研究センター神経科学研究部神経生理学研究室

本書の使い方

本書は，事典としてキーワード（＝シグナル因子）の詳細を理解するだけではなく，キーワード同士の関係性や生命現象全体のなかでの位置づけも把握できるように工夫されています．

※索引も充実しており，主要な因子・経路・キーワードに索引から飛ぶこともできます．

1 主要因子・経路を概観する 第1部

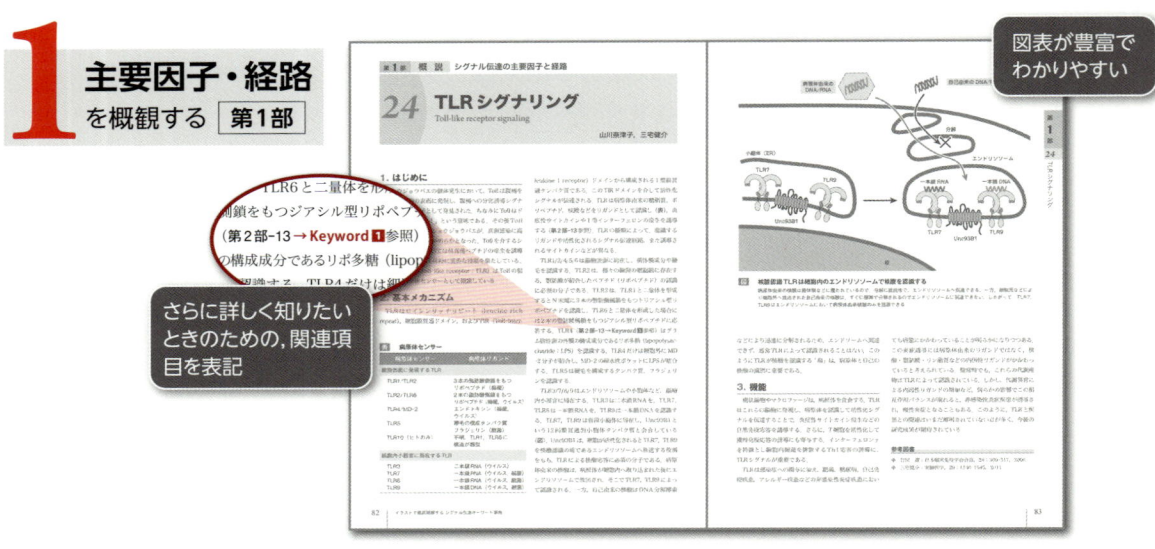

- 図表が豊富でわかりやすい
- さらに詳しく知りたいときのための，関連項目を表記

2 概論とイラストマップで全体像をつかむ 第2部

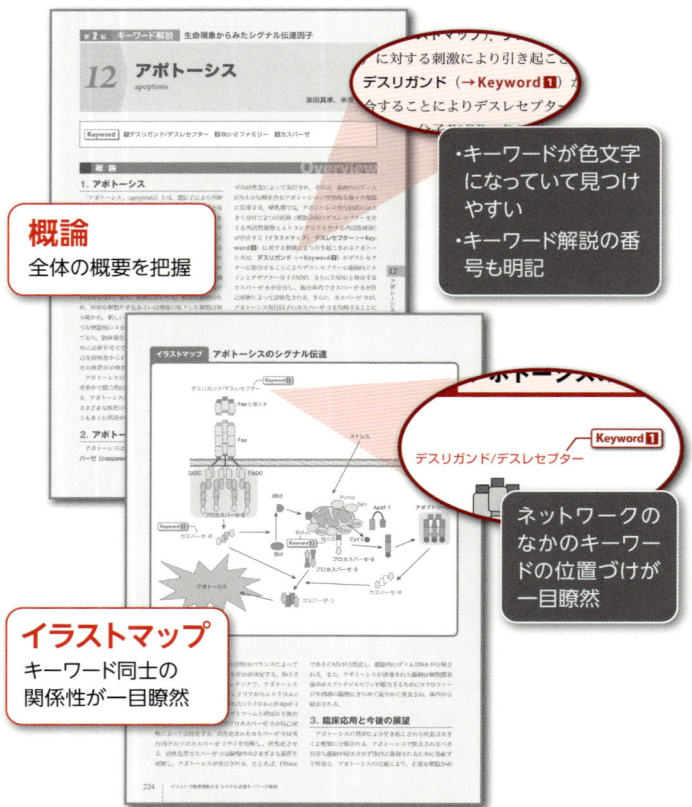

- 概論 全体の概要を把握
- イラストマップ キーワード同士の関係性が一目瞭然
- キーワードが色文字になっていて見つけやすい
- キーワード解説の番号も明記
- ネットワークのなかのキーワードの位置づけが一目瞭然

3 キーワード解説で各因子の詳細情報をチェック 第2部

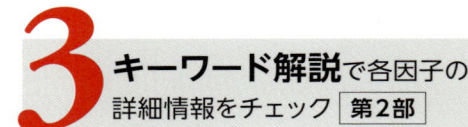

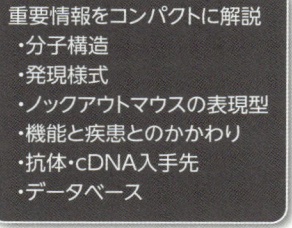

重要情報をコンパクトに解説
- 分子構造
- 発現様式
- ノックアウトマウスの表現型
- 機能と疾患とのかかわり
- 抗体・cDNA入手先
- データベース

第 1 部

概説

シグナル伝達の主要因子と経路

主要な因子と経路について，基本メカニズム，全体像とポイントを概説

第1部 概説　シグナル伝達の主要因子と経路

1　三量体Gタンパク質
trimeric G proteins

榎森康文

1. はじめに

　三量体Gタンパク質は，7回膜貫通型受容体と共役するシグナルトランスデューサーである．Gタンパク質という呼称はGDP/GTPを結合するタンパク質の総称であり，三量体Gタンパク質（本稿）や低分子量Gタンパク質（第1部-2参照）のほか，翻訳因子などの多種多様な因子が含まれる．三量体Gタンパク質や低分子量Gタンパク質はシグナル伝達にきわめて重要であり，いずれもGDP結合型が不活性型で，GDPがGTPに交換されて活性型のGTP結合型になる（図1）．

　三量体Gタンパク質は，多くの異なる様式や経路で細胞内シグナル伝達にかかわっている．ホルモンや神経伝達物質の主要なトランスデューサーであるほか，視覚・嗅覚・味覚という感覚受容系やケモカインの受容・伝達系において，受容体から細胞内伝達系への起点になっている．また，細胞分裂時の紡錘体の極性決定のように，受容体と共役していない機能も知られている．このようにGタンパク質はマクロスコピックな生命現象において「多様」なかかわりをもつと同時に，細胞内のミクロな現象をみたときにも，Gタンパク質の下流に位置するシグナル伝達経路はやはり「多様」である．また，Gタンパク質を介した情報は，最終的に，神経応答や細胞機能の発現のほか，発生・分化や学習・記憶に至るまで「多様」な応答として現れる（図2）．

2. 基本メカニズム：活性型・不活性型とその制御

　三量体型Gタンパク質は，α（40〜50kDa程度），β（35kDa程度），γ（8 kDa程度）の3種のサブユニットから構成される．ホルモンなどのリガンドが7回膜貫通型受容体に結合して構造変換が起こると，共役するGタンパク質三量体のαサブユニットのGDPがGTPに交換され，αサブユニットとβ/γサブユニット（βとγは生理的条件下では常に会合している）とに解離する（図1）．すなわち，リガンドを結合した受容体が三量体Gタンパク質のグアニンヌクレオチド交換因子（GEF）として働

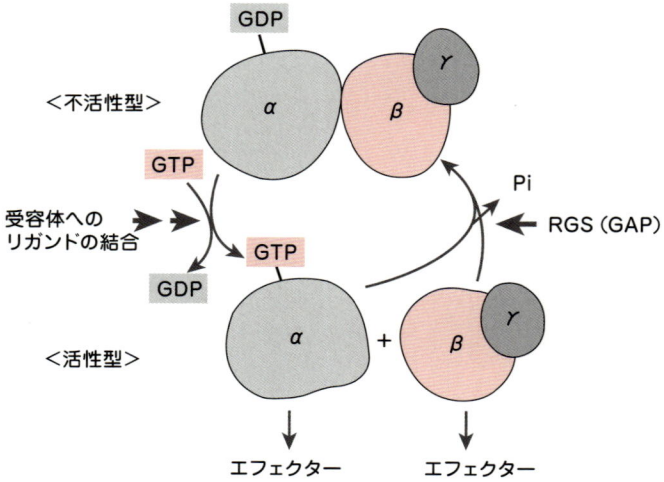

図1　三量体Gタンパク質の活性化・不活性化の概念

共役する受容体にリガンドが結合すると，GDP型の三量体はGDP/GTP交換反応が起こると同時にαとβ/γに解離する．GTP型のαサブユニットとβ/γサブユニットはエフェクターに作用してシグナルを伝達する．RGS（GAP）によってαサブユニットのGTPase活性が促進されてGTPがGDPに加水分解されると，β/γサブユニットと再び会合して，不活性な三量体に戻る

く．GTP結合型のαサブユニットとβ/γサブユニットはそれぞれエフェクターと相互作用でき，その結果，リガンド結合のシグナルはエフェクターの作用に変換されることになる．αサブユニットは弱いGTPase活性をもっており，また，これを促進するタンパク質（GTPase activating protein：GAP）の働きでGTPはGDP（＋Pi）になると同時に再びβ/γサブユニットと会合して，元の不活性な三量体に戻る（図1）．三量体Gタンパク質のGAPはRGS（regulator of G protein signaling）と呼ばれ，多くの分子種が知られている．RGSには，GAP活性を与える領域のほかに，それぞれさまざまな局在性や相互作用を与える領域が含まれ，三量体Gタンパク質が複雑な調節機能をもつことを示す例になっている．

3. 分類と機能

哺乳類では，αサブユニットの分子種が20程度，βとγサブユニット（G_βとG_γ）はそれぞれ6および12種類程度知られている．以下に，αサブユニットの構造に基づいた三量体Gタンパク質の分類と機能を概説する（図2）．

1）G_sタイプ

G_sのsは活性化（stimulation）に由来し，アデニル酸シクラーゼ（adenylyl cyclase：AC）の活性化を起こすGタンパク質の意味である．さまざまなホルモンや神経伝達物質の受容体と共役する$G_{\alpha s}$によって活性化されたACは細胞内cAMP濃度を上昇させ，プロテインキナーゼAを活性化する（一部は，CNGチャネルの開口を促

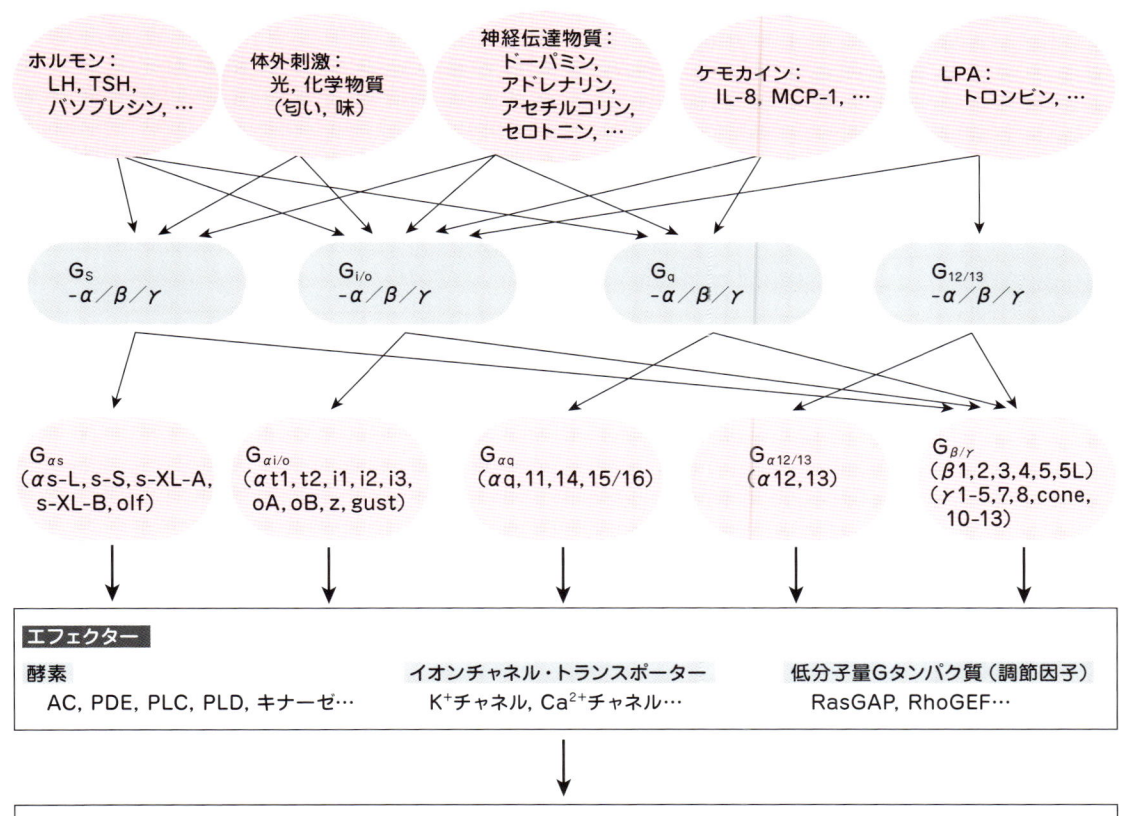

図2　三量体Gタンパク質の分子種と機能
それぞれの分子種に代表的な作用のほか，三量体Gタンパク質の機能多様性について，さまざまな生理作用を含むように図示した．LH：黄体形成ホルモン，TSH：甲状腺刺激ホルモン，LPA：リゾホスファチジン酸，PDE：ホスホジエステラーゼ，PLC：ホスホリパーゼC，PLD：ホスホリパーゼD

す).嗅覚受容体と共役する$G_{\alpha olf}$はこのタイプである.

2) $G_{i/o}$タイプ

G_iのiはsとは逆(阻害,inhibition)に,oはその他(other)に由来する.共役する受容体はG_sよりもさらにさまざまであり,作用もACの阻害のほか,イオンチャネルの開閉,ホスホジエステラーゼ(PDE)の活性化,β/γサブユニットによるイノシトールリン脂質特異的ホスホリパーゼC(PLC)の活性化など,さまざまである.視覚受容体と味覚(苦味)受容体とそれぞれ共役する$G_{\alpha t}$や$G_{\alpha gust}$はこのタイプである.

3) G_qタイプ

これに属するGタンパク質もさまざまな受容体と共役する.αサブユニットはPLC-βを活性化して,PIターンオーバーから細胞内カルシウム動員を引き起こす.また,ホスホリパーゼD(PLD)への作用なども知られている.

4) $G_{12/13}$タイプ

このタイプは他とはやや異なる細胞内シグナル伝達に関与している.G_{12}は共役する受容体は明確ではないが,低分子量Gタンパク質Ras(**第1部-2参照**)のGAPやある種のチロシンキナーゼ(Bruton's tyrosine kinase:Btk)などと相互作用すること,一方,G_{13}はリゾホスファチジン酸(LPA)などの受容体と共役して,低分子量Gタンパク質Rho(**第1部-2参照**)のGDP/GTP交換因子を介してRhoの活性化を行うことなどが知られている.

4. おわりに

三量体Gタンパク質(と低分子量Gタンパク質)の研究の発展には,ずっと以前から現在まで日本人によって日本で行われた研究が大きく寄与している.また,三量体Gタンパク質,共役する7回膜貫通型受容体,RGSタンパク質などの調節因子やエフェクター分子などの関連シグナル伝達因子は,それぞれが関係する遺伝病やゲノム創薬の研究対象となっている.

参考文献

- Sjögren, B. et al.:Prog. Mol. Biol. Transl. Sci., 91:81-119, 2010
- Radhika, V. & Dhanasekaran, N.:Oncogene, 20:1607-1614, 2001
- Neves, S. R. et al.:Science, 296:1636-1639, 2002

第1部 概説 シグナル伝達の主要因子と経路

2 低分子量Gタンパク質
low molecular weight GTP-binding protein

佐藤孝哉

1. はじめに

　細胞内シグナル伝達系で機能するGTP結合タンパク質のうち，単量体として機能する20kDa〜30kDaの分子を低分子量Gタンパク質と総称する．Gタンパク質という用語は，三量体型に限定して使われる場合とGTP結合タンパク質の略称として用いられる場合があるが，ここでは後者の意味で用いている．低分子量Gタンパク質は，1分子のGTPあるいはGDPを結合しており，結合しているGTPをGDPと無機リン酸（Pi）に加水分解する活性をもつ（**図1**）．この酵素活性に基づき，GTP結合タンパク質をGTPアーゼ（GTPase）と呼ぶこともある．

　最も早くから研究された低分子量Gタンパク質は，がん遺伝子産物Rasである．後に，Rasに類似した一群の低分子量Gタンパク質が同定されたが，それらは全体としてRasスーパーファミリーと呼ばれている．Rasスーパーファミリーは，構造や機能にもとづいてRas, Rho, Rab, Arf, Ranという5つのファミリーに細分される．Rasファミリーは，MAPキナーゼカスケードなどを介して遺伝子発現，細胞周期の進行を制御している．Rhoファミリーは，細胞骨格系の再構成に重要な役割を果たし，細胞運動や極性を制御している．Rabファミリーと Arfファミリーは，小胞輸送，Ranファミリーは，核細胞質間輸送をそれぞれ制御している．

2. 低分子量Gタンパク質の活性調節機構

　低分子量Gタンパク質は，一般的にGTP結合型が活性型，GDP結合型が不活性型である（**図1**）．実際には，GTP結合型は複数の立体構造をとることが可能で，それらの間の変換を介して精密な活性制御がなされている．シグナル伝達系において，低分子量Gタンパク質の直下

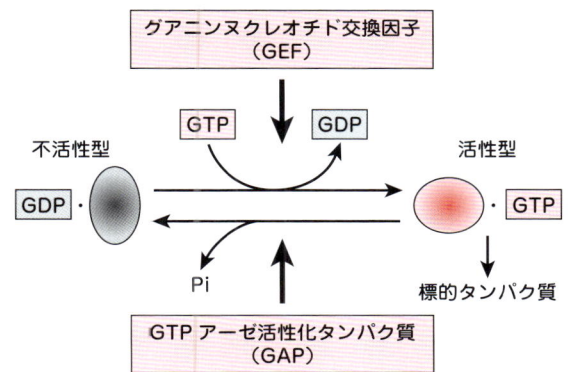

図1 結合グアニンヌクレオチドによる低分子量Gタンパク質の活性調節
低分子量Gタンパク質の活性は，GTP結合型（活性型）とGDP結合型（不活性型）の間の相互変換により調節されている　詳細は本文参照

に位置する標的タンパク質は，GTP結合型（活性型）とのみ結合する．GDP結合型がGTP結合型に変換される反応（グアニンヌクレオチド交換反応）を促進するタンパク質をグアニンヌクレオチド交換因子（guanine nucleotide exchange factor：GEF）という．上流からのシグナルは，グアニンヌクレオチド交換因子の活性化を介して低分子量Gタンパク質に伝達される場合が多い．一方，低分子量Gタンパク質のGTP加水分解活性を促進するタンパク質として，GTPアーゼ活性化タンパク質（GTPase-activating protein：GAP）が知られている．GTPアーゼ活性化タンパク質は，シグナルの伝達という観点からは，一般的には不活性化（スイッチオフ）の方向に作用するので，名称から誤解しないよう注意が必要である．

19

図2 低分子量Gタンパク質 H-Rasの構造

スイッチⅠ，スイッチⅡ，高頻度可変領域を示した．H-Ras, K-Ras, N-Rasのアミノ酸配列は高い類似性を示すが，C末端側の約25アミノ酸は比較的類似性が低く，高頻度可変領域と呼ばれる．＊は，翻訳後脂質修飾を受けるシステインを示す．番号はアミノ酸残基を示す．詳細は本文参照

3. グアニンヌクレオチド交換反応による構造変換

H-RasタンパクのGDP型とGTP型の立体構造を比較すると，2つの領域が両者の間で大きく異なるコンフォメーションをとることが知られており，これらの領域はそれぞれスイッチⅠ，スイッチⅡと呼ばれる（図2）．スイッチⅠは，エフェクター領域とも呼ばれ，標的タンパク質との相互作用に直接関与している．この領域のアミノ酸が置換されると，標的タンパク質との結合特異性が変化することが知られている．スイッチⅡは，GEFやGAPとの結合に重要な役割を果たす．このような構造変換は他のファミリーの低分子量Gタンパク質でも同様に起こる．

4. 翻訳後脂質修飾と膜への局在

低分子量Gタンパク質のC末端近傍のシステインは，翻訳後脂質修飾を受ける（図2）．H-Rasの場合，まずC末端から4番目のシステインがファルネシル化され，C末端の3アミノ酸が除去された後，新たなC末端となるファルネシル化されたシステインがメチル化される．さらに，181番目，184番目のシステインがパルミチル化される．多くの低分子量Gタンパク質が同様の翻訳後脂質修飾を受けるが，脂質の種類などは若干異なっている．たとえば，RhoファミリーやRabファミリーには，ファルネシル化ではなく，ゲラニルゲラニル化される分子が多い．

これらの翻訳後修飾により，低分子量Gタンパク質は膜に結合する．K-RasやRap1はパルミチル化されないが，C末端付近に塩基性アミノ酸のクラスターが存在し，それが膜への局在に関与している．H-Ras, K-Ras, N-Rasは主に細胞膜に局在して，種々の細胞外因子に対する受容体からのシグナルを伝達しているが，小胞体やゴルジ装置にも局在することが知られている．Rasファミリーのなかでも Rap1は，ゴルジ装置に主に局在する．RhoファミリーやRabファミリーも脂質修飾を介して種々の細胞内膜系に局在するが，脂質修飾されたGDP結合型に結合して，これらを細胞質に局在させるとともにGDPの解離を抑制するタンパク質として，GDP解離抑制因子（GDP dissociation inhibitor：GDI）が知られている．Ranファミリーは，C末端の脂質修飾を受けず，細胞質と核において多くのタンパク質と相互作用することが知られている．

H-Ras, K-Ras, N-Rasが細胞がん化を誘導するにはC末端の脂質修飾が必須であるため，その最初のステップを触媒する酵素であるファルネシル基転移酵素は，抗がん剤の標的として注目されている．

参考文献

- Bourne, H. R. et al.：Nature, 348：125-132, 1990
- Bourne, H. R. et al.：Nature, 349：117-127, 1991
- Takai, Y. et al.：Physiol. Rev., 81：153-208, 2001

第1部 概説 シグナル伝達の主要因子と経路

3 チロシンキナーゼ（受容体型・非受容体型）
receptor tyrosine kinases and nonreceptor tyrosine kinases

岡田雅人

1. はじめに

　チロシンキナーゼ（protein-tyrosine kinase）は，ATP：protein-tyrosine O-phosphotransferaseと公式に表記され，ATPのγ位のリン酸基をタンパク質のチロシン残基（水酸基）にのみ転移する反応（リン酸化）を触媒する酵素である．MEKのようなスレオニンとチロシンを同時にリン酸化する酵素（dual specificity kinase）とは区別され，動物に固有の酵素である．なぜ，チロシンのリン酸化が動物にのみ必要なのかは興味深い大きな疑問である．植物やバクテリアはチロシンキナーゼの代わりにヒスチジンキナーゼを使ったシグナル伝達経路を発達させている．リン酸化チロシンの自由エネルギーがセリン/スレオニンのリン酸化より高い（反応性が高い）ことが，動物ならではの高速の情報伝達機構の獲得に何らかの関係があるのではないかとわれわれは考えている．

　チロシンキナーゼ活性は，ラウス肉腫ウイルスのがん遺伝子 *v-src* のタンパク質産物にはじめて発見され，その後インスリンやEGFなどの増殖因子受容体の細胞内ドメインにも見い出されたことから，細胞のがん化や増殖の制御において重要な役割を担うものとして注目されてきた．チロシンキナーゼはその構造から，Srcのように細胞外ドメインをもたない「非受容体型チロシンキナーゼ」と，増殖因子受容体のような膜貫通型の「受容体型チロシンキナーゼ」とに大別される（図1）．ヒトゲノムには，90種あまりのチロシンキナーゼが存在し，32種（10のサブファミリー）が非受容体型，58種（20のサブファミリー）が受容体型に分類されている．

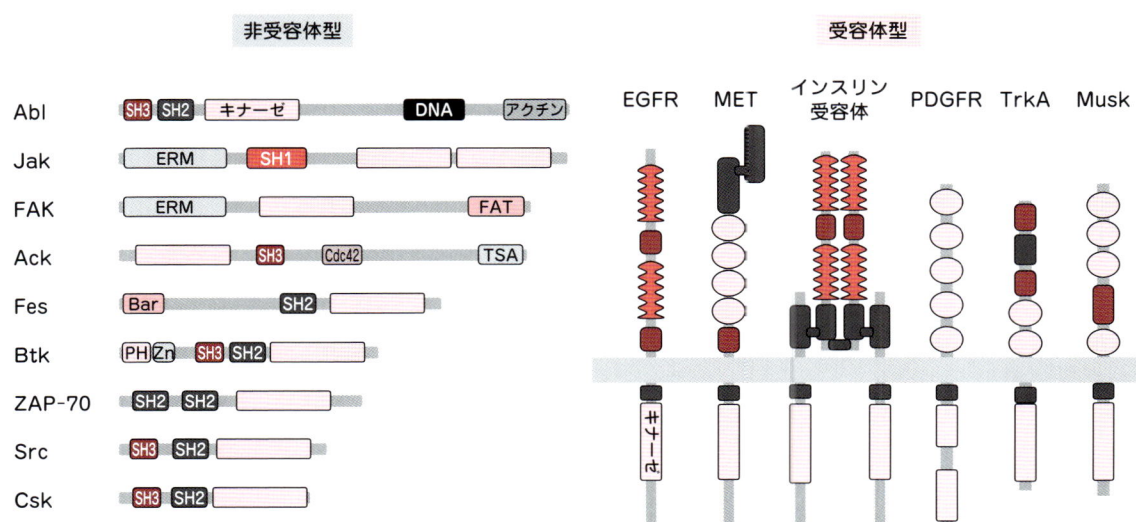

図1 代表的な受容体型チロシンキナーゼと非受容体型チロシンキナーゼの構造

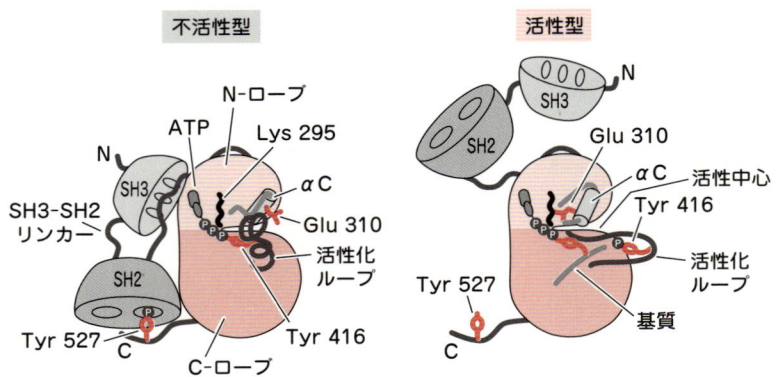

図2 チロシンキナーゼドメイン（Src）の不活性型と活性型の構造

2. 活性発現機構

　チロシンキナーゼ活性を担う触媒ドメイン（キナーゼドメイン）の一次構造はファミリー間および動物種間で非常によく保存されている．いくつかの代表的なチロシンキナーゼの結晶構造が解明され，活性発現機構が分子レベルで明らかにされているが，本稿ではSrcを例にあげて解説する（図2）．キナーゼドメインは，N末端側のN-ローブとC末端側のC-ローブの2つのサブドメインから構成され，それらのローブに挟まれた間隙が活性中心となっている．活性中心は不活性型と活性型の2つの構造をとることができ，その変換によって活性が調節される．不活性型では，αCと呼ばれる短いヘリックス構造内のグルタミン酸（Glu310）が分子の外を向き，活性化ループ（activation loop）が活性中心を塞ぐような構造をとっている．活性型では，αCの配向が変化してグルタミン酸が内部に向き，基質となるATPとの相互作用に必須のリジン残基（Lys295）と水素結合を形成している．また，活性化ループが外側に展開し，その内部のチロシン残基（Tyr416）が露出した構造をとる．これら2つの構造は通常平衡状態にあるが，細胞刺激に応じて活性化ループ内のチロシン残基が分子間でリン酸化（自己リン酸化）されると，活性型構造がロックされて（いわゆる活性化），効率よく基質にアクセスできるようになる．この自己リン酸化によるロックは，刺激終了時に脱リン酸化酵素によって解除される可逆的な反応である．

　活性化機構はチロシンキナーゼごとに特徴があり，受容体型チロシンキナーゼの場合には，リガンドとの結合により受容体が二量体化することが引き金となる．その結果，分子間で自己リン酸化が起こり，活性型がロックされる．EGF受容体の場合には，キナーゼドメインの相互作用が非対称となり，片方の受容体がアロステリックな効果で他方を活性化するというモデルが提唱されている（図3）．

　非受容体型チロシンキナーゼの場合も同様な分子間自己リン酸化が最終的な活性化を誘導する．Srcの場合は（図2，図4A），C末端制御部位のチロシン残基（Tyr527）がCskというチロシンキナーゼによってリン酸化された不活性型と，その残基が脱リン酸化された活性型の構造をとる．不活性型ではC末端リン酸化チロシンと自身のSH2ドメイン（リン酸化チロシンモチーフを認識）が分子内結合したコンパクトな構造にロックされているが，活性型ではSH2ドメインがフリーになって開いた構造となる．これらの構造は，Cskと脱リン酸化酵素のバランスによって調節されるが，通常は不活性型に平衡が大きく傾いている．そこに刺激に応答して受容体やアダプター分子が活性化すると，それらは活性型のフリーのSH2あるいはSH3ドメイン（プロリンリッチモチーフを認識）に結合し，活性型の構造をロックするとともにSrc分子を特定の場に集積させる．その結果，分子間での自己リン酸化（Tyr416）が起こり，Srcがフルに活性化すると考えられている．

　このように，チロシンキナーゼは活性型と不活性型の構造変換により活性調節され，多くの場合活性化ループの自己リン酸化によってフルに活性化状態になる．この特徴に基づいて，細胞内でのチロシンキナーゼの活性状態を検出するために，自己リン酸化を特異的に認識する抗体（Srcの場合は，抗リン酸化Tyr416抗体）がよく

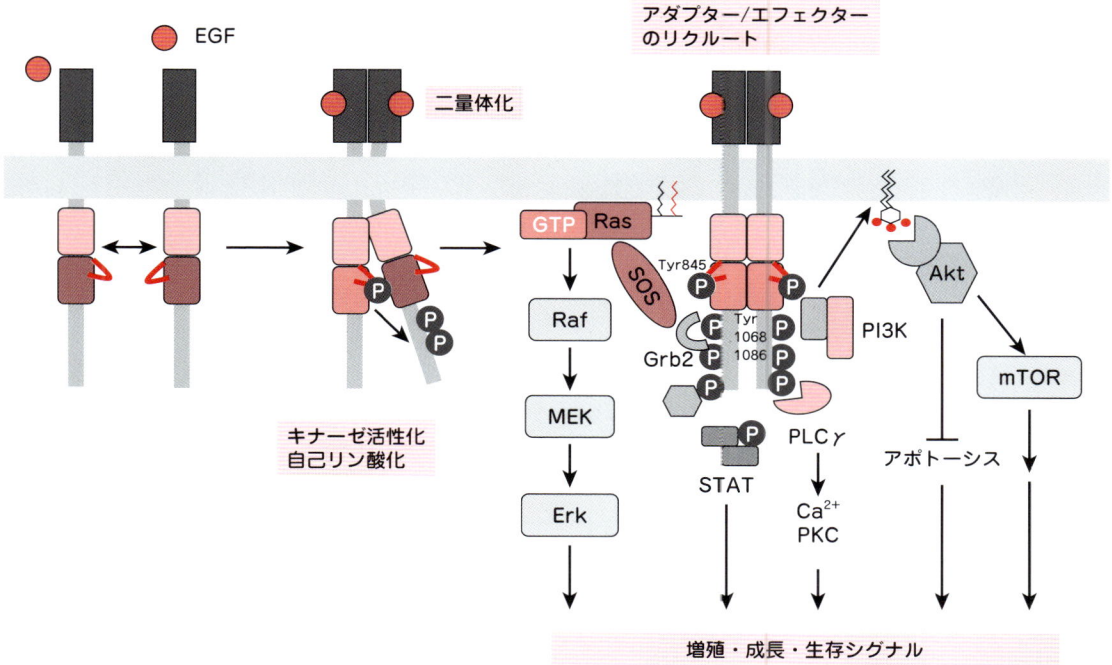

図3 受容体型チロシンキナーゼ（EGFR）の活性化機構

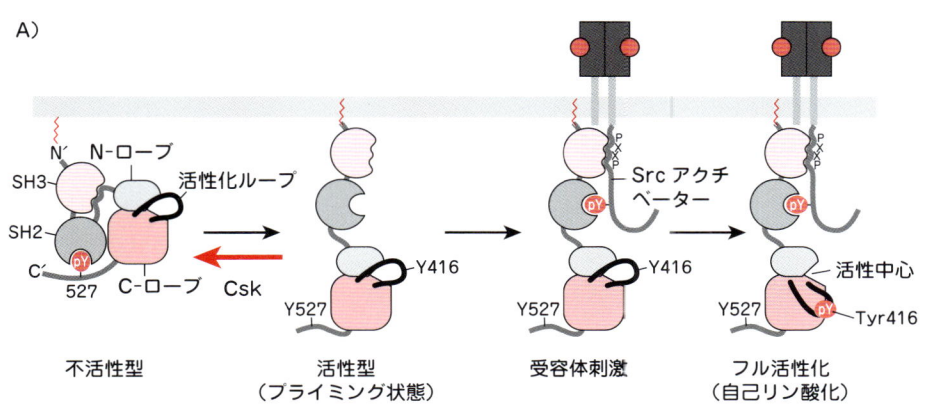

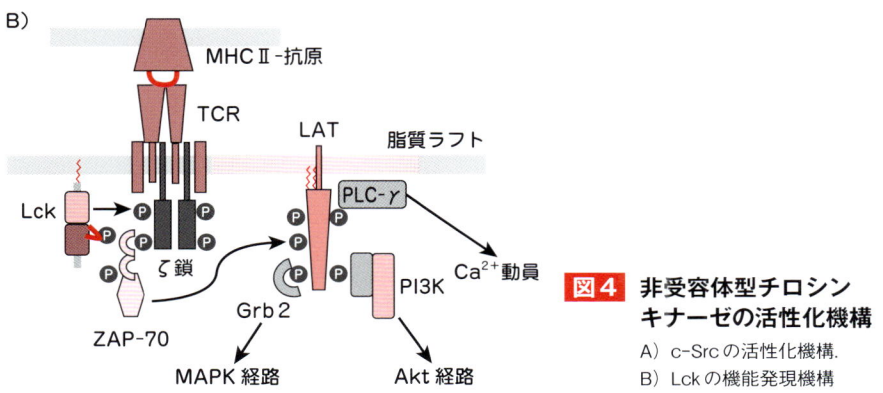

図4 非受容体型チロシンキナーゼの活性化機構
A）c-Srcの活性化機構.
B）Lckの機能発現機構

用いられている．

3. 機能

　チロシンキナーゼの基本的な機能は，チロシンリン酸化を介して種々のアダプターやシグナル分子を特定の場に集積し，その結果活性化される細胞内シグナル伝達経路を介して，細胞の増殖，分化，生存，死などの細胞運命を決定することにある．EGF（ErbB-1）受容体の場合には（**図3**），EGFの結合により受容体が二量体化する．その結果，活性化ループ内のチロシン（Tyr845）が自己リン酸化されて，フルに活性化する．ついで，C末端領域のチロシン残基（Tyr1068/1086など）がさらにリン酸化される．そのリン酸化部位に，Grb2というSH2とSH3ドメインから成るアダプタータンパク質が結合する（リクルートされる）．Grb2にはSOSという低分子量Gタンパク質Ras（**第1部-2参照**）を活性化するGTP/GDP交換因子（GEF）が結合しており，細胞質のGrb2―SOSをRasが存在する細胞膜にリクルートすることになる．その結果，活性化したRasは，Rafキナーゼを活性化することによってMAPキナーゼ経路（**第1部-4参照**）を介して遺伝子発現を調節し，あるいは，PI3Kを活性化することによってAkt経路を活性化して（**第2部-4参照**），アポトーシスの制御やmTOR経路（**第1部-17参照**）を介してタンパク質合成を調節するといった下流経路へとシグナルを伝えることになる．

　非受容体型チロシンキナーゼの機能は，主に細胞内に活性ドメインをもたない受容体と共役して，シグナルをチロシンリン酸化反応に転換することが中心となる．免疫系のT細胞受容体（TCR）や細胞接着分子であるインテグリンのシグナル伝達におけるSrcファミリーチロシンキナーゼなどの機能がよく理解されている．TCRシグナルにおいては（**図4B**），抗原提示によりTCRが刺激されると，まずSrcファミリーのLckが活性化される．LckはTCRのζ鎖をリン酸化する．リン酸化されたζ鎖に，細胞質のZAP-70と呼ばれる非受容体型チロシンキナーゼが結合し活性化する．次いでZAP-70は，膜アダプタータンパク質LATをリン酸化する．そしてリン酸化LATが，Ca^{2+}動員の2次メッセンジャーであるイノシトール-3-リン酸（IP_3）を産生するPLC-γや，Grb2やPI3Kをリクルートすることによって T 細胞の活性化に必要な下流シグナル伝達経路を活性化することになる．

　細胞接着（**第2部-7参照**）を担うインテグリンの下流では，非受容体型チロシンキナーゼFAKやSrcが活性化し，FAK自身やCasというSrc基質タンパク質にGrb2やCrkといったアダプター分子がリクルートされる．その後，下流のMAPキナーゼ経路やRhoファミリーGタンパク質の活性化を介して，細胞接着による細胞増殖や細胞運動が制御される．また，受容体型チロシンキナーゼと非受容体型チロシンキナーゼが共役して機能する場合も多く知られ，EGF受容体やPDGF受容体は，Srcと結合しその活性化を伴って機能するとされている．

参考図書

◆ 『ワインバーグがんの生物学』（Robert A. Weinberg/著　武藤　誠，青木正博/訳），南江堂，2007
◆ 『Textbook of Receptor Pharmacology, 3rd ed.』（John C. Foreman, et al./ed.），CRC Press，2010

4 MAPキナーゼカスケード
MAP kinase cascades

斎藤春雄

1. はじめに

　細胞は細胞外からの刺激にさらされると，刺激の種類に応じて増殖，分化，アポトーシス（プログラムされた細胞死）などの適応反応を示す．細胞はその細胞膜上にある受容体によって外界からの刺激を感知し，さらにその受容体の細胞質側に付随した酵素活性を変化させることによって細胞内シグナルを生成する．受容体からの情報は，細胞質内のシグナル伝達系路によって増幅され，究極的には遺伝子調節の場である細胞核へと伝えられる．MAPキナーゼカスケードは，このような細胞外から核への情報伝達を担う重要な細胞内シグナルシステムの1つである．

2. 古典的MAPキナーゼカスケード

　MAPキナーゼカスケードは3種のプロテインキナーゼによって構成されており，これらのキナーゼ分子による一連のリン酸化カスケード反応の結果，最終的に活性化される酵素がMAPキナーゼである（図）．狭義のMAPキナーゼ（mitogen-activated protein kinase：MAPK）は増殖因子やホルボールエステルなどのマイトジェン（細胞分裂促進因子）によって活性が強く誘導されるセリン/スレオニンキナーゼであり，ERK（extracellular signal regulated protein kinase）とも呼ばれる．哺乳類では，きわめて相同性の高い44 kDaのERK1（p44 MAPK）と42 kDaのERK2（p42 MAPK）が知られて

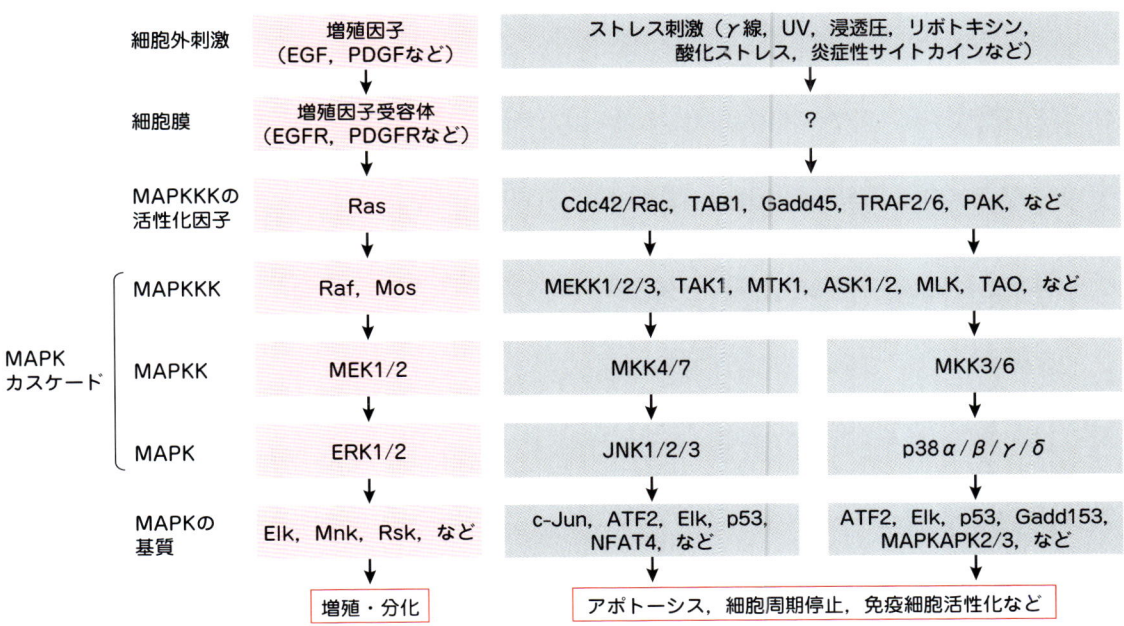

図　哺乳類のMAPキナーゼカスケード

いる．ERK1/2はほぼすべての組織で発現しており，線維芽細胞などでは名前の通りマイトジェンにより活性化されるが，より分化した細胞では，個々の細胞機能に特異的な刺激，たとえば膵臓ランゲルハンス島のβ細胞ではブドウ糖，神経細胞では神経伝達物質，などによっても活性化される．

ERK1/2は，キナーゼサブドメインⅦとⅧの中間にある活性化ループ内のThr-Xxx-Tyr配列のスレオニンとチロシンが共にリン酸化すると活性化する．非活性状態では活性化ループが酵素の反応中心を覆っているが，リン酸化によりループが移動してキナーゼ活性が現れる．このリン酸化を行うのがスレオニンとチロシンの二重特異性をもったMAPKキナーゼ（MAPKK）であり，ERK1/2を特異的にリン酸化するMAPKKはMEK（MAP kinase/ERK kinase）と呼ばれる（第2部-11参照）．

MAPKKの活性も，同様にその活性化ループ内の2個のアミノ酸（セリンあるいはスレオニン）のリン酸化によって制御される．このリン酸化はMAPKKキナーゼ（MAPKKK）により触媒される．MEK1/2を活性化するMAPKKKとしてはRafファミリーキナーゼ，Mosなどが知られている．

特異的なMAPKKK-MAPKK-MAPKの組合わせ，たとえばRaf-MEK1/2-ERK1/2をMAPKカスケードとよぶ．MAPKカスケードは，3段階の酵素反応によってシグナルを増強するとともに，刺激に対する反応性を鋭敏なものにすると考えられている．また，MAPKカスケードのシグナル伝達特異性を維持する機構として，MAPKKとMAPK分子間の特異的ドッキング結合や，MAPKKK，MAPKK，MAPKの各分子に同時に結合して複合体を形成させる足場タンパク質などが知られている．

3. その他のMAPキナーゼカスケード

古典的MAPKと構造的に高い相同性があり，かつ類似した活性化機構をもつキナーゼ群を総称してMAPKスーパーファミリーと呼ぶ．たとえば哺乳類では，さまざまな物理化学的ストレス（γ線，紫外線，高浸透圧，酸化ストレス，エンドトキシン，など）によって活性化される．JNK（Jun-N-terminal kinase）とp38などがあり，これらはストレス応答MAPキナーゼ（stress-activated protein kinase：SAPK）とも呼ばれる．また，酵母には接合因子によって活性化されるFUS3，窒素栄養状態などにより制御されるKSS1，高浸透圧ストレスで活性化されるHOG1，低浸透圧により活性化されるMPK1/2，などがある（第2部-11参照）．各MAPKは，MEK1/2と高い相同性をもつ特異的なMAPKKにより活性化される．

MAPKやMAPKKとは対照的に，MAPKKKは構造的に多様な酵素群である．おのおののMAPKKKは，異なる上流シグナルにより活性化されると考えられる．たとえば，ERK1/2の上流に位置するRaf1は低分子量Gタンパク質Ras（第1部-2参照）との結合により，またJNK/p38の上流に位置するMTK1（MEKK4），TAK1，ASK1はそれぞれGadd45ファミリータンパク質，TAB1，TRAF2などとの結合によって活性化される．しかし，MAPKKKの活性化機構についてはいまだ不明な点が多い．

4. MAPキナーゼの機能

リン酸化によって活性化されたERK1/2は，細胞質において他のキナーゼ（Mnk1/2，Rsk1〜3など）をリン酸化することにより間接的に転写制御を行うとともに，その一部は核に移行し，特異的転写因子（Elk1など）をリン酸化して直接的に転写活性制御を行う．また，ERK1/2は細胞膜のホスホリパーゼA2などもリン酸化する．活性化したERK1/2はさまざまな機能をもつが，細胞増殖の促進が重要な機能の1つであることは，ERKの上流にあるRasやRafが発がん遺伝子として同定されたことからもわかる．構成的活性型変異をもったMosやMEKは培養細胞をトランスフォームさせる．他のMAPKスーパーファミリーのメンバーも同様に，数多くの基質のリン酸化を通じてさまざまな細胞機能の制御を行うと考えられる（図）．

参考文献

◆『MAPキナーゼ：シグナル伝達の鍵分子』（西田栄介/企画），実験医学，17 (2)，羊土社，1999
◆『MAPキナーゼ研究』（西田栄介/編），蛋白質核酸酵素，47 (11)，共立出版，2002
◆『シグナル伝達研究2012』（井上純一郎，他/編），実験医学増刊，30 (5)，羊土社，2012

5 プロテインホスファターゼ
protein phosphatase

小林孝安，村田陽二，的崎　尚，田村眞理

1. はじめに

　プロテインホスファターゼは，タンパク質のリン酸化されたセリン，スレオニンやチロシンの脱リン酸反応を触媒する酵素の総称である．ヒト細胞には約140の異なったプロテインホスファターゼ遺伝子が存在することが知られている．リン酸化アミノ酸に対する特異性によりプロテインセリン/スレオニンホスファターゼ（protein serine/threonine phosphatase：PP）とプロテインチロシンホスファターゼ（protein tyrosine phosphatase：PTP）の2つのグループに大別される．それぞれのグループに異なった遺伝子産物，あるいは選択的スプライシングの産物としての多様な分子種が存在し，それぞれがシグナル伝達の制御因子として固有の生理機能を担っている．

2. プロテインホスファターゼの分類と活性制御

1）プロテインセリン/スレオニンホスファターゼ（PP）

ⅰ）分類

　PPは，PPP（phosphoprotein phosphatase）ファミリーとPPM（metal-dependent protein phosphatase）ファミリーに分類される．前者はさらにPPP1，PPP2/4/6（PP2A），PPP3（カルシニューリン/PP2B）およびPPP5のサブファミリーに分けられる．PPMファミリーは，PPPとは異なる分子進化上の起源をもち，PP2CとPDPが含まれる．PTPによる脱リン酸化反応が，活性中心におけるリン酸化システイン中間体形成を経た2段階反応で進行するのに対し，PPの作用は，活性中心に配置された金属イオンに結合した水分子が，求核試薬として基質に作用することで起こる1段階の反応である．

ⅱ）PPのサブユニット構成と活性制御

　PPPファミリーのうちPPP5以外のメンバーは触媒（C）サブユニットと調節サブユニットからなるオリゴマー酵素である（表1）．これまでに，100種類以上のPPP1結合タンパク質が報告されており，Cサブユニットの阻害因子として作用したり，ホロ酵素の基質特異性や細胞内局在の決定にかかわると考えられる．PPP2（PP2A）はCサブユニットと足場サブユニット（PR65）より構成される二量体に，第3のサブユニット（PR55，PR130/72，PR61やPTPA）が結合した三量体が存在する．各サブユニットには多種類のアイソフォームが存在し，多様なホロ酵素を構築している．同じサブファミリーに属するPPP4とPPP6も類似したホロ酵素構造をもっている．PPP3（PP2B）はカルシニューリンとも呼ばれ，触媒サブユニットとCa^{2+}結合タンパク質である調節サブユニットよりなる二量体で，Ca^{2+}/カルモジュリンによって活性化される．これらとは対照的に，PPM（PP2C）は活性タンパク質だけの単量体酵素であると考えられている．これまでに，哺乳動物細胞には，17種類の異なったPPM遺伝子産物が存在することが報告されている（表1）．

2）プロテインチロシンホスファターゼ（PTP）

ⅰ）分類

　PTPには，細胞膜貫通領域をもつ受容体型ともたない非受容体型（細胞質型）があり，リン酸化チロシン残基を特異的に脱リン酸化する古典的チロシンホスファターゼとリン酸化セリン・スレオニン・チロシン残基を脱リン酸化する二重特異性ホスファターゼが存在する（図）．さらに，両者とは異なる酵素活性中心モチーフをもち，リン酸化チロシン残基の脱リン酸化を触媒するアティピカルホスファターゼが存在する（図）．個々のPTPの基質についてはまだ同定の進んでいないものが多く，受容体型PTPのリガンドについても一部のものでは報告され

表1 プロテインセリン／スレオニンホスファターゼ（PP）のサブユニット構成

統一名称 (HGCN)	別名・通称	触媒サブユニット （Cサブユニット）	調節サブユニット
PPP1	PP1	PPP1C（3種類）	PPP1R3A（G_M），PPP1R3B（G_L）， PPP1R8（NIPP1），PPP1R12（MYPT） PPP1R14（CIP-17）など多数
PPP2	PP2A	PPP2C（2種類）	PPP2R1（A, PR65），PPP2R2（B, PR55）， PPP2R3（B', PR130/72），PPP2R4（PTPA）， PPP2R5（B", PR61），IGBP1（α4）
PPP3	カルシニューリン PP2B	PPP3C（3種類）	PPP3R1，PPP3R2
PPP4	PP4	PPP4C（1種類）	PPP4R1，PPP4R2，PPP4R4
PPP5	PP5	PPP5C（1種類）	
PPP6	PP6	PPP6C（1種類）	PPP6R1，PPP6R2，PPP6R3，IGBP1（α4）
PPM	PP2C	PPM1A（PP2Cα） など17種類	

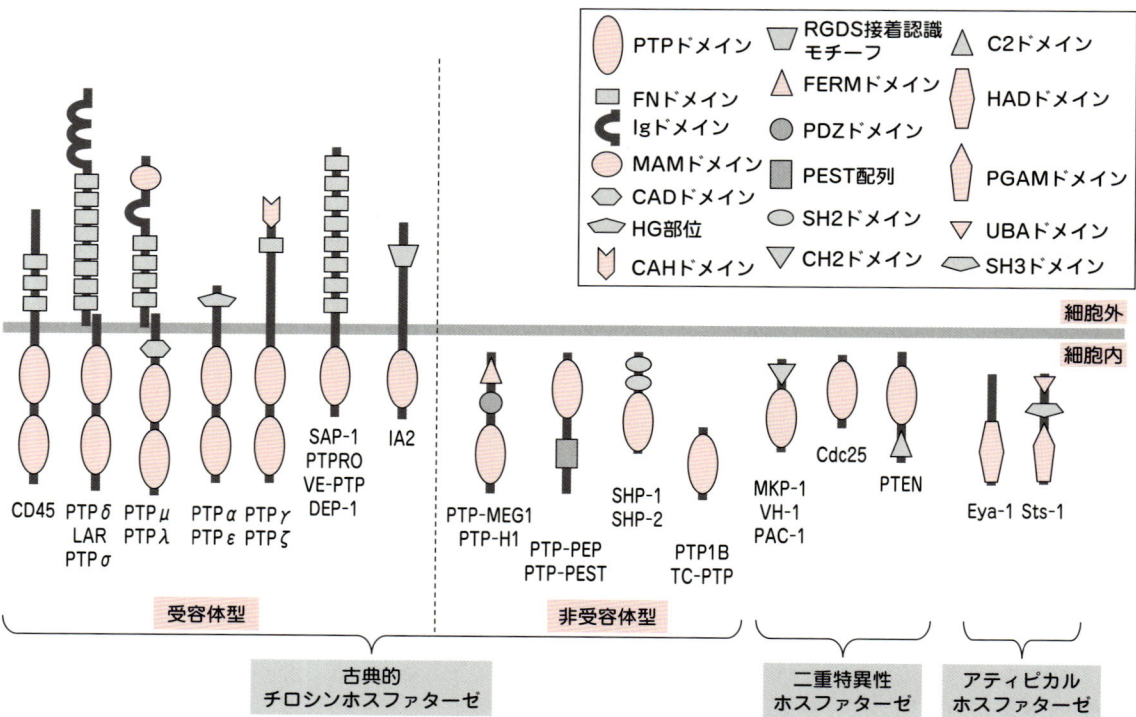

図　チロシンホスファターゼスーパーファミリーの代表的メンバー

チロシンホスファターゼスーパーファミリーには古典的チロシンホスファターゼ，二重特異性ホスファターゼ，アティピカルホスファターゼが存在する．（PTP：protein tyrosine phosphatase, FN：fibronectin type III-like, Ig：immunoglobulin-like, MAM：meprin/A5 protein/protein tyrosine phosphatase μ homology, CAD：cadherin-like, HG：heavily glycosylated, CAH：carbonic anhydrase-like, RGDS：arginine-glycine-aspartic acid-serine, FERM：four-point-one protein/ezrin/radixin/moesin homology, PDZ：postsynaptic density 95/discs large/zonula occludens-1 homology, PEST：proline-, glutamate-, serine- and threonine-rich, SH2：Src homology 2, CH2：cdc25 homology region 2, C2：protein kinase C conserved region 2, HAD：haloacid dehalogenase, PGAM：phoshoglycerate mutase, UBA：ubiquitin-associated, SH3：Src homology 3）

表2 PPの機能

名称	分類	機能
PPP1	代謝調節 筋肉系 細胞増殖	グリコーゲン合成促進 平滑筋弛緩作用 細胞周期の調節
PPP2	代謝調節 情報伝達 転写 細胞骨格 分化	解糖促進，糖新生抑制，脂肪分解抑制 ERKシグナル伝達路の抑制 CREB，c-Junの不活性化 チューブリン，ニューロフィラメント重合促進 神経細胞分化，顆粒球分化，脂肪細胞分化促進
PPP3	神経系 細胞死	LTDの誘発，ダウン症 アポトーシスの誘導
PPP4	細胞内構造 情報伝達 クロマチン	セントロソーム形成 NF-κBのDNA結合能の増強 ヒストン脱アセチル化，複製フォークの安定化
PPP5	受容体機能	エストロゲン受容体，グルココルチコイド受容体の制御
PPP6	情報伝達	CaMKIIの抑制
PPM	情報伝達 mRNA 細胞周期 代謝制御	SAPKシグナル伝達路の抑制 スプライソソームの形成促進 p53，チェックポイント機能の抑制 AMPKの抑制

ているが，大部分は不明である．

ⅱ）活性制御

PTPの活性制御には以下のように複数の制御機構が存在すると考えられている．①二量体化による制御：CD45，PTPα，PTPεなどで報告されており，二量体化によりPTP活性が抑制される．②分子内構造変化による制御：たとえばSHP-2では，自身のN末端SH2領域がPTP領域の酵素活性中心を覆い隠すように結合することで，基質の脱リン酸化を抑制すると考えられている．③リガンド結合による制御：CD45ではGalectin-1との結合が，PTPζではpleiotrophinとの結合などがPTP活性を抑制することなどが知られている．④活性酸素による制御：受容体型チロシンキナーゼ，インテグリン，Gタンパク質共役型受容体などの活性化により生じた活性酸素がPTPの酵素活性中心のシステイン残基を可逆的に酸化し，PTP活性を抑制する．PTP1B，SHP-2をはじめ，複数のPTPで報告されている．⑤リン酸化による制御：PTPαでは細胞内領域のセリン残基のリン酸化がPTP活性を促進することが報告されている．⑥PTPの酵素活性自体の変化ではなく，細胞内局在の変化による基質に対する相対的活性の制御．細胞内ではこれらの制御機構が複合的に作動している可能性がある．

3. プロテインホスファターゼの機能

1）PP

ここでは代表的な機能を紹介する．その他の機能については表2にあげた．

ⅰ）PPP1

クロマチンリモデリングの制御やシナプス可塑性の制御などが報告されているが，結合タンパク質の多様性から，数多くの未知の機能の存在が予想されている．

ⅱ）PPP2（PP2A）

PPP2の選択的阻害剤であるオカダ酸ががん化のプロモーションを起こすことや，ある種のがん化ウイルスの結合により基質特異性が影響を受けることから，古くからがん化への関与が指摘されていた．c-Mycやp53など多くのがん化関連タンパク質が基質として同定されている．

ⅲ）PPP3（カルシニューリン）

PPP3は転写因子であるNFATを脱リン酸化することでIL-2をはじめとする種々のサイトカインの発現を誘導し，細胞障害性T細胞の分化増殖にかかわる．免疫抑制剤のうちシクロスポリンをはじめとするカルシニューリン阻害剤は，FK506 binding protein（FKBP）と複合体を形成した上でPPP3を阻害し，細胞性免疫・体液性免

疫を抑制する．

iv）PPP4
SMN複合体（脊髄性筋萎縮症の原因遺伝子）の機能制御を通じてRNAスプライシングの制御にかかわっていることが示唆されている．

v）PPP5
遺伝子欠損マウスの解析からDNA損傷に応答した細胞周期調節機構に関与していることが示唆されている．また，ASK1の制御を介してアポトーシスの制御にもかかわっている．

vi）PPP6
自然免疫の情報伝達にかかわるTAK1の抑制に関与する．

vii）PPM（PP2C）
ファミリー全体としてストレス活性化プロテインキナーゼカスケードの制御をはじめとする細胞の危機管理機構の調節にかかわる．ファミリーのうち細胞周期のチェックポイントや，p53の抑制機能をもつPPM1Dは，実際にがん細胞で発現が高いことが知られており，がん治療のターゲットとして注目されている．

2）PTP
以下にいくつかのPTPの機能やその異常によるヒト疾患とのかかわりを紹介する．

i）古典的チロシンホスファターゼ
CD45：造血細胞に特異的に発現し，Srcファミリーチロシンキナーゼ，JAKの活性を制御する．ヒトCD45遺伝子の異常は，重篤免疫不全症や多発性硬化症などの疾患との関連が報告されている．

SHP-2：組織普遍的な発現様式を示し，抗原受容体，サイトカイン，各種増殖因子受容体を介したシグナルを制御する．ヒトSHP-2遺伝子の変異がNoonan症候群，若年性骨髄単球性白血病の発症に関与する．また，H. pyloriの産生するCagAとの相互作用により胃がんの発症にも関与することが知られている．

PTP1B：インスリンシグナルを抑制的に制御すると考えられている．ノックアウトマウスは糖尿病と食餌性肥満に耐性があることや，ヒトPTP1B遺伝子の異常が糖尿病と関連することが示されており，肥満，糖尿病治療のターゲットとして注目されている．

ii）二重特異性ホスファターゼ
MKP-1：ERK，JNKやp38の不活性化に関与．

PTEN：ホスファチジルイノシトール（3, 4, 5）三リン酸の3位のリン酸基の脱リン酸化を触媒し，ホスファチジルイノシトール3キナーゼを介したシグナルを負に制御する．ヒトPTEN遺伝子の異常は，Bannayan-Zonana症候群やCowden症候群などの過誤腫性のポリープ症との関連が報告されている．

iii）アティピカルホスファターゼ
Eya-1：ヒストンH2AXのリン酸化チロシン残基の脱リン酸化を担い，DNA損傷に対する細胞応答の制御に関与すると考えられている．

Sts-1：T細胞の抗原受容体の下流分子であるチロシンキナーゼZap70を脱リン酸化し，抗原受容体を介したシグナルを抑制的に制御することが報告されている．

参考文献
◆『プロテインホスファターゼの構造と機能』（田村眞理，他/編），共立出版，2000
◆『Protein Phosphatases（Topics in Current Genetics）』（Joaquin Arino & Denis R. Alexander/ed.），Springer-Verlag, 2004
◆『ホスファターゼ研究新章』（的崎 尚/監），細胞工学，30(6)，秀潤社，2011

第1部 概説 シグナル伝達の主要因子と経路

6 リン脂質シグナリング
signaling by phospholipid mediators and phospholipid metabolizing enzymes

伊集院壮，竹縄忠臣

1. はじめに

脂質は古くから脂溶性ホルモン，三大栄養素の1つ，そして生体膜の構成成分として知られている．しかし，形質膜や細胞内小器官膜の構成成分は一様でなく，時間的・空間的に常に制御されている．イノシトール3リン酸（IP_3）による小胞体からのカルシウム誘導にはじまったリン脂質シグナル伝達研究は，リン脂質代謝酵素遺伝子の単離によって，おおよそ理解されたと思われた．しかし，新しい脂質メディエーターの発見やリン脂質代謝酵素の疾患への関与が次々と明らかとなっている．本稿では，多彩なリン脂質の機能を解説する．

2. 基本メカニズム

リン脂質は脂肪酸鎖にリン酸が結合したものであり，その構造によって分類される（図1）．グリセロリン脂質はグリセリンのC1, C2位に脂肪酸が，C3位にリン酸が結合したものである．脂肪酸鎖が1本結合したものもあり，リゾ体（リゾリン脂質）と呼ばれる．哺乳細胞に存在する主なリン脂質は，ホスファチジルセリン（PS），ホスファチジルエタノールアミン（PE）であり，ホスファチジルイノシトール（PI），ホスファチジン酸（PA）やリゾホスファチジン酸（LPA）も少量存在している．一方，スフィンゴリン脂質はスフィンゴシン（Sph）が脂

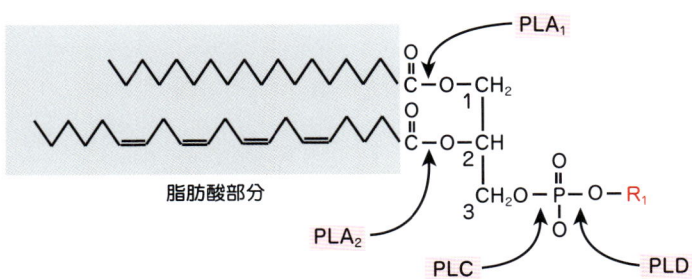

図1 リン脂質の構造

リン脂質は細胞膜に埋め込まれる脂肪酸部分と膜から表出されるリン酸を含む部分から構成される．リン酸に結合する側鎖（R_1）によってリン脂質は分類され，おのおのがシグナルリン脂質として機能する．ホスファチジルイノシトールはさらにイノシトール環の3カ所にリン酸化を受け，おのおのが性質の異なるバイオモジュレーターとしての機能を果たす．ホスホリパーゼ（PLA_1～PLD）は加水分解する部位によって分けられる．図にそれぞれの切断部位を示した

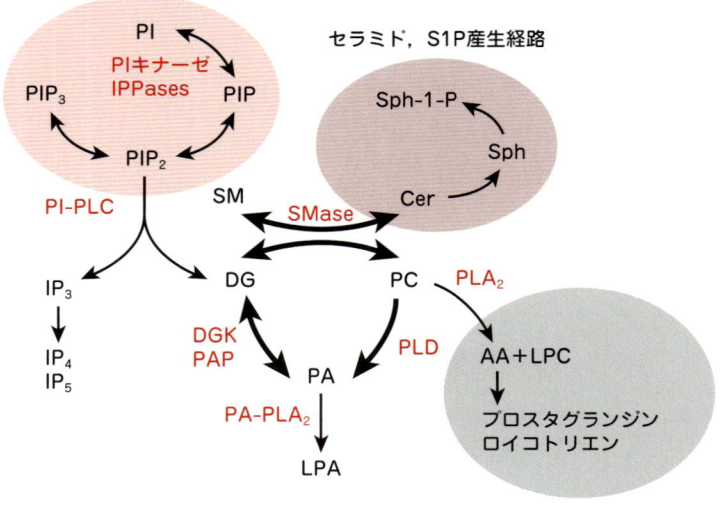

図2 リン脂質代謝のクロストークと情報変換系

イノシトールリン脂質代謝やセラミド産生経路はつながっており相互に情報を変換している．色文字で示されたリン脂質代謝酵素によって効率的なリン脂質産生や分解が行われることで，リン脂質シグナリングの複雑なネットワークは制御されている．AA：アラキドン酸，DGK：DGキナーゼ，SM：スフィンゴミエリン，SMase：スフィンゴミエリナーゼ，PAP：PAホスファターゼ

肪酸と結合したセラミド構造に，さらにリン酸基が結合した脂質である．神経細胞の軸索を覆うスフィンゴミエリン（SM）やスフィンゴエタノールアミンなどがこれに当たる．リン脂質はホスホリパーゼ（PLA，PLC，PLD）などの加水分解酵素，スフィンゴミエリナーゼ（SMase）などによって別のリン脂質に変換される（図2）．さらに，これらのリン脂質はリン酸化酵素などリン脂質代謝酵素の修飾を受け，非常に多様な脂質メディエーターやバイオモジュレーター脂質の産生へとつながる．リン脂質代謝酵素は非常に精巧な制御を受け，リン脂質の細胞内での一過的な産生を司っているが，非常に多くの分子種が存在している．そのために，必要に応じて局所的にリン脂質を産生することが可能になっている．

3. 機能

リン脂質の機能は大きく3つに分類される．1つは脂質メディエーターとしての働きである．脂質メディエーターとは生理活性をもつ脂質のことで，局所で一過的に産生され，その場所にある細胞膜受容体に作用してシグナルを伝達し，その後，すみやかに分解されるものを表す．スフィンゴシン-1-リン酸（Sph-1-P）やLPAは生理活性をもつリゾリン脂質であり，形質膜上のGタンパク質共役型受容体に作用してシグナルを伝達する．LPAはLPCがオートタキシンによって分解されることによって産生される．LPAはLPA1受容体を介して，がん細胞の浸潤・転移，オリゴデンドロサイトにおける脱ミエリンを促進することが知られている．また，Sph-1-PはSphからスフィンゴシンキナーゼによって産生され，内皮細胞における細胞遊走や管腔形成を促進する作用をもつ．特に血管内皮細胞における血管新生促進作用や血管収縮作用については血管新生療法への応用が期待されている．最近リゾホスファチジルセリン（LPS）がマスト細胞での脱顆粒作用をもつことも知られてきた．

2つ目はセカンドメッセンジャーとしての機能である．セカンドメッセンジャーは受容体からのシグナルを受けて産生され，次の分子の酵素活性を変化させる物質のことを表す．ジアシルグリセロール（DG）はPLCによってPI（4，5）P_2から産生される，グリセロ脂質でPKCの活性化を介してRas-MAPKを介した細胞増殖シグナルを調節している（図2）．PAはPIP 5-kinaseを活性化してPI（4，5）P_2を産生したり，タンパク質合成や細胞内エネルギー代謝に重要なシグナル伝達分子であるmTORを活性化したりする．

3つ目はバイオモジュレーターとしての働きである．バイオモジュレーター脂質はタンパク質と結合することによって，そのタンパク質を細胞内の特定の場所に集めるものを表す．PHドメインやBARドメインなどすでに300以上の分子にイノシトールリン脂質結合ドメインが存在していることが明らかになっている（表）．細胞増殖シグナルを伝達するAktはPHドメインを介して細胞

表　リン脂質結合ドメインと結合リン脂質

ドメイン	リン脂質結合分子	結合リン脂質
PHドメイン	PLCδ1, mSos1, RasGAP	$PI(4,5)P_2$
	Btk, GRP1, ARNO	$PI(3,4,5)P_3$
	TAPP1	$PI(3,4)P_2$
	Akt/PKB	$PI(3,4,5)P_3$, $PI(3,4)P_2$
FERMドメイン	Ezrin, PTPL1	$PI(4,5)P_2$
	Radixin	$PI(4,5)P_2$, IP_3
FYVEドメイン	EEA1, Fab1p, PIKfyve	$PI(3)P$
PXドメイン	p40^{phox}, SNX3, Vam7p	$PI(3)P$
	p47^{phox}	$PI(3,4)P_2$, $PI(4)P$, $PI(4,5)P_2$
ENTHドメイン	epsin1-3, AP180	$PI(4,5)P_2$
	Hip1r	$PI(3,4)P_2$, $PI(3,5)P_2$
GRAMドメイン	Myotubularin, RabGAP	$PI(3,5)P_2$
PHDフィンガー	ING2	$PI(5)P$
Sec14ドメイン	Sec14, MEG2	$PI(3,4,5)P_3$, PS
C2ドメイン	PKCβ1, Synaptotagmin	PI, PS
C1ドメイン	PKCε, PKCθ	DG
その他	Tubby, vinculin, α-actinin	$PI(4,5)P_2$

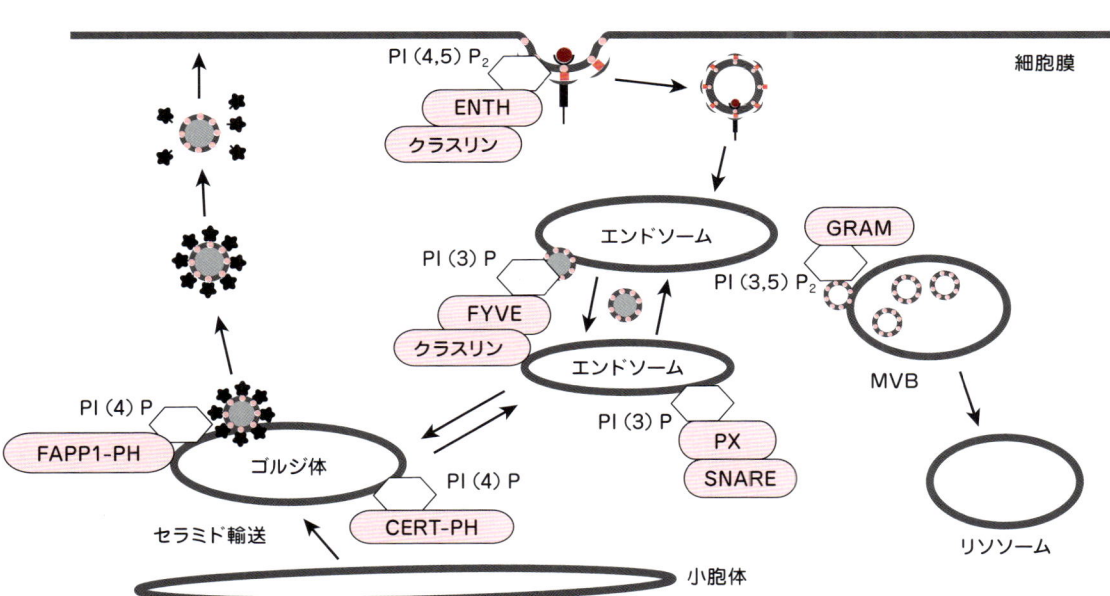

図3　細胞内輸送とイノシトールリン脂質結合ドメイン

細胞膜や細胞内小器官の間の輸送においては，その輸送場所に応じて，イノシトールリン脂質の使い分けが行われている．エンドソームからの輸送には主に$PI(3)P$が，ゴルジ体では主に$PI(4)P$が用いられている．この使い分けによって，すべての細胞内物質輸送が適切に行われるものと考えられる．リン脂質結合ドメイン：FH, ENTH, FYVE, PX, GRAM

膜のホスファチジルイノシトール3リン酸〔PI (3, 4, 5) P$_3$〕と結合することによって活性化され，GSK3やFoxOなどをリン酸化することは有名である．また，nPKCのC2ドメインはPSと結合する．ENTHドメインやFYVEドメインはそれぞれPI (4, 5) P2やPI (3) Pに結合し，細胞膜やエンドソームにおける細胞内小胞輸送をコントロールしている．ホスホイノシチドは全部で7種類存在しており，それぞれが細胞内で非常に特徴的な局在を示す（図3）．たとえば，GRAMドメインをもつタンパク質はmulti vesicular body（MVB）に存在し，タンパク質のリソソームでの分解に機能している．それによって多くの脂質結合ドメインをもつ分子をその部分に集めて，細胞内の小胞輸送に必要な装置を完成させていると考えられている．

質量分析装置の性能向上によって全脂質の0.01％にも満たない微量のリン脂質の存在が次々と明らかとなっている．実際，LPSやリゾホスファチジルイノシトール（LPI），ホスファチジルイノシトール（5）-1リン酸（PI5P）など，新しい機能をもつ脂質の発見は続いている．その代謝酵素の同定と代謝経路の解明によって，リン脂質シグナリングの地図はさらに広がって行くと期待される．

参考文献

◆『脂質メディエーターの機能』（横溝岳彦，村上　誠/企画），実験医学，27（13），羊土社，2009
◆『脂質生物学がわかる』（清水孝雄/編），実験医学別冊，羊土社，2004
◆「脂質を動かす・脂質が動かす」（花田賢太郎，深見希代子/企画），実験医学，24（7），羊土社，2006

7 NF-κBシグナリング

NF-κB signaling

山本瑞生, 井上純一郎

1. はじめに

rel遺伝子は, 脾臓に腫瘍を誘発するトリレトロウイルス (reticuloendotheliosis virus strain T) の発がん遺伝子として1981年同定された. 一方, '86年免疫グロブリンκ軽鎖遺伝子が発現するために必要なエンハンサー領域〔κB配列：5´-GGGRNNYYCC-3´ (R：プリン, Y：ピリミジン)〕に結合する転写因子が同定されnuclear factorκB (NF-κB) と名づけられた. その後NF-κBは精製され, p50とp65 (後にRelA) のヘテロ二量体であることが明らかとなった. このようにRelとNF-κBは独立に研究されてきたが'90年p50のcDNAがクローニングされ, そのN末端300アミノ酸がc-Relの同じ部位と高い相同性を有することが明らかとなった. この相同性の高い部位をRelホモロジードメイン (RHD) と呼ぶ (図1). その後p65もRHDをもつことが明らかとなった. Rel/NF-κBファミリーの誕生である. 当時の生化学的解析からNF-κBは通常その抑制因子と複合体を形成し細胞質に存在しており, 種々のサイトカインなどの細胞外刺激により抑制因子から解放され核移行すると考えられていた. その抑制因子はIκB (inhibitor of NF-κB) と名付けられた.

2. Rel/NF-κBファミリーとIκBファミリー

RelAに続いてRelB, p52もRHDをもつことが明らかとなり, Rel/NF-κBファミリーメンバーが増えた (図1). Rel/NF-κBファミリーメンバーは互いのRHDによって結合し, ホモあるいはヘテロ二量体を形成してκB配列に結合する. このときc-Rel, RelA, RelBの転写活性化ドメインにより遺伝子発現が誘導される. 一方でIκBファミリーメンバーは6〜7個のアンキリンリピートを介してRel/NF-κBファミリーメンバーのRHDに結合する.

無刺激下では, この結合によってRHDのC末端側に存在する核移行シグナルがマスクされるためにRel/NF-κBファミリーは細胞質に引き留められており, 後述するIκBの分解によって核移行シグナルが機能するようになりRel/NF-κBファミリーは核内へと移動する. 興味深いことに, 最近の研究からIκBファミリー分子のなかにもBcl-3やIκBζといった転写活性化能をもつものが存在し, これらは転写活性化ドメインをもたないp50などと複合体を形成すると自身の転写活性化能により遺伝子発現を誘導することが明らかになっている. また一部の細胞ではp105のC末端側が転写翻訳されてIκBγとして働いていることも報告されており, NF-κBの細胞特異的な機能に貢献していると考えられている.

3. 活性化メカニズム

最終的に活性化するNF-κB複合体の種類によってClassical経路とAlternative経路に大別される (図2). Classical経路では受容体からのシグナルによってRIP1などのアダプタータンパク質がポリユビキチン化修飾を受ける. このRIP1の修飾についてはK63型以外にも, K11型や直鎖状などのさまざまな型のポリユビキチン化修飾の重要性が報告されている. このポリユビキチン鎖を足場としてIKK複合体 (NEMO/IKKα/IKKβ, IKKはinhibitor of IκB kinaseの略) やそれを活性化させるTAK1がTAB2を介して集合する. TAK1によりリン酸化されたIKK複合体は活性化して, 普段p50/RelAなどと複合体を形成してその活性を抑制しているIκBαのN末端側の2つのセリンをリン酸化する (図1). さらにこのリン酸化を目印としてIκBαはK48型のポリユビキチン化を受けプロテアソームによって分解される. こうしてIκBαから離れたp50/RelAは核に移行し標的遺伝子のκBモチーフに結合して発現を誘導する. Alternative

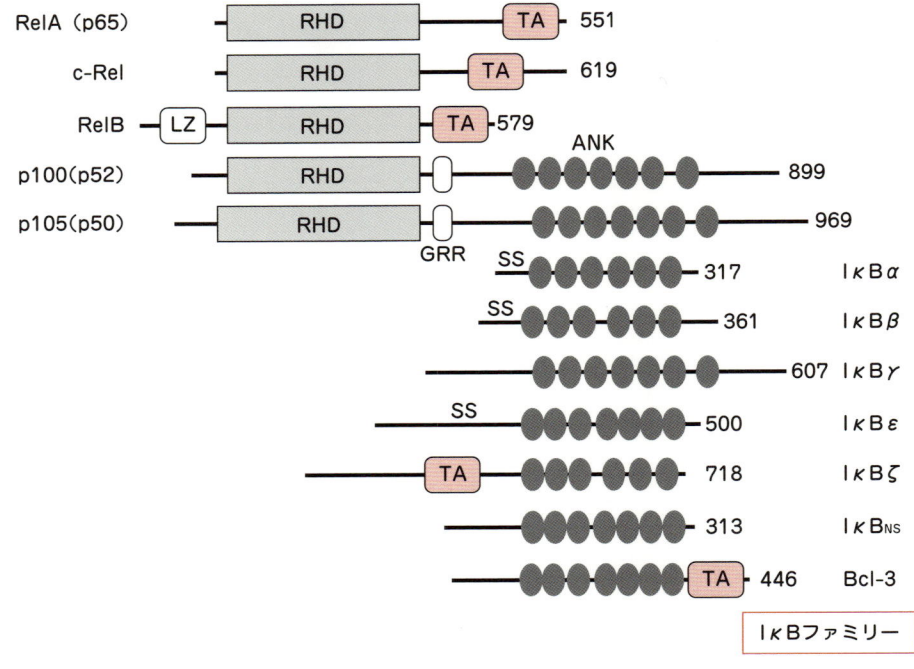

図1 Rel/NF-κBファミリーおよびIκBファミリーメンバーの構造
RHD：Relホモロジードメイン，TA：転写活性化ドメイン，LZ：ロイシンジッパー，GRR：グリシンに富む領域，ANK：アンキリンリピート

経路では，無刺激下ではcIAP/TRAF2/TRAF3複合体によってK48型ポリユビキチン化を受けて分解しているNIKが，受容体からの刺激依存的なTRAF3の分解によって安定化して細胞内に蓄積し，下流のIKKα複合体をリン酸化・活性化させる．さらにIKKαによってC末端側をリン酸化されたp100はp52へと部分的に分解され，RelBとともに核内へ移行し標的遺伝子の発現を誘導する．両経路において刺激依存的に分解されるIκBαやp100がNF-κBの標的遺伝子として再び発現誘導されるため，NF-κBは一過性に活性化してやがて収束する．このようにシグナル伝達の活性化依存的に誘導されてシグナル伝達を収束させるネガティブフィードバック因子としては，IκBαやp100以外にもA20やCYLDといったK63型ユビキチン化を分解する脱ユビキチン化酵素が知られている．正常細胞ではNF-κBシグナル伝達はこのようにさまざまな翻訳後修飾によって厳密に制御されているが，これらの修飾機構の破綻によるNF-κBシグナルの異常ががんをはじめとしたさまざまな疾患の原因となることが報告されている．

4. 機能

これら2つの経路はその活性化機構から活性化に要する時間が異なる．すなわち，Classical経路が5分から30分以内に速やかに活性化されるのに対して，Alternative経路の活性化にはNIKタンパク質の蓄積が必要なため数時間から十数時間という比較的長い時間が必要である．その機能も異なることが報告されており，Classical経路の下流ではサイトカインやケモカインなどの炎症反応に重要な因子が発現誘導される．一方でAlternative経路の下流ではケモカインに加えて免疫組織の形成や発達などに重要な因子が発現誘導される．さらに，Rel/NF-κBファミリー，IκBファミリー，IKKファミリーやTRAFファミリーのノックアウトマウスの解析およびヒトの遺伝病の解析などからNF-κBがさまざまな細胞のアポトー

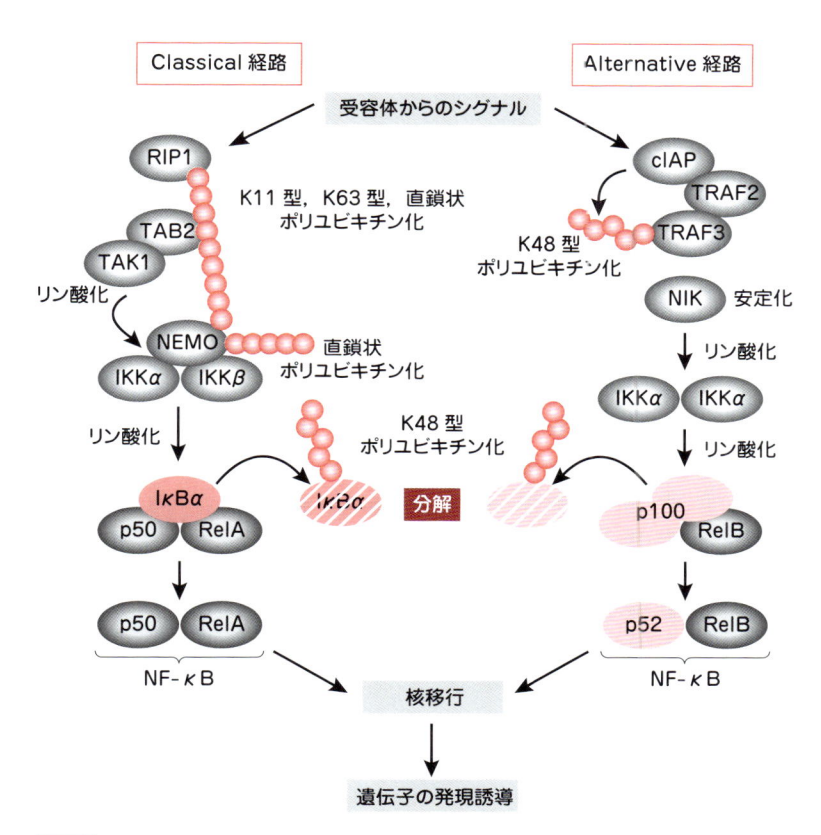

図2 2つのNF-κB活性化経路

Classical経路はTNFα, IL-1, CD40L, LPSなどの刺激で活性化される．一方Alternative経路はLTα$_1$β$_2$, Blys/BaFF, RANK, CD40Lなどの刺激で活性化される．両シグナル伝達にはリン酸化やポリユビキチン化などのさまざまなタンパク質の翻訳後修飾が関与している．特にポリユビキチン化修飾においてはユビキチン分子同士の結合様式の違いによってK63型と呼ばれるシグナル伝達の足場となる修飾や，K48型と呼ばれるタンパク質分解の指標となる修飾が存在する．近年Classical経路においてNEMOやRIP1の直鎖型ユビキチン化という新しいユビキチン化修飾がIKK複合体の活性化に重要な働きをもつことが明らかとなっている

シスの抑制，皮膚形成や骨の恒常性の維持に重要であるだけでなく，リウマチやがんの発生や進行にも重要な働きをもっていることが明らかになっている．誌面の都合上，具体的な内容については参考文献またはDr. Thomas D. Glimoreのホームページなどを参照していただきたい．

参考文献

- 金山敦宏, 井上純一郎：蛋白質核酸酵素, 51：1266-1270, 2006
- Liu, S. & Chen, Z. J.：Cell Res., 21：6-21, 2011
- 「NF-κB Transcription Factors」(http://www.bu.edu/nf-kb/)：Dr. Thomas D. Gilmoreが主催するRel/NF-κBのホームページ

第1部 概説 シグナル伝達の主要因子と経路

8 Smadシグナリング
Smad signalling

星野佑香梨, 宮園浩平

1. はじめに

Smadは，セリン/スレオニンキナーゼ型受容体からのシグナルを核内に伝達する主要な分子群である．セリン/スレオニンキナーゼ型受容体のリガンドは，TGF (transforming growth factor)-βファミリーであり，30種類以上のタンパク質が存在する．TGF-βファミリーが生体内で担う役割は，細胞増殖抑制，がん転移，創傷治癒，発生，免疫と多岐に渡る．

2. 基本メカニズム

Smadの特徴は，細胞膜上のセリン/スレオニンキナーゼ型受容体により直接リン酸化され，さらに核内で転写因子として機能する点である（図1）．

セリン/スレオニンキナーゼ型受容体のリガンドは，TGF-βファミリーと呼ばれる一群のサイトカインである．TGF-βファミリーは構造上，TGF-βやアクチビン，BMP (bone morphogenetic protein) などのファミリーに分類される．

セリン/スレオニンキナーゼ型受容体にはⅠ型受容体とⅡ型受容体があり，両者がシグナル伝達に必須である．リガンドはⅡ型受容体とⅠ型受容体の両者に結合し，リガンド，Ⅰ型受容体2分子，Ⅱ型受容体2分子からなるヘテロ四量体を形成する．Ⅱ型受容体は恒常的に活性型であり，リガンドの結合により，Ⅰ型受容体のGSドメインをリン酸化する．リン酸化されたⅠ型受容体は，そのキナーゼ活性によって，R-Smadをリン酸化する．

Smadは約50〜80 kDaのタンパク質である．哺乳類では8種類あり，R-Smad (receptor-regulated Smad)，Co-Smad (common-mediator Smad)，I-Smad (inhibitory Smad) の3タイプに分類される．R-Smadは受容体によってリン酸化され，核内に移行し転写因子として働く．Co-Smad (Smad4) はR-Smadと

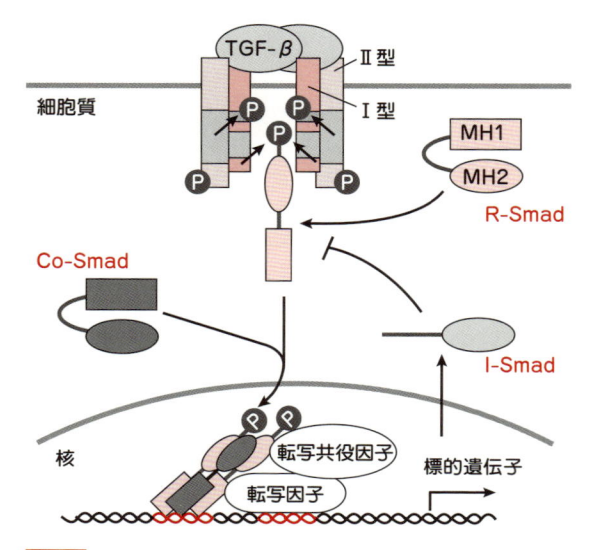

図1 Smadシグナルの概略図
リガンドが受容体に結合すると，Ⅱ型受容体によって活性化されたⅠ型受容体がR-Smadをリン酸化する．リン酸化されたR-SmadはCo-Smadと複合体を形成し，核内で転写因子として働く．I-SmadはR-Smadの活性化を抑制する

結合し転写の活性化に働く．I-Smad (Smad6/7) は，R-Smadの抑制因子として働く．

SmadはMH1，リンカー，MH2の3つのドメインからなる．MH2ドメインはすべてのSmadで相同性が高く，SmadとⅠ型受容体との結合に必須である．R-SmadのMH2ドメインにはⅠ型受容体によりリン酸化されるSSXSモチーフがある．MH1ドメインはDNA結合部位であり，I-Smadには保存されていない．

R-Smadは構造と機能によりSmad2/3とSmad1/5/8の2タイプに分類される．TGF-β，アクチビンはSmad2/3を活性化し，BMPはSmad1/5/8を活性化する（図2）．

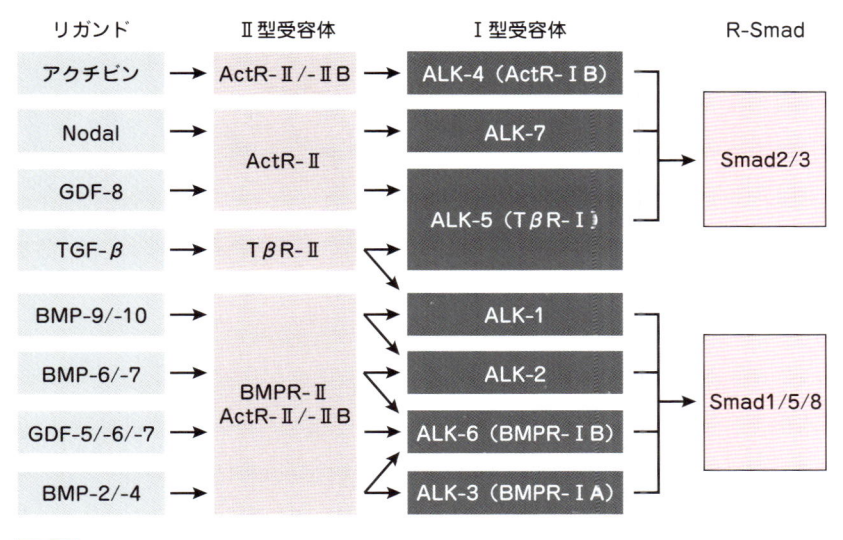

リガンド	II型受容体	I型受容体	R-Smad
アクチビン	ActR-II/-IIB	ALK-4 (ActR-IB)	Smad2/3
Nodal	ActR-II	ALK-7	
GDF-8		ALK-5 (TβR-I)	
TGF-β	TβR-II		
BMP-9/-10	BMPR-II ActR-II/-IIB	ALK-1	Smad1/5/8
BMP-6/-7		ALK-2	
GDF-5/-6/-7		ALK-6 (BMPR-IB)	
BMP-2/-4		ALK-3 (BMPR-IA)	

図2 リガンド，受容体，R-Smadの組合わせ

　受容体によりリン酸化されたR-Smadは，Co-Smadと複合体を作り，核内に移行して転写因子として働く．Smadは，転写共役因子であるp300やCBPとDNA上で複合体を形成することで，転写を活性化する．Smadは他の転写制御因子〔Runx（第2部-23参照），Fastなど〕と結合することによってこれらと協調的に働く．

　I-SmadはI型受容体に直接結合し，R-Smadのリン酸化を阻害する．また，I-SmadとユビキチンE3リガーゼSmurfが結合することで，SmurfはI型受容体をユビキチン化し，I型受容体を分解に導く．I-Smadのうち，Smad6はBMPのシグナルを抑制し，Smad7はTGF-βおよびBMPの両方のシグナルを抑制する．

3. 機能

　Smad3のノックアウトマウスは，生後1〜8カ月で腸管の慢性の感染症などが原因で死亡する．また，Smad3のノックアウトマウスで皮膚の損傷が速やかに修復される．その機序として，Smad3のノックアウトマウスにおいてはTGF-βのケラチノサイトに対する増殖抑制効果がないこと，マクロファージが遊走しないため損傷部の炎症が少ないことなどがあげられる．Smad2もSmad3もTGF-βによって活性化されるが，TGF-βシグナルにはSmad3がより重要であると考えられている．一方，Nodalやアクチビンのシグナルには Smad2 が重要である（第2部-21参照）．

　Smad4のヘテロ欠失は，ヒトの若年性大腸ポリポーシス症を引き起こす．一方，Smad4$^{+/-}$，APC$^{+/-}$（Wntシグナルを伝達するがん抑制遺伝子，第2部-5参照）のマウスにおいては，大腸がんが生ずる．膵臓がんの50％以上でSmad4の欠失がみつかっている．

　TGF-βファミリーのシグナルはSmad2/3もしくはSmad1/5/8のどちらかによって伝達される．例外的に，血管内皮細胞ではALK-1を発現しており，ALK-5に加えて，ALK-1もTGF-βのI型受容体として機能する（図2）．ALK-1遺伝子の先天的異常は遺伝性出血性毛細血管拡張症の原因となる．

参考文献

◆ 『サイトカイン・増殖因子用語ライブラリー』（菅村和夫，他/編），羊土社，2005
◆ 『TGF-βシグナル研究』（宮園浩平，宮澤恵二/編），別冊・医学のあゆみ，234 (10)，医歯薬出版，2011
◆ 『シグナル伝達研究2003』（秋山 徹，宮園浩平/編）：実験医学増刊，21 (2)，羊土社，2003

第1部 概説 シグナル伝達の主要因子と経路

9 Wnt/βカテニンシグナリング
Wnt/β-catenin signaling

秋山 徹

1. はじめに

　Wntシグナル伝達経路は進化上広く保存されており，発生，形態形成などさまざまな生命現象に重要な役割を果たしている．また，Wntシグナル伝達経路ががんをはじめとしたさまざまな疾病の発症に深くかかわっていることもよく知られている．最近の分子レベルから個体レベルにおよぶ研究により，数十種類の分子がどのようにWntシグナルの伝達と制御にかかわっているか，多彩な生物現象においてどのような役割を担っているのか，疾病発症における意義は何かなどが次々と明らかになり注目を集めている．さらにMAPキナーゼカスケードやTGF-βシグナル伝達経路など他のシグナル伝達経路とのクロストークが存在することも知られるようになってきている．

2. 基本メカニズム

　Wntの関与するシグナル伝達経路として，①βカテニン（第2部-7参照）を介したカノニカル経路，②PCP経路（Wnt/JNK経路），③Wnt/Ca^{2+}経路の3種類が知られている．

1）βカテニンを介したカノニカル経路

　Wntのシグナルがβカテニンを介して核に伝わり標的遺伝子の転写活性化が起こる（図A）．すなわち，①分泌性のリガンドWntが7回膜貫通型受容体Fz（Frizzled）に結合することによりシグナルが細胞内に伝達されると，Dsh（Dishevelled）を介してβカテニンのリン酸化が抑制される．②その結果，βカテニンは安定化して蓄積し，核へ移行してTCF/LEFファミリーの転写因子と複合体を形成する．③βカテニン-TCF/LEF複合体によりさまざまな標的遺伝子の転写活性化が起き，さまざまな生命現象が引き起こされる．たとえば，がん化に重要な標的遺伝子としては，サイクリンD1とがん遺伝子Mycが知られている．また，R-spondinsがLgr5に結合してFrizzled-LRPを介してWntシグナルを活性化することも明らかになっている．

2）PCP経路（Wnt/JNK経路）

　上皮細胞には，頂部−基部軸に沿った極性に加えて，頂部−基部軸と直交する平面に沿った極性（平面内細胞極性，planar cell polarity：PCP）が存在する．ショウジョウバエ変異体の解析から，FzとDshが平面内極性の制御にも関与していることが明らかになっている．その下流では低分子量GタンパクRhoAおよびJNK（c-Jun N-terminal kinase）が機能している．

3）Wnt/Ca^{2+}経路

　Wnt-5aとFrizzled-2の組合せで，ヘテロ三量体Gタンパク質を介して細胞内Ca^{2+}の放出が引き起こされる．その下流でCAMKⅡ（Ca^{2+}/calmodulin-dependent protein kinaseⅡ）とPKC（protein kinase C）が活性化される．

3. 機能

　Wntは細胞外に分泌されるリガンドで20種類以上の大きなファミリーを形成している．受容体は，7回膜貫通型の膜タンパク質Frizzledで，ヒトでは10種類存在する．また，LRP（low-density lipoprotein receptor-related protein）5/6がFrizzledと複合体を形成して共受容体として機能する．Wnt刺激によりLRP5/6の細胞内ドメインにAxinが結合して膜へ移行して分解を受け，βカテニンが安定化してシグナルが核へ伝わるようになると考えられている．

　Wntが細胞に作用していない状態では，βカテニンはAPC（adenomatous polyposis coli），Axin，GSK-3β（glycogen synthase kinase-3β），CKⅠ（casein kinaseⅠ）から成る複合体によってN末端領域がリン酸

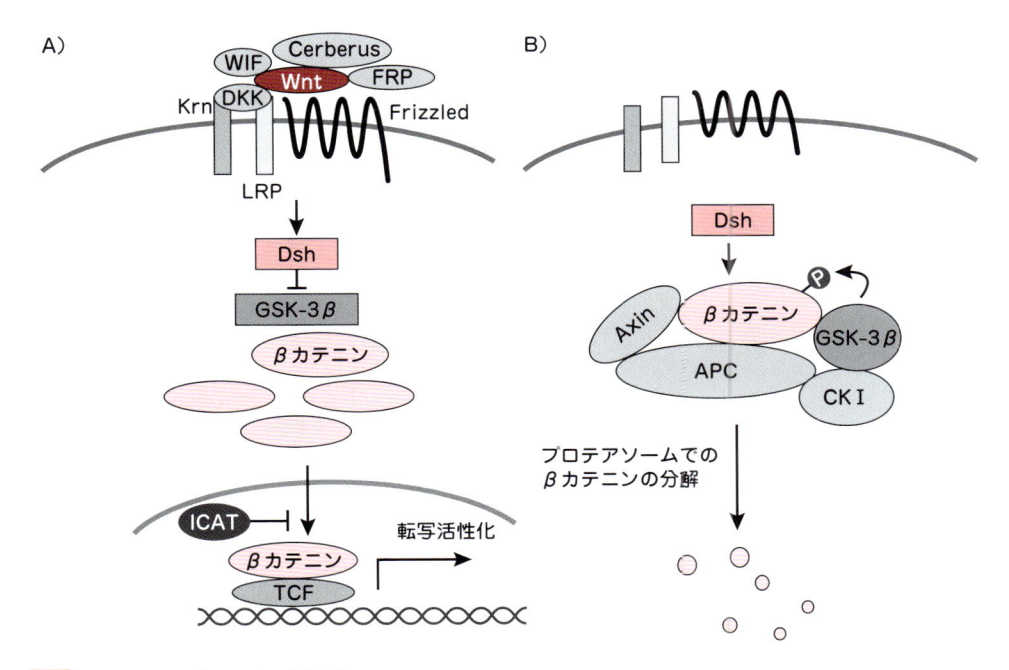

図　Wntシグナル伝達経路
A) Wntシグナルによりβカテニンが安定化し、核へ移行してTCF/LEFファミリーの転写因子と複合体を形成して、標的遺伝子の転写活性化を引き起こす。B) Wntが作用していない状態では、βカテニンはAPC、Axin、GSK-3β、CKIから成る複合体によって分解誘導を受ける

化され、ユビキチン化を受けてプロテアソームにより分解される（図B）。βカテニンの分解にかかわるAPCやAxinに変異が起きて分解が効率よく起こらなくなったり、βカテニンそのものに変異が起きて分解されにくくなると、腺腫の形成を引き起こす原因となる。APCの変異は大腸がん、胃がんの一部、βカテニンの変異は大腸がんの一部や皮膚がん、子宮内膜がん、肝がんなど、Axinの変異は肝がんなどで見い出される（**第2部-5参照**）。

Wntシグナル伝達経路は、βカテニンの分解以外にもさまざまな制御を受けている。細胞外では、FRP（Frizzled-related protein）、WIF（Wnt-inhibitory factor）、CerberusのようにWntに直接結合して機能を阻害する分泌性インヒビターがWntシグナルを負に制御している。DKK（Dickkopf）はLRP6に結合し、LRP6とWntおよびFrizzledとの相互作用を阻害することによって、Wntシグナルを遮断する。ICATは、βカテニンに結合してβカテニンとTCF/LEFの相互作用を阻害することによりWntシグナル伝達経路を負に制御する。

参考文献

- Polakis, P.：Wnt Signaling in Cancer., Cold Spring Harb. Perspect. Biol., a008052, 2012
- Nusse, R.：Wntホームページ（the Wnt homepage）http://www.stanford.edu/group/nusselab/cgi-bin/wnt/

第1部 概説 シグナル伝達の主要因子と経路

10 Fasシグナル経路
Fas signaling

福岡あゆみ，米原　伸

1. はじめに

　細胞は必要に応じて自ら死んでいく「アポトーシス」と呼ばれるシステムをもっている．このシステムは分化や発生，免疫系などにおいて個体を正常に維持するために重要であり，細胞の増殖や分化同様，高度に制御されている．デスレセプターはアポトーシス誘導シグナルを細胞内へと伝達する細胞表層受容体として，生体内で重要な役割を担っている．代表的なデスレセプターの1つであるFasは，そのリガンドであるFasLと結合することで強くアポトーシスを誘導することが知られている．本稿では，Fasを介したアポトーシス誘導のシグナル伝達について概説する．

2. 基本メカニズム

　Fas（CD95，APO-1，TNFRSF6）はTNF受容体ファミリーに属する約45 kDaのI型膜貫通糖タンパク質である．Fasは細胞外にシステイン残基に富んだ3つの繰り返し構造をもち，細胞内領域にアポトーシスの誘導に必要なデスドメイン（death domain：DD）をもつデスレセプターファミリーの一員である．また，FasL（CD95L，TNFSF6）はTNFファミリーに属する約40 kDaのII型膜貫通タンパク質である．

　Fasを介したアポトーシスは，DISC（death-inducing signaling complex）が形成されることからはじまる（図1）．DISCは，FasとアダプターであるFADD，そして開始カスパーゼであるカスパーゼ8から構成される複合体である．FasLや多価のアゴニスティックな抗Fasモノクローナル抗体がFasに結合すると，まずFasはFADDをリクルートする．FADDはC末端にDD，N末端にDED（death effector domain）をもっており，FasのDDとFADDのDDが結合する．次に，FADDがカスパーゼ8をリクルートし，FADDのDEDとカスパーゼ8のDEDが結合することによってDISCが形成される．そしてDISC内で隣接したカスパーゼ8同士が互いに切断し合い，活性化型カスパーゼ8となる．活性化型カスパーゼ8はDEDから切り離されDISCから遊離する．そして，遊離された活性化型カスパーゼ8は2つの経路でアポトーシスを誘導する．1つめは，活性化型カスパーゼ8が直接アポトーシス実行カスパーゼであるカスパーゼ3やカスパーゼ7を切断し，活性化したカスパーゼ3やカスパーゼ7がアポトーシスを誘導する経路である（図1-❶）．2つめは，BH3-onlyタンパク質であるBidの切断による活性化を介した経路である（図1-❷）．活性化型カスパーゼ8によって切断されたBid（tBid）は，ミトコンドリアからのシトクロムcのリリースを誘導する．放出されたシトクロムcはアダプター分子であるApaf-1に結合し，カスパーゼ9の切断・活性化を誘導する．そして，活性化型カスパーゼ9がカスパーゼ3およびカスパーゼ7を活性化しアポトーシスが実行される．

　この2つの経路のどちらが働くかは細胞種によって異なる．前者は，リンパ球などのType I細胞において誘導され，後者は肝細胞などのType II細胞において誘導されることが知られている．

　細胞がどのようにしてType I経路とType II経路のどちらを選択するのかは，長年解明されていなかった．しかし近年カスパーゼ9や実行カスパーゼを阻害することで知られているXIAP（X-chromosome linked inhibitor of apoptosis protein）がそれを調節していることが報告された．

　一方，Fasを介したアポトーシスを抑制する経路も知られている．Type I細胞およびType II細胞ともに，c-FLIPによりアポトーシスが阻害される（図1-❸）．c-FLIPはN末端に存在するDEDを介してFADDおよびカスパーゼ8と結合することでDISCの形成を阻害する．ま

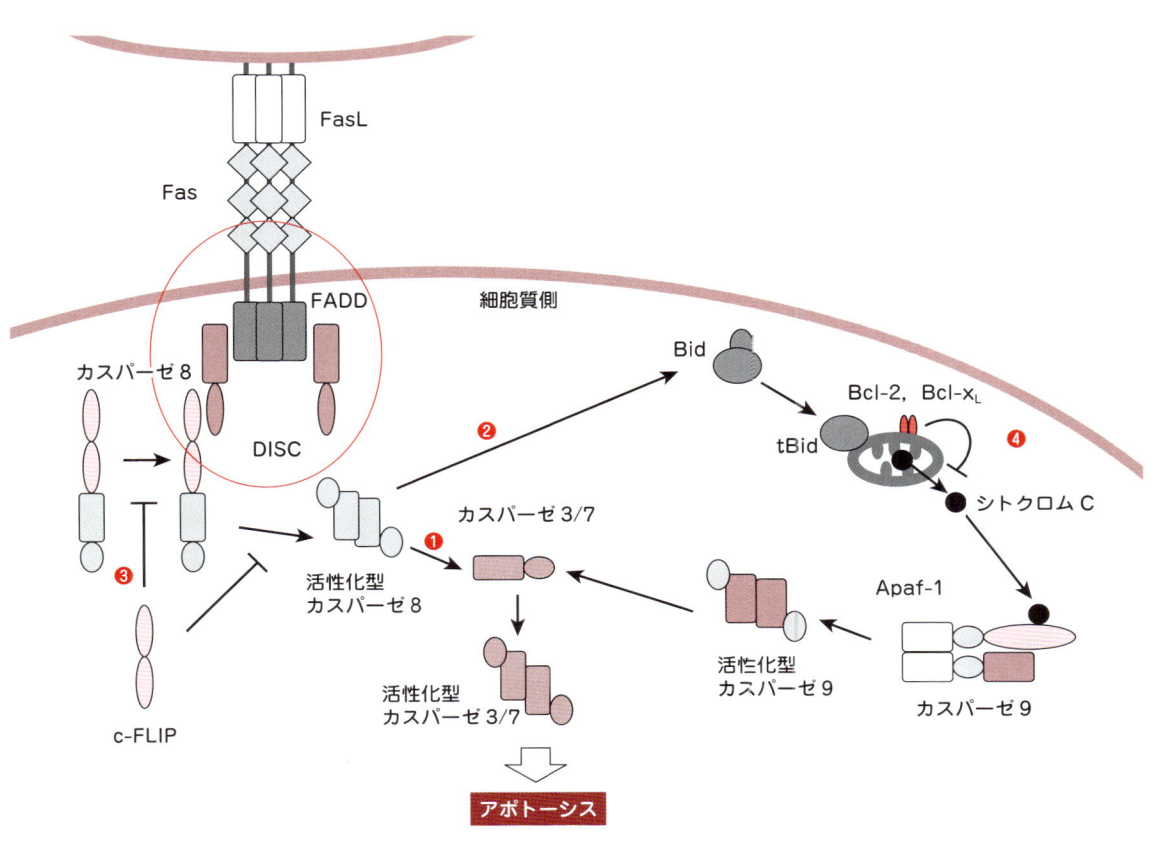

図1　Fasを介したアポトーシス誘導経路とその抑制経路

FasがFasLからの刺激を受けると，Fas-FADD-カスパーゼ8から成る複合体（DISC）が形成される．❶DISCで活性化されたカスパーゼ8はType I細胞において直接実行カスパーゼ（カスパーゼ3，カスパーゼ7）を切断・活性化する．❷Type II細胞では，Bidを切断し活性化する．切断されたBid（tBid）はミトコンドリアへ移動し，シトクロムcのリリースを誘導する．そしてApaf-1と共同でカスパーゼ9の自己切断・活性化を誘導し，活性化型カスパーゼ9が実行カスパーゼを切断し，活性化した実行カスパーゼが細胞内のさまざまな基質を切断することによってアポトーシスが誘導される．❸FasL-Fasのアポトーシス抑制経路としては，c-FLIPによるDISC形成阻害とカスパーゼ8の自己切断阻害という2つの経路が存在する．❹Type II細胞では，ミトコンドリア上に存在するBcl-2やBcl-x_Lなどによるシトクロムcの放出の阻害による抑制経路が存在する

た，DISC内でカスパーゼ8とヘテロダイマーを形成することでカスパーゼ8同士による自己切断を阻害する．Type II細胞においては，Bcl-2やBcl-x_Lの作用によってFas誘導性のアポトーシスは抑制されるが，Type I細胞については抑制されない（**図1-❹**）．

3. 機能

　*lpr*マウスや*gld*マウスは自己免疫疾患のモデルマウスとして長年解析されてきた．これらのマウスはそれぞれFasとFasLの変異マウスであり，Fasからのアポトーシス誘導が阻害されている．*lpr*マウスや*gld*マウスは正常に発生し，生殖能に異常は認められていないことからFasを介したシグナル伝達は個体発生には関与していないと考えられている．しかし，脾臓やリンパ節でB220$^+$CD3$^+$という表現型をもった異常なT細胞の蓄積が認められる．また，同時に自己抗体産生B細胞の蓄積も認められ，抗DNA抗体や抗核抗体などの自己抗体の産生が増加し自己免疫疾患を発症する．またMRL系統の遺伝的背景をもつ*lpr*マウスや*gld*マウスは関節リウマチや糸球体腎炎などを伴う全身性の自己免疫疾患を発症する．これらのことから，Fasを介したアポトーシスは自己反応性の免疫細胞の除去に重要な役割を果たしていると考えられる．また，FasLはT細胞やナチュラルキラー細胞がウイルス感染細胞やがん細胞を除去する際にも活用されることが知られている．一方で，Fasを介するアポトーシスの亢進は劇症肝炎，移植片対宿主病や胸腺等の退縮など

を引き起こすことが知られている．このように，Fasを介したアポトーシスのバランスが保たれることは個体の恒常性の維持に重要である（図2）．

参考図書

◆ 『細胞死・アポトーシス集中マスター（バイオ研究マスターシリーズ）』（辻本賀英/編），羊土社，2006

参考文献

◆ Strasser, A. et al.：Immunity, 30：180-192, 2009
◆ Bouillet, P. et al.：Nat. Rev. Immunol., 9：514-519, 2009
◆ Pillip, J. et al.：Nature, 460：1035-1039, 2009

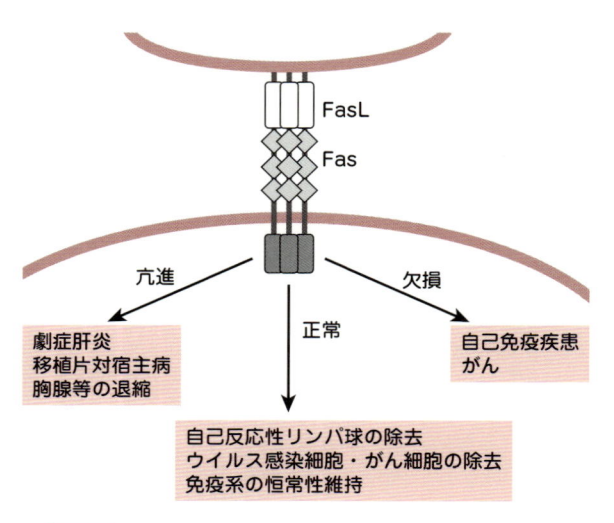

図2 FasLおよびFasの生理的役割と異常で引き起こされる疾患

亢進：劇症肝炎／移植片対宿主病／胸腺等の退縮
正常：自己反応性リンパ球の除去／ウイルス感染細胞・がん細胞の除去／免疫系の恒常性維持
欠損：自己免疫疾患／がん

第1部 概説 シグナル伝達の主要因子と経路

11 Notchシグナリング
Notch signaling

勝山　裕

1. はじめに

　約100年前にThomas H. Morganによって羽に切れ込み（ノッチ）をもつショウジョウバエ変異体が同定され，原因遺伝子Notchは1985年にクローニングが報告された．Notchシグナルはカイメンにいたるまでのすべての後生動物で進化的に保存された分子機構であり，動物のさまざまな臓器の発生過程，成体でのホメオスタシス，幹細胞機能，腫瘍形成などに関与している．Notchシグナルは隣接した細胞間での情報伝達を行う点で他の多くのシグナル経路に比べユニークである．哺乳類は4つのNotch受容体と5つのリガンド（DSLリガンドファミリー Jag1, Jag2, Dll1, Dll3, Dll4）をもつ．

2. 機能

　ショウジョウバエの発生過程でのNotchシグナルの作用には側方抑制，細胞系譜決定，境界形成の3つの様式がある．ショウジョウバエ腹側神経予定域ではニューロンに分化する細胞はDeltaリガンドを強く発現し，隣接細胞が発現するNotch受容体を活性化することで，周囲の細胞がニューロンに分化するのを抑制する（側方抑制）．剛毛形成では1つの細胞系譜からシャフト細胞，ソケット細胞，グリア，ニューロンが分化するが，Notchシグナルが欠損した場合，ニューロンのみが分化する（細胞系譜決定）．また，羽の縁でNotchシグナルが働き，背側と腹側の境界を作る．この過程でNotchシグナルが欠損すると，その部分に凹み（ノッチ）が生じる．脊椎動物の発生におけるNotchシグナルの働き方はショウジョウバエでの細胞分化の場合のように詳細には定義されていないが，アフリカツメガエル，ゼブラフィッシュの一次ニューロン産生においてNotchシグナルが側方抑制を行うことや，体節形成においてもNotchシグナルが重要な働きをしていることが示されている．哺乳類大脳皮質発生におけるニューロン分化や血球細胞分化ではNotchシグナルを受容した細胞は幹細胞状態を維持する．

3. シグナル経路

　Notch受容体は細胞外に位置するEGF様リピートでDSLリガンド分子と結合する．DSLリガンド分子は膜貫通型タンパク質であり，細胞表面につなぎ留められていることから，Notchシグナル伝達は隣接する細胞の間で行われる．リガンド結合に起因するγセクレターゼによる切断（S3分離）によってNotchの細胞内ドメイン（NICD）は細胞膜から遊離する．NICDは核へ移行し，DNA結合因子CSL〔Su（H）もしくはRBPjとも呼ばれる〕と直接的な結合をする．CSLはNotchシグナル不活性下（NICD不在下）ではSMRT（転写コリプレッサー）やHDAC（ヒストン脱アセチル化酵素）などの転写抑制因子とともに働き，下流遺伝子の発現を抑制している．核内でCSLにNICDが結合するとMAML（転写コアクチベーター）やHAT（ヒストンアセチル基転移酵素）などと複合体を作り下流遺伝子の発現を活性化する．下流遺伝子の内でbHLHタイプの転写抑制因子Hes1とHes5はニューロン分化を促進する遺伝子群の発現を抑えることが報告されている．同様にHes遺伝子群はNotchシグナルの下流で骨髄における造血細胞の分化を抑制している．

　Mib, Neurはユビキチン修飾によりDeltaリガンドの活性制御を行う．mRNAから翻訳されたNotch受容体タンパク質はFurin様プロテアーゼによって切断（S1分離）され，Fringeによる糖修飾を受けることで機能的に成熟し細胞表面に提示される．細胞内分子Numbは非対称分裂時に不均一に分配され，Numbを含む娘細胞ではNotch分子のエンドサイトーシスとユビキチン化によってシグナルが抑制される．ユビキチンリガーゼである

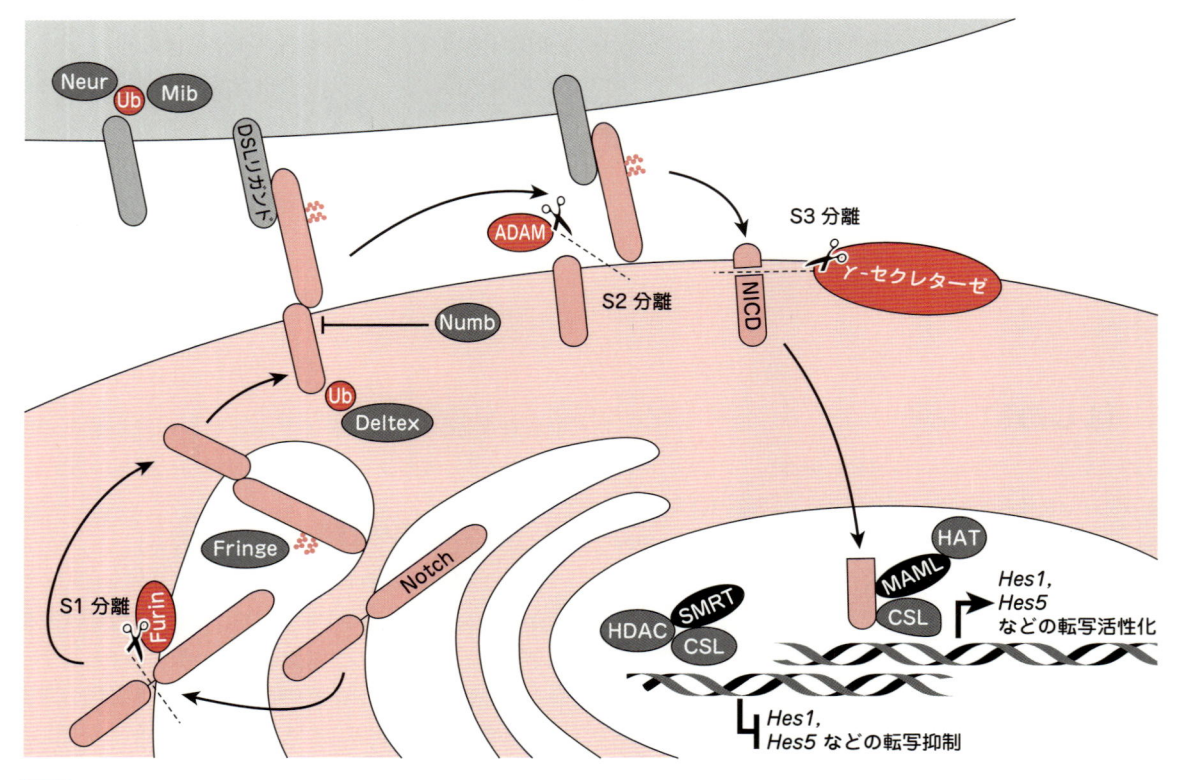

図 NotchとDSLリガンドファミリーによるシグナル伝達

Deltexはショウジョウバエの遺伝学的解析からNumbとは逆にNotchシグナルを正に制御していることが示されているが，その分子機構は不明である．

4. 疾患との関係

NOTCH1の活性化によってT細胞急性白血病が起こる．遺伝性脳小血管病CADASILでは*NOTCH3*が，spondylocostal dysotosisでは*DLL3*，Alagille症候群では*JAG1*もしくは*NOTCH2*が原因遺伝子として同定されている．これらのほかにもアルツハイマー症，自己免疫疾患におけるNotchシグナルの関与が報告されている．

参考文献

◆ Andersson, E. R. et al.: Development, 138: 3593-3612, 2011
◆ Borggrefe, T. & Liefke, R.: Cell Cycle, 11: 264-276, 2012

第1部　概説　シグナル伝達の主要因子と経路

12　JAK/STATシグナリング
JAK/STAT signaling

吉村昭彦

1. はじめに

　JAK/STAT経路は主にサイトカインによって活性化されるシグナル伝達経路である．サイトカインとは，細胞間のコミュニケーションを司る，分子量がおおむね1万〜数万程度の可溶性タンパク質性ホルモンの総称である．特に免疫，感染防御，炎症，アレルギー，造血，内分泌，神経系に直接関与し，生体のホメオスタシスの維持に必須な分子であり60種類ほどが知られている．これらのなかで構造の似かよった造血因子，インターロイキン（IL），インターフェロン（IFN），レプチン，成長ホルモンなどは狭義のサイトカインと呼ばれ，その受容体はファミリーを形成する．これらサイトカイン受容体の細胞内ドメインには約130 kDaのJAK（Janus kinase/Just another kinase）型チロシンキナーゼ（JAK1, JAK2, JAK3, Tyk2）が会合し，シグナルを細胞内に伝達する．各サイトカイン受容体には特定のJAKが会合する（表）．JAKによってリン酸化され活性化される主要な基質の1つがSTAT（signal transducer and activator of transcription）転写因子である．その構造を図1に，活性化メカニズムを図2に示す．JAK/STAT経路は1991年にインターフェロンのシグナル伝達経路としてはじめて報告された．その後多くのサイトカインがこのシステムを利用することが解明された．ショウジョウバエではJAKとSTATはそれぞれ一個ずつ遺伝子があり，幹細胞の自己複製などに関与する．

2. JAKキナーゼ

　JAKは約130 kDaの非受容体型チロシンキナーゼで，分子内にキナーゼドメインを2つもつことから，二面神ヤヌスにちなみ"Janus kinase"と呼ばれる．しかしチロシンキナーゼとしての活性はC末端側にあり（JH1），N末端側のキナーゼドメイン（JH2）は酵素活性がなく偽キナーゼドメインでJH1の調節機能をもつ．N末端はfour-point-one, ezrin, radixin and moesin（FERM）ドメイン，SH2-likeドメインからなり（図1），受容体の細胞内ドメインのBox1/2領域との会合に関与している．JAKは4種類知られており，このうちJAK1，JAK2，Tyk2は広範な組織，細胞に発現されているがJAK3の発現はリンパ球などに限定されている．JAK3はIL-2受容体γ鎖に会合しその情報を伝える．そのためJAK3阻害剤は免疫抑制剤としての効果が期待されている．常染色体遺伝性免疫不全患者のなかにはJAK3の変異が，また高Ig-E症候群の一部でTyk2の変異がみつかっている．JAK2のJH2ドメインの機能向上型変異（V617F）が真性多血症などの慢性骨髄増殖性疾患に高頻度に認められる．またヒトの腫瘍細胞でも同様のJAK1の活性化型変異がみつかっている．低分子JAK阻害剤は関節リウマチなどの炎症性疾患治療薬，あるいは抗がん剤として開発されている．

3. JAK/STAT経路の活性化機構

　JAKは受容体の重合に伴って接近しお互いをリン酸化しあうことで活性化される（図2）．これは受容体型チロシンキナーゼで一般化された活性化のメカニズムと同じである．活性化されたJAKはまず受容体をリン酸化し，リン酸化チロシン残基がさまざまな細胞内情報伝達分子を呼び込みJAKによってリン酸化を受ける．JAKの最も重要な基質がSTATである．リン酸化されたSTATは二量体となって核に移行し特徴的なDNA配列（多くはTTCNNNGAA）に結合して転写を促進する（図2）．JAKはSTAT以外にもRas-ERK経路，PI3キナーゼ経路，PLCγ経路も活性化する．またSTATはJAK以外にEGF受容体やSrc型チロシンキナーゼによってもリン酸化されうる．

表 サイトカイン受容体とJAK，STATの関係

サイトカイン	JAKs	STATs
IL-2受容体γ鎖（γc）を利用するサイトカイン		
IL-2, IL-7, IL-9, IL-15	JAK1, JAK3	STAT5a, STAT5b, STAT3
IL-4	JAK1, JAK3	STAT6
IL-13（IL-13受容体＋IL-4受容体α鎖）	JAK1, JAK2, Tyk2	STAT6
共通受容体β鎖（βc）を利用するサイトカイン		
IL-3, IL-5, GM-CSF	JAK2	Stat5a, Stat5b
gp130, あるいは類似受容体を用いるサイトカイン		
IL-6, IL-11, OSM, CNTF, LIF, CT-1	JAK1, JAK2, Tyk2	STAT3
IL-12	JAK2, Tyk2	STAT4
IL-23	JAK2, Tyk2	STAT3
ホモダイマーを形成する受容体		
G-CSF	JAK1	STAT3
レプチン	JAK2	STAT3
成長ホルモン	JAK2	STAT5a, STAT5b, STAT3
プロラクチン	JAK2	STAT5a, STAT5b
エリスロポエチン	JAK2	STAT5a, STAT5b
TypeⅡサイトカイン受容体ファミリー		
IFNα, IFNβ	JAK1, Tyk2	STAT1, STAT2
IFNγ	JAK1, JAK2	STAT1
IL-10	JAK1, Tyk2	STAT3

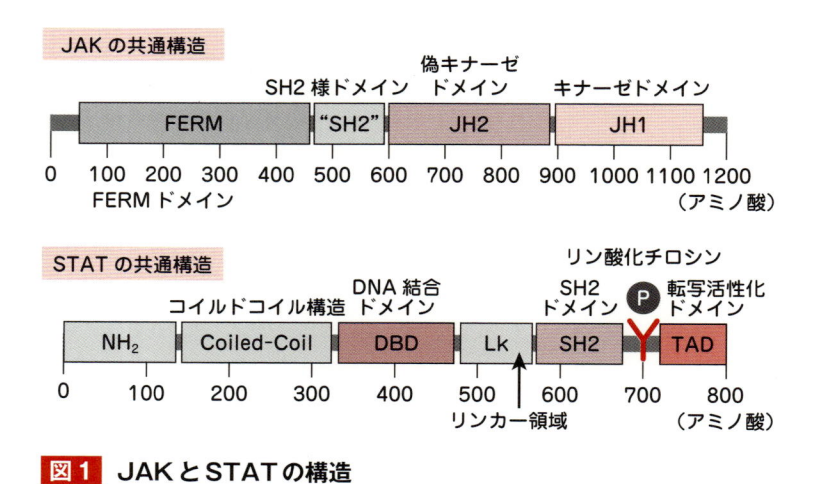

図1 JAKとSTATの構造

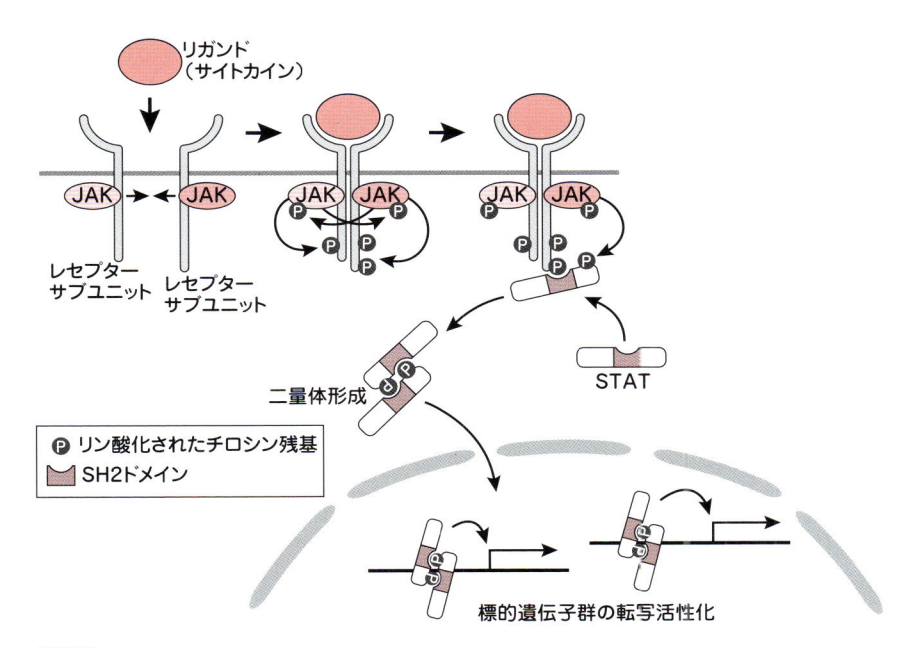

図2 基本的なSTATの活性化機構

4. STAT

　STATは6種類知られておりサイトカインによってどのSTATが主に活性化されるか決まっている（表）．たとえばSTAT1はIFNの作用に必須であり，免疫系に関与する分子（Fc受容体やMHC分子）や抗ウイルス作用をもつ分子を誘導する．またヘルパーT細胞のうちTh1の分化に必須の役割を果たす．STAT2は単独では機能せずIFNα/βの刺激でSTAT1とIRF9とヘテロ三量体を作ってISRE配列を認識し抗ウイルス分子やクラスI-MHC分子の誘導にかかわる．STAT3はIL-6のほかLIF，レプチン，IL-10などのシグナルに必須である．STAT3は肝臓での急性タンパク質を誘導するほか，多くの細胞で細胞増殖や抗アポトーシス遺伝子を誘導する．がん細胞の多くでSTAT3の恒常的な活性化がみられる．STAT3はIL-6のほかIL-21，IL-23などによっても活性化され免疫系ではTh17誘導に必須である．高IgE症候群1型の主要原因遺伝子がSTAT3の機能欠失変異であり，Th17の誘導が欠損していることがわかっている．STAT5も多様なサイトカインによって活性化されるが，IL-2やエリスロポエチンのように細胞増殖に寄与することが多い．またプロラクチンの場合はカゼインなどのミルクタンパク質を誘導する．STAT4は特にIL-12によって活性化されTh1誘導に，STAT6はIL-4やIL-13によって活性されTh2誘導に必須である．G-CSFによる好中球誘導にはSTAT3は抑制因子SOCS3（suppressor of cytokine signaling-3）を誘導し，好中球の数を抑制する働きがある．

5. SOCS

　JAK/STAT経路はいくつかの因子によって厳密に制御を受けシグナルの強度が調節されることで生体の恒常性が保たれている．たとえばチロシンホスファターゼやSOCSファミリーはサイトカインの負の制御因子として知られ免疫応答の終結など生理的にも生体の恒常性の維持に重要な役割を果たしている．現在SOCSファミリーには8種類の分子が知られている．このファミリーのC末端にはSOCS-boxと呼ばれる構造が存在しSH2ドメインに会合した標的分子をユビキチン化し，分解する．また特にSOCS1とSOCS3はJAK1，JAK2，Tyk2に直接結合し，キナーゼ活性を阻害するがJAK3には結合せずキナーゼ活性を阻害しない[1]．

参考文献

1) Yoshimura, A. & Yasukawa, H.: Immunity, 36: 157-159, 2012
2) O'Shea, J. J. et al.: Cell, 109: S121-S131, 2002
3) Yoshimura, A. et al.: Nat. Rev. Immunol., 7: 454-465, 2007

第1部 概説 シグナル伝達の主要因子と経路

13 ヘッジホッグシグナル経路
Hedgehog signaling

片平立矢, 元山 純

1. はじめに

　ヘッジホッグ（Hedgehog：Hh）は分泌タンパク質であり，脊椎動物および無脊椎動物における初期発生過程や組織構築での細胞間相互作用において重要な役割を担っている．そのシグナル経路は最初にショウジョウバエで同定され，胚の体節形成および成虫原基のパターニングに必要であることが示されている．Hhシグナル経路分子群は，ショウジョウバエと脊椎動物間でよく保存されている．脊椎動物では多くの相同遺伝子が複数個に重複している．マウスではHh遺伝子が3種類（*Sonic Hedgehog：Shh*, *Indian Hedgehog：Ihh*, *Desert Hedgehog：Dhh*），Hhの受容体である*Ptch*遺伝子が2種類（*Patched homolog 1：Ptch1*, *Patched homolog 2：Ptch2*），転写調節因子*ci*の相同遺伝子*Gli*が3種類（*Gli1, Gli2, Gli3*）同定されている．またショウジョウバエと脊椎動物のHhシグナル経路の大きな違いは，脊椎動物では繊毛がシグナル伝達に主要にかかわっている点である．本稿は脊椎動物のHhシグナル経路を中心に解説したい（図1）．

2. 基本メカニズム

1) Hh存在下でのシグナル伝達

　Hhは，N末端断片がコレステロールとパルミチン酸の脂質修飾を受けてDispatched（Disp）によって細胞外に分泌される（図2A）．分泌されたHhは標的細胞の12回膜貫通ドメインをもつ膜タンパク質であるPtchに結合する（図2B）．Ptchの共受容体としてBoc, Cdo, Gas1が働いている．Ptchは同じく膜タンパク質であるSmoの抑制を解除し，Smoが細胞質内にシグナルを伝達する．SmoはG protein coupled receptor kinase 2（GRK2）によってリン酸化されると*β*-arrestin2と結合してエンドサイトーシスで細胞内に取り込まれる．次に

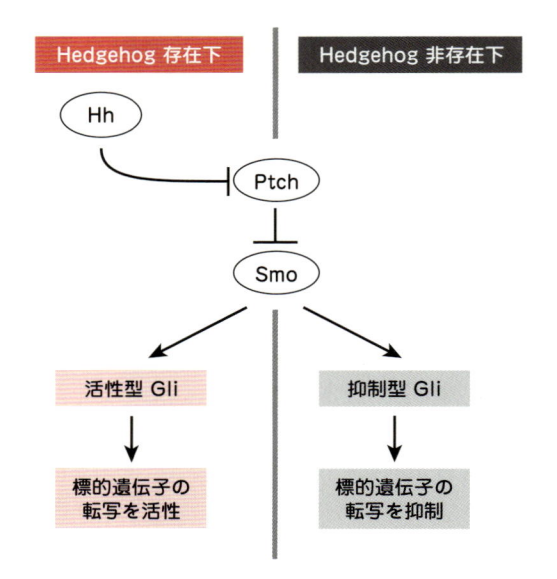

図1 Hhシグナル経路の概略
Hh非存在下ではPtchが膜タンパク質Smoを阻害することでシグナル伝達を抑制している．HhがPtchに結合すると，SmoがPtchの抑制から解放されて，シグナル伝達が活性化される．転写因子Gliは，Hh非存在下では標的遺伝子の転写を抑制し，Hh存在化では転写を活性化する

キネシンモータータンパク質のKif3aがSmo, *β*-arrestin2の複合体を繊毛に移動させる．そして転写調節因子であるGliが繊毛先端へと移動する．繊毛形成と順行・逆行輸送にはintrafragelar transport complex（IFT複合体）が働いている．繊毛でGliがSuppressor of Fused（Sufu）と結合している．明らかな機構は不明であるが，Kif3aの作用でGliからSufuが離れる．GliはUnc-51-like kinase 3（ULK3）によってリン酸化されて核に移行して活性型Gliとなる．Gliの標的遺伝子の転写活性化はアクチン結合タンパク質のMIM/BEG4によっ

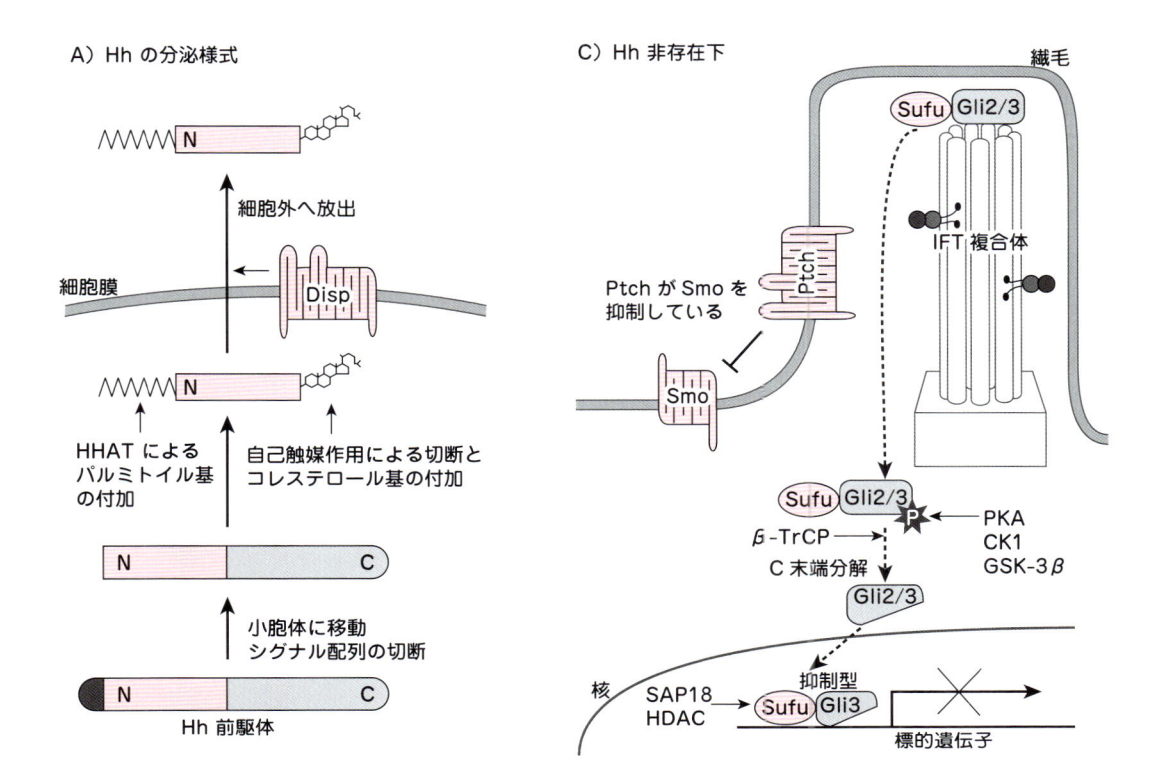

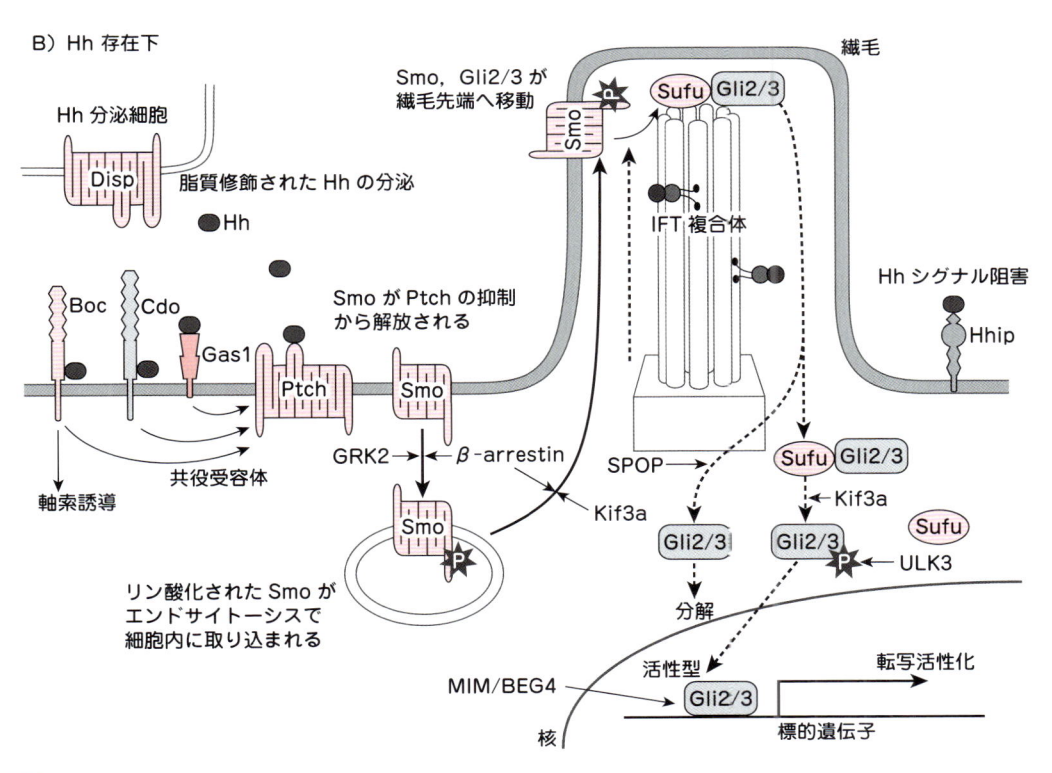

図2 脊椎動物Hhシグナル経路

A）Hhの分泌様式．HhのC末端領域の自己触媒作用でN末端断片が切断され，N末端断片のC末端へコレステロール基が付加され，N末端にはパルミトイル基が付加されて分泌される（矢印：Hhの移動，細矢印：分子間相互作用）．B）Hh存在下のシグナル伝達．標的遺伝子の転写活性化．C）Hh非存在下のシグナル伝達．標的遺伝子の転写抑制．説明・略語は本文参照（矢印：Smoの移動，破線矢印：Gliの移動，細矢印：分子間相互作用）

て高められる．一方で，膜タンパク質のHedgehog-interacting protein（Hhip）は，細胞外でHhに結合することでシグナル抑制に働く．

ほかにGliを完全に分解する経路がある．SPOP（substrate-binding adaptor for cullin3 based E3 ユビキチンリガーゼ，ショウジョウバエHibの脊椎動物ホモログ）がGliをユビキチン化して26S-proteosomeを介した分解を促進する．SufuはSPOPを阻害することでGliタンパク質を安定化している．

2）Hh非存在下でのシグナル伝達

Hh非存在下では，PtchがSmoの繊毛への移動を阻害することでSmoの活性を阻害している（図2C）．Gli2とGli3はC末端のタンパク質分解を受けて標的遺伝子の転写抑制に働く．その過程は，まずPKAにリン酸化され，続けてGSK-3βとCK1にリン酸化される．次にβ-TrCP（F box subunit of an SCF E3 ubiquitin ligase，ショウジョウバエSlimbの脊椎動物ホモログ）がGli2およびGli3をユビキチン化することでGli2とGli3のC末端が分解される．そしてsin3-associated polypeptide 18（SAP18），histone deacetylation machinery（HDAC）が結合して標的遺伝子の転写を抑制する．

3．機能

Hhシグナルは，胚発生と生体の恒常性のさまざまな過程を制御している．組織や器官のパターニング，細胞増殖，細胞分化，細胞移動，左右非対称性の決定，幹細胞の維持など多岐に渡っている．Hhシグナルは，転写因子Gliの活性と抑制のバランスを調節することで多様な出力を調節している．

Gliの直接の標的遺伝子にはHhシグナル経路の遺伝子 *Gli1, Gli3, Ptch1, Ptch2, Hhip* がある．*Ptch, Hhip* はシグナル経路に抑制的に働くのでネガティブフィードバックを形成している．ほかにHhシグナル経路で発現調節される遺伝子として細胞死抑制に働く *Bcl2*，細胞増殖・分裂に働く *N-myc*，細胞周期調節因子の *CyclinD1*，転写因子 *Myf5, FoxA2, Nkx2.2, Nkx2.1* 等がわかっており，ほかにも多数存在すると思われる．Hhシグナル経路はこれらの遺伝子の転写調節を介してさまざまに機能していると考えられる．

参考文献

- Jiang, J. & Hui, C. C. : Dev. Cell, 15 : 801-812, 2008
- Murdoch, J. N. & Copp, A. J. : Birth Defects Res. A Clin. Mol. Teratol., 88 : 633-652, 2010
- Cohen, M. M. Jr : Am. J. Med. Genet. A, 152A : 1875-1914, 2010

14 cAMPシグナリング
cAMP signaling

萩原正敏

1. はじめに

1971年ノーベル生理学賞を受賞したEarl Wilbur Sutherland博士は，ホルモン刺激を受けた細胞の環状AMP（cAMP）が，細胞内シグナルを伝達する分子として働くことを見い出しセカンドメッセンジャーと名付けた．G_sタンパク質と共役する受容体にアゴニストが結合すると，アデニル酸シクラーゼ（AC）が活性化されATPからcAMPが合成される．細胞内cAMPが増加すると，cAMP依存性プロテインキナーゼ（Aキナーゼ），cAMP依存性交換タンパク質（exchange protein directly activated by cAMP：EPAC）などを介して，カスケード的にさまざまな細胞内応答が惹起される．

2. 基本メカニズム

アドレナリンβ受容体やグルカゴン受容体などのGPCRにアドレナリンなどアゴニストが結合すると，G_sタンパク質を介してアデニル酸シクラーゼが活性化される．逆にG_iタンパク質と共役した受容体の活性化により，アデニル酸シクラーゼ活性は抑制的調節を受ける．アデニル酸シクラーゼによりATPから合成されたcAMPは，ホスホジエステラーゼ（PDE）の作用により加水分解し5′-AMPとなり不活性化される（図1）．アデニル酸シクラーゼの活性化，あるいはPDEの阻害により細胞内cAMPが増加すると，cAMPシグナル伝達経路を介してcAMP依存的なさまざまな細胞応答が惹起される．

定常状態の細胞では，2個の触媒サブユニットと2個の調節サブユニットから構成されたAキナーゼのホロ酵素が，グラビン（Gravin）と呼ばれるAキナーゼアンカータンパク質（AKAP）によって，不活性化された状態で細胞質内の膜構造にアンカーされている（図2）．細胞内のcAMP濃度が上昇すると，cAMPがAキナーゼの調節サブユニットに結合し触媒サブユニットが解離する．解離した触媒サブユニットは活性化されてタンパク質リン酸化酵素活性を有し，ホルモン感受性リパーゼ（HSL），CFTR-Cl-チャネルなどさまざまなタンパク質をリン酸化し，その活性を制御している．特に遺伝子発

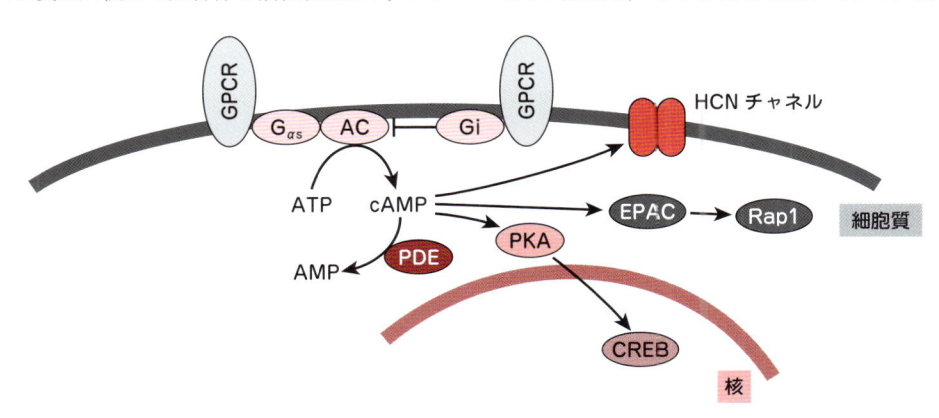

図1 cAMPシグナルの概略図

GPCRからG_sを介してアデニル酸シクラーゼ（AC）が活性化され，ATPからcAMPが合成され，ホスホジエステラーゼ（PDE）によりAMPへと分解される．cAMPはAキナーゼ（PKA），EPAC，HCNチャネルなどを介してさまざまな細胞応答を惹起する

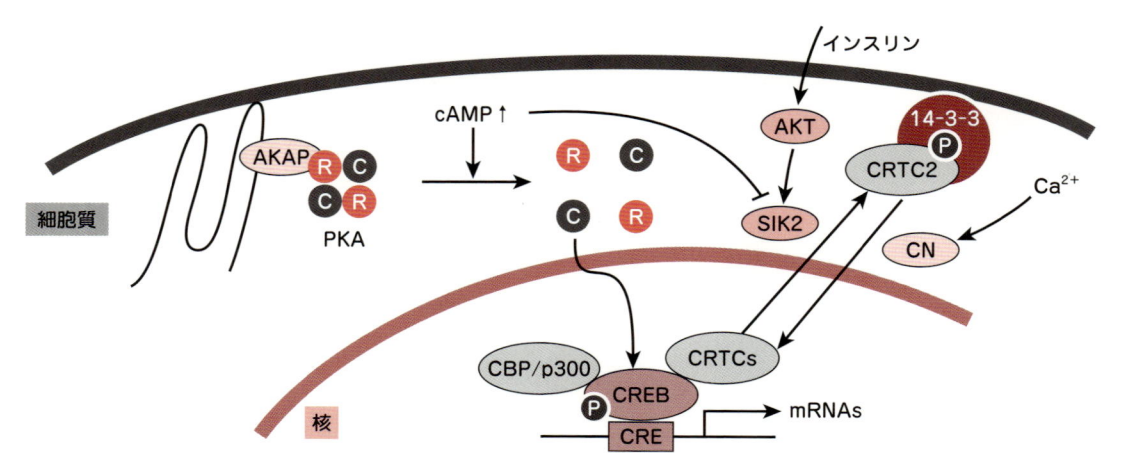

図2 cAMPシグナルによる遺伝子発現制御
転写因子CREBは核内に移行したPKAの触媒サブユニット（C）によってリン酸化され，転写共役因子CBP/p300によって活性化される．またもう1つの転写共役因子CRTCsは14-3-3タンパク質と結合して細胞質にアンカーされており，グルカゴンやインスリンによって局在化や安定性が制御されている．リン酸化CRTCsはカルシニューリン（CN）によって脱リン酸化され核内へ移行する

現においては，核内に移行したAキナーゼ触媒サブユニットによる転写因子CREBのリン酸化が重要である．ソマトスタチンなどプロモーター上のcAMP反応性エレメント（CRE）に結合するCREBのSer133がリン酸化されると，転写共役因子CBP/p300と結合できるように構造変化を起こし，これらの遺伝子の転写が活性化される．一方，CREBのもう1つの転写共役因子CRTCs（cAMP-regulated transcriptional co-activators）は，SIKs（salt-inducible kinases）やAMPK（AMP-activated protein kinase）などによってリン酸化され，14-3-3タンパク質と結合して細胞質に局在化する．SIK2はインスリンシグナルの下流に位置するAKTによって活性化され，Aキナーゼによって不活化されるので，CREBの下流の遺伝子はcAMPによって複雑な二重のコントロールを受けていることになる．

Aキナーゼを介さずにcAMPが直接結合して活性化されるcAMPシグナル伝達経路として，HCN（hyperpolarization-activated, cyclic nucleotide-gated）チャネルがある．このイオンチャネルは中枢神経に発現し，脱分極によって活性化されるが，cAMPのHCNチャネルのサイクリックヌクレオチド結合ドメインへの結合によって，その感受性が制御されている．

また近年，Ras GTPaseのホモログであるRap1とRap2を制御するcAMP依存性交換タンパク質（EPAC）が新しいcAMPシグナル伝達経路として機能解明が進んでいる．EPACは接着・増殖・分化などさまざまな細胞機能制御にかかわっているが，特に炎症反応に密接に関与するため，抗炎症薬の創薬ターゲットして注目を集めている．

3. 機能

細胞によりcAMPに対する応答はさまざまであり，平滑筋は弛緩，肝臓ではホスホリラーゼによるグリコーゲン分解の促進，グリコーゲンシンターゼによるグリコーゲン合成の抑制，肥満細胞からのヒスタミン遊離の抑制，血小板凝集の抑制，膵臓からのインスリン分泌促進などを起こす．またcAMPを分解するPDEは組織や細胞ごとに発現するサブタイプが異なり，免疫応答，神経伝達，平滑筋収縮などさまざまな生理機能にかかわることから，各PDEサブタイプ特異的な阻害剤から，抗炎症薬，抗うつ薬，勃起不全治療薬など種々の薬が開発されている．cAMPは細菌類や真菌類でも細胞内シグナルを伝達しているが，その経路は本稿で概説した哺乳類細胞のシグナル伝達系とは全く異なるので，詳細は下記の参考文献を参照して欲しい．

参考文献

- Altarejos, J. Y. & Montminy, M.：Nat. Rev. Mol. Cell Biol., 12：141-151, 2011
- Borland, G. et al.：Br. J. Pharmacol., 158：70-86, 2009
- McDonough, K. A. & Rodriguez, A.：Nat. Rev. Microbiol., 10：27-38, 2011

15 DNA損傷シグナリング
DNA damage signaling

藪田紀一，野島　博

1. はじめに

　真核生物の細胞には放射線や紫外線，複製障害などのDNA損傷ストレスに応答してその異常を監視するチェックポイント（checkpoint）機構が備わっている．この機構は細胞周期を停止して，損傷したDNAあるいは損傷によって停止した複製フォークの修復を行うための時間稼ぎをする．チェックポイント機構は主にタンパク質キナーゼとその標的タンパク質がかかわるリン酸化カスケードによって損傷シグナルを伝達しているが，無事に修復が完了すると停止シグナルを解除して細胞周期を再開させる．もし損傷の程度が細胞にとって重篤で修復が追いつかない場合には，修復されていないDNAを保持したままの粗悪な細胞をアポトーシスなどにより除去する．ゲノムは外的環境下で放射線や化学物質，複製エラー等の危険に曝されているので，正常な細胞ではチェックポイント機構により常にDNA損傷の治癒が施されている．このチェックポイント制御が破綻すると損傷した（変異のある）DNAが蓄積し，細胞分裂後の2つの娘細胞に遺伝情報を正しく均等に分配できなくなる．いったんそうなってしまうと細胞分裂を繰り返すうちに，重要な制御遺伝子の過剰増幅や欠失が頻発して（染色体不安定性），悪性化したがん細胞が生じてしまう．

2. 基本メカニズム

　哺乳動物細胞のDNA損傷シグナルとして2つの並行した経路が広く研究されている．1つは放射線などによるDNAの二本鎖切断に応答するATM－Chk2経路で，もう1つは複製の遅延や紫外線による傷害（一本鎖切断やチミンダイマー）などに応答するATR－Chk1経路である．DNA損傷を感知したATMとATRの両キナーゼは活性化し，それぞれの下流にある種々の標的タンパク質の特異的なセリン残基（S）あるいはスレオニン残基（T）をリン酸化すると同時に，標的タンパク質のうちの2つのエフェクターキナーゼChk1とChk2をリン酸化してシグナルを伝達する（図，第2部-3参照）．これらはDNA損傷の後に染色体を安定に維持するためにさらに別のさまざまな標的タンパク質をリン酸化していく（表）．最近，ATMとATRの下流で働く第3のエフェクターキナーゼとしてp38MAPK/MK2（MAPKAP-kinase-2）複合体が注目されている．MK2のリン酸化標的タンパク質はChk1/2のそれと類似している．

1）ATM－Chk2経路

　損傷ストレスのない平常状態では脱リン酸化酵素PP2AがATMの自己リン酸化を抑制して不活性型ATMのホモ二量体構造を維持している．DNAの二本鎖切断が起こると，二量体ATMはPP2Aによる抑制が解消され，S1981を自己リン酸化することで単量体となり活性化する．活性化したATMは，配列上にSQ/TQモチーフ（Qはグルタミン）を有する数多くの標的タンパク質（細胞周期制御因子，DNA修復・DNA複製関連因子など）をリン酸化して活性化する．そのうちの1つであるChk2はATMによりリン酸化されると単量体から2量体を形成し，自己をリン酸化することにより立体構造が変化して活性化する．活性化したChk2は再び単量体となってさまざまな標的タンパク質のRxxS/Tモチーフ（Rはアルギニン，xは任意）をリン酸化して細胞周期停止やアポトーシスを制御する（図）．

2）ATR－Chk1経路

　ATRはDNA損傷シグナルに応答して，活性化因子ATRIPと結合しリン酸化することで活性化する．活性化したATRもまた配列上にSQ/TQモチーフを有する種々の標的タンパク質をリン酸化して活性化する．これらのうちの1つであるChk1はATRによるリン酸化を受けて活性化され，さらに下流の標的タンパク質をリン酸化す

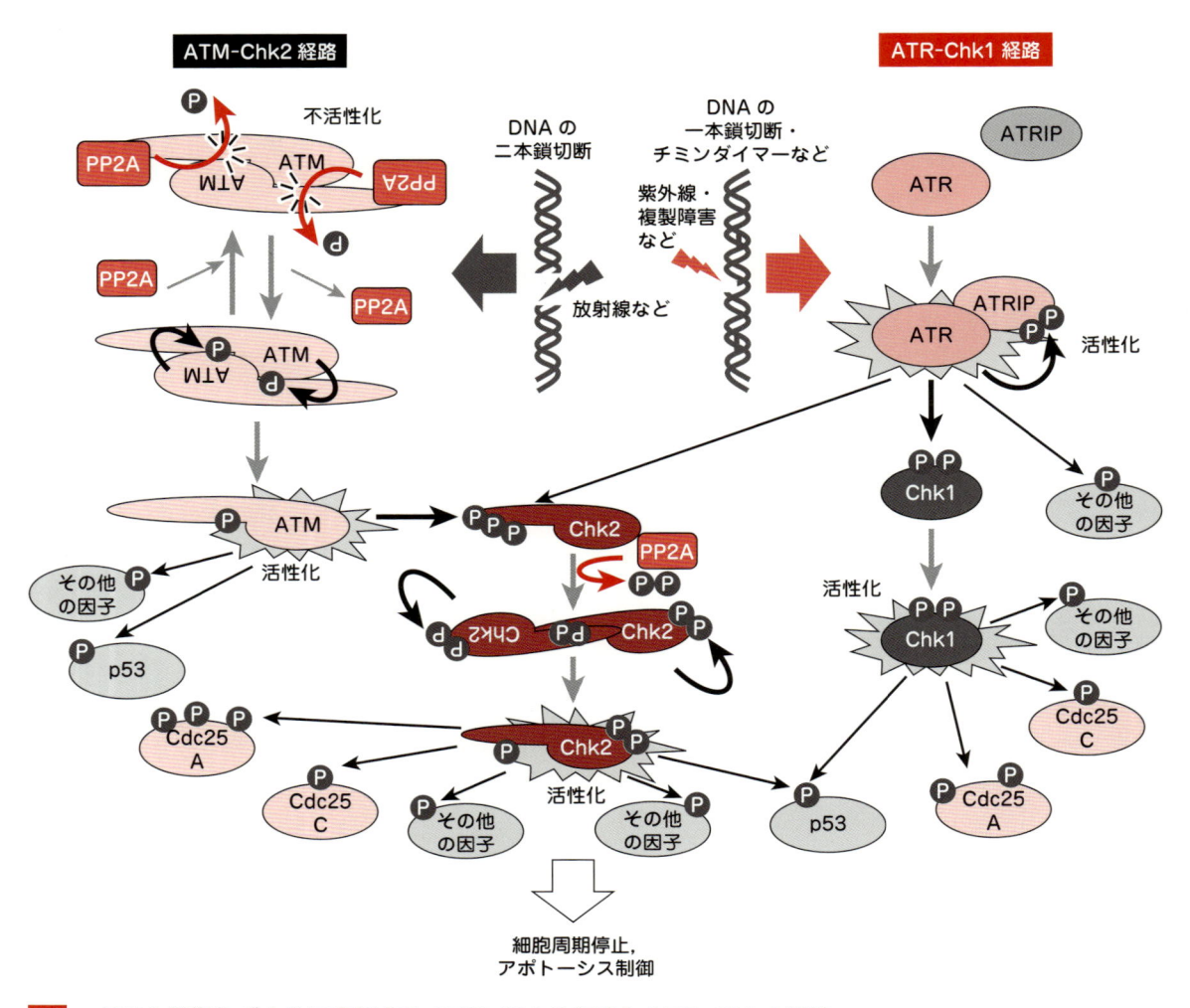

図 DNA損傷シグナルに応答するATM-Chk2経路とATR-Chk1経路
←はリン酸化，←は脱リン酸化を示す．その他の因子については表を参照

る（図）．ATR－Chk1経路の標的タンパク質のなかにはATM－Chk2経路と重複しているものがいくつかあり，両者が互いにクロス・トークしていることをうかがわせる（表）．

3. 機能：Chk1, Chk2のリン酸化標的

活性化されたChk1やChk2の代表的なリン酸化標的として細胞周期制御（第2部-1）の中心的な脱リン酸化酵素であるCdc25とがん抑制遺伝子として働く転写因子p53（第1部-20）の2つがあげられる．損傷シグナル後，Chk1/2がCdc25CのS216をリン酸化する．Cdc25Cはリン酸化部位を14-3-3タンパク質に認識されて核外に捕足される．このため，Cdc25Cの脱リン酸化標的で

あるCdc2（Cdk1）はM期進行に必要なチロシン（Y）15の脱リン酸化が起こらず活性化されないので，M期進行は阻止されG2期停止となる．一方，Chk1/2あるいはATM/ATRにより直接リン酸化されたp53はそれぞれの異なるリン酸化部位に応じてG1期の細胞周期停止に機能するCdk阻害因子p21やアポトーシス促進に機能するPUMAやBAXなどの転写誘導を行い，損傷シグナル後の変異細胞の増殖停止・修復と細胞死による排除をコントロールしている．

上記以外にもChk1/2のリン酸化標的がいくつか報告されている（表）．最近では臓器のサイズを制御することで分化・発生に重要な役割を果たしているHippo pathway（第1部-16）の調節，M期制御の中核的キナーゼであるLats2や脱リン酸化酵素PP2Aのリン酸化

表　DNA損傷チェックポイントキナーゼとそのリン酸化標的タンパク質

キナーゼ	標的タンパク質（リン酸化部位）
ATM	**ATM**（S1981），**BLM**（T99），Artemis（S645），BRCA1（S1387, S1423, S1457, S1524），**c-Abl**（S465），c-Jun（S63），**CHK2**（S33, S35, T68），CtIP（S664, S745），eIF-4E（S111），E2F1（S31），FANCD2（S222），H2AX（S139, S140），LKB1（T366），MCM3（S535），MDC1（ND），MRE11（ND），HDM2（S395），NBS1（S278, S343），p53（S15 [S9, S46]），**PLK1**（S137, T210），**PLK3**（ND），RAD9（S272），RAD17（S635, S645），RPA32（T21），SMC1（S957, S966），TopBP1（S405），TRF1（S219），53BP1（S25）
ATR	ATRIP（S68, S72），BLM（T99），BRCA1（S1387, S1423, S1457, S1524），**CHK1**（S317, S345），**CHK2**（T68），E2F1（S31），H2AX（S139, S140），MCM2（S108），NBS1（S278, S343），p53（S15），Rad9#（T412/S423），RAD17（S635, S645），RPA（T21?），SMC1（S966），TopBP1（S405）
CHK1	BAD（S155, [S170]），*CDC25A*（S75, S278），*CDC25C*（S216），Claspin（T916 [xT906], S945 [xS934]），p53（S20），RelA（p65）（T505），**TLK**（S695），Histone H3（T11），**Lats2**（S408）
CHK2	BRCA1（S988），*CDC25A*（S123, S178, S292），*CDC25C*（S216），**CHK2**（T383, T387），E2F（S364），PML（S117），**PLK3**（ND），p53（S20），*PP2A-B'*（ND）
PKB/AKT	**CHK1**（S280）
MPS1/TTK	**CHK2**（T68）
MK2	*CDC25A*（S75, S123），*CDC25B*（S323），*CDC25C?*

太字はキナーゼ，斜体は脱リン酸化酵素（ホスファターゼ），NDは未決定，#は分裂酵母のタンパク質を示す

制御，ヒストン（Histone）H3のリン酸化による転写抑制などが報告されており，その機能は多岐に渡る．これら損傷チェックポイントに関与するキナーゼ群（ATM，ATR，Chk1/2，p53，PP2A，Lats1/2など）の多くが核内だけでなく分裂期の紡錘体形成に働く中心体にも局在していることは興味深い．

参考文献

- Nojima, H.：Genome Dyn., 1：131-148, 2006
- Reinhardt, H. C. & Yaffe, M. B.：Curr. Opin. Cell Biol., 21：245-255, 2009
- 『細胞周期研究の新たなステージ』（岸本健雄/監），細胞工学，28（1），秀潤社，2009

第1部 概説 シグナル伝達の主要因子と経路

16 Hippoシグナリング
Hippo signaling

畠 星治, 仁科博史

1. はじめに

Hippo〔Hippopotamus（かば）〕シグナルは，ショウジョウバエにおいて見い出された器官サイズを制御するシグナル伝達経路である．細胞増殖を抑制するとともに細胞死を誘導することで，器官における細胞数の調節を行い，器官サイズを制御する（図1）．ヒトを含む哺乳動物にまで高度に保存されており，器官の形成や再生においても重要な役割を果たしている．また，腫瘍抑制シグナル伝達経路としても機能し，さまざまな組織において発がんの抑制に寄与している．

2. 基本メカニズム

Hippoシグナルの主要構成因子および基本メカニズムは，ショウジョウバエと哺乳動物においておおむね類似している．Hippoシグナルは，上流制御分子，中核キナーゼカスケード，下流標的分子の3つに分けて考えることができる．主に細胞-細胞間接触の刺激によって活性化し，中核のキナーゼカスケードが転写共役因子を負に制御することで，核内での遺伝子発現を調節するシグナル伝達経路である（図2）．

1）中核キナーゼカスケード

Hippoシグナルの中核を成すのは，セリン/スレオニンキナーゼのHippoとWartsによるキナーゼカスケードである．この2つのキナーゼに加えて，活性化因子もしくは足場タンパク質として働くSav（Salvador）とMats（Mob as tumor suppressor）により，中核のキナーゼカスケードが構成される．Hippoが活性化するとSalvadorやMatsと協調してWartsをリン酸化することにより活性化させる．

ショウジョウバエにおけるHippo, Warts, Salvador, Matsが，哺乳動物ではそれぞれのホモログであるMst1（Mammalian Ste20-like kinase 1）とMst2, Lats1（Large tumor suppressor 1）とLats2, Sav1（Salvador 1），Mob1に対応する．

2）下流標的分子

活性化したWartsは，Hippoシグナルの下流標的分子である転写共役因子Yki（Yorkie）をリン酸化する．非リン酸化型のYkiは，核内に局在し，転写因子Sd（Scalloped）による標的遺伝子の転写を促進する．しかし，Wartsによりリン酸化されると，リン酸化型のYkiと14-3-3タンパク質との結合が誘導され，細胞質に保持さ

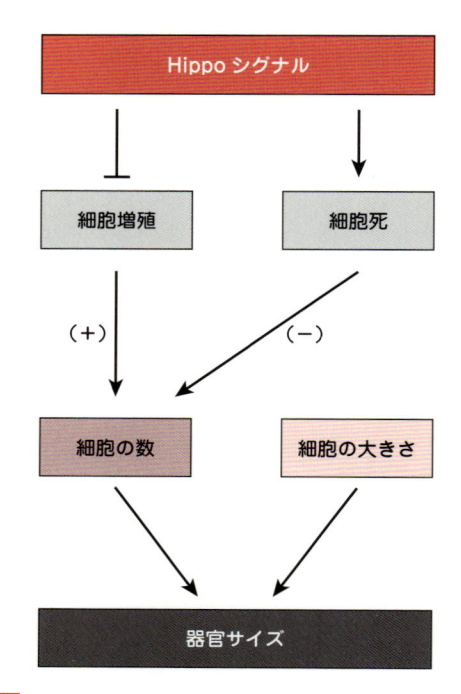

図1 Hippoシグナルによる器官サイズの制御
器官のサイズは，器官を構成する細胞の数とその大きさによって規定される．Hippoシグナルは，細胞増殖の抑制と細胞死の促進を誘導することにより細胞の数を調節し，器官サイズを制御する

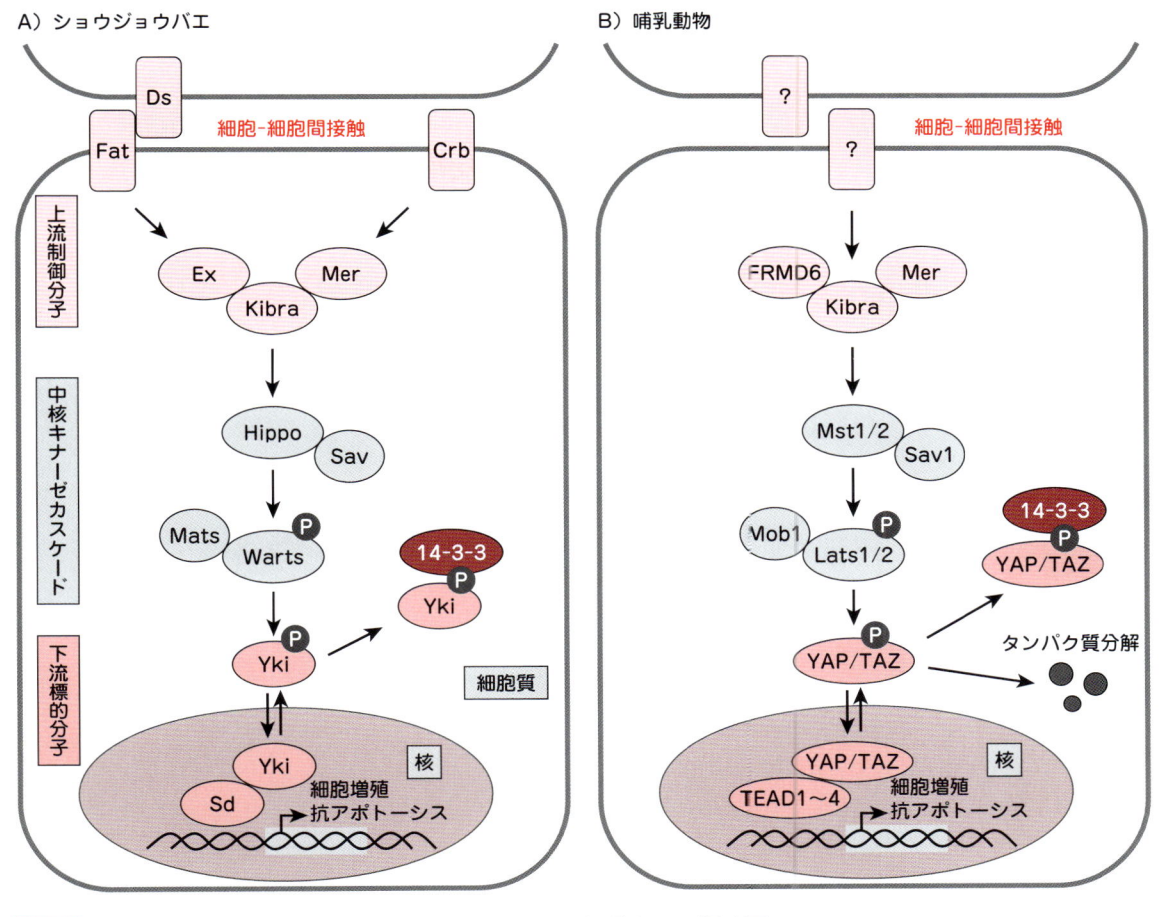

図2 ショウジョウバエと哺乳動物におけるHippoシグナルの概略図

A) ショウジョウバエのHippoシグナル．細胞-細胞間接触などの刺激に応答し，上流制御分子を介して中核キナーゼカスケードが活性化する．活性化したWartsにより，下流標的分子Ykiの核内局在が制限される．これにより，Yki依存的な遺伝子発現誘導が抑制され，細胞増殖の抑制と細胞死の促進が誘導される．B) 哺乳動物のHippoシグナル．主要構成因子および基本メカニズムはショウジョウバエと類似しているが，未解明な部分も多い

れる．その結果，Ykiの核内局在が抑制され，遺伝子発現が負に制御される．

Ykiの哺乳動物ホモログは，YAP（yes-associated protein）およびTAZ（transcriptional coactivator with PDZ-binding motif）であり，Sdの哺乳動物ホモログはTEAD（TEA domain transcription factor）1～4である．哺乳動物でのLats1/2によるYAP/TAZのリン酸化は，細胞内局在の制御に加えて，ユビキチン・プロテアソーム経路を介したタンパク質分解を誘導することにより，YAP/TAZの機能を抑制する．

3）上流制御分子

中核キナーゼカスケードは，細胞-細胞間接触に関与する上流制御分子により活性化される．ショウジョウバエにおいては，接着分子であるプロトカドヘリンのFatが同じくプロトカドヘリンであるDs（Dachsous）との結合を介して，Hippoシグナルを活性化させる．また，細胞間の接着などにより形成される上皮細胞極性に重要な役割を果たすCrb（Crumbs）もHippoシグナルの活性化に寄与する．FatおよびCrbのいずれも細胞膜の裏打ちタンパク質であるEx（Expanded），Mer（Merlin），Kibra（kidney and brain expressed protein）による複合体を介して，中核キナーゼカスケードを活性化させると考えられている．

一方，哺乳動物では，Fatの関与は明らかではないが，ExのホモログであるFRMD6やMer，Kibraの機能は保存されており，ショウジョウバエと同様にこれらの複合

体が中核キナーゼカスケードの上流に位置すると考えられている．

4）その他の制御分子

上記の構成分子以外にも，Hippoシグナルの制御分子が次々と明らかになってきている．ショウジョウバエでは，Ras結合タンパク質であるdRASSF（Ras association domain family）やLimドメインタンパク質dJubaが，中核キナーゼの活性を制御する．哺乳動物においても，それぞれのホモログであるRASSFファミリー分子とAjubaが，類似の機能を有している．さらに，哺乳動物では，接着分子であるCD44や，細胞間接着に関与するα-カテニンおよびAngiomotinなどが，Hippoシグナルを制御することが知られている．

3. 機能

Yki/YAP/TAZはSd/TEAD1〜4などを介して，細胞増殖および抗アポトーシスに関与する遺伝子の転写を誘導する．このため，Hippoシグナルの活性が亢進すると，Yki/YAP/TAZの機能が抑制され，細胞増殖の停止やアポトーシスの誘導が生じる．このように，Hippoシグナルは，器官における細胞数を調節することで器官サイズを制御している．さらに，細胞増殖の制御だけでなく，種々の幹細胞や前駆細胞の分化制御も担っており，胚発生や器官の形成や再生においても重要な役割を果たしている．

Hippoシグナルは，培養細胞株でみられる接触抑制（contact inhibition）に関与することも知られている．接触抑制は，細胞同士の接触により細胞の増殖が停止する現象であり，がん化した細胞株ではみられないことから，腫瘍抑制機構の1つとして考えられている．加えて，Hippoシグナルの構成因子が変異または欠損したショウジョウバエやマウスでは，細胞の過増殖が生じて発がんに至ることから，Hippoシグナルは腫瘍抑制シグナル伝達経路としても機能していることが明らかとなっている．実際に，ヒトのがん症例においてHippoシグナルの破綻が高頻度に認められている．

参考文献

- 『Hippo pathway』（畑裕，仁科博史/監），細胞工学，30（9），秀潤社，2011
- Pan, D. : Dev. Cell, 19 : 491-505, 2010
- Halder, G. & Johnson, R. L. : Development, 138 : 9-22, 2011

第1部 概説 シグナル伝達の主要因子と経路

17 mTORシグナリング
mTOR signaling

高原照直，前田達哉

1. はじめに

mTOR（mammalian target of rapamycin）は免疫抑制剤・抗がん剤ラパマイシンの細胞内標的として見い出されたセリン/スレオニンキナーゼである．mTORシグナルは細胞成長と代謝の制御を担う主要な経路である．

2. 基本メカニズム

1）mTORC1の活性化機構

mTORは結合するサブユニットの違いにより2つの異なる複合体（mTORC1とmTORC2）として機能する（図1）．このうちmTORC1活性のみがラパマイシンにより阻害される．ただし，ラパマイシンにより阻害されるのはmTORC1活性の一部である．

mTORC1はアミノ酸，増殖因子，細胞内エネルギー状態などに応答して活性が制御されている．mTORC1の活性化には低分子量GTPaseの一種であるRhebとの結合が重要である（図2）．インスリンなどの増殖因子は，PI3キナーゼ（PI3K）—Akt経路を介して，Rhebの不活性化因子（GTPase活性化因子：GAP）であるTSC1-TSC2複合体をリン酸化し不活性化する．その結果として増加したGTP結合型RhebがmTORと結合することにより，mTORC1が活性化されると考えられている．低エネルギー状態では，細胞内ATP量を感知するAMPキナーゼ（AMPK）が活性化される．AMPKによるTSC1-TSC2複合体のリン酸化はTSC1-TSC2活性化を引き起こし，Rhebの不活性化を介してmTORC1活性の低下をもたらす．加えて，AMPKはmTORC1サブユニットであるRaptorを直接リン酸化することでmTORC1を不活性化する．

アミノ酸によるmTORC1活性化は，低分子量GTPaseであるRagファミリータンパク質が関与している（図2）．アミノ酸はRagを介してmTORC1をリソソーム膜近傍へとリクルートすることで活性化すると考えられている．哺乳類Ragタンパク質は，「RagAまたはRagB」と「RagCまたはRagD」との組合わせから構成される4種類のヘテロ二量体として機能し，GTP型RagA（またはRagB）とGDP型RagC（またはRagD）をもつと活性型となる．Ragはリソソーム膜に存在するRagulator（MP1，p18，p14からなる複合体）に繋ぎ留められ，リソソーム膜上に局在する．活性化型となったRag二量体はRaptorと結合することで，mTORC1をリソソーム膜近傍にリクルートする．リソソーム膜にはRhebが存在す

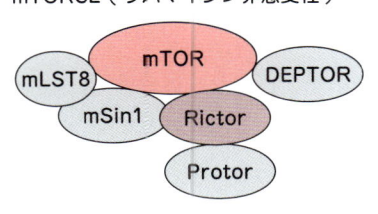

図1 mTOR複合体
mTORはサブユニットの違いにより，mTORC1とmTORC2を形成する．RaptorとRictorはそれぞれの複合体の定義付けるサブユニットである．ProtorはPRR5とも呼ばれる．mTORC1はラパマイシン感受性であるのに対し，mTORC2はラパマイシン非感受性である

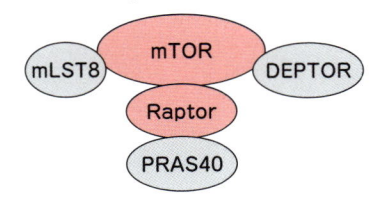

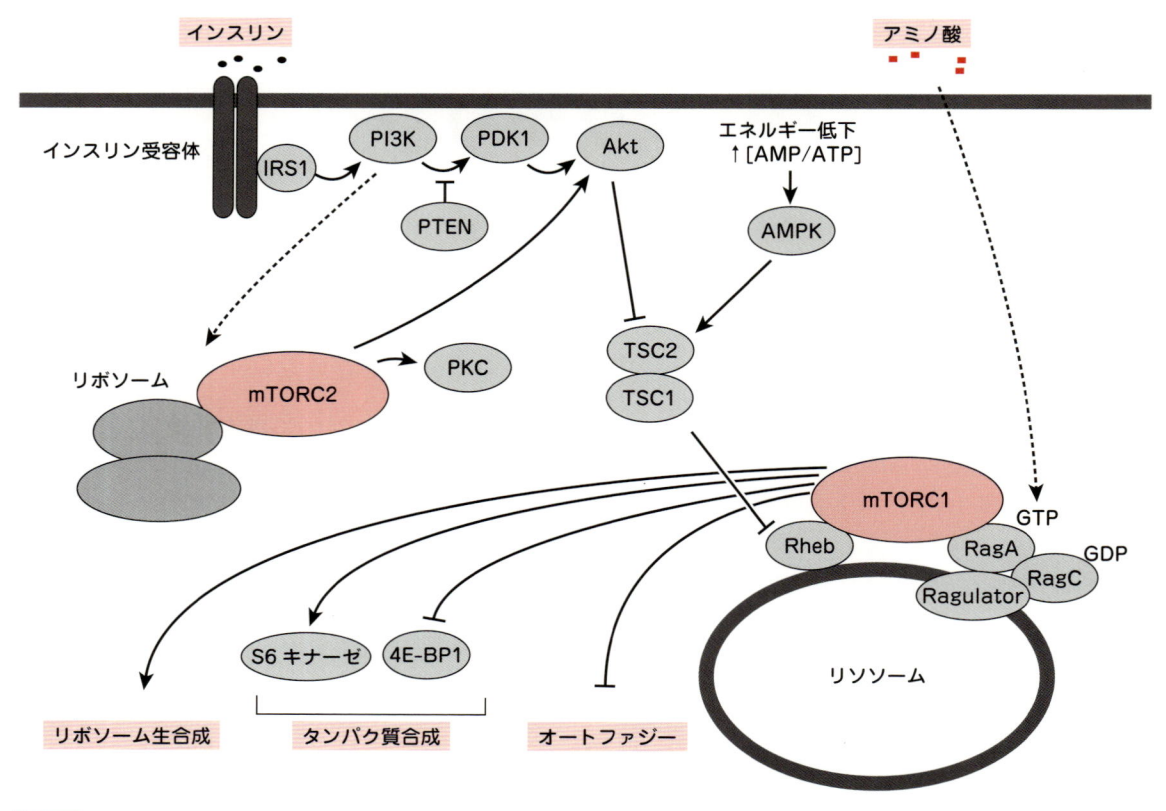

図2 mTORシグナル経路の概略

インスリン，アミノ酸，細胞内エネルギー状態によるmTORシグナル伝達．アミノ酸は，RagA-RagCのGTP交換反応を促進し，mTORC1をリソソーム膜近傍にリクルートする．一方，インスリンはmTORC2とリボソームとの結合を促進することで，mTORC2を活性化する

るため，結果としてmTORC1の活性化につながると考えられている．

アミノ酸によるmTORC1活性化機構にはPI3キナーゼであるhVps34-hVps15によるエンドソームへのmTORC1リクルートが関与しているとする報告もある．

2) mTORC2の活性化機構

mTORC2はAktやPKCの活性化にかかわる疎水性モチーフのリン酸化を担っている．mTORC2もmTORC1と同様にインスリンにより活性化される．

mTORC2の活性化機構については，あまりよくわかっていないものの，リボソームとの結合がその活性化に重要であると報告されている．インスリンによるPI3キナーゼの活性化に伴って，mTORC2がリボソームと結合することで，mTORC2が活性化されるとされている（図2）．

3. 機能

mTORC1は，翻訳制御にかかわる2つの基質とS6キナーゼとeIF4E結合タンパク質（4E-BPI）をリン酸化することで，タンパク質合成を制御する．加えて，リボソーム生合成やオートファジーの制御（第1部-25参照）も行い，細胞成長を正に制御している（図2）．mTORC1シグナルは負のフィードバックによる自己経路の抑制を通じて，経路の恒常性を保つ．この機構としてはmTORC1の基質であるS6キナーゼによるIRS1のリン酸化や，mTORC1の基質Grb10のリン酸化によるインスリン-PI3キナーゼ活性化抑制がある．

mTORC2はAktやPKC等のリン酸化を通じて，mTORC1シグナル経路と密接な関係がある．加えてmTORC2の独立した機能としてアクチン骨格の制御がある．

mTORC1とmTORC2を構成するmTOR，Raptor，Rictor，mLST8（図1）のノックアウトマウスは，いずれも胎生致死である．脂肪組織特異的Raptorノックアウトマウスでは脂肪組織量の減少を認め，ミトコンドリ

ア呼吸の上昇によるエネルギー消費増加に伴い，痩身となる．骨格筋でのRaptorノックアウトマウスは，ミトコンドリア生合成の低下とAktの過剰な活性化（上述の負のフィードバックの欠如による）を伴い，筋ジストロフィーを引き起こす．mTORC1の臓器特異的欠損は全身性代謝パラメーターにも大きな影響をおよぼす．一方，脂肪組織特異的Rictorノックアウトマウスは，脂肪組織以外の器官のサイズが大きくなるが，これにはインスリン様成長因子1（IGF1）の上昇がかかわっているようである．mTORC1に比べmTORC2の全身性代謝への影響は比較的少ないものの，これらのシグナル経路いずれもが個体における代謝や成長に重要な役割を果たしている．

参考文献

- Kim, J. & Guan, K. L. : Annu. Rev. Biochem., 80 : 1001-1032, 2011
- Polak, P. & Hall, M. N. : Curr. Opin. Cell Biol., 21 : 209-218, 2009
- Zoncu, R. et al. : Nat. Rev. Mol. Cell Biol., 12 : 21-35, 2011

第1部 概説 シグナル伝達の主要因子と経路

18 NAD⁺シグナリング
NAD$^+$ signaling

吉野　純，今井眞一郎

1. はじめに

ニコチンアミドアデニンジヌクレオチド（NAD$^+$）は，すべての生物種に存在する古典的な補酵素であり，特に酸化還元反応で重要な役割を果たすことが知られている．近年の研究成果により，哺乳類におけるサーチュイン（SIRT1～7），ポリADPリボースポリメラーゼ（PARPs），ADPリボシルトランスフェラーゼ（ARTs），NAD$^+$グリコヒドロラーゼ/ADP-リボシルシクラーゼ（CD38ファミリーメンバー），に代表されるNAD$^+$依存性酵素の新しい病態・生理機能が解明され（表），その結果，NAD$^+$およびNAD$^+$合成系の重要性が再認識されつつある．本稿では，そのなかでも，最近特に注目を集める，哺乳類NAD$^+$合成系律速酵素であるニコチンアミドホスホリボシルトランスフェラーゼ（NAMPT）と，NAD$^+$合成系の主要メディエーターともいえるSIRT1に焦点を絞り概説したい．

2. 哺乳類NAD⁺合成系の基本メカニズム

哺乳類におけるNAD$^+$合成の基質はトリプトファン，および水溶性ビタミンB$_3$として総称されるニコチンアミドとニコチン酸が知られている．このうち，哺乳類は，ニコチンアミドを主要基質として，そこから2段階の酵素反応を経てNAD$^+$を合成する（図）．第一段階では，NAMPTと呼ばれる酵素がニコチンアミドを，5′-ホスホリボシルピロリン酸（PRPP）の存在下に，NAD$^+$合成系鍵中間代謝産物であるニコチンアミドモノヌクレオチド（NMN）に変換する．次いで，NMNとATPは，第二の酵素であるニコチンアミド/ニコチン酸モノヌクレオチドアデニリルトランスフェラーゼ（NMNAT）によって，NAD$^+$へと合成される．第一の酵素であるNAMPTは，二量体を形成するⅡ型ホスホリボシルトランスフェラーゼに属し，ニコチンアミドへの基質特異性がきわめ

表　NAD⁺依存性酵素（NAD⁺消費酵素）

	局在	NAD⁺依存性酵素活性	主な機能
SIRT1	核（細胞質）	脱アセチル化	代謝，カロリー制限の生理学的応答，ストレス応答
SIRT2	細胞質（核）	脱アセチル化	細胞周期
SIRT3	ミトコンドリア	脱アセチル化	代謝，熱産生，抗酸化ストレス
SIRT4	ミトコンドリア	ADP-リボシル化，脱アセチル化（？）	インスリン分泌
SIRT5	ミトコンドリア	脱アセチル化，脱マロニル化，脱スクシニル化	尿素回路
SIRT6	核	脱アセチル化，ADP-リボシル化	塩基除去修復，代謝，炎症
SIRT7	核小体	不明	rDNA転写
PARP-1, 2	核	ADP-リボシル化	DNA傷害修復，がん
CD38	細胞外酵素	サイクリックADP合成・分解	免疫，カルシウムシグナル

近年の研究成果により，サーチュインに代表されるNAD$^+$依存性酵素の多彩な役割が解明されている

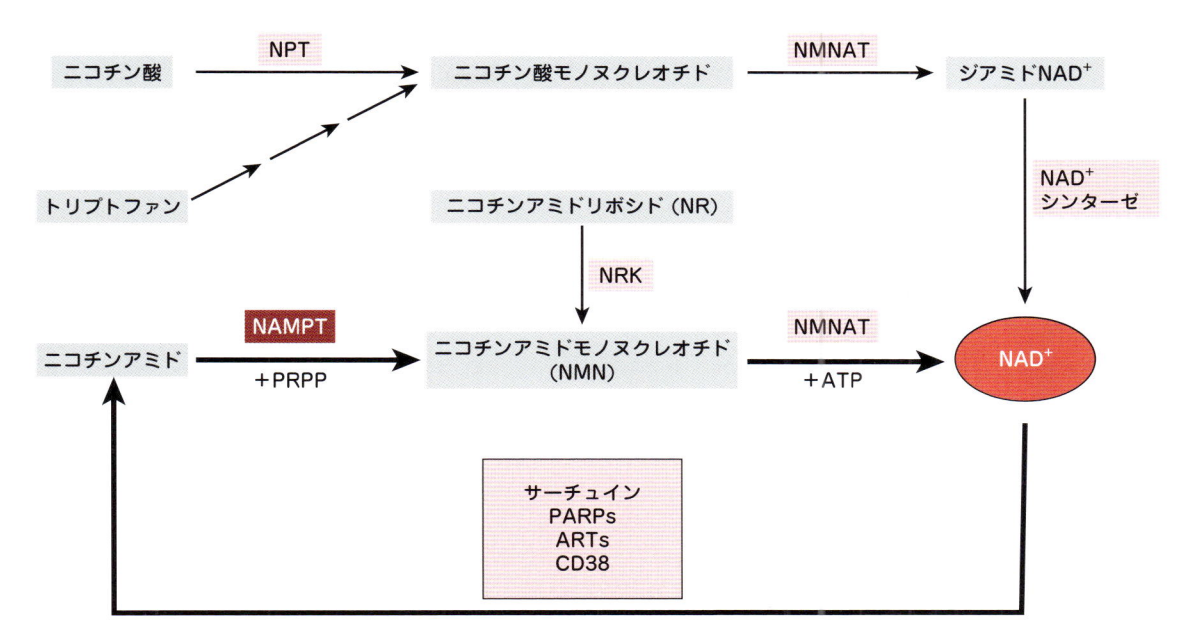

図　哺乳類NAD⁺合成系

哺乳類は，ニコチンアミドを主要基質として，2段階の酵素反応を経てNAD⁺を合成し，NAD⁺は，サーチュインなどの酵素反応で使用される．NAMPTは，このNAD⁺合成系において律速酵素として機能し，ニコチンアミドからNMNを産生する（詳細は本文参照）．NPT：nicotinic acid phosphoribosyltransferase, NAMPT：nicotinamide phosohoribosyltransferase, NMNAT：nicotinamide/nicotinic acid mononucleotide adenylyl transferase, NRK：nicotinamide ribose kinase, PARPs：poly-ADP-ribose polymerases, ARTs：ADP-ribosyltransferases, PRPP：5′-phosphoribosyl-1′-pyrophosphate

て高く（Km＝0.92 μM），哺乳類NAD⁺合成系における律速酵素として機能することが知られている．興味深いことに，このNAMPTには，サイトカイン，ホルモン様に血中を巡り，より高い酵素活性を有する細胞外型NAMPT（extracellular NAMPT：eNAMPT）が存在する．eNAMPTは，脂肪細胞，肝細胞，白血球細胞から分泌され，その生理学的意義に関しては，臓器特異的ノックアウトマウスを用いた今後の解析結果が待たれる．第二の酵素であるNMNATには，細胞内局在の違いにより，NMNAT1（核），NMNAT2（細胞質），NMNAT3（ミトコンドリア），の3つの型が存在する．また，近年，ニコチンアミドリボシド（NR）がNAD合成系の中間代謝産物として新しく発見され，このNRも，ニコチンアミドリボースキナーゼ（NRK）による酵素反応により，NMNへと変換されNAD⁺合成系に寄与することが報告されている．合成されたNAD⁺は，NAD⁺依存性酵素による，脱アセチル化反応，ADP-リボシル化反応等の酵素基質として使用される．

3. NAMPT-NAD⁺合成系 -SIRT1の機能

NAMPTを介したNAD⁺合成系は，生体内において，炎症，分化，がん，ストレス応答反応，などの多種多彩な生物学的過程において重要な役割を果たす．なかでも代謝制御において，NAMPTは，NAD⁺依存性脱アセチル化酵素SIRT1を主要メディエーターとして，中心的な役割を担うことが示唆されている．たとえば，骨格筋において，低栄養，運動に応じてNampt遺伝子発現が上昇し，NAD⁺合成およびSIRT1活性を増加させる．膵β細胞においては，NAMPTとSIRT1は共に，グルコース応答性インスリン分泌を制御する．また，肝臓，白色脂肪組織においては，NAMPT-NAD⁺合成系とSIRT1はフィードバックループを形成することで，代謝の強力な調節因子でもあるサーカディアンリズム（第1部-28参照）をも制御することが報告されている．さらに最近，高脂肪食負荷，加齢に伴い，主要代謝臓器において，NAMPTタンパク質量・NAD⁺量が低下し，その結果，SIRT1活性が抑制され，2型糖尿病の病態進展に重要な

役割を果たすことが発見されている．重要なことに，NAMPTの酵素反応産物であり，NAD$^+$合成系の鍵中間代謝産物であるNMNを投与することにより，NAD$^+$合成系およびSIRT1活性の回復を介して，これらの糖尿病マウスの代謝異常が顕著に改善する．各種臓器において，NAMPT-NAD$^+$合成系が加齢とともに低下することや，SIRT1が糖尿病のみならず，神経変性疾患，骨粗鬆症に代表される種々の老化関連疾患の病態生理に重要な役割を果たす知見から，今後，NAD$^+$合成系中間代謝産物（NMN，NR）を応用した，より広範な疾患を対象とするNAD$^+$合成系を標的とした新しい栄養学的治療法の開発が期待される．

参考文献

- Yoshino, J. et al.：Cell Metab., 14：528-536, 2011
- 吉野純，今井眞一郎：『Annual Review糖尿病・代謝・内分泌2011』（寺内康夫，他／編），190-198，中外医学社，2011
- Imai, S. & Guarente, L.：Trends Pharmacol. Sci., 31：212-220, 2010

第1部 概説 シグナル伝達の主要因子と経路

19 NOシグナリング
NO signaling

藤井重元，赤池孝章

1. はじめに

　一酸化窒素（NO）は，ガス状メディエーターであり血圧調節，神経伝達，免疫調節，感染防御など多彩な機能を発揮している．NOのシグナル伝達では，cGMPを介する古典的経路が知られている．一方近年，NOと活性酸素種（reactive oxygen species：ROS）から生じる活性酸化窒素種（reactive nitrogen oxide species：RNOS）が核酸・タンパク質・脂質などの一連の生体分子を化学的に修飾し，これらの修飾分子が細胞内メッセンジャーとして機能していることが明らかになり注目されている．

2. 基本メカニズム

　NOは，常温で無色のガス状常磁性分子種（フリーラ

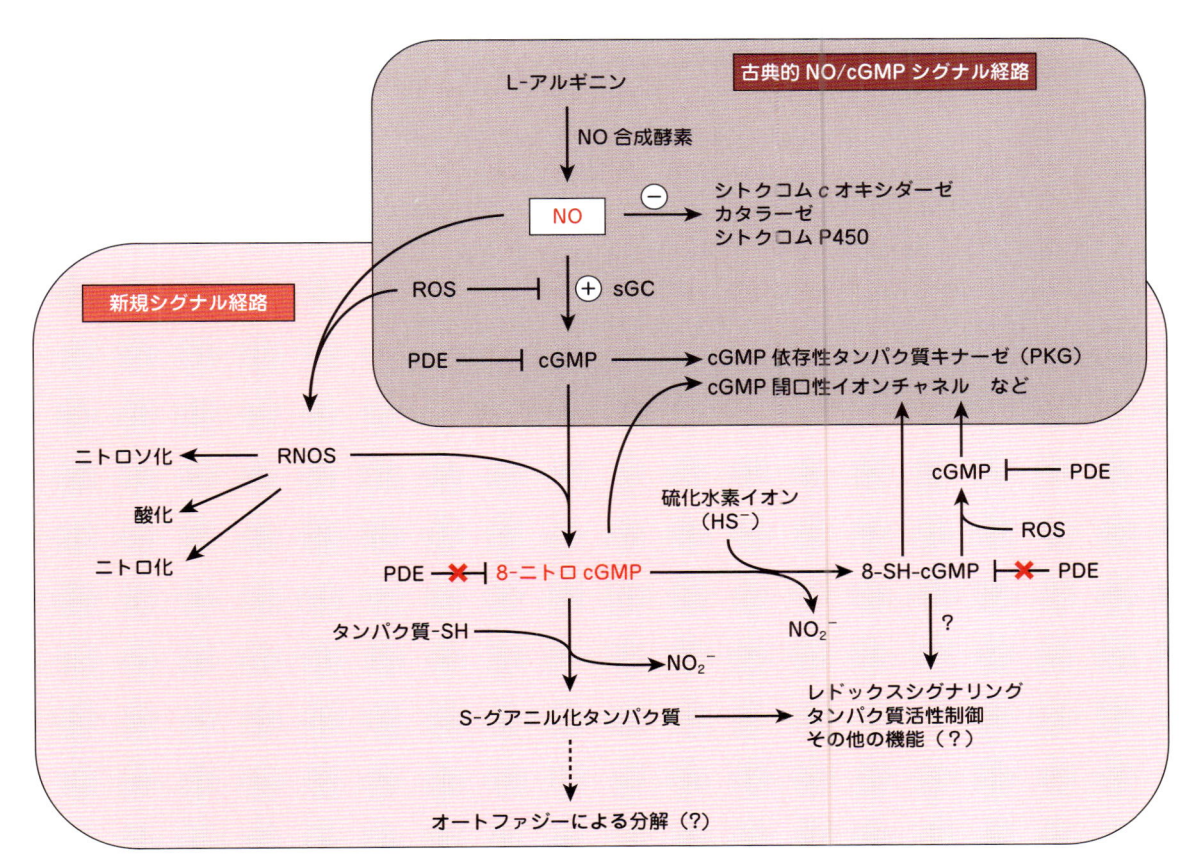

図1　NOによるシグナル伝達機構：古典的NO/cGMP経路と新規シグナル経路
PDE：ホスホジエステラーゼ，ROS：活性酸素種，RNOS：活性酸化窒素種，sGC：可溶性グアニル酸シクラーゼ（文献2を元に作成）

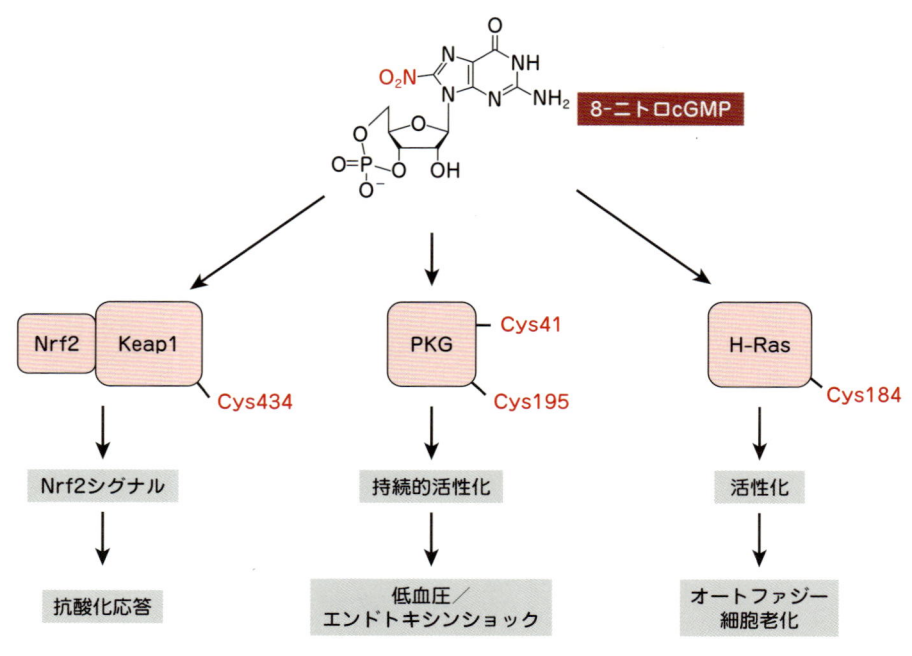

図2 これまでに同定された8-ニトロcGMPのシグナル伝達経路
図中に各タンパク質のS-グアニル化を受けるシステイン（Cys）残基を示す

ジカル）である．生体内では，NO合成酵素（NO synthase：NOS）により基質L-アルギニンの酸化反応により産生される．哺乳類のNOSには，恒常的に発現している血管内皮型NOS（endothelial NOS：eNOS, NOS III），神経型NOS（neuronal NOS：nNOS, NOS I）と，細菌のリポ多糖（LPS）や炎症性サイトカインで発現が誘導される誘導型NOS（inducible NOS：iNOS, NOS II）の3つのアイソフォームがある．eNOSとnNOSは細胞内Ca^{2+}濃度の上昇により活性化されるが，iNOSは転写翻訳後，Ca^{2+}非依存的に制御され，長時間多量のNOを産生する．

NOのシグナル伝達経路としては，可溶性グアニル酸シクラーゼ（soluble guanylate cyclase：sGC）の活性化を介したcGMPをセカンドメッセンジャーとする経路が知られている（図1古典的NO/cGMP経路）．この経路には，cGMP依存性タンパク質キナーゼ（protein kinase G：PKG）やcGMP開口性イオンチャネルなどの活性化が関与する．cGMPをはじめとする環状ヌクレオチドは，さまざまな細胞・組織に豊富に存在する各種ホスホジエステラーゼ（PDE）アイソフォームにより速やかに分解される．このことが環状ヌクレオチドのセカン

ドメッセンジャーとしてのシグナル機能の可逆性を担保している．

一方，NOはROSと反応すると，ペルオキシナイトライト（$ONOO^-$）などの化学反応性に富むRNOSへと変換され，それが核酸・タンパク質・脂質などの生体分子を化学修飾（酸化，ニトロ化，ニトロソ化）する．このような生体分子の化学修飾は酸化ストレスの要因となる一方で，近年，ROSやRNOSが細胞の分化，増殖，適応応答などのシグナル伝達分子として生理的機能を発揮していることが明らかとなった（図1新規シグナル経路）．この経路を担う代表的な分子として，cGMPがニトロ化された8-ニトロcGMPがあげられる．8-ニトロcGMPは，cGMPとは異なりPDEによる分解を受けない（PDE耐性）が，われわれの最新の知見より，その生体内での寿命が内因性の硫化水素により制御されていることが明らかとなった．すなわち，システイン代謝にかかわる酵素（シスタチオニンβ-シンターゼ，シスタチオニンγ-リアーゼなど）の産物である硫化水素イオン（HS^-）が8-ニトロcGMPと反応し，新規環状ヌクレオチドである8-SH-cGMPが生成する．このユニークな8-SH-cGMPもPDE耐性であるが，もう1つの特筆すべき特徴とし

て，そのチオール側鎖がROSにより分解され遊離することにより，オリジナルのcGMPに変換されることがわかってきた．また，8-ニトロcGMPは，ニトロ基に由来する親電子性により，タンパク質中のシステイン残基のチオール基と反応しcGMP構造を付加する翻訳後修飾（タンパク質S-グアニル化）を行う．8-ニトロcGMPは，転写調節因子Keap1や低分子量GタンパクH-Rasなどのなかの特定のシステイン残基をS-グアニル化し，これらのタンパク質の活性を変化させることで後述のような細胞機能変化にかかわる（図2）．大変興味深いことに，最近，S-グアニル化されたタンパク質は細胞内消化機構であるオートファジーにより選択的かつ速やかに分解され，その機能が生理的に制御されていることがわかってきた（未発表データ）．

3. 機能

NOは，血圧調節，神経伝達制御，免疫調節，感染防御など多彩な生理機能を発揮する．血管平滑筋の弛緩作用による血圧調節や神経細胞の興奮の制御などは古典的NO/cGMP経路によるものである．一方，感染防御やストレス応答においては，NO自身ではなく，NOから生じるRNOSが重要な役割を果たしていることもわかってきた．たとえば，RNOSにより生成する8-ニトロcGMPは，ROSシグナルの下流の経路として多様な機能にかかわっている（図2）．8-ニトロcGMPによるKeap1のS-グアニル化は，転写因子Nrf2に制御される遺伝子群の発現により酸化ストレスに対する適応応答を誘導する．さらに，H-RasのS-グアニル化はH-Rasを活性化し，オートファジーの誘導や細胞老化をもたらす（一部未発表）．今後，S-グアニル化標的タンパク質のプロテオミクス解析などにより，NO・活性酸素によるシグナル伝達機構の全容が明らかになることが期待される．

参考文献

◆ Sawa, T. et al：Nature Chem. Biol., 3：727-735, 2007
◆ Feelisch, M.：Nature Chem. Biol., 3：687-688, 2007
◆ Nishida, M. et al.：Nature Chem. Biol., in press, 2012

第1部 概説 シグナル伝達の主要因子と経路

20 p53シグナリング
p53 signaling

井川俊太郎

1. はじめに

がん抑制遺伝子 *p53* は，損傷性ストレスに応答して，細胞の増殖停止，ゲノム修復を誘導し，修復不能の場合には，セネセンス，アポトーシスを誘導することで前がん細胞の拡大を防ぐ（**第2部-5参照**）．したがって，その変異はヒト腫瘍の約半分で検出され，最も注目される発がん関連遺伝子である．また，*p53* ファミリー遺伝子 *p73*，*p63* は，発生分化において重要な機能を担うと同時にがん抑制にも重要な機能を果たしていることが判明している．

2. 基本メカニズム

p53はDNA損傷性ストレス，酸素欠乏，熱ショック等によって活性化し，損傷細胞の応答を決定する中心的因子である．UV-A，γ線照射等のストレスはATM（ataxia telangiectasia mutated）等，UV-C照射等のストレスはATR（AT related）等の経路を介してp53タンパク質のS15，S20をリン酸化する[1,2]．その結果，p53の調節因子MDM2（mouse double minute 2）との結合が減弱し，p53は活性化，安定化し，C末端部の複数のLys残基のアセチル化でさらなる活性化を受ける（**図1**）[3]．p53の活性化程度の弱い場合には *p21* などの誘導による細胞G1期停止，*GADD45*，*p53R2* 等の誘導による損傷DNAの修復を惹起すると考えられている．そして，修復不可能の場合には，強力かつ持続性のある活性化，安定化が起こり *Bax* などに代表されるアポトーシスを惹起する遺伝子群の誘導で，損傷DNAをもった細胞の残存を阻止すると考えられている（**図1**）[1,2]．S46のリン酸化等，アポトーシスの誘導時に特異的なリン酸化部位も報告されているが，細胞のコンテキスト依存性であり，不明の点も多い[1]．また，p53はmiRNAのmiR-34a/b/c，145，192，215，107を誘導することによっ

て，細胞増殖，細胞生存，血管新生など発がんに帰結する遺伝子の発現をすべからく抑制をする[4]．

MDM2はp53の転写活性化領域との結合によるp53の転写活性化の阻害，p53特異的E3ユビキチンリガーゼとしてのp53のプロテアソーム分解の促進，自身の核外輸送シグナルによるp53の核外輸送促進で，p53の活性を抑制している．p300/CBPは，p53をアセチル化し活性化するが，MDM2はこれを阻害する[5]．一方，活性化p53は *MDM2* 遺伝子の第1イントロンのP2プロモーターに結合し，MDM2を誘導し，p53活性を抑制する．p53が不活化されるとMDM2は，自己ユビキチン化で通常レベルに戻るネガティブフィードバック調節系を構成している．*MDM2* 欠損マウスはE6.5以前の胎生致死であり，*p53* 欠損によってレスキューされる．*MDM2* 類似遺伝子 *MDM4*（*MDMX*）はp53の分解は促進しないものの，p53の転写を阻害する．*MDM4* 欠損マウスの胎生致死性は *MDM2* よりも軽度であるが，*p53* 欠損でレスキューされ，MDM2によるp53の制御にはMDM4も不可欠である[5]．また，多数のシグナルがMDM2活性を制御することで，p53活性を制御していることも判明している（**図1**）．MDM2と複合体を形成するARF（alternative reading frame，**図1**中ではp19ARF）はMDM2のE3リガーゼ活性阻害，核外保持することでMDM2を阻害し，p53の活性化を促進する．*ARF* 変異もヒト腫瘍で検出され，がん抑制遺伝子であることが示されている．活性化Ras，Myc，E2F，Wnt-βカテニン等の異常ながん原性シグナルはARFを転写誘導し，p53の活性化が惹起され，がん原性シグナルのブレーキ役として機能する．

転写因子としての機能以外にも，p53タンパク質自体がミトコンドリアに直接移行し，Bcl2，Bcl-x_Lと結合することで，Bak，Baxの解放，シトクロムcの放出，カ

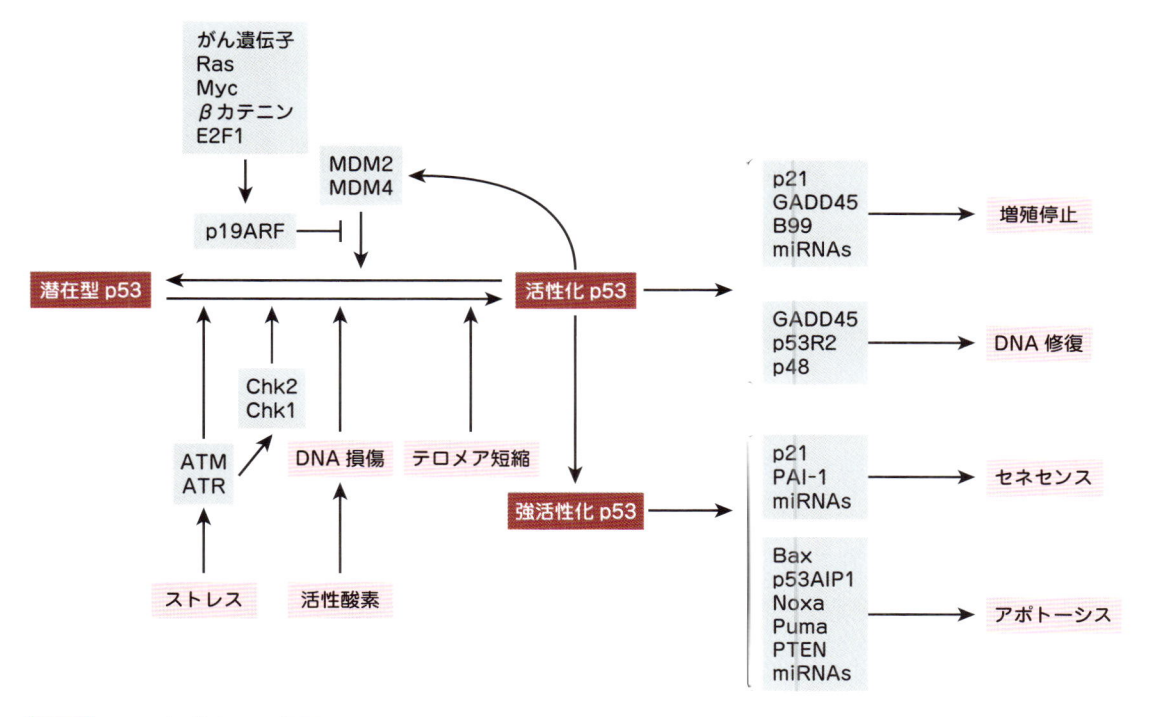

図1 p53シグナルの概要

スパーゼの活性化によるアポトーシスの誘導や，DNA修復に直接的に関与していることが報告されている．

3. p53の生物学的機能

　*p53*は，DNA腫瘍ウイルスSV40のがん遺伝子largeT抗原と相互作用する核タンパク質として発見され，当初はcDNAに変異があったためがん遺伝子と誤解されていた．その後ヒト腫瘍の約50％で*p53*自身の変異が，約90％で*p53*シグナル系路の異常が検出されること，変異*p53*の優性遺伝による高発がん家系Li-Fraumeni症候群の存在など，ゲノムの守護神と称されるがん抑制遺伝子として注目されるようになった．*p53*はがん発生に関係する発がん遺伝子の異常発現亢進，損傷DNA，テロメアの短縮，活性酸素などのチェックのみならず，血管新生，浸潤，転移を抑制する遺伝子を誘導する活性があり，発がんをすべからく検閲しているといっても過言ではない（図1）．通常，p53は四量体として機能し，変異p53は正常p53の活性を阻害し，一方のアリルのみの変異で細胞の腫瘍化に寄与する．これが最も多くの腫瘍で検出される理由の1つと考えられている．*p53*自身の遺伝子治療をはじめ，ペプチドや低分子薬剤の作用でMDM2等の負の制御因子の抑制によるp53の機能亢進や変異p53の機能回復をはかる臨床応用が期待されている[6]．

　*p53*欠損マウスや，転写因子機能を著しく欠くアミノ酸置換体（L25-W26からQ25-S26）のノックインマウスが高率にT細胞リンフォーマを発症することから，転写活性がp53のがん抑制に重要であることが示されている[1)7)]．また，アポトーシス誘導性のプロモーターの転写活性化能のみを欠損するR172P変異*p53*（ヒトではR175P）のノックインマウスは，早期発症のT細胞性リンフォーマから免れられるものの結局は肉腫やリンフォーマを高頻度で発生し，アポトーシス誘導能の重要性を示している．このことは，p53はアポトーシス非依存性に染色体の安定維持や細胞の増殖抑制に寄与し，がんを抑制することを示唆している．さらに，S18A（ヒトではS15）やS23A（ヒトではS20）ノックインマウスでは，B細胞性リンフォーマを高率に発症する．なぜかT細胞ではなくてB細胞リンフォーマなのではあるが，p53の活性化におけるN末端部位のリン酸化の重要性が示唆される[1)]．ヒトp53のノックインマウスでのS46A変異体の発がん発生率に与える影響は，軽微である[1)]．また，

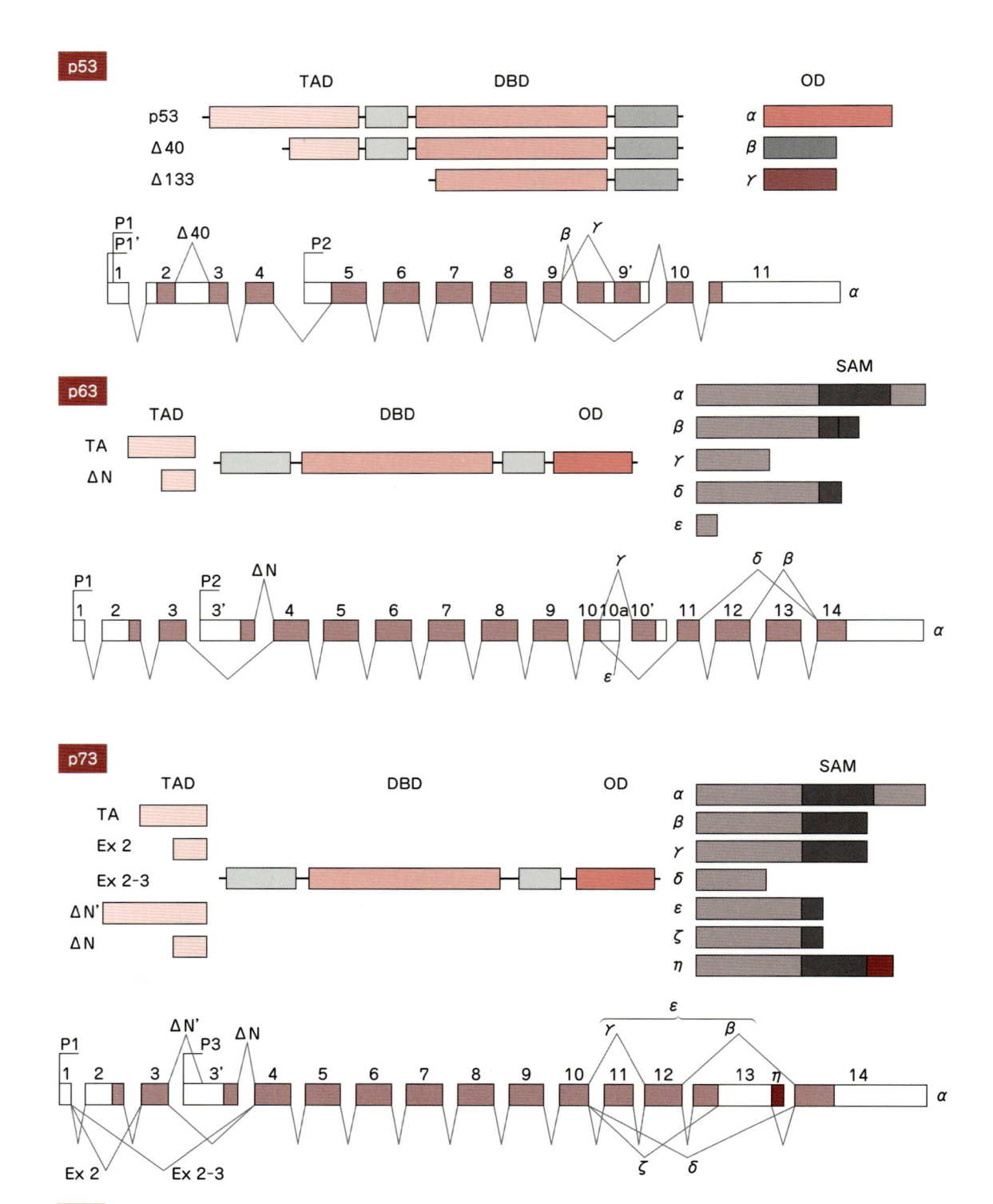

図2 p53ファミリー遺伝子の構造と各種アイソフォーム

TAD：転写活性化領域，DBD：DNA結合領域，OD：複合体形成領域，P：プロモーター，SAM：sterile alpha motif. TA, Δ, Ex2, Ex2-3：N末端アイソフォーム. α〜η：C末端アイソフォーム

ごくわずかな p53 の活性上昇でもマウスは寿命が 20 %短く，p53 によるチェック過剰で，幹細胞等を枯渇させる結果となり，老化を加速すると推測されている．

p53 の類似遺伝子としてクローニングされた p73 および p63 はいずれも p53 に特徴的な転写活性化領域（TAD），DNA 結合領域（DBD），複合体形成領域（OD）をすべて有している（図 2）[8]．構造的類似性に加え，機能的にもアポトーシス誘導活性，p53 依存性プロモーターの転写誘導活性を有する等の類似性を示す．p73，p63 同士の方が，産物，ゲノム構造の類似性が高い上に，両者ともよく似たアイソフォームが複数存在する．C 末端の選択スプライシングによるものがそれぞれ数種，それぞれに対し，2 種のプロモーターに由来する N 末端に転写活性化領域を有する TA アイソフォームとそれを欠く ΔN アイソフォームが存在する（図 2）．これを端緒に，p53 にも複数のアイソフォームが同定された[7]．p73 の正常機能は中枢神経系，免疫系の形成に，p63 は皮膚や四肢の形成に必須である[8]．変異 p63 は，皮膚異常や四肢の異常を伴う多様なヒト遺伝病の原因遺伝子ともなっている．両者ともがんにおける変異頻度は小さいが，腫瘍でその発現異常が検出されること，p53 を誘導するようなストレス刺激で誘導されるなどがん抑制遺伝子の一面も有する[8,9]．さらに，最近では，p53 ファミリー遺伝子は，生殖細胞の守護神とも称され，p53 は受精卵の着床に，p63 は卵細胞の品質維持に，p73 は受精卵の正常な分裂軸形成に重要な機能を有することが明らかになってきた[10]．

参考文献

1) Jenkins, L. M. et al. : Carcinogenesis, in press, 2012
2) Dai, C. & Gu, W. : Trends Mol. Med., 16 : 528-536, 2010
3) Brooks, C. L. & Gu, W. : Protein Cell, 2 : 456-462, 2011
4) Feng, Z. et al. : J. Mol. Cell Biol., 3 : 44-50, 2011
5) Pei, D. et al : Oncotarget, 3 : 228-235, 2012
6) Cheok, C. F. et al. : Nat. Rev. Clin. Oncol., 8 : 25-37, 2011
7) Marcel, V. et al. : Cell Death Differ., 18 : 1815-1824, 2011
8) Allocati, N. et al. : Exp. Cell Res., 318 : 1285-1290, 2012
9) Conforti, F. et al. : Cell Death Dis., 3 : e285, in press, 2012
10) Levine, A. J. et al. : Nat. Rev. Mol. Cell Biol., 12 : 259-265, 2011

第1部 概説 シグナル伝達の主要因子と経路

21 PKCシグナリング
protein kinase C signaling

吉田清嗣

1. はじめに

プロテインキナーゼC（protein kinase C：PKC，Cキナーゼということもある．Cはカルシウムを意味する）はカルシウム依存性リン酸化酵素の1つで，タンパク質のセリン/スレオニンのリン酸エステル化反応を触媒する．ホルモンなどが細胞に作用してイノシトールリン脂質が加水分解して生じるジアシルグリセロール（diacylglycerol：DAG）によって活性化され，リン脂質の分解でできる別の物質によって増加したカルシウムとPKCが協調して，外部からの情報を増幅させる．PKCは細胞の増殖，分化，形態，運動，死など多彩な生理機能に関与しており，その機能異常ががんをはじめとするさまざまな疾患の原因となっていることが明らかにされてきている．

2. 基本メカニズム

哺乳類では少なくとも12種類のPKCがみつかっていて，3つのサブファミリーに分けられる（図1）．PKCの構造は，N末端側の調節領域とC末端側の触媒領域からなり，前者は，偽基質領域（S），DAG結合領域（C1A，C1B）とカルシウム結合領域（C2），後者はATP結合領域（C3）とキナーゼ領域（C4）から構成されている．偽基質領域はPKCの基質に共通にみられるリン酸化周辺配列と類似しているが，リン酸化されるべきアミノ酸がセリン/スレオニンではなくアラニンになっているためリン酸化はされずにキナーゼ領域と結合したままになっている．この自己阻害作用のためPKCは不活性化状態に保たれている．さまざまな刺激によりDAGとカルシウム存在下でリン脂質がPKCに結合すると，構造が大きく変換しキナーゼ領域が外部に露出することで活性化を引き起こす．

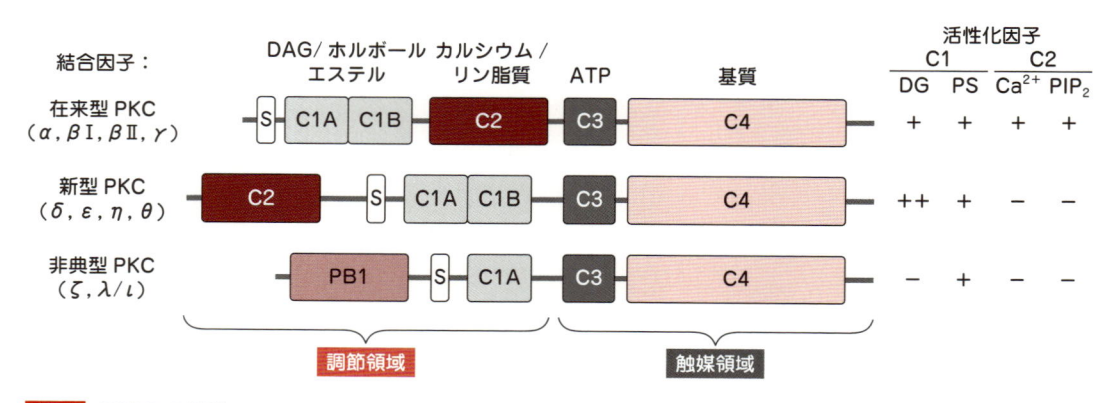

結合因子：	DAG/ホルボールエステル	カルシウム/リン脂質	ATP	基質	活性化因子			
					C1		C2	
					DG	PS	Ca^{2+}	PIP$_2$
在来型PKC（α, βI, βII, γ）	S – C1A – C1B	C2	C3	C4	+	+	+	+
新型PKC（δ, ε, η, θ）	C2 – S – C1A – C1B		C3	C4	++	+	–	–
非典型PKC（ζ, λ/ι）	PB1 – S – C1A		C3	C4	–	+	–	–

調節領域 / 触媒領域

図1　PKCの構造

PKCは3つのサブファミリーに分類されており，その構造は大きく調節領域（C1とC2）と触媒領域（C3とC4）に分けられる．ファミリー間の違いは主に調節領域の構造に由来する．Sは偽基質と，C1はDAG/ホルボールエステルと，C2はカルシウム/リン脂質と，C3はATPと，C4は基質とそれぞれ結合する．なおPB1（Phox and Bem1）ドメインは，多くのシグナル伝達タンパク質に存在する酸性残基に富んだPC（Phox and Cdc）モチーフと結合する．活性化因子に対する依存性として，DG：ジアシルグリセロール，PS：ホスファチジルセリン，Ca^{2+}：カルシウム，PIP$_2$：ホスファチジルイノシトール二リン酸，を列記した

3. 機能

1) 増殖

　細胞増殖におけるPKCの役割はアイソフォームによって異なり，たとえばPKCαやPKCδはRb，cyclin D1，p21，p27などに働きかけてG1停止を引き起こすことで増殖を抑制する（図2）．一方PKCεはG1/S移行を促す遺伝子の発現制御を通じて増殖を促進する．PKCηはcyclin G1，Akt/mTOR，ERK/Elk1を介して増殖を促すが，増殖を抑えるという報告もある．PKCιはCdk7を活性化し増殖に寄与し，PKCζはERKシグナルを阻害して増殖を抑える．その他いくつかのPKCがIKKを介してNF-κB経路を活性化するという報告もある．なお，これらの知見は，総じて細胞や刺激に特異的であることに注意が必要である．

2) 分化

　発がんプロモーション活性を有するホルボールエステルがPKCを活性化し，分化誘導することが知られている（図2）．たとえば，前骨髄性白血病細胞であるHL-60はホルボールエステル処理により単球/マクロファージへと分化し，PKCβが主たる機能を果たしている．また表皮角化細胞の分化にはPKCηがかかわっており，Fynを活性化しCdk2を阻害する．このほかにも，PKCα，PKCδ，PKCεなどが分化誘導に関与していることが報告されている．

3) 細胞の形態と運動性

　ホルボールエステルがさまざまな細胞の形態変化を誘導することは広く知られており，この多くがPKCを介した機構であることが示されている．ほとんどのケースでPKCは突起伸長を促進しストレス・ファイバーの形成を

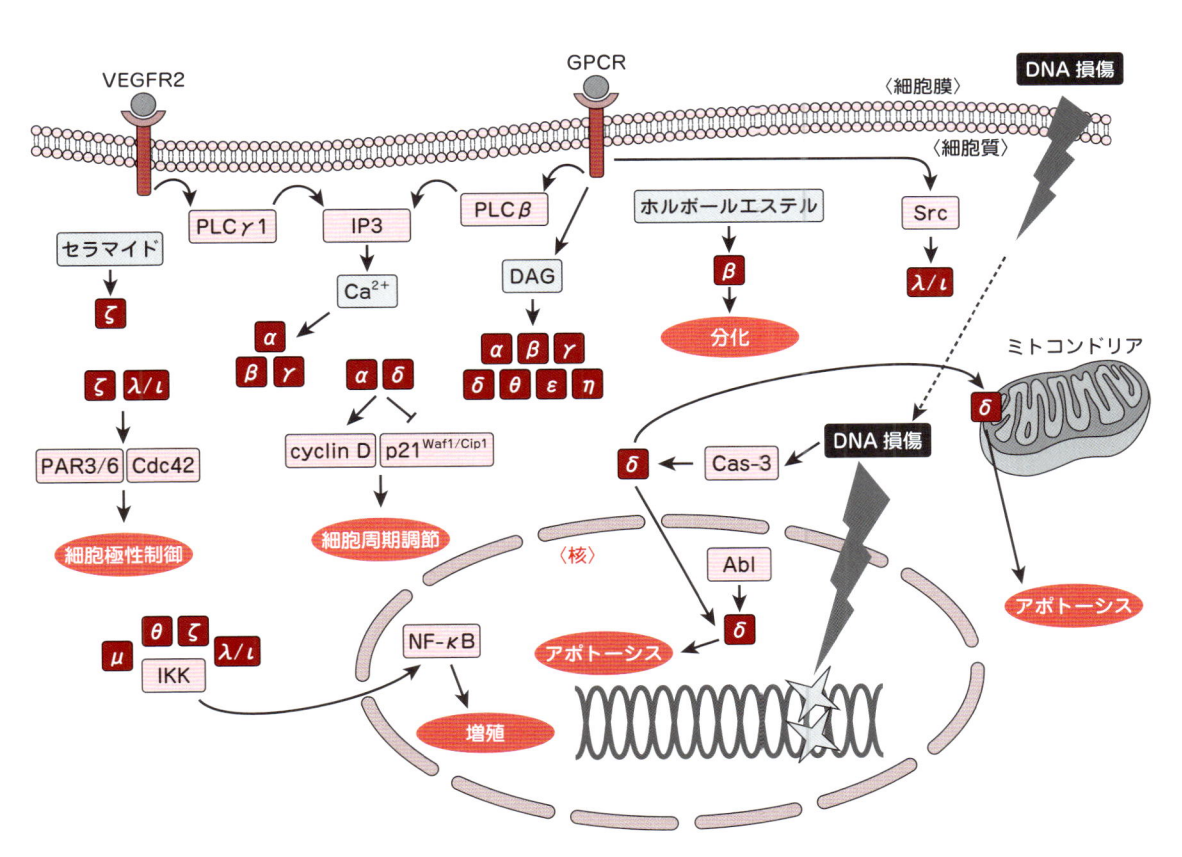

図2　PKCシグナリング
PKCはさまざまな因子によって活性化し，多彩なシグナル伝達経路を介して細胞周期，細胞極性，分化，増殖，アポトーシスなどの細胞機能を制御している．多くのPKCアイソザイム（＝■）間で基質特異性を共有している．VEGFR2：血管内皮細胞増殖因子受容体2，GPCR：Gタンパク質共役型受容体，DAG：ジアシルグリセロール，PLC：ホスホリパーゼC，IP3：イノシトール三リン酸，PAR3/6：partitioning defective 3/6 homolog，IKK：IκBキナーゼ，Cas-3：カスパーゼ3

抑制する．また非典型PKCはPARやCdc42との協調により細胞極性を制御していることが見い出されている（図2）．多くのPKCが細胞運動を促進することが示唆されており，たとえばPKCαは上皮細胞などで細胞移動にかかわっているらしい．PKCαはまた細胞接着因子であるインテグリンを介した細胞運動調節への寄与も報告されている．PKCが細胞骨格分子を直接リン酸化しその機能を調節していることも知られている．たとえば，PKCがMARCKS/GAP43をリン酸化するとその細胞膜結合能が消失し，これによってアクチン繊維が細胞膜から解離してくることが見い出された．その他の基質として，アデュシン（adducin）やファシン（fascin）といったアクチン繊維と結合する分子群があり，PKCによるリン酸化によりアクチン繊維から解離する．こういったアクチン繊維からの解離は細胞の構造変化を起こしやすくしていると考えられ，結果として細胞の形態変化や可塑性の亢進につながることが示唆される．

4）細胞死

PKCは細胞の生死に重要な働きを担っている．たとえば在来型や非典型PKCは一般的に細胞の生存維持に機能していると考えられている．一方新型PKCのなかでPKCδは細胞死を誘導する．PKCδはDNA傷害などに応答してAblによるチロシンリン酸化によって活性化し，さらにカスパーゼ3による限定分解を受けると，触媒領域が細胞核に移行しアポトーシスを強力に惹起する（図2）．これはp53，トポイソメラーゼⅡα，DNA-PK，ラミン，Rad9など数多くの核に局在する基質のリン酸化で説明されている．またPKCδは酸化ストレスではミトコンドリアに移行することが知られており，詳細なメカニズムは不明だがシトクロムCのミトコンドリアからの漏出と膜電位の低下を誘導する．PKCθもアポトーシスを誘導するとの報告がある．一方PKCεはAktの活性化を介してアポトーシスを抑制することが示唆されている．

参考文献

◆ 『シグナル伝達-生命システムの情報ネットワーク-第2版』（Bastien D. Gomperts, 他/著　上代淑人，佐藤孝哉/訳），メディカルサイエンスインターナショナル，2011
◆ 『Protein Kinase C in Cancer Signaling and Therapy (Current Cancer Research)』(Marcelo G. Kazanietz/ed.), Springer, 2010

22 セマフォリンシグナリング
semaphorin signaling

佐々木幸生，五嶋良郎

1. はじめに

　セマフォリンはセマドメインをもつリガンドの総称で，分泌型と膜結合型があり，現在20種類以上存在する．その主要な受容体であるプレキシンもセマドメインを細胞外にもち，細胞内領域と相互作用する低分子量Gタンパク質やタンパク質リン酸化酵素等を介して情報伝達を行う．セマフォリンが生体内で担う役割は，神経軸索ガイダンス，血管新生，免疫，骨形成と多岐にわたる．

2. 基本メカニズム

1）セマフォリンとプレキシンの特異性

　すべてのセマフォリンのN末端側はセマドメインとなっており，C末端側の構造によって，分泌型，膜貫通型，GPIアンカー型等の性質が付与される．これらの構造の違いにより，8つのサブファミリー（Sema1～7とV［ウイルス］）に分類される（図1）．プレキシンはA～Dの4つのサブファミリーに分類される．N末端はセマフォリンと同様にセマドメインとなっており，それ以外の細胞外ドメインも各サブファミリーでほぼ共通である．立体構造の解析から，セマフォリンとプレキシンのセマドメインは七枚の羽のようなユニットからなるβプロペラ構造をもっていることが明らかとなった．セマフォリンとプレキシンの結合はお互いのセマドメイン同士を介して行われる．Sema3サブファミリーは直接プレキシンと結合しないが，ニューロピリンとの結合を介してプレキシンAのセマドメインと相互作用する．これらのリガンド―受容体の特異性を図1にまとめた．プレキシンのなかには，膜貫通型チロシンキナーゼや免疫グロブリンスーパーファミリー等と会合するものがある．図には省略したが，これらの分子はプレキシンによる情報伝達を修飾する役割を担っている．いくつかのセマフォリンはプレキシン以外の受容体と結合することが知られている（図1）．CD72，Tim-2，インテグリン等が該当するが，それらはセマドメインをもたず，共通性がみられない．今後，これらの非プレキシン型受容体に関しても解明が進むものと思われる．

2）プレキシンの細胞内領域と情報伝達

　プレキシンは，現在まで知られている膜貫通型受容体のうち，低分子量Gタンパク質と直接結合できる唯一の受容体ファミリーである．結合できる低分子量Gタンパク質は主にR-RasとRnd1である．プレキシンの細胞内領域はR-Rasを不活化するGTPase activating protein（GAP）ドメインがRnd1に対する結合領域であるRas-binding domain（RBD）で2つに分割されたような一次構造をもつ（図1）．しかし，立体構造の解析から，GAPドメインとRBD領域がそれぞれ一塊となった構造をもつことが明らかとなっている．したがって，細胞内領域の主要な機能は，リガンド依存的なRnd1の結合と，それに伴うGAP活性亢進によるR-Rasの不活化である（図2）．R-Rasの不活化により，ホスファチジルイノシトール3キナーゼ（PI3K）活性が低下し，結果としてAkt-GSK-3β系の活性化をもたらす．また，インテグリンを介した細胞接着が低下する．プレキシンはグアニンヌクレオチド交換因子（guanine nucleotide exchange factor：GEF）との結合を介して他の低分子量Gタンパク質の活性も制御できる（図2）．プレキシンAの場合は，膜直下にRacGEFの一種であるFARP2が結合する．受容体が刺激されると，FARP2がプレキシンAから解離し，結果として低分子量Gタンパク質Rac1および下流のp21活性化キナーゼ（PAK）を活性化する．一方，プレキシンBの場合は，C末端にPDZドメイン結合配列があり，これを介してPDZ-RhoGEFやLARG等のRhoGEFが結合する．受容体が刺激されるとRhoGEFが活性化され，低分子量GタンパクRhoと下流のRho

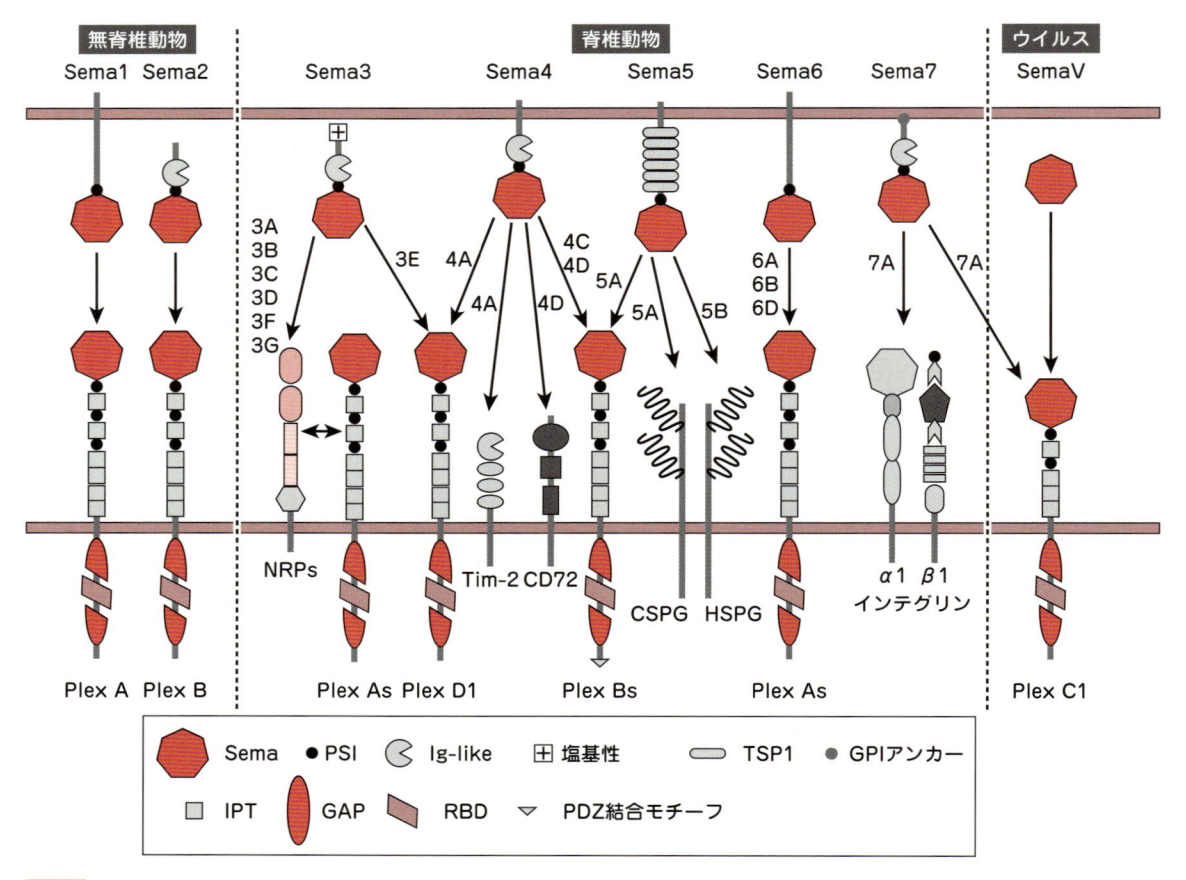

図1 セマフォリンとその受容体

セマフォリンとその受容体特異性を示した．■で塗られているドメインはリガンド─受容体結合および細胞内情報伝達に重要なドメイン．Sema：セマフォリン，Plex：プレキシン，NRP：ニューロピリン，Tim-2：T cell immunoglobulin and mucin domain -2，CD72：cluster of differentiation 72，CSPG：コンドロイチン硫酸プロテオグリカン，HSPG：ヘパラン硫酸プロテオグリカン，Sema：セマドメイン，PSI：プレキシン-セマフォリン-インテグリン（plexin-semaphorin-integrin）ドメイン，Ig-like：免疫グロブリン様（immunoglobulin-like）ドメイン，TSP1：トロンボスポンジン1（thrombospondin 1）リピート，GPI：グリコシルホスファチジルイノシトール（glycosylphosphatidylinositol），IPT：免疫グロブリン様-プレキシン-転写因子（Ig-like, plexins, transcription factors）ドメイン，GAP：GTPase activating proteinドメイン，RBD：Ras-binding domain，PDZ：PSD95-Dlg1-ZO-1（文献1を元に作成）

キナーゼ活性が亢進する．また，プレキシンBはRacとも相互作用することが知られている．これらをまとめると，プレキシンの基本的な機能は，Rnd1，R-Ras，Rac，Rhoの活性調節であり，これらの低分子量Gタンパク質を介して細胞骨格の再構成と細胞接着の制御を行っていると考えられる．

プレキシンAは低分子量Gタンパク質を介した情報伝達以外に，リン酸化酵素を介した情報伝達も行う（図2）．プレキシンAはSrcファミリーチロシンキナーゼの一種であるFynと相互作用する．Sema3Aが結合するとFynによるチロシンリン酸化を介してCdk5が活性化する．

Cdk5はcollapsin response mediator protein（CRMP）をリン酸化する．いったんCdk5によりリン酸化されると（プライミング），GSK-3βによりCRMPが認識されるようになり，追加的なリン酸化が行われる．これらのリン酸化を受けたCRMPは微小管を含む細胞骨格の再構成に関与する．また，プレキシンAは酸化還元酵素であるmolecules interacting with CasL（MICAL）とも相互作用し，アクチンの重合を調節する．

3. 機能

セマフォリンシグナリングの細胞生物学的な機能は細

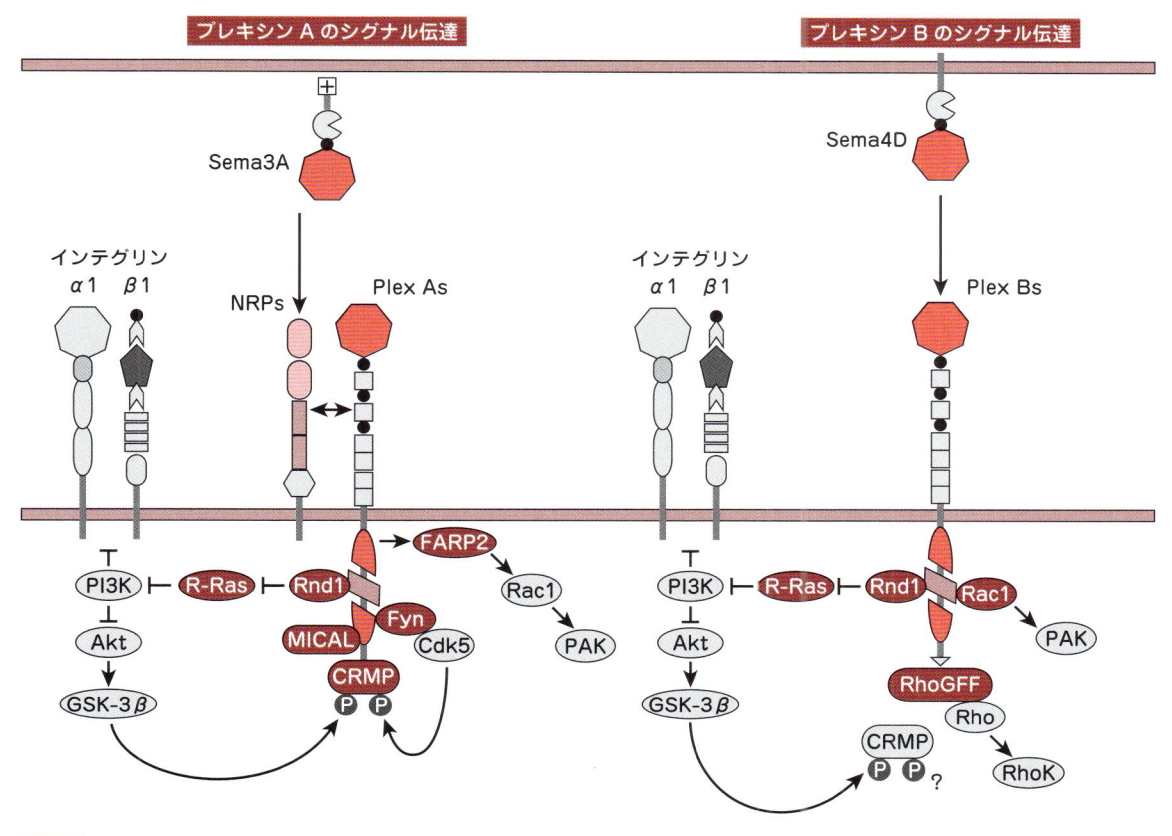

図2 プレキシンと細胞内情報伝達

プレキシンAとBの細胞内情報伝達を示した．　はプレキシンと直接相互作用する分子．PI3K：phosphoinositide 3-kinase, GSK-3β：グリコーゲン合成酵素キナーゼ-3β，MICAL：molecules interacting with CasL，CRMP：collapsin response mediator protein，Cdk5：サイクリン依存性キナーゼ5，FARP2：FERM, RhoGEF and pleckstrin domain-containing protein 2, PAK：p21活性化キナーゼ，GEF：guanine nucleotide exchange factor，RhoK：Rhoキナーゼ

胞骨格の再構成と細胞接着の調節である．これらの結果，セマフォリンは細胞の形態や移動を制御すると考えられる．神経系においては，軸索伸長，軸索ガイダンス，樹状突起スパインの形態・機能の制御を介して神経回路網形成やシナプス可塑性に関与すると考えられる．血管系においては，セマフォリンは血管内皮細胞の遊走を制御することにより，血管新生に重要な役割を果たしていると考えられる．また免疫系においては，細胞移動や細胞間認識による細胞分化・増殖の制御を介して免疫応答に関与する．セマフォリン，受容体，およびその情報伝達の異常は統合失調症，アルツハイマー病等の神経疾患，および，自己免疫疾患，アレルギーなどの免疫系の病態との関連が示唆されている．また，がん細胞の浸潤や腫瘍血管新生にも関与することから，腫瘍の進行にも重要な役割を果たしている可能性がある．

参考文献

1) Takamatsu, H. et al.：Trends Immunol., 33：127-135, 2012
2) Zhou, Y. et al.：Trends Biochem. Sci., 33：161-170, 2008

第1部 概説 シグナル伝達の主要因子と経路

23 ROSシグナリング
ROS signaling

三木裕明

1. はじめに

　過酸化水素（H_2O_2）やスーパーオキシド（O_2^-）などに代表される活性酸素種（reactive oxygen species：ROS）は，酸素呼吸に伴って生じる有害物質として認知されてきた．しかし，好中球での微生物殺菌にかかわるNADPHオキシダーゼの研究をきっかけとして，ROSを積極的に産生する分子基盤が明らかとなり，さらにそのROSをセカンドメッセンジャーとして利用し，自らの生存や増殖などに役立てていることも明らかとなってきた．本稿では，ROS産生にかかわる酵素とROSによって惹起されるシグナル伝達のしくみについて紹介する．

2. ROSを産生する酵素

　ROS産生にかかわる酵素として最初に発見されたのがNADPHオキシダーゼ（Nox2）である．Nox2は好中球等の食細胞が病原微生物を殺菌するときに起こるROS産生にかかわる酵素として発見された．後にNox2に類似した活性ドメインをもつ酵素として，大腸で強く発現するMox1（Nox1）が発見され，現在ではNoxファミリーとして5種知られている．また，Noxとペルオキシダーゼの両者の相同ドメインを併せもつDual oxidase（Duox）ファミリーとして2種が知られ，合計して計7種の分子ファミリーを形成している．NADPHに由来する電子で酸素分子を還元して，NoxはO_2^-を，DuoxはH_2O_2を産生する点が特徴的である．Nox2に関しては活性調節のしくみがよく解析されており，低分子量型Gタンパク質（第1部-2参照）Racにより活性化される（図1）．またDuoxについてはCa^{2+}シグナルで活性化され，消化管免疫に重要であることが知られている．これらNox/Duoxに関する解析から，自然免疫応答における重要性とともに細胞増殖やがん化における重要性も明らかとなってきた．Nox/Duoxファミリー以外のROS産生にかかわる酵素としてMICALがみつかっている．MICALは神経軸索の反発的なガイダンスを起こすセマフォリン刺激へ

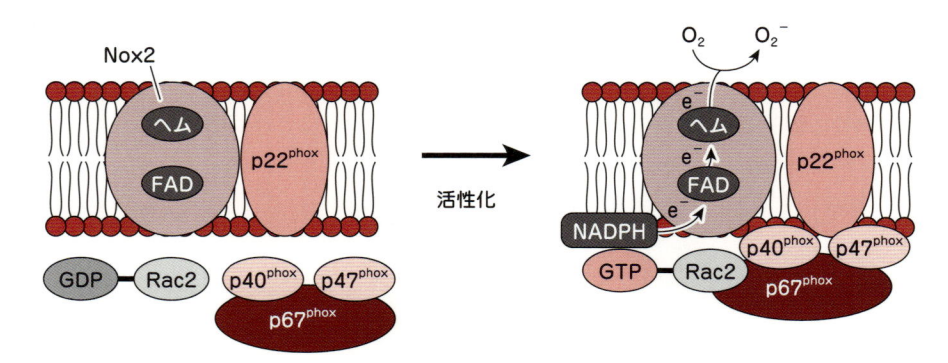

図1　ROS産生酵素Nox2のRac2による活性制御機構
Nox2は膜でp22^{phox}と結合している．Rac2の活性化（GTP結合型）に伴って，細胞質に存在するp40^{phox}，p47^{phox}，p67^{phox}がリクルートされ複合体を形成する．複合体化したNox2はNADPHからの電子を，自身に結合したFADとヘムを介して酸素分子に渡して一電子還元することでO_2^-を産生する．好中球等が病原微生物を貪食して殺菌する際に働くことが知られる

の応答にかかわる因子として発見され，セマフォリン刺激応答性にH_2O_2を産生することが明らかとなっている．

3. ROSシグナル伝達の分子機構

通常，細胞質内は還元的な環境が維持されているが，ROSは特定のタンパク質分子を酸化することで機能を改変し，シグナル伝達機能を発揮する．ROSの酸化標的となるタンパク質は「ROSエフェクター」と呼ばれ，その特徴として，①酸化されやすいこと，②酸化反応が可逆的でありシグナルのオンオフが可能なこと，があげられる．ROSエフェクターは構造的に似通ったいくつかのファミリーに分類できる（図2）．

1）PTPファミリー

チロシンホスファターゼ（ptotein tyrosine phosphatase：PTP）は活性中心のCys残基のチオール基（-SH）が酸化されやすく，ROSによる酸化標的となる．がん抑制に働くことで有名なPTENやインスリンシグナル伝達にかかわるPTP-1Bなど，いくつかのPTPがROS応答性に酸化され，多くの場合はその酵素活性が抑制されることが知られる．酸化されたCys残基は分子内でジスルフィド（S-S）結合を作ったり，ペプチド主鎖の隣接窒素原子とスルフェニルアミド（S-N）結合を作ることで過剰な酸化を防ぎ，酸化還元反応を可逆的にしている．

2）TRXファミリー

チオレドキシン（thioredoxin：TRX）は進化的に保存された反応性の高いCysペアをもち，基質タンパク質に生じたS-S結合を自身内のCysペアに転移して還元する酵素である．この普遍的な役割のほか，CysペアがROSによって酸化されることで，細胞死を起こすキナーゼAsk1から解離して活性化を起こすことが知られる．またヌクレオレドキシン（nucleoredoxin：NRX）も同様のCysペアをもち，ROS応答性に酸化されることでWntシグナル伝達の活性調節に機能している．

3）PRXファミリー

ペルオキシレドキシン（peroxiredoxin：PRX）も反応性の高いCys残基をもち，自らが酸化されることでH_2O_2の分解反応を触媒する．PRXは過剰に酸化されると多量体を形成して分子シャペロンとして働いたり，キナーゼMst1と結合して活性化することが知られている．また，酵母での相同分子Tpx1はH_2O_2によるSty1キナーゼの酸化反応を媒介することで，その活性化に寄与することも知られている．

4）その他

ほかにもCRMP2，Srcファミリー，PKM2，ATMなどさまざまな分子について，分子内の特定のCys残基が酸化されること，そしてそれらの分子機能が改変されてROSシグナルを伝達している事例が報告されている．上の1）～3）で述べたような特定のレドックスモチーフをもたないこれらのタンパク質が特異的にROS応答するしくみは現在のところ不明であり，その解明は重要な課題である．

参考文献

◆ 『活性酸素シグナルと酸化ストレス』（谷口直之/監　赤池孝章，他/編），実験医学増刊，27（15），羊土社，2009
◆ 『活性酸素シグナル制御とレドックスホメオスタシス』（赤池孝章/監），細胞工学，31（2），秀潤社，2012

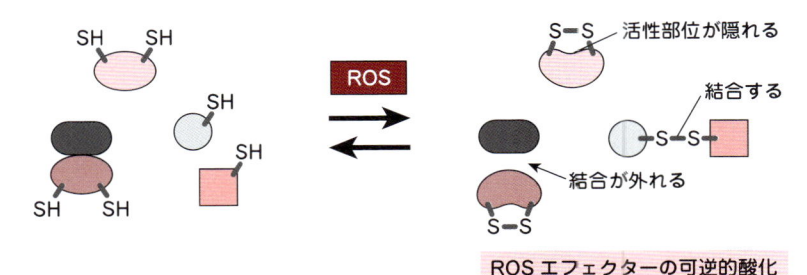

図2　ROSエフェクターの可逆的な酸化によるシグナル伝達

ROS産生に伴ってROSエフェクターは酸化される．特にCys残基は酸化されやすく，分子内や分子間でS-S結合を形成し，ROSエフェクターの構造変化などを引き起こす．この結果，自身の酵素活性を失ったり，パートナー分子との結合が外れたりして，シグナル伝達に寄与する．S-S結合は通常の細胞内環境のもとTRXなどの働きにより還元切断される

第1部 概説 シグナル伝達の主要因子と経路

24 TLRシグナリング
Toll-like receptor signaling

山川奈津子，三宅健介

1. はじめに

　ショウジョウバエの個体発生において，Tollは腹側を構成する細胞の表面に発現し，腹側への分化誘導シグナルを伝達する分子として発見された．ちなみにTollはドイツ語で，「すごい！」という意味である．その後Toll遺伝子に変異をもつショウジョウバエが，真菌感染に高い感受性を示すことが明らかとなった．Tollを介するシグナルは，成虫においては抗真菌ペプチドの産生を誘導し，病原体の認識・排除に重要な役割を果たしている．Toll様受容体（Toll-like receptor：TLR）はTollの相同体で，病原体センサーとして機能している．

2. 基本メカニズム

　TLRはロイシンリッチリピート（leucine-rich repeat），細胞膜貫通ドメイン，およびTIR（Toll-interleukine 1 receptor）ドメインから構成されるI型膜貫通タンパク質である．このTIRドメインを介して活性化シグナルが伝達される．TLRは病原体由来の糖脂質，ポリペプチド，核酸などをリガンドとして認識し（表），炎症性サイトカインやI型インターフェロンの産生を誘導する（第2部-13参照）．TLRの種類によって，認識するリガンドや活性化されるシグナル伝達経路，また誘導されるサイトカインなどが異なる．

　TLR1/2/4/5/6は細胞表面に局在し，菌体膜成分や鞭毛を認識する．TLR2は，種々の細菌の細胞膜に存在する，脂肪酸が結合したペプチド（リポペプチド）の認識に必須の分子である．TLR2は，TLR1と二量体を形成するとN末端に3本の脂肪酸側鎖をもつトリアシル型リポペプチドを認識し，TLR6と二量体を形成した場合には2本の脂肪酸側鎖をもつジアシル型リポペプチドに応答する．TLR4（第2部-13→**Keyword 1**参照）はグラム陰性菌の外膜の構成成分であるリポ多糖（lipopolysaccharide：LPS）を認識する．TLR4だけは細胞外にMD-2分子が結合し，MD-2の疎水性ポケットにLPSが結合する．TLR5は鞭毛を構成するタンパク質，フラジェリンを認識する．

　TLR3/7/8/9はエンドリソームや小胞体など，細胞内小器官に局在する．TLR3は二本鎖RNAを，TLR7，TLR8は一本鎖RNAを，TLR9は一本鎖DNAを認識する．TLR7，TLR9は普段小胞体に局在し，Unc93B1という12回膜貫通型小胞体タンパク質と会合している（図）．Unc93B1は，細胞が活性化されるとTLR7，TLR9を核酸認識の場であるエンドリソームへ移送する役割をもち，TLRによる核酸応答に必須の分子である．病原体由来の核酸は，病原体が細胞内へ取り込まれた後にエンドリソームで放出され，そこでTLR7，TLR9によって認識される．一方，自己由来の核酸はDNA分解酵素

表　病原体センサー

病原体センサー	病原体リガンド
細胞表面に発現するTLR	
TLR1/TLR2	3本の脂肪酸側鎖をもつリポペプチド（細菌）
TLR2/TLR6	2本の脂肪酸側鎖をもつリポペプチド（細菌，ウイルス）
TLR4/MD-2	エンドトキシン（細菌，ウイルス）
TLR5	鞭毛の構成タンパク質フラジェリン（細菌）
TLR10（ヒトのみ）	不明．TLR1，TLR6に構造が類似
細胞内小器官に局在するTLR	
TLR3	二本鎖RNA（ウイルス）
TLR7	一本鎖RNA（ウイルス，細菌）
TLR8	一本鎖RNA（ウイルス，細菌）
TLR9	一本鎖DNA（ウイルス，細菌）

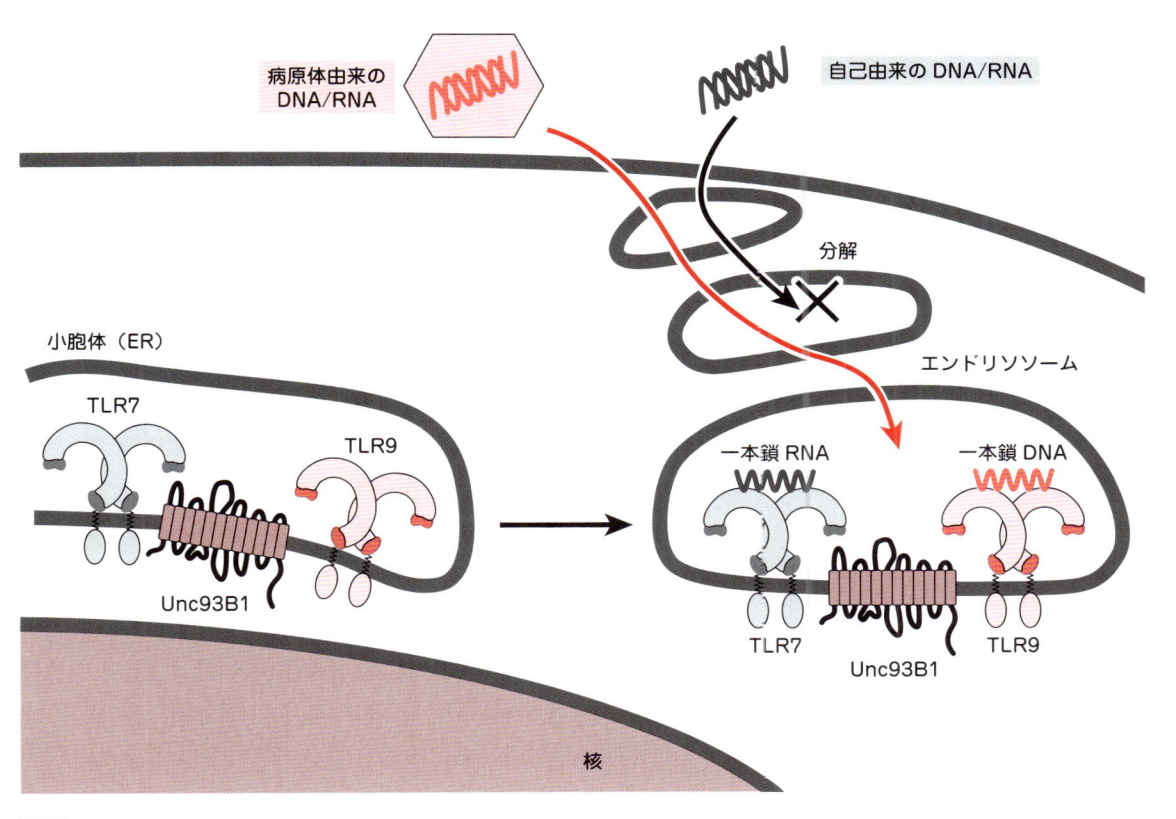

図 核酸認識TLRは細胞内のエンドリソームで核酸を認識する

病原体由来の核酸は菌体膜などに覆われているので，分解に抵抗性で，エンドリソームへ到達できる．一方，細胞死などにより細胞外へ放出された自己由来の核酸は，すぐに酵素で分解されるのでエンドリソームに到達できない．したがって，TLR7，TLR9はエンドリソームにおいて病原体由来核酸のみを認識できる

などにより迅速に分解されるため，エンドソームへ到達できず，通常TLRによって認識されることはない．このようにTLRが核酸を認識する「場」は，病原体と自己の核酸の識別に重要である．

3. 機能

樹状細胞やマクロファージは，病原体を貪食する．TLRはこれらの細胞に発現し，病原体を認識して活性化シグナルを伝達することで，炎症性サイトカイン産生などの自然免疫応答を誘導する．さらに，T細胞を活性化して獲得免疫応答の誘導にも寄与する．インターフェロンγを特徴とし細胞内細菌を排除するTh1応答の誘導に，TLRシグナルが重要である．

TLRは感染症への関与に加え，肥満，糖尿病，自己免疫疾患，アレルギー疾患などの非感染性炎症疾患においても病態にかかわっていることが明らかになりつつある．この炎症誘導には病原体由来のリガンドではなく，核酸・脂肪酸・リン脂質などの内因性リガンドがかかわっていると考えられている．健常時でも，これらの代謝産物はTLRによって認識されている．しかし，代謝異常による内因性リガンドの増加など，何らかの影響でこの相互作用バランスが崩れると，非感染性炎症疾患が誘導され，慢性炎症となることもある．このように，TLRと疾患との関連はいまだ解明されていない点が多く，今後の研究成果が期待されている．

参考図書

◆ 竹田　潔：日本臨床免疫学会会誌，28：309-317，2005
◆ 三宅健介：実験医学，29：1540-1545，2011

第1部 概説 シグナル伝達の主要因子と経路

25 オートファジーシグナリング
autophagy signaling

水島　昇

1. はじめに

　オートファジーは細胞質成分をリソソームで分解するプロセスの総称である．多くの場合，最も主要なタイプであるマクロオートファジーのことを指す．マクロオートファジーでは，「オートファゴソーム」というユニークなオルガネラが新生され，そこに細胞質の一部がいったん隔離される．次に，オートファゴソームとリソソームが融合することによって，隔離されていた細胞質成分が分解される（図1）．本稿では，マクロオートファジーを司る基本マシナリーと選択的基質の認識機構について概説する．

2. 基本メカニズム

1) オートファゴソームの形成機構

　オートファジーは定常状態でも低レベルで起こっているが，栄養飢餓によって顕著に誘導される．その主要なメカニズムは，mTORC1による抑制が解除されるためであると考えられている（mTORシグナルについては第

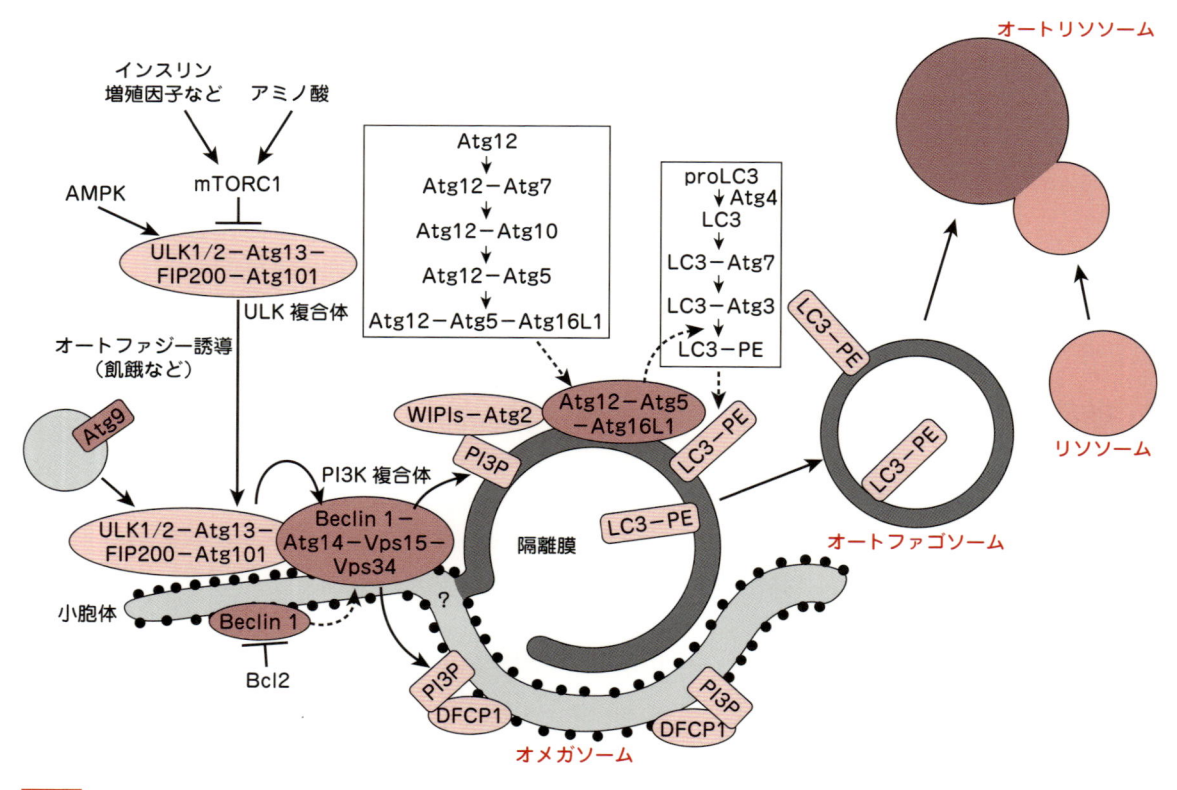

図1　オートファゴソーム形成とその基本マシナリー

1部-17を参照).mTORC1はオートファジー因子のなかで最上流に位置するULK(酵母Atg1のホモログ)複合体(ULK1/2, Atg13, FIP200, Atg101)の機能を抑制する(**図1**).この複合体のうち,ULKとAtg13はmTORによって直接リン酸化される.また,ULK複合体はAMPKによる直接の制御も受けうる.飢餓などによってオートファジーが誘導されると,ULK複合体は小胞体上(または近傍)のオートファゴソーム形成部位に集積する.またここにはAtg9(膜貫通タンパク質)を含んだ小胞が合流する(これはゴルジ体に由来すると考えられている).ULKはプロテインキナーゼであり,オートファジーの誘導にはそのキナーゼ活性が必要である.ULKは幅広い基質特異性を有しているようであり,ULK自身,Atg13, FIP200などをリン酸化するが,オートファジーの誘導に真に重要な基質は未だ明らかではない.

ULK複合体に依存して,クラスIIIホスファチジルイノシトール(PI)3キナーゼ複合体〔Beclin 1(酵母Atg6のホモログ),Atg14, Vps15, Vps34〕が同部位に集積する.この酵素複合体によってPI3-リン酸(PI3P)が産生され,そのエフェクター分子がさらにリクルートされる.1つは小胞体膜に結合するdouble FYVE-containing protein 1(DFCP1)である.DFCP1の集積が蛍光顕微鏡で「Ω」に観察されることから,オートファジー誘導時に出現するこの一過的構造は「オメガソーム」と呼ばれる.もう1つのエフェクターはWIPIタンパク質群(WIPI1〜4,酵母Atg18のホモログ)であり,Atg2と複合体を形成しながらオメガソームから隔離膜が形成されるステップで重要な働きをすると考えられている.最終ステップでは,2つのユビキチン類似タンパク質であるAtg12とLC3(Atg8ホモログ)がそれぞれAtg5とホスファチジルエタノールアミン(PE)と共有結合した結合体が,隔離膜の伸長とオートファゴソーム形成の完了において必須な働きをする.LC3とPEの結合は,Atg12—Atg5結合体に依存する.

2) 選択的基質の認識機構

オートファゴソームによる細胞質の取り囲みは主として非選択的であるが,一部の基質はオートファゴソーム膜によって直接認識されうる(**図2**).代表的基質はp62という,ストレスや炎症シグナル,凝集体形成にかかわる足場タンパク質である.また,p62はユビキチン結合ドメインを有していることから,ユビキチン化タンパク質やタンパク質凝集体がp62とともに選択的に分解されると想定されている.さらに,膜電位を失った不良ミトコンドリアや細胞内侵入細菌などもオートファジーによっ

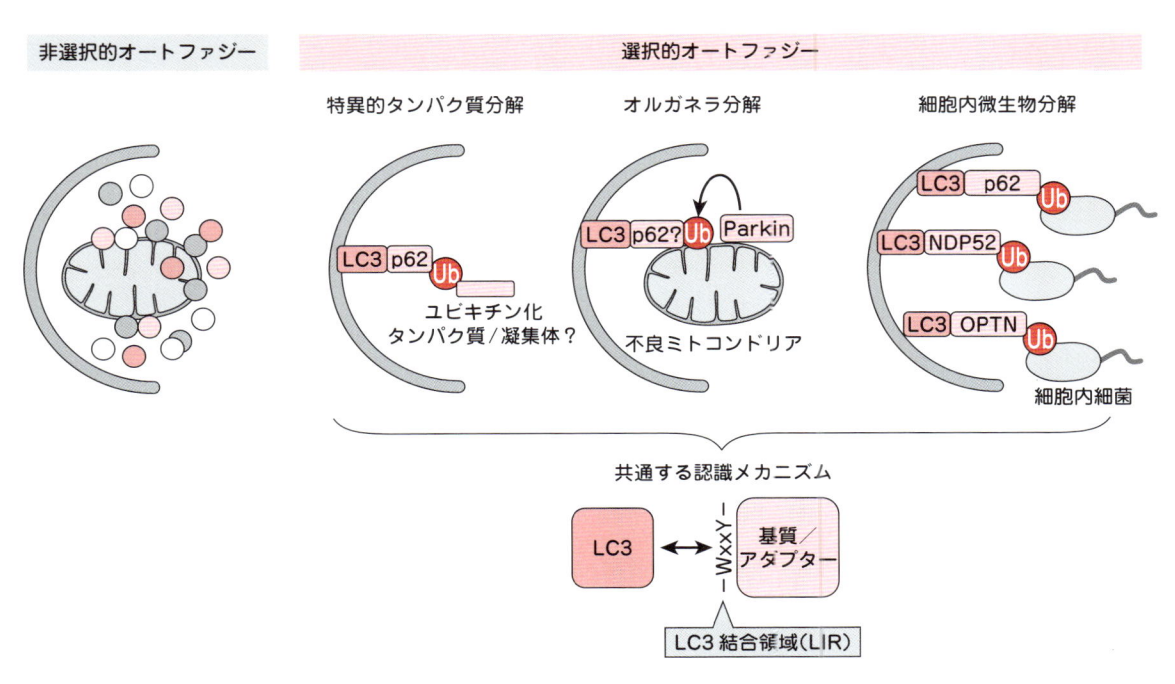

図2 選択的オートファジーと認識機構

て選択的に分解される．それには多くの場合ユビキチンによる基質の標識が必要であり，不良ミトコンドリアの場合は，パーキンソン病関連因子であるParkinがユビキチンE3リガーゼの1つとして同定されている．細菌の認識にはp62以外のアダプタータンパク質として，NDP52やOptineurin（OPTN）が同定されており，いずれもユビキチンと結合する．

これらの選択的基質やユビキチンとのアダプタータンパク質のほとんどは，LC3によって認識される「LC3-interacing region（LC3結合領域，LIR）」というWxxL様の配列をもっており，それを介してオートファゴソーム膜に結合する．しかし，これらの基質の多くは，LC3非依存的にオートファゴソーム形成部位に集積することもわかっており，未知の基質認識機構が存在すると考えられている．

3. 機能

オートファジーの基本的な機能は細胞質成分の分解や品質管理，およびそれによるアミノ酸の産生である．具体的には，飢餓時に自己成分を過剰に分解することによるアミノ酸プールの維持，着床前発生時の栄養の自給自足，定常的な細胞質品質管理，不良ミトコンドリアの除去，神経細胞などの細胞変性抑制，がん化抑制，細胞内病原菌除去，細胞質抗原の提示，抗加齢など多岐に渡る．また，p62の過剰蓄積は，Nrf2を介した過剰な酸化ストレス応答と組織傷害を引き起こしうるため，オートファジーによるp62の発現量調節は非常に重要である．逆説的ではあるが，一部のがん細胞はオートファジーに依存しているため，オートファジー阻害剤はがんの治療薬としても期待されている．

参考文献

- Mizushima, N. & Komatsu, M.：Cell, 147：728-741, 2011
- Mizushima, N. et al.：Annu. Rev. Cell Dev. Biol., 27：107-32, 2011

26 カルシウムシグナリング
calcium signaling

大洞将嗣, 高柳 広

1. はじめに

カルシウム（Ca^{2+}）は，セカンドメッセンジャーとして機能するきわめて重要なイオンである．細胞質内のCa^{2+}濃度は非常に低濃度（細胞外Ca^{2+}濃度の1万分の1程度）であるため，Ca^{2+}シグナルは，細胞外あるいは細胞内小器官からのCa^{2+}が細胞質内に流入し，細胞質内のCa^{2+}濃度が上昇することによって惹起される．Ca^{2+}シグナルが制御する生体反応は多岐に渡り，神経情報伝達，免疫反応，筋収縮，発生，分化などを制御している．

2. 基本メカニズム

Ca^{2+}流入は，受容体などに対する刺激後，さまざまなシグナル伝達経路が活性化することによって惹起される（図A）．細胞外からのCa^{2+}流入は，電位依存性Ca^{2+}チャネル，受容体作動性Ca^{2+}チャネル，ストア作動性Ca^{2+}チャネルなどのCa^{2+}を選択的に透過するチャネルや，さまざまなイオンを非選択的に透過するチャネルを介して行われる．一方，細胞内小器官に貯蔵されているCa^{2+}の細胞質への放出は，主に小胞体においてリアノジン受容体やイノシトール三リン酸受容体を介して行われる．Ca^{2+}流入は，一過性に大量のCa^{2+}流入が惹起される場合と，Ca^{2+}シグナルを持続的に増幅させるCa^{2+}振動という周期的にゆっくり細胞質内Ca^{2+}濃度が上昇する場合がある（図B）．一般的に，一過性のCa^{2+}流入は脱顆粒など遺伝子発現を伴わない機能発現にとって有利である．一方，持続的なCa^{2+}流入やCa^{2+}振動は，発生や分化など遺伝子発現を伴う機能発現に有利である．最終的に，Na^+/Ca^{2+}交換体やCa^{2+}ポンプを介して細胞質内Ca^{2+}が除去され定常状態のCa^{2+}濃度に戻ることによって，Ca^{2+}シグナルは停止する（図A）．

Ca^{2+}は，EF handモチーフあるいはC2ドメインと呼ばれるCa^{2+}結合部位をもつ分子に結合する．Ca^{2+}が標的分子に直接結合して活性化するようなカルシニューリン〔PP2B（第1部-5参照）〕-nuclear factor of activated T-cells（NFAT）経路やPKC経路（第1部-21参照），あるいはCa^{2+}がカルモデュリンに結合後にカルモデュリンを介して標的分子の機能を制御するようなCaMK経路（第2部-17参照）などが，代表的なCa^{2+}シグナル伝達経路としてあげられる．また，Ca^{2+}はNF-κB経路（第1部-7参照）も制御している．本稿では，カルシニューリン-NFAT経路について紹介する．

カルシニューリンは，脱リン酸化を行う触媒サブユニット（Aサブユニット）とCa^{2+}と結合する調節サブユニット（Bサブユニット）から構成される．Aサブユニットはα, β, γの3つのアイソフォームがあり，それらの発現には組織特異性がある．BサブユニットはB1とB2のアイソフォームが存在する．Ca^{2+}やカルモデュリンと結合することで活性化し，CABINファミリー分子などで活性化が抑制される．

転写因子NFATファミリー分子は，NFAT1からNFAT5で構成されており，さまざまな細胞や組織で発現しており，定常状態ではセリン残基がリン酸化された状態で細胞質内に存在する（図A）．免疫系では特に，NFAT1, NFAT2, NFAT4が高発現している．NFAT1からNFAT4の構造は，N末端から転写活性化ドメイン，リン酸化されるセリンや核移行シグナルがある制御ドメイン，rel homology domain（RHD）と呼ばれるDNA結合ドメインで構成されている（図C）．DYRK1, CK1, GSK3などのキナーゼによってリン酸化されたNFATは核移行シグナル（NLS）が隠れた状態になっている．さらに最近，NFATは細胞質内でNRONと呼ばれるnon-coding RNAによって，核移行が阻害されていることが明らかにされている．Ca^{2+}流入によって活性化されたカルシニューリンが，制御ドメイン内に存在するPxIxIT配

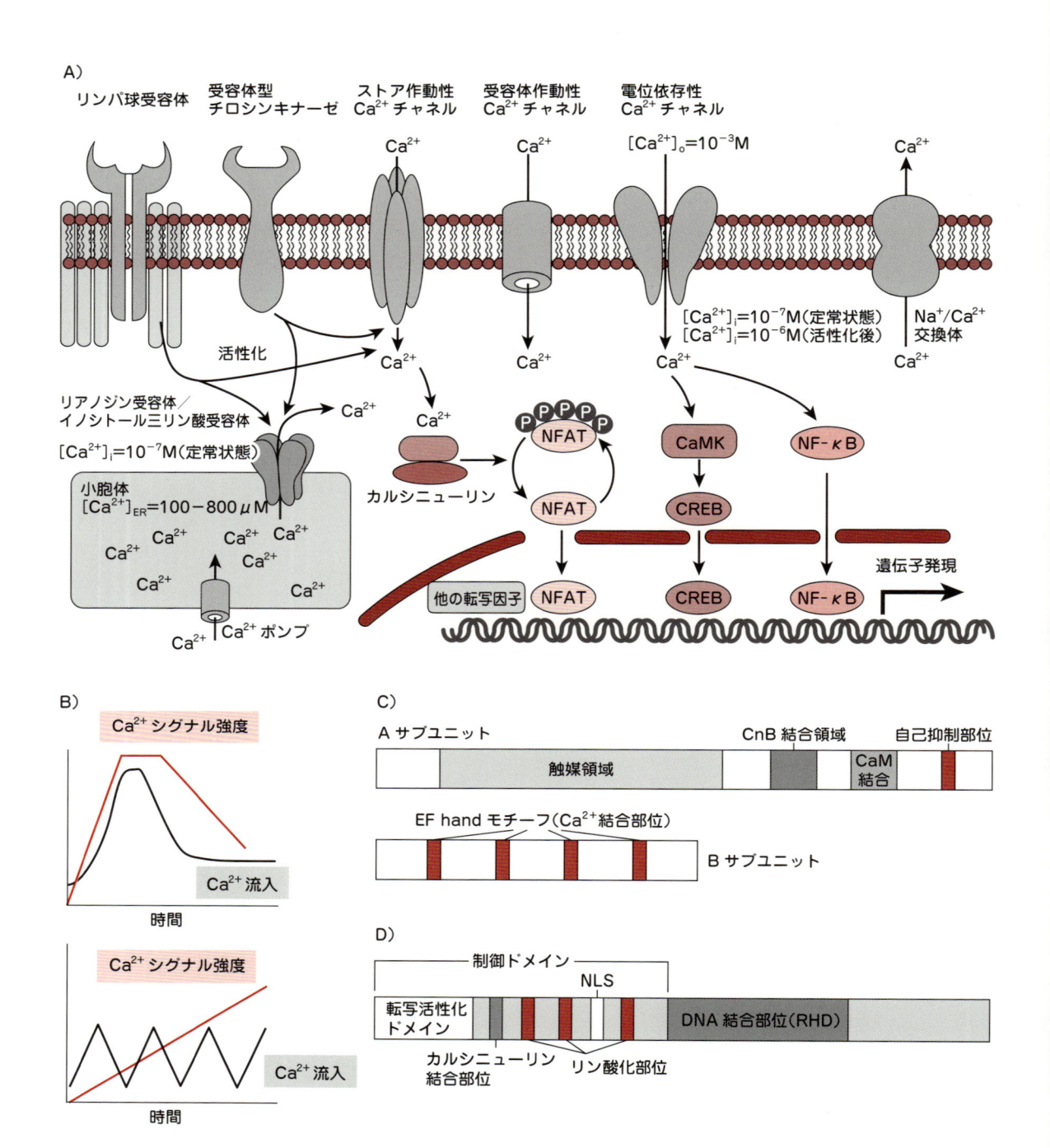

図　転写因子 NFAT1 から NFAT4 の構造とカルシウムシグナルの概略図

A）刺激後，細胞内のカルシウム濃度は小胞体や細胞外からのカルシウム流入によって上昇する．カルシウムは標的因子に結合し，遺伝子発現などを誘導する．B）一過性のカルシウム流入（上）とカルシウム振動（下）におけるカルシウムシグナルの強度．C）カルシニューリンの構造．A サブユニット（上），B サブユニット（下）．D）NFAT1 から NFAT4 の構造．NLS：核移行シグナル

表 Ca²⁺シグナルの関与する分子と生命現象

Ca²⁺で活性化される分子	代表的な標的分子	生体内での主な機能
カルシニューリン〔Calcineurin（PP2B）〕	NFATファミリー	T細胞の分化，サイトカイン産生，心臓や肺の発生，破骨細胞分化，学習や記憶
CaMK/MLCK	CREB, MEF2, カルパインⅡ（CalpainⅡ）, Tau	筋収縮 筋の発生，記憶，神経可塑性の発現と維持，細胞生存
PKC	MARCKS, 14-3-3, Raf-1	リンパ球の分化やエフェクター機能，神経回路の発生，神経可塑性の発現と維持
トロポニン（troponin）		筋収縮
シナプトタグミン（synaptotagmin）		シナプス前細胞からの神経伝達物質の放出

列に結合し，NFATのセリン残基を脱リン酸化する．脱リン酸化による構造変化に伴い，核移行シグナルが分子表面に露出し，NFATが核へ移行，転写因子として機能する．NFATはホモ二量体，あるいはFosやJunで構成されるAP-1とヘテロ三量体を形成して，DNAに結合（NFAT：WGGARA, AP-1：TGASTCA）し，遺伝子発現を誘導する．また，AP-1のほかに，forkhead box P（FoxP）ファミリー分子やGATAファミリー分子と協調して機能することによって，細胞依存性，あるいは刺激依存性に特異的な転写制御を行うことが知られている．

3. 機能

生命システムにおける各Ca²⁺シグナル伝達経路の役割は，遺伝子改変マウスの解析やヒト疾患から明らかにされている．神経系では学習や記憶，免疫系ではリンパ球の発生やエフェクター機能，骨では破骨細胞分化・機能，筋においては筋管や筋繊維の発生や筋収縮など，Ca²⁺シグナルは実に多様な生命現象を制御している（表）．

参考文献

◆ 『Bio Science 新用語ライブラリー 免疫』（斉藤 隆，竹森利忠/編），羊土社，2000
◆ Müller, M. R. & Rao, A.：Nat. Rev. Immunol., 10：645-656, 2010

第1部 概説 シグナル伝達の主要因子と経路

27 ケモカインシグナリング
chemokine-mediated cell signaling

村上 孝

1. はじめに

ケモカイン（chemokine）は，Gタンパク質共役型受容体を介して作用を発現する低分子量サイトカイン（8〜14 kDa程度）の総称である．特定の白血球など，細胞の遊走性と活性化を仲介し，生体内における細胞の組織内移動や局在を支配する．ケモカインは，約50種類にもおよび，分子内に保存されたシステイン残基（Cys）をもち，その分子構造上の位置によりC-C，C-X-C，C，C-X_3-Cの4つのサブクラスに分類されている（図1）．ケモカインを介した生物学的応答は，炎症・免疫反応における組織内への白血球浸潤機構の解明にとどまらず，造血・発生，HIV感染，がんの浸潤・転移など，ヒトの各種病態を説明するものとして多岐に渡る．

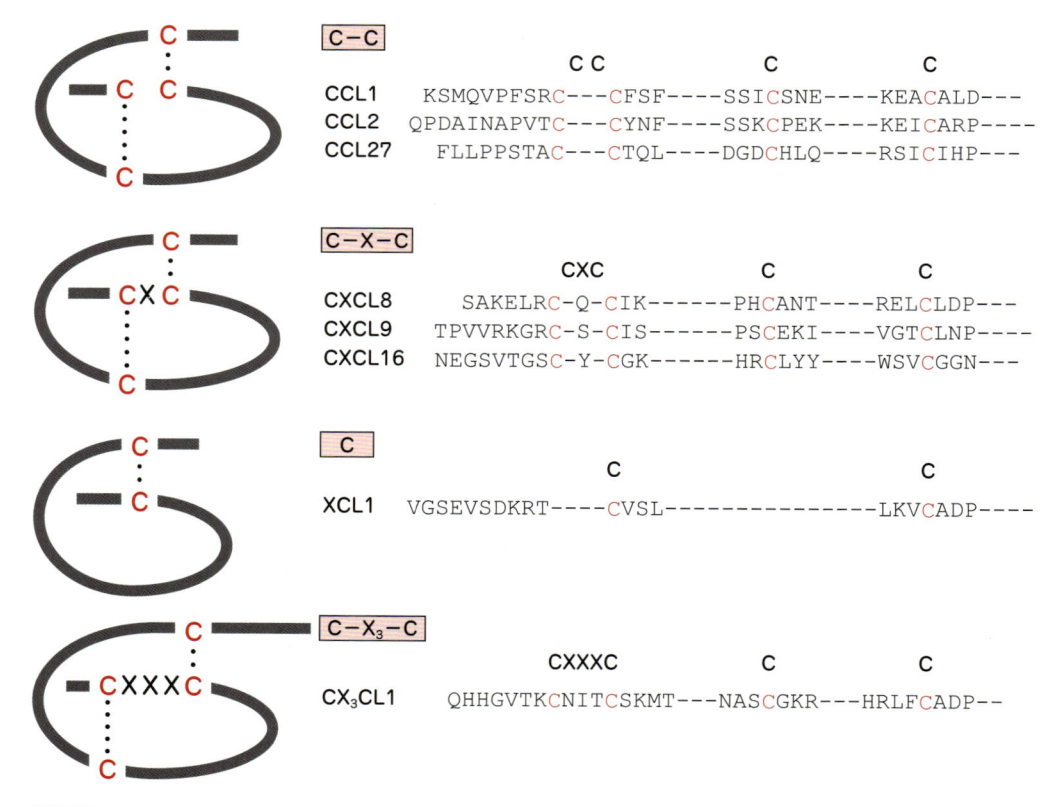

```
C-C
                    C C              C            C
CCL1    KSMQVPFSRC---CFSF----SSICSNE----KEACALD---
CCL2    QPDAINAPVTC---CYNF----SSKCPEK----KEICARP---
CCL27   FLLPPSTAC---CTQL----DGDCHLQ----RSICIHP---

C-X-C
                    CXC              C            C
CXCL8   SAKELRC-Q-CIK------PHCANT----RELCLDP---
CXCL9   TPVVRKGRC-S-CIS------PSCEKI----VGTCLNP----
CXCL16  NEGSVTGSC-Y-CGK------HRCLYY----WSVCGGN----

C
                    C                           C
XCL1    VGSEVSDKRT----CVSL-------------LKVCADP----

C-X₃-C
                    CXXXC            C            C
CX₃CL1  QHHGVTKCNITCSKMT---NASCGKR---HRLFCADP--
```

図1 ケモカインのサブクラスとアミノ酸配列
代表的なケモカインのアミノ酸配列とその構造上の特徴を例示した．模式図の実線（━）はペプチド鎖を，点線（……）はジスルフィド結合を表す

2. 基本メカニズム

ケモカインシグナルは，ケモカイン受容体（7回膜貫通型Gタンパク質共役型受容体）を介して細胞内に伝達される．したがって，特定の細胞が発現するケモカイン受容体とリガンドとなるケモカイン分子の相互作用によって，細胞走化性や活性化などの機能発現が生じる．特定のケモカイン受容体を発現する細胞（好中球，T細胞，樹状細胞など）に特異性があり，それぞれの組織や臓器に特徴的な細胞動態・細胞動員が惹起される．ケモカインの発見当初では，急性・慢性炎症における役割が研究の中心であったが，近年では免疫組織系などのホメオスタシスの制御を担うケモカインが同定されている．そのため，前者は「炎症性ケモカイン」，後者は「恒常性ケモカイン」とも総称されている．また1つのケモカインがしばしば1つ以上の受容体に結合する一方，1つの受容体が複数のケモカインを結合することができる．細胞の種類や活性化状態によっても，受容体の発現分布は変動することがある．このような特異性の交叉性はしばしば炎症性ケモカインで観察される．

前述のようにケモカイン受容体は7回膜貫通型Gタンパク質共役型受容体に属し，第2細胞内ループにみられるDRY（Asp-Arg-Tyr）モチーフを介して$G_{\alpha i}$および$G_{\beta/\gamma}$サブユニットと共役している（第1部-1参照）．ケモカインシグナルを受け取った細胞はこれらGタンパク質サブユニットを介して細胞走化性や運動性を司る実行分子にシグナルを伝達する（図2）．

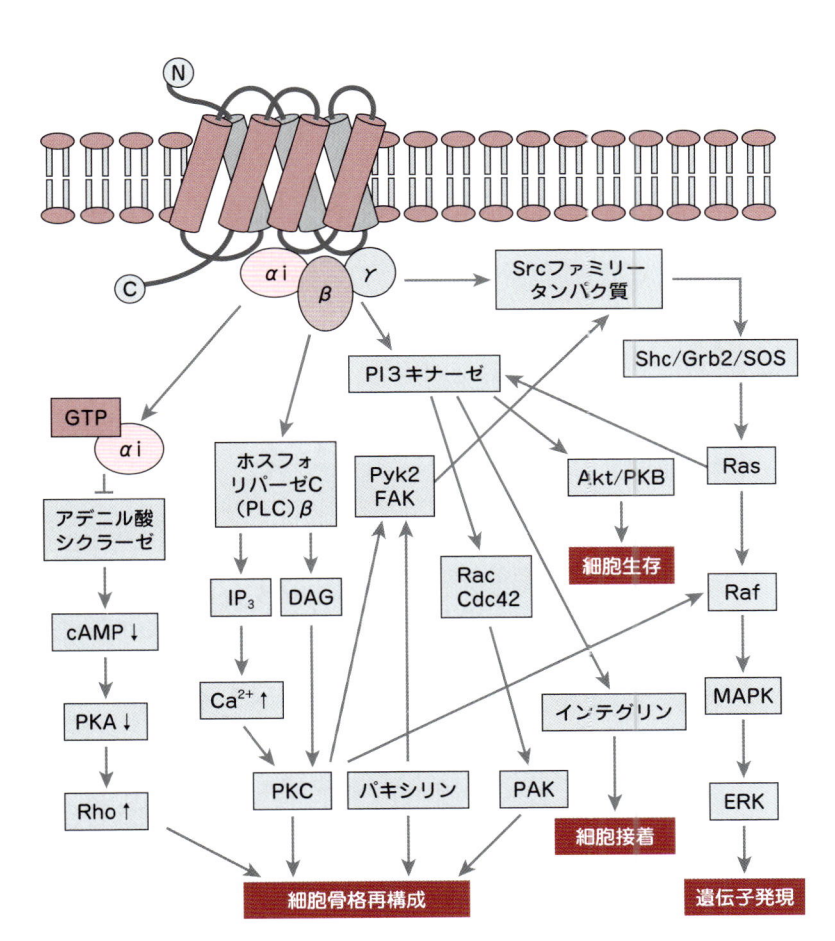

図2　ケモカイン受容体を介した細胞内シグナル伝達の概要

受容体活性化の後，$G_{\alpha i}$はGTPの結合とともに$G_{\beta/\gamma}$と解離する．$G_{\alpha i}$はアデニル酸シクラーゼを抑制してcAMP/PKA経路を抑制する．一方の$G_{\beta/\gamma}$はPLCβ経路，非受容体型Srcファミリー経路やPI3キナーゼ経路を活性化し，それぞれ細胞骨格の再構成，細胞接着，細胞生存刺激が誘導される

受容体活性化の後，$G_{\alpha i}$はGTPの結合とともに$G_{\beta/\gamma}$と解離する．$G_{\alpha i}$は百日咳毒素に感受性を示し，アデニル酸シクラーゼ抑制してcAMPの上昇を抑制し，その一方で，ホスホリパーゼ（PLC）βを活性化し細胞内Ca^{2+}を増加させる．また$G_{\beta/\gamma}$はSrc型チロシンキナーゼ（**第1部-3参照**）とShc/Grb2/SOSの連続した活性化を通してRasを活性化する．$G_{\beta/\gamma}$はRas刺激とともにホスファチジルイノシトール3-キナーゼ（PI3K）を活性化し，細胞膜でのホスファチジルイノシトール-4，5二リン酸（PIP_2）→ホスファチジルイノシトール3，4，5-三リン酸（PIP_3）変換により，RacおよびCdc42（**第2部-6参照**）などのプレクストリン相同（PH）ドメインをもつ分子が走化性方向前面にリクルートされる．活性化されたRacやCdc42はWASP/SCAR複合体との相互作用を介してFアクチン重合反応を惹起し，細胞骨格の再構成を誘導する．前述のRasの活性は下流のMAPキナーゼカスケード（**第1部-4参照**）を活性化し，細胞の増殖や生存にかかわる遺伝子発現を誘導する．さらにPI3キナーゼの活性化からAkt/PKBのリン酸化を介して細胞生存やアポトーシスを抑制する遺伝子の発現も惹起される．

3. 機能

白血球などの細胞に対するケモカインシグナルの重要な作用は試験管内におけるケモカイン分子の濃度勾配に依存した遊走作用である．しかしながら，生体内におけるケモカインシグナルの重要な役割は血管内を常に流れている白血球の動的な制御にある．その動的制御の実行分子はインテグリンである．たとえば，代表的な白血球のインテグリンLFA-1は，未刺激状態ではその活性は非常に低く抑えられ，血管内皮や標的細胞との不必要な結合を避けるように制御されている．しかし，ケモカインシグナルを受け取ると数秒以内にインテグリン活性は著しく亢進し，血管内皮細胞に発現するICAM分子との接着を介して白血球の動きを一過性に静止（arrest）させ，血管外遊走（extravasation）を誘導する．この迅速な接着性上昇は，ケモカインシグナルにより引き起こされるインテグリンの立体構造変化と密接に関連しており，そのメカニズムは最近の構造生物学的手法を用いた研究により明らかにされつつある．通常インテグリン$\alpha\beta$サブユニットの細胞内ドメインは互いに会合し，インテグリンの低親和性コンフォメーションとして維持されている．一度，細胞が刺激を受けるとそれに反応し，タリンなどの分子がインテグリンの細胞内ドメインに結合し，両サブユニットの細胞内および膜貫通ドメインを解離させる．これらの刺激により，細胞外ドメインが顕著なコンフォメーション変化を起こし，リガンド親和性が著しく上昇する．この急激な親和性の獲得が，血中を流れる白血球の血管内皮細胞上への急激な静止を促し，ケモカイン濃度勾配に従った細胞遊走を誘導する．

ケモカインは細胞遊走にもとづく自然免疫や獲得免疫での役割にとどまらず，発生における組織形成，血管新生の促進や抑制，がん細胞の転移や間質形成，ウイルス感染など，医学・生物学的なさまざまな分野において特定のケモカインシグナルの重要性が指摘されている．一例として，ケモカイン受容体CXCR4やCCR5はHIV-1の共受容体として機能し，HIV-1感染におけるT細胞指向性とマクロファージ指向性を決定づける分子として重要であることは有名である．

参考文献

◆ Zlotnik, A. & Yoshie, O. : Immunity, 12 : 121-127, 2000
◆ Charo, I. F. & Ransohoff, R. M. : N. Engl. J. Med., 354 : 610-621, 2006
◆ Zlotnik, A. et al. : Genome Biol., 12 : 243, 2006

第1部 概説 シグナル伝達の主要因子と経路

28 サーカディアンシグナリング
circadian signaling

堀川和政，柴田重信

1. はじめに

ほぼ1日サイクルで認められる生体リズムは，概日リズム，あるいは，サーカディアンリズムと呼ばれ，体内時計によって作り出されている．体内時計は，光や食事などを環境からの時刻情報として受容し，生体リズムを整える．本稿では，こうした時刻情報の担い手となる生体内のシグナルをサーカディアンシグナルと定義し，哺乳動物の生体リズムにおける主要なシグナルの1つとされているグルココルチコイドシグナルを中心に概説する．

2. 基本メカニズム

ヒトを含む哺乳動物の体内時計は，視床下部の視交叉上核（suprachiasmtic nucleus：SCN）にその中枢が存在し，ほぼ1日を周期とする生体リズムを作り出す．体内時計の分子基盤となる時計遺伝子は，哺乳動物で10数種類同定されており，すべてが1つ1つの細胞に発現している．その多くが，転写因子として働き，相互に作用し合うことで安定した生体リズムを作り出していると説明されている．CLOCK，BMAL1と呼ばれる時計タンパク質が，ヘテロダイマーを形成し，時計遺伝子である*Period*（*Per*）や*Cryptochrome*（*Cry*）のプロモーター領域にあるシスエレメントE/E'-Boxを介して，それら転写の活性化に働く．合成されたPER/CRYタンパク質は核内に移行してCLOCKとBMAL1の抑制因子として働き，PER/CRYタンパク質の発現量が低下しはじめると，CLOCKとBMAL1による転写が促される．このサイクルが約1日を要して行われる（図1）．

生体リズムは環境から時刻の手がかりを獲得できない場合でも概日周期で継続するため，正確な1日周期のリズムを維持するためには，日々，光や食事などを時刻として受容して補正する必要がある．このような補正の際に副腎皮質からグルココルチコイド（GC）が放出され

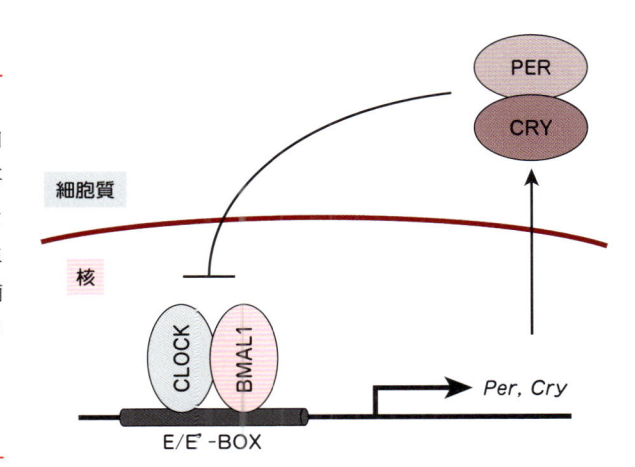

図1 体内時計の分子モデル

1つ1つの細胞に複数の時計遺伝子が存在し転写因子として働く．CLOCK，BMAL1は，E/E'-Boxを介して，*Per*や*Cry*の転写活性を促す．合成されたPER/CRYタンパク質は，核内に移行し，CLOCKとBMAL1の抑制因子として働く．それぞれが，転写，翻訳の過程で相互に影響し合い，安定した概日リズムを作り出す

る．光は，SCNを経由して副腎皮質に至る交感神経の興奮を惹起し，GCの分泌を促進する作用をもっている．放出されるGCはACTH（副腎皮質刺激ホルモン）の分泌と相関せず，下垂体を経由しない経路で制御されている．GCは，ストレス応答性のステロイドホルモンとして知られているが，その作用はリガンド依存性の核内受容体であるグルココルチコイド受容体（GR）を介して発揮され，GRはGCが結合すると核内に移行して転写因子として働く．放出されるGCは，血中に乗って全身に行き渡り，*Per1*のプロモーター領域に存在するGC応答エレメント（GRE）に結合し，*Per1*の一過的な発現上昇を促す．1つ1つの細胞での一過的な*Per1*の発現上昇を契機に生体リズムの補正が遂行されることになる（図2）．

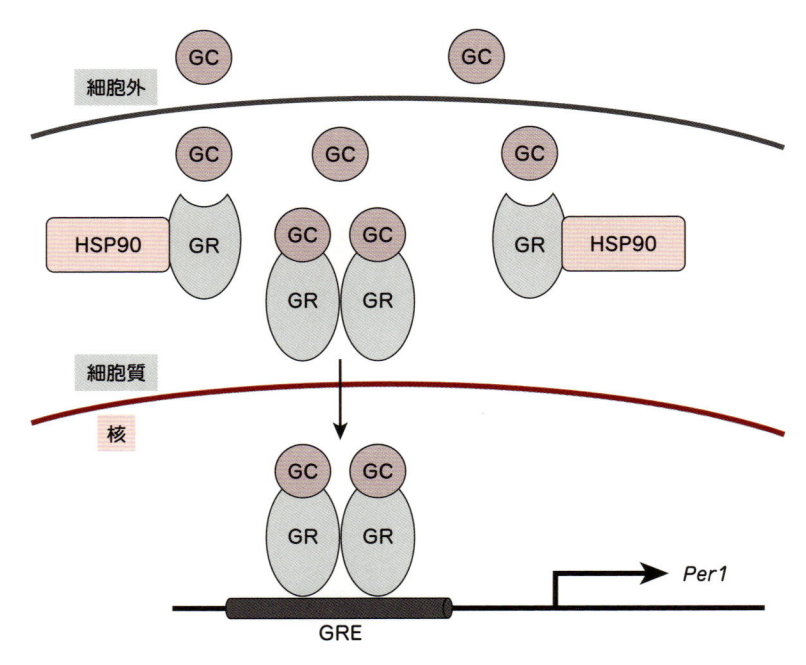

図2 グルココルチコイドシグナルによる時計遺伝子発現

グルココルチコイド受容体（GR）はヒートショックタンパク質（HSP90）と会合して細胞質に存在しているが，グルココルチコイド（GC）が結合すると，核に移行してGC応答エレメント（GRE）に結合し，時計遺伝子 *Per1* の一過的な発現上昇を促す．*Per1* の発現上昇を契機に，生体リズムの位相が調整される

生体リズムが補正されていく過程で，細胞内のレドックス変化も重要なステップになる．細胞内のレドックスが変化するとCLOCKとBMAL1のE/E'-Boxへの結合量が変化する．NAD^+合成の律速酵素 *Nampt*（第1部-18参照）の遺伝子発現リズムはE/E'-Boxを介してCLOCKとBMAL1に制御され，NAD^+量は約1日周期で増減する．一方，CLOCKはヒストンアセチル化酵素としての特性をもち，その活性はNAD^+依存性の脱アセチル化酵素SIRT1によって拮抗される．AMP活性化プロテインキナーゼAMPKもレドックス変化に応答してCRYの分解を惹起する．SIRT1やAMPKも，メタボリックセンサーとして働く一方で，サーカディアンシグナルの1つとして機能している．

3. 機能

GCの放出には概日リズムがあり，GREを介してリズムを示す遺伝子も多い．副腎を除去した動物では，こうした多くの遺伝子でリズムがなくなるが，GCを周期的に投与するとリズムの回復が観察される．

一方，心筋梗塞の発症を助長する危険因子として，線溶阻害因子 *Plasminogen activator inhibitor-1*（*Pai-1*）が知られている．*Pai-1* の遺伝子発現にはリズムがあり，E/E'-Boxを介してCLOCKとBMAL1に駆動されている．*Pai-1* の発現は夜間に光を浴びると上昇するが，副腎除去の動物では認められないことから，グルココルチコイドシグナルの関与が示唆される．

生体内で，適切なタイミングでサーカディアンシグナルが伝達されることが，種々のリズム間での位相関係を保つために大切であり，外部環境との時間的なズレを修正できない場合には，多くの疾病につながる．睡眠障害や一部のうつ病の治療法として知られている光療法は，グルココルチコイドのようなサーカディアンシグナルを介して，生体リズムを調整し，効果を発揮しているのではないかと考えられている．

参考文献

- Shibata, S. et al. : Adv. Drug Deliv. Rev., 62 : 918-927, 2010
- Okamura, H. et al. : Adv. Drug Deliv. Rev., 62 : 876-884, 2010
- Ishida, A. et al. : Cell Metab., 2 : 297-307, 2005

第1部　概説　シグナル伝達の主要因子と経路

29 低酸素シグナリング
－HIFシグナリング－
hypoxia signaling

合田亘人，金井麻衣

1. はじめに

HIF（hypoxia inducible factor）は，低酸素に応答して，そのシグナルを核に伝える主要な転写因子群である．HIFを介した低酸素シグナル伝達経路において，細胞外の酸素濃度を感知し，HIFの転写活性を制御する上位の因子はPHDs（prolyl hydroxylase domain proteins）である．HIFファミリーが担う生体内での役割は，発生，造血，血管新生，がん形成と転移，細胞増殖，細胞死，代謝など多岐に渡る．

2. 基本メカニズム

HIFは，酸素感受性サブユニットのHIFαと恒常的に発現しているHIF-1β（ARNT，aryl hydrocarbon receptor nuclear translocator）のヘテロ二量体からなる．2つのサブユニットに共通して，N末端側には二量体化とDNA結合に必須のbasic helix-loop-helix（bHLH）モチーフとPer-ARNT-Sim（PAS）ドメインが存在する（図1）．一方，C末端側にはtransactivation domain（TAD）がそれぞれのサブユニットに存在するが，HIFとしての転写活性にはHIFαに認められるTADのみが重要である．また，HIFαにはoxygen-dependent degradation domain（ODDD）と呼ばれる低酸素応答には必須のドメインが存在する．

哺乳類のHIFαには3つのアイソフォーム（HIF-1α，HIF-2αとHIF-3α）が報告されており，それぞれがHIF-1βと会合する．HIF-1αの遺伝子発現はほぼすべての臓器や細胞で認められ，一方HIF-2αの発現は肝臓，肺や腎臓などの限られた臓器や細胞に限局している．HIF-3αはHIF-1αやHIF-2αと比較して転写活性化能が非常に低く，bHLH-PASドメインを介してHIF-1βに対してHIF-1αやHIF-2αと競合的に働くため，HIF-1αとHIF-2αの抑制因子として働くと考えられている．また，

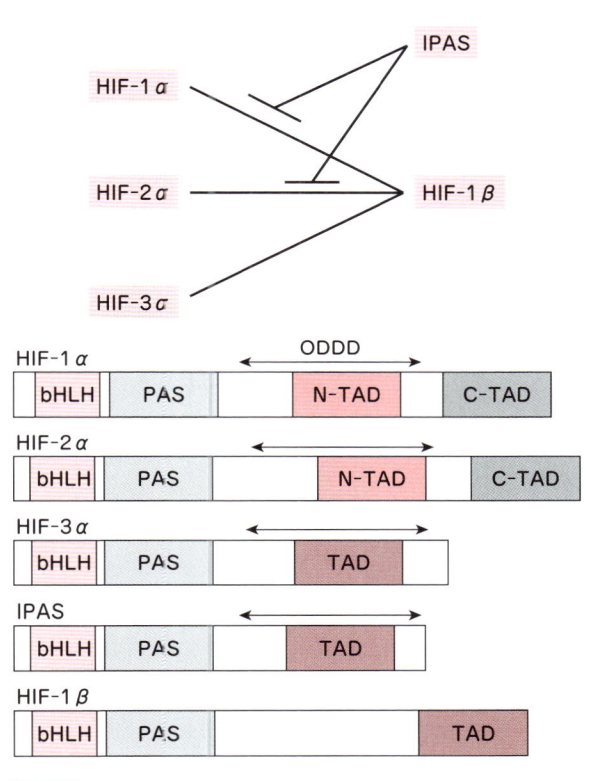

図1　HIFアイソフォーム

HIF-3αのスプライシングバリアントとしてのinhibitory PAS domain proteinは低酸素で誘導され，HIF-1αと結合することでHIF-1の転写活性を抑制する．

通常酸素下の細胞では，HIFαのODDD内の特定のプロリン残基（ヒトHIF-1αでは402番目と564番目）が水酸化修飾され，この修飾が目印となりvon Hippel-Lindau（VHL）がん抑制遺伝子産物がE3ユビキチンリガーゼとして結合する（図2）．この結合を介して，HIFαはユビキチン化され，プロテアソームで速やかに分解

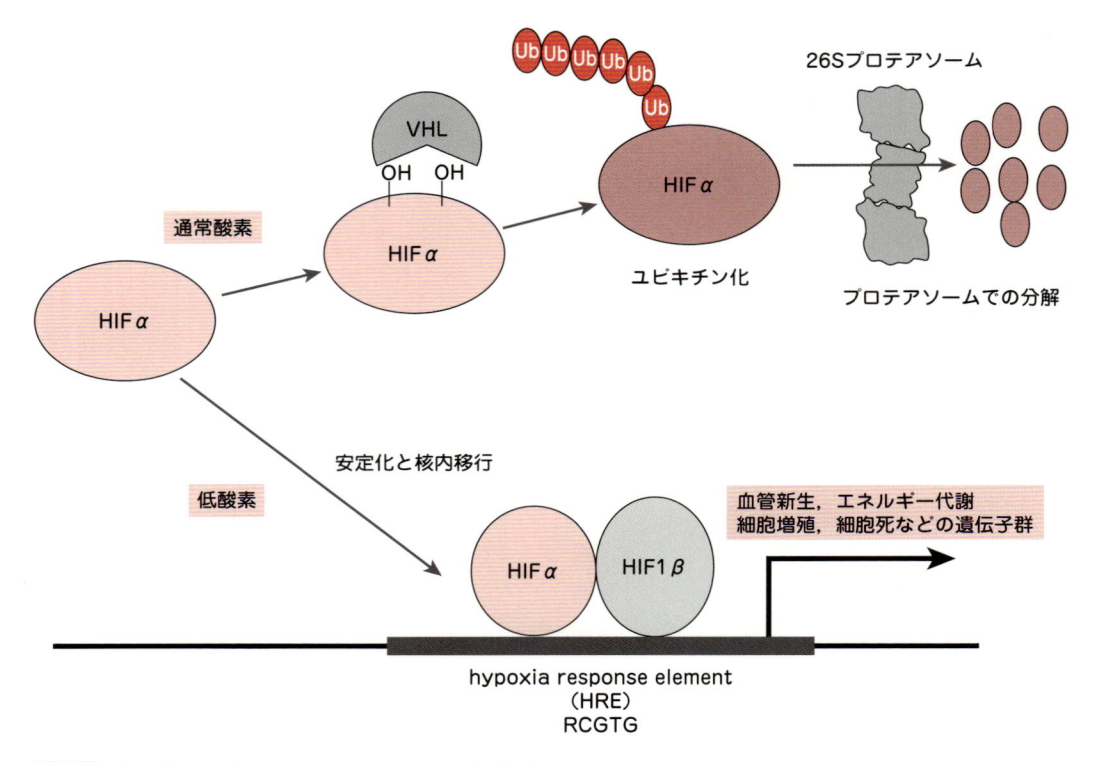

図2　酸素濃度に依存したHIFの転写制御機構

通常酸素下では，HIFαが水酸化修飾を受け，プロテアソームで速やかに分解されることで，HIFの転写活性が抑制される．一方，低酸素下では，水酸化修飾が起きず，安定化したHIFαが核内に移行し，HIFβと二量体を形成し標的遺伝子のHREに結合する

される．一方，低酸素下ではプロリン水酸化修飾が抑制され，安定化したHIFαタンパク質は核内に移行し，HIF-1βと二量体を形成することで転写因子として機能を果たす．HIFは標的遺伝子のプロモーターあるいはエンハンサーの領域内に認められるhypoxia response element（5′-RCGTG-3′）を認識し結合することで，標的遺伝子の発現制御を行っている（図2）．

HIFαのプロリン水酸化修飾は，酸素濃度依存性を示し，2-オキソグルタル酸と還元鉄を要求するPHDsによって行われる．つまり，HIFsを介した低酸素シグナルの本体は，酸素濃度を感受するこのPHDsにほかならない．PHDsには少なくとも3つのアイソフォーム（PHD1，PHD2とPHD3）が存在し，その発現は臓器特異性および異なる細胞内局在パターンを示す．HIFαのプロリン水酸化ではPHD2が重要な役割を果たしている．一方，HIF-1αとHIF-2αのC末端近傍のTAD（C-TAD）にあるアスパラギン残基（ヒトHIF-1αでは803番目）も水酸化修飾を受け，この修飾も酸素濃度によって変化する．この水酸化修飾はfactor inhibiting HIF-1（FIH-1）により，PHD同様の酵素反応によって行われ，核内における転写共役因子CBPやp300とHIFαの複合体形成を抑制することで転写活性を減弱させる．FIH-1の酸素に対するKm値はPHDsのそれよりも低いことから，低酸素に曝されるとまずHIFαのプロリン水酸化が抑制され，その後アスパラギンの水酸化の抑制が起きると考えられている．

HIF-1αタンパク質発現は低酸素（5％酸素以下）に曝すと30分以内に安定化され存在が確認できるようになり，再酸素化では5分以内に消失する非常に不安定なタンパク質である．生体内では，低酸素に応答して遺伝子レベルでの発現増強が報告されているが，細胞レベルでの解析ではこのような発現増強は認められないか，あるいは認められても一過性である．そのため，低酸素によるHIFの活性化は，通常タンパク質レベルでの制御が重要であると考えられている．また，低酸素下では活性酸素産生を介したPHDsの不活化もHIFシグナルの活性

化の一因であると捉えられている．

3. 機能

　HIF-1αのKOマウスは，心奇形，血管形成不全，造血能低下と神経系の発達異常により胎生10.5日で致死に至る．HIF-1βも血管形成不全により胎生期中頃で致死に至る．一方，HIF-2αはマウス系統によって異なる表現型を示し，血管形成不全により胎生致死に至る系統，カテコールアミン産生低下と肺成熟不全により出生後死亡する系統，また出生後数日して多臓器不全で死亡する系統が報告されている．

　多くのヒトがん組織では，恒常的なHIF-1αおよびHIF-2αの発現亢進が認められ，膀胱がん，乳がん，肺がん，卵巣がんなどのがん種ではHIF-1αの発現と罹患患者の予後との相関性が報告されている．がん細胞におけるHIF発現は，がん組織の血管新生，がん幹細胞の維持，がん細胞増殖とアポプトーシス抑制，酸素非依存性のエネルギー代謝変換などを誘導し，結果的にがんの増殖，浸潤および転移を助ける．

　がん以外にも虚血性心疾患，糖尿病や脂肪肝などの生活習慣病の発症と進展にHIFが密接にかかわっていることが明らかにされてきており，またこれらの疾患にかかわるHIFのSNPsについても報告がなされている．

参考文献

◆ Majmundar, A. J. et al. : Mol. Cell, 40 : 294-309, 2010
◆ Semenza, G. L. : Wiley Interdiscip. Rev. Syst. Biol. Med., 2 : 336-361, 2010
◆ 『代謝，発生，免疫で動き出す 低酸素応答システム』（中山　恒，合田亘人/企画），実験医学，30（8），羊土社，2012

第1部 概説 シグナル伝達の主要因子と経路

30 メカノセンサーシグナリング
mechanosensor signaling

松井裕之, 町山裕亮, 平田宏聡, 澤田泰宏

1. はじめに

 発生・分化, がん, 炎症, 糖尿病, 骨代謝など多くの生物現象に物理的要因が深くかかわっている. 細胞は力学的刺激を感知するメカノセンサーを備えることにより細胞内外の物理的環境変化に対応している. シグナル伝達においてメカノセンサーとは力学的情報を生化学的なシグナルに変換する分子（機構）である. そもそも分子の構造変化は物理的な事象としての側面を有しており, 細胞内シグナル伝達にかかわる分子の機能が, 化学的な修飾のみならず力学的な環境により変化することは広く認識されてきている. 近年の解析手法の開発により, シグナル伝達におけるメカニカルストレスの役割が一層明確になっている.

2. 基本メカニズム

 メカノセンサーはメカニカルストレスを直接感知し応答する分子機構であるが, この「直接応答」を個体レベルで解析できる実験系・実験モデルを構築することは現時点ではきわめて困難である. そこで, メカノセンサーに関する知見は主に分子細胞生物学的解析から得られたものとなっている. 細胞は種々のメカニカルストレスに応答するのであろうが, 現在までに研究されているのは, 伸展センサー, シェアストレスセンサーなどである.
 メカノセンサーは力学的入力（事象）を（生）化学的信号に変換するのであるから, 力学的な刺激で分子の形態・構造が変化するものである可能性が高い. メカノセンサーというと外部からの付加的な力に応答するシステムを想起させるが, 多くの場合, 細胞が自身の形態を維持するために産生する力との相対的な関係（まさに「力関係」）を感知する. このためメカノセンサー分子としては, 細胞質に拡散している分子ではなく, 細胞膜や細胞骨格などの細胞内構造体とリンクしている分子が想定

され, 近年の研究の進展によってその分子実体が次第に明らかになってきた. 最近アクチンフィラメントが弛緩に伴いコフィリン依存的な切断を受けることが報告され, その点で細胞骨格そのものもメカノセンサーともいえる. しかし, 現時点で下流のシグナルまで示されているメカノセンサー「分子」となるとごく限られる. そこで本稿では,「メカノセンサーシグナル分子」であることが「ほぼ確実」である4種類について述べる（図1）.

❶ 細胞間接着—細胞骨格型

 血管壁においては, 血流によるシェアストレスおよび血管の円周方向への伸展力が作用しており, 血管内皮細胞の細胞—細胞間接着部におけるメカノセンシングが注目されている. 近年, Ⅰ型膜貫通タンパク質であるPecam-1が同部でメカノセンサーとして機能することが示されている. Pecam-1は細胞外ドメインのイムノグロブリン様構造を介したtrans-homophilicな結合により細胞間接着を形成している（図2）. シェアストレスあるいは伸展刺激により細胞質ドメインのimmunoreceptor tyrosine-based inhibitory motif（ITIM）が伸展されると, 細胞骨格に局在するFynによりリン酸化される. このリン酸化チロシンに脱リン酸化酵素であるSHP2が結合しERK経路が活性化される. $Pecam1^{-/-}$マウスは動脈形成および血管リモデリングに障害をきたすことから, これらの病態形成に与えるメカノセンシングの役割の解明が期待される.

 このほか, 細胞間接着因子カドヘリンの細胞質側においてβ-カテニンとともに細胞骨格複合体を形成しているα-カテニンは, C末端に結合するアクチンフィラメントによる伸長依存的な構造変化によりビンキュリンと会合し, 接着結合を制御していることが報告されている（細胞接着については**第2部-7**を参照）.

❶ 細胞間接着−細胞骨格型	Pecam-1 (platelet endothelial cell adhesion molecule-1)	伸展・シェアストレスにより細胞質ドメインが構造変化する
	α-カテニン	カドヘリンとβ-カテニンを介して結合，伸展により分子中央部のビンキュリン，α18の結合部位が露出される
❷ 細胞・基質間接着−細胞骨格型	p130Cas (p130 Crk-associated substrate)	伸展により分子中央部の基質ドメインが露出，Srcファミリーキナーゼによるリン酸化を受ける
	タリン	アクチンフィラメントと細胞接着複合体をつないでいる．伸展により折りたたみ構造が段階的に展開される
	フィラミンA	アクチンフィラメントの交叉部にて変形に伴いFiGAPが解離し，β7-インテグリンが入れ替わりに結合する
❸ イオンチャネル型	MscS/MscL (mechanosensitive channel small / large conductance)	大腸菌のメカノチャネル．伸展による三次および四次構造の変化でイオン透過性が亢進する．MscSはホモ七量体，MscLはホモ五量体
	P2X4（ATP合成酵素共役型）(purinergic receptor P2X, ligand-gated ion channel, 4)	ファミリー内でのホモまたはヘテロ三量体を構成する2回膜貫通型タンパク質．細胞外ドメインにATP受容のためのリジン残基が存在する
	TRPファミリー (transient receptor potential channel family)	TRP-V, -A, -C, -M, -P, -MLのサブファミリーからなる28遺伝子で構成される．浸透圧，温度など物理化学的刺激のセンシングに関与する
❹ 細胞内小器官型	A-型ラミン	A/B型ラミンのうちA型がメカノ感受性遺伝子発現の制御に関与する
	ネスプリン	核膜側でSUNと，細胞質側でキネシン等を介しアクチンや微小管と結合
	YAP1 (Yes-associated protein 1)	細胞内の力学テンション依存的に核局在する転写調節因子

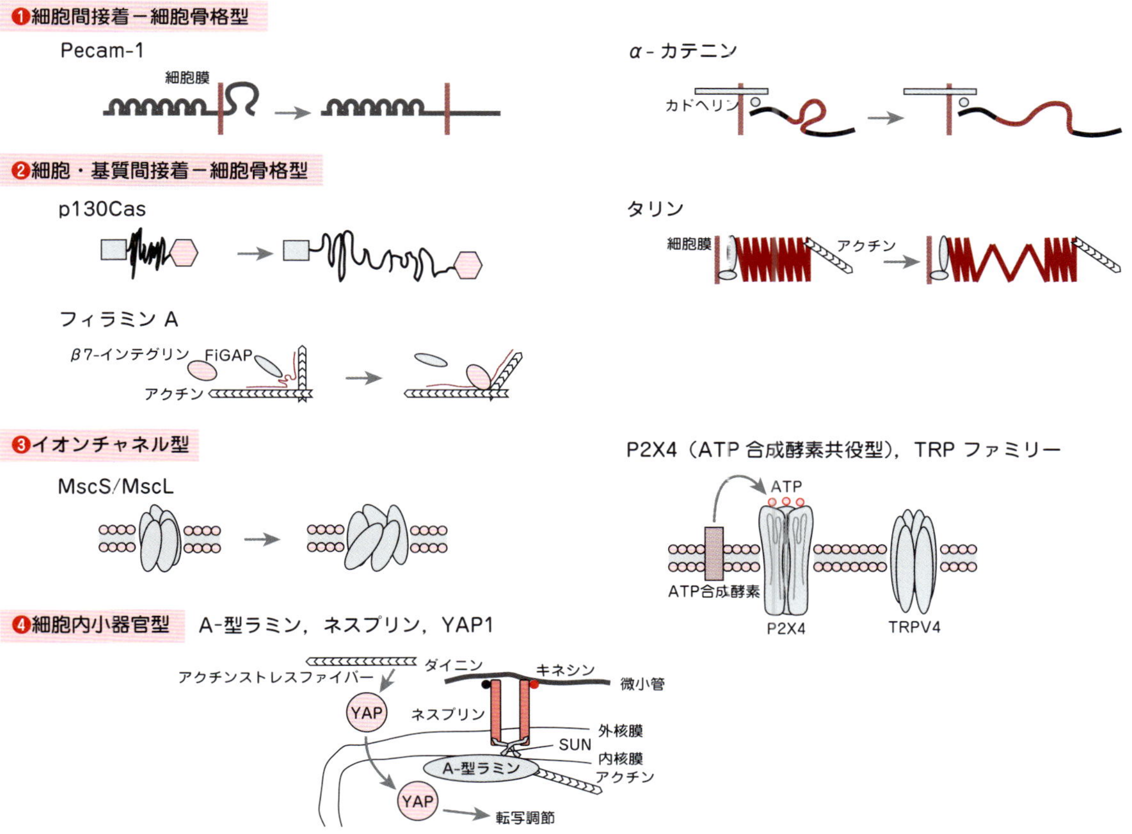

図1　4種類のメカノセンサーシグナル分子

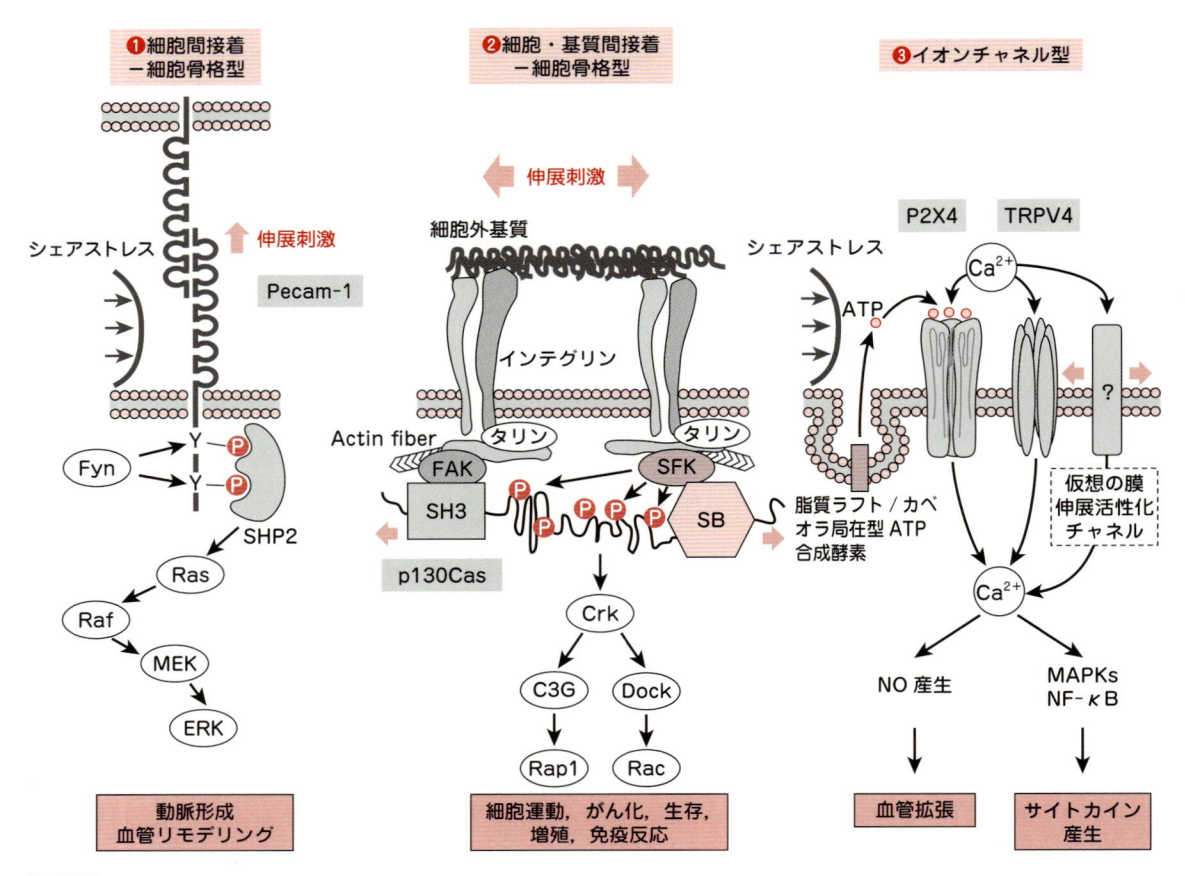

図2 メカノセンサーのシグナル経路

❷ 細胞・基質間接着—細胞骨格型

チロシンリン酸化されるタンパク質の多くは細胞骨格の張力が集束する接着部へ局在し，足場非依存性増殖（形質転換のホールマークの1つ）などメカノセンサーシグナルの機能異常を示唆する表現型と関係している．そのため，チロシンリン酸化されるタンパク質のなかには細胞骨格メカノセンサーとして機能するものが存在することが想定されてきた．そのなかで，p130Cas（Crk-associated substrate）リン酸化シグナルは興味深い展開をみせている．p130Casは分子内中央部に位置する基質ドメイン（substrate domain：SD）を伸展による構造変化依存的に露出する．このSDに存在するリピート配列内のチロシン残基がSrcファミリーキナーゼによりリン酸化され，さらにリン酸化チロシンにCrk，Nckといった SH2ドメインをもつ分子が結合し，下流にシグナルを伝える．細胞伸展による p130Casリン酸化の下流として示されているのは Crk/C3Gを介した Rap1活性化だが，Crk/DOCK180-Rac1も活性化されるであろうことを考えると，接着形成から仮足伸長や張力産生へ至るポジティブフィードバック機構に関与している可能性が考えられる．

細胞外基質との接着タンパク質であるインテグリンにおいては，リガンドである細胞外基質との非共有性結合が，結合を引きはがす方向の力の負荷により結合寿命がむしろ長くなる，いわゆる捕獲結合（Catch bond）の性質を示す．インテグリンのβサブユニットには細胞質ドメインにアクチン結合タンパク質のフィラミンが結合するが，この結合はアクトミオシン由来の張力によるフィラミン分子の構造変化に依存することが明らかとなっている．また，インテグリンとアクチン細胞骨格を繋ぐタリンが，前述のα-カテニン同様，伸展による構造変化によりビンキュリンとの結合サイトを提供することが報告されている．これらの分子間結合の力による調節により，細胞は力学的負荷に応答して基質との接着強度を変化さ

せているものと考えられている.

❸ イオンチャネル型

　細菌類全般に発現するMscLとMscSは細胞膜の伸展により生じる張力に直接応答することが示されている数少ないメカノセンサーチャネルである. 両者は進化的に真核生物以降に保存されていないものの, 膜伸展依存的な透過能を有するイオンチャネルが真核生物以降にも存在することを十分に想起させる. 近年, 真核生物に広く保存されているカチオンチャネルTRPファミリーが哺乳類細胞におけるイオンチャネル型メカノセンサーであることを示唆する論文がいくつか報告されているが, 脂質二重層再構成による in vitro の実験の結果が示されておらず, これらのチャネル分子が, メカニカルストレスを直接感知しているのか否かは明確ではない. しかしながら現時点で哺乳類細胞にメカノセンサーチャネルが存在することははっきりしており, その分子の同定および作動条件の解明が待たれる.

　一方, 血管内皮細胞のシェアストレスへの応答におけるイオンチャネルの役割については, 細胞外ATP受容体P2X4の機能解析が進んでいる. 血管内皮細胞においてP2X4は他のP2Xファミリーと比較して発現量が高く, $P2rx4^{-/-}$マウスはNO産生減少に起因する動脈血圧上昇を示した. $P2rx4^{-/-}$由来血管内皮細胞を用いた in vitro の検討から, P2X4はシェアストレス誘導性の細胞外Ca^{2+}流入とこれに引き続くNO産生に必須であり, これら一連の反応はシェアストレスに伴う細胞外ATP濃度の上昇に依存していた. さらに, このATP産生は脂質ラフトにおいてカベオリン-1と共局在するATP合成酵素により行われていることが報告された. したがって今後, ATP産生を促すメカノセンシング機構, およびCa^{2+}流入に際するP2X4自身の構造変化の有無に関する検討が血管内皮細胞におけるシェアストレスセンシングの解明に求められる.

❹ 細胞小器官型

　細胞小器官は細胞骨格により細胞内に繋留されている.

すなわち, 細胞内部の三次元構造は細胞骨格構造と密接に関連しており, 実際に, 中間径フィラメントに属する核膜裏打ちタンパク質ラミン, およびこれと微小管・アクチンフィラメントを結ぶネスプリンが形成する複合体のメカノセンサー機能が報告されている. 加えて, 細胞周辺微小環境の「固さ」を認識し分化を制御するYAP（Yes-associated protein）シグナルについての知見などから, 核のplasticityや染色体の機能がメカノセンサーシグナルにより制御されていることは確実視されている. さらに, ER（endoplasmic reticulum）やミトコンドリアからのメカノシグナルを示唆する報告も存在する. これらを考えると, ほぼすべての細胞小器官に, それぞれの器官特有の機能を修飾するメカノセンサーが存在すると考えてよいのではないだろうか.

3. 機能

　メカノセンサーは単に外力を認識するのみならず, 細胞分裂や遊走のような細胞自身の形態変化の認識に重要である. 組織・器官の生理はこれを構成する細胞の物理的環境変化に対する正常応答により維持されており, メカノセンサーシグナルの異常・破綻はさまざまな疾患の病理・病態に直結すると考えられている. 現時点でメカノセンサーシグナルの機能は細胞接着, 増殖, 遊走, 分化, (再)配列の制御などがあげられているが, これら細胞の基本機能の撹乱・破綻によりもたらされる病態, たとえば発生異常やがん, 炎症, さらには慢性炎症を背景とする種々の代謝疾患との関連が指摘されている.

参考文献

◆ Moore, S. W. et al. : Dev. Cell, 19 : 194-206, 2010
◆ Yamamoto, K. & Ando, J. : J. Pharmacol. Sci., 116 : 323-331, 2011
◆ Shivashankar, G. V. : Annu. Rev. Biophys., 40 : 361-378, 2011

第1部 概説 シグナル伝達の主要因子と経路

31 核内受容体シグナリング
nuclear receptor signaling

井上 聡

1. はじめに

　ステロイドホルモン，甲状腺ホルモン，レチノイン酸，ビタミンDをはじめとする脂溶性生理活性物質は，核内受容体を介して作用することが示されている．核内受容体は，1985年にグルココルチコイド受容体（glucocorticoid receptor：GR）がクローニングされ，引き続き1986年にエストロゲン受容体（estrogen receptor：ERα）が同定された．その後，次々に相同性のある核内受容体が明らかとなり（図1），これまでにヒトでは48種類の核内受容体が存在することが知られている．また，哺乳類ばかりでなく，脊椎動物や昆虫，線虫でも核内受容体がシグナルを伝えている．特に線虫ではヒトより多くの種類の核内受容体の存在が確認されている．これらの核内受容体は，従来知られていたステロイドホルモンやビタミンなどをリガンドにしているものに加え，発見された時点ではリガンド不明だったが後にそのほかの脂溶性小分子をリガンドとすることが判明したPPAR，LXR，FXR，SXRなども存在し，さらには対応する内在性リガンドの同定されないERRをはじめとするオーファン核内受容体も見い出されている．

　核内受容体は，主としてリガンド依存性に特定の標的遺伝子の転写を調節することにより，転写因子として作用を発揮する．リガンドの結合した核内受容体が，プロモーターやエンハンサーといった転写調節配列に直接結合することにより発現が制御される遺伝子を一次応答遺伝子と呼び，これら遺伝子の機能が直接の応答経路を担う．一次応答遺伝子の発現の結果として転写の変化が起こる遺伝子を二次応答遺伝子と呼び，間接的な経路を含めリガンド作用を媒介する．核内受容体のシグナルは各種の共役因子や関連因子により調節を受け，他のシグナルとも交絡するが，そのアウトプットとしてはこれら核内受容体応答遺伝子の引き起こす現象の総和として捉えられる．また，近年，核内受容体そのものあるいは，別の膜受容体を介するステロイドホルモンのシグナルの存在も報告され，核外作用（nongenomic action）と呼ばれるようになった．一方で，従来の転写調節を介するメカニズムはその対比で核内作用（genomic action）と呼ばれ，こちらが核内受容体シグナルの主要経路である．

2. 基本メカニズム

1) 核内作用（genomic action）

　核内受容体はスーパーファミリーを形成し，ヒトでは48種類のメンバーが存在し，それぞれ類似したドメイン構造を有している（図1A）．核内受容体はN末端，C末端側にそれぞれAF-1（activation function-1），AF-2（activation function-2）という転写活性化領域を有し，その間にDNA結合ドメイン（DNA binding domain：DBD）およびヒンジドメインが存在するという基本構造が共通している．核内受容体のリガンドは，AF-2領域にあるリガンド結合ドメインに結合することにより，受容体の立体構造を変える．一方で核内受容体はその他のシグナルとのクロストークを介することによっても立体構造を変える．核内受容体には単量体で標的遺伝子の転写調節領域のDNA配列（応答エレメント）に結合するもの，あるいは二量体化しDNA上の応答エレメントに結合するものがある（図1B）．二量体化においては，ステロイドホルモン受容体などのようにホモ二量体を形成するもの，甲状腺ホルモン受容体，レチノイン酸受容体，ビタミンD受容体，PPARなどのように，同じく核内レセプターであるレチノイドX受容体（RXR）とヘテロ二量体を形成し，DNAに結合するものなどがある．最近のゲノム科学の進歩で，各核内受容体のDNA結合部位が，次世代シーケンサーを用いるChIP—シーケンス法により，全ゲノム上で明らかになってきた．クロマチン

A)

受容体	構造	リガンド
ERα / ERβ	AF-1 — DBD — ヒンジ — AF-2	エストロゲン
AR		アンドロゲン
GR		グルココルチコイド
MR		アルドステロン
TRα / TRβ		甲状腺ホルモン (T3)
PPARγ		プロスタグランジン J2
FXR		胆汁酸
LXRα / LXRβ		コレステロール酸化物
VDR		ビタミン D3
SXR		二次胆汁酸 ビタミン K

(DNA結合ドメイン / ヒンジドメイン / リガンド結合ドメイン)

B)

ホモ二量体
- ER–ER : ERα, ERβ
  AGGTCAnnnTGACCT (パリンドローム)
- GR–GR : GR, MR, PR, AR
  AGAACAnnnTGTTCT (パリンドローム)

ヘテロ二量体
- RXR と相手 : RAR, TR, VDR, PPAR, LXR, FXR, CAR, SXR, ほか
  AGGTCAn(1–5)AGGTCA (ダイレクトリピート)

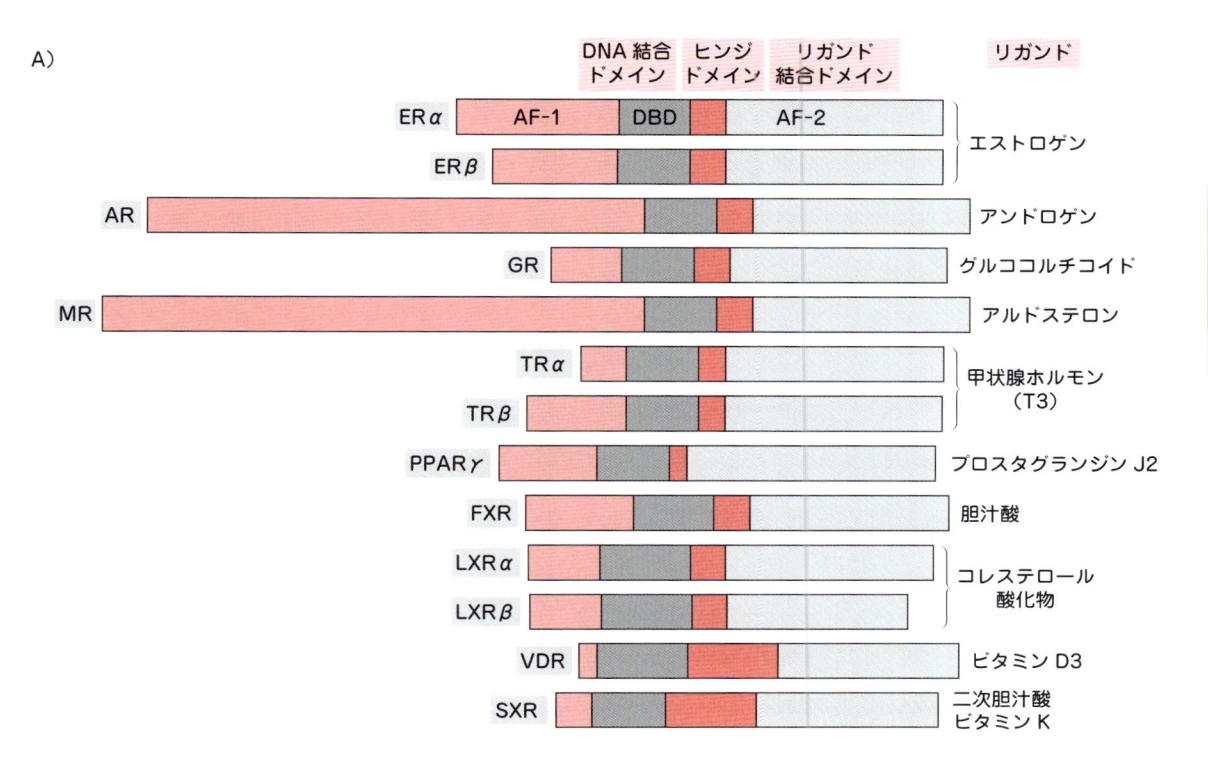

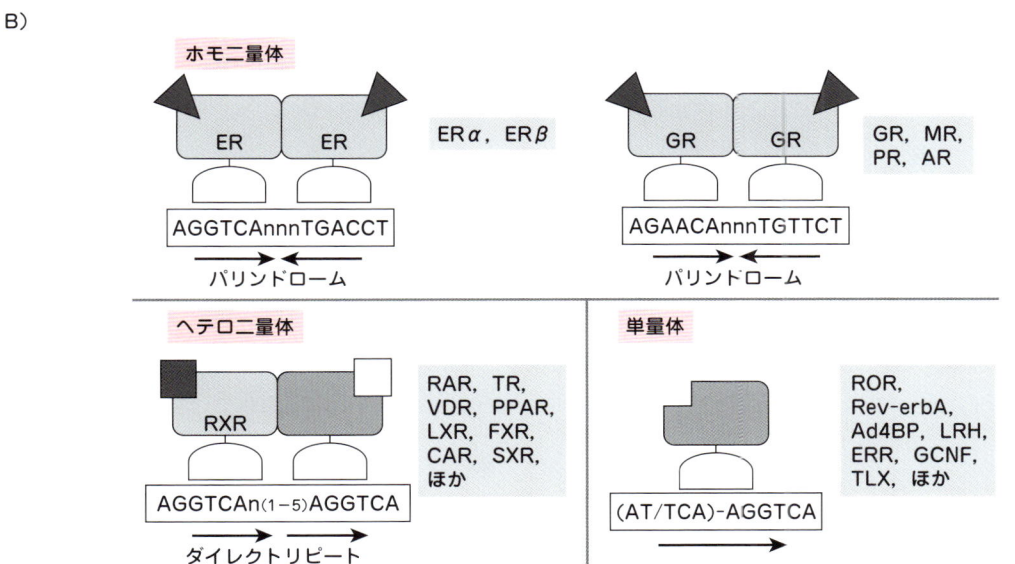

単量体
- ROR, Rev-erbA, Ad4BP, LRH, ERR, GCNF, TLX, ほか
  (AT/TCA)-AGGTCA

図1 核内受容体スーパーファミリーとそのリガンドならびにDNA結合様式

A）核内受容体の構造とリガンド．核内受容体はスーパーファミリーを形成し，ヒトでは48種類存在し，それぞれ類似したDNA結合ドメイン，リガンド結合ドメインなどのドメイン構造を有している．転写活性にかかわる領域としてはN末端側にAF1領域が，C末端側にAF2領域が主に知られている．核内受容体は，ホルモン，ビタミン，脂質などの内在性のリガンドを有するものとリガンド不明なオーファン核内受容体とに大別される．B）DNA結合様式による核内受容体の分類．ステロイド受容体はホモ二量体にて特異的なHREに結合する（上段）．非ステロイド受容体はRXRとヘテロ二量体を形成するもの（左下），およびホモ二量体を形成するもの（図示せず），または単量体にて応答配列に結合するもの（右下）に大別される

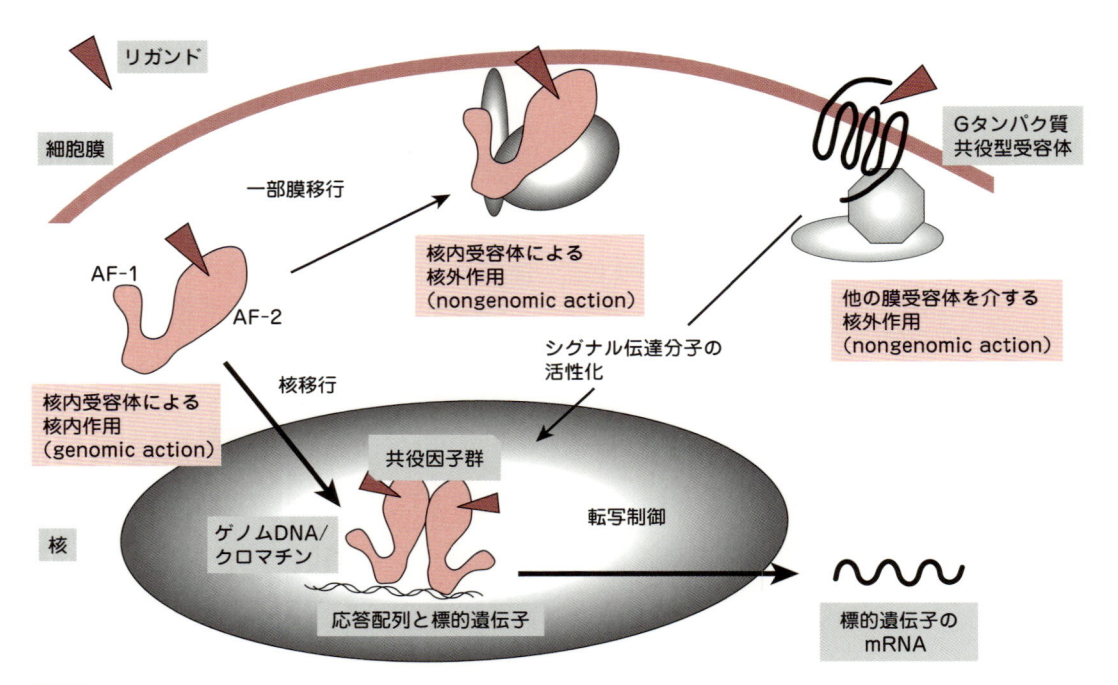

図2 核内受容体のシグナル経路

核内受容体のシグナル経路としては，核内においてリガンド依存性の転写因子として共役因子や調節因子とともに機能する古典的な genomic action が主な作用メカニズムである．さらに，細胞膜近傍における即時型の nongnomic action を介してシグナルを伝える可能性が示されている．このほかに核内受容体リガンドによる nongenomic action には，他の膜受容体を介するメカニズムも存在する

修飾の状況とあわせてこれら結合部位を俯瞰していくことによりゲノムワイドでの核内受容体標的シグナルの探索が可能となっている．

転写活性化に関しては，リガンドあるいは核内受容体自体の修飾（リン酸化やユビキチン化，SUMO化など），共役因子複合体が調節のカギを握っている．特に，多数存在する共役因子に関しては転写の活性化にかかわる共役因子（coactivator）と抑制にかかわる共役因子（corepressor）などが知られており，クロマチン修飾などを介して核内受容体機能を調節している．

2）核外作用（nongenomic action）

核内の受容体のリガンドによる刺激から，転写・翻訳の起こりえない数分以内に引き起こされる現象が知られている．この現象を説明するメカニズムとして，核外にも少量存在する受容体を介して即時型の反応を引き起こす nongenomic action が報告されている．血管内皮細胞においては，細胞質あるいは膜に存在する ER を介してリガンド依存性に PI3K/Akt の活性化が起こり，NO 産生の増加が示されている．乳がん細胞においても，エストロゲン刺激に伴う ERα の細胞膜移行や，刺激後数分以内の MAPK のリン酸化が報告された．一方で核内受容体リガンドの nongenomic action は，必ずしも対応する受容体を介するとは限らず，それらリガンドが，Gタンパク質共役型の膜受容体と結合することにより，細胞に作用をおよぼすメカニズムが，エストロゲンやプロゲステロンにおいて報告されている（図2）．

3．機能

核内受容体の機能としては，転写因子として働く古典的な機能と，それ以外の核外作用などの機能に大別される．ヒトで48種類ある核内受容体の個別の機能に関しては，時間空間的な発現部位もさまざまで，応答遺伝子の多様性も考えると大変幅広いものであることがわかる．それぞれの核内受容体に関してノックアウトマウスが作成されており，その表現型を知ることで，生理的な役割が想定できる．さらには，核内受容体やその共役因子の変異によるヒト疾患が知られており，ノックアウトマウスの結果と併せてみると各核内受容体の生体内での機能

がある程度は理解できる．例としてあげると，ERαのノックアウトマウスは，雌で子宮が低形成で不妊であり，雄でも不妊であった．一方，ヒトではERα欠損症の男性の患者が報告されており，骨端線閉鎖不全による高身長，骨量低下が知られている．このように，マウスとヒトでは同じ遺伝子の欠損でも顕著な表現型は異なることがある．一方で，ARのノックアウトマウスは，外性器が女性様で内性器は形成不全で不妊を呈する．ヒトのAR変異はその程度によりさまざまな段階の睾丸性女性化症候群（Testicular feminization syndrome）を呈しアンドロゲン不応症となり，似たような表現型となっている．また，核内受容体のリガンド，リガンド関連薬や核内受容体シグナルを調節する薬剤が多数開発されている．たとえば，エストロゲン自体がERに作用する薬として，ホルモン補充療法や避妊薬に使われており，一方でERの調節薬として，乳がん治療薬タモキシフェンや骨粗鬆症治療薬ラロキシフェンが使用されている．これら調節薬は，組織によってERに対して，アゴニストに働いたりアンタゴニストに働いたりするので，SERM（selective estrogen receptor modulator）とも呼ばれている．ARのアンタゴニストとして開発されたビカルタミドは前立腺がん治療薬として広く用いられている．このように核内受容体のリガンドあるいは調節薬は，細胞や動物レベルでの実験に用いられるとともに，治療薬や診断法として実際の臨床でヒトにも使用されその知見が蓄積している．しかしながら，さまざまな臓器，組織，細胞や発生段階，年齢，各種病態における核内受容体機能に関しては個別に解析していく必要があり，今後の研究の発展が期待される分野である．

参考文献

◆ Mangelsdorf, D. J. et al.：Cell, 83：835-839, 1995
◆ Mckenna, N. J. et al.：Mol. Endocrinol., 23：740-746, 2009
◆ Azuma, K. & Inoue, S.：BioMol. Concepts, in press, 2012

第2部

キーワード解説
生命現象からみた シグナル伝達因子

● 各項目の構成 ●

概論 さまざまな生命現象のシグナル伝達経路と因子（＝キーワード）の全体像を解説

イラストマップ シグナルネットワークの全体像の中の各キーワードの位置づけ・関連が一目瞭然

キーワード解説 重要情報を厳選してコンパクトに解説

- イントロダクション
- 分子構造
- 発現様式
- ノックアウトマウスの表現型
- 機能・疾病とのかかわり
- cDNA・抗体入手先
- データベース（EMBL/GenBank）

…など

第2部 キーワード解説　生命現象からみたシグナル伝達因子

1 細胞周期
cell cycle

渡邉信元

Keyword　❶サイクリンファミリー　❷CDKファミリー　❸KIP/CIPファミリー
❹INK4ファミリー　❺WEE1ファミリーキナーゼ　❻CDC25ファミリー

概論 Overview

1. 細胞周期とは

　細胞は，細胞が分裂する時期（mitosis：M期）と染色体DNAの複製を行う時期（synthesis：S期），およびこれらの準備を行う時期（S期に先立つG1期およびM期に先立つG2期）を繰り返し増殖する．この繰り返しが細胞周期である（イラストマップ）．分裂を止めた細胞はこの周期からはずれた位置（G0期）にあり，何らかの刺激により分裂を再開するときはG1期から細胞周期に入る．また生殖細胞ではG1期初期から減数分裂という特殊な分裂期に入り精子，卵子を形成する．

　この30年ほどの間に細胞周期進行制御研究は驚くべき進展をみせた．酵母から高等動物までさまざまな材料を利用した研究が，1つの大きな流れとして，細胞周期制御という種を超えた普遍性をもつ制御機構を解明していったのである．現在ではこの流れは，他の研究分野（たとえばタンパク質分解機構の解析）の流れとも合流し，さらに大きな流れとして生命現象を解明し続けている．

　本稿では，高等動物（特にヒト，マウス）を中心に細胞周期の進行に関与する因子群を解説することで，細胞周期研究の概要についてまとめた．

2　シグナルの流れ

　細胞周期制御は，周期進行に中心的役割をもつサイクリン/CDK複合体と呼ばれるリン酸化酵素と，その調節を行う因子群（CDK阻害タンパク質群，CDC25ファミリー，WEE1ファミリーなど）によって成されている．したがって，サイクリン/CDK複合体は細胞周期のエン

ジン，その他の調節因子群はアクセルあるいはブレーキに例えられることが多い．サイクリン/CDK複合体は複数種存在し，細胞周期の各時期でそれぞれ特定の基質をリン酸化することで細胞周期を進行させる．

　分裂を止めていた細胞が休止期（G0期）から増殖を開始するとき，まず**サイクリンD**（→Keyword❶）が細胞増殖刺激により発現誘導される．この経路にはRas，Mapキナーゼ経路が関与する．合成されたサイクリンDは，**CDK4, 6**（→Keyword❷）と複合体を形成し，レチノブラストーマ原因遺伝子（Rb）（第2部-5参照）およびその類縁タンパク質であるp130，p107をリン酸化する．Rbファミリータンパク質はリン酸化されることによって，それまで結合していたE2Fという転写因子を解放する．解放されたE2FはサイクリンE，Aやその他細胞増殖を促進する因子の転写を開始することで細胞周期開始のシグナルとなる．逆に増殖刺激がなくなるとサイクリンDはGSK-3βと呼ばれるリン酸化酵素によるリン酸化を介したユビキチン・プロテアソーム系によって分解され，増殖シグナルは停止する．

　サイクリンD/CDK4, 6複合体にはCDK阻害タンパク質である**KIP/CIPファミリー**（→Keyword❸）タンパク質が結合する．KIP/CIPファミリータンパク質はサイクリンE/CDK2にとってはCDK阻害タンパク質であるが，サイクリンD/CDK4, 6複合体にとっては活性型を安定化することに働く．したがってサイクリンD/CDK4, 6はKIP/CIPファミリータンパク質を結合しておくことで，サイクリンE/CDK2の活性化を補助しDNA合成期開始を促進するという，自身のリン酸化酵素活性

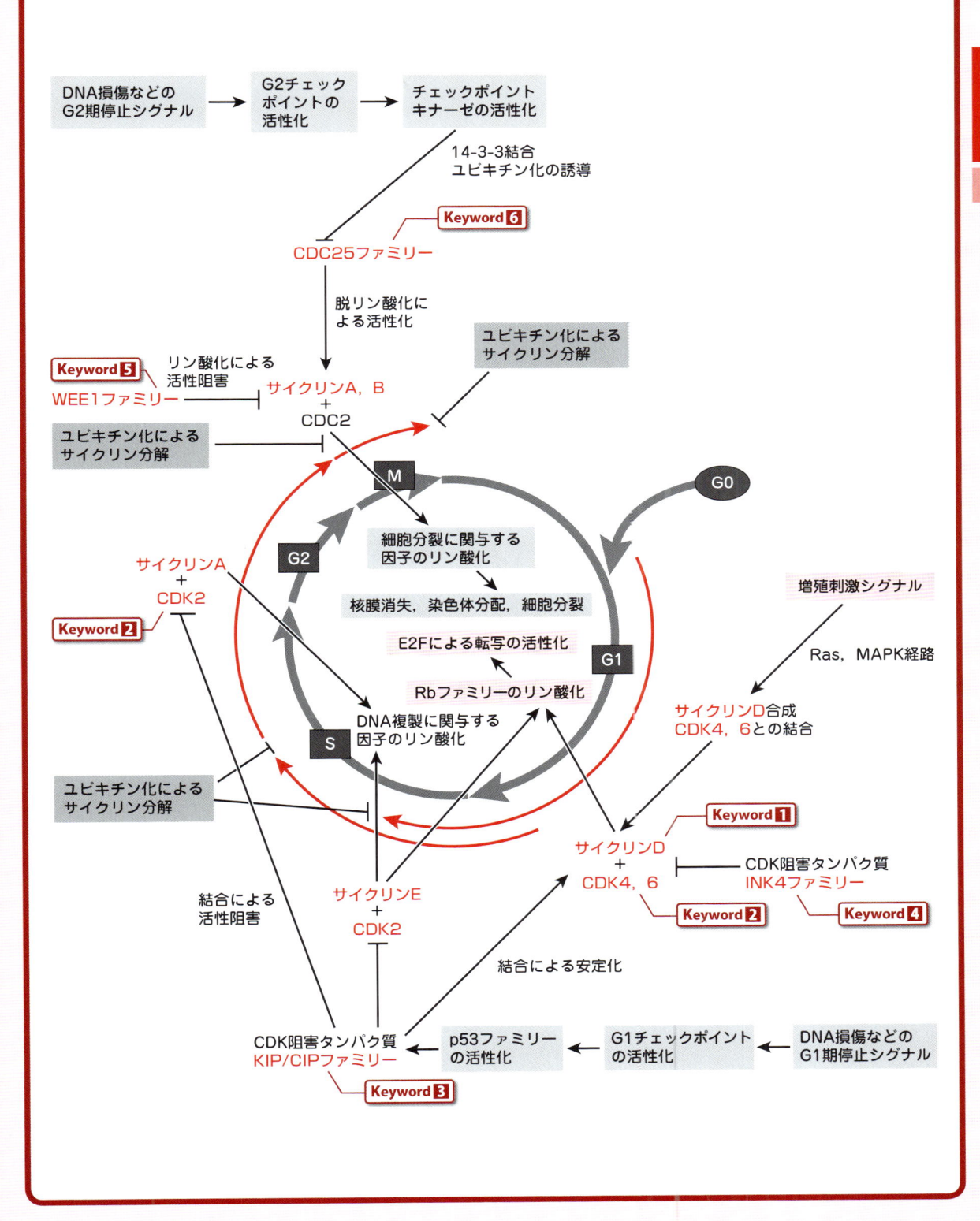

イラストマップ　細胞周期制御因子のシグナル伝達

DNA損傷などの G2期停止シグナル → G2チェックポイントの活性化 → チェックポイントキナーゼの活性化

14-3-3結合 ユビキチン化の誘導

Keyword 6
CDC25ファミリー

脱リン酸化による活性化

Keyword 5
WEE1ファミリー — リン酸化による活性阻害

サイクリンA, B + CDC2

ユビキチン化によるサイクリン分解

ユビキチン化によるサイクリン分解

細胞分裂に関与する因子のリン酸化

核膜消失，染色体分配，細胞分裂

M / G2 / S / G1 / G0

E2Fによる転写の活性化

Rbファミリーのリン酸化

DNA複製に関与する因子のリン酸化

サイクリンA + CDK2
Keyword 2

ユビキチン化によるサイクリン分解

サイクリンE + CDK2

結合による活性阻害

増殖刺激シグナル

Ras, MAPK経路

サイクリンD合成 CDK4, 6との結合

Keyword 1

サイクリンD + CDK4, 6
Keyword 2

CDK阻害タンパク質 INK4ファミリー
Keyword 4

結合による安定化

CDK阻害タンパク質 KIP/CIPファミリー
Keyword 3

p53ファミリーの活性化 ← G1チェックポイントの活性化 ← DNA損傷などのG1期停止シグナル

第2部　1　細胞周期

とは無関係な役割も有する．別のCDK阻害タンパク質であるINK4ファミリー（→Keyword 4）はCDK4, 6に結合することでサイクリンDがこれらのCDKに結合することを阻害する．INK4ファミリーの結合によるサイクリンD/CDK4, 6複合体の減少は遊離KIP/CIPファミリータンパク質を増加させることになり，INK4ファミリーはサイクリンE複合体を間接的に不活性化させる効果をもつ．

サイクリンEは細胞周期依存的に合成されCDK2と複合体を形成する．サイクリンE量はG1/S期に最大になり，サイクリンDではリン酸化されないRbのアミノ酸をリン酸化するほかに，DNA複製因子，中心体の複製に関与する因子，ヒストン生合成に関与する因子などをリン酸化する．サイクリンEは自己のリン酸化によりFBW7をF-boxタンパク質として含むSCF型ユビキチンリガーゼによって認識，ユビキチン化されプロテアソーム依存の分解を受ける．

S期からはサイクリンAが合成され，CDK2あるいはCDC2（CDK1）と複合体を形成し，DNA複製関連の因子群などをリン酸化する．

サイクリンBはS期後半から合成されCDC2と結合するが，その複合体はG2期まではWEE1ファミリーキナーゼ（→Keyword 5）によるリン酸化で不活性化されている．M期開始時に，このリン酸化はCDC25ファミリー（→Keyword 6）脱リン酸化酵素によって脱リン酸化され，サイクリンB/CDC2は活性化し細胞分裂に関与する因子をリン酸化する．細胞分裂期は分裂期に活性化するキナーゼ（第2部-2参照）の活性化が重要な役割をすることが明らかになっている．A, BタイプのサイクリンはM期にユビキチンリガーゼAPC（anaphase promoting complex）によりユビキチン化され分解される（第2部-10参照）．

3 臨床応用と今後の展望

がんが細胞周期の異常が引き起こす疾病の代表的なものである．実際，がん細胞あるいは良性腫瘍においても，上述の細胞周期に関与する因子の欠損あるいは過剰発現が頻繁に認められている．代表的な例としては，サイクリンD1の過剰発現，INK4ファミリータンパク質の欠損，Rbタンパク質の欠損，SKP2の過剰発現とp27の減少，FBW7の変異とサイクリンEの過剰発現などである．これらの表現型はすべてサイクリンE/CDK2の活性上昇につながるものであり，最近までは，サイクリンE/CDK2を阻害することががん治療に最も有効であると考えられてきた．しかし，最近，CDK2活性を阻害したがん細胞，あるいはサイクリンE, CDK2のノックアウト細胞の細胞周期がほぼ正常であることが報告された．これは，特定の分子の阻害が他の分子によって補われた典型的な例であり，CDK2を分子標的とした抗がん剤の開発方針に大きな影響を与えている（もっともCDK2欠損細胞ではがん化そのものに抵抗性があるようであり，CDK2を標的とする薬剤の新たな利用法も検討されている）．またp18^{INK4C}欠損とp27^{kip1}欠損が類似の表現型を示す例のように，違う作用点をもつ因子が間接的に同じ効果をもつ例も明らかになってきている．

細胞周期に関与する因子の作用点がさらに明確になることで，疾病ごとにどの細胞周期関連遺伝子の発現が異常になっているかを診断し，どの因子を標的にすることが効果的な治療となりうるかを論理的に予知していくことができるようになる時代も遠くないのかもしれない．

キーワード解説

Keyword 1 サイクリンファミリー

▶英文表記：cyclin family

1）イントロダクション

サイクリンは1983年，細胞周期に同期して合成・分解するタンパク質として海産動物類から発見された[1]．数年後，遺伝子が単離され，そのmRNA注入がカエル卵の卵成熟を引き起こすことが，当時未知であったMPF（卵成熟促進因子）との関連で注目を集めることになった．実際，サイクリン（B型）とサイクリン依存性キナーゼ（CDK）の複合体がMPFであることが明らかになったのは'88年のことである[2]．その後，サイクリンボックスという共通の配列をもつ類縁のタンパク質が見い出され，現在までに10種類以上が知られている．そのなかで高等動物の細胞周期における役割が明らかになっているものは，D，E，A，B，Hの5タイプ（さらにそれぞれのサブタイプが知られる）である．

2）分子構造・立体構造

サイクリンにはサイクリンボックスと呼ばれるCDKとの結合，基質の認識に必要な領域が存在する（**図1**）．またA，Bタイプサイクリンではデストラクションボックス（破壊ボックス）と呼ばれるユビキチン化依存分解に必要な領域がN末端側に存在する．サイクリンEにはC末端にPEST配列があり，そのなかのCDK2リン酸化部位はユビキチンリガーゼSCF^{FBW7}による認識およびユビキチン化依存分解に必要である．

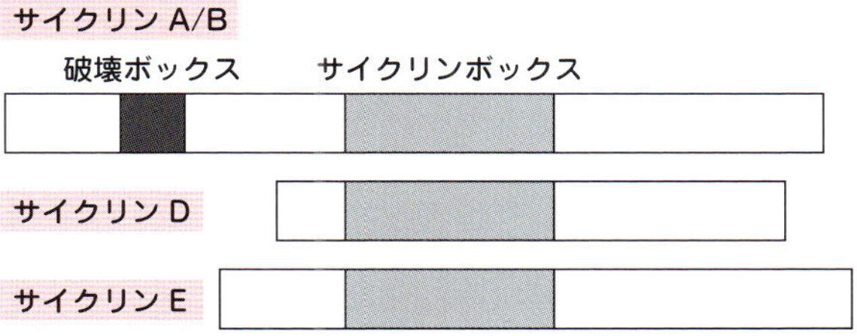

3）発現様式

細胞周期進行に重要なA，B，D，Eタイプのサイクリンは生体内では普遍的に発現する．しかし，各サブタイプに関しては，たとえば，サイクリンA1は生殖細胞に限って発現するがA2は他の組織全般に発現する，サイクリンB1は核，微小管，サイクリンB2はゴルジ体，小胞体に局在する，サイクリンD1，D2，D3は胚発生で同時期に発現するが発現部位がそれぞれ細かく限定されているなど発現場所の組織，部位特異性があり，サブタイプの「使い分け」がされている．

4）ノックアウトマウスの表現型

1）サイクリンD

D1：出生するが体が小さく，神経系の異常あり．網

図1 サイクリンファミリー

膜，乳腺に増殖阻害．なおこれらの異常はサイクリンEを発現することで回復する．

D2：精巣，卵巣に異常．雌は不妊．Bリンパ球の増殖異常．

D3：リンパ球の異常．

ダブルノックアウト：2種のDタイプサイクリンを同時に破壊した個体（1つのサブタイプのみ残す）も妊娠後期，あるいは出生直後までは生存する．どのDタイプサイクリンを残したかで表現型は異なるが，残したDタイプサイクリンは破壊したDタイプサイクリンが正常マウスで発現していた部位でも発現するようになり，その役割をもある程度相補する．すなわち正常マウスでのサイクリンDのサブタイプの「使い分け」はそれほど厳格ではないと考えられる．

2）サイクリンE

E1：異常はみつかっていない．

E2：精子形成の異常による雄の不妊．

ダブルノックアウト：E1，E2のダブルノックアウトマウスでは胎盤の異常のため胎生致死となるが，胎盤を補う処置をすれば出生する．ダブルノックアウトマウス由来の細胞による解析では，増殖期の細胞周期は正常だが，G0期からの細胞周期への進入の際は，MCM複合体が複製開始点に結合できず細胞増殖できない，がん化しにくい，といった異常が明らかになっている．

3）サイクリンA

A1：精子形成の異常（卵形成には影響しない）．

A2：胎生致死．

4）サイクリンB

B1：胎生致死．

B2：解析したかぎり正常．

5）疾病とのかかわり

サイクリンD1は甲状腺腫，サイクリンD2は卵巣腫に関連した遺伝子として（も）単離された．サイクリンEの分解を担うユビキチンリガーゼ（SCF^{FBW7}）の異常とそれに伴うサイクリンE量の亢進ががん細胞で認められている．

【抗体・cDNAの入手先】
各種サイクリンに対する抗体は多くの会社から多数販売されている．cDNAは参考文献の原著者に依頼することがよい．

【データベース（EMBL/GenBank）】
ヒト：NM_003914（A1），NM_001237（A2），
　　　NM_031966（B1），NM_004701（B2），
　　　NM_033670（B3），NM_053056（D1），
　　　NM_001759（D2），NM_001760（D3），
　　　NM_001238（E1），NM_057182（E1），
　　　NM_004702（E2），NM_057735（E2），
　　　NM_057749（E2），NM_001239（H）

マウス：NM_007628（A1），NM_009828（A2），
　　　NM_172301（B1），NM_007630（B2），
　　　NM_007631（D1），NM_009829（D2），
　　　NM_007632（D3），NM_007633（E1），
　　　NM_009830（E2），NM_023243（H）

Keyword

2 CDKファミリー

▶英文表記：cyclin dependent kinase family

1）イントロダクション

ヒトCDC2は，分裂酵母の細胞周期進行異常の変異（cell division cycle）の1つである*cdc2*変異を相補できるヒト遺伝子として単離された[3]．この発見は，細胞周期制御機構の種を超えた普遍性を明らかにした点で重要であった．さらに，細胞分裂期に中心的役割をもつMPFの本体がサイクリンBとCDC2の複合体であることが明らかにされ[2]，にわかに注目を集めることとなった．複合体内でCDC2はタンパク質リン酸化酵素活性サブユニット，サイクリンはその活性に必須な調節サブユニットである．その後，高等動物にはCDC2と類似の配列を有し，活性化サブユニットとしてサイクリンをもつタンパク質群が存在することが明らかになり，これらはCDK（cyclin dependent kinase，サイクリン依存性キナーゼ）と呼ばれるようになった．CDKには，CDK2，CDK4など発見順に番号がつけられている（CDC2がCDK1であ

るが，現在でも，CDC2と呼ばれることも多い）．なお，酵母ではサイクリンは複数存在するがCDKは1種類（出芽酵母ではCDC28）である．

高等動物で細胞周期進行に重要な役割が明らかになっているCDKは，サイクリンA，Bと結合するCDK1（CDC2）のほかには，サイクリンDと結合するCDK4，6，サイクリンE，Aと結合するCDK2およびサイクリンHと結合し他のサイクリン/CDK複合体の活性化を行うCDK7である．

2）分子構造・立体構造

CDKはいずれも，タンパク質リン酸化酵素活性ドメインのみからなる300アミノ酸程度の比較的小さいタンパク質である．その活性化にはサイクリンとの結合が必要であり，特にN末端寄りにあるPSTAIRE（CDK4ではPISTVRE，CDK6ではPLSTIRE）というアミノ酸配列と中央付近のTループと呼ばれるループ構造がサイクリンとの結合に重要である（図2）．さらにサイクリン/CDK複合体はCDK配列中のリン酸化によって活性が制御される．Tループ中のスレオニン（ヒトCDC2では161位）のCAK〔CDK活性化キナーゼ（CDK activating kinase），サイクリンHとCDK7の複合体〕によるリン酸化は活性に必須であり，WEE1ファミリーキナーゼによるN末端付近のATP結合領域のリン酸化（CDC2，CDK2では14，15位のスレオニンとチロシン）はCDKを不活性化状態に保つ役割をする．このリン酸化はCDC25によって脱リン酸化されCDKは活性化する（図3）．

3）ノックアウトマウスの表現型
1）CDK2

細胞分裂の進行，マウスの発生には異常はみつかっていない（サイクリンEと結合するCDKはCDK2のみであるにもかかわらず，ほとんどのサイクリンEノックアウトマウスでの異常はCDK2ノックアウトマウスでは認められない）．雌雄の生殖細胞の第一減数分裂前期で異常，不妊．

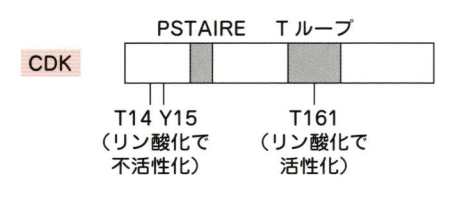

図2 CDKファミリー
数字はヒトCDK1（CDC2）

（図中ラベル：CDK, PSTAIRE, Tループ, T14 Y15（リン酸化で不活性化）, T161（リン酸化で活性化））

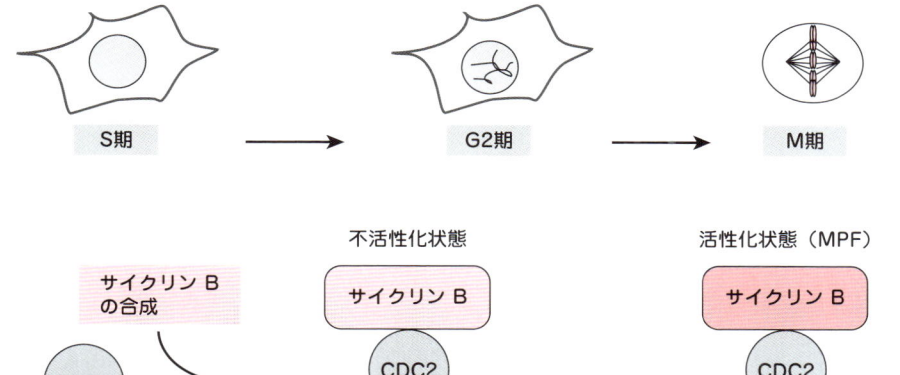

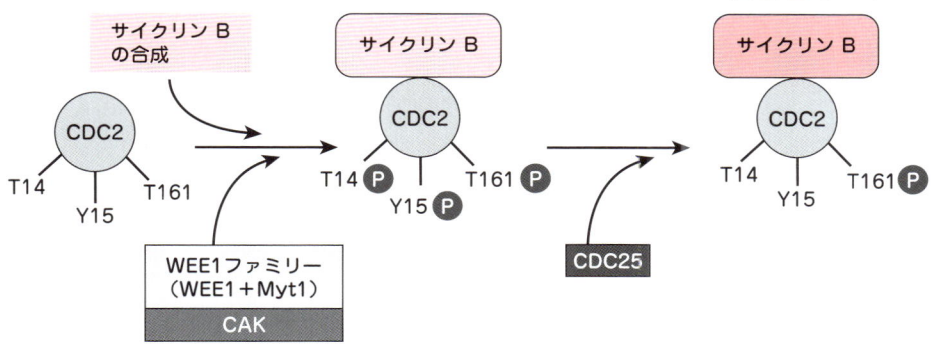

図3 M期開始時におけるCDC2の活性化

CDC2の活性化にはサイクリンとの結合，CAKによるリン酸化が必要である．細胞分裂の準備ができるまではCDC2はATP結合領域がWEE1ファミリーによってリン酸化され不活性化されている．このリン酸化はM期開始時にCDC25ファミリーによって脱リン酸化されてCDC2は活性化する

2) CDK4

体が小さく，雌雄ともに生殖腺の生育不全による不妊，インスリン欠乏による糖尿病が起こる．欠損細胞の増殖は正常だが，休止期から増殖期への移行が遅くなる．この遅延はp27^{Kip1}破壊によりいくらか改善されることからCDK4にはp27と結合することでp27によるサイクリンE/CDK2活性の阻害を阻止する役割が示唆された．

3) CDK5

中枢神経系の異常で出生前後に死亡．

4) CDK1

発生のきわめて初期に致死となる．

【抗体・cDNAの入手先】

各種CDKに対する抗体は多くの会社から多数販売されている．cDNAは参考文献の原著者に依頼することがよい．

【データベース（EMBL/GenBank）】

ヒト：NM_001786（CDC2），NM_001798（CDC2），
　　　NM_052827（CDC2），NM_000075（CDK4），
　　　NM_004935（CDK5），NM_001259（CDK6），
　　　NM_001799（CDK7）

マウス：NM_007659（CDC2），NM_183417（CDK2），
　　　　NM_016756（CDK2），NM_009870（CDK4），
　　　　NM_007668（CDK5），NM_009873（CDK6），
　　　　NM_009874（CDK7）

Keyword
3 KIP/CIPファミリー

▶英文表記：CDK inhibitory protein/CDK interacting protein family

1) イントロダクション

p21は，サイクリン/CDKと複合体を形成しCDK活性を阻害するタンパク質として，1993年に複数のグループにより単離された[4]．また，同時期に，がん抑制遺伝子p53により転写活性化される遺伝子として[5]，あるいは老化した正常細胞から老化に伴い発現が上昇する遺伝子としても，それぞれ別のグループにより独立に単離が報告された．p21のほかに，CIP1（cdk interacting protein 1），Waf1（wild-type p53-activated fragment 1），Sdi1（senescent cell derived inhibitor 1），CAP20（CDK2 associated protein）など別々の名前で

発表されたが，現在では，p21$^{Cip1/Waf1}$などと呼ばれることが多い．p21の発見の約1年後（'94年），TGF-βにより増殖を停止した細胞に存在するサイクリンE/CDK2活性を阻害する活性を有するタンパク質として解析が進められていたp27^{Kip1}（CDK inhibitory protein 1）の遺伝子が単離されp21と類似するタンパク質であることが明らかになった[6]．p27は別のグループによりサイクリンD/CDK4に結合するタンパク質としても同時期に単離されている．p57^{Kip2}はさらに1年後（'95年），p21類似遺伝子あるいはサイクリンD結合タンパク質として，2つのグループにより単離された[7]．なお，KIP/CIPファミリー中，p21だけはPCNA（proliferating cell nuclear antigen）というDNAポリメラーゼδのサブユニットにも結合し，その活性を阻害する．

2）分子構造・立体構造

KIP/CIPファミリーの3種（p21, p27, p57）はいずれもN末端側に互いに類似したCDK阻害に必要な領域をもつ（図4）．この領域はサイクリンとCDKにまたがるようにして結合することが結晶の解析から明らかになっている．p27とp57のC末端には，アミノ酸配列QTを中心とした短い類似した領域がありQTドメインと呼ばれる．このTはCDKによるリン酸化部位であり，そのリン酸化がSKP2による認識に必要であることが明らかになっている．p21のC末端はPCNAへの結合に必要である．p57にはこれらの共通ドメインのほかに，中央部に特徴的配列をもつ．マウスではプロリンリッチドメイン，酸性リピート（EPVEEQXXの繰り返し），ヒトではPAPAドメイン（プロリンアラニンの繰り返しに富んだ領域）である．

3）発現様式

p21の遺伝子の上流にはp53の結合配列があり，実際，p21の転写はDNA損傷などp53の活性化に依存し，p53による細胞周期停止のエフェクターとなっている．p27はTGF-βによる増殖停止を引き起こす因子として単離されたが，転写レベルではTGF-βの影響を受けない．一方，TGF-β刺激により，p53に依存しないp21の転写の増加が知られている．p57はヒト染色体11p15.5という領域に存在し，父親由来のアリルが不活性化されている（ゲノムインプリンティング）．

4）ノックアウトマウスの表現型

1）p21

正常に発生．がんの発生なども認められないが，G1

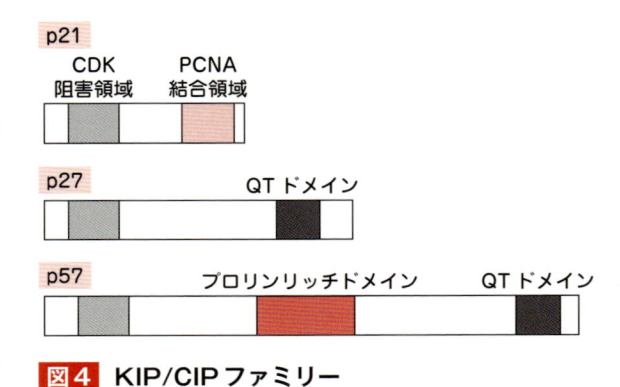

図4 KIP/CIPファミリー

期のチェックポイントに異常．またHCT116細胞での相同組換えではG2チェックポイントの異常が観察されている．

2）p27

体が大きい．胸腺，生殖器，副腎，網膜，下垂体で特に過形成が起こり，下垂体では腫瘍も発生．卵胞細胞，骨芽細胞，内耳などでの分化異常があり，雌は不妊となる．TGF-β処理による増殖停止は野生型同様に起こる．

3）p57

ノックアウトマウス（あるいは母親由来の欠損アリルをもつヘテロマウス）は，KIP/CIPファミリーのなかで最も強い表現型を示す．口，消化器，皮膚などに重篤な形態異常を呈し，出生前後に摂食・呼吸異常で死亡する．この結果からp57は11p15.5（ヒト）にマップされているBeckwith-Wiederman症候群の原因遺伝子と考えられたが，現在では他の原因遺伝子の存在も示唆されている．

【抗体・cDNAの入手先】
各種KIP/CIPに対する抗体は多くの会社から多数販売されている．cDNA参考文献の原著者に依頼することがよい．

【データベース（EMBL/GenBank）】
ヒト：NM_000389（p21），NM_078467（p21），
　　　NM_004046（p27），NM_000076（p57）
マウス：NM_007669（p21），NM_009875（p27），
　　　　NM_009876（p57）

Keyword
4 INK4ファミリー

▶英文表記：inhibitor of CDK4 family

1）イントロダクション

1993年末，CDK4に結合するタンパク質として148アミノ酸，約16kDaのタンパク質がツーハイブリッド法を用いて単離されp16^{INK4}（inhibitor of CDK4）と名づけられた[8]（別名：MTS1，CDK4I，CDKN2など）．p16^{INK4}細胞増殖停止能を有するが，これはRb遺伝子をもつ細胞に限られる．すなわちサイクリンD/CDK4，6によるRbのリン酸化のステップを阻害することで細胞増殖を阻害する因子である．翌年，p15^{INK4b}（別名：MTS2，p14）遺伝子がCDK4，6に結合能がありp16と弱い相同性をもつタンパク質として単離された[9]．この後，p18^{INK4c}，p19^{INK4d}がそれぞれCDK6，4に結合するタンパク質として相次いで単離された[10]．現在では，最初に単離されたp16^{INK4}はp16^{INK4a}と呼ばれる．

2）分子構造・立体構造

p16^{INK4a}，p15^{INK4b}は4つ，p18^{INK4c}，p19^{INK4d}は5つのアンキリンリピートと呼ばれる約30アミノ酸のモチーフを有する（図5）．ゲノム構造の解析から，4つのINK4遺伝子のエキソン，イントロンの境界は皆同じところにあることが明らかになっており，1つの先祖型から進化したものと推測されている．ヒト染色体ではp16^{INK4a}，p15^{INK4b}は9p21に隣り合って位置する．p19^{INK4d}は19p13.2にマップされている．p16^{INK4a}の遺伝子座にはp53のユビキチンリガーゼMDM2を阻害するARFが，重なってコードされていることが明らかになった．p16^{INK4a}とARFのORFはそれぞれ別のエキソンから開始し，共通のエキソン中の翻訳も別の読み枠になっている〔したがって，ARF（alternative reading frame）と命名された〕．ARFはヒトとマウスでC末端の位置が異なり，それぞれ132，169アミノ酸からなる．したがってそれぞれp14^{ARF}，p19^{ARF}とも呼ばれる．

3）発現様式

p16^{INK4a}，p15^{INK4b}の発現は細胞の老化とともに増大する．TGF-βによる増殖停止刺激2時間後に，p15^{INK4b}のmRNA発現が上がることから，p15^{INK4b}は増殖停止刺激のエフェクターと考えられている．p18，p19は分化後に発現が高まる傾向があり，KIP/CIPファミリーに比べ組織間での発現の相違が高い．

図5 INK4ファミリー

4）ノックアウトマウスの表現型

p16^{INK4a}に関しては，当初，p16^{INK4a}とp19^{ARF}の両方の遺伝子産物を破壊したマウスでの高頻度の発がんが認められた．その後，それぞれ単独の遺伝子産物を破壊したマウスでも発がんの発生が認められたが，両方の破壊マウスに比べその頻度が低下したことから，両者が加算的に発がん抑制に関与していることが明らかになった．p15^{INK4b}もp16^{INK4a}とともにがんで異常の多い染色体上9p21という場所にあるが，その破壊によるがんの発生は報告されていない．p18^{INK4c}の破壊はp27^{kip1}の破壊と類似した表現型を示す．このことはサイクリンD/CDK4，6へのp27^{kip1}の結合をp18^{INK4c}が調節することで説明されている．p19^{INK4d}の破壊は精巣の萎縮が認められるが不妊にはならない．

【抗体・cDNAの入手先】

各種INK4に対する抗体は多くの会社から多数販売されている．cDNAは参考文献の原著者に依頼することがよい．

【データベース（EMBL/GenBank）】

ヒト：NM_000077（p16），NM_058195（p14^{ARF}），NM_004936（p15），NM_001262（p18），NM_001300（p19）

マウス：NM_009877（p19^{ARF}），NM_007670（p15），NM_007671（p18），NM_009878（p19），L76150（p16）

Keyword
5 WEE1ファミリーキナーゼ

▶英文表記：WEE1 family kinase

1）イントロダクション

WEE1は，細胞が十分な大きさになる前に分裂してしまう変異として分裂酵母から単離された．その名はスコットランド語で「ちっぽけな」を意味する"wee"に由来する．遺伝学的な解析などから，分裂の準備ができ

表　高等動物WEE1の名称

	体細胞型	胚細胞型
ヒト・マウス	WEE1A	WEE1B
ツメガエル	WEE1B（またはWEE2）	WEE1A（またはWEE1）

現段階では，ヒト，マウスとカエルでは名称が逆である

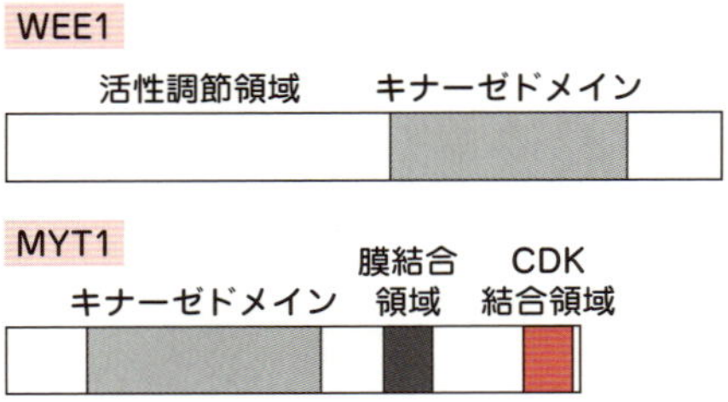

図6　WEE1ファミリー

るまでCDC2の活性を阻害しておく役割が予想されていた．実際，遺伝子産物はCDC2の15位のチロシン（Y15）をリン酸化し，CDC2を不活性化するチロシンキナーゼであった．WEE1の変異株では分裂の準備が十分でないのに分裂期に入ってしまうため，小さい細胞になる．致死にならないのは同じ活性を有するMik1が存在するためで，WEE1，Mik1の二重変異は致死となる．

ヒトWEE1は分裂酵母WEE1を相補する遺伝子断片として1991年にキナーゼドメインが単離され，数年後，全長が単離された[11]．ヒトなど高等動物のCDC2は，M期開始時までY15に加え14位のスレオニン（T14）もリン酸化されることで不活性化されている．にもかかわらず，ヒトWEE1にはT14をリン酸化する活性はない．これはT14をリン酸化する別の酵素の存在を意味するものであり，ほどなくツメガエルよりT14，Y15の両方をリン酸化できるWEE1と類似性の高い酵素MYT1が単離された．ヒトMYT1はT14をY15より効率よくリン酸化する．

最近になって，高等動物では2種のWEE1が発生段階依存的に発現することが明らかになった．すなわち最初に単離されていたヒトやマウスのWEE1（WEE1A）は体細胞型であり，発生のきわめて初期にだけWEE1Bが発現する（表）[12]．これとは逆にツメガエルから最初に単離されたWEE1は胚細胞型であり，最近，体細胞型も単離された．これらはみなY15のみをリン酸化する活性を有する．

2）分子構造・立体構造

WEE1A，WEE1BはN末端側に活性調節に関与すると考えられる領域，C末端側にリン酸化酵素の活性部位を有する（図6）．WEE1はM期に不活性化される．最近，ヒトWEE1AのN末端側が細胞分裂開始期にPlk1，CDC2によってリン酸化を受け，E3ユビキチンリガーゼの一種，SCF$^{\beta\text{-TrCP}}$でユビキチン化され分解を受けることがそのM期における不活性化機構として明らかになった[13]．胚細胞型ではリン酸化による不活性化が考えられているが，その機構の詳細は不明である．

Myt1はN末端側に活性部位を有する．そのC末端側には膜に結合すると考えられる疎水性アミノ酸に富んだ領域が存在する．この領域はWEE1ファミリーのなかでMyt1に特徴的なものである（Myt1の名はmembrane associated tyrosine-and threonine-specific CDC2 inhibitory kinaseに由来する）．さらにMyt1のC末端にはCDC2に結合する領域が存在し，サイクリンB/CDC2を細胞質の膜画分に留めておく役割をする．活性領域中にはAKT（PKB）によるリン酸化部位，C末端にはp90^{RSK}によるリン酸化部位が報告されており，どちらもMyt1活性を阻害する．

3）ノックアウトマウスの表現型

1）WEE1A
ホモノックアウトマウスは発生初期に致死である．

2）Myt1
ホモノックアウトマウスは出生直後に呼吸障害で死亡する．

【抗体・cDNAの入手先】
各種WEE1に対する抗体は多くの会社から多数販売されている．cDNAは参考文献の原著者に依頼することがよい．

【データベース（EMBL/GenBank）】
ヒト：NM_003390（WEE1A），AC004918（WEE1B染色体），AAD04726（WEE1Bタンパク質），NM_004203（Myt1）

マウス：NM_009516（WEE1A），NM_201370（WEE1B），NM_023058（Myt1）

Keyword

6 CDC25ファミリー

▶英文表記：cell division cycle 25 family

1) イントロダクション

分裂酵母のcdc25変異は制限温度でM期に入れない変異株である．遺伝学的解析から，WEE1の逆の作用をもつCDC2の活性化因子であることが予想されていた．ヒトCDC25は，cdc25変異を相補する遺伝子あるいはPCR，ハイブリダイゼーション法など類似遺伝子を単離する方法によって，1990〜'91年に複数のグループにより，酵母cdc25と相同性のある遺伝子として3種類（CDC25A，B，C）が単離された[14]．生化学的解析からWEE1ファミリーによるCDKの阻害的リン酸化部位（CDC2のT14，Y15）を脱リン酸化する脱リン酸化酵素であることが明らかになっている（図3）．細胞周期における発現時期から，CDC25AはG1/S期，CDC25B/CはG2/M期進行制御に関与していると考えられていたが，最近では，CDC25AもG2/M期の制御に関与しているという考えが一般的になってきている．特に，DNA損傷など細胞がG2期で停止するときには，Chk1などのチェックポイントで活性化する酵素によってCDC25Aがリン酸化され，ユビキチン化依存の分解を受けることが重要である（第1部-15参照）．

2) 分子構造・立体構造

C末端に脱リン酸化酵素活性ドメインをもち，この部分はA，B，C間での相同性も高い（図7）．N末端は活性を制御する領域と考えられている．最近，CDC25Aの76位のセリンが，DNA損傷などの刺激で活性化するChk1でリン酸化されることが，別のセリン（S82）のリン酸化を誘導し，さらにSCF$^{β-TrCP}$によるユビキチン化およびプロテアソーム依存の分解を引き起こすことが明らかにされた．CDC25Cの216位のセリンもChk1でリン酸化され14-3-3が結合し細胞質内に留められることでM期開始が遅延することも報告されている．

3) ノックアウトマウスの表現型

1) CDC25A

ノックアウトマウスは致死となる．ヘテロノックアウトマウスでも脊柱に異常が起きる．

2) CDC25B

マウスは正常に育つが雌は不妊となる．通常排卵時に起こる卵成熟が開始されないことが原因であり減数分裂前期で停止したままである．このような卵母細胞にCdc25B mRNAを注入すると卵成熟が起こることも確認されている．

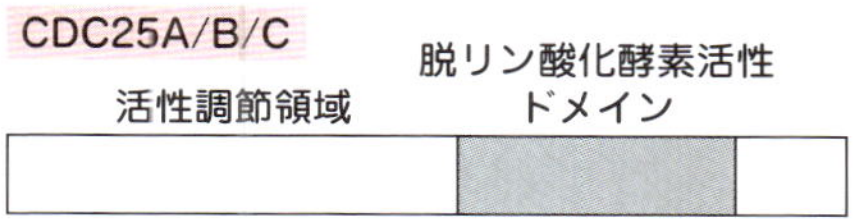

3) CDC25C

異常は認められていない．

【抗体・cDNAの入手先】

各種CDC25に対する抗体は多くの会社から多数販売されている．cDNAは参考文献の原著者に依頼することがよい．

【データベース（EMBL/GenBank）】

ヒト：NM_001789（CDC25A），NM_201567（CDC25A），
 NM_004358（CDC25B），NM_021872（CDC25B），
 NM_021873（CDC25B），NM_021874（CDC25B），
 NM_001790（CDC25C），NM_022809（CDC25C）

マウス：NM_007658（CDC25A），NM_023117（CDC25B），
 NM_009860（CDC25C）

図7 CDC25ファミリー

参考文献

1) Evans, T. et al.: Cell, 33: 389-396, 1983
2) Dunphy, W. G. et al.: Cell, 54: 423-431, 1988
3) Lee, M. G. & Nurse, P.: Nature, 327: 31-35, 1987
4) Harper, J. W. et al.: Cell, 75: 805-816, 1993
5) El-Deiry, W. S. et al.: Cell, 75: 817-825, 1993
6) Polyak, K. et al.: Cell, 78: 59-66, 1994
7) Matsuoka, S. et al.: Genes Dev., 9: 650-662, 1995
8) Serrano, M. et al.: Nature, 366: 704-707, 1993
9) Hannon, G. J. & Beach, D.: Nature, 371: 257-261, 1994
10) Hirai, H. et al.: Mol. Cell Biol., 15: 2672-2681, 1995
11) Watanabe, N. et al.: EMBO J., 14: 1878-1891, 1995
12) Nakanishi, M. et al.: Genes Cells, 5: 839-847, 2000
13) Watanabe, N. et al.: Proc. Natl. Acad. Sci. USA, 101: 4419-4424, 2004
14) Galaktionov, K. & Beach, D.: Cell, 67: 1181-1194, 1991

参考図書

◆『わかる細胞周期と癌（イラスト医学＆サイエンスシリーズ）』（田矢洋一/編），羊土社，2000
◆『細胞周期がわかる（わかる実験医学シリーズ）』（中山敬一/編），羊土社，2001
◆「細胞周期：サイクリンの発見から20年」（中山敬一/編），実験医学，20（4），羊土社，2002

第2部 キーワード解説　生命現象からみたシグナル伝達因子

2 細胞分裂
mitosis

國仲慎治，佐谷秀行

Keyword　❶サイクリンB/Cdk1　❷APC/C　❸MEN

概論

1. 細胞分裂の進行

　細胞分裂（mitosis）は1個の母細胞が2個の娘細胞に分裂するステップであり，細胞周期において最もダイナミックなフェーズである．分裂（M）期は，染色体の分離（chromosome segregation）とそれに続く細胞質の分裂（cytokinesis）から成るが，その開始から終了までの時間は細胞周期全体からみると非常に短く，酵母では約30分，哺乳動物では1時間前後であることが観察されている．哺乳動物細胞の細胞分裂は形態的特性にもとづき，前期（prophase），前中期（prometaphase），中期（metaphase），後期（anaphase），終期（telophase）の5段階に分類されている（イラストマップ）．前期は染色体の凝縮ではじまり，中心体成熟と紡錘体形成が進行する．核膜崩壊によって前中期に入り，細胞質内と核内の要素が混合され大きな生化学的変化が生じる．前中期には染色体と紡錘糸の連結が生じ，染色体を紡錘体の両極の中間にある赤道面（metaphase plate）に整列させるための作業が行われる．このとき染色体に数や構造の異常，さらに染色体の中央部に存在する動原体（kinetochore）と紡錘糸の結合が正常に行われるまでは染色体の分離は決して起こらぬよう監視する機構が発動し，紡錘体チェックポイントと呼ばれている．中期とは，染色体が赤道面に整列したときをいい，染色分体が分離して細胞の両極に引かれていく時期を後期と定義している．終期には，分離した娘染色体が双方の紡錘極に到着し，核膜再形成と染色体脱凝縮，細胞質分裂が順次進行し，分裂期は終わる．

2. 細胞分裂を制御する分子

　分裂期にはほとんどの遺伝子の転写は抑制されていることから，新たに生成されたタンパク質がそのプロセスに動員されることは少なく，染色体凝縮にはじまり細胞質分裂に終わるダイナミックな作業は，主に分裂期までに合成されたタンパク質のリン酸化と分解という2種類の生化学反応によって行われている．

　細胞分裂を引き起こすタンパク質リン酸化は「分裂期キナーゼ」と呼ばれる一群のセリン/スレオニンキナーゼにより遂行され，そのなかでもサイクリンBにより活性化されるCdk（cyclin-dependent kinase）は中心的な役割を果たす（第2部-1参照）．サイクリンBはその発現量が増加しはじめるG2期は細胞質に存在し，活性化複合体は分裂前期の後半に突然核内に移行し，前中期の指標となる核膜崩壊を引き起こす．このように前期から染色体の娘細胞への分配が準備される中期まで**サイクリンB/Cdk1**（→Keyword❶）複合体は活性を保ち，その正確な進行を制御している．

　サイクリンB/Cdk1複合体の活性化からなる分裂期の開始（mitotic entry）に対して，分裂期からの脱出（mitotic exit）は，**APC/C（anaphase promoting complex/cyclosome）**（→Keyword❷）によるサイクリンBとセキュリンの分解と共にはじまる．APC/Cは分裂期制御のもう1つの要であるタンパク質分解に働き，その名前が示すように後期の進行を促進してmitotic exitに重要な役割を果たしている．セキュリンの分解は，中期において姉妹染色体同士を接着させているコヒーシン複合体の分解プロテアーゼ，セパレースを活性化させる

イラストマップ　細胞分裂とその制御分子

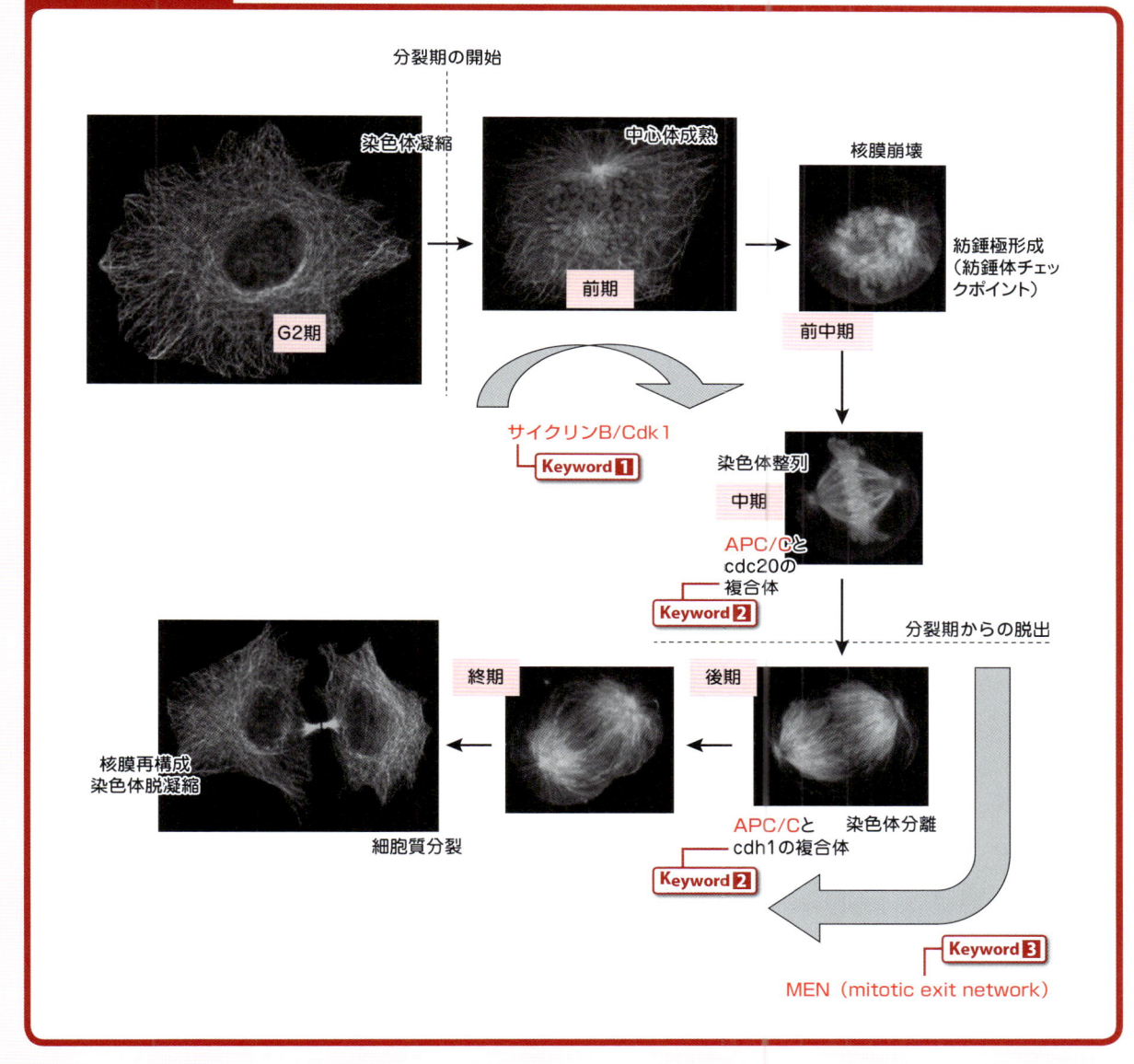

分裂期の開始

G2期 → 前期（染色体凝縮、中心体成熟）→ 前中期（核膜崩壊、紡錘極形成（紡錘体チェックポイント））→ 中期（染色体整列）

サイクリンB/Cdk1　Keyword1

APC/Cとcdc20の複合体　Keyword2

分裂期からの脱出

後期（染色体分離）→ 終期 → 細胞質分裂（核膜再構成、染色体脱凝縮）

APC/Cとcdh1の複合体　Keyword2

MEN（mitotic exit network）　Keyword3

ことで後期進行に働く．一方，中期よりはじまるサイクリンBの分解はCdk1シグナルを停止させるが，正常なmitotic exitにはmitotic entryでのリン酸化基質を定常状態に戻すホスファターゼの活性化も重要であることが明らかになっている．出芽酵母においてはMEN（mitotic exit network）（→Keyword3）というシグナル伝達系により活性化されるCdc14ホスファターゼがその役割を果たすが，哺乳動物細胞においてはPP2A-B55ホスファターゼが働くことが明らかになった．MEN経路の個々の分子は哺乳動物細胞まで高度に保存されており，それらの意義に関しては不明な点が多いものの，最近の研究ではmitotic entry，すなわちG2/M期チェックポイント機構への関与が示唆されている．

ほかにも正常な分裂期進行のために，紡錘体チェックポイントなどの機構が存在するが，誌面に限りがあることから，ここでは分裂期進行におけるタンパク質のリン酸化/脱リン酸化と分解の制御に重要な役割を果たす分子を中心に解説する．

キーワード解説

Keyword 1 サイクリンB/Cdk1（サイクリンB/Cdc2）

▶英文表記：Cyclin B/cyclin-dependent kinase1

1）イントロダクション

1969年，増井禎夫らがツメガエル未成熟卵母細胞において，プロゲステロンの非存在下でも減数分裂を引き起こす卵成熟促進因子（maturation-promoting factor：MPF）を発見した．これは発見当初から70年代にかけて大きな注目を集めることはなかったが，80年代後半にカエル卵母細胞だけではなく動物細胞の細胞分裂時にMPF活性が認められることなどの新知見が得られたことから俄然着目されはじめた．そしてLeland HartwellやPaul Nurseらの酵母遺伝学，Tim Huntらによるウニ卵を用いた分子生物学の発展により，MPFの実体がサイクリンB/Cdk1の活性複合体であることが明らかとなった．現在では サイクリンB/Cdk1複合体は脊椎動物細胞における分裂期開始の主要な制御因子であることがわかっている．

2）構造と発現様式

脊椎動物細胞のサイクリンBは，サイクリンB1とサイクリンB2の2種類が存在する．サイクリンB1は上述の如くG2期から分裂期にかけて細胞内局在が変化するが，サイクリンB2は両時期を通じてゴルジ体膜に局在している．各々のノックアウトマウスの表現型（後述）からB1の方が重要であると考えられており，サイクリンBといえばB1を指し研究も進んでいる（本稿でもサイクリンB1をサイクリンBとして記述している）．サイクリンBの転写はNF-Y，FoxM1，B-Mybなどの転写因子により誘導されてS期からはじまりG2期には最大となる．また，それら転写因子の活性化にはサイクリンA/Cdk2によるリン酸化が必要なことがわかっている．

Cdk1は11のメンバーから成るCdkファミリーの一員である（第2部-1参照）．Cdkファミリーはセリン/スレオニンキナーゼ触媒中心をもち，その酵素活性に調節サブユニットであるサイクリンの結合を必要とする（Cdk1の場合，サイクリンB1，B2だけではなくサイクリンA1，A2，サイクリンEとも結合して活性化できる）．また完全な活性化のためにT-ループに存在する活性リン酸化部位（Thr161）のリン酸化と阻害的リン酸化部位（Thr14，Tyr15）の脱リン酸化を必要とする．

3）ノックアウトマウスの表現型

サイクリンB1：胎生10日齢までに胎生致死．正確な致死時期および原因は不明[1]．

サイクリンB2：正常に発生し，異常を認めない．妊孕性もあり[1]．

Cdk1：受精卵は分裂できず胎生2.5日齢までに胎生致死[2]．

4）機能・疾患とのかかわり

サイクリンB/Cdk1複合体はmitotic entryの過程で生じるさまざまなイベント，染色体凝縮，核膜崩壊，紡錘体形成などに重要な役割を果たしている．その多彩な機能を反映して，哺乳動物細胞では基質として70個以上のタンパク質が同定されている．また分裂前中期よりAPC/C^{cdc20}をリン酸化して活性化させることで，mitotic exitの開始にも重要な役割を果たしている．

生体の恒常性維持機構の1つとして，さまざまな外部刺激や複製異常で損傷した染色体が娘細胞に分配されるのを防ぐためにG2/M期チェックポイントが存在する（図1）．哺乳動物細胞におけるこのチェックポイントの標的はサイクリンB/Cdk1複合体であり，損傷が修復され正確な複製が行われたことが確認されると，チェックポイントによるサイクリンB/Cdk1複合体の活性阻害は解除され細胞分裂が開始する．G2/M期チェックポイント制御タンパク質の多くががんにおいて異常を呈していることから，サイクリンB/Cdk1複合体の適切な制御は，がんの悪性化やその特徴ともいえる染色体異常の阻止に重要な役割を果たしていると考えられている．

また実際のがんにおいてもサイクリンBの重要性が明らかになっている．最近の研究よりサイクリンBタンパク質量が，多くのがんに臨床応用されている微小管作用薬（ビンカアルカロイド系，タキサン系）の感受性を決定する重要な指標となる可能性が指摘された[3]．すなわち微小管作用薬で処理した後にサイクリンBタンパク質量が高く維持されているがん細胞ほどアポトーシスを起こしやすいことがわかってきた．これはサイクリンBタンパク質量を制御するユビキチン・プロテアソーム系（2 APC/C参照）に修飾を加えることで微小管作用薬の感受性を改善できる可能性を示しており，今後研究の進展が期待される．

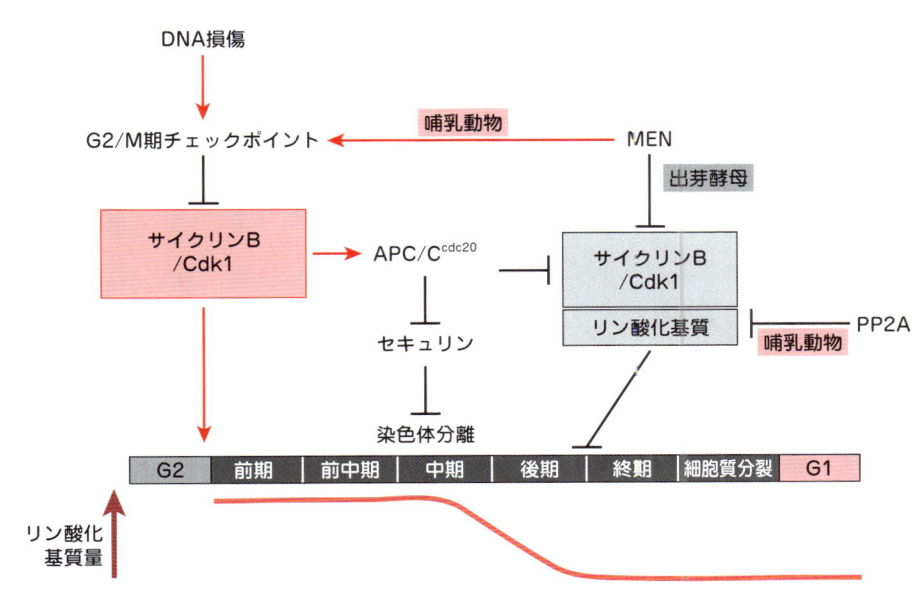

図1　サイクリンB/Cdk1活性と脱リン酸化による分裂期進行制御

サイクリンB/Cdk1活性は分裂期前半のイベントを制御するほかにAPC/C^{cdc20}を活性化させ中期から生ずる染色体分離をも誘導する．中期以降，サイクリンBはAPC/Cにより分解を受けCdk1活性は消失する．一方，分裂期前半に生じたリン酸化基質はMEN（Cdc14）またはPP2Aにより脱リン酸化されることで正常に細胞分裂が進行する（詳細は本文参照）図中，⬅ は活性化，⊢ は抑制を表す

【抗体・cDNAの入手先】

＜抗体＞

Cyclin B1：サンタクルズ社，sc-245

Cdk1：アブカム社，A17

＜cDNA＞

Cyclin B1：製品評価技術基盤機構バイオテクノロジーセンター生物資源課（NBRC），FLJ81791AAAF・FLJ81791AAAN

Cdk1：addgene社，Plasmid27652

【データーベース（EMBL/GenBank）】

ヒト：NP_114172（Cyclin B1），NP_001777（Cdk1）

マウス：AAH80202（Cyclin B1），NP_031685（Cdk1）

Keyword
2　APC/C

▶英文表記：anaphase-promoting complex/cyclosome

1）イントロダクション

細胞周期が逆戻りすることなく一方向に進行するために，不可逆的なタンパク質分解は理にかなったシステムといえる．さまざまな細胞周期制御タンパク質は，分解されるべき時期がくるとユビキチンが付加され，これを26Sプロテアソームと呼ばれる巨大なタンパク質分解複合体が標的と認識し，ATP依存的に速やかに分解が行われる（第2部-10参照）．標的タンパク質は細胞周期の時期に応じて特異的に分解されるが，その基質選択性はユビキチンリガーゼE3によって規定されている．細胞周期制御因子のユビキチン化には，SCF（Skp1-Cul1/Cdc53-F-box protein）とAPC/C（anaphase-promoting complex/cyclosome）の2つのE3複合体が大きな役割を果たしていることが知られている．SCFは主としてG1期後半からG2期にかけて，そしてAPC/Cは分裂期からG1期にかけて標的タンパク質をユビキチン化していると考えられている（図2）が，最近の報告では互いにその働きは細胞周期を通じて絡み合い，完全に分担してタンパク質の分解を行っているわけではないことが明らかになってきた．

2）構造と発現様式

APC/Cは15〜17個のサブユニットタンパク質よって構成され，1.5 MDaにも達する巨大な複合体で，タンパク質を分解するユビキチン・プロテアソーム系のユビキチンリガーゼE3の一種である．APC/Cは間期には核

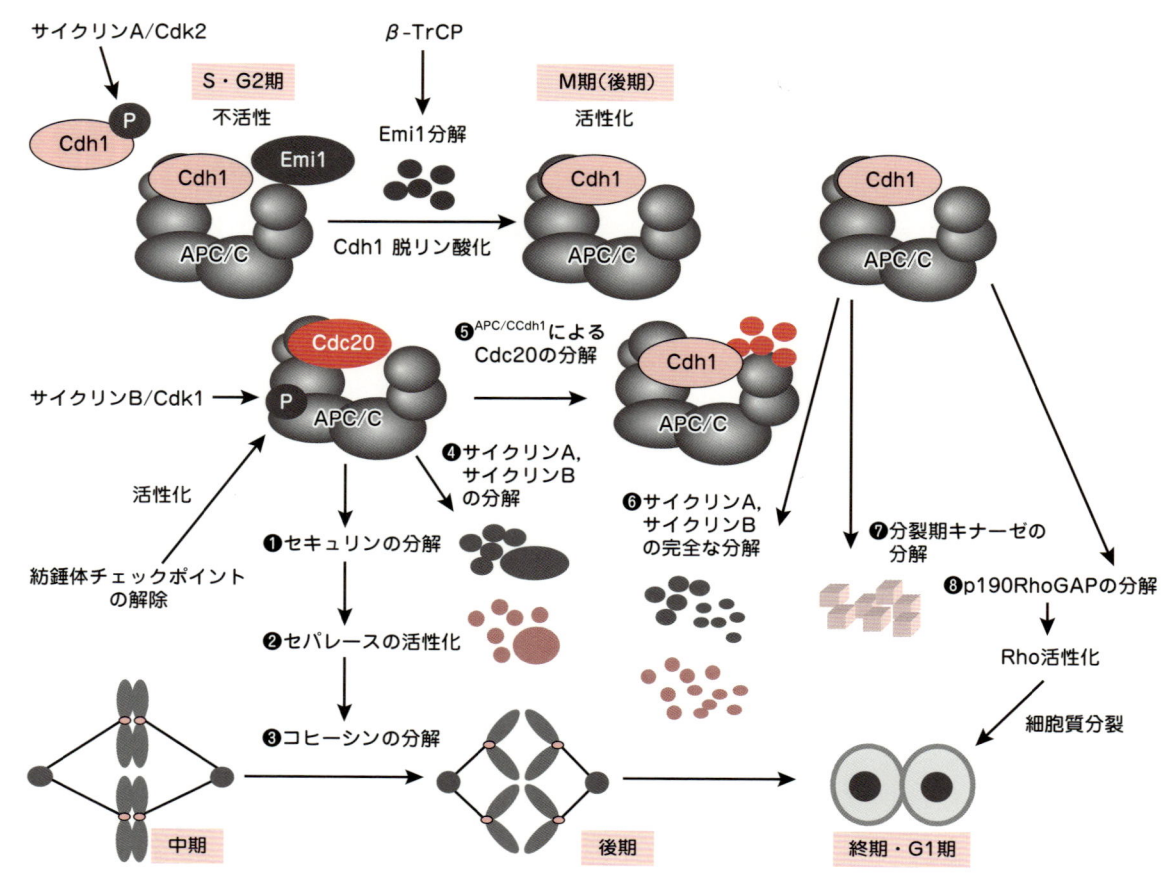

図2　APC/CによるM期後半の進行制御

APC/C^{cdc20}の活性化にはサイクリンB/Cdk1活性（APC/Cリン酸化）を必要とするため，その活性化時期はM期に限られる．しかし活性化にサイクリンB/Cdk1を必要としないAPC/C^{cdh1}は，S・G2期に不用意に活性化しないようにサイクリンA/Cdk2によるリン酸化ならびに阻害因子Emi1の結合により負に制御されている．M期に入り，すべての動原体と紡錘糸の結合が終了すると紡錘体チェックポイントが解除されAPC/C^{cdc20}の活性化が起こる．その後，セキュリンの分解を経て姉妹染色体が分離する（❶〜❸）．またサイクリンA，サイクリンBが分解される（❹）とAPC/C^{cdh1}が活性化し，Cdc20を分解する（❺）ことで活性化因子がCdc20からCdh1へシフトする．そしてさまざまな基質タンパクの分解（❻〜❽）により終期，細胞質分裂などを経て新たなG1期へと進む

内に存在するが，細胞分裂期には細胞質に拡散して一部が紡錘体装置と結合していることが知られている．

またAPC/Cの構成分子の多くは真核細胞において高度に保存されており，出芽酵母APC/Cの詳細な立体構造解析より，その形づくりの全容が明らかになりつつある．APC/C全体は弓状（アーク）の構造をしており，TPR（tetratricopeptide repeat）サブユニット複合体（Cdc16，Cdc23，Cdc27）がプラットホームであるApc1，4，5複合体に覆い被さるようにして弓の上下端を構成し，プラットホームの開放端にCullin（Apc2），RING（Apc11）タンパク質より成るリガーゼ活性複合体が結合している．さらにTPRサブユニット複合体には基質との結合に機能するDoc1（Apc10）とAPC/Cの活性化と基質認識に関与するコアクチベーターであるCdc20またはCdh1が結合している．in vitroにおいてはAPC/C自身も二量体として存在するものがあって単量体に比べユビキチン付加能力の高いことが知られており，二量体による構造変化が活性に影響を与えていると考えられているが，in vivoでの存在の有無なども含め，不明な点が多い．

APC/Cの時期特異的な活性化に重要な役割を果たしているCdc20，Cdh1はそのC端にタンパク質間相互作

用に関与するWD-40ドメインが7回繰り返してプロペラ様構造を呈している領域があり，ここで基質となるタンパク質を認識する．APC/Cによりユビキチン化される基質にはD（destruction）box，KEN boxと呼ばれる特異的なアミノ酸配列が存在し，同部位がCdc20/Cdh1とDoc1（Apc10）の両者により挟み込まれるようにして認識されると考えられている．

3）ノックアウトマウスの表現型

酵母を用いた解析からAPC/Cは増殖に必須の分子と考えられており，胎生致死を避けるためにいくつかのAPC/C構成分子に対してコンディショナルノックアウトマウスが作成されている．またGene-Trap（GT）を用いた遺伝子改変マウスの解析も報告されている．

APC2：コンベンショナルノックアウトでは胎生6.5日齢までに胎生致死．成体肝細胞特異的にノックアウトすると，静止期を逸脱して細胞周期に再突入し，肝機能不全を示す[4]．

Cdc20：GTマウスでは受精卵2細胞期で増殖が停止して，胎生致死[5]．

Cdh1：GTマウスでは胎生10〜12日齢に胎盤機能不全で胎生致死[6]．四倍体凝集法で胎生致死を回避した胎児では低分子GタンパクRhoの重要なエフェクターであるROCK（Rho-associated kinase）ノックアウトマウスと類似した表現型（胎盤血栓，眼瞼閉鎖遅延）を呈する[6]．

4）機能・疾患とのかかわり

APC/CはM期からG1期にかけてサイクリンA，サイクリンBなど分裂期サイクリンをはじめ，Polo関連キナーゼやAuroraキナーゼなどの分裂期キナーゼ，染色体分離に関与するセキュリンなどのタンパク質分解を制御することで分裂期進行に深く関与している（図2）．

上述したようにAPC/Cは分裂中期からのmitotic exitに必須であるが，その開始にあたり紡錘体チェックポイントで活性を制御されている．それ以外にもリン酸化や阻害分子の結合などによりその活性は細胞周期を通して制御されていることが知られている．分裂前中期のAPC/CコアクチベーターはCdc20であるが，その結合にはサイクリンB/Cdk1複合体によるAPC/Cのリン酸化が必須であることがわかっている．逆にもう一方のコアクチベーターであるCdh1はサイクリンB/Cdk1複合体によるリン酸化を受けることで，分裂期前半のAPC/Cとの結合が阻害されている．分裂期が進行して活性化APC/C^{cdc20}（APC/Cとcdc20の複合体）によるサイクリンB分解が進む後期となるとCdh1の抑制的リン酸化が解除されて，コアクチベーターがCdc20からCdh1へと交代される．Cdh1はG1期にAPC/Cを活性化することで分裂期サイクリンや分裂期キナーゼのG1期での発現を抑制して，次にくるS期への準備を可能にしている．またAPC/CがS，G2期に不用意に活性化しないように，Cdh1とAPC/Cの結合はサイクリンA/Cdk2によるCdh1自身のリン酸化とE2Fにより発現誘導される阻害分子Emi1により制御されている．実際，Emi1不活化によりAPC/C^{cdh1}が活性化してしまうと分裂期進入が阻害され，DNA複製を繰り返すことで多倍体細胞となることが報告されている[7]．またCdh1の不活化した細胞は分裂期サイクリンの発現が残存することでG1期の短縮が起こるが，Cdh1自身は細胞増殖に必須の分子ではなく，細胞周期進行以外の役割があることが指摘されていた．実際Cdh1 GTマウスを用いた解析により，Cdh1がRhoGAP（GTPase-activating protein）のp190を基質としてRho活性を制御し，細胞骨格や細胞移動に関与していることが最近報告されている[6]．

一方，Cdc20は細胞増殖に必須の分子であり，多くの細胞でCdc20を不活化すると細胞分裂が停止し最終的には細胞死に陥る．これは正常細胞だけではなくがん細胞においても同様でCdc20は新しいがん治療薬の標的になるのではないかと期待されている[8]．

【抗体・cDNA の入手先】

＜抗体＞
  Cdh1：アブカム社，DH01
  Cdc20：サンタクルズ社，sc-8358

＜cDNA＞
  Cdh1：addgene社，Plasmid11595，11596
  Cdc20：addgene社，Plasmid11593，11594

【データーベース（EMBL/GenBank）】

ヒト：AAP36905（Cdc20），AAF20266（Cdh1）
マウス：NP_075712（Cdc20），NP_062731（Cdh1）

Keyword

3 MEN

▶英文表記：mitotic exit network

1) イントロダクション

　MENは出芽酵母において見い出されたシグナル伝達系であり，上流の低分子量GタンパクTemからDbf2キナーゼなどを介してCdc14ホスファターゼを活性化させることで，Cdh1を含むmitotic exitに必要な基質の脱リン酸化を行っている（図3）．MENの構成分子であるDbf2キナーゼとその活性化因子Mob1やCdc14ホスファターゼ，Cdh1などは哺乳動物細胞まで高度に保存されている．しかしDbf2の哺乳類相同キナーゼに当たるLATS1/WARTSは個体のサイズ制御に重要な役割を果たすHippoシグナル（第1部-16参照）の構成分子であり，その下流の基質としてCdc14ホスファターゼが存在することは証明されていない．またHippoシグナルは細胞周期G1/S期停止と細胞死誘導によりサイズ制御を行っていると考えられており，Hippoシグナルとの関連も含め哺乳動物細胞におけるMENの意義は不明な点が多かった．しかし酵母におけるMENをmitotic exitでのCdkの抑制機構と捉えると，哺乳動物細胞ではMENシグナルを分裂期の出口（exit）ではなく入口（entry）のCdk1抑制に用いていることが最近の研究成果から明らかになってきた．

2) ノックアウト細胞の表現型

　Cdh1（DT40細胞の場合）：DNAダメージ（X線照射によるDNA二重鎖損傷）を与えるとG2/M期チェックポイント不全により，細胞はG2期に停止せず分裂期へと突入してしまう[9]．

3) 機能・疾患とのかかわり

　出芽酵母Cdc14ホスファターゼの哺乳類パラログとしてCdc14AとCdc14Bの2つのタンパク質が存在する．細胞内においてCdc14Aは中心体に局在し，Cdc14Bは酵母Cdc14同様に核小体に局在する．哺乳動物細胞においてG2期にX線やドキソルビシンなどのDNA二重鎖損傷を与えると，Cdc14Bは核小体から核質内に拡散してCdh1を脱リン酸化することでAPC/C^{Cdh1}を活性化させることがわかった．さらに活性化APC/C^{Cdh1}はPolo関連キナーゼ（PLK1）を分解してChk1の活性化ならびにWee1キナーゼ抑制などのG2/M期チェックポイントを発動させ，細胞の分裂期への進入を阻止していることが明らかになった[10]．この核小体から核質への移動とCdh1の活性化は分裂期後半での酵母MENと同様な流れであるが，哺乳動物細胞ではサイクリンB/Cdk1複合体抑制機構として酵母と異なる役割をMENに与えているようである．

　疾患とのかかわりとしては，Cdc14BとCdh1の発現が低下した神経膠腫患者の予後は，発現が保たれているものに比べて不良であることが示されている[10]．またCdh1ヘテロノックアウトマウスが染色体異常を伴う上皮性がんを好発することや[11]，上述したCdh1ノックアウトDT40細胞の解析結果などから，高等生物のMENはG2/M期チェックポイント制御を介して染色体恒常性を保つことでがん抑制に働くと考えられている．

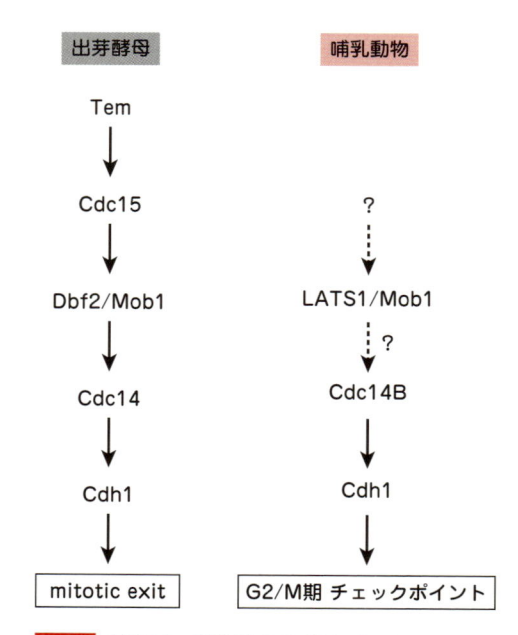

図3 酵母と哺乳動物細胞におけるMENの違い

出芽酵母においてCdc14ホスファターゼは分裂期前半まで核小体内に不活性型として局在している．しかし分裂期後半になると低分子GタンパクTemからのシグナルを介してDbf2キナーゼによりリン酸化されたCdc14は核質内へ移行して活性化し，Cdh1などの脱リン酸化を行うことでmitotic exitを制御する．一方，哺乳動物においてもLATS1以下の分子は高度に保存されているものの，酵母とは異なりmitotic entryのG2/M期チェックポイントに機能していることがわかってきた

出芽酵母： Tem → Cdc15 → Dbf2/Mob1 → Cdc14 → Cdh1 → mitotic exit

哺乳動物： ? ⇢ LATS1/Mob1 ⇢ ? → Cdc14B → Cdh1 → G2/M期 チェックポイント

【cDNA の入手先】

Cdc14B：NBRP，FLJ44424AAAF・FLJ44424AAAN

【データーベース (EMBL/GenBank)】

ヒト：NP_003663（Cdc14A），NP_003662（Cdc14B）

マウス：NP_001074287（Cdc14A），NP_766175（Cdc14B）

参考文献

1) Brandeis, M. et al.：Proc. Natl. Acad. Sci. USA, 95：4344-4349, 1998
2) Santamaria, D. et al.：Nature, 448：811-816, 2007
3) Gascoigne, K. E. & Taylor, S. S.：Cancer Cell, 14：111-122, 2008
4) Wirth, K. G. et al.：Genes Dev., 18：88-98, 2004
5) Li, M. et al.：Mol. Cell Biol., 27：3481-3488, 2007
6) Naoe, H. et al.：Mol. Cell Biol., 30：3994-4005, 2010
7) Di Fiore, B. & Pines, J.：J. Cell Biol., 177：425-437, 2007
8) Manchado, E. et al.：Cancer Cell, 18：641-654, 2010
9) Sudo, T. et al.：EMBO J., 20：6499-6508, 2001
10) Bassermann, F. et al.：Cell, 134：256-267, 2008
11) García-Higuera, I. et al.：Nat. Cell Biol., 10：802-811, 2008

参考図書

◆ 『細胞周期』（David O. Morgan/著　中山敬一，中山啓子/訳），メディカルサイエンスインターナショナル，2008
◆ 『細胞周期フロンティア』（佐方功幸，他/監）共立出版，2010

第2部 キーワード解説 生命現象からみたシグナル伝達因子

3 DNA 複製・修復
DNA replication and repair

浴 俊彦, 花岡文雄

Keyword　❶DNA ポリメラーゼ　❷ORC　❸pre-RC　❹ヌクレオチド除去修復　❺相同組換え　❻DNA 損傷チェックポイント

概論　Overview

1. DNA 複製・修復とは

　遺伝子の本体であるDNAは，細胞が2個の娘細胞に分裂する際に倍加されなくてはならない．このプロセスをDNA複製（DNA replication）と呼ぶ．細胞が増殖するとき，細胞周期を回りながらDNA複製と細胞分裂とが繰り返される．この細胞周期の制御が異常をきたすと細胞増殖の異常によるがん化を引き起こす．

　長大な真核生物ゲノムは多数の複製単位（レプリコン）から構成されており，ゲノムの複製はレプリコン単位で制御されている．DNAの複製反応は，複製開始反応とDNA鎖伸長反応の2つのステップから構成されている．伸長反応においては，ゲノム上の定点（複製オリジン）より両方向に2つの複製フォークが形成され，複製フォークの進行とカップルして**DNAポリメラーゼ**（→Keyword❶）などの複製タンパク質群により新生鎖が合成される．一方，DNAの複製開始頻度を制御する開始反応は，細胞周期の進行とカップルしてレプリコン上の複製オリジンに結合した**ORC（origin recognition complex）**（→Keyword❷）に開始タンパク質群が結合・解離して**複製前複合体（pre-replicative complex：pre-RC）**（→Keyword❸）を形成することで調節されている．真核生物の複製は，細胞周期のS期において複製開始していない複製オリジンからのみ複製開始を許可する（すなわち，いったん複製された複製オリジンの再複製を阻止する）「ライセンス化」と呼ばれる制御を受ける．

　遺伝物質であるDNAは安定に維持されなくてはならない．DNAは細胞内で化学的・物理的な損傷を容易に受ける．変異原などの有害化合物や紫外線などの外的環境要因，あるいは細胞活動に伴い発生するラジカルなどの内的要因による損傷が代表的なものである．DNAの損傷は放置すると遺伝情報の変質や破壊を生じ，娘細胞において細胞死や突然変異を生じるため，がんや老化のリスクが高まる．これらのDNA傷害はDNA修復（DNA repair）により修復される．たとえば紫外線はピリミジン二量体などのDNA損傷を生じるが，この傷害を修復する**ヌクレオチド除去修復**（→Keyword❹）を遺伝的に欠損した色素性乾皮症患者においては光線過敏症や高頻度な皮膚がんの発生がみられる．DNA傷害は，損傷の種類ごとに数種類の対応する反応経路によって修復される．電離放射線によるDNA二本鎖切断などの重い障害は**相同組換え（homologous recombination）**（→Keyword❺）や非相同性末端結合によって修復される．複製中に生じたDNA傷害は，相同組換えによって修復されるほか，特殊なDNAポリメラーゼによる損傷乗り越え複製（translesion DNA synthesis：TLS）によりバイパスされる．このほか，各種の損傷に対して，塩基除去修復やミスマッチ修復など複数の修復経路が存在する．ゲノムの異常はチェックポイント機構により監視され，異常が生じると細胞周期の進行を停止させて障害を修復，あるいはアポトーシスの誘導により重い損傷を受けた細胞を消去することでゲノムの恒常性は維持される．

2. シグナルの流れ

　真核生物の複製開始反応は，細胞周期進行と密接に

イラストマップ　真核生物のDNA複製と修復の概要

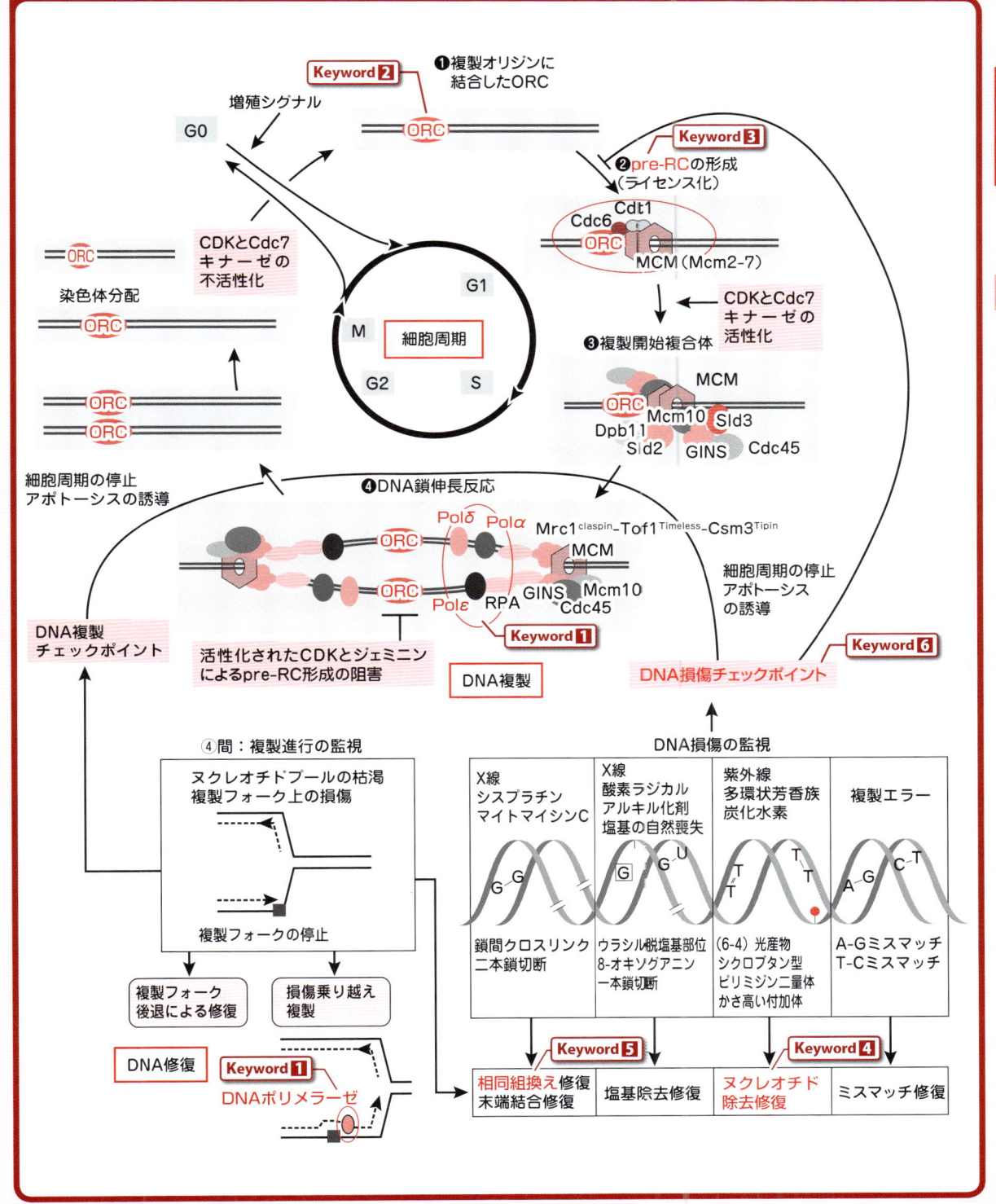

カップルしたライセンス化によって制御されている（イラストマップ）．複製開始は，細胞周期のM期後期からG1期にかけて複製オリジン上にpre-RCが形成されることではじまる．pre-RCは細胞周期を通じて複製オリジンに結合しているORCにCdc6，Cdt1が結合し，最後に二本鎖DNAの巻き戻しに必要なヘリカーゼ活性を担うMCM（mini-chromosome maintenance）複合体が集合して形成されるタンパク質複合体である．G1/S期では，活性化されたサイクリン依存性キナーゼ（cyclin-dependent kinase：CDK）やCdc7キナーゼによるリン酸化が引き金となって，Cdc6とCdt1の解離や分解が起こり，同時にCdc45，Mcm10，GINSなど複数の複製タンパク質がpre-RCに集合して複製開始複合体を形成し，さらにDNAポリメラーゼを呼び込んで，複製オリジン領域での二本鎖DNAの解裂と伸長反応が開始される．伸長反応の進行に伴い，S期ではCDKによるリン酸化によりpre-RCコンポーネントの遊離と分解が起こり，いったん複製された複製オリジン上でのpre-RC形成が阻害される．さらに多細胞生物ではS期で特異的に発現するジェミニン（geminin）がCdt1に結合することでも再複製は阻害される．M期の終わりでAPC（anaphase promoting complex）依存的にジェミニンが分解され，さらにサイクリンの分解でCDKが不活性化されるために，再びG1期でpre-RCの形成（ライセンス化）が起こり，複製開始が可能となる．このほか，増殖刺激によってG1期からS期にかけて誘導される複製関連遺伝子の転写活性化は，動物細胞では転写因子E2Fとその結合配列によって制御されている．またゲノムワイドな複製パターンの解析もなされるようになったが，レプリコン群レベルでの時間的・空間的な複製制御に関しては依然不明な点が多い．

ゲノム上に生じた損傷は**DNA損傷チェックポイント**（→Keyword 6）によって認識され，各修復経路によって損傷が修復されるまで細胞周期の進行は停止する．DNA損傷チェックポイントは，①損傷部位のセンシング，②キナーゼカスケードによる損傷シグナルの増幅と伝達，③標的分子機構の発動，の3つのステップから構成される．損傷部位のセンシングにはチェックポイントRadと呼ばれるタンパク質群が関与し，生じたシグナルは下流のキナーゼによるリン酸化カスケードや転写因子p53の活性化を介して，細胞周期の停止（S期あるいはM期への移行阻止），修復関連遺伝子の転写活性化，アポトーシスの誘導などが発動される．一方，損傷などによる複製フォーク停止などの複製異常もほぼ同様のしくみでDNA複製チェックポイントにより認識され，相同組換えやTLSなどにより障害は回避される．

3. 臨床応用と今後の展望

DNA複製・修復研究はがん研究と密接に関連している．臨床面で複製タンパク質は，がんの臨床診断マーカー（たとえば，PCNA，MCM，Cdc6）あるいは抗がん剤の分子標的（II型トポイソメラーゼなど）として実際に使用されている．一方，細胞周期制御機構やDNA修復の段階的な破綻ががん化の原因となることも広く認識されてきた．*BRCA1*遺伝子の例をあげるまでもなく，修復関連遺伝子はがん抑制に働くと考えられることから，がんの臨床診断や遺伝子治療への応用も期待される．今後のDNA複製・修復研究では，クロマチンや核構造による制御機構，およびがんや免疫などの高次生命現象への関与がより詳細に解明されると思われる．さらにタンパク質間相互作用などのゲノム機能情報をもとに，他の反応系との連関まで含めた複製・修復ネットワークの全体像の解明が急速に進むことが予想される．

キーワード解説

Keyword
1 DNAポリメラーゼ

▶英文表記：DNA polymerase
▶略称：DNA pol

1）イントロダクション

　DNAポリメラーゼはヌクレオシド3リン酸の重合反応を触媒する酵素であり，複製や修復におけるDNAの合成に必須である[1]．一般に複製や修復において，単鎖DNAを鋳型として相補鎖を合成する酵素群を指すことが多いが，鋳型非依存的なDNAポリメラーゼであるターミナルデオキシリボヌクレオチジルトランスフェラーゼ（TdT）や非相補的な塩基を重合可能な損傷乗り越え型DNAポリメラーゼも存在し，TLS（損傷乗り越え複製）や免疫（抗体遺伝子の高頻度変異導入）などの機能にも関与する．真核生物のゲノム解析等が進んだ結果，多くの新規ポリメラーゼが同定された（表1）．

2）分子構造・立体構造

　DNAポリメラーゼはアミノ酸配列相同性を基に，A，B，C，D，X，Yの6グループに分類されている（Cは大腸菌のDNAポリメラーゼⅢが，Dは古細菌特有のポリメラーゼが相当する）．真核生物のポリメラーゼはA，B，X，Yの4つのファミリーに分類され，最近発見されたYファミリーポリメラーゼの多くはTLS機能に関与している[2,3]．DNAポリメラーゼには複数のサブユニットが付随するものもあり，DNA合成の忠実度やプロセシビティなどの活性制御，プライマー合成，タンパク質間相互作用，細胞内局在制御などにかかわっている．DNAポリメラーゼ分子の上には，触媒領域，校正エキソヌクレアーゼ領域，および他のタンパク質との相互作用領域が存在する．DNAポリメラーゼの立体構造については，すでにいくつかの例が報告されている．触媒領域は，右手にたとえられるpalm, fingers, thumbから成る立体構造をとってポケット構造を形成する．このポケット構造の違いが各ポリメラーゼの複製忠実度やTLS機能を規定している．polγ/δ/εには校正機能に関連するエキソヌクレアーゼドメインが存在する．polθはヘリカーゼドメインをもち，単鎖DNA依存性ATPase活性を示す．またpolβ/λには塩基除去修復の際に働くと思われる5'デオキシリボースリン酸リアーゼドメインが存在する（polγ/ι/θはデオキシリボースリン酸リアーゼ

表1　真核生物のDNAポリメラーゼスーパーファミリー

名前	分類	HUGO表記	機能	サブユニットの数
α（アルファ）	B	POLA1	核DNA複製（プライマー合成，ラギング鎖合成）	4個（2個の小サブユニットはDNAプライマーゼ）
β（ベータ）	X	POLB	塩基除去修復	
γ（ガンマ）	A	POLG	ミトコンドリアDNAの複製・修復	2個
δ（デルタ）	B	POLD1	核DNA複製（ラギング鎖合成）・修復	4個
ε（イプシロン）	B	POLE	核DNA複製（リーディング鎖合成）・修復・チェックポイント	4個
ζ（ゼータ）	B	REV3L	TLS	2個（REV3, REV7）
η（イータ）	Y	POLH	TLS，免疫遺伝子の突然変異導入	
ι（イオタ）	Y	POLI	TLS	
κ（カッパ）	Y	POLK	TLS，ヌクレオチド除去修復	
θ（セータ）	A	POLQ	X線損傷の修復，免疫遺伝子の突然変異導入，TLS（？）	
λ（ラムダ）	X	POLL	免疫遺伝子の再編，塩基除去修復，非相同末端結合（？）	
μ（ミュー）	X	POLM	免疫遺伝子の再編，非相同末端結合（？）	
ν（ニュー）	A	POLN	クロスリンク傷害の修復，相同組換え修復	
REV1	Y	REV1	TLS，免疫遺伝子の突然変異導入	
TdT	X	DNTT	免疫遺伝子の突然変異導入	

HUGO表記は触媒サブユニット遺伝子のみ示す．TdT：ターミナルデオキシリボヌクレオチジルトランスフェラーゼ．TLS：損傷乗り越え複製．pol σ（シグマ）の酵母ホモログ（TRF4）はポリ（A）ポリメラーゼであることが判明したので表には含めていない

活性を有する).タンパク質間相互作用に関与するドメインとして,polμ/λ,Rev1,TdTに存在するBRCTドメイン,polδ/ε/ζ(Rev3サブユニット)/η/κ/ι,Rev1に存在するPCNA結合ドメイン,polαの触媒サブユニット上のプライマーゼ結合領域などが存在する.polη/κ/ι/ζ(Rev7サブユニット)などにはRev1結合ドメインが,Rev1のC末端にはpolη/κ/ι/ζ(Rev7サブユニット)と結合するドメインが存在し,Rev1はTLSポリメラーゼの制御に関与すると考えられている[2].PCNAは環状ヘテロ三量体構造をとり,polδなどの補助因子(クランプ)として働く.RFC1〜5の5つのサブユニットから成るRFCがPCNAをロードする.DNA損傷によりTLSが起こる際に,polδなど複製型DNAポリメラーゼからTLSポリメラーゼへの交代にはPCNAのモノユビキチン化が関与し,polηなどに存在するユビキチン結合ドメイン(UBM,UBZ)を介してTLSポリメラーゼと相互作用する[2].

3)発現様式

修復に関与するpolβはマウスの精巣,胸腺,脳,脾臓で高い発現レベルが認められる.polλもpolβ同様,精巣に強く発現し,減数分裂における修復機能に関与すると考えられている.polθ/νは精巣で,TdT,polμ/θは胸腺やリンパ組織に強く発現する.複製に関与するpolα遺伝子は他の複製関連因子と同様,増殖刺激によってE2Fを介した転写活性化を受ける.

4)ノックアウトマウスの表現型[3]

酵母の遺伝子破壊株の解析結果から,複製に関与するマウスpolα/δ/ε遺伝子の破壊は致死になってしまうことが予想される.ミトコンドリアDNA複製に関与するpolγ,修復に関与するpolβとpolζのノックアウトマウスは胎生期致死となる.polλとpolμのノックアウトマウスは免疫グロブリン遺伝子の組換え不全によりB細胞の分化異常が起こる.polλのノックアウトマウスでは,雄の不妊(精子形成阻害)が,polθ欠損マウスでは網状赤血球の異常や免疫グロブリン遺伝子の高頻度変異導入の低下がみられる.Rev1のノックアウトマウスは,129/OLA系統では免疫グロブリン遺伝子の高頻度変異導入の欠損がみられるだけであるが,C57BL/6系統では致死となる.TdTのノックアウトマウスではB細胞での免疫グロブリン遺伝子の再編に欠損がみられたことから,リンパ球分化に関与することが明らかになった.修復に関連して,polκとpolθのノックアウト細胞は,それぞれベンゾピレンと放射線に対して高感受性を示す.polηのノックアウトマウスは紫外線照射に高感受性を示し,皮膚がんを高頻度に誘発する.polιのノックアウトマウスでは長期の紫外線照射で間葉細胞系のがんが,polμのノックアウトマウスでは二本鎖切断修復の不全がみられる.

5)機能・疾病とのかかわり

各ポリメラーゼの機能を表1に示した.疾患との関連では,光線過敏症と多発性皮膚がんを特徴とするバリアント型色素性乾皮症の原因遺伝子(XP-V)としてpolηが同定されている[4].polηは主たる紫外線損傷であるシクロブタン型ピリミジン二量体(cyclobutane pyrimidine dimer:CPD)に対して忠実度の高いTLSを行うことから,polη欠損に伴い,CPDに対して誤りがちなポリメラーゼがTLSを行うようになることで高頻度に変異が蓄積し,皮膚がんの発症原因になると考えられている.またpolγの遺伝子変異とまれなミトコンドリア病である進行性外眼筋麻痺(progressive external ophthalmoplegia:PEO)やヒト男性不妊との関連が示されている.polβ遺伝子変異と大腸がんとの関連性も示唆されている.

【抗体・cDNAの入手先】

ほとんどの抗DNA pol抗体がコスモ・バイオ社などから購入可能である.cDNAについては,単離した研究者より入手するのが適当である.出芽酵母の場合は直接,ゲノムよりクローニングすることもできる.またヒトやマウスのcDNAについてはライフテクノロジーズ社やOpen Biosystems社(代理店フナコシ社),GeneCopoeia社(代理店コスモ・バイオ社)などから購入可能な場合もある.

【データベース(EMBL/GenBank)】

ヒト:NM_016937(POLA1),NM_002689(POLA2),NM_000946(PRIM1),NM_000947(PRIM2),NM_002690(POLB),NM_002693,NM_001126131(POLG),NM_007215(POLG2),NM_002691(POLD1),NM_006230,NM_001127218(POLD2),NM_006591(POLD3),NM_021173(POLD4),NM_006231(POLE),NM_002692,NM_001197330,NM_001197331(POLE2),NM_017443(POLE3),NM_019896(POLE4),NM_002912〔REV3L(pol ζ)〕,NM_006502(POLH),NM_199420(POLQ),NM_007195(POLI),NM_016218(POLK),NM_013274,NM_001174084,NM_001174085(POLL),NM_013284(POLM),NM_181808(POLN),NM_016316,NM_001037872(REV1),NM_004088,NM_001017520〔DNTT(TdT)〕

マウス：NM_008892（Pola1），NM_008893，NM_001164057（Pola2），NM_008921（Prim1），NM_008922（Prim2），NM_011130（Polb），NM_017462（Polg），NM_015810（Polg2），NM_011264（Rev3l），NM_011131（Pold1），NM_008894（Pold2），NM_133692（Pold3），NM_027196（Pold4），NM_011132（Pole），NM_011133（Pole2），NM_021498（Pole3），NM_025882（Pole4），NM_030715（Polh），NM_029977，NM_001159369（Polq），NM_020032（Poll），NM_017401（Polm），NM_012048（Polk），NM_011972，NM_001136090（Poli），NM_181857（Poln），NM_019570（Rev1），NM_009345，NM_001043228（Dntt）

Keyword
2 ORC

▶英文表記：origin recognition complex
▶和文表記：複製オリジン認識複合体

1）イントロダクション

ORCは6種類のサブユニットから成る複製オリジン認識複合体である．真核生物のORCは複製オリジンに結合し，複製開始を制御するpre-RC形成のためのプラットフォームとして働く（図1）．出芽酵母ORCの複製オリジンへの結合は非常に高い塩基配列特異性を示すが，高等生物では低く，転写やクロマチン構造も複製オリジンの認識や選択に影響を与えていると考えられている．またORCは複製開始制御以外にもクロマチンのサイレンシングにも関与することが示されている．

2）分子構造・立体構造

ORCはOrc1～6の6個のサブユニットより構成されている．出芽酵母の複製オリジンに特異的に結合するタンパク質複合体としてBellらによって発見された[6]．酵母以上の真核生物で保存されているが，古細菌にも類似タンパク質が存在する．Orc1/4/5はAAA$^+$ファミリーに共通のモチーフをもち，Orc1/5はATP結合性を示す．出芽酵母Orc1のATP結合部位は複製に必須なことが示されている．分裂酵母のOrc4にはAT-フックモチーフがあり，AリッチなDNAへの結合に関与する（図1）．分裂酵母や高等生物では低分子サブユニットは複合体より容易に解離する．電子顕微鏡観察により，出芽酵母のORCやORC—Cdc6の構造とサブユニット配置が明らかになっている．ORCサブユニットの立体構造解析については酵母Orc1とヒトORC6の部分構造が報告されている．

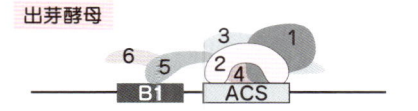

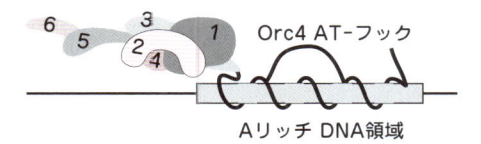

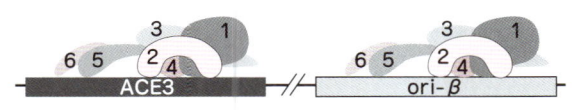

図1 主な真核生物のORCと複製オリジンとの結合様式

出芽酵母の複製オリジンへの結合には，Orc1/2/4/5が関与し，11塩基対の自律複製配列コンセンサス配列（autonomous replicating sequence consensus sequence：ACS）と複製促進に働くB1配列とを認識する．分裂酵母ではOrc4の9コピーのAT-フックモチーフが複製オリジンのAリッチ配列に結合すると考えられている．ショウジョウバエの複製オリジンのORC認識配列については不明であるが，出芽酵母と違い，6つのサブユニットすべてが2つの複製オリジン（ACE3，ori-β）への結合に必要である（文献5を元に作成）

3）発現様式

出芽酵母ORCは，細胞周期を通じて複製オリジンに6つのサブユニットすべてが結合しているが，複製オリジン以外にテロメアなどのヘテロクロマチン領域にも局在する．哺乳動物では，*ORC2/4/5*の各遺伝子は細胞周期を通じて発現しているが，最も大きなサブユニット*ORC1*は転写因子E2FによってG1/S期に転写誘導される．ヒト*ORC4*は精巣や小腸上皮などの増殖盛んな組織において高発現する．マウス*Orc2*も精巣で強く発現する．

4）ノックアウトマウスの表現型

酵母の変異体解析からORCサブユニット遺伝子は複製に必須であることが示されており，ノックアウトマウスは致死になると予想される．

5）機能・疾病とのかかわり

　出芽酵母の遺伝学的な解析，精製タンパク質を用いた生化学的解析などから，ORCは複製開始に必須であること，オリジンに塩基配列特異的・ATP依存的に結合すること，細胞周期を通じて細胞内でオリジンに結合していること，などが示されている．出芽酵母ではOrc1/2/4/5がDNAとの直接的な結合にかかわる．ヒトORCサブユニット（ORC1/4/6）の遺伝子変異によって引き起こされる疾病として，成長遅延などを伴うMeier-Gorlin症候群が報告されている[7)8)]．

【抗体・cDNAの入手先】

ヒトORC1〜6に対する抗体がコスモ・バイオ社などから購入可能である．cDNAについては，単離した研究者より入手するのが適当である．ヒトやマウスのcDNAについてはライフテクノロジーズ社やOpen Biosystems社（代理店フナコシ社），GeneCopoeia社（代理店コスモバイオ社）などから購入可能な場合もある．

【データベース（EMBL/GenBank）】

ヒト：NM_004153, NM_001190818, NM_001190819（ORC1），NM_006190（ORC2），NM_012381, NM_181837, NM_001197259（ORC3），NM_002552, NM_181741, NM_181742, NM_001190879〜NM_001190882（ORC4），NM_002553, NM_181747（ORC5），NM_014321（ORC6）

マウス：NM_011015（Orc1），NM_008765, NM_001025378（Orc2），NM_015824, NM_001159563（Orc3），NM_011958, NM_001177313（Orc4），NM_011959（Orc5），NM_019716, NM_001163791（Orc6）

Keyword 3 pre-RC

▶英文表記：pre-replicative complex
▶和文表記：複製前複合体

1）イントロダクション

　pre-RCは複製開始に先立って複製オリジン上に形成され，複製開始制御にかかわるタンパク質複合体である[9)]．酵母ではpre-RCの形成には少なくとも2種類のタンパク質Cdc6, Cdt1と2種類の複合体ORC, MCMが必要である（図2）．pre-RCはG1期に複製オリジン上に形成される．最初にCdc6が複製オリジン上のORCと結合し，続いてCdt1と二本鎖DNAの解裂に必要なDNAヘリカーゼであるMCM複合体とがローディングされる．その後，Cdt1とCdc6の遊離・分解を経て，G1/S期でCDKとCdc7キナーゼとによるリン酸化により活性化された複製タンパク質群がpre-RC上に集合し，複製開始複合体を形成することで複製は開始する（イラストマップ，図2）．高等動物ではCDK活性とCDT1特異的阻害因子ジェミニンの細胞周期特異的な制御により，pre-RCコンポーネントのクロマチン局在や存在量を厳密にコントロールすることで，過剰複製によるゲノムの不安定化を抑制している．

2）分子構造・立体構造

　pre-RCを構成するタンパク質群は真核生物で広く保存されている．MCM複合体は，出芽酵母のミニ染色体維持に必要な遺伝子として命名された遺伝子群（*MCM*）のなかから，ライセンス化に関与するタンパク質複合体として同定された．MCM複合体はAAA$^+$ファミリーに属する構造的に類似した6個のサブユニット（Mcm2〜7）から構成され，DNAヘリカーゼとして働く．各サブユニット遺伝子は真核生物間で高度に保存され，MCMファミリーを形成する．電子顕微鏡観察により，MCM4-6-7が2分子集合したと思われる，DNAヘリカーゼに特徴的な六量体のリング状構造が観察されている．Cdc6は出芽酵母の複製開始タンパク質として同定されたAAA$^+$ファミリータンパク質であり，ORCと結合してMCM複合体と似たリング状構造をとる．酵母のMCMとCdc6に存在するATP結合モチーフは複製開始に必須であることが明らかになっている．マウスCDT1はMCM, ジェミニンと結合するが，C末端側には古細菌Cdc6やORCにも保存されたwinged helix foldが存在する．

3）発現様式

　S期ではCDKによるリン酸化によって，MCMは染色体への再結合が阻止され，Cdc6とCdt1はユビキチン化を経て分解される（第2部-1参照）．その結果，これらの因子は複製オリジンへの結合について細胞周期特異的な制御を受ける．酵母Cdc6の分解にはAPC（anaphase promoting complex）が，ヒトや線虫のCDT1分解にはSCFが関与する[10)]（第2部-10参照）．CDT1は阻害因子ジェミニンの結合により，二重の制御を受ける[9)]．MCM, CDC6, ジェミニンはG0期の細胞には存在せず，増殖中の細胞にのみ発現するので，がんの臨床診断に利用される[11)]．マウス*Mcm7*は胎仔期や精巣で高い発現が認められる．*Mcm3/5/6/7, Cdc6*遺伝子上流にはE2F結合

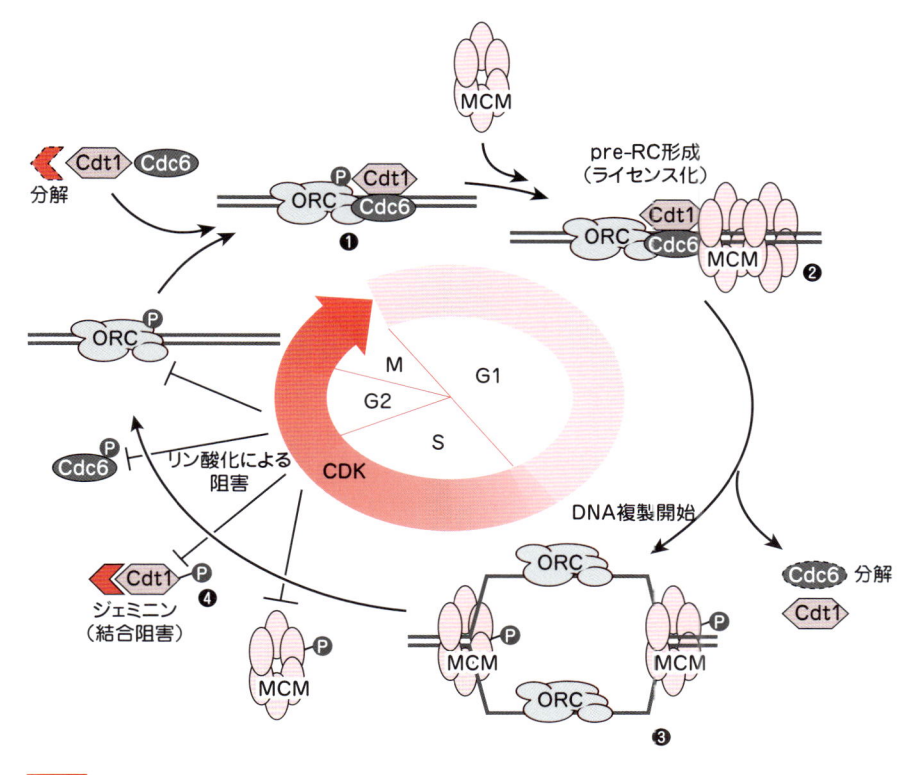

図2 細胞周期におけるpre-RC形成の制御

複製開始には，複製のライセンス化がなされることが必要である．❶ライセンス化は複製オリジンに結合したORCに依存してCdt1とCdc6が結合し，❷ついでMCM複合体が結合してpre-RCが形成されることで完了する．❸G1期の終わりにCDKとCdc7キナーゼが活性化され，Cdt1，Cdc6が解離し，複製タンパク質群が集合して複製が開始する．❹S期からM期にかけてはCDK活性が高く，リン酸化によるORC，MCM，Cdt1，Cdc6の不活性化が起こる．また高等生物ではCdt1はジェミニンの結合によっても不活性化され，新たなpre-RC形成による再複製は阻害される．M期後期にジェミニンとサイクリンの分解によって，再びpre-RC形成が可能となることでライセンス化が起こる

配列が存在し，G1期からS期で転写誘導される．*Cdt1*の転写も同様のパターンを示す．

4) ノックアウトマウスの表現型

酵母ではpre-RCコンポーネントはすべて必須遺伝子であることから，ノックアウトマウスは致死になることが予想される．ジェミニンの欠損マウスは着床前に死に至る．*Mcm2*と*Mcm4*の機能低下変異マウスでは高頻度にがんが発症することが報告されている[12]．

5) 機能・疾病とのかかわり

ヒトの場合，MCM4-6-7複合体が複製に必須なDNAヘリカーゼ[13]として，CDC6やCDT1はMCM複合体のローダーとして機能すると考えられている．pre-RCコンポーネント（ORC1/4/6，CDT1，CDC6）の変異によって，成長遅延などを伴うMeier-Gorlin症候群が発症することが報告されている[7][8]．また多くのがん細胞ではCDC6やMCM2などの発現抑制によってアポトーシスを誘導できることが知られている[14]．さらに，高等生物特異的なMCMタンパク質（MCM8/9）がpre-RC形成に関与すること[15][16]，ジェミニンが高等生物における細胞増殖と分化（眼や神経）を制御する重要な因子であること[17]が報告されている．

【抗体・cDNAの入手先】

MCMの各サブユニット，CDC6，CDT1，ジェミニンに対する抗体がコスモ・バイオ社などから購入可能である．cDNAについては，単離した研究者より入手するのが適当である．ヒトやマウ

スのcDNAについてはライフテクノロジーズ社やOpen Biosystems社（代理店フナコシ社），GeneCopoeia社（代理店コスモバイオ社）などから購入可能な場合もある．

【データベース（EMBL/GenBank）】

ヒト：NM_004526（MCM2），NM_002388（MCM3），NM_005914，NM_182746（MCM4），NM_006739（MCM5），NM_005915（MCM6），NM_005916，NM_182776（MCM7），NM_001254（CDC6），NM_030928（CDT1），NM_015895，NM_001251989〜NM_001251991（GMNN，ジェミニン）

マウス：NM_008564（Mcm2），NM_008563（Mcm3），NM_008565（Mcm4），NM_008566（Mcm5），NM_008567（Mcm6），NM_008568（Mcm7），NM_011799，NM_001025779（Cdc6），NM_026014（Cdt1），NM_020567（Gmnn）

Keyword
4 ヌクレオチド除去修復

▶英文表記：nucleotide excision repair
▶略称：NER

1）イントロダクション

ヌクレオチド除去修復（NER）は，紫外線照射により形成されるピリミジン二量体や（6-4）光産物，あるいはかさ高い塩基付加体などのDNA損傷の修復に働く．NER欠損はゲノムの不安定化を生じ，がんの高発を招く．真核生物のNER反応経路には，ゲノム全体で働く経路（global genome repair：GGR）と転写に共役して鋳型DNA上の損傷を選択的に修復する経路（transcription-coupled repair：TCR）が存在する．NER反応は損傷部位の認識に引き続いて損傷の両側で単鎖切断が起こることで，損傷部位が周辺の正常塩基と一緒にオリゴヌクレオチドとして切り出される．最後に残された一本鎖のギャップの修復合成とDNA鎖の連結により修復を完了する[18]．哺乳類のNER反応のステップとそこに関与するタンパク質を図3に示す．

2）分子構造・立体構造

NER自体はバクテリアから高等生物まで保存されているが，それに関与する遺伝子については一次構造上の相同性はない．高等真核生物のNER反応には多数のタンパク質が関与する（図3）．TFⅡHは2つのヘリカーゼを含む10個のサブユニットから成る複合体であり，基本転写因子としても機能する．また3個のサブユニットから構成されるRPAは，単鎖DNA結合タンパク質としてNERなど修復のほか，複製と組換えにも必須である．同じく損傷部位のスキャニングに関与すると考えられるXPAはZnフィンガーをもつ．TCRにかかわるCSA（ERCC8）は5つのWD40ドメインを，CSB（ERCC6）はヘリカーゼモチーフをもっている．それぞれGGRとTCRにかかわるDDB2とCSAは，DDB1-CUL4-RBX1とユビキチン化活性をもつタンパク質複合体を形成するが，最近，これらに関する構造解析がなされた．ほかにヒトTFⅡHやRPAサブユニット，ERCC1（あるいはXPAとの複合体），XPF（ERCC4），XPCなどの部分立体構造が明らかにされている．

3）発現様式

NERタンパク質は傷害を受けると速やかに核内の損傷部位に集合し，修復の完了とともに消失することが観察されている．

4）ノックアウトマウスの表現型[20]

Ercc1，Xpb（Ercc3），Xpg（Ercc5），Rad23bの各ノックアウトマウスは胎性致死もしくは生後に死亡する．Csb（Ercc6）/Xpa，Csb/Xpcの各二重欠損マウスは発育不良と小脳異常がみられ，生後3週間以内に死亡する．Xpa，Xpc，Csa（Ercc8），Ddb2の各ノックアウトマウスは正常に発育するが，紫外線に高感受性であり高頻度に皮膚がんを発生する．Xpa，Xpcノックアウトマウスは早老症状を示す．Xpf（Ercc4）とXpd（Ercc2）の変異マウスに，それぞれ生後の死亡と早老症状が報告されている．

5）機能・疾病とのかかわり

NER反応（GGR）において，DDB1—DDB2とXPC—RAD23B—centrinは損傷認識に関与する．2つのヘリカーゼ（XPD，XPB）を含むTFⅡHは損傷部位に構造変化を起こすことで，構造特異的エンドヌクレアーゼであるERCC1—XPF（ERCC4）とXPG（ERCC5）により損傷部位の5′側と3′側に切断が導入されると考えられている（図3）．NER関連遺伝子の変異は，常染色体劣性遺伝疾患である色素性乾皮症（XP：A群からG群），コケイン症候群（Cockayne syndrome：CS），硫黄欠乏性毛髪発育異常症（trichiothiodystrophy：TTD）の原因となる[18]．これらの患者では紫外線によるDNA損傷修復能が低下ないし欠損するため，光線過敏症を起こし，さらにXPでは皮膚がんの高発を示す．XPでは約30％の症例で進行性精神神経症状が，またCSやTTDでは発達障害や早老症状がよくみられるが，これらについては

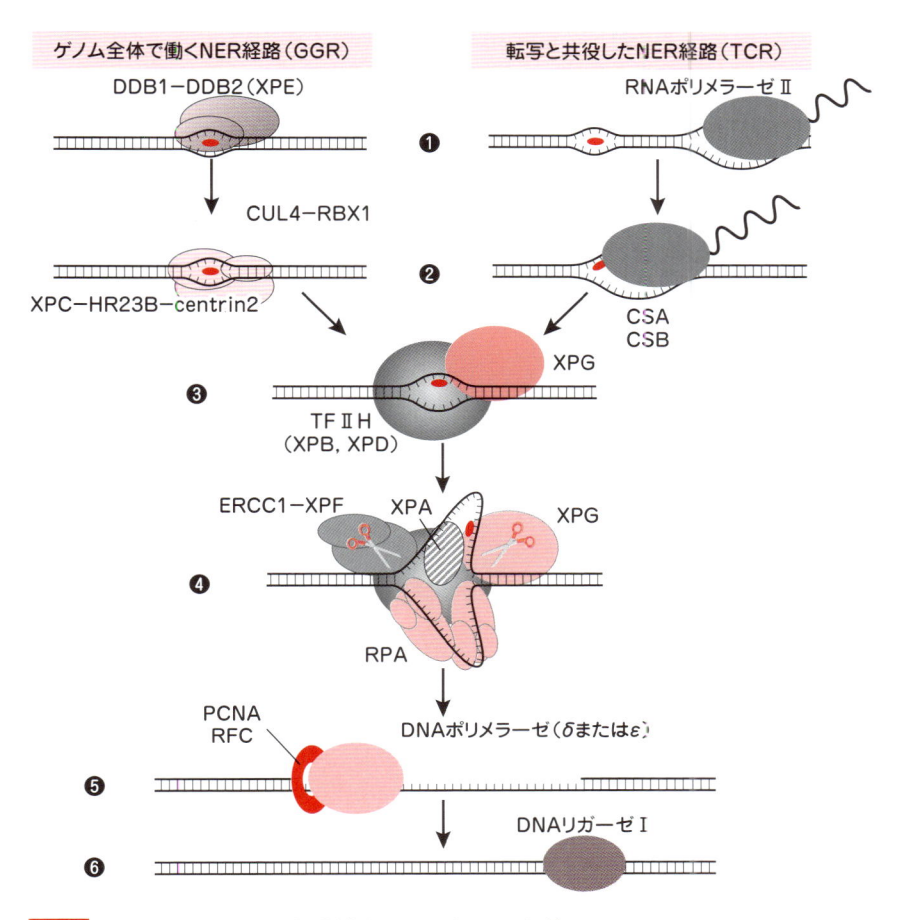

図3 哺乳類NERの反応機構とNERタンパク質

❶：NER反応は損傷の発生部位により，GGRとTCRの2つの反応経路が考えられる．❷左：ゲノム全体で働くGGRでは，最初にXP-E群で欠損しているDDB1-DDB2複合体が損傷認識を行い，ついでXPCタンパク質を含むヘテロ三量体がリクルートされると考えられている．❷右：一方，TCRでは転写伸長反応を行っているRNAポリメラーゼIIが障害により進行阻害されることが引き金となると考えられる．❸：続いて基本転写因子のTFIIHやXPG（ERCC8）タンパク質のリクルートが起こり，TFIIHのサブユニットであるXPB（ERCC3），XPD（ERCC2）タンパク質のヘリカーゼ活性によって，損傷部位の二本鎖が部分的に単鎖に巻き戻される．❹：さらにXPAタンパク質とRPAの存在下で二本鎖の開裂が約30ヌクレオチドに広がり，単鎖部分が安定化される．この状態で構造特異的エンドヌクレアーゼであるERCC1-XPF（ERCC4）複合体とXPGタンパク質がおのおの損傷の5′側と3′側に1本鎖切断を導入する結果，損傷部位がオリゴヌクレオチドとして切り出される．❺：残された1本鎖ギャップはPCNA依存性ポリメラーゼにより，修復合成され，❻：最後にDNAリガーゼIがDNA鎖を連結して修復が完了する（文献19を元に作成）

TCR不全に基づく転写の異常などいくつかの発症モデルが考えられている．

【抗体・cDNAの入手先】

主なNER関連タンパク質，RPAやTFIIHサブユニットに対する抗体がコスモ・バイオ社などから購入可能である．cDNAについては，単離した研究者より入手するのが適当である．ヒトやマウスのcDNAについてはライフテクノロジーズ社やOpen Biosystems社（代理店フナコシ社），GeneCopoeia社（代理店コスモバイオ社）などから購入可能な場合もある．

【データベース（EMBL/GenBank）】

ヒト：NM_000380（XPA），NM_000122〔ERCC3（XPB）〕，NM_000400，NM_001130867〔RECC2（XPD）〕，

NM_004628, NM_001145769（XPC），NM_002874，NM_001244713，NM_001244724〔RAD23B（HR23B）〕，NM_001923（DDB1），NM_000107（DDB2），NM_002945（RPA1），NM_002946（RPA2），NM_002947（RPA3），NM_001983，NM_202001，NM_001166049（ERCC1），NM_005236〔ERCC4（XPF）〕，NM_000123〔ERCC5（XPG）〕，NM_000082〔ERCC8（CSA）〕，NM_000124〔ERCC6（CSB）〕

マウス：NM_011728（Xpa），NM_133658（Ercc3），NM_007949（Ercc2），NM_009531（Xpc），NM_009011（Rad23b），NM_015735（Ddb1），NM_028119（Ddb2），NM_026653，NM_001164223（Rpa1），NM_011284（Rpa2），NM_026632（Rpa3），NM_007948，NM_001127324（Ercc1），NM_015769（Ercc4），NM_011729（Ercc5），NM_001081221（Ercc6），NM_028042（Ercc8）

Keyword

5 相同組換え

▶英文表記：homologous recombination

1）イントロダクション

　非相同末端結合とともに細胞内で組換え修復を担う反応経路であり，2本の相同なDNA鎖間の交換によってX線などによる二本鎖切断などの損傷を修復する[21]．細胞分裂における組換え修復のほか，生殖細胞形成時の減数分裂における組換えにも必須である．図4に出芽酵母の相同組換え反応ステップ，および酵母とヒトの主要な相同組換えタンパク質を示す．反応は二本鎖切断，切断末端の加工，Rad51などによるDNA・タンパク質フィラメントの形成，相同配列の組換え，ホリデイ構造の形成と移動，DNA合成，ホリデイ構造の切断の順に進行する．また相同組換えは複製，修復あるいは減数分裂に関するチェックポイント制御を受けることが示唆されている（⑥DNA損傷チェックポイント参照）．相同組換えの異常はゲノム不安定性によるがん発症の原因となる．

2）分子構造・立体構造

　相同組換えはバクテリアから哺乳類まで広く保存された経路であるが，細菌と真核生物とでは関与する遺伝子の一次構造上の相同性はほとんどない．酵母Mre11—Rad50—Xrs2複合体を構成するRad50はSMCタンパク質ファミリーに属する．中央にヒンジを挟んだ2つの長いコイルドコイルドメインを，両末端にATP結合部位をもち，ATP依存的にDNAと結合する．Mre11は2カ所にDNA結合部位をもち，3′エキソヌクレアーゼ活性を発揮することで二本鎖DNA末端のプロセシングを行う．Xrs2は複合体形成に関与し，種間の保存性が低い（ヒトではNBS1［nibrin］が相当する）．Rad51はATP結合モチーフをもった単鎖DNA依存性ATPaseであり，大腸菌の相同組換えに必須なRecAタンパク質と立体構造上非常に高い類似性をもつ．またRecA同様，ATP依存的に単鎖DNAを取り巻くようならせん状のフィラメント構造を作り，相同配列を探す反応を起こす．酵母Rad54とRdh54はヘリカーゼファミリーに属するDNA依存性ATPaseであり，Rad51と協調してホリデイ構造の移動にかかわると考えられている．哺乳類には7個のRAD51様タンパク質（RAD51，RAD51B/C/D，XRCC2/3，DMC1）が存在する．これまでRAD51Cを含む2つの複合体（RAD51B—RAD51C—RAD51D—XRCC2とRAD51C—XRCC3）が知られており，RAD51と協調して相同組換えに関与すると考えられている．またヒトのBRCA1は1,863アミノ酸から成る220 kDaのタンパク質でC末端にBRCT（BRCA1 carboxy-terminal）ドメインをもち，BRCA1の機能調節に関与すると考えられる3つのタンパク質（BRIP1，Abraxas，CtIP）と結合する[22]．BRIP1はヘリカーゼファミリーに属し，CtIPは相同組換えの初期過程で働く出芽酵母のエンドヌクレアーゼSae2のヒトホモログである．BRCA1のN末端にはRINGドメインが存在し，BARD1（BRCA1-associated RING domain protein 1）と結合してE3ユビキチンリガーゼ活性をもつヘテロダイマーを形成する（ユビキチンリガーゼ活性は相同組換えの調節に関与すると考えられているが，詳細については明らかでない）．中央部のコイルドコイルドメインにはPALB2が結合し，BRCA2との相互作用を仲介する．BRCA2は384 kDaの巨大タンパク質であり，N末端でPALB2のC末端に存在するWD40ドメインに結合するとともに，中央部の8個のBRCリピート部分とC末端でRAD51と結合する[22][23]．これまでに古細菌や真核生物由来の相同組換えタンパク質の立体構造が複数報告されている．

3）発現様式

　ヒトRAD51パラログ遺伝子では複数の転写産物が検出されているが，その生理的意義は不明である．ヒトRAD54B遺伝子は脾臓と精巣において高い発現が認められ，細胞分裂と減数分裂における関与が示唆されている．X線照射を受けると，核内の損傷部位に相同組換えタン

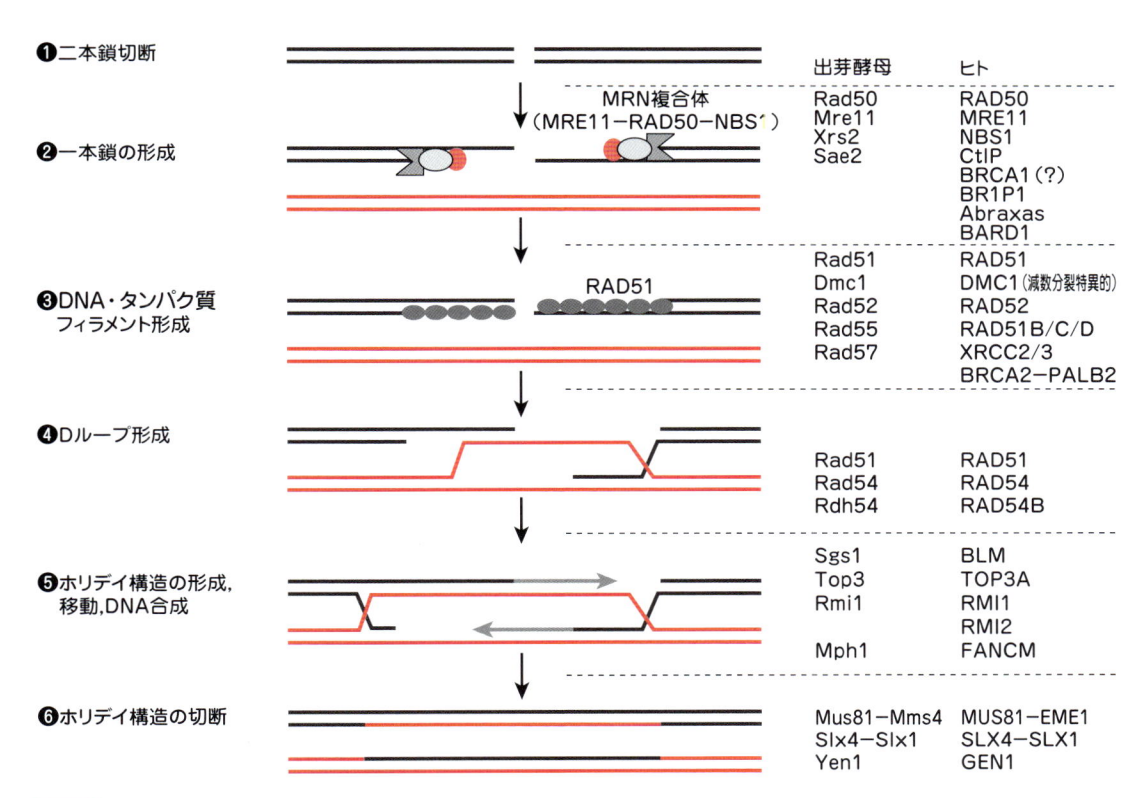

		出芽酵母	ヒト
❶二本鎖切断			
❷一本鎖の形成	MRN複合体（MRE11-RAD50-NBS1）	Rad50 Mre11 Xrs2 Sae2	RAD50 MRE11 NBS1 CtIP BRCA1（?） BR1P1 Abraxas BARD1
❸DNA・タンパク質 フィラメント形成	RAD51	Rad51 Dmc1 Rad52 Rad55 Rad57	RAD51 DMC1（減数分裂特異的） RAD52 RAD51B/C/D XRCC2/3 BRCA2-PALB2
❹Dループ形成		Rad51 Rad54 Rdh54	RAD51 RAD54 RAD54B
❺ホリデイ構造の形成, 移動, DNA合成		Sgs1 Top3 Rmi1 Mph1	BLM TOP3A RMI1 RMI2 FANCM
❻ホリデイ構造の切断		Mus81-Mms4 Slx4-Slx1 Yen1	MUS81-EME1 SLX4-SLX1 GEN1

図4 真核生物相同組換えの反応機構および関与するタンパク質群

相同組換えの反応ステップを左に，各ステップに関与する相同組換え特異的遺伝子（出芽酵母とヒト）を右に示した．❶相同組換えは，まずMRN複合体（MRE11-RAD50-NBS1）（ヒト）により傷害を受けた二本鎖（黒色）の切断末端が認識され，組換えに必要な一本鎖が生成されることではじまる．❷この一本鎖上にRAD51, RAD52, RPAなどが集合し，❸DNAとタンパク質から成るDNA・タンパク質フィラメントを形成する．相同組換えの初期過程にはBRCA1/2とそれらの関連タンパク質の関与が示唆されている．❹続いてこの複合体が相同配列をもつ別の鋳型DNA鎖（赤茶色）のサーチを行い，同一の鎖を追い出して相補的な塩基配列と対合してヘテロ二重鎖（黒色と赤茶色の鎖が二本鎖を形成している部分）を形成する．このとき，追い出された本来の二本鎖の一部とヘテロ二重鎖とでできる環状構造をDループと呼ぶ．❺次に対合したDNAの3′末端から欠損部分のDNA修復合成が起こり，切断された二本鎖と鋳型二本鎖とはホリデイ構造と呼ばれる十字型の構造を形成し，結合する．❻最後にホリデイ構造が特異的なヌクレアーゼによって切断されることで2つの二本鎖は解離し，反応は完了する．後半の反応（❺, ❻）にかかわるタンパク質についてはよくわかっていないが，ヒトではホリデイ構造の移動にはFANCMヘリカーゼ，あるいはBLMヘリカーゼやトポイソメラーゼⅢαを含む複合体などの関与が示唆されている．ホリデイ構造の切断にかかわるエンドヌクレアーゼの候補としては，MUS81-EME1, SLX4-SLX1, GEN1が考えられている

パク質が集合し，フォーカスを形成する．

4) ノックアウトマウスの表現型[24]

Rad50, Rad51, Mre11, Brca1, Brca2の各欠損は細胞レベルで致死となる．また各Rad51パラログ（Rad51B/C/D, Xrcc2/3），Nbs1の欠損は個体レベルで致死となる．一方，Rad52, Rad54, Rad54b, Dmc1の欠損については正常に成長するが，Dmc1欠損マウスでは減数分裂時の組換え欠損による不妊が認められる．また酵母のrad52変異は高度なDNA修復欠損がみられるが，Rad52欠損マウスではわずかな相同組換えの低下がみられるにとどまる．DNA二本鎖切断の修復に働く相同組換えと非相同性末端結合の二重遺伝子欠損マウス（たとえば，Rad54とKu80）は高度な放射線感受性を示す．

5) 機能・疾病とのかかわり

BRCA1, BRCA2の変異がゲノムの不安定性を介して家族性乳がんの原因となることはよく知られている[23]．詳細な分子機構はまだ明確ではないが，両者と相互作用するタンパク質の同定が進み，ともにRAD51がかかわる相同組換えで機能すると考えられている．近年，染色

体不安定性を示すファンコーニ貧血症（Fanconi anemia：FA）の原因遺伝子が同定された結果，*BRCA2* が*FANCD1*，*BRIP1* が*FANCJ*，*PALB2* が*FANCN*，*RAD51C* が*FANCO* と同一であることが判明したことで，FA経路と相同組換えとの機能的な関連性が示されている[25]．このほかに，高発がん性疾患であるナイミーヘン症候群（Nijmegen breakage syndrome：NBS）と毛細血管拡張性運動失調症（ataxia telangiectasia：AT）（❻DNA損傷チェックポイント参照）と類似した遺伝性疾患ATLD（AT-like disorder）の原因遺伝子は，それぞれ相同組換え修復の初期過程で機能するNBS1（nibrin）とMRE11であることが判明している．さまざまながんとRAD51パラログの遺伝子多型との相関も報告されていることから，相同組換えの欠損がゲノム不安定化を誘発することで，がん発症のリスクを上げている可能性がある．なおDMC1は減数分裂の組換え特異的に機能する．

【抗体・cDNAの入手先】
DMC1，RAD51とそのパラログ，RAD50/52/54/54B，MRE11，NBS1，BRCA1/2に対する抗体はコスモ・バイオ社などから購入可能である．cDNAについては，単離した研究者より入手するのが適当である．ヒトやマウスのcDNAについてはライフテクノロジーズ社やOpen Biosystems社（代理店フナコシ社），GeneCopoeia社（代理店コスモバイオ社）などから購入可能な場合もある．

【データベース（EMBL/GenBank）】
ヒト：NM005732（RAD50），NM_002875，NM_133487，NM_001164269，NM_001164270（RAD51），NM_007068（DMC1），NM_005590，NM_005591（MRE11A），NM_002877，NM_133509，NM_133510〔RAD51B（RAD51L1）〕，NM_002876，NM_058216（RAD51C），NM_002878，NM_133629，NM_001142571〔RAD51D（RAD51L3）〕，NM_134424（RAD52），NM_003579，NM_001142548（RAD54L），NM_012415，NM_001205262，NM_001205263（RAD54B），NM_007294，NM_007297〜NM_007300（BRCA1），NM_000059（BRCA2），NM_005431（XRCC2），NM_005432，NM_001100118，NM_001100119（XRCC3），NM_002485〔NBN（NBS1）〕

マウス：NM_009012（Rad50），NM_011234（Rad51），NM_010059（Dmc1），NM_018736（Mre11a），NM_009014，NM_001252562〔Rad51l1（Rad51b）〕，NM_053269（Rad51c），NM_011235〔Rad51l3（Rad51d）〕，NM_011236，NM_001166381〜NM_001166383（Rad52），NM_009015，NM_001122958，NM_001122959（Rad54l），NM_001039556（Rad54b），NM_009764（Brca1），NM_009765，NM_001081001（Brca2），NM_020570（Xrcc2），NM_028875（Xrcc3），NM_013752（Nbn）

Keyword
❻ DNA損傷チェックポイント

▶英文表記：DNA damage checkpoint

1）イントロダクション

DNA損傷チェックポイントは，DNA傷害を認識，シグナルを増幅しながらエフェクター分子へと伝達し，細胞周期進行を停止させることで損傷の修復を図る機構である．また損傷が修復不能な場合はアポトーシスを誘導し，不良細胞の排除を行う．またDNA複製チェックポイントはヌクレオチドプールの枯渇や損傷による複製フォークの停止などの異常を認識し，同様に複製フォークの回復を行う．2つの機構は互いに機能的にオーバーラップしながら，ゲノムの不安定性を抑制することで遺伝情報の維持に重要な働きを担う．DNA損傷チェックポイントの詳細なシグナル伝達経路は複雑で不明な部分も多いが，反応の概略と関与する主要なタンパク質を図5にまとめた．

2）分子構造・立体構造

DNA損傷チェックポイントを構成するタンパク質群の多くは酵母からヒトまでよく保存されている[26]．RAD9，RAD1，HUS1は，PCNAとよく似た構造の環状ヘテロ三量体（9-1-1複合体）を形成し，クランプとして機能する．RAD1は$3'→5'$エキソヌクレアーゼドメインをもつ．RAD17はRFC様タンパク質であり，RFCと似たRAD17–RFC2〜5のヘテロ五量体からなるクランプローディング複合体を形成し，9-1-1複合体をRPAの結合した損傷部位に導入する．損傷認識とシグナル発信に働くATM，ATR両キナーゼは300 kDaを超える巨大タンパク質でありPI3キナーゼドメインをC末端にもつ[27][28]．ともにC末端側に活性調節にかかわるFAT（FRAP/ATM/TRRAP）とFATC（FAT carboxy-terminal）と呼ばれるドメインが存在する．ATMは通常はホモダイマー（不活化型）で存在するが，DNA損傷時には自己リン酸化によって解離して活性化する（図5）．コイルドコイルドメインをもつATRIPはATRと複合体を作り，損傷DNAへの結合に関与する．以上のタンパク質群は酵母の遺伝子名にちなんで「チェックポイント

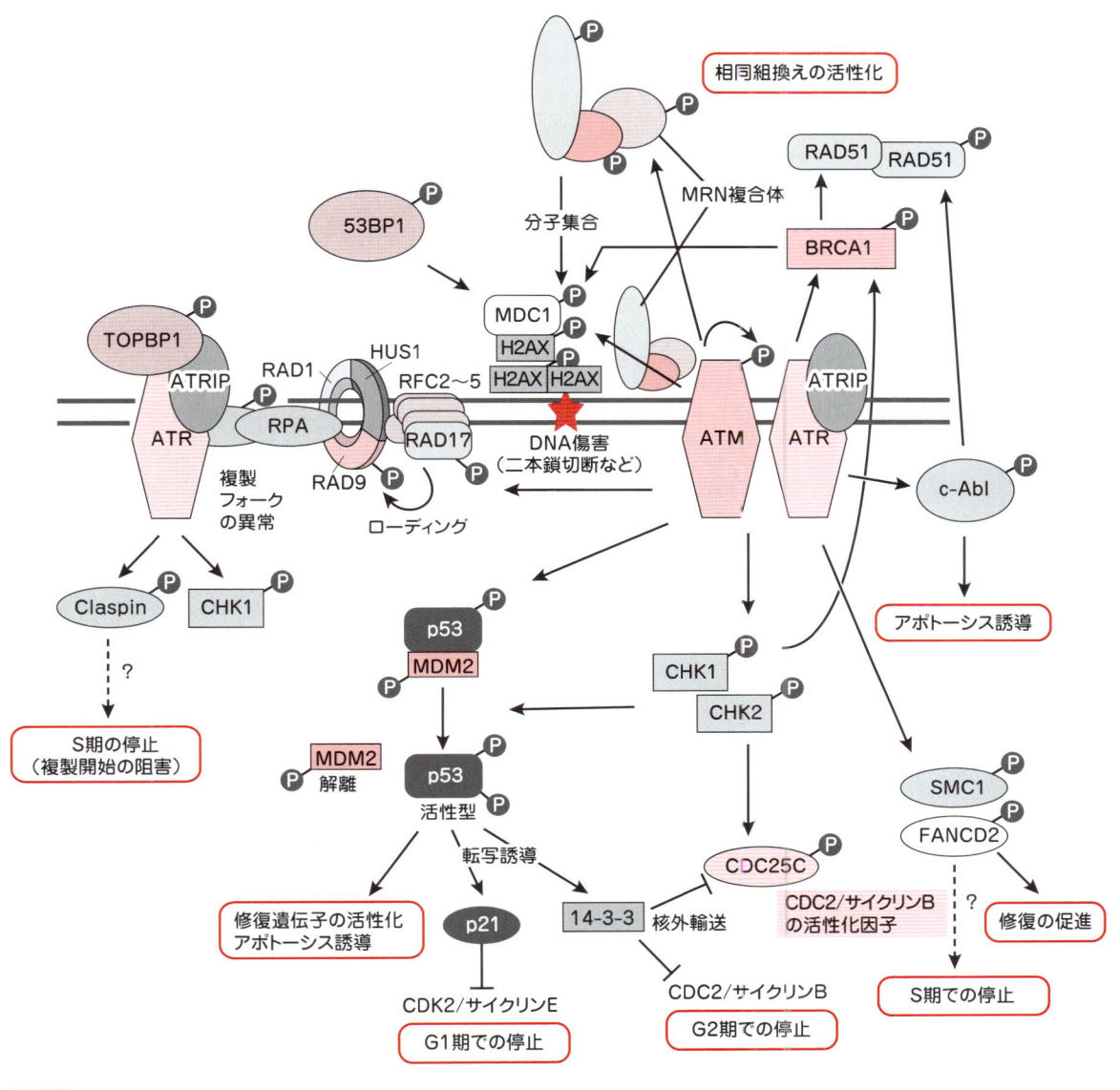

図5　DNA損傷チェックポイントにおけるシグナル伝達

高等真核生物におけるDNA損傷チェックポイントにおけるシグナル伝達の一部を示した（図左側の一部，DNA複製チェックポイントを含む）．DNA損傷によるチェックポイントの発動により，細胞周期進行の停止，アポトーシスの誘導，修復遺伝子の活性化，ストレス応答の誘導，相同組換えの活性化などが起こる（詳細は本文を参照のこと）．MDM2はp53の阻害因子であり，チェックポイントキナーゼの活性化に伴うリン酸化により，p53より解離してp53が活性化される．SMC1は染色体接着因子のサブユニット，またFANCD2はファンコニー症候群に関与するFA遺伝子産物の1つであり，ともにATMやATRによりリン酸化され，染色体修復の促進やFA経路の制御を介してSチェックポイントに関与すると考えられる．チェックポイントには，リン酸化のほかに，アセチル化やユビキチン化などの修飾も関与することが判ってきたが，この図では省略してある．

Rad」と呼ばれることもある．ATMには，Znフィンガードメインをもつ ATMIN（ASCIZ）[29]など，複数の調節因子が結合する．MDC1，53BP1（p53結合タンパク質），BRCA1，NBS1，TOPBP1（トポイソメラーゼII結合タンパク質）など損傷や複製異常シグナルを仲介するタンパク質にはBRCTドメインをもつものが多い．MDC1とNBS1にはリン酸化タンパク質の認識にかかわるFHA（forkhead-associated）ドメインが存在する．シグナルの増幅と伝達に働くCHK1（CHEK1）とCHK2（CHEK2）はチェックポイントに関与するセリン/スレオ

ニンキナーゼであり，リン酸化によって活性が制御されている．CHK2 は中央部にホモダイマー形成を介した活性調節にかかわる FHA ドメインをもつ．

3）発現様式

ATM, ATR とも主として核に局在する．ATM は胸腺，脾臓，精巣に比較的多く，放射線照射や細胞周期によるタンパク質量の変動はみられない．ヒト CHK1, CHK2 遺伝子の発現は広範な組織でみられるが，精巣，胸腺，小腸での発現レベルが高い．増殖細胞では G1 後期から徐々に発現が増加し，G2/M 期で高い発現を示す．損傷認識や情報伝達に関与する MRE11, H2AX（ヒストン H2A バリアント），MDC1 などは核内の損傷部位に局在し，フォーカスを形成する．

4）ノックアウトマウスの表現型

Atr, Chk1, Rad1, Rad9, Hus1, Rad17, Topbp1 の各ノックアウトマウスは致死となる．Atm 欠損マウスでは AT 患者同様の成長遅延，修復欠損，不妊，免疫不全や神経症状がみられる．H2ax と Mdc1 のノックアウトマウスでも成長遅延，免疫不全，雄の不妊，染色体不安定化や修復欠損がみられる．Chk2 のノックアウトマウスは正常に発育するが，放射線によるアポトーシスがみられず，X 線損傷における p53 の制御に関与することが示唆されている．Chk1（＋/－）Chk2（－/－）マウスは高発がん形質を示したことから，両キナーゼが協調してがん抑制に働いていると考えられる．53bp1 欠損マウスは X 線高感受性と免疫不全を示し，p53 との二重欠損変異で T 細胞系の白血病が誘発される．

5）機能・疾病とのかかわり

損傷によるチェックポイントの活性化には，RAD17 などから構成される損傷認識クランプ・クランプローダー複合体，ATM, ATR—ATRIP 複合体，MRN（MRE11—RAD50—NBS1）複合体などが働くと考えられている．これらの因子が損傷部位に結合することで，ATM や ATR キナーゼが活性化され，下流の情報伝達分子をリン酸化するモデルが考えられている．ATM は損傷の，ATR は損傷と複製のチェックポイントに働く．各損傷がどのようにチェックポイントを活性化するか，その分子機構は必ずしも明確ではないが，二本鎖切断の場合，MRN 複合体と ATM が損傷部位に結合し，H2AX をリン酸化することによって，MDC1 がリクルートされ，さらに BRCA1 や 53BP1 などが集合して損傷部位に巨大な複合体を形成するモデルが考えられている[28]．複製のチェックポイントには，ATR—ATRIP と協調して，9-1-1 複合体，Claspin（酵母 Mrc1 ホモログ），TOPBP1 などが関与することが示唆されている[29]．キナーゼ下流の分子機構は複雑で不明な点が多いが，活性化されたキナーゼにより p53, BRCA1, CHK1, CHK2, RAD9, RAD17, MRE11, RAD50, NBS1, H2AX, TOPBP1, 53BP1, Claspin, c-Abl など多くのタンパク質がリン酸化を受け，その結果，損傷シグナルが増幅されるとともに，さらに下流の修復や複製，転写や細胞周期進行などの反応が制御されている．たとえば，リン酸化により活性型に変換した p53 は p21 を介した G1 期から S 期への進行停止やアポトーシスの誘導を引き起こす（第 2 部-5, 12 参照）．同じく活性化された CHK1, CHK2 キナーゼは CDC25C をリン酸化し，14-3-3 による核外排出を促進することで G2 期停止を起こす（第 2 部-1 参照）．NBS1, BRCA1, H2AX などのリン酸化は相同組換えの活性化に，ATM による c-Abl のリン酸化はアポトーシス誘導に関与すると考えられている．DNA 損傷ストレス応答には NF-κB 経路[30]や MAPK 経路[31]の関与が示唆されているが，チェックポイントとの関係についてはよくわかっていない（第 1 部-7，第 2 部-11 参照）．ATM の変異は高い放射線感受性や高発がん形質を示す毛細血管拡張性運動失調症（ataxia telangiectasia : AT）を引き起こす．DNA 損傷応答に異常を示す Seckel 症候群の患者に ATR の変異がみられている．BRCA1, NBS1, p53 など下流の遺伝子産物の変異は修復欠損や高発がん性を示す遺伝性疾患の原因となる（**5 相同組換え**を参照）．

【抗体・cDNA の入手先】

主なタンパク質に対する抗体はコスモ・バイオ社などから購入可能である．cDNA については，単離した研究者より入手するのが適当である．ヒトやマウスの cDNA についてはライフテクノロジーズ社や Open Biosystems 社（代理店フナコシ社），GeneCopoeia 社（代理店コスモバイオ社）などから購入可能な場合もある．

【データベース（EMBL/GenBank）】

ヒト：NM_000051（ATM），NM_001184（ATR），NM_001274, NM_001114121, NM_001114122, NM_001244846〔CHEK1（CHK1）〕, NM_007194, NM_145862, NM_001005735〔CHEK2（CHK2）〕, NM_014641（MDC1），NM_005657, NM_001141979, NM_001141980（TP53BP1），NM_002105（H2AFX），NM_032166, NM_130384（ATRIP），NM_002873, NM_133338〜133344（RAD17），NM_002853（RAD1），NM_004584,

NM_001243224（RAD9A）, NM_152442（RAD9B）, NM_004507（HUS1）

マウス：NM_007499（Atm）, NM_019864（Atr）, NM_007691〔Chek1（Chk1）〕, NM_016681〔Chek2（Chk2）〕, NM_001010833（Mdc1）, NM_013735（Trp53bp1）, NM_010436（H2afx）, NM_172774（Atrip）, NM_011233, NM_001044371（Rad17）, NM_011232（Rad1）, NM_011237（Rad9）, NM_144912（Rad9b）, NM_008316（Hus1）

参考文献

1) 吉田松生, 花岡文雄：生化学, 74：183-186, 2002
2) Waters, L. S. et al.：Microbiol. Mol. Biol. Rev., 73：134-154, 2009
3) Lange, S. S. et al.：Nat. Rev. Cancer, 11：96-110, 2011
4) Masutani, C. et al.：Nature, 399：700-704, 1999
5) Bell, S. P.：Genes Dev., 16：659-672, 2002
6) Bell, S. P. & Stillman, B.：Nature, 357：128-134, 1992
7) Bicknell, L. S. et al.：Nat. Genet., 43：356-359, 2011
8) Guernsey, D. L. et al.：Nat. Genet., 43：360-364, 2011
9) Masai, H. et al.：Annu. Rev. Biochem., 79：89-130, 2010
10) Zhong, W. et al.：Nature, 423：885-889, 2003
11) Wohlschlegel, J. A. et al.：Am. J. Pathol., 161：267-273, 2002
12) Shima, N. et al.：Nat. Genet., 39：93-98, 2007
13) Ishimi, Y.：J. Biol. Chem., 272：24508-24513, 1997
14) Feng, D. et al.：Cancer Res., 63：7356-7364, 2003
15) Volkening, M. & Hoffmann, I.：Mol. Cell. Biol., 25：1560-1568, 2005
16) Lutzmann, M. & Méchali, M.：Mol. Cell, 31：190-200, 2008
17) Del Bene, F. et al.：Nature, 427：745-749, 2004
18) Hanawalt, P. C & Spivak, G.：Nat. Rev. Mol. Cell Biol., 9：958-970, 2008
19) 『DNA複製・修復がわかる（わかる実験医学シリーズ）』（花岡文雄/編）, 羊土社, 2004
20) Wijnhoven, S. W. et al.：Mutat. Res., 614：77-94, 2007
21) Heyer, W. D. et al.：Annu. Rev. Genet., 44：113-139, 2010
22) Huen, M. S. et al.：Nat. Rev. Mol. Cell Biol., 11：138-148, 2010
23) O'Donovan, P. J. & Livingston, D. M.：Carcinogenesis, 31：961-967, 2010
24) Brugmans, L. et al.：Mutat. Res., 614：95-108, 2007
25) Deans, A. J. & West, S. C.：Nat. Rev. Cancer, 11：467-480, 2011
26) Carr, A. M.：DNA Repair（Amst）, 1：983-994, 2002
27) Derheimer, F. A. & Kastan, M. B.：FEBS Lett., 584：3675-3681, 2010
28) Cimprich, K. A. & Cortez, D.：Nat. Rev. Mol. Cell Biol., 9：616-627, 2008
29) Kanu, N. & Behrens, A.：EMBO J., 26：2933-2941, 2007
30) Miyamoto, S.：Cell Res., 21：116-130, 2011
31) Thornton, T. M. & Rincon, M.：Int. J. Biol. Sci., 5：44-51, 2009

参考図書

◆ 『キーワードで理解する　細胞周期イラストマップ』（中山敬一/編）, 羊土社, 2005
◆ 『ゲノムの複製と分配』（松影昭夫, 正井久雄/編）, シュプリンガー・フェアラーク社, 2002
◆ 『ゲノムの修復と組換え―原子レベルから疾患まで―』（花岡文雄, 他/編）, シュプリンガー・フェアラーク社, 2003
◆ 『DNA修復ネットワークとその破綻の分子機構』（安井 明, 他/編）, 蛋白質核酸酵素増刊, 46, 共立出版, 2001

第2部 キーワード解説　生命現象からみたシグナル伝達因子

4 がん① がん遺伝子
oncogenes

岡田雅人

Keyword ①EGF受容体　②Src　③Abl　④Ras　⑤PI3K　⑥Akt　⑦Myc

概論 Overview

1. がん遺伝子とシグナル伝達

　がん遺伝子（oncogene）とは，がん化を誘発する能力をもった遺伝子の総称である．元々は正常遺伝子（原がん遺伝子：proto-oncogne）であり，遺伝子変異による構造変化や過剰発現によってがん化能を獲得した変異遺伝子が「がん遺伝子」と定義される．これまでに原がん遺伝子として同定された遺伝子は優に200を超え，それらの原がん遺伝子の多くが，細胞の増殖，分化，生存のシグナル伝達にかかわるきわめて重要な遺伝子である．特に，受容体型/非受容体型チロシンキナーゼやセリン/スレオニンキナーゼ，転写制御因子に属するものが多い．こうしたシグナル伝達経路で機能する原がん遺伝子産物の多くは，シグナルの分子スイッチとして機能する．それらのスイッチ機能が破綻したり，あるいは発現が過剰になるような変異が生じた場合に，増殖シグナルが恒常的に活性化して，コントロールが効かない細胞増殖や細胞形質の転換が起こる．本稿では，ヒトがんでの寄与が大きい，受容体（EGFR）（受容体型チロシンキナーゼ）（→Keyword①），Src/Abl（非受容体型チロシンキナーゼ）（→Keyword②③），Ras（Gタンパク質）（→Keyword④），PI3K（非タンパク質キナーゼ）（→Keyword⑤），Akt（セリン/スレオニンキナーゼ）（→Keyword⑥），Myc（転写制御因子）（→Keyword⑦）というがん化シグナル伝達経路の王道をたどる（イラストマップ）．

2. 原がん遺伝子からがん遺伝子へ

　原がん遺伝子からがん遺伝子への変異には大別して4つの機構がある．1つは，タンパク質コード領域における点変異によるアミノ酸の置換である．Rasは，ヒトのがんの多くで点変異が認められ，1つのアミノ酸置換（Gly12からVal12など）によりGTP分解活性を失い，スイッチが常にONとなってシグナル経路を恒常的に活性化する．2つ目は，点変異が発現制御領域に生じて，タンパク質の産生が異常に亢進するケースである．3つ目は，遺伝子自体が増幅するケースで，転写因子c-mycや受容体型チロシンキナーゼのEGFR，FGFRなどで高頻度に検出されている．4つ目は，染色体相互転座により，別の遺伝子の発現制御領域の支配下に入る場合や，別の遺伝子と融合したタンパク質が大量に産生されるケースである．バーキットリンパ腫においては，myc遺伝子が免疫グロブリンIgH鎖のエンハンサーの支配下におかれることによって，Mycタンパク質が大量に産生されることががん化の原因となっている．非受容体型チロシンキナーゼであるc-Ablの場合が後者の融合タンパク質産生のケースで，染色体相互転座によりBCRとc-Ablとの融合タンパク質（BCR-ABL）が高いレベル発現することがある種の白血病の原因となっている．受容体型チロシンキナーゼでも融合タンパク質となって恒常的に活性化することもあり，近年国内でも，受容体型チロシンキナーゼALKとEML4との融合タンパク質の産生が肺がんで見い出され注目を浴びている．

3. 臨床応用と今後の展望

　シグナル伝達にかかわるがん遺伝子が産生するタンパク質は，有効な抗がん剤の分子標的候補となる．これま

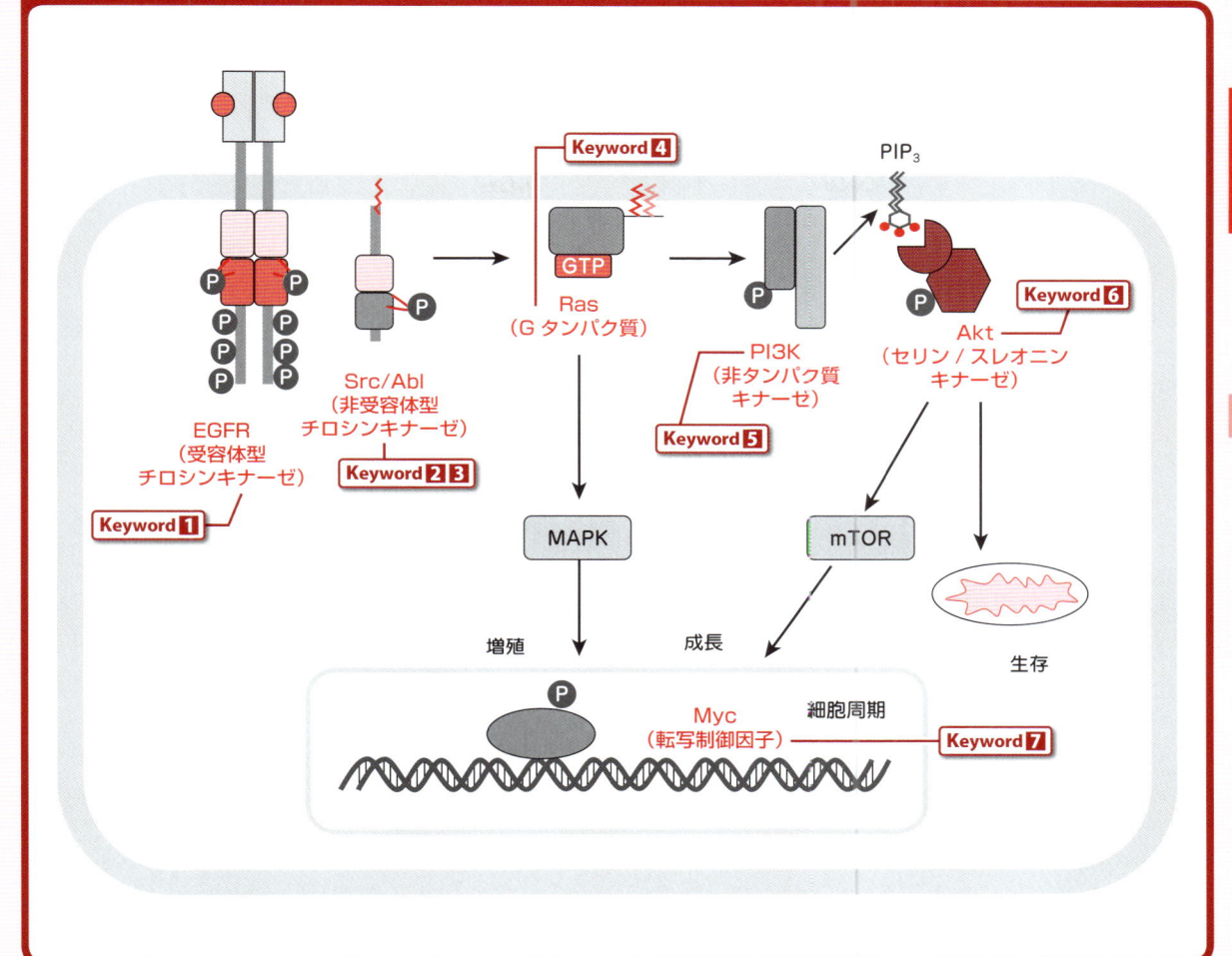

イラストマップ　がん化にかかわる主要なシグナル分子

でに，BCR-ABLに特異的な阻害剤として開発されたグリベック®（イマチニブ）は，白血病（CMLやALL）の治療においてその高い有効性が示されている．最近，グリベック®に耐性な再発性のがん治療において，AblとSrcの両者を強く阻害するスプリセル®（ダサチニブ）の有効性が認められ，すでに臨床応用されている．ALK-EML4融合タンパク質に対する有効な阻害剤もすでに開発されつつある．また，EGFRの阻害剤であるイレッサ®（ゲフィチニブ）もあるタイプの肺がんには有効であり，EGFRファミリーのHER2に対する抗体（ハーセプチン®）も乳がんの治療に用いられている．分子標的薬は常に副作用が問題となるが，がん遺伝子産物の分子構造レベルでの解析をもとにした精密な創薬研究によりさらに新たな治療薬の開発がこれからも続けられると思われる．

キーワード解説

Keyword 1 EGF受容体（受容体型チロシンキナーゼ）

▶英文表記：epithelial growth factor receptor

1) イントロダクション

EGF受容体（EGFR，別名：ErbB-1）およびそのファミリー分子については，さまざまなヒトのがんにおいて高頻度で遺伝子変異が認められ，がん発症と非常に強い関連性があるシグナル分子である[1)2)]．EGFRを分子標的とした抗がん剤の開発が続々と進められてきている．EGFRの基本的なシグナル伝達機構については，第1部-3も参照されたい．

2) 構造と機能

EGFR（ErbB-1/HER1）は，4種類のアイソフォーム（ErbB-1/2/3/4）の組合せでできるEGF様増殖因子受容体の1つである．EGF様増殖因子としては，EGF，TGF-α，HB-EGF，アンフィレギュリン，エピレギュリン，β-セルリンNRG-1/2/3/4等があるが，EGFRにはEGF，TGF-α，HB-EGF，アンフィレギュリンが作用する．ヒト乳がんで遺伝子増幅が高頻度で認められるHER2（ErbB-2）は，それ自身のリガンドはまだ同定されていないが，EGFRと二量体を形成して機能すると考えられている（図1A）．EGFRのリガンド結合ドメインにEGFが結合すると構造変化が惹起され，リガンド結合部位とは反対側の領域で相互作用することにより，EGFRは二量体化する．それに伴って細胞内ドメイン同士も相互作用するが，EGFRの場合は非対称な相互作用となり，片方がアロステリックに作用して他方を活性化するというモデルが提唱されている（図1B）．その後，活性化ループ内のチロシン残基（Tyr845）が自己リン酸化されることによって活性型がロックされ，さらにC末端領域の複数箇所（Tyr1068/1086など）がリン酸化されることによって，種々のアダプターやエフェクタータンパク質をリクルートする．リン酸化チロシンを認識するSH2やPTBドメインをもつ分子が（Grb2，Shc，RasGAP，PLC-γ，STATsなど），それぞれの受容体のタイプや細胞の種類および状態に応じて特異的に会合し，多様な細胞内シグナルカスケードを活性し細胞応答を引き出す（図1A）．下流のシグナル経路については，各分子について

A)

EGFR/EGFR (ErbB-1/ErbB-1)
EGF
TGF-α
HB-EGF
アンフィレギュリン

EGFR/HER2 (ErbB-1/ErbB-2)
HB-EGF
エピレギュリン
β-セルリン

アダプターやエフェクター			
Grb2	RasGAP	Src	PI3K
Crk	Vav	Abl	SHP-1
Nck	STATs	Syk	PLC-γ
Shc	Gab-1	Jak2	

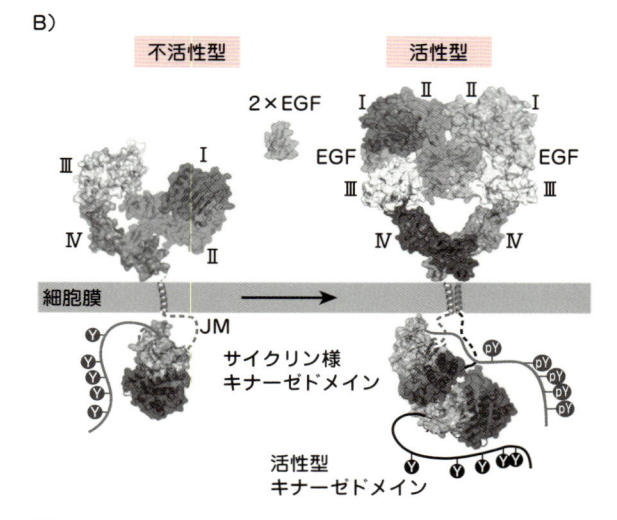

B)

不活性型　　活性型

2×EGF

細胞膜
JM
サイクリン様キナーゼドメイン
活性型キナーゼドメイン

図1 EGFRの構造と機能
A) EGFRおよびHER2の二量体．B) EGFRの立体構造と活性化機構（文献3より転載）

の解説を参照されたい.

3) ノックアウトマウスの表現型
EGFR (ErbB-1): 生後8日目まで生存し, 表皮, 肺, 消化器官などの上皮組織の発達不全を呈する.

ErbB-2: 胎生11日未満に致死性を示し, 神経および心臓の形成不全を呈する.

4) がんとのかかわり
EGFR (ErbB-1) は, 肺がんなど多様なヒトがんにおいて遺伝子増幅による過剰発現が認められ, また, グリオーマや肺がん, 乳がんなどでは細胞外リガンド結合ドメインを欠失した恒常活性化型変異体が発現している. 乳がんではHER2 (ErbB-2) の遺伝子増幅も高頻度 (30%) で認められている. さらに, EGFRに結合する増殖因子 (TGF-α, NRG, HB-EGFなど) の産生が増大しているがん腫もあり, 自己分泌性のがん悪性化スパイラルを形成している. したがって, これら変異EGFRを標的とした分子治療薬が続々と開発されている. EGFRチロシンキナーゼ活性阻害剤であるイレッサ®(ゲフィチニブ) は手術不能または再発非小細胞肺がんに, タルセバ®(エルロチニブ) は切除不能な再発・進行性でがん化学療法施行後に増悪した非小細胞肺がんに, タイケルブ®(ラパチニブ) はHER2過剰発現が確認された手術不能または再発乳がん用いられている. また抗EGFR抗体であるアービタックス®(セツキシマブ) は, EGFR陽性の治癒切除不能な進行・再発の結腸・直腸がんに, 抗HER2抗体ハーセプチン®(トラスツズマブ) はHER2陽性で他の薬物での治療後に拡がった乳がんの治療に用いられている.

【抗体・cDNAの入手先】
抗EGFR抗体は, Cell Signaling Technology社をはじめとする多数の会社から発売されている. 活性化状態を認識するリン酸化部位特異的抗体も入手可能. cDNAは, 理研バイオリソースセンター (http://www.brc.riken.jp/) から入手可能.

【データベース】
<NCBI Gene>
"EGFR" (http://www.ncbi.nlm.nih.gov/gene/1956)
<GenBank>
Human EGFR protein (NP_005219)
Human EGFR cDNA (NM_005228)

Keyword
2 Src (非受容体型チロシンキナーゼ)

1) イントロダクション
Srcは, ラウス肉腫ウイルスより見い出された最初のがん遺伝子 (v-src) であり, また原がん遺伝子 (c-src) である. さらに, 最初に同定されたチロシンキナーゼでもある. Srcの発見によってがん化のメカニズムおよびシグナル伝達機構の研究が爆発的に進展したことにより, src遺伝子はかつて「mother of oncogene」と称された. ヒトのがんにおいては, 何故か遺伝子の変異がないとされているが, その機能亢進や他のがん遺伝子と共役することによって浸潤・転移など主にがん悪性化形質の発現にかかわることが認められている[4)5)]. c-Srcは, 高等動物では8種 (c-Src, Fyn, cYes, Lyn, Lck, Blk, c-Fgr, Hck) から成るSrcファミリーのメンバーである. 各メンバーの発現には組織や細胞特異性があるが, 全体としては神経系や免疫系での発現レベルが高い. 本稿では, ヒトのがんとのかかわりが最もよく解析されているc-Srcについて紹介する.

2) 構造と機能
c-Srcは, SH3, SH2, キナーゼドメインから成る非受容体型チロシンキナーゼであり, N末端に付加されたミリスチン酸を介して主に細胞膜に局在している. c-Srcは通常, C末端制御部位Tyr527がリン酸化されて不活性型構造がロックされた状態にあるが, 増殖因子刺激 (EGFRなど) や接着刺激 (インテグリンなど) を受けると, 活性化したアダプター分子などとの相互作用により活性化する. c-Srcの構造的特徴および活性制御機構の詳細については, 第1部-3を参照されたい.

c-Srcの機能は多様であり, 恒常活性型のSrc変異体を培養細胞に発現させるだけで増殖促進, 細胞骨格再編, 運動性亢進, 浸潤・転移能獲得などがんの形質のほとんどが発現することから, 複数のシグナル伝達系の制御にかかわることが明らかになっている (図2). 重要な基質としては, 細胞接着, 運動制御にかかわるFAKチロシンキナーゼやCas, Shcなどのアダプタータンパク質, 細胞骨格制御や細胞間接着制御を担う裏打ちタンパク質 (カテニン類, コルタクチン, ビンキュリンなど) や低分子量Gタンパク質の制御因子であるGEFやGAPタンパク質, 細胞増殖や生存にかかわるシグナル分子 (Rafや

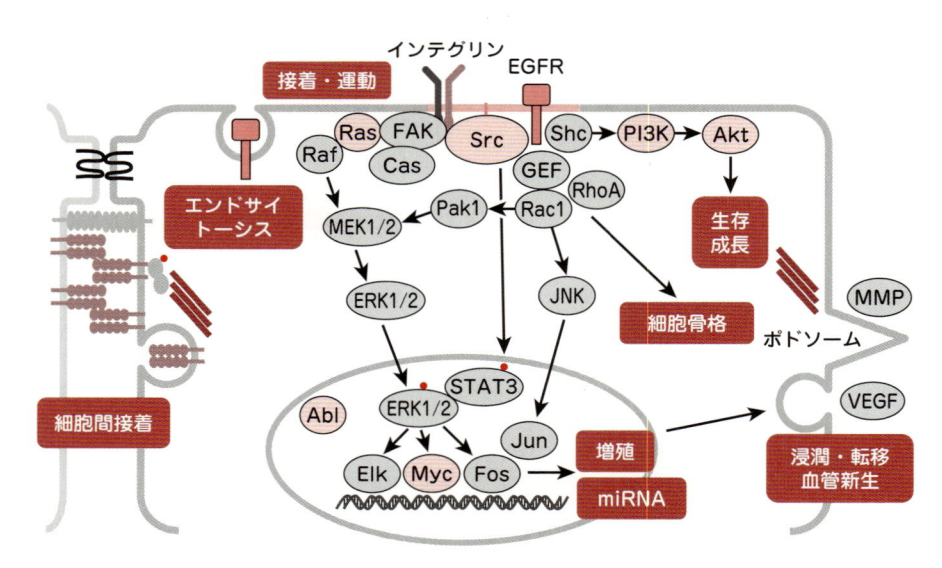

図2 Srcが関与する生命現象とシグナル経路

PI3Kなど）など枚挙にいとまがない．その多様な作用により，特定の経路を制御するというよりも細胞全体の機能や形質を一定の方向（独立して増殖，成長，生存できるがん化の方向？）にシフトするための指揮官的な機能をすると考えられている．

c-Srcは，N末端に付加されたミリスチン酸を介してコレステロールやスフィンゴ脂質が濃縮された膜ミクロドメイン（ラフト）に局在することも特徴的である（図3）．ラフトにはCskの膜アダプタータンパク質Cbp（Csk binding protein）が存在するが，Srcが活性化するとCbpをリン酸化して自らもCbpに結合する．そのリン酸化CbpにCskもリクルートされ，ラフト内のCbp上でSrcを効率よく不活性化するというネガティブフィードバック制御機構の存在が示された[6)7)]．また，多くのがんでCbpの発現が抑制されていることから，がんにおいてSrcの機能が亢進する原因としてCbpの発現低下が寄与することが示唆されている．さらに，コレステロールを膜から引き抜いてラフトを破壊するだけでSrcによるがん化能が亢進することが観察され，Srcによるがん化シグナルはラフトの外部から発信されることが明らかとなってきている[8)]．このことは，「コレステロールレベルを維持することががん化のリスクを下げる」ことを支持する実験的証拠の1つと考えられている．

3）ノックアウトマウスの表現型

c-Src：正常に生まれるが，破骨細胞の骨吸収能の低

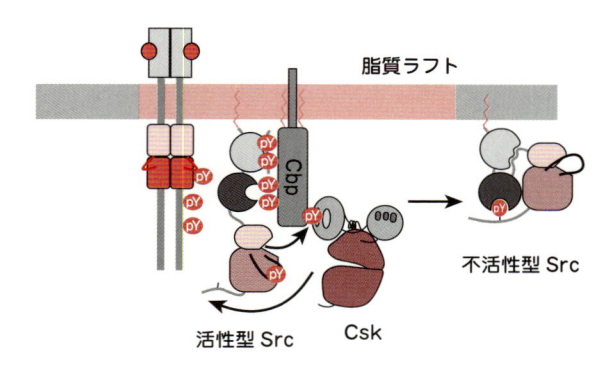

図3 脂質ラフトを介するc-Srcの制御機構

下により骨大理石病を発症．

c-Src/Hckダブルノックアウト：
　　　　　　　　　　より重篤な骨大理石病を発症．
c-Src/Fynダブルノックアウト：胎生致死．
c-Src/Fyn/Yesトリプルノックアウト：胎生致死．

4）がんとのかかわり

c-Srcは，最初に同定された原がん遺伝子であるにもかかわらず，ヒトのがんにおいては，*SRC*遺伝子における点変異や遺伝子増幅，転座などのゲノムレベルの変異はないとされている．しかしながら，Srcタンパク質の発現量や比活性が大腸がんをはじめとする多くのヒトがんで亢進していることが認められ，その高い活性が，細胞の増殖，生存，運動能，浸潤・転移能，血管新生など

がんの主要な形質の発現に寄与するとされている[4)5)]．Srcタンパク質の発現量や比活性の亢進のメカニズムに関しては，がん化に伴うタンパク質分解系の破綻，Srcの活性制御系の破綻など，間接的な原因が示唆されているがまだ決定的ではない．なぜ，遺伝子変異がないのかも未だに大きな疑問であり，変異細胞が細胞競合現象によりむしろ排斥されるという説もあるが，これからの課題である．しかし，Src自体に変異がなくても上流のがん遺伝子に変異した受容体型チロシンキナーゼの機能発現には重要な役割を担うことや，後述するBCR-ABLのがん化にも協調的に機能することが知られており，Srcががん化シグナル分子として重要であることには変わりはない．実際，後述するグリベック®耐性CMLの治療にABLとSRCを共に強力に阻害するスプリセル®（ダサチニブ）が有効であることから，Srcがヒトのがんにおいても分子標的となることで再び注目されている．

【抗体・cDNAの入手先】
抗Src抗体は，Cell Signaling Technology社をはじめとする多数の会社から発売されている．活性化状態を認識するリン酸化部位特異的抗体も入手可能．cDNAは，理研バイオリソースセンター（http://www.brc.riken.jp/）から入手可能．

【データベース】
<NCBI Gene>
"SRC"（http://www.ncbi.nlm.nih.gov/gene/6714）
<GenBank>
Human SRC protein（NP_005408）
Human SRC cDNA（NM_005417）

3 Abl（非受容体型チロシンキナーゼ）

1）イントロダクション
Ablもトリに白血病を誘発するAbelsonレトロウイルスのがん遺伝子v-ablの産物として発見され，その原がん遺伝子産物がc-Ablである．ヒトの白血病の発症に深くかかわり，その原因となるBCRタンパク質との融合タンパク質BCR-ABLについて詳しい解析がなされているのでその概要を紹介する．

2）構造と機能
図4Aに主要なc-Ablタンパク質（Abl-1b型）の構造の概略を示す．N末端側のキナーゼドメインまでは，Srcとよく似たドメイン配置（SH3-SH2-キナーゼ）となっており，Src同様N末端にミリスチン酸が付加されている．C末端領域にDNA結合ドメインとアクチン結合ドメイン，および核移行シグナル（NLS）があり，c-Ablの機能を特徴付ける構造となっている．構造解析の結果より，c-Ablもc-Srcと同様の分子内ドメイン間相互作用で活性制御されることが明らかとなった．ただしc-Ablの場合には，N末端のミリスチン酸残基がキナーゼドメイン内の疎水性ポケットに入り込むことによって不活性型の構造がロックされるというユニークな機構が提唱されている（図4B）[9)]．活性化したアダプターなどとの相互作用により，そのロックが開放されることで活性化するが，通常は活性が低く保たれている．

c-Ablの機能もSrc同様多様であり，核内でも機能する点がチロシンキナーゼとしては特徴的である．c-Ablの基質としてアクチンやチューブリンなどの細胞骨格の再編の制御にかかわるタンパク質（WASF，WASLなど）や，細胞の運動や接着の制御にかかわるタンパク質（CRK，CAS，Srcなど），受容体のエンドサイトーシス関連タンパク質（EGFR，カベオリン，CBLなど），さらに，DNA修復やアポトーシス関連タンパク質（ATM，ATR，RAD51，MDM2，P53，P73など）が同定されている[10)]．Srcとも機能的な関連性があり，お互いにリン酸化しあって活性化するポジティブフィードバックループを形成するとの報告もある[10)]．

3）ノックアウトマウスの表現型
c-Abl-1：多面的な発生異常を示す．成獣にまで成長したマウスでは，リンパ球（T細胞およびB細胞）の減少が認められる．

c-Abl-1/c-Abl-2ダブルノックアウト：神経上皮細胞の異常と神経管の閉塞異常を伴って胎生致死となる．

4）がんとのかかわり
ヒト骨髄性慢性白血病（CML）では，フィラデルフィア染色体と呼ばれる第9番染色体と第22番染色体の相互転座が生じる（図4C）．この染色体相互転座により，ABL遺伝子とBCR遺伝子が融合したBCR-ABL遺伝子が新たに形成され，BCR-ABLタンパク質（p210）が産生される．急性リンパ性白血病（ALL）においてもフィラデルフィア染色体陽性（Ph+）のケースではBCR-ABL（p185）が産生される．Ablの活性制御にかかわるN末端部分（ミリスチン化部位とCapドメインと呼ばれ

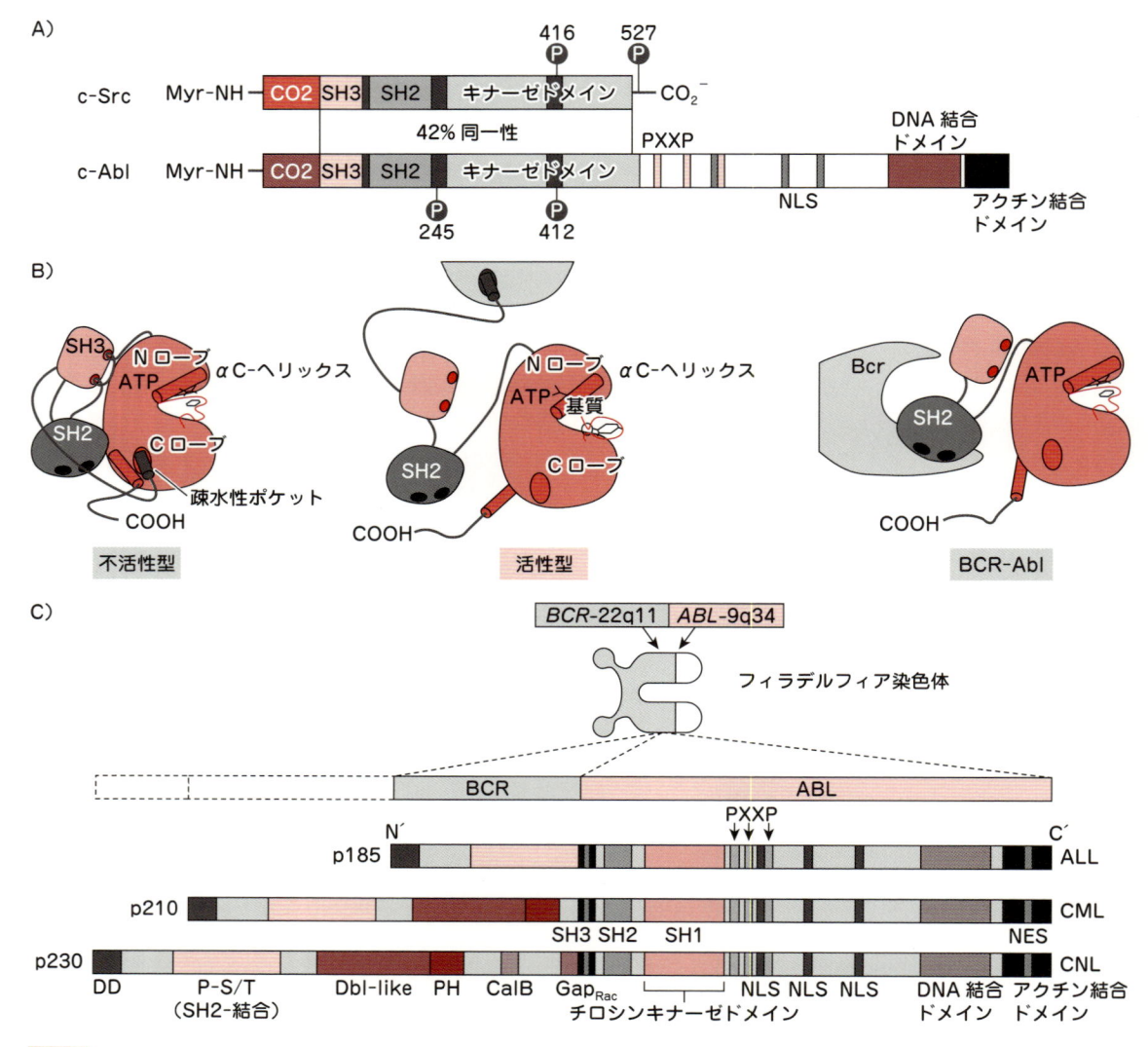

図4 c-Ablの構造と活性制御

A) c-Srcとc-Ablの構造比較. B) c-Ablの活性制御機構とBCR-Ablの活性化機構. C) BCR-Ablの構造

る領域）の代わりにBCRのN末端部分が融合することにより，ミリスチン酸によるロックが解除されることによって恒常的に活性化し，がん化が誘導されると考えられている（図4BC)[11]．また，BCRタンパク質を介してタンパク質が多量体化して分子間自己リン酸化が亢進することも活性化に寄与する．さらに，BCR-ABLタンパク質が核外に輸送されることも，DNA修復機能を低下させることによって，がん化に促進的に働くとされている．がん遺伝子BCR-ABLの基質としては，CDK阻害因子p27や増殖シグナル阻害因子DOK1/2/3が同定され，これらのリン酸化による増殖制御破綻ががん化促進にかかわると考えられている．また，BCR-ABLの発がん能には，後述するRasの活性化を担うGrb2-SOSとの会合が必須とされている．

概論で触れたように，BCR-ABLの特異性の高い阻害剤グリベック®（イマチニブ）が，CMLやPh+ALLの有効な治療薬として用いられている．グリベック®はチロシンキナーゼのATP結合部位の構造に合わせて分子デザインされた物質の誘導体であり，BCR-ABLのキナーゼドメインのATP結合部位に競合的に結合し，その結果

として基質のリン酸化に続くシグナル伝達を阻害する．これにより，細胞増殖が抑制され，アポトーシスが誘導されCML細胞が選択的に傷害されるとされている．グリベック®はきわめて有効であるがあくまでも寛解であり，グリベック®耐性となったがんが再発することが多々ある．そのグリベック®耐性CMLの治療にABLとSRCを共に強力に阻害するスプリセル®（ダサチニブ）が有効であることが示され，すでに臨床に供されている[12]．

【抗体・cDNAの入手先】
抗Abl抗体は，Cell Signaling Technology社をはじめとする多数の会社から発売されている．活性化状態を認識するリン酸化部位特異的抗体も入手可能．cDNAは，理研バイオリソースセンター（http://www.brc.riken.jp/）から入手可能．

【データベース（NCBI Gene・GenBank）】
"ABL1"（http://www.ncbi.nlm.nih.gov/gene/25）
Human ABL1 protein（NP_005148）
Human ABL1 cDNA（NM_005157）

Keyword
4 Ras（GTP結合タンパク質）

1）イントロダクション
ras遺伝子は，ラットに肉腫を作るウイルス（Harvey and Kirsten sarcoma viruses）から同定されたがん遺伝子であるが，実際のヒトの膀胱がんDNAからトランスフェクション法で単離された最初のヒトがん遺伝子でもある．ヒトのさまざまながんできわめて高頻度に変異が認められる最も重要ながん遺伝子の1つである．

2）構造と機能
Rasには，H-Ras，K-Ras 1/2，N-Rasの3種のタンパク質がある．いずれも約21kDaのモノマータンパク質であり，C末端のCAAXモチーフに付加されたファルネシル基（すべてのRas）およびパルミチル基（K-Ras 2以外，H-Rasは2本）を介して主に細胞膜に局在している．GDP結合型が不活性型であり，SOS（son of sevenless）などのGEF（guanine nucleotide exchange factor）の作用によってGTP結合型に変換する（図5A）．また，GAP（GTPase-activating protein）の作用により，内在性の弱いGTPase活性が著しく活性化されてGTPが加水分解され，再びGDP結合型に戻るというサイクルで活性が制御される．GTP結合により構造変化が生じ，エフェクターループと呼ばれる領域でRaf, PI3K（phosphatidylinositol 3-kinase），RalGEFなどのエフェクターと結合しそれらを膜にリクルートするとともに活性化して増殖シグナルを伝える働きがある．

多くのヒト腫瘍に認められるRasの変異体はそのスイッチ機構が破綻している．ヒト膀胱がん由来細胞から同定されたH-Rasでは，12番目のGlyのValへの点変異が発見された．その変異によって，RasGAPによるGTPaseの活性化を受けなくなり，結果としてRasを構成的に活性化状態（GTP結合状態）にすることが示された（図5A）．そのほかに，Gly12と同じくGTP結合ドメインに位置するGln61の変異もヒト腫瘍で認められ，同様なスイッチ機構の破綻によりがん化能を獲得することが知られている（図5BC）[12]．ちなみに，Ser17の人工的な置換（Asn）によりRasは活性を失い，「ドミナントネガティブ」型として研究に用いられている．

3）ノックアウトマウスの表現型
K-Ras：運動神経の細胞死の増加を伴う胎生12.5日から末期にかけての致死性を呈する．

H-Ras：見かけ上正常だが，皮膚がんの化学発がん実験に対し抵抗性を呈する．

N-Ras：見かけ上正常だが，T細胞の低応答性を呈する．

4）がんとのかかわり
すべての腫瘍の20～30％がRasに変異をもつとされており，膵臓がんではその約60％がK-Rasに変異をもつことが報告されている[13]．さらに，Srcの場合と同様に，Ras自らに変異がなくても上流のEGFRなどが活性化変異した場合には，その恒常的な活性を伝播することによってがん化にきわめて重要な役割を果たす．したがって，抗がん剤の分子標的として注目されるべききわめて重要な分子である．これまでに，Ras阻害剤として，Rasの機能発現に必要なC末端のファルネシル化を阻害する拮抗剤trans-farnesylthiosalicylic acid（サリラシブ）が開発され，細胞レベルおよびマウスを用いたin vivo実験では良好な結果が得られている．国内でも第1相試験が開始されているが，今後の進展を見守りたい．また，レオウイルスという弱毒性ウイルスが，Rasが活性化したがん細胞において特異的に複製され，最終的に腫瘍細胞を死滅させる能力をもつことが発見され，レオライシン®という商品名で臨床試験が進められている．

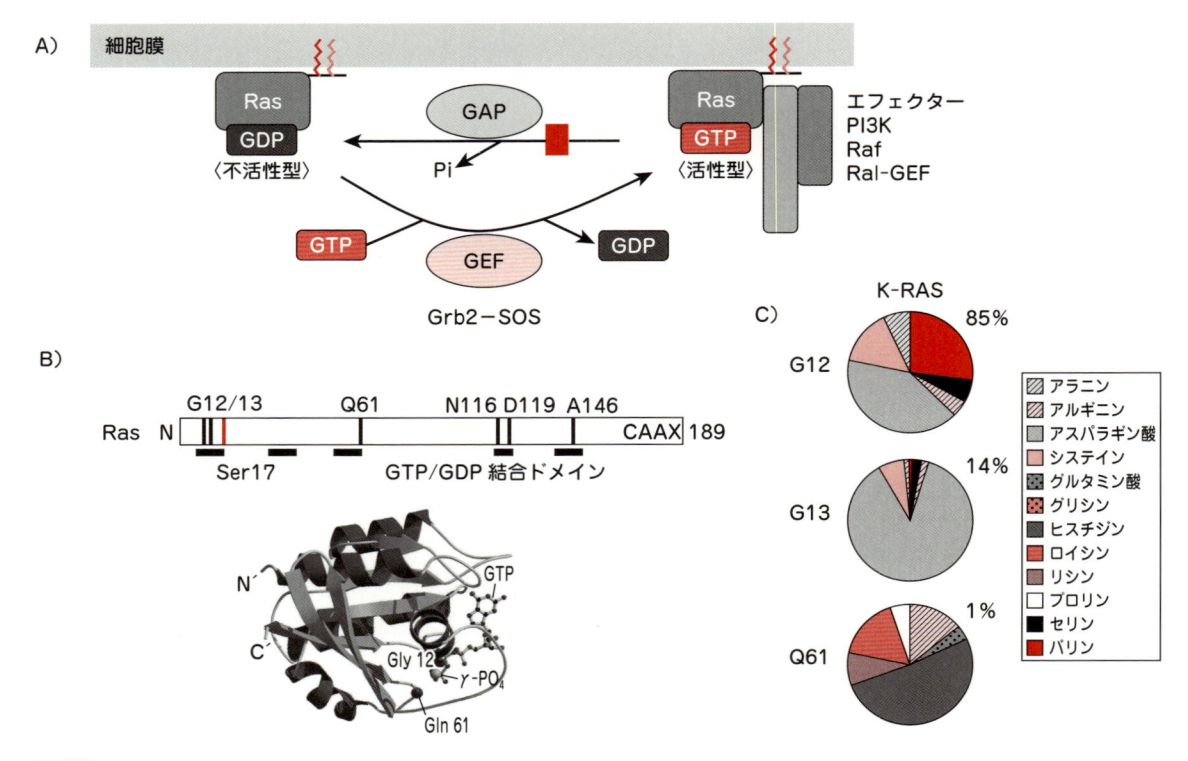

図5 Rasの構造と活性制御

A）Rasの活性調節機構．変異Rasでストップする反応を赤ブロックで示した．B）がんで点変異が生じるアミノ酸残基．GTP/GDP結合ドメインに集中（文献14より転載）．C）K-Rasで置換するアミノ酸の種類（文献13を元に作成）

「殺がんウイルス」という異名をもつ頼もしいウイルスの発見である．作用メカニズムに興味がもたれるが，今後に注目したい．

【抗体・cDNAの入手先】
抗RAS（H-, K-, N-）抗体は，Cell Signaling Technology 社をはじめとする多数の会社から発売されている．cDNAは，理研バイオリソースセンター（http://www.brc.riken.jp/）から入手可能．

【データベース】
<NCBI Gene>
"HRAS"（http://www.ncbi.nlm.nih.gov/gene/3265）
"KRAS"（http://www.ncbi.nlm.nih.gov/gene/3845）
"NRAS"（http://www.ncbi.nlm.nih.gov/gene/4893）
<GenBank>
Human HRAS protein（NP_005334），Human HRAS cDNA（NM_005343），Human KRAS protein（NP_004976），Human KRAS cDNA（NM_004985），Human NRAS protein（NP_002515），Human NRAS cDNA（NM_002524）

Keyword 5 PI3K（非タンパク質キナーゼ）

▶フルスペル：phosphoinositide 3-kinase

1）イントロダクション

細胞の増殖，分化，生存シグナルの制御にリン脂質代謝系を介したシグナル経路もきわめて重要な役割を果たす．特に，多様ながんに関与するヒト10番染色体上のがん抑制遺伝子として同定されたPTENがPI3キナーゼ（PI3K）の産物の脱リン酸化酵素であることや，がん遺伝子産物AktがPI3K下流の中心的なシグナル分子であることから，イノシトールリン脂質代謝を介したシグナル経路と発がんとのかかわりが注目されている[15]．ここでは，Rasのエフェクターでもある PI3K を紹介する．

2）構造と機能

PI3Kはイノシトールリン脂質のイノシトール環3位の水酸基を特異的にリン酸化する酵素であり，ホスファチジルイノシトール（PI），PI-4リン酸（PI4P），PI（4,5）

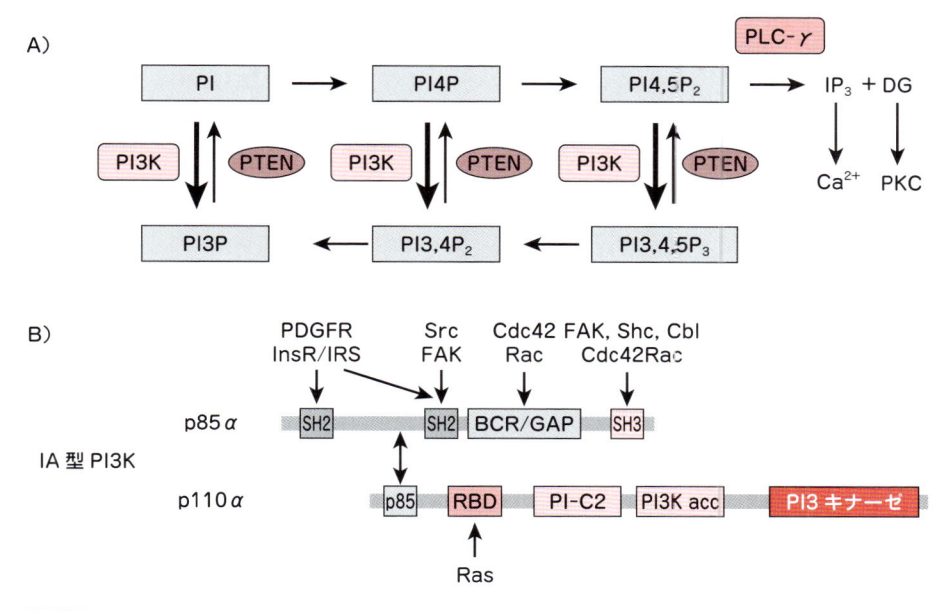

図6 PI3Kの経路と構造
A) PI3KとPTENが触媒する反応. B) IA型PI3Kの構造と結合分子

P_2を基質としてPI3P, PI (3,4) P_2, PI (3,4,5) P_3を生成する（図6A）. このキナーゼはIA, IB, II, III型に大別されるが, チロシンキナーゼ下流の細胞増殖, 分化, 生存シグナルに深く関与するものはIA型に分類される. IA型のPI3Kは主にp85α制御サブユニットとp110α活性サブユニットの複合体として機能している（図6B）. この複合体の機能はGrb2—Sos複合体のそれと似ており, p85αもSH2とSH3から成るアダプター分子である. この2つのSH2ドメインの標的配列（pYxxP）をもつ受容体やアダプタータンパク質（PDGFR, インスリン受容体, IRS, FAK, Sr, Shcなど）にPI3Kが結合することによって, そのp110α活性サブユニットが細胞膜の基質に作用できるようになる（活性状態）. また, GTP結合型のRasがp110αサブユニットと会合して活性化することにより, Rasによるシグナル経路の活性化および発がんにもかかわる（図6B）.

PI3Kによって産生されるPI (3,4,5) P_3は, PH (pleckstrin homology) ドメインをもつタンパク質のリガンドとして機能し, セリン/スレオニンキナーゼであるPDK1およびAktを膜にリクルートする（図7）. 膜上でPDK1がAktをリン酸化することによって活性化し, 活性型Aktを細胞質に遊離することによって, 下流のシグナル経路を活性化する. また, PDK1-Akt以外にも多くのPHドメインをもつ分子があり（PXドメインやFYVEドメインをもつ分子も結合能がある）, それらを膜にリクルートして活性を制御する. 特に, がん化に伴う細胞骨格再編にかかわるRho family GTPaseに属するARHGEF (Dbl family) 等も, PI3Kによって機能が制御されることが知られている. PI3Kの産物は, PTENホスファターゼによって脱リン酸化されることによってイノシトールリン脂質代謝の恒常性が維持されている.

3) ノックアウトマウスの表現型

p85α：B細胞受容体シグナルの低下を呈するが, インスリン感受性は亢進し, 低血糖, 低インスリン症を呈する.

p85β：インスリン感受性の亢進と低血糖, 低インスリン血症を呈する.

p110α：多組織における細胞増殖不全を伴う胎生9.5〜10.5日での致死性を呈する.

p110β：胚盤胞期以前での致死性を呈する.

4) 疾患とのかかわり

PI3Kは, ヒト大腸がんの約1/3でp110α活性サブユニットの突然変異によって過剰に活性化されている. また, 卵巣がんでは, p110αの遺伝子増幅が認められている[15)16)]. しかしながら, がん抑制遺伝子PTENの機能欠損変異の方がより広範なヒトのがんで高頻度に認められている. いずれの場合でも, 結果としてPIP$_3$が蓄積し,

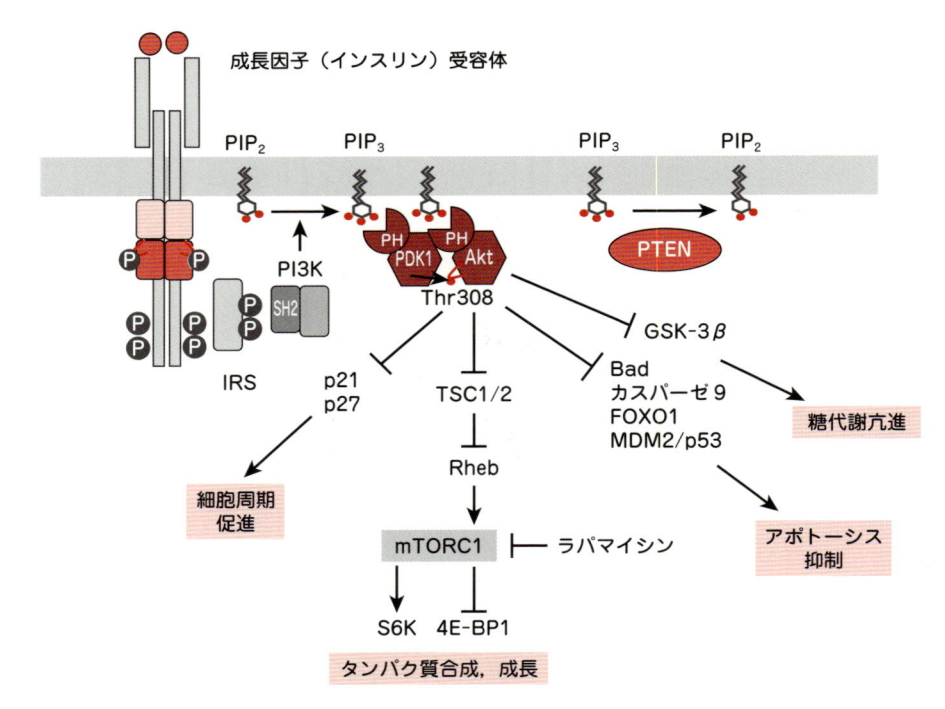

図7 PI3KおよびAktを介する成長因子のシグナル伝達経路

下流のAkt経路などを構成的に活性化することでがん化を誘発することになる．したがって，PTENが機能欠損したがんにおいてもPI3Kは重要な抗がん剤の分子標的となるため，薬剤開発が積極的進められてきた．実験室レベルでは，ワートマニンやLY294002が特異性の高い阻害剤としてシグナル伝達研究によく用いられているが，いずれも生体レベルでは毒性が高く臨床には用いられていない．より毒性の低い新規薬剤の開発が待たれるところである．**6 Akt**で後述するが，ペリホシンというアルキルリン脂質が，膜に作用してPI3KによるAktの活性化を間接的に阻害することが見い出され，抗がん剤としての臨床試験に入っている．

【抗体・cDNAの入手先】
抗PI3K（p110，p85）抗体は，Cell Signaling Technology社をはじめとする多数の会社から発売されている．活性化状態を認識するリン酸化部位特異的抗体も入手可能．cDNAは，理研バイオリソースセンター（http://www.brc.riken.jp/）から入手可能．

【データベース】
<NCBI Gene>
"PIK3CA（p110α）"（http://www.ncbi.nlm.nih.gov/gene/5290），"PIK3R1（p85α）"（http://www.ncbi.nlm.nih.gov/gene/5295）

<GenBank>
Human PIK3CA protein（NP_006209），Human PIK3CA cDNA（NM_006218），Human PIK3R1 protein（NP_181523），Human PIK3R1 cDNA（NM_852664）

Keyword
6 Akt（セリン/スレオニンキナーゼ）

1）イントロダクション

Aktは，マウスに胸腺腫（白血病）を作るレトロウイルから同定されたがん遺伝子v-aktの相同遺伝子産物である．一部のがんでAktの活性化や増幅が認められること，また，PI3K経路の実行役としてがんとのかかわりが深い重要な分子である[15)16)]．その分子の特性と多様な下流のシグナルについて概説する．

2）構造と機能

AktはPHドメインをもつセリン/スレオニンキナーゼであり，PI3Kが活性化してPI（3,4,5）P$_3$が産生されるとそれと会合して膜に局在化する．恒常的に活性をもつPDK1も同様のPHドメインをもち，同じ膜上でAktと

相互作用することによってさらに活性化し，Aktの活性化ループ上のThr308をリン酸化する．その結果活性化したAktは膜から遊離して細胞内の基質タンパク質をリン酸化する（図7）．

Aktは，細胞の生存，増殖，糖代謝，タンパク質合成にかかわるさまざまなシグナル分子をリン酸化する多機能キナーゼである．細胞の生存に関しては，アポトーシスの誘導に重要な分子，たとえば抗アポトーシス分子であるBcl-2活性の抑制因子であるBad，アポトーシスの実行役であるカスパーゼ9，アポトーシスの促進にかかわる転写因子FOXO1，p53の制御因子MDM2などをリン酸化することによって，アポトーシスに対して抑制的に作用する．細胞増殖に関しては，Cdk阻害因子であるp27やp21をリン酸化することによって分解を促し，細胞周期を回転させる．GSK-3βというリン酸化酵素もAktの基質となり，リン酸化されることによって不活性型になり，その結果グリコーゲン合成酵素が不活性となって糖代謝が促進される．さらにAktの基質として重要なものとして，TSC2というGタンパク質Rhebに作用するGAPがある．TSC2は通常活性型で存在し，Rhebを不活性状態に保っている．TSC2がAktによってリン酸化されると不活性型となり，結果としてRhebを活性化する．活性化したRhebは，mTORC1（mammalian target of rapamycin complex 1）というセリン/スレオニンキナーゼ複合体を活性化する．mTORC1は，リボソームS6タンパク質をリン酸化するS6キナーゼをリン酸化して活性化するとともに，翻訳抑制因子4E-BP1をリン酸化して抑制を解除することによって，多くのタンパク質（全体の10％程度ともいわれている）の合成を促進する作用がある[17]．以上のシグナル経路を経て，Aktの多彩な機能が発揮される．

3）ノックアウトマウスの表現型

Akt-1/Akt-2ダブルノックアウト：皮膚，骨格筋，骨，脂肪細胞の形成不全を伴う新生時の致死性を呈する．

4）がんとのかかわり

AKT1/2遺伝子がグリオブラストーマ，卵巣がん，膵臓がんで増幅していることや，Akt上流のPI3Kの活性化変異や遺伝子増幅あるいはPTENの機能欠損が認められるがんにおいてAktが恒常的に活性化していることなどから，AktとヒトがんとにはMixed密接な関係があることが認められている．がん化は，上述したAktの機能の亢進により，アポトーシスの回避，細胞増殖・成長の促進，糖代謝の亢進など，がん細胞の主要な形質発現を誘導することによると考えられる．また，Aktの下流経路であるmTORC1経路も重要な抗がん剤標的となり，mTORC1特異的な阻害剤であるラパマイシンの誘導体（エベロリムスやリダフォロリムスなど）が一部のがんの治療薬としてすでに用いられている．mTORC1は自食作用（オートファジー）を抑制する作用があることが知られているが，その阻害によって細胞が飢餓的状態になりがん細胞の増殖や成長が抑制されると考えられている．

したがって，Akt自身もきわめて重要な抗がん剤の標的と目され，薬剤開発が進められている．現在，Aktの活性化を阻害する薬剤としてペリホシン（perifosine）（日本ではヤクルト社が独占的ライセンス取得）というアルキルリン脂質が大腸がん治療薬として第3相試験に入っているようである．この薬剤は，Aktキナーゼ活性を直接阻害するのではなく，PI3KおよびAktの機能の場となる膜ドメイン（ラフト）の形成を阻害することによって，PI3K-Akt経路全体を阻害することにより効果を発揮するとされている．ラフトには，PI3Kの基質のPI（4,5）P$_3$やAktが結合するPI（3,4,5）P$_3$が濃縮されるが，ペリホシン処理によってそれらが分散することでPI3K-Akt経路が阻害されると考えられる．したがって，ラフトを起点とする他のがん化シグナル伝達経路にも影響することもその有効性を高めていることも想像される．PI3K-Akt経路が非常に多くのがんとかかわることから，臨床応用への期待度が高い薬剤と思われる．

【抗体・cDNAの入手先】

抗Akt抗体は，Cell Signaling Technology社をはじめとする多数の会社から発売されている．活性化状態を認識するリン酸化部位特異的抗体も入手可能．cDNAは，理研バイオリソースセンター（http://www.brc.riken.jp/）から入手可能．

【データベース】

<NCBI Gene>
"AKT1"（http://www.ncbi.nlm.nih.gov/gene/207）
<GenBank>
Human AKT1 protein（NP_005154）
Human AKT1 cDNA（NM_005163）

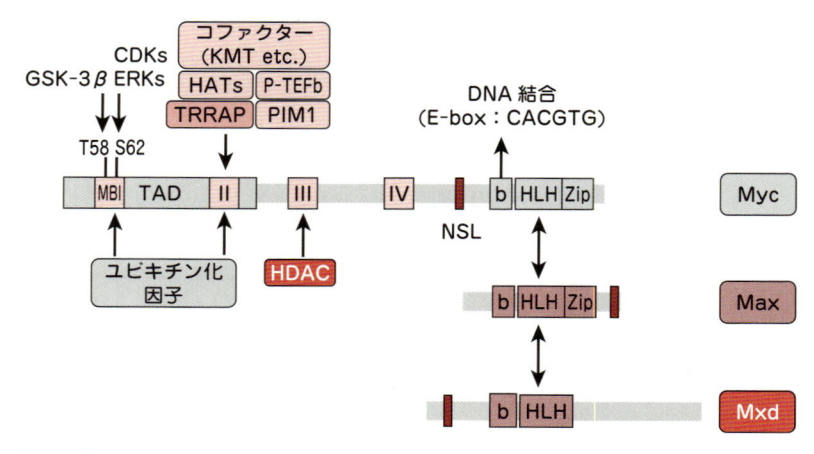

図8 Myc, Max, Mxdの構造と結合因子

Keyword
7 Myc（転写制御因子）

1) イントロダクション

　がん遺伝子のほとんどは，細胞の増殖，分化，生存シグナルにかかわる遺伝子であるが，それらのシグナルは多くの場合，転写因子の制御を介して標的遺伝子群の発現を調節する．Mycは，転写制御因子として機能するがん遺伝子産物としてバーキットリンパ腫よりはじめて同定された．バーキットリンパ腫では，染色体相互転座によりc-Mycが過剰発現し，また，多くのヒトのがん種でc-Mycおよび類縁遺伝子（N-Myc，L-Myc）の遺伝子増幅が高頻度で認められられている[18)19)]．本稿では，Mycの機能とがんとのかかわりを概説する．

2) 構造と機能

　MycのC末端側にはbHLH-LZ（basic helix-loop-helix－leucine zipper）ドメインがあり，このドメインを介してMax（Myc associated factor X）とヘテロ二量体を形成して機能する（図8）．このMyc－Max複合体の機能は，MaxにMxd（Mad）が結合することにより阻害される．bHLH-LZのN末端側の塩基性領域（basic region）がDNAの特異的配列（E-box：CACGTC）に結合する．また，MycのN末端側ドメイン（TAD）にはその転写調節機能を担う4つの領域MBⅠ（Myc BoxⅠ）からMBⅣがあり，MBⅡにはMycの機能発現に重要なTRRAP（transformation/transcription domain-associated protein）が会合し，またTRRAPを足場として染色体構造の変換（chromatin remodeling）にかかわるさまざまな機能分子が会合する．TRRAPはヒストンアセチル化酵素複合体（HATs）の成分であり，それ以外にもヒストンのメチル化酵素（KMT）やリン酸化酵素（CDK9，PIM1），さらにヒストン脱メチル化酵素（HDAC）などもMycに会合する[20)]．

　c-Mycは静止期の細胞では発現レベルがきわめて低くたもたれているが，さまざまな増殖因子刺激や細胞周期の進行に応じて発現誘導され，さらにErkによるリン酸化依存的に安定化されて機能する．その機能は多岐に渡り，細胞周期の進行だけでなくタンパク質の合成，エネルギー代謝，ミトコンドリアの機能，さらにアポトーシスなどを制御する．Mycは当初，プロモーター領域に特異的に作用する転写因子と考えられていたが，その後の解析により，非常に多くの遺伝子（1,000以上）の発現誘導にかかわることが明らかになり，「atypical」[21)]な転写制御因子として機能解析が続けられ，その全体像が明らかになりつつある．

　現在考えられているMycによる遺伝子発現制御機構を図9に示す[20)]．増殖因子刺激などによりヒストンのメチル化状態が変化した領域のE-boxにMyc－Maxが結合する．そこにHATやKMTが会合して，近傍のヒストンのアセチル化およびメチル化状態を変化させて他の転写因子のアクセスも促す．また，P-TEFb（CDK9）をリクルートすることにより，RNAポリメラーゼ（PolⅡ）のC末端のSer2をリン酸化する．その結果PolⅡが活性化するとともにRNA修飾因子をリクルートすることにより転写が進行する．これらのことからMycは，プロモーター部位特異的に結合して機能する一般的な転写因子とは異なって，ヒストンのエピジェネティックな制御を介してより多様な遺伝子の発現を制御する機能をもつ

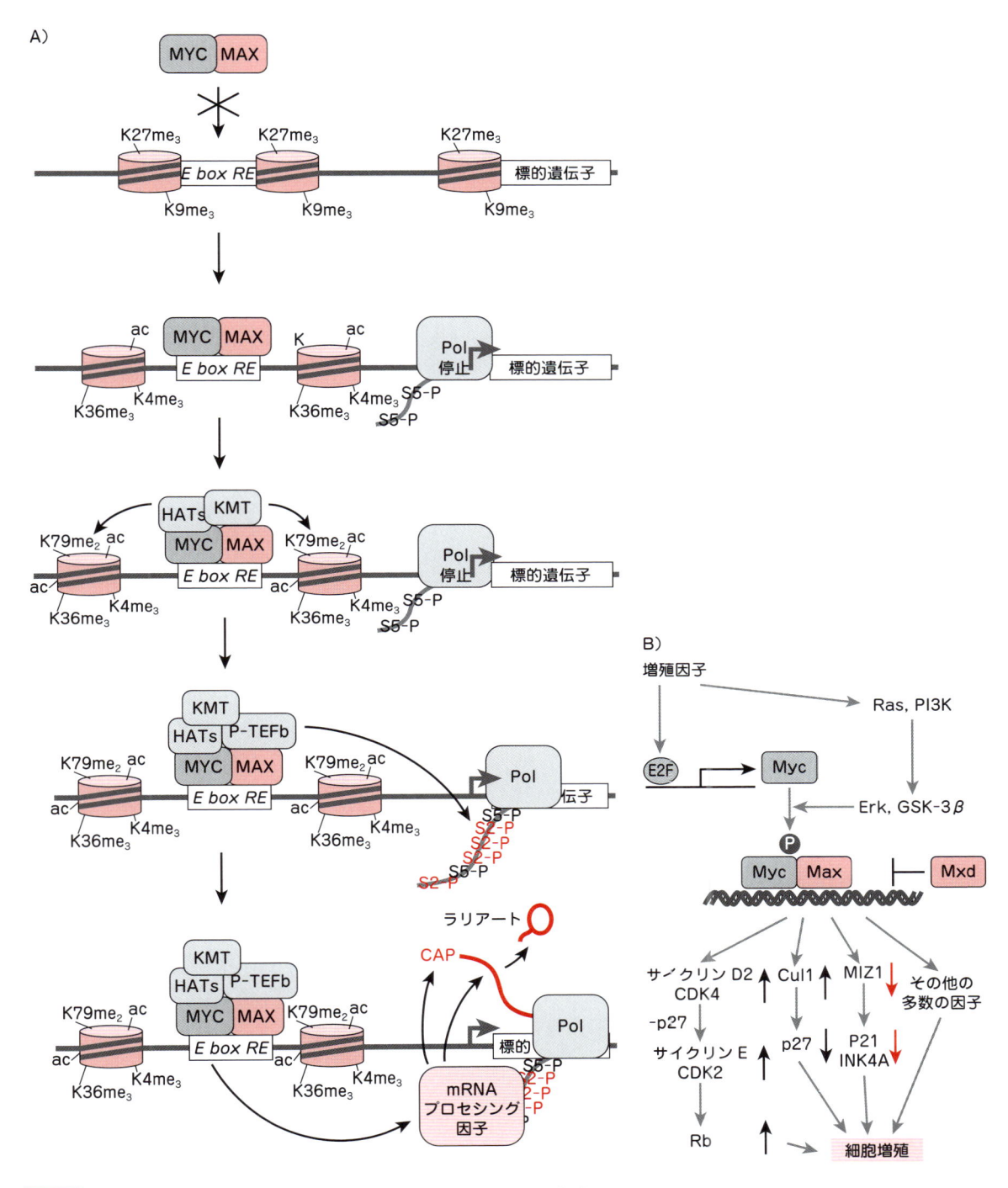

図9 Myc−Maxによる転写調節機構(A)とその機能(B)

ことが明らかになってきた．また一方で，Myc−Maxが遺伝子の発現抑制にもかかわることも知られている．その場合には，MIZ1やSP1という別な転写因子に会合することによってそれらの転写活性化能を抑制するが，Mycがそれら転写因子のコファクターを取り合うことやHDAC3をリクルートすることがメカニズムとして提唱されてい

る．これらのことから，Mycがグローバルにクロマチン構造を調節する働きがあり，Mycの活性化により細胞状態のパラダイムシフトが誘導されるとも考えられている[22]．

3）ノックアウトマウスの表現型

Myc：発育不全や心，心膜，神経管の形成不全と胎位転回異常を伴う胎生9.5～10.5日での致死性を呈する．

4）がんとのかかわり

染色体相互転座によるMycの過剰発現がバーキットリンパ腫の発症と強く関連していることや他の多くのがんにその発現異常が認められることなどから，Mycのヒトがんにおける重要性は広く認知されている[18]．がん発生と関連するMycの標的遺伝子の主要なものとして，細胞周期の制御にかかわるサイクリンD2およびCDK4遺伝子がある（図10）[23]．サイクリンD2―CDK4複合体はセリン/スレオニンキナーゼとして機能すると共に，Cdk阻害因子であるp27を捕捉することでその分解を促進し，結果としてサイクリンE―CDK2の活性化を誘導する．活性化したサイクリンD2―CDK4およびサイクリンE―CDK2ががん抑制遺伝子産物Rbをリン酸化することで，E2F転写因子を介して細胞の増殖を誘導する．また，p27の分解に関与するCul1遺伝子もMycの標的遺伝子である．一方，Myc―MAX複合体の会合によってMIZ1の転写活性が阻害され，結果としてCdk阻害因子のp21やINK4Bの発現が阻害されることで細胞が増殖へ向かう経路も同時に促進されると考えられている．

Mycは抗がん剤の標的候補となっているが，バーキットリンパ腫の治療には葉酸代謝酵素阻害剤メトトレキサートやシタラビンなどの核酸合成阻害剤が主に用いられているのが現状である．Mycは，正常細胞の多くの機能にかかわっていることや，標的化が難しいことなどから，分子標的候補のリスト中で上位には位置していなかった．しかし，Ras依存性肺がんのマウスモデルにおいて，ドミナントネガティブ型Mycを全身に発現させて内在性のMycを阻害すると腫瘍が退縮することが観察され，Mycが抗がん治療の有用な標的となる可能性が示唆されている[24]．Mycを標的とした薬剤開発の重要性を再認識させるものであり，今後の展開を見守りたい．

【抗体・cDNAの入手先】

抗Akt抗体は，Cell Signaling Technology社をはじめとする多数の会社から発売されている．活性化状態を認識するリン酸化部位特異的抗体も入手可能．cDNAは，理研バイオリソースセンター（http://www.brc.riken.jp/）から入手可能．

【データベース】

<NCBI Gene>
"MYC"（http://www.ncbi.nlm.nih.gov/gene/4609）

<GenBank>
Human MYC protein（NP_002458）
Human MYC cDNA（NM_002467）

参考文献

1) Mendelsohn, J. & Baselga, J. : Semin. Oncol., 33 : 369-385, 2006
2) Lemmon, M. A. & Schlessinger, J. : Cell, 141 : 1117-1134, 2010
3) Ferguson, K. M. : Annu. Rev. Biophys., 37 : 353-373, 2008
4) Yeatman, T. J. : Nat. Rev. Cancer, 4 : 470-480, 2004
5) Frame, M. C. : Biochim. Biophys. Acta, 1602 : 114-130, 2002
6) Kawabuchi, M. et al. : Nature, 404 : 999-1003, 2000
7) Oneyama, C. et al. : Mol. Cell, 30 : 426-436, 2008
8) Oneyama, C. et al. : Mol. Cell. Biol., 29 : 6462-6472, 2009
9) Nagar, B. et al. : Cell, 112 : 859-871, 2003
10) Colicelli, J. : Sci. Signal., 3 : re6, 2010
11) Hantschel, O. & Superti-Furga, G. : Nat. Rev. Mol. Cell Biol., 5 : 33-44, 2004
12) Hantschel, O. et al. : Leuk. Lymphoma, 49 : 615-619, 2008
13) Pylayeva-Gupta, Y. et al. : Nat. Rev. Cancer, 11 : 761-774, 2011
14) 『ワインバーグがんの生物学』（Robert A. Weinberg/著　武藤　誠，青木正博/訳），南江堂，2007
15) Jiang, B. H. & Liu, L. Z. : Biochim. Biophys. Acta, 1784 : 150-158, 2008
16) Vivanco, I. & Sawyers, C. L. : Nat. Rev. Cancer, 2 : 489-501, 2002
17) Zoncu, R. et al. : Nat. Rev. Mol. Cell Biol., 12 : 21-35, 2011
18) Vita, M. & Henriksson, M. : Semin. Cancer Biol., 16 : 318-330, 2006
19) Eilers, M. & Eisenman, R. N. : Genes Dev., 22 : 2755-2766, 2008
20) Lüscher, B. & Vervoorts, J. : Gene, 494 : 145-160, 2012
21) Varlakhanova, N. V. & Knoepfler, P. S. : Cancer Res., 69 : 7487-7490, 2009
22) Soucek, L. & Evan, G. I. : Curr. Opin. Genet. Dev., 20 : 91-95, 2010
23) Nasi, S. et al. : FEBS Lett., 490 : 153-162, 2001
24) Soucek, L. et al. : Nature, 455 : 679-683, 2008

参考図書

◆ 『Textbook of Receptor Pharmacology, 3rd ed.』（John C. Foreman et al. /ed.），CRC Press, 2010

第2部 キーワード解説　生命現象からみたシグナル伝達因子

5 がん② がん抑制遺伝子
tumor suppressor gene

秋山 徹

Keyword ❶ p53　❷ RB　❸ APC

概論　Overview

1. がん抑制遺伝子とは何か

　がん抑制遺伝子の異常は，がん遺伝子や修復遺伝子の異常とならんでヒト細胞がん化の重要な原因の1つであると考えられている[1,2]．がん抑制遺伝子は，変異によって失活すると細胞のがん化が引き起こされるような遺伝子で，正常な状態では細胞のがん化を抑制するように働いていると考えることができるので，この名称がある．がん化を抑制する機能をもつ遺伝子なので，一対の遺伝子の一方に異常が起きて失活した（1st hit）だけではがん化は引き起こされず，もう一方にも異常が起きて（2nd hit）両方失活したときにはじめてがん化が引き起こされると考えられる（two-hit theory）．遺伝性のがんでは，一方のがん抑制遺伝子の異常が親から遺伝しているので，同じ細胞のもう一方の対立遺伝子に異常が起きるだけでがん化が引き起こされる．このように考えることにより，たとえば遺伝性の網膜芽細胞腫では非遺伝性の場合と異なって早期に発症し，両眼に発症する場合があるといった臨床症状がうまく説明できる．このようながん抑制遺伝子という概念は古くからあったが，実際に網膜芽細胞腫の原因遺伝子 **RB**（→Keyword❷）がクローニングされてその実体が明らかにされたのは1986年のことである．それ以後，Wilms腫瘍のがん抑制遺伝子WT1，大腸がんのがん抑制遺伝子 **APC**（→Keyword❸），neurofibromatosis（神経線維腫症）1型，2型の原因遺伝子 NF1, NF2, von Hippel Lindau病の原因遺伝子 VHL, 遺伝性乳がんの原因遺伝子 BRCA1/2, 悪性黒色腫，子宮内膜がん，神経膠芽種の原因遺伝子 PTEN などをはじめとして20種類近いがん抑制遺伝子がクローニングされた．また，当初がん遺伝子であると考えられていた p53（→Keyword❶）が，ほとんどのヒト腫瘍で高頻度に変異を起こしている重要ながん抑制遺伝子であることも明らかになった．

2. がん抑制遺伝子産物の機能

　がん抑制遺伝子産物は，細胞周期，分化，細胞死，生存の制御に関与する（イラストマップ）．BRCA1/2は，相同組換えに中心的な役割を果たすRad51と複合体を形成し，相同組換え修復に関与していると考えられている（第2部-3参照）．PTENは，脂質ホスファターゼ活性をもち，失活するとPI (3,4) P_2が増加してAkt/PKBが活性化し，異常細胞がアポトーシスを起こさずに増殖を続けると考えられる．悪性黒色腫，神経膠芽腫，肺がん，白血病などで変異を起こしているp16はサイクリンDと拮抗してCDK4やCDK6に結合して活性を阻害しG1-S移行を阻害する．p16遺伝子座から別のORFを使って作られるp19ARFは，p53に結合して機能の阻害，分解を誘導するMDM2と結合して分解を誘導する．TGF-βシグナル伝達経路の構成因子のなかでは，TGF-βⅡ型受容体の異常がRER陽性の大腸がんや胃がんで，Smad4の変異が膵臓がんや大腸がん，Smad2の変異は大腸がんや肺がんで見い出されている（第1部-8参照）．

3. 臨床応用と今後の展望

　p53のアポトーシス誘導活性を生かしたp53の遺伝子治療への応用が報告されている．ヒト腫瘍で変異が起きて失活したp53に結合して再生させ，がん細胞特異的に

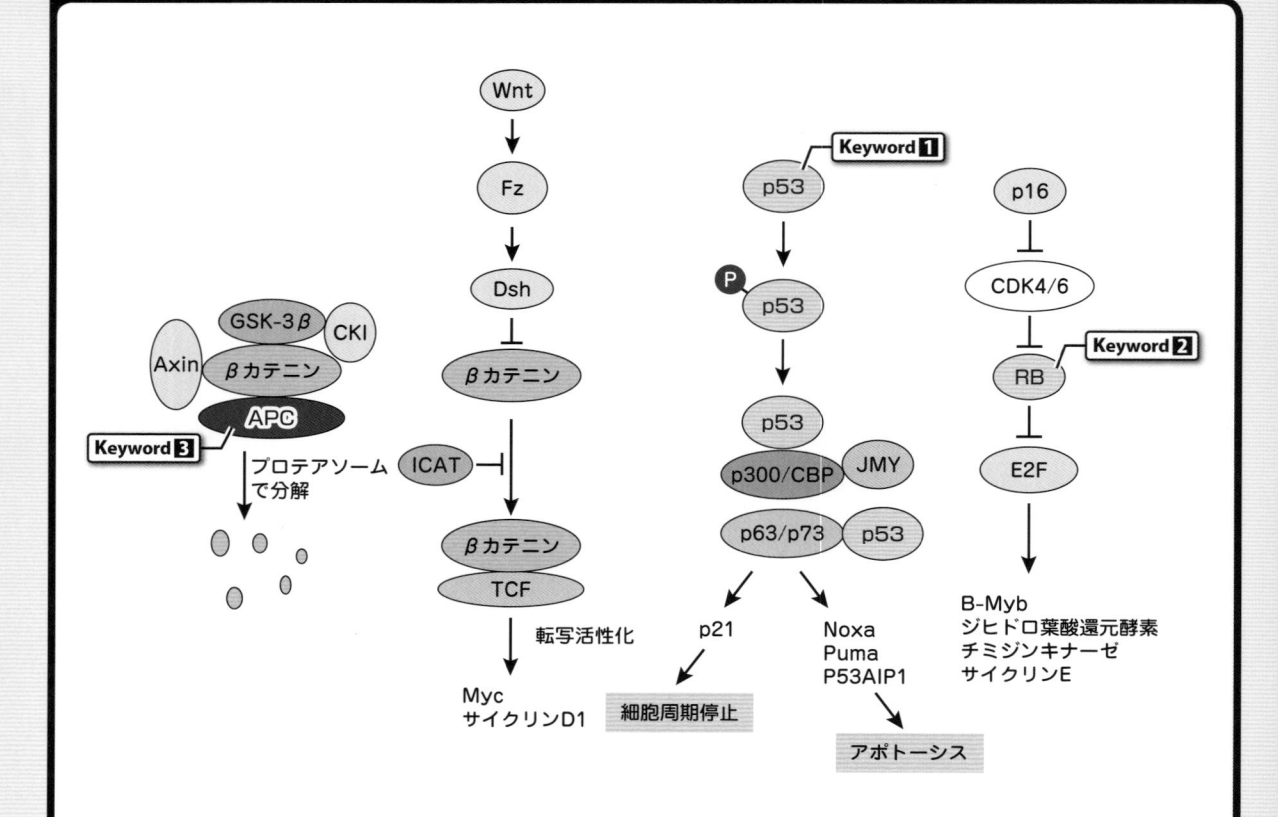

イラストマップ　がん抑制遺伝子の機能

p53はストレスにより活性化し細胞周期停止やアポトーシス誘導に関連した遺伝子の転写を活性化する．RBはE2F，クロマチンリモデリングタンパク質複合体に結合してE2Fの標的遺伝子の転写を抑制し細胞周期の進行を止める．APCはWntシグナルの伝達因子βカテニンの分解を誘導してWntシグナルを抑制する

アポトーシスを誘導する薬剤の開発も進められている．MDM2に結合してp53への結合を阻害する薬剤が制がん性をもつことも報告されている．また，p53を脱アセチル化するサーチュイン1（Sirtuin1）やサーチュイン2（Sirtuin2）の阻害剤がp53を活性化することにより，腫瘍の増殖を抑制することが示されている．逆に，正常組織が放射線や制がん剤の副作用を受けるのはp53があるからであることに着目して，p53の機能を阻害する薬剤により放射線や制がん剤の副作用を軽減できることが報告されている．APCに関連した話題としてはβカテニンの機能を阻害してWntシグナルを抑制するような薬剤の開発が進められている．さらに，Wntシグナルの標的遺伝子を単離・解析し，そのなかでがん化に重要な役割を果たす遺伝子の産物の機能を阻害する薬剤を開発することも考えられる．

キーワード解説

Keyword 1 p53

1）イントロダクション

p53の異常は，大腸がん，脳腫瘍，肝がん，膀胱がん，食道がんなどほとんどの腫瘍で高頻度にみられる．また，Li-Fraumeni症候群の家系では，*p53*遺伝子の胚細胞変異が遺伝的に受け継がれている．ゲノムの守護神といわれ，ゲノムに損傷を受けた細胞の細胞周期をG1期に止めて修復させる働きがある．修復できない細胞はアポトーシスやセネセンスを誘導することにより除去する．このような機能によりがん化する可能性のある細胞を除去し，がん抑制遺伝子として機能していると考えられる．p53の遺伝子産物は転写活性化，転写抑制などさまざまな活性をもつことが報告されているが，がん抑制遺伝子としての機能には転写活性化能が重要であると考えられている．また，p53が直接Baxを活性化してアポトーシスを起こすことも知られている．p71とp51の2つのファミリーが存在する．

2）分子構造

*p53*遺伝子は，染色体17p13.1上約20 kbに渡って存在する11個のエキソンで構成され，2.2～2.5 kbのmRNAを作る．p53遺伝子産物は転写因子で，N末端側は酸性アミノ酸，プロリンに富む転写制御ドメイン，中央の特異的塩基配列結合ドメイン，C末端の四量体形成ドメインから成る（図1）．腫瘍でみられるDNA結合ドメインに変異のあるp53はDNA結合活性がなく転写因子としての活性を失っている．また，p53とDNAの相互作用を直接阻害せずに，DNA結合ドメインの構造を破壊してDNAと相互作用できなくするような変異も存在する．p53は四量体で働くため，変異のあるp53が共存すると，変異p53が正常なp53タンパク質と不活性な複合体を作るため，正常なp53も活性を示さなくなる．p53に異常のある大部分の症例では，一方のアレルが欠失し，もう一方にミスセンス変異が生じている．変異はDNA結合ドメインの特定のアミノ酸4カ所に集中している．

3）発現様式

ほとんどすべての組織で発現している．

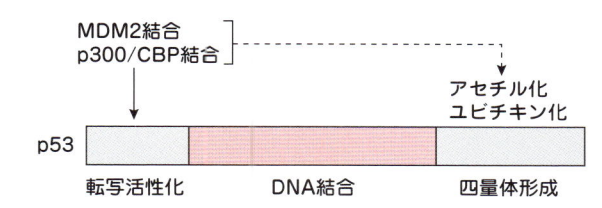

図1 p53の構造

4）ノックアウトマウスの表現型

ノックアウトマウスは正常に生まれ生育する．リンパ腫をはじめとしたさまざまな腫瘍が多発する．

5）機能・疾病とのかかわり

p53は四量体で働く転写因子で，5′-PuPuPuC（A/T）（A/T）GPyPyPy-3′という10塩基が2回繰り返した特異的な塩基配列に結合して標的遺伝子の転写を活性化する活性をもっている．ヒト腫瘍でみられるDNA結合ドメインに変異のあるp53は，DNA結合活性がなく転写因子としての活性を失っている．標的遺伝子としては，細胞周期の停止にかかわるCDKインヒビターp21（第2部-1参照）やGADD45，アポトーシス誘導（第2部-12参照）にかかわるBax，Noxa，Puma，p53AIP1，p53DNP1，WIP1，一連のPIG遺伝子などが知られている．また，miRNAの発現制御にもかかわっている．がん抑制遺伝子としての機能にはアポトーシスあるいはセネセンス誘導活性が重要であると考えられている．細胞やストレスの違いによりアポトーシスにかかわる遺伝子は異なる．p53の機能制御には，p300/CBP，JMYなどの結合や，HIPK2（homeodomain-interacting protein kinase 2），p38，ATM（atxia telangectasia mutated）などを介したリン酸化，WIP1を介した脱リン酸化，アセチル化，ユビキチン化などが関与している．また，p53の標的遺伝子の一種MDM2は，p53に結合して転写活性化能を阻害すると同時にプロテアソーム依存性の分解を引き起こす．一方，p19ARFは，p53-MDM2と複合体を形成してMDM2によるp53の分解を阻害する．

【抗体・cDNAの入手先】

抗体はいろいろな会社から多数発売されている．cDNAは理研バ

イオリソースセンターなどから入手可能.

【データベース（EMBL/GenBank）】
ヒト：Z12020（p53）
マウス：X101237（p53）
ラット：X13058（p53）

Keyword
2 RB

▶ フルスペル：retinoblastoma

1）イントロダクション

*Rb*遺伝子は，1986年に網膜芽細胞腫の原因遺伝子として単離された．網膜芽細胞腫だけでなく肺がん，乳がんなどの一般的な腫瘍でも異常を起こしている．細胞周期を制御する活性をもつこと，神経系，血球系などの分化に重要な役割を果たしていることが明らかになっている．分子レベルでは，E2Fなどの転写因子と結合して標的遺伝子の転写を制御することにより細胞周期のG1期からS期への移行を調節する機能をもっていることがわかっている．また，RBの機能は細胞周期を制御するキナーゼであるサイクリン/CDKにより制御されている．類縁の遺伝子としては，*p107*, *p130*遺伝子が知られている．

2）分子構造

*Rb*遺伝子はヒト染色体13q14.2に存在し，大きさは約200 kbで27個のエキソンから成る．5'フランキング領域はTATAボックスやCAATボックスをもたない．mRNAは約4.7 kbである．遺伝子産物は，核に局在する928アミノ酸から成るリン酸化タンパク質である．リン酸化の程度の違いによりSDS電気泳動で110〜115 kDaの複数のバンドとして検出される．アミノ酸393〜572と646〜772の2つのポケットドメインと呼ばれる領域でSV40のlarge T抗原（TAg），アデノウイルスのE1Aタンパク質，パピローマウイルスのE7タンパク質のようなDNA型がんウイルスのがん遺伝子産物と結合する（図2）．転写因子E2Fとの結合にはさらにC末端側も関与している．p107やp130もDNA型がんウイルスのがん遺伝子産物やE2Fと結合する．ただし，RBはE2Fファミリーのうち E2F-1/2/3と結合し，p107はE2F-4/5と結合する．

3）発現様式

ほとんどすべての組織で発現している．

4）ノックアウトマウスの表現型

*RB*遺伝子のノックアウトマウスは，受精後10日目頃までは見かけ上正常に生育するが16日目までに主に造血系と中枢神経系に異常をきたして死滅する．ヘテロの個体は，生後数カ月で脳腫瘍を発症するものがある．ただし，ヒトと違って網膜芽細胞腫は発症しない．

5）機能・疾病とのかかわり

細胞周期のG1期からS期への移行を調節する活性をもっている．またアポトーシスを抑制する活性をもつことも報告されている．G1期に存在する低リン酸化型が活性型で，転写因子E2Fと同時にSWI/SNF複合体，ヒストンデアセチラーゼ，メチラーゼ，ポリコーム複合体などのクロマチンリモデリング複合体に結合してこれらをE2Fが作用する標的遺伝子に局在させることによって，E2Fの標的遺伝子の転写抑制を引き起こす．その結果，細胞周期のS期への進行が抑制される．RBは，G1中期からサイクリン/CDKによってリン酸化を受けることによって失活し，その結果RBから遊離したE2Fなどの作用で細胞周期はS期へ進めるようになると考えられる．E2F以外にもAbl, Id2, サイクリンDなど多数のタンパク質がRBと結合することが報告されている．さらにRBがゲノムの安定性の維持に重要な役割を果たすことが明らかになり注目されている．

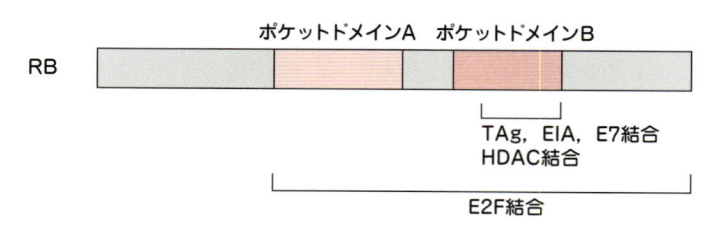

図2 RBタンパク質の構造

RBの変異は，網膜芽細胞腫，骨肉腫，肺がん，乳がん，膀胱がんなどでみられこれらの腫瘍の発症に関与していると考えられる．これ以外にも，線維肉腫，腎がん，睾丸腫瘍，卵巣腫瘍，白血病，肝がんでも異常を起こしている症例の報告がある．

【抗体・cDNAの入手先】

抗体はいろいろな会社から多数発売されている．cDNAは理研バイオリソースセンターなどから入手可能．

【データベース（EMBL/GenBank）】

ヒト：L11910（RB），A01444（RB），L14812（p107），X76061（p130）

マウス：M26391（RB）

ラット：D25233（RB），L07126（RB）

トリ：X72218（RB）

レッドジャングルファウル（赤色野鶏）：U00113（RB）

Keyword 3 APC

▶ フルスペル：adenomatous polyposis coli

1）イントロダクション

APC（adenomatous polyposis coli）遺伝子は，家族性腺腫性ポリポーシス（familial adenomatous polyposis：FAP）の原因遺伝子として1992年に単離された．散発性大腸がんの70〜80％でも多段階発がんのきわめて早期に変異を起こしている．APC遺伝子産物の機能については，がん化や形態形成に重要な役割を果たすWntシグナル伝達経路の構成因子βカテニンに結合して分解を誘導する活性をもつことがよく知られている．APCはβカテニンの分解を誘導してWntシグナル伝達経路を負に制御することによりがん抑制遺伝子として機能していると考えられている．さらに，APCはGEF分子Asefを介してアクチン骨格系を制御し運動能を制御することや微小管と相互作用することなどが見い出され，Wntシグナルの制御以外にもさまざまな機能をもつことが明らかになってきた．ファミリー遺伝子としては，脳神経系で特異的に発現するAPCL/APC2が存在する．

2）分子構造

APC遺伝子は染色体5q21〜22に存在する15エキソンから構成され，約9.5 kbのmRNAを作る．APC遺伝子産物は，約300 kDaで，細胞質，細胞接着面，核などに存在する．既知のタンパク質とのアミノ酸配列の相同性はみられないが，種々の特徴的な構造をもち，いろいろなタンパク質と相互作用し，さまざまなシグナルの制御に関与していると考えられる．N末端には約850アミノ酸に渡ってコイルドコイル構造が存在し，APCは多量体として存在する．アミノ酸453〜767にはアルマジロモチーフの7回の繰り返しが存在し，Asef，KAP3など多数のタンパク質と結合する（図3）．アミノ酸1,014〜1,210には15アミノ酸の3回の繰り返し，さらにその下流のアミノ酸2,031までには，20アミノ酸の7回の繰り返しが存在し，βカテニンのアルマジロモチーフと結合する．また，20アミノ酸の繰り返しを含む領域には，

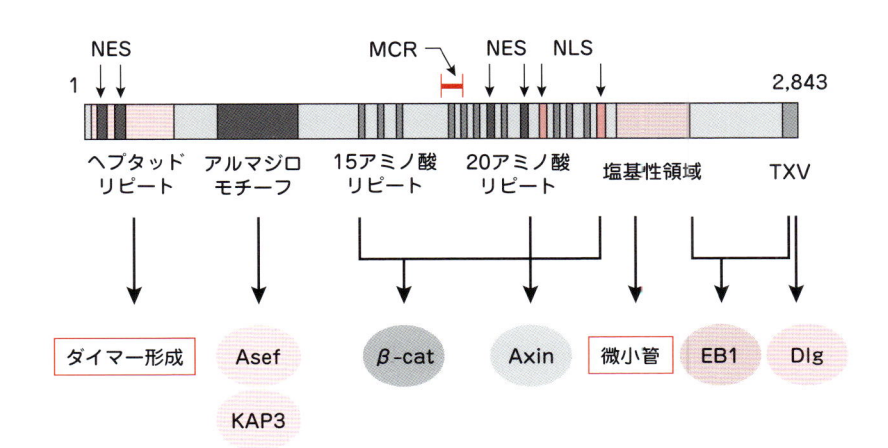

図3 APC遺伝子産物の構造

NES：核外移行シグナル，NLS：核移行シグナル，MCR：mutation cluster region

Axinや類縁のAxin2/conductin/Axilも結合する．さらに，C末端側には塩基性のアミノ酸に富む領域が存在し，微小管と結合する．C末端の284アミノ酸にはEB1が結合する．C末端にはS/TXVモチーフが存在し，*Drosophila*のがん抑制遺伝子*dlg*の産物のヒトホモログと結合する．APCの変異のほとんどは遺伝子の5′側半分に起こるフレームシフト変異やナンセンス点突然変異で，終始コドンが生じて短い遺伝子産物断片ができる場合が多い．家族性大腸ポリポーシスでは変異の位置によってポリープの密度，デスモイドの有無などの表現型が異なる場合があることが知られている．また，散発性の大腸がんでは，特にコドン1,309～1,550の領域に変異が集中しており，この領域はmutation cluster region（MCR）と呼ばれている．

3）発現様式

ほとんどすべての組織で発現している．特に脳で発現が高い．

4）ノックアウトマウスの表現型

APC遺伝子は，生存に必須な遺伝子で，ノックアウトマウスは胎生6日目頃に死滅する．ヘテロ接合体マウスは正常に生まれ，小腸に多数の腺腫，がんを生じる．

5）機能・疾病とのかかわり

APC遺伝子産物はさまざまなタンパク質と複合体を形成しさまざまなシグナル伝達経路の制御にかかわっている．特に，がん化や形態形成に重要な役割を果たすWntシグナル伝達経路（第1部-9参照）の構成因子βカテニンにAxin, GSK-3β, CKIなどとともに結合して分解を誘導する活性はAPCのがん抑制遺伝子産物としての機能にきわめて重要だと考えられている．大腸がんで発現している変異APCタンパク質は一般にAxin結合部位を欠いているため，βカテニンの分解を誘導することができない．したがって，大腸がん細胞内にはβカテニンが大量に蓄積し，βカテニン-TCF/LEF複合体による転写が亢進している．APCに変異のない症例では，βカテニンに変異が起きて安定化している場合がある．したがって，腺腫ができるためには，APCに変異が起きてβカテニンの分解が起こらなくなるか，βカテニンが変異を起こして安定化すればよいと考えられる．なお，βカテニンの異常は大腸がん以外にも子宮内膜がん，皮膚がん，肝臓がんなどいろいろな腫瘍で見い出される．また，肝臓がんではAxinに変異が起きて失活している症例が見い出されている．

大腸がんでのβカテニンの変異はまれでAPCの変異が圧倒的に多いことなどから，APCにはβカテニンの分解誘導以外にも重要な機能があると推測される．事実，APCは，CDC42 Rac特異的な新規ヌクレオチド交換因子Asefに結合して活性化し，細胞接着の低下，細胞運動の増大を引き起こす．大腸がん細胞で発現している変異APC断片はAsefを恒常的に活性化することにより接着の低下，運動の異常亢進を引き起こしている．また，APCは，アダプタータンパク質KAP3を介してKIF（kinesin superfamily）3A/3Bと結合し，微小管に沿って移動し，細胞先端の微小管末端部分に集積する．さらに，APCには核移行シグナルと核外移行シグナルが存在し細胞質と核をシャトルしていると考えられている．

【抗体・cDNAの入手先】

免疫沈降にはサンタクルズ社のC-20, N-15, 細胞染色にはCalbiochem社のAb-7などがよい．

【データベース（EMBL/GenBank）】

ヒト：M74088（APC），AB012162（脳特異的APC）
マウス：M88127（APC）
ラット：D388127（APC）

参考文献

1) Hanahan, D. & Weinberg, R. A. : Cell, 144 : 646-674, 2011
2) Hanahan, D. & Weinberg, R. A. : Cell, 100 : 57-70, 2000

参考図書

◆ 『The Biology of Cancer』（Robert A. Weinberg），Garland Science, 2006

第2部 キーワード解説　生命現象からみたシグナル伝達因子

6 細胞骨格・運動・極性
cytoskeleton, motility, and polarity

三木裕明，山崎大輔

Keyword　■1 Rhoファミリー　■2 WASPファミリー　■3 PAR/aPKC複合体　■4 +TIPs
　　　　　　　■5 BARドメインタンパク質ファミリー

概論　Overview

1. 細胞骨格・運動・極性とは

　動物細胞の内部には細胞骨格と呼ばれる繊維状の構造体が存在し，アクチンフィラメント，中間径フィラメント，微小管の3種がよく知られる．いずれも特定の構成タンパク質が連なってできた重合体であるが，単なる構造の支持体として機能するだけでなく必要に応じてダイナミックに再構成される柔軟な存在でもある．アクチンフィラメントは形質膜直下などに多く存在して膜構造を制御する．微小管は細胞分裂時に染色体を両極に分配する紡錘糸の実体であり，間期の細胞において特定の物質（脂質小胞など）を運ぶレールとして働く．中間径フィラメントは非常に多種類存在し，ケラチン，ビメンチン，ニューロフィラメントなどがよく知られる．

　細胞運動は形態形成や炎症反応，またがん細胞の転移などさまざまな生理・病理現象にかかわる．その基礎を成すのが細胞骨格の再構成である．運動方向の先端部ではアクチンの重合により膜が前に押し出され，一方後端部はアクチンフィラメントとミオシンの相互作用による収縮力で引っ張られる．このとき微小管も運動方向に向けて再構成され，膜成分の供給や極性（運動方向性）制御に重要である．

　細胞極性は1個の細胞の中で異なる機能領域が形成されることを意味する．上述した細胞運動時の前部と後部の違いもその一例である．このほか，上皮細胞における頭頂部（アピカル）と側底部（ベーサル）との膜脂質・タンパク質組成の違いや，神経細胞の軸索と樹状突起の機能分化も細胞極性の典型例としてあげられる．細胞運動の場合と同様，上皮細胞や神経細胞で観察される極性の形成・維持にも細胞骨格が重要である．

2. シグナルの流れ

　細胞骨格は細胞外からの刺激を受けてダイナミックに再構成される．細胞運動を誘起させる走化性因子などはその典型例であるが，たとえばfMLPなどGタンパク質共役型受容体に作用するものや，PDGFなど増殖因子型（チロシンキナーゼ型）受容体に作用するものもある．これらの受容体から発せられたシグナルを伝えるうえできわめて重要な役割を果たしているのが**Rhoファミリー**（RhoA，Cdc42，Rac1など）（→Keyword■1）の低分子量Gタンパク質である．結合している核酸がGDPのとき不活性状態で，これがGTPに交換されると活性化し，特定の標的タンパク質に結合してシグナルを伝える．この活性は特異的なGEF（guanine nucleotide exchange factor）やGAP（GTPase activating protein）の作用によって制御されている．つまり受容体からのシグナルはGEFやGAPを介してRhoファミリーの活性を調節すると考えられるが，その詳細はまだ明らかになっていない部分が多い．一方，Rhoファミリーの下流シグナル伝達はよく解析されており，本書で取り上げる**WASPファミリー**（→Keyword■2），**PAR/aPKC複合体**（→Keyword■3），**+TIPs**（→Keyword■4），**BARドメインタンパク質ファミリー**（→Keyword■5）

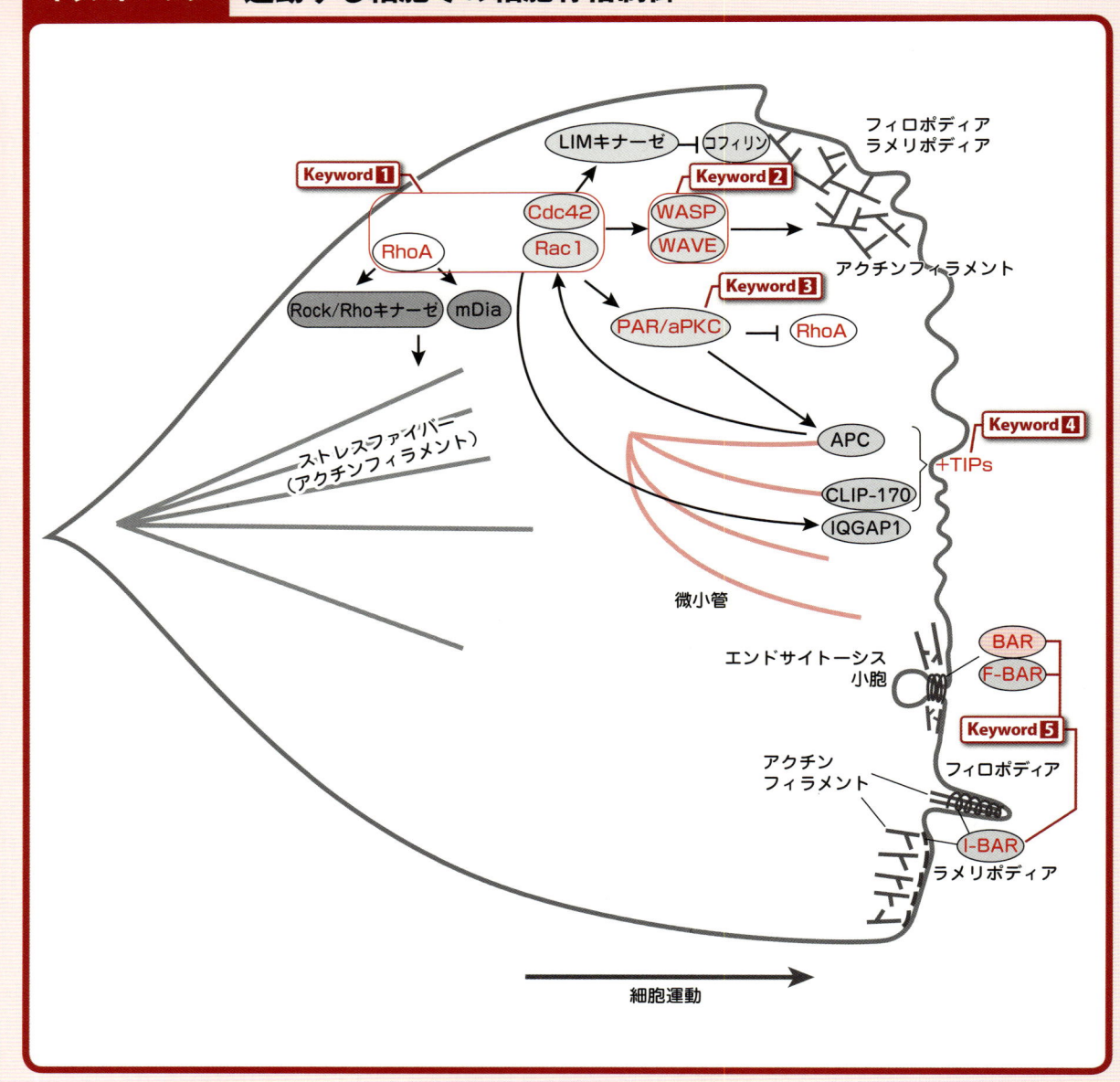

イラストマップ　運動する細胞での細胞骨格制御

（図：運動する細胞における細胞骨格制御のシグナル伝達経路。RhoA → Rock/Rhoキナーゼ, mDia → ストレスファイバー（アクチンフィラメント）。Cdc42, Rac1 → LIMキナーゼ ⊣ コフィリン、WASP/WAVE → アクチンフィラメント（フィロポディア・ラメリポディア）。PAR/aPKC ⊣ RhoA。APC, CLIP-170, IQGAP1 → +TIPs（微小管）。エンドサイトーシス小胞、BAR, F-BAR, I-BAR → フィロポディア、ラメリポディア。細胞運動の方向を示す矢印。Keyword 1〜5 を付記。）

など重要な役割を果たす役者がいくつかみつかってきた（イラストマップ）．これらがRhoファミリーによって直接・間接の機能制御を受け，形質膜と連携しながら細胞骨格を組換えることにより運動・極性といった高次の細胞現象を制御するメカニズムが明らかとなりつつある．

3. 臨床応用と今後の展望

細胞骨格を作用標的とした薬剤で，実際に臨床の場で治療薬として用いられているものとしてタキソール®（パクリタキセル）が有名である．タキソール®は微小管に結合して安定化する作用をもち，微小管の重合・脱重合ダイナミクスを阻害する．細胞分裂期における染色体分配に必須の紡錘糸形成を阻害し，細胞周期チェックポイントに異常のあるがん細胞を死滅させる．タキソール®のほか，ビンクリスチンやビンブラスチンなどの抗がん剤も同様の作用によって薬理効果を発揮すると考えられ

ている．

　現在のところこれら以外に細胞骨格・運動・極性の制御に直接働きかけることで薬理作用を発揮することが示されている薬はほとんどない．細胞の増殖や生死と異なり，運動性などに対する影響を簡便にスクリーニングする系がなかったことが1つの理由としてあげられる．また，運動や極性制御のメカニズムがごく最近までほとんど未解明だったことも大きな理由だろう．細胞運動ががん転移や炎症反応など医学応用上きわめて重要な病理現象の基礎となっていること，またその基礎をなす細胞骨格制御の分子メカニズムが明らかとなりつつある今日の現状を考えると，今後これらを標的とした薬剤開発が進む可能性が十分ある．

キーワード解説

Keyword 1 Rhoファミリー

▶英文表記：Rho family

1) イントロダクション

　RhoファミリーはRas, Rab, Ran, Arfなどと並ぶ低分子量Gタンパク質のサブファミリーであり，なかでもCdc42, Rac1, RhoAの機能がよく解析され，それぞれ特徴的なアクチンフィラメント制御にかかわっていることが知られる（第1部-2参照）．Cdc42はフィロポディアと呼ばれる細い突起構造の形成にかかわり，Rac1はラメリポディアという細胞運動の先導端においてみられる構造，そしてRhoAはストレスファイバーという収縮性のアクチン束形成にかかわることがよく知られている（図1）．これらはいずれも培養細胞において，特に細胞が運動する際に典型的に観察される構造でもある．つまりRhoファミリーによるアクチン制御は細胞運動の基本プロセスを特異的に制御している．また，Rhoファミリーがアクチンフィラメントだけでなく微小管や中間径フィラメントなど他の細胞骨格を制御するメカニズムも明らかになりつつある．このほか，ストレス応答性キナーゼJNKを活性化したり，SRFなど特定の遺伝子発現を制御するなど，多彩な生理機能を有していることも知られる．

　Rhoファミリーのシグナルは活性化時に結合する標的タンパク質（エフェクタータンパク質）によって伝えられる．WASP/N-WASP（アクチン重合制御），PAK（セリン/スレオニンキナーゼ），ACK（チロシンキナーゼ），IRSp53（アダプタータンパク質），IQGAP（細胞接着，微小管制御），PAR6（極性制御），Rock/Rhoキナーゼ（セリン/スレオニンキナーゼ），mDia（アクチン重合，微小管制御），Citronキナーゼ（セリン/スレオニンキナーゼ）など多くのエフェクタータンパク質が同定されている．

2) 分子構造・立体構造

　Rhoファミリーの分子構造や立体構造はRasなど他の低分子量Gタンパク質と共通する部分が多い（第1部-2参照）．たとえばGDP/GTPに結合したりGTPの分解に必要な共通モチーフはRhoファミリーにも同様に存在す

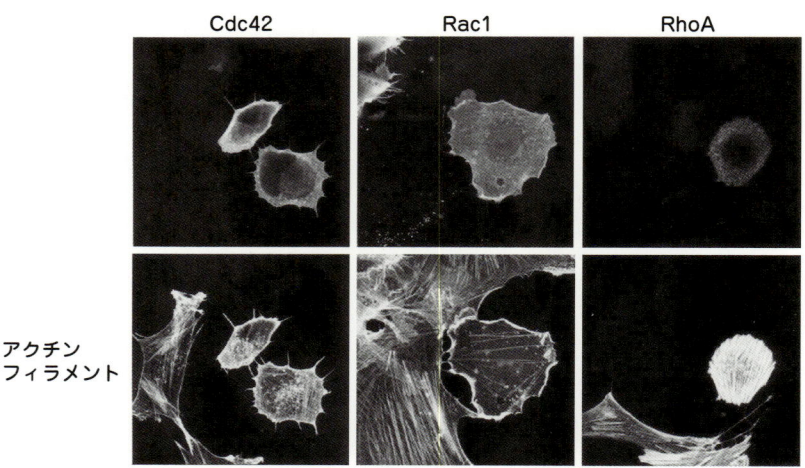

図1 Rhoファミリーによるアクチンフィラメントの制御

Cdc42, Rac1, RhoAの代表的なRhoファミリーの各恒常的活性化型変異体をBHK細胞に強制発現させ，細胞を固定後，各Rhoファミリーコンストラクトのタグ（上）とアクチンフィラメント（下）を二重染色した．Cdc42は細い突起構造（フィロポディア）を，Rac1は形質膜辺縁部に強いアクチンフィラメントの集積（ラメリポディア）を，RhoAは太いファイバー状のアクチン束（ストレスファイバー）をそれぞれ特異的に誘導している

る．Rasの機能解析からGDP結合型（不活性型）とGTP結合型（活性型）とでスイッチⅠおよびスイッチⅡ領域の立体構造が大きく変化することが知られているが，これらに相当する部分はRhoファミリーでも標的分子の認識に重要である．実際この部位に変異を導入すると特定の標的タンパク質との結合を失う変異体を作製することが可能であり，Rhoファミリーの下流シグナル伝達メカニズムを調べる重要なツールとして用いられてきた．いくつかのエフェクタータンパク質と複合体を作った立体構造も明らかになっている．それらすべてに共通する分子認識様式を見い出すのは困難であるが，少なくともスイッチⅠ領域はいずれの場合でもエフェクタータンパク質の分子認識に直接かかわっている．

3）ノックアウトマウスの表現型

Cdc42のノックアウトマウスは胚性致死であるが，初期発生の非常に早期に死んでしまうことが報告されている．その死因の追究など，個体レベルでの解析はほとんど行われていないが，Cdc42を欠損する細胞が樹立されている．この細胞は増殖性などには異常を示さないものの，アクチン細胞骨格の構築異常が報告されている．しかし，フィロポディア形成など詳細なレベルでどのような異常が起こるのかは検討されていない．また細胞運動や接着などとの関連も不明である．

Rac1のノックアウトマウスもCdc42同様に胚性致死であり，胎性8.5日前後で死んでしまう．マウス胎児の表現型解析によって，このRac1ノックアウトマウスにおいては囊胚形成が起こらず，多くの細胞がアポトーシスを起こして死んでしまうことが示されている．胎仔の一部を切片として切り出して培養し，その外植体から運動しながら出てくる細胞の様子を観察すると，フィロポディアはできるもののラメリポディアを形成せず，しかもその運動速度が顕著に減少していることが明らかとなった．

4）機能・疾病とのかかわり

Rhoファミリーの遺伝子が各種遺伝性疾患の原因になっているという報告はない．しかし，がん細胞の転移など細胞の運動能や浸潤能の亢進を基礎として起こる疾患に関与している可能性がある．たとえばRhoCやRac3などの過剰発現ががん細胞の転移性に関連しているとの報告があるが，まだその詳細はわかっていない．

【データベース（EMBL/GenBank）】

ヒトcDNA：AF498962（Cdc42），AF498964（Rac1），AF498970（RhoA）

Keyword 2 WASPファミリー

▶英文表記：Wiskott-Aldrich syndrome protein family

1）イントロダクション

WASPはヒト遺伝性疾患Wiskott-Aldrich症候群の原因遺伝子産物として同定された．その後，WASPに非常によく似たN-WASPも同定されている．WASPは血球系の細胞に限局して発現する一方，N-WASPは普遍的に発現する．機能的にはいずれもCdc42の直接結合を受けて活性化し，Arp2/3複合体を介したアクチン重合を導くことが知られる．

このWASP/N-WASP同様のArp2/3複合体活性化ドメインをもつタンパク質としてWAVE1～3が同定されている．これらWAVEsの粘菌ホモログはcAMP刺激による細胞遊走に重要な遺伝子産物Scarとしてほぼ同時期に同定されている．WAVE2が普遍的に発現するのと比較して，WAVE1と3は比較的限局した発現パターンを示し，特に脳などで強く発現している．またマウス胎仔の血管新生期にはWAVE2が血管内皮細胞に強く発現することが報告されている．機能的にはWASP/N-WASPと異なり，Racの下流でアクチン重合を誘導する．

2）分子構造・立体構造

WASP，N-WASPそしてWAVE1～3は互いにきわめてよく似た構造をもつサブファミリーを形成している（図2）．WASP/N-WASPはEVH1ドメイン，GBD/CRIBモチーフ，Pro-rich領域，VCA領域から成っている．EVH1ドメインは進化的に保存された結合パートナーであるWIP（WASP-interacting protein）と結合し，WASP/N-WASPの局在制御に重要と考えられている．GBD/CRIBモチーフはCdc42との結合部位である．Pro-rich領域にはさまざまなSH3ドメインタンパク質が結合する．VCA領域はArp2/3複合体を活性化してアクチンの重合を誘導するドメインであり，いわばWASP/N-WASPの「出力部」である．部分フラグメントのX線結晶構造解析などから，GBD/CRIBモチーフ部がVCA領域に結合し，その活性（Arp2/3複合体活性化能）を抑制していることが示されている．活性化型のCdc42はそ

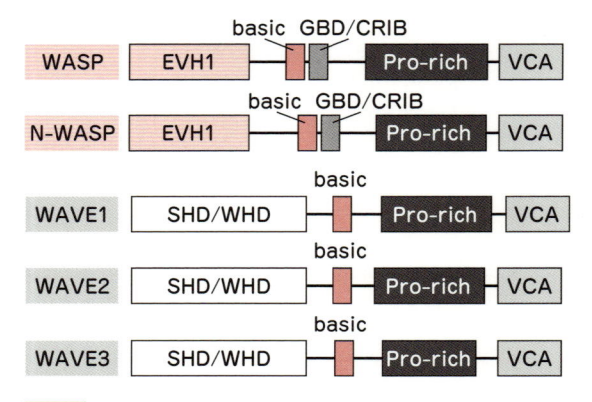

図2 WASPファミリーの構造模式図
WASP, N-WASP, WAVE1, WAVE2, WAVE3の一次構造を模式的に示す。ボックスで各種機能ドメイン、モチーフを示す。それぞれの機能ドメイン・モチーフの役割については本文参照

の分子内結合を解除することでVCA領域を開いてWASP/N-WASPを活性化する（図3）。

一方WAVEsはWHD、Pro-rich領域、そしてVCA領域から成る。VCA領域はWASP/N-WASPと同様にArp2/3複合体を活性化する。WAVEはAbi1, Sra1, Nap1などと巨大な複合体を作り、それがWAVEsの安定性や活性調節に重要であることが示されている。この複合体は立体構造も解かれており、この中でArp2/3複合体の活性化能が抑制されている。しかし、Racによる活性化機構に関してはよくわかっていない。ほかに、IRSp53やsrGAPなどのタンパク質がWAVEのPro-richモチーフに直接結合することが知られている。

3）ノックアウトマウスの表現型

WASPのノックアウトマウスはヒトのWiskott-Aldrich症候群患者同様のTリンパ球の活性化不全がみられる。血小板減少は起こるものの比較的軽度であり、ヒト患者

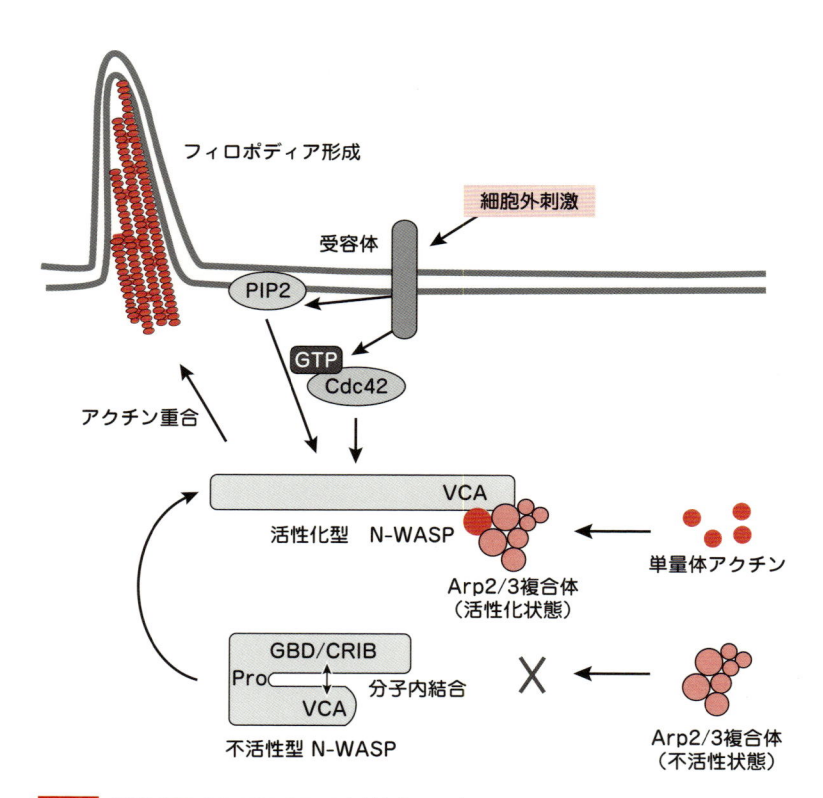

図3 WASP/N-WASPの活性化モデル
WASP/N-WASPは通常、Arp2/3複合体活性化ドメインであるC末端部（VCAドメイン）がGBD/CRIBモチーフ付近部分との分子内結合により折りたたまれ、不活性型として存在している。Cdc42が活性化すると、WASP/N-WASPのGBD/CRIBモチーフに結合し、この「閉じた」コンフォメーションを解除する。フリーになったVCAドメインはArp2/3複合体を活性化してアクチン重合を誘導する

における減少の度合いほど重篤ではない．

N-WASPのノックアウトマウスは胚性致死であるが，その死因はわかっていない．胎仔から樹立した線維芽細胞を用いた解析がなされており，赤痢菌やワクシニアウイルスの遊走が起こらないことが報告されている．フィロポディア形成については形成頻度が半分以上減少する．

WAVE1ノックアウトマウスは，出生するものの発育途上で死亡する．神経組織構築異常が観察され，WAVE1が脳神経系で強く発現することに合致している．しかし，個々の神経細胞レベルでの形態異常は観察されず，どのような原因で組織構築異常が生じているのかは明らかにされていない．WAVE2ノックアウトマウスは胚性致死であり，胎生11日までに出血死する．この原因は血管新生がうまくできないためであることが示されている．胎仔から取り出した血管内皮細胞を用いた解析から，WAVE2を欠損する血管内皮細胞がRac依存性のラメリポディア形成異常を示すことが知られている．

4) 機能・疾病とのかかわり

WASP遺伝子の変異はX染色体に連鎖して劣性遺伝するヒト遺伝性疾患Wiskott-Aldrich症候群（WAS）の原因となる．血小板減少，免疫不全，湿疹などを主症状とするが，すべての患者に共通して血小板減少がみられる．WASP遺伝子の異常はさらにXLT（X-linked thrombocytopenia）やXLN（X-linked severe congenital neutropenia）などの原因でもある．XLTは血小板減少症状のみを呈する遺伝性疾患であるが，WASP発見の翌年に同じ遺伝子の変異がその原因であることが明らかとなり，軽症のWASと考えられるようになった．XLNは好中球減少を呈する遺伝性疾患であるが，これは優性遺伝する点がWASやXLTと大きく異なる．WASやXLTはWASPの機能不全によって起こるが，XLNはWASPが恒常的活性化型になるためであると報告されている．

他のWASPファミリーに関しては遺伝性疾患とのかかわりは知られていないが，N-WASPは下痢などを引き起こす赤痢菌やワクシニアウイルスが細胞内を遊走したり，病原性大腸菌が腸管壁の細胞に接着するのに重要である．

【データベース（EMBL/GenBank）】

ヒトcDNA：U12707（WASP），D88460（N-WASP），D87459（WAVE1），AB026542（WAVE2），AB026543（WAVE3）

3 PAR/aPKC複合体

▶英文表記：partitioning/atypical protein kinase C complex

1) イントロダクション

aPKCはリン酸化酵素PKC（第1部-21参照）のサブグループとしてみつかったものの，DGやTPAなどでは活性化されない「典型的でない（atypical）」PKCとして命名されている．ヒトなどではPKCζとPKCλ/ιの2種類が知られている．一方PARは線虫の卵割段階での不等分裂に異常のある変異体から遺伝子が発見されており，PAR1〜6が知られている．このaPKCとPAR3, PAR6が複合体を形成して機能しており，線虫の不等分裂やショウジョウバエ神経芽細胞の不等分裂，そして哺乳動物における上皮組織や神経細胞の極性などを制御する進化的に保存された細胞極性制御因子であることが示されている．しかも，PAR6がRhoファミリーのCdc42やRac1と直接結合することが示され，PAR/aPKC複合体の機能を制御するシグナル伝達についても解析が進んでいる．

2) 分子構造・立体構造

図4にPAR6, PAR3, aPKCの機能ドメイン・モチーフ構造を示した．PAR6はN末端部にaPKCへの結合部位，PDZドメイン，そしてCRIBモチーフと呼ばれるCdc42やRac1の結合部位によく似た配列が存在している．実際，このCRIBモチーフ様部位には活性化型のCdc42やRac1が結合することが示されている．またPDZドメインはPAR3のPDZドメインと結合する．PAR3には3つのPDZドメインとaPKC結合領域とがある．この3つのPDZドメインのうち，最もN末端のものがPAR6と結合する．aPKCにはキナーゼドメインのほか，N末端にPB1ドメインがある．PAR3への結合はキナーゼドメインで起こることが知られ，その結果キナーゼ活性が抑制される．一方，PAR6への結合はPB1ドメインを介して起こる．このようにPAR3, PAR6, aPKCはいずれも互いに1対1で直接結合するモチーフやドメインをもち，三つ巴のタンパク質複合体を作っている．この複合体のなかではPAR3によってaPKC活性が抑えられていると考えられているが，その詳細については不明の点が多い．

このPAR/aPKC複合体の機能制御についても未知の部分が多いが，活性化型Cdc42やRac1のPAR6への結合がシグナルの「入力」に相当すると考えられている．

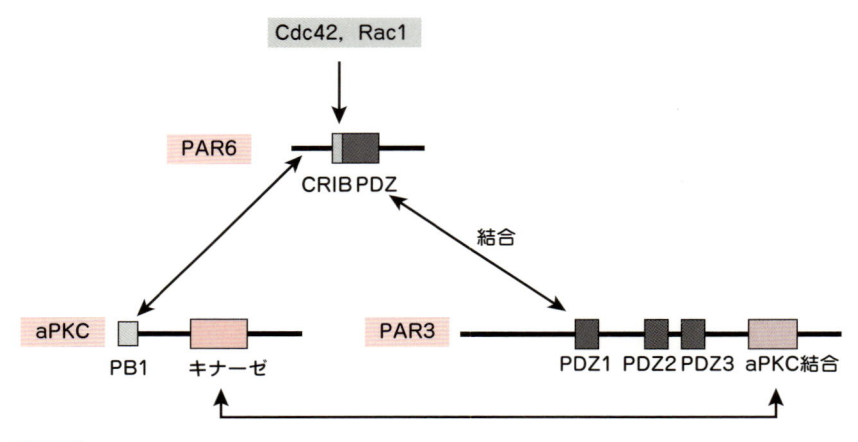

図4 PAR3, PAR6, aPKCの構造模式図

PAR3, PAR6, aPKCの一次構造を模式的に示す．ボックスで各種機能ドメイン，モチーフを示す．3者間の結合について，またCdc42, Rac1との結合について矢印で示した．それぞれの機能ドメイン・モチーフの役割については本文参照

この結果PAR3が複合体から解離してaPKCのキナーゼ活性が発現する．しかし，その具体的な制御メカニズムはほとんど不明であり，さらにaPKCがどのようなタンパク質をリン酸化して下流へシグナルを伝えるのかなど多くの重要な問題が残されている．LglがPAR3を含まないPAR6/aPKC複合体に結合したり，SmurfやGSK3βなどがaPKCと結合，リン酸化されるなどの報告がある．また進化的に保存された極性制御キナーゼPAR1をリン酸化して機能抑制するということも報告された．SmurfはRhoAのユビキチン化を促進して運動先導端でのRhoAダウンレギュレーションを起こし，GSK3βは微小管プラス末端へのAPCの局在化を誘導して，いずれも細胞運動における極性制御（先導端形成）に寄与することが報告されている．またPAR1の機能抑制や上皮の極性維持や神経細胞の軸索形成の制御に重要であることも知られている．

3）ノックアウトマウスの表現型

aPKCであるPKCζとPKCλ/ιそれぞれのノックアウトマウスが作製されている．PKCζのノックアウトマウスは出生するが，Bリンパ球の抗原受容体からのシグナル伝達，特に転写因子NF-κB活性化の異常が報告されている．それとは対照的にPKCλ/ιのノックアウトマウスは胚性致死となる．その胎仔の組織学的解析から，上皮細胞の極性に異常が生じていることが知られている．このようにPKCλ/ιについてはマウス個体レベルでも細胞極性の制御にあたっていることが示されているが，PKCζについては極性制御とのかかわりは明らかではない．PKCζが極性制御とは別の特別な機能だけを果たすように進化した結果なのか，初期発生期においてはPKCζがなくてもPKCλ/ιが機能相補しているのかは不明である．

4）機能・疾病とのかかわり

PAR/aPKC系で遺伝病などヒト疾病とのかかわりが明確に示されているものはない．

【データベース（EMBL/GenBank）】
ヒトcDNA：AB073671（PAR3），AF265565（PAR6），
L14283（PKCζ），L18964（PKCλ/ι）

Keyword

4 +TIPs

▶和文表記：微小管プラス端集積因子

1）イントロダクション

微小管はそれ自身で常に伸長（重合）と短縮（脱重合）を繰り返す性質をもっている．実際生きた細胞の中でもそのプラス末端が伸長・短縮を繰り返しており，細胞内の環境をサーチし特定の領域に補足されたときに安定化されて特異的に配置されると考えられている．つまり微小管のプラス末端は細胞内環境を探り，その配置を調節するセンサーのような働きをしている．その微小管プラス末端にはCLIP-170，EB1，APC，CLASPなど多くの微小管結合タンパク質が存在していることが知られ「微

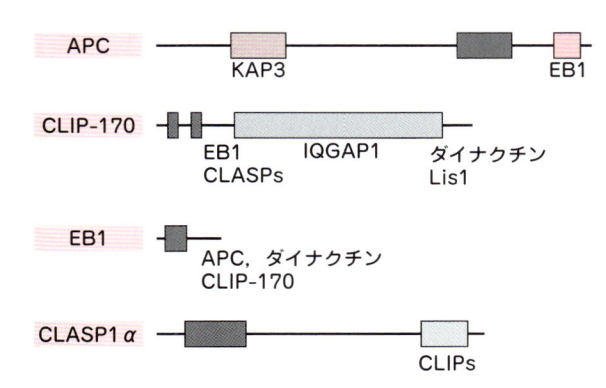

図5 ＋TIPsの構造模式図

APC, CLIP-170, EB1, CLASP1αの一次構造を模式的に示す．図中で示した濃いグレーのボックスは微小管への結合部位を示す．各＋TIPsの結合タンパク質を，およその結合部位に示した

小管プラス端集積因子：＋TIPs」と呼ばれている．特に近年のイメージング技術の進展とも相まって，それら＋TIPsの微妙な挙動，役割の違いも明らかにされつつある．たとえばAPCはキネシン依存性に微小管上を滑りながらプラス末端に集積し，特に細胞運動の先導端において特異的に微小管を安定化する．一方，EB1は細胞内のすべての伸長する微小管プラス末端に集積する．さらにRhoファミリーと＋TIPsとを結ぶ分子メカニズムについての研究も進んできた．

2）分子構造・立体構造

図5に模式的に示すように，各＋TIPsは微小管に結合する領域とともに，それぞれ特徴的な機能ドメイン・モチーフから成っている．また微小管に結合する領域もすべてに共通する類似性があるわけではなく，微小管の認識機構においてもバラエティーに富んでいる．興味深いことに，多くの＋TIPsには他の＋TIPsに結合する部分がある．つまりこれらのタンパク質は複合体を形成して微小管プラス末端に局在してその機能を果たしていると考えられる．

いくつかの＋TIPsにおいてRhoファミリーシグナルとの接点が具体的に浮かび上がってきた．CLIP-170は伸長する微小管のプラス末端に集積することが最初に示された＋TIPであるが，このCLIP-170の分子中央部を占めるコイルドコイル領域がCdc42やRac1のエフェクタータンパク質であるIQGAP1と直接結合することが報告されている．つまりCLIP-170はIQGAP1を介してCdc42やRacが活性化している部分において特異的に微小管を膜にアンカーさせる働きをもつ可能性が示唆されている．またAPCはAsefと呼ばれるRac特異的な活性化因子を結合することができる．APCが細胞運動の先導端においてRacを活性化して，運動方向についての細胞極性を制御している可能性がある．

3）ノックアウトマウスの表現型

＋TIPsのなかでマウスでの遺伝子がノックアウトされているものとして，APCがあげられる．APCをホモで欠失したマウスは胎仔期で死亡する．一方，APC遺伝子のヘテロマウスは出生するものの，その後消化管での腫瘍形成が認められる．APCは**4）**に詳しく述べるように大腸がんの発生と密接な関連をもつがん抑制遺伝子産物であり，その疾患モデルとして注目されている．ほかに微小管プラス末端に結合して微小管を脱重合させる働きのあるKIF2Aのノックアウトマウスは，出生するものの1日以内に死亡する．脳構造の異常が認められ，神経細胞の成長円錐から過剰に突起伸展が起こることが報告されている．

4）機能・疾病とのかかわり

APCはadenomatous polyposis coliの略であり，家族性大腸腺腫症で変異している遺伝子のコードするタンパク質として同定されている（**第2部-5参照**）．その後の研究によって，細胞増殖制御に重要なWntシグナルの抑制因子として機能したり，＋TIPsの一員として微小管ダイナミクスを制御したりしていることも明らかとなった．Wntシグナルは細胞の増殖やがん化に関与することから，APCが機能を喪失するとWntシグナルが恒常的に活性化して細胞がん化を導くと考えられてきた．しかし，がん細胞でみつかる変異の大半はAPCのnull変異ではなく，C末端側を部分的に欠失したものである．興味深いことに，この断片化したAPCはAsefへの結合部位を含んでいる．つまり変異体型のAPCはAsefを介してRacを活性化し，運動性や浸潤性を亢進させてがん細胞の悪性化に寄与している可能性がある．さらに変異体型APCを発現する大腸がん細胞では染色体の安定性が失われていることも報告されており，これががん化を促進している可能性もある．

【データベース（EMBL/GenBank）】
ヒトcDNA：M97501（CLIP-170），U24166（EB1），M74088（APC）

Keyword
5 BARドメインタンパク質ファミリー

▶英文表記：bin-amphiphysin-rvs domain protein family

1）イントロダクション

　BARドメインタンパク質ファミリーは，膜脂質と相互作用する性質をもつBARドメイン，および類似の構造をもつF-BAR（FCH-BAR），I-BAR（Inverse-BAR）ドメインをもつタンパク質の総称である．これらのドメインは脂質分子に結合するだけでなく，膜構造を変形させる活性をもっている．BARドメインを試験管内で人工脂質小胞（リポソーム）に作用させると，小胞の形態が球状からチューブ様へと変化する．また培養細胞内で発現させた場合には，細胞膜が陥入もしくは突出してチューブ状の構造が形成される．最近の研究からBARドメインタンパク質ファミリーが，エンドサイトーシス，ファゴサイトーシス，膜突起形成（フィロポディア，ラメリポディア，ポドソーム），細胞質分裂など，膜構造がダイナミックに変化するさまざまな場面で働いていることが明らかにされた．BARドメインには膜変形活性に加えて膜の曲率を感知する機能が備わっている．それぞれの構造に応じて特定の曲率をもつ膜に強く結合する性質をもっており，たとえばさまざまな大きさの小胞のなかから特定の大きさのものを認識することができる．認識できる膜の曲率の大きさは分子により異なっており，それぞれが特定の曲率をもつ膜構造を認識しシグナルを発生させる．

2）分子構造・立体構造

　図6にいくつかのBARドメインタンパク質ファミリーの構造を模式的に示した．BARドメインのなかには，そのN末端側に膜変形活性に必要な両親媒性のヘリックス部位や，イノシトールリン脂質に結合するPHおよびPXドメインを併せもつものがいくつか知られる．またSH3ドメインをもつタンパク質も存在しており，膜変形部位にダイナミンやアクチン細胞骨格の制御分子を運び，膜の切断やアクチンの再構成を引き起こす．その協調的作用の結果エンドサイトーシス小胞や膜突起が形成される．
　BARドメインは二量体化することで，正に帯電した表面をもつモジュールを形成する．立体構造解析から2つの分子は固有の角度をもって配置され，正の電荷をもつ領域が凹面にあるバナナ様の構造や，その反対に，凸面にある中央部が膨らんだ飛行船様の構造をとることが明

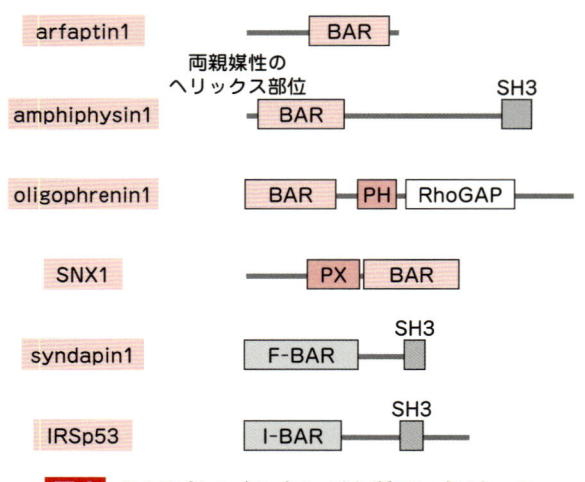

図6　BARドメインタンパク質ファミリーの構造模式図
BARドメインタンパク質ファミリーの一次構造を模式的に示す．ボックスで各種機能ドメイン，モチーフを示す．それぞれの機能ドメイン，モチーフの役割については本文参照．

らかになっている．BARおよびF-BARドメインでは，凹面でクラスターを形成する塩基性アミノ酸を介して酸性の膜脂質分子に作用するものが多く知られ，小胞の表面や細胞膜が陥入してできた脂質膜の湾曲構造を細胞質側から認識する．これらのドメインが認識できる膜の曲率は個々の凹面の曲率により規定される．一方，I-BARは凸面で脂質分子と相互作用することで，BARやF-BARとは逆向きに曲がったカーブを認識するものが多い．これはたとえば細胞辺縁部で観察される膜突起を細胞質側からみた場合に相当する．

3）ノックアウトマウスの表現型

　amphiphysin1のノックアウトマウスでは，タンパク質の不安定性からヘテロダイマーを形成するamphiphysin2の発現も低下する．amphiphysin1のノックアウトマウスは学習障害や強直・間代発作の症状を呈し，死亡率が野生型マウスに比べて高い．細胞レベルでは，シナプス小胞のリサイクリングに異常が認められる．
　syndapin Iは主に脳で発現しているsyndapinファミリーのアイソフォームであり，そのノックアウトマウスは海馬での神経細胞の過剰な興奮や全身性強直・間代発作の症状を呈する．細胞レベルにおいてはsyndapin Iが欠損することによりシナプス小胞の大きさなどが異常になり，シナプス小胞のエンドサイトーシスが障害される．

4）機能・疾病とのかかわり

　自己免疫疾患の1つstiff-person症候群（SPS）において産生される自己抗体の1つに，抗amphiphysin抗体が含まれている．特に腫瘍の発生に伴いSPSを発症する場合には，抗amphiphysin抗体が高い確率で検出される．またamphiphysin2は中心核ミオパチーの原因遺伝子であり，ミスセンス変異によりBARドメインの膜変形活性が失われる場合やSH3ドメインの部分的な欠損によりdynaminとの結合が失われる場合が報告されている．一方，X連鎖性精神遅滞において，oligophreninの発現消失や機能欠損を起こす変異がみつかっている．

【データベース（EMBL/GenBank）】

ヒトcDNA：U07616（amphiphysin1），AF242529（syndapin1），AB102656（oligophrenin）

参考文献

1) Pollard, T. D. & Borisy, G. G.：Cell, 112：453-465, 2003
2) Etienne-Manneville, S. & Hall, A.：Nature, 420：629-635, 2002
3) Hakoshima, T. et al.：J. Biochem., 134：327-331, 2003
4) Takenawa, T. & Miki, H.：J. Cell Sci., 114：1801-1809, 2001
5) Miki, H. & Takenawa, T.：J. Biochem., 134：309-313, 2003
6) Etienne-Manneville, S. & Hall, A.：Curr. Opin. Cell Biol., 15：67-72, 2003
7) Suzuki, A. et al.：J. Biochem., 133：9-16, 2003
8) Carvalho, P. et al.：Trends Cell Biol., 13：229-237, 2003
9) Mimori-Kiyosue, Y. & Tsukita, S.：J. Biochem., 134：321-326, 2003
10) Frost, A. et al.：Cell, 137：191-196, 2009

参考図書

◆ 『細胞骨格・運動がわかる（わかる実験医学シリーズ）』（三木裕明/編），羊土社，2004
◆ 『形と運動を司る細胞のダイナミクス』（竹縄忠臣，遠藤剛/編），実験医学増刊，24（13），羊土社，2006

第2部 キーワード解説　生命現象からみたシグナル伝達因子

7 細胞接着
cell adhesion

永渕昭良

Keyword ①インテグリン　②カドヘリン　③αカテニン　④βカテニン　⑤デスモソーマルカドヘリン　⑥ビンキュリン

概論　Overview

1. 細胞接着とは

　多細胞動物における細胞の接着は大きく分けて，細胞基質間接着と，細胞間接着の2種類に分類することができる（イラストマップ）．前者では細胞表面の膜貫通型の接着分子と細胞外基質（細胞外マトリックス：ECM）中に存在する基質接着分子を介して細胞が細胞外基質と結合する．後者では細胞表面の膜貫通型や膜結合型の接着分子を介して細胞同士が直接結合する．

　細胞接着とその制御は多細胞動物が個体を形成・維持する上で最も重要な機能の1つである．多細胞生物もはじめは1つの受精卵である．受精卵は分化を伴う細胞分裂を繰り返し，最終的には高度に機能分化した種々の組織・器官を形成する．これらの組織・器官が形成されていくためには，まず特定の分化形質をもつ一群の細胞が集まらなければならない．このとき，これら一群の細胞が同じ接着特異性をもつ細胞間接着分子を発現すると，容易に細胞集団を形成することができる．さらに，このような細胞集団が組合わさり，機能的な組織・器官を構築するためには，細胞が特定の基質接着分子を認識して移動したり，それぞれの細胞が全体としては接着性を保ちながら相対的に位置を変えたりする必要がある．一方状況に応じては，特定の細胞や基質接着分子を認識したときに，細胞の動きを止めたり，安定に結合したりする必要もある．このような場合，細胞接着の制御が重要な役割を果たすと考えられる．疾病との関連においては，細胞接着の制御の乱れが細胞のがん化やがん細胞の転移・浸潤能の亢進に結びついていることを示す例が数多く報告されている．

　細胞表面の接着分子はインテグリンを中心とする細胞基質間接着分子とカドヘリンを中心とする細胞間接着分子に大きく分けることができる．本稿ではこれら2種類の接着分子とその制御因子について概説する．細胞間接着分子としてはさらに，主に神経細胞や免疫細胞の接着・認識において機能する免疫グロブリンスーパーファミリー，血球細胞と血管内皮細胞との接着に機能するセレクチンファミリーが存在する．後述のタイトジャンクション構成因子である，オクルディンやクローディンファミリー，ギャップ結合の構成因子であるコネキシンも細胞間接着分子として分類される場合もある．しかし，前者は細胞と細胞の間の隙間（細胞間隙）を通る物質の往来の制限，後者は隣接した細胞間で直接低分子シグナル分子を伝播させることが主要な機能である．

2. 細胞接着装置

　細胞接着分子はときとして細胞膜の限られた領域に局在して，特殊な超微細構造を形成することがある．このような，細胞接着分子を含む超分子複合体を細胞接着装置という．細胞基質間接着装置としてフォーカルアドヒージョン（FA），ヘミデスモソーム（HDS），細胞間接着装置としてタイトジャンクション（TJ：密着結合），アドヘレンスジャンクション（AJ：接着結合），デスモソーム（DS：接着斑），が存在している．細胞接着装置は主に上皮細胞で研究が進められてきた．上皮細胞の細胞膜は外部や内腔に面する頂端面（アピカル面），細胞外基質から成る基底膜に面する底面（ベイサル面），隣接する細胞同士が接する側面（ラテラル面）に区分される．

イラストマップ 上皮細胞と細胞間接着装置

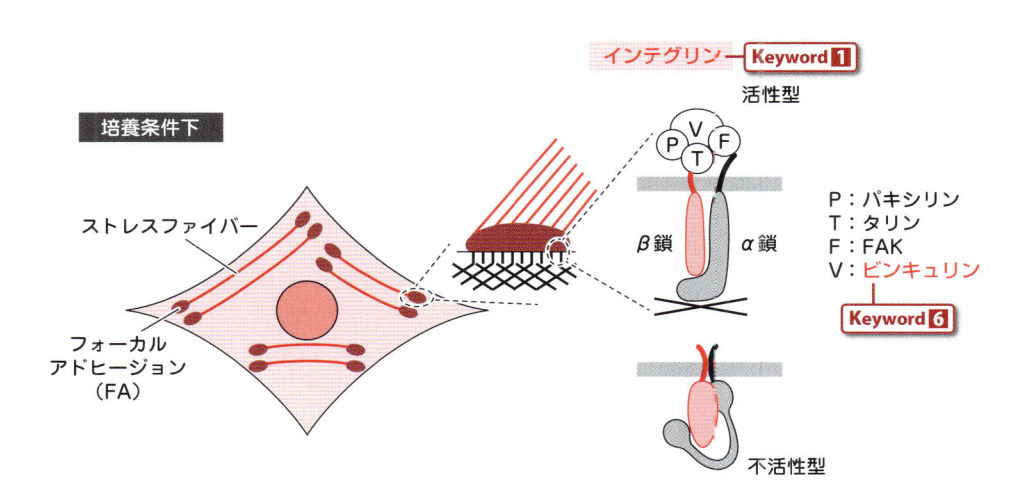

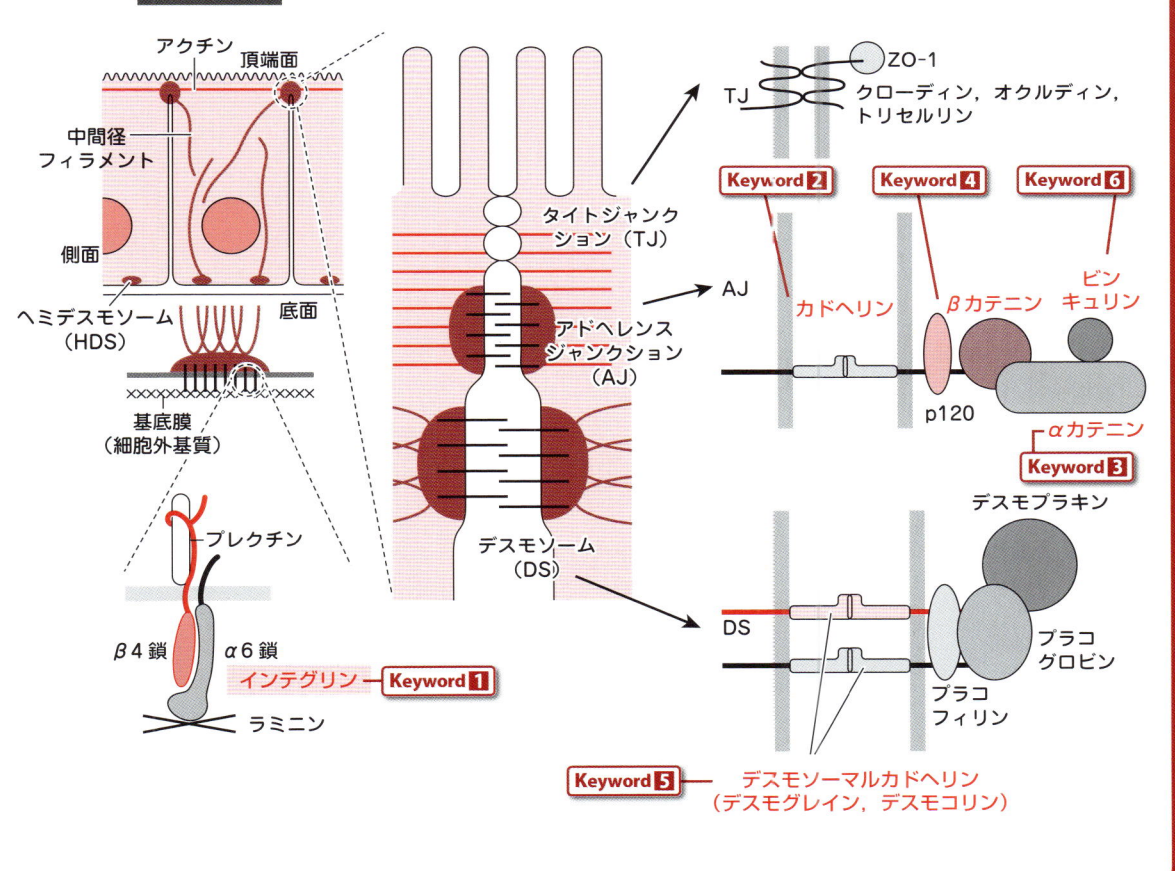

培養条件下

- ストレスファイバー
- フォーカルアドヒージョン（FA）

インテグリン ― Keyword 1

活性型

P：パキシリン
T：タリン
F：FAK
V：ビンキュリン

Keyword 6

β鎖　α鎖

不活性型

生体内上皮

- アクチン
- 頂端面
- 中間径フィラメント
- 側面
- ヘミデスモソーム（HDS）
- 底面
- 基底膜（細胞外基質）
- プレクチン
- β4鎖　α6鎖
- ラミニン

インテグリン ― Keyword 1

- タイトジャンクション（TJ）
- アドヘレンスジャンクション（AJ）
- デスモソーム（DS）

TJ：ZO-1、クローディン，オクルディン，トリセルリン

AJ：カドヘリン（Keyword 2）、βカテニン（Keyword 4）、ビンキュリン（Keyword 6）、p120、αカテニン（Keyword 3）

DS：デスモプラキン、プラコグロビン、プラコフィリン、デスモソーマルカドヘリン（デスモグレイン，デスモコリン）（Keyword 5）

第2部　7　細胞接着

底面には細胞基質間接着装置であるHDSが分布している．FAは上皮組織では明瞭に識別することができない．側面ではTJ，AJ，DSが細胞の頂端面に近い部分に集まり接着装置複合体を形成している場合が多い．このときTJ，AJは連続して細胞外周を取り囲むため，密着帯，接着帯とも呼ばれる．

1) フォーカルアドヒージョン

FAは細胞基質間においてAJに対応する接着装置で細胞基質間AJと呼ばれる場合もある．生体内ではほとんど観察されず，主に培養条件下の細胞で観察される．培養細胞の細胞基質間接着部位に多くの細胞質因子が集積し，アクチンフィラメントから成るストレスファイバーの端点として形成される．FAの接着分子は基本的には$\beta 1$鎖を含む**インテグリン**（→Keyword **1**）で細胞質ではタリン，ILK，パキシリンなどが結合していると考えられている．さらにAJと同様**ビンキュリン**（→Keyword **6**）も局在し，最終的にアクチン系細胞骨格に結合している．

2) ヘミデスモソーム

HDSは細胞膜の底面に散らばる細胞基質間の接着装置で，電子顕微鏡レベルでは，その名の通りDSをちょうど半分にしたような構造をしている．HDSの主要な接着分子は$\alpha 6\beta 4$インテグリンであり，表皮などではBP180という一回膜貫通型の膜タンパク質も局在している．細胞質にはプレクチンやBP230などの細胞質因子が局在しており，これらの細胞質因子を介してDSと同様中間径フィラメントが結合している．

3) タイトジャンクション

TJを電子顕微鏡で観察すると隣り合う細胞の細胞膜が完全に融合しているようにみえる．この接着装置は上皮の細胞間隙を通過する物質の往来（paracellular pathway）を一定の条件で制限する機能（バリア機能）と，細胞膜の頂端面と側底面に局在する脂質やタンパク質が拡散により混じり合うことを防ぐ機能（フェンス機能）があると考えられていた．最近，フェンス機能には必ずしもTJが必要ではない可能性も報告されている．TJの主要な膜タンパク質は4回膜貫通型のクローディン，オクルーディン，トリセルリンであり，これらは接着分子として記載されることもあるが，基本的には細胞間隙の物質往来を選択的に調節するバリア機能に働いている[1]．TJの膜タンパク質としてはほかに免疫グロブリンスーパーファミリーに属するJAMがあり，細胞質側にはZO-1，シンギュリンなどの細胞質因子が局在している．

4) アドヘレンスジャンクション

AJはほとんどの細胞の細胞間接着部位に形成される，最も基本的な細胞間接着装置である．電子顕微鏡で観察すると隣り合う細胞の細胞膜が15～20 nMの距離を保って隣接している．通常TJやDSの形成もAJの形成に依存しており上皮細胞の接着，上皮組織構築においても中心的な役割を果たしている．AJの主要な接着分子は1回膜貫通型の**カドヘリン**（→Keyword **2**）であり，細胞質因子である**βカテニン**（→Keyword **4**），**αカテニン**（→Keyword **3**）と安定な複合体を形成して強固でありながら動的な細胞間接着を維持している．AJの膜タンパク質としてはほかに免疫グロブリンスーパーファミリーに属するネクチンがあり，ネクチンの細胞質にはアファディンが結合している．AJにはさらにビンキュリンやαアクチニン，TJのない細胞ではZO-1など多数の細胞質因子が局在している．これらの細胞質因子のほとんどはアクチン結合タンパク質であり，AJの裏打ちには多くの場合発達したアクチン繊維の束が観察される．AJを介して隣接した細胞のアクチン系細胞骨格が統合され，組織としての形態が保持されている．

5) デスモソーム

DSは細胞膜の側面全体に散らばるボタン状の細胞間接着装置である．電子顕微鏡レベルでは隣接する細胞の細胞膜が25～35 nMの距離を保って隣接し，さらに細胞間および細胞質側に特徴的な電子密度の高い領域がみられる．DSの主要な接着分子はカドヘリンスーパーファミリーに属する1回膜貫通型の**デスモグレインとデスモコリン（デスモソーマルカドヘリン）**（→Keyword **5**）である．DSにはプラコグロビン，プラコフィリン，デスモプラキンなどの細胞質因子が局在しており，これらの細胞質因子を介して中間径フィラメントが結合している．DSを介して隣接した細胞の中間径フィラメントの網目状の構造も統合され，組織に物理的な強度を与える役割をしている．

このように細胞基質間ではインテグリン，細胞間ではカドヘリンが主要な細胞接着装置の構成因子となっている．本稿ではこれら2つの主要接着分子とその細胞接着活性を制御する因子について概説する．

キーワード解説

Keyword 1 インテグリン

▶英文表記：integrin

1）イントロダクション

インテグリンは細胞と細胞外基質との接着や免疫系細胞の接着を阻害する抗体の抗原として同定された．基本的にはα鎖とβ鎖という異なった二種類の一回膜貫通型タンパク質から成るヘテロ二量体で機能している．さまざまな基質との接着を特異的に阻害する抗体が複数存在したため，当初から多種類のインテグリンが存在することが予想されていた．現在では少なくとも18種類のα鎖と8種類のβ鎖から24種類の異なったインテグリンヘテロ二量体が形成されることが報告されている．多くのインテグリンはコラーゲンやラミニン，フィブロネクチンなどの細胞基質接着因子へのさまざまな接着特異性を示す．このときRGDというアミノ酸配列を認識することが多い．β1鎖とα1～6鎖とが会合したインテグリンはヒトTリンパ球に増殖刺激をかけた後，数週間後に発現してくることからVLA-1からVLA-6（very late antigen）と呼ばれる．β2鎖を含むインテグリンは免疫グロブリンスーパーファミリーに属するICAM-1やVCAM-1などに結合し，免疫系において細胞間接着に寄与している．α6β4は唯一のヘミデスモソームの構成インテグリンであり，他のインテグリンがタリンなどを介してアクチンフィラメントと相互作用しているのに対し，プレクチンなどを介して中間径フィラメントと相互作用している（イラストマップ)[2]．

2）分子構造・立体構造

α鎖β鎖ともに糖タンパク質で，分子内にジスルフィドをもち非還元状態と還元状態でみかけ上の分子量が変化する（図1）．どちらも比較的長い細胞外領域，膜貫通領域，15～60アミノ酸から成る細胞質領域から構成されている．α鎖は120～200 kDaで一部のα鎖は翻訳後切断されジスルフィド結合でつながっている．Mg^{2+}やCa^{2+}などの二価イオンの結合配列が3～4回連続している．β鎖はβ4鎖を除けば100 kDa前後である．β4鎖は例外的に長い細胞質領域をもち，みかけ上200 kDaを越える．

2002年頃からインテグリンの構造解析が急速に進み，いわゆる内から外（inside-out）のシグナル伝達の構造的説明が可能になった．インテグリンは細胞質にタリンなどの細胞質因子が結合していない場合，リガンドとの結合性の弱い折れ曲がった構造をとる．細胞に刺激が入ると，β鎖の細胞質領域にタリンなどが結合し，β鎖とα鎖の相互作用を破壊し，これが細胞外領域の構造変化を引き起こす．結果として細胞外領域はリガンドとの結合性の高い伸びた状態に変化する．

3）発現様式

最も多くの種類のαサブユニットと二量体を形成するβ1インテグリン，β1インテグリンと二量体を形成しフィブロネクチン受容体として働くα5，ラミニン受容体として働くα6などはほとんどの脊椎動物の細胞で発現している．その他のインテグリンも多様な細胞で発現している場合が多いが，特定の細胞に限局して発現する物もある．ラミニン受容体として働くα7β1は主に筋肉で発現がみられ，αIIbβ3は巨核球と血小板にのみ発現している．β2鎖は前述したように白血球など免疫系の細胞で主に発現しており，β4鎖はヘミデスモソームが存在する上皮細胞で発現がみられる．ビトロネクチン受容体として働くαVβ5は上皮細胞などのほか，多くのがん細胞において発現がみられる．フィブロネクチンとテネシンの受容体として働くαVβ6は主に発生過程，創傷部位，腫瘍において高い発現がみられる．

4）ノックアウトマウスの表現型

ⅰ）β1鎖

通常のノックアウトマウスは後述のEカドヘリンと同様，着床の頃に胚性致死であるため多くのコンディショナルノックアウトが作製されている．

レンズでの欠損（β1$^{flox/flox}$：MLR10-Cre）：レンズ上皮のアポトーシスとレンズ繊維異常による小眼球症

神経での欠損（β1$^{flox/flox}$：nestin-Cre9）：髄膜の基底膜と皮質の相互作用の異常による大脳皮質の完全な崩壊

神経冠での欠損（β1$^{flox/flox}$：Ht-PA-Cre）：神経冠細胞の移動の異常

成体リンパ球での欠損：α4β1インテグリンに依存したリンパ球の各種臓器への移動阻害

表皮での欠損（β1$^{flox/flox}$：Keratin5，Keratin14-Cre）：真皮から表皮の離脱

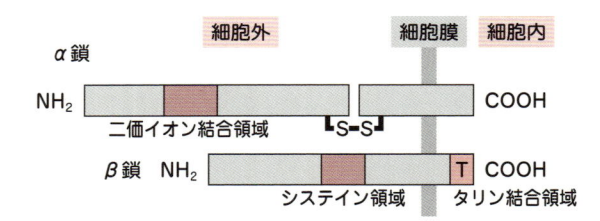

図1 インテグリンの構造模式図

成体表皮での欠損：おそらくは抑制的な外から内へのシグナル伝達ができなくなるための創傷部位でのケラチノサイトの過増殖，メラノサイトの過増殖

ポドサイトでの欠損（$β1^{flox/flox}$：podocin-CRE）：腎小体基底膜の形成不全

血管内皮細胞での欠損（$β1^{flox/flox}$：Tie2-Cre）：卵黄嚢と胚における中胚葉の異常と血管形成不全

血球細胞での欠損：胎児性造血幹細胞の肝臓や脾臓へのコロニー形成異常

ii）β1鎖以外

β2鎖：白血球接着不全症によく似たすべての白血球の異常による免疫不全

β3鎖：グランツマン病によく似た血小板の機能喪失

αⅡbβ3：破骨細胞欠損による骨の過形成

β4鎖：重症の表皮水疱症によく似た水疱形成と幽門閉鎖など上皮異常からの疾患（α6鎖と極似）

β5鎖：加齢に伴う盲目，色素細胞によるファゴサイトーシス異常

β6鎖：TGFβ活性化不全による肺の炎症，肺気腫

β8鎖：脳での血管形成異常と出血（αVのパートナー？）．神経細胞のみでのβ8欠損（$β8^{flox/flox}$, nestin-Cre）も同じ表現型

β10鎖：成長板における軟骨形成異常を原因とした四肢における長い骨の形成異常

β11鎖：歯周靱帯形成異常による歯の形成異常

α3鎖：腎臓と肺における基底膜の異常と上皮細胞の細胞基質間接着異常による誕生時致死，集合管の数の減少

α4鎖：後期の血管異常

α5鎖：卵黄嚢と胚における中胚葉の異常と血管形成不全〔血管内皮でのβ1鎖欠損（$β1^{flox/flox}$：Tie2-Cre）〕と極似

α6鎖：重症の表皮水疱症によく似た水疱形成と幽門閉鎖など上皮異常からの疾患（β4鎖と極似）

α7鎖：ラミニン受容体として筋疾患

α8鎖：上皮間充織相互作用不全による腎臓の形成不全，タンパク尿により出生後致死

α9鎖の血管内皮での欠損（$α9^{flox/flox}$，VE-cadherin-Cre）：おそらくはVEGF-C，VEGF-Dからのシグナル受容喪失によるリンパ管の形成異常とその副次作用としてのリンパ液の胸腔への蓄積

αⅡb鎖：グランツマン病によく似た血小板の機能喪失

αV鎖：10.5日目以降の胚，血管形成異常と出血，血管内皮でのノックアウトでは血管形成正常．神経冠細胞では脳での出血

α3鎖/α6鎖（ラミニン受容体）の二重欠損：レンズの形成不全，全身の場合，四肢の発生異常，胚の未形成

αMβ2：好中球のエンドトキシンやサイトカインへの反応欠損

5）機能・疾患とのかかわり

αⅡbβ3の異常は，グランツマン病（血小板無力症）を引き起こす．

β2鎖の異常は，白血球接着不全症と呼ばれる免疫不全，α6β4の異常は，重症の表皮水疱症を引き起こす．

【抗体・cDNA入手先】

インテグリンに関しては非常に多くの種類があるため抗体，cDNAとも目的にあった物をここに探す必要がある．特に抗体に関しては目的にあった物を選ぶ必要がある[3]．

2 カドヘリン

▶英文表記：cadherin

1）イントロダクション

カドヘリンはカルシウム依存性細胞間接着因子として同定された．当初から接着特異性の異なるサブタイプがあることが予想され，実際，E型，N型，P型カドヘリンという3種のカドヘリンがほぼ同時に単離・同定された．その後さらにR型など2～3種のカドヘリン分子が同定され，基本的には隣接細胞の同種のカドヘリンと結合するホモフィリックな細胞間接着分子であることが明らかにされた．これらカドヘリン分子は分子全体で高い相同性を示し，細胞外領域には特徴的なカドヘリンリ

ピート（EC1〜5）が存在した（**図2**）．現在，全体的な構造は異なりながらもカドヘリンリピートを含む分子が次々に発見され，カドヘリンスーパーファミリーの存在が明らかになった[4)5)]．そのため，はじめに同定されたカドヘリンを区別するときはⅠ型クラシックカドヘリンと呼ばれることもある．本稿ではカドヘリンといえばこのⅠ型クラシックカドヘリンを示し，E型，N型，P型カドヘリンを代表例として話を進める．

カドヘリンによる細胞間接着活性はさまざまなメカニズムで制御されている．この制御機構は大きく分けて，カドヘリン自身の発現や分解・修飾などによる制御と，カドヘリンに結合する細胞質因子を介した制御に分類することができる．後者については **3 αカテニン**，**4 βカテニン** の項で概説する．カドヘリンはまたAJの主要構成因子であり，この接着構造を基盤として細胞接着のシグナルを細胞内に伝える可能性も示唆されている．しかし，このような細胞外から細胞内へのシグナル伝達を直接明らかにした研究は少ない．

2) 分子構造・立体構造

細胞表面で機能するカドヘリンは120〜135 kDaの糖タンパク質である．はじめは前駆体の形で合成され，プロ配列が除去されて機能タンパク質となる．細胞外にEC1〜5の5つのカドヘリンリピートをもち，1回の膜貫通部位と，約150アミノ酸の細胞内領域をもつ（**図2**）．X線結晶解析の結果から，カドヘリンリピートはIgドメイン様の立体構造をとることが明らかにされている．この構造は二量体を作ることも報告されているが，同じ細胞のカドヘリンのシス二量体を形成するか，隣の細胞のカドヘリンとのトランス二量体を形成するか不明である．カドヘリン分子内では実際に接着に関与する細胞外領域よりも細胞内領域の方がサブタイプ間でのアミノ酸配列の相同性が高い．カドヘリンはこの細胞内領域のC末端側を介してβカテニン，膜貫通部位に隣接した領域を介してp120に直接結合する．

3) 発現様式
ⅰ) E-カドヘリン

着床前の初期胚とほとんどの上皮組織の細胞に発現する．神経系細胞の一部のサブセットにも発現がみられる．形態形成運動のなかでも最も細胞間接着様式が変化する場面である上皮間充織転換においてE-カドヘリンの発現が消失する場合が多い．上皮間充織転換のマスター遺伝子の1つと考えられるSnailファミリーの分子（snail，slug）がE-カドヘリンプロモーター上流のEボックス配列に直接結合しE-カドヘリンの発現を抑制する．Snailファミリー以外にも，ZEB-1/δEF-1，ZEB-2/SIP-1，E47などの転写抑制因子がE-カドヘリンの発現抑制に機能することが報告されている．E-カドヘリンはタンパク質レベルでも細胞外領域の切断や分子のエンドサイトーシスによりその発現が制御される可能性が示唆されている．分解にはマトリックスメタロプロテアーゼやプレセニリン1/γセクレターゼが関与している．また，エンドサイトーシスにはHGFシグナルや活性型チロシンキナーゼであるv-Srcがん遺伝子導入による細胞内のチロシンリン酸化の亢進，ARF6，Rac1，PKCなどによるシグナル伝達，Hakaiという名のE3ユビキチンリガーゼやカドヘリン結合分子であるp120の関与が示唆されている．しかし，その特異性と生理学的な意味については不明な点が多い．

ⅱ) N-カドヘリン

発生過程における神経組織，心筋，レンズ，骨格筋，体節，腎管など，広い組織で発現がみられる．発生が進むにつれて発現に限局し，成体の神経系においては海馬，新皮質などの特定の領域にのみ発現する．

ⅲ) P-カドヘリン

マウスにおいては，胎盤，子宮脱落膜，発生中の皮膚，小腸，肺，心臓などに発現するが，ヒトにおいては胎盤での発現はみられない．

4) ノックアウトマウスの表現型
ⅰ) E-カドヘリン

ノックアウトマウスは着床の頃に胚性致死となる．その原因は，胚盤胞期になっても栄養外胚葉のAJが正常に形成されず，胚盤胞が形成されないことによると考えられている．ただし，コンパクション（8細胞期後期に

図2　カドヘリンの構造模式図

カドヘリンは細胞外にEC1〜5の繰り返し構造をもち，細胞内にはp120結合領域（p120）とβカテニン結合領域（β）をもつ．繰り返し構造の間にはカルシウムが結合し構造を維持している

おいて割球間の接着が強まる現象）は母親由来のE-カドヘリンによって起こる．

ii）N-カドヘリン

ノックアウトマウスは10日目胚の時期に致死となる．体節と神経管の不完全な形成などもみられるが，致死の直接の原因は心臓形成の異常である．変異マウスの心筋細胞は細胞間の接着が弱く，集合して正常な器官形成を行うことができない．

iii）P-カドヘリン

P-カドヘリンノックアウトマウスは，E-カドヘリンやN-カドヘリン変異マウスとは異なり，致死ではなく生殖も可能である．正常マウスと比較して，乳腺の早期発達および形成異常が観察されるが，P-カドヘリンの細胞接着活性との関連性については不明である．

5）機能・疾病とのかかわり

E-カドヘリン遺伝子の一方に変異があり胃がんが多発する家系が複数報告されている．またE-カドヘリンの機能を阻害すると，元来アデノーマしか引き起こさない遺伝子変異がカルシノーマを引き起こすことがマウスの系で観察されている．また，多くの腫瘍細胞においてカドヘリンの発現の消失，および接着機能の低下がみられ，腫瘍の侵潤性や転移性と相関関係があるとされている．

【抗体・cDNA入手先】

抗マウスおよび，抗ヒトE，N，P-カドヘリンに対する各種モノクローナル抗体はタカラ社，ベクトン・ディッキンソン社，シグマアルドリッチ社などから入手可能である．

【データベース（EMBL/GenBank）】

ヒト：Z13009（E-カドヘリン），X07277（N-カドヘリン），X63629（P-カドヘリン）

マウス：X06115（E-カドヘリン），M22556（N-カドヘリン），X06340（P-カドヘリン）

Keyword 3　αカテニン

▶英文表記：α-catenin

1）イントロダクション

αカテニンはカドヘリン結合分子の1つでAJに濃縮するタンパク質として同定された．実際にはβカテニンを介してカドヘリンと複合体を形成する．αカテニンは，カドヘリン/βカテニン複合体をビンキュリン，αアクチ

図3　αカテニンの構造模式図

■の領域はビンキュリンと相同性のある領域を示す．バーに示した部分でβカテニン，ビンキュリン，αアクチニン，ZO-1と結合する

ニン，ZO-1などを介してアクチンフィラメントと結びつける役割を果たしている．このαカテニンによるカドヘリンと細胞骨格とのリンクが，カドヘリンの強い細胞接着活性に必要である．αカテニンには，これまではじめに同定されたαカテニンのほかαNカテニン，αTカテニンの少なくとも2つのファミリー分子が同定されている．これらと区別してαカテニンはαEカテニンと呼ばれる場合もある．

2）分子構造・立体構造

約102 kDaで，分子内の3つの領域でビンキュリンと低い相同性を示す．N末端にβカテニン結合領域，分子の中央部にビンキュリン/αアクチニン結合領域，C末端にZO-1結合領域をもつ．C末端はF-アクチンと直接結合するという報告もある（図3）．βカテニン結合領域を含むN末端側の領域，ビンキュリン結合領域を含む分子中央領域の構造が結晶構造解析により決定されている．βカテニンのN末端のαヘリックスをβカテニン結合領域に取り込むことによりαカテニンとβカテニンは安定に結合している．

3）発現様式

αカテニンは中枢神経系の細胞を除き，細胞間接着活性を示すほぼすべての細胞に発現している．αNカテニンは神経系にほぼ限局して発現している．αTカテニンはマウスでは精巣と心臓に強く発現しており，ヒトではさらに肝臓や脳，腎臓，骨格筋にも発現する．これまでにカドヘリンと結合していない遊離αカテニンはβカテニンと結合してWntシグナル伝達因子としての機能を阻害しうることが報告されている．このような遊離αカテニンがあまり存在しないよう，αカテニンのタンパク質レベルでの発現はカドヘリンの発現に依存して誘導されるよう転写後の調節を受けている．この転写後調節の分子機構の詳細は不明である．

4）ノックアウトマウスの表現型と機能

C末端の3分の1を欠失する変異αカテニンを発現す

るマウス胚が，ジーントラップ法により作製されている．その表現型は，E-カドヘリンをノックアウトしたマウス胚と非常によく似ており，栄養外胚葉の上皮形成に異常がみられ，発生は胚盤胞の段階で停止する．表皮細胞でのαカテニンのコンディショナルノックアウトマウスも作製された．このマウスでは毛囊の形成がみられず，表皮の形成異常，表皮細胞の過剰増殖が観察され，αカテニンの細胞増殖抑制への寄与が示唆された．

5）機能・疾病との関連

αカテニン遺伝子は家族性大腸腺腫症の原因遺伝子で高率でLOH（ヘテロ接合性の消失）が観察されるAPC遺伝子の近傍に存在している．また多くの腫瘍においてαカテニン遺伝子の変異，αカテニンタンパク質の発現低下，発現異常が確認されており，αカテニンの変異と腫瘍の悪性度との相関が報告されている．

分子中央にはビンキュリン結合部位と共にビンキュリンとの結合を妨げる領域が存在している．アクチン系骨格の張力によりこの領域が外れたときにのみビンキュリンとの結合が可能になるため，細胞間接着部位での張力センサーとして働いている[6]．

【抗体・cDNA入手先】

αカテニンに対するモノクローナル抗体はベクトン・ディッキンソン社から入手できる．われわれの研究室からも入手可能である．

【データベース（EMBL/GenBank）】

マウス：D90362（αカテニン），D25281, 2（αNカテニン），NM_177612（αTカテニン）

ヒト：L23805（αカテニン），NM_004389（αNカテニン），NM_013266（αTカテニン）

Keyword

4 βカテニン

▶英文表記：β-catenin

1）イントロダクション

βカテニンはカドヘリンに直接結合する細胞質因子として同定された．遺伝子単離の結果，ショウジョウバエのセグメントポラリティー遺伝子産物であるアルマジロの相同分子であることが明らかになった．つまりβカテニンはカドヘリンを介した細胞間接着とWnt系情報伝達の双方で中心的な役割を果たしている．βカテニンはカドヘリンとαカテニンの双方に直接結合し，カドヘリンを細胞骨格系にリンクさせる役割を果たしている．βカテニンが，カドヘリンによる細胞間接着制御においてリンカーとしての役割以外に機能をもつかどうかは不明な点が多い．ただβカテニンは分子内の複数の部位が種々のリン酸化酵素や脱リン酸化酵素によってリン酸化・脱リン酸化の修飾を受けうること，この修飾がカドヘリンやαカテニンとの親和性を変化させうることが報告されている．βカテニンにはプラコグロビン/γカテニンという非常に相同性の高い分子が存在している．カドヘリン依存性の細胞接着活性においてプラコグロビンはβカテニンの機能を相補できる．p120も分子中央部にアルマジロリピートをもつ細胞質因子であるが，プラコフィリンなどを含む別のサブファミリーに属する．この分子はカドヘリンの細胞質領域のなかでも膜貫通部位に近い領域に結合し，カドヘリンのエンドサイトーシスなどに関与している．

2）分子構造・立体構造

約88〜94kDaで，分子中央の大部分を12個のアルマジロリピートが占める．カドヘリンとの結合には前半の10個アルマジロリピートが関与している．αカテニンとはアルマジロリピートのN末端側境界からN末端部位において結合する（図4）．結晶構造解析の結果，このアルマジロリピート領域は非常に安定な大きな溝をもつ構造をとっていることが示されている．この溝にカドヘリンの細胞質領域が結合する．同じ溝に，βカテニンの分解に働くAPCやアキシン，転写調節でコファクターとなるTCF/LEF-1等が結合する．分子のC末端領域は転写活性化部位であり，Wnt系情報伝達において重要な役割を果たす．

3）発現様式

βカテニンは，発生の過程を通じてほぼすべての細胞で発現する．カドヘリンに結合していないβカテニンタ

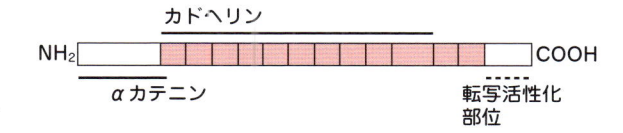

図4 βカテニンの構造模式図

　の領域はアルマジロリピートを示す．バーで示す領域でαカテニンとカドヘリンに結合する．破線はWnt系情報伝達において機能するときの転写活性化部位を示す

ンパク質は基本的にはリン酸化後にユビキチン化され，プロテアソームによって分解されている．このリン酸化過程の制御により遊離βカテニンの発現を亢進できるが，この遊離βカテニンは基本的にはカドヘリン依存性の細胞接着ではなく，Wnt系情報伝達において利用される．

4）ノックアウトマウスの表現型

βカテニンノックアウトマウスは胎生6.5日目までは正常に発生するが，7.0日目以降において外胚葉系細胞層の異常，細胞死の増加，前後軸形成の異常などにより致死となる．しかしながら胚体外組織は正常に形成される．

5）機能・疾病とのかかわり

いくつかの腫瘍細胞においてβカテニン遺伝子に変異がみられる例が報告されている．基本的にはβカテニン分解に必要なリン酸化部位の変異，欠損によりβカテニンの安定化が起こり，Wntシグナルが活性化することによりがん化していると考えられている．

【抗体・cDNA入手先】
βカテニンに対するモノクローナル抗体はベクトン・ディッキンソン社から入手できる．

【データベース（EMBL/GenBank）】
マウス：M90364（βカテニン）
ヒト：Z19054（βカテニン）

Keyword

5 デスモソーマルカドヘリン

▶英文表記：desmosomal cadherin

1）イントロダクション

デスモソーム（DS）の細胞間接着分子はデスモグレインとデスモコリンであり，どちらもカドヘリンスーパーファミリーであるためデスモソーマルカドヘリンと総称される．デスモグレイン，デスモコリンとも3種類の遺伝子（Dsg1，Dsg2，Dsg3，Dsc1，Dsc2，Dsc3）が存在する．ヒトではさらにDsg4が存在し，重層扁平上皮において発現している．クラシックカドヘリンと異なりデスモソーマルカドヘリンは同じ細胞上で発現しているデスモグレインとデスモコリンが協調して細胞間接着に関与していると考えられている．Dsg1はDsc2と，Dsg2はDsc1/2と複合体を形成することが報告されているが，

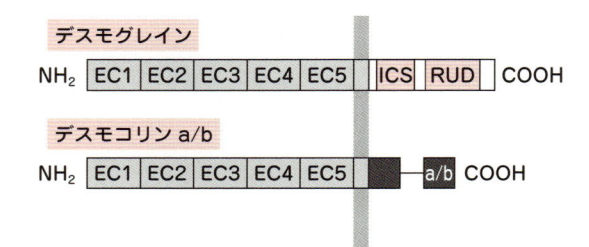

図5 デスモソーマルカドヘリンの構造模式図
EC1～5：カドヘリンリピート，ICS：細胞内におけるクラシックカドヘリン相同領域，RUD：デスモグレイン特異的な繰り返し配列領域

実際の細胞接着の分子機構については，不明な点が多い．デスモソーマルカドヘリンのサブクラス間の機能差については表皮細胞の分化に関与しているという報告があるが，やはり不明な点が多い．デスモソーマルカドヘリンの細胞質領域にはプラコグロビンが直接結合する．さらにプラコフィリンやデスモプラキンなどの細胞質因子が集合して最終的に中間径フィラメントに結合し，完全なデスモソームが形成される．デスモソーマルカドヘリンと細胞質因子との相互作用の分子機序，細胞質因子によるデスモソーマルカドヘリンの機能制御については不明な点が多い．しかし，プラコグロビンのノックアウトマウスやデスモプラキンのノックアウトマウスにおいて，デスモソームの形成異常が起きることから，これらの細胞質因子はデスモソーム形成において重要な役割を果たしていると考えられる[7]．

2）分子構造・立体構造

デスモグレインとデスモコリンはそれぞれ約160 kDa，105～115 kDaの1回膜貫通型の糖タンパク質である．いずれもカドヘリンと同様に前駆体の形で合成された後にプロ配列が切断され，接着活性をもつ分子になる．細胞外にはEC1～5の5つのカドヘリンリピートをもち，細胞内部位には，カドヘリンと相同性をもつ領域ともたない領域が存在する（図5）．デスモグレインの細胞内領域は，細胞膜貫通領域の直下にあるカドヘリン相同領域に続き，約29アミノ酸から成るデスモグレインに特徴的な配列がDsg1は5つ，Dsg2は6つ，Dsg3は2つ続く．デスモコリンも細胞内にカドヘリンと相同性のある領域を有し，細胞内領域が長いスプライスアイソフォームのaタイプ，短いスプライスアイソフォームのbタイプが存在する．デスモコリン，デスモグレインともにカ

ドヘリンと相同性のある細胞内領域には，プラコグロビンとそのファミリー分子であるプラコフィリンが結合する．

3）発現様式

ヒトにおける発現を示す．

ⅰ）DSG1

表皮においては，有棘層上部，顆粒細胞層に発現する．その他，舌，胸腺などに発現する．

ⅱ）DSG2

デスモソームを有する組織において普遍的に発現する．表皮においては，基底層に近い領域に発現する．

ⅲ）DSG3

表皮においては，有棘層および，基底層に発現する．

ⅳ）DSC1

表皮においては有棘層上部，顆粒細胞層に発現する．舌などにも発現する．

ⅴ）DSC2

デスモソームを有する組織において普遍的に発現する．表皮においては，基底層に近い領域に発現する．

ⅵ）DSC3

表皮においては，有棘層および基底層に発現する．乳腺筋上皮細胞などにも発現する．

4）ノックアウトマウスの表現型

ⅰ）Dsg2

着床後すぐに胚性致死となる．

ⅱ）Dsg3

尋常性天疱瘡と同様の表現型がみられる．

ⅲ）Dsc1

表皮が脆弱になり，表皮のバリア効果が失われる．表皮細胞の過剰増殖および，ケラチン6とケラチン16の異常な発現が観察され，表皮細胞の増殖・分化にも異常が起きる．

ⅳ）Dsc3

2.5日胚になるまでに致死となる．

5）機能・疾病とのかかわり

DSG1とDSG3はそれぞれ自己免疫疾患である落葉状天疱瘡，尋常性天疱瘡における自己抗体の抗原分子として知られている．DSG1とDSC2は掌蹠角皮症，DSG2とDSC2は催不整脈性右室異形成，DSG4は常染色体劣性の貧毛症・連珠毛，DSC3は貧毛症の原因遺伝子である．

【抗体・cDNA入手先】

デスモコリン，デスモグレインに対する抗体はベクトン・ディッキンソン社，サンタクルズ社から入手可能である．われわれの系ではマウスのデスモコリン，デスモグレインに高い反応性を示す抗体はみつけられない．

【データベース〔EMBL/GenBank〕】

マウス：NM_013504（デスモコリン1），
　　　　NM_013505（デスモコリン2），
　　　　NM_007882（デスモコリン3），
　　　　NM_010079（デスモグレイン1），
　　　　NM_007883（デスモグレイン2），
　　　　NM_030596（デスモグレイン3）

ヒト：X72925（デスモコリン1），
　　　BC063291（デスモコリン2），
　　　X83929（デスモコリン3），
　　　X56654（デスモグレイン1），
　　　Z26317（デスモグレイン2），
　　　NM_001944（デスモグレイン3）

Keyword 6 ビンキュリン

1）イントロダクション

ビンキュリンは細胞間および細胞基質間のAJ構成因子として同定された．実際には細胞間接着においてはαカテニン，細胞基質間接着においてはタリンを介してカドヘリン，インテグリンと複合体を形成する．ビンキュリンはF-アクチン，Arp2/3の結合部位があり，接着分子とアクチン系細胞骨格との相互作用に機能する．そのほかにもパキシリンやFAK，ビネキシン，ポンシンなど多くの細胞質因子と相互作用し，細胞接着部位の超分子構造の基盤となっている[8]．分子のC末端近くに68アミノ酸の挿入をもつスプライシングバリアント，メタビンキュリンが存在している．

2）分子構造・立体構造

ビンキュリンは1,066アミノ酸から成り117 kDa，メタビンキュリンは1,134アミノ酸から成り124 kDa．構造解析から5つのドメインに分かれ，ドメイン1～4までが頭部領域，ドメイン5が尾部領域を形成し，この2つの領域間にはプロリンに富む配列が存在する（図6）．頭部と尾部が結合した状態は不活性型，頭部と尾部が離れた状態がさまざまな因子と結合可能な活性化型となる．

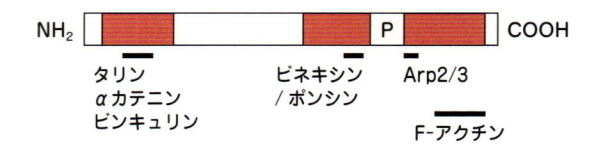

図6 ビンキュリンの構造模式図
赤い領域はαカテニンとの相同性の高い領域を示す．バーに示した部分でタリンやαカテニン，ビネキシン/ポンシン，Arp2/3，F-アクチンに結合する．Pはプロリンの多い領域で頭部と尾部の境界

3）発現様式

ビンキュリンは細胞接着活性を示すほとんどすべての細胞で発現している．メタビンキュリンは筋肉と血小板で発現している．

4）ノックアウトマウスの表現型

ビンキュリンノックアウトマウスは胎生10.5日で致死である．心臓での欠損は生後3カ月で半数近い個体において，恐らくは心筋細胞の接着異常により突然死が起こるか拡張型心筋症を発症する．

5）機能・疾病とのかかわり

メタビンキュリン遺伝子のさまざまな異常が，拡張性および肥大性心筋症の家系にみられる．

【データベース（EMBL/GenBank）】

マウス：NM_009502.4

ヒト：BC039174.1

参考文献

1) Furuse, M.：Cold Spring Harb. Perspect. Biol., 2：a002907, 2010
2) Lowell, C. A. & Mayadas, T. N.：Methods Mol. Biol., 757：369-397, 2012
3) Byron, A. et al.：J. Cell Sci., 122：4009-4011, 2009
4) Niessen, C. M. et al.：Physiol. Rev., 91：691-731, 2011
5) Hirano, S. & Takeichi, M.：Physiol. Rev., 92：597-634, 2012
6) Yonemura, S. et al.：Nat. Cell Biol., 12：533-542, 2010
7) Thomason, H. A. et al.：Biochem. J., 429：419-433, 2010
8) Humphries, J. D. et al.：J. Cell Biol., 179：1043-1057, 2007

参考図書

◆ 『小さな小さなクローディン発見物語』（月田承一郎/著），羊土社，2006
◆ 冨永純司，永渕昭良：実験医学増刊，24：129-135, 2006
◆ 永渕昭良：生化学，78：579-587, 2006

第2部 キーワード解説　生命現象からみたシグナル伝達因子

8 タンパク質輸送　小胞輸送を中心に
vesicular transport, a part of intracellular protein transport

大野博司

Keyword ❶クラスリン　❷AP複合体　❸COP I 複合体　❹COP II 複合体

概論

1. タンパク質輸送とは

　真核生物の細胞内は脂質膜（脂質二重層）で囲まれた種々のオルガネラで満たされている．それぞれのオルガネラはその膜上あるいは内腔に固有のタンパク質のセットをもっており，このように異なるタンパク質群をもつことでそれぞれのオルガネラを特徴づけるユニークな機能が発揮される．タンパク質のほとんどは細胞質においてmRNAから翻訳されてできるため，細胞は何万種類にもおよぶこれらの新たに合成されたタンパク質のそれぞれをその局在するべきオルガネラへと選択的に輸送する機構を備えている．このようなタンパク質のオルガネラへの選別輸送機構が正確に働いてはじめて各オルガネラ特有の機能が保たれ，細胞が生存できるのである．一般に細胞内タンパク質輸送の特異性は，運ばれるタンパク質自身に存在する特徴的なアミノ酸配列からなる輸送シグナルが規定している．それぞれのオルガネラに輸送されるための固有のシグナル配列が存在し，タンパク質輸送を司る細胞内機構によって特異的に認識されることで輸送の特異性が保たれている．細胞内タンパク質輸送機構は，その輸送方式から大きく3つに分類される．本稿ではまずこの3つに分けてタンパク質輸送の全体像を概説し，次いでそのなかの小胞輸送に関与する分子群について解説する．

2. タンパク質輸送の全体像

1）ゲートのある輸送（gated transport）

　細胞質と核質は核膜孔によってつながった空間的に等価な区画である．この核膜孔を介する細胞質－核質間を結ぶタンパク質輸送機構を「ゲートのある輸送（gated transport）」と呼ぶ．核膜は外膜と内膜の2枚の脂質二重膜からなるが，核膜孔はこの二重膜を貫いて存在する核膜孔複合体からなる．核膜孔複合体は50〜100種類の異なるタンパク質800〜1,000分子により形成されるチャネルのような構造をもつ，125MDaにもおよぶ巨大分子複合体である．約30 kDa以下の比較的小さな分子は拡散により自由に通すが，それ以上の大きさのタンパク質や分子複合体に関しては選択性をもって能動的に輸送する関門（ゲート）として機能する．細胞質から核内へと能動輸送されるタンパク質には一般に核局在化シグナル（nuclear localization signal：NLS）と呼ばれる塩基性アミノ酸に富む配列が存在し，インポーチンによって認識されて核膜孔を核内へと通過する．一方，核質から細胞質へと能動輸送されるためのシグナルは核外移行シグナル（nuclear export signal：NES）と呼ばれ，エキスポーチンに認識されて核膜孔から核外へと輸送される．インポーチン，エキスポーチンは構造的に類似しており大きな分子ファミリーを形成してゲートのある輸送を制御している．

2）膜を透過する輸送（transmembrane transport）

　「膜を透過する輸送（transmembrane transport）」では，オルガネラの膜上に存在する膜透過装置が輸送されるタンパク質を特異的に認識して，空間的に等価でない細胞質からオルガネラ内腔へと選択的に通過させる．運ばれるタンパク質は通常，高次構造がほどけた状態で膜透過装置が形成する細いチャネルを糸のようにすり抜け

イラストマップ　小胞輸送による細胞内タンパク質輸送経路

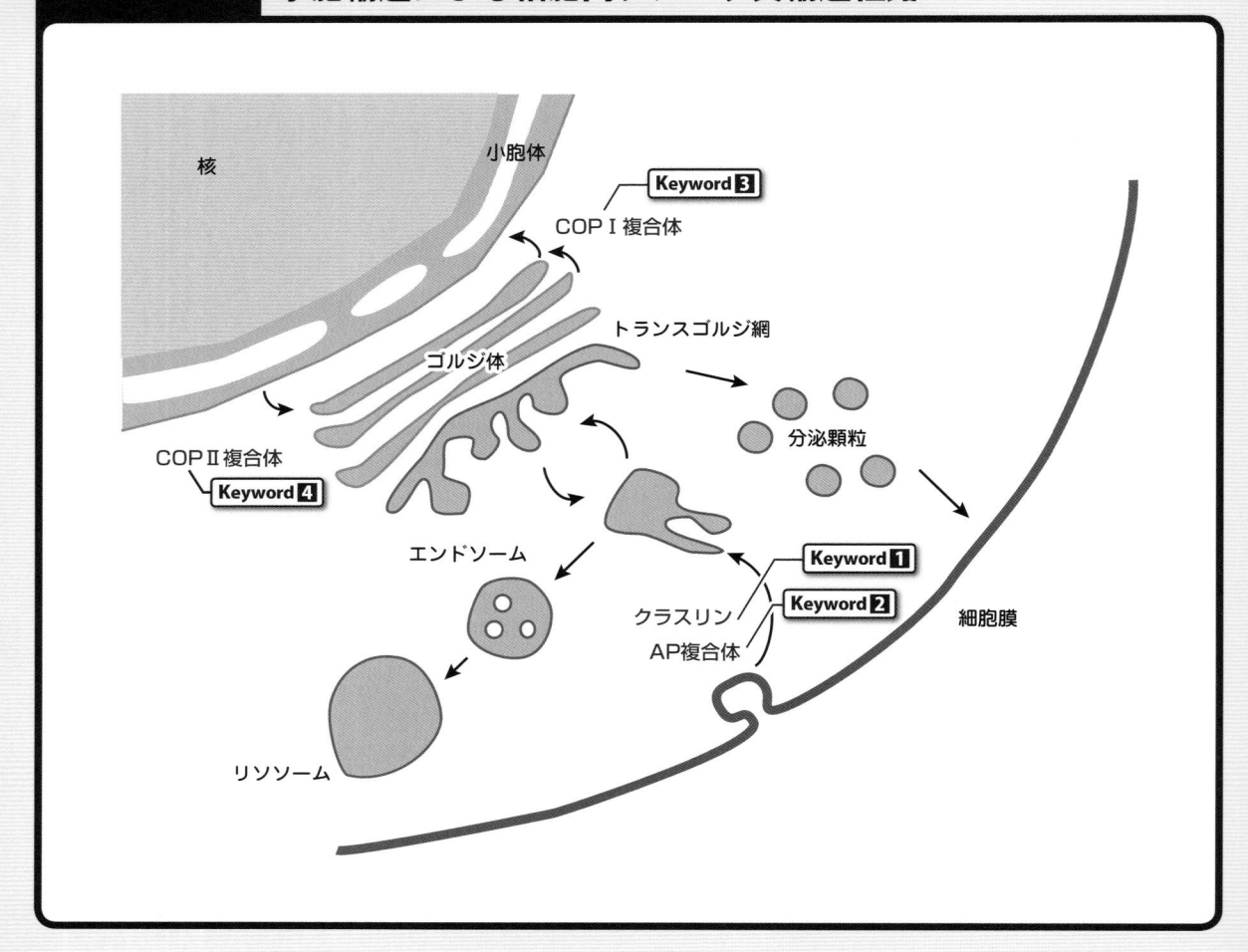

る．このような機構は小胞体，ミトコンドリア，細菌や植物などの色素体（葉緑体），ペルオキシソームといったオルガネラでみられる．それぞれのオルガネラには特異的な膜透過装置が存在し，それぞれ特異的なシグナル配列を認識することにより輸送の特異性が保たれる．

3）小胞輸送（vesicular transport）

　第3の輸送方式が本稿の主題である「小胞輸送（vesicular transport）」である．特定のタンパク質が膜で囲まれた輸送担体によってあるオルガネラから別のオルガネラへと運ばれる輸送機構を小胞輸送と呼ぶ（イラストマップ）．輸送担体は通常，輸送小胞と呼ばれる小さな球状構造のことが多いことからこのような名称がつけられたが，より大きな不定形のオルガネラの破片のような場合もある．このような輸送は小胞体，ゴルジ体，エンドソーム，リソソームなど，細胞膜が細胞質に陥入してできたと考えられる一連のオルガネラ（細胞内膜系とも呼ばれ，その内腔は相互に，そして細胞外環境とも空間的に等価な区画である）および細胞膜を結んでいる．輸送小胞は被覆タンパク質と呼ばれる可溶性のタンパク質が細胞質からオルガネラ膜に結合することで形成される．主な被覆タンパク質として**クラスリン（→Keyword 1），アダプタータンパク質（adaptor protein：AP）複合体（→Keyword 2），コートマータンパク質（coatomer protein：COP）Ⅰ複合体（→Keyword 3），COPⅡ複合体（→Keyword 4）**が知られており，これらが異なるオルガネラ膜からの輸送小胞の形成および積み荷タンパク質の選別を制御することにより輸送の特異性を規定している．

3. 臨床応用と今後の展望

　小胞輸送は個々の細胞の生存に必須なばかりでなく，高等多細胞生物に特有の高次機能にも重要な役割を果たしている．たとえば神経伝達時には，神経細胞はシナプス小胞と神経終末の形質膜との融合により小胞内に蓄えられた神経伝達物質を放出するとともに，次の刺激に備えて素早くシナプス小胞を補充する必要がある．その際細胞は，新たにシナプス小胞を作るのではなく，むしろエンドサイトーシスにより膜成分を回収し，神経伝達物質を特異的に取り込ませて小胞を再生することで対処している．生体防御における免疫系の動員においても，たとえば外来抗原の場合，樹状細胞やマクロファージなどのいわゆるプロフェッショナルな抗原提示細胞が，細菌やウイルスなどの病原体を取り込んでエンドソーム・リソソーム系に運搬し，そのタンパク質を適当な長さに切断して得た抗原ペプチドを自身のもつクラスⅡMHCの上に結合してTリンパ球に提示し，活性化することによりはじまる．その一方で，ウイルスや細菌のなかには宿主細胞のエンドサイトーシスを利用して細胞内に侵入し感染するものも少なくない．また，ウイルスなどのなかには，クラスⅠMHCの細胞表面への発現を特異的に抑制する分子をもち，自らが感染した細胞が宿主の免疫系に認識されないようにすることで免疫系から逃れるものもある．さらに，摂食後にはガストリンなどの消化管ペプチドの刺激に伴い一過性に胃壁細胞のプロトンポンプから胃酸が分泌されて消化を助けたり，また体内の無機リン濃度は尿細管上皮のリン輸送体を介する尿中からのリンの再吸収により調節されることが知られている．これらの場合にも，生体はポンプや輸送体の活性自体を増減するのではなく，これらのタンパク質を蓄えた小胞を刺激に応じて素早く細胞表面と融合させたり（エキソサイトーシス），取り込んだり（エンドサイトーシス）することにより調節している．これら個々のタンパク質輸送経路を特異的に制御する分子は，種々の高次機能を人為的に活性化あるいは抑制する薬剤や感染症に対する薬剤となる可能性がある．

キーワード解説

Keyword
1 クラスリン

▶英文表記：clathrin

1. イントロダクション

　クラスリンは被覆タンパク質として最も早く発見された分子の1つであり，AP複合体とともにクラスリン被覆小胞の構成的な被覆成分として同定された[1]．クラスリンは細胞膜の細胞質側に結合し輸送小胞を形成することから，初期にはエンドサイトーシスへの関与が示唆されたが，その後トランスゴルジ網（TGN）やエンドソーム膜にも結合することが明らかとなり，**2 AP複合体**とともにトランスゴルジ網，エンドソーム，リソソーム，細胞膜などを結ぶ複雑なタンパク質輸送経路網，いわゆる「ポストゴルジ・ネットワーク」を制御する主要な因子の1つと認識されている．

2. 分子構造・立体構造

　クラスリンは図1Aに示すように約190 kDaの重鎖3本と約30 kDaの軽鎖3本からなるヘテロ六量体である．長い棒状の重鎖同士がC末端で結合した「トリスケリオン（triskelion）」と呼ばれる3本足構造を呈し，酸性に荷電した球状の軽鎖が重鎖のC末端近傍の塩基性アミノ酸に富む領域に1つずつ結合している．このトリスケリオンがさらに自己重合することにより，五角形と六角形から成るサッカーボール様の球状の格子構造が形成される（図1B）．オルガネラ膜の湾曲には，エプシンなどのepsin N-terminal homology（ENTH）ドメインや，BAR，F-BARあるいはN-BARドメインをもつタンパク質群の作用が重要であり，クラスリン格子は湾曲したオルガネラ膜の形状を安定化させると考えられる[1]．（図1C）．クラスリン軽鎖は，AP複合体との結合依存的にクラスリンの自己重合が起こるように調節する制御因子として働く[2]．

3. 発現様式

　クラスリンは細胞質の可溶性タンパク質複合体として安定に発現する．軽鎖にはA，Bの2つのアイソフォームがあり，それぞれが脳型，非脳型のスプライスアイソフォームをもつため，計4種の遺伝子産物が存在する．

4. ノックダウン・ノックアウト細胞の表現型

　RNAiによるクラスリンノックダウン細胞の解析から，クラスリンは種々の膜タンパク質のエンドサイトーシスに必須であることが示された．またDT40細胞を用いたノックアウトの結果，クラスリンを発現しない細胞はアポトーシスにより細胞死を起こすことから，クラスリンはハウスキーピング分子として細胞の生存そのものに必須であると考えられる[3]．いまだノックアウトマウスの報告はないが，おそらく発生のごく初期に死に至ることがノックアウト細胞の結果から類推される．

5. 機能

　クラスリンは細胞質からオルガネラ膜にリクルートされて，前述のように重合して格子構造を作ることでクラスリン被覆ピットを形成する（図1C）．クラスリンは脂質膜に直接結合するのではなく，AP複合体を介して間接的に結合する．クラスリン被覆ピット/小胞の形成にはクラスリン，AP複合体のほかにエプシン，EPS15，アンフィフィジンなどのいわゆるアクセサリータンパク質による制御を受ける．クラスリン被覆ピットはやがてそのネックの部分がダイナミン，アンフィフィジンなどの作用により切り取られてクラスリン被覆小胞となる．この間にAP複合体などとの結合により運ばれる積み荷タンパク質が，できつつある小胞に濃縮される．その後クラスリンはhsc70の作用により小胞から細胞質へと遊離し，次の被覆ピット形成のため再びオルガネラ膜へとリクルートされるというリサイクリングを繰り返す．一方，脱被覆した小胞はキネシンやダイニンなどのモータータンパク質により微小管上を運ばれて積み荷タンパク質の受け手となるオルガネラへと到達し，低分子量Gタンパク質であるRabファミリーやSNAREなどの膜融合制御タンパク質群の作用により受け手オルガネラ膜と融合して輸送が完了する．

　クラスリンには小胞輸送以外に，有糸分裂紡錘体形成における役割も最近明らかにされている[4]．

　クラスリン欠損マウスは上述のように胎生致死である

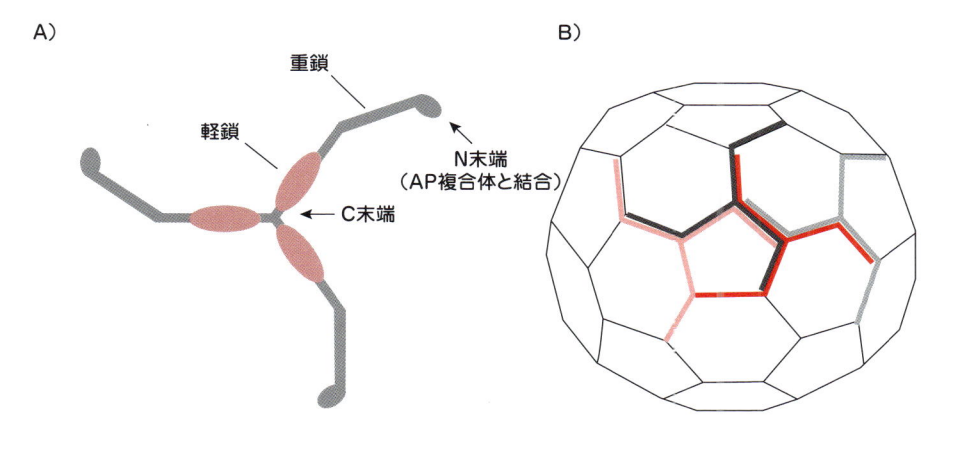

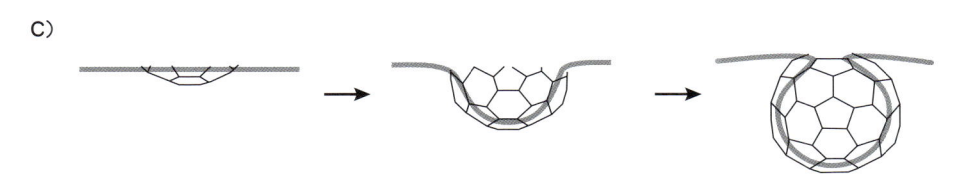

図1 クラスリン

A) クラスリン分子（トリスケリオン）のモデル図．重鎖のN末端は球状の構造をとり，ここでAP複合体と結合する．B) クラスリンが重合してできる格子構造．トリスケリオン（図中に4つのトリスケリオンを色を変えて示した）が重合してこのような格子構造を形成する．C) クラスリン被覆ピット形成のモデル図

と考えられ，ヒトにおいてもクラスリン変異に起因する疾患は考えにくい．しかし，クラスリン依存的エンドサイトーシスに関与するタンパク質の異常はがんや神経筋疾患をはじめさまざまな疾患との関連が報告されている[1]．

【抗体の入手先】
抗クラスリン重鎖モノクローナル抗体（Affinity BioReagents社）

【データベース（EMBL/GenBank）】
ヒト：NM_004859（重鎖），NM_001833（軽鎖A，非脳型），NM_007096（軽鎖A，脳型），NM_001834（軽鎖B，非脳型），NM_0070997（軽鎖B，脳型）

Keyword
2 AP複合体

▶英文表記：adaptor protein complex
▶和文表記：アダプタータンパク質複合体

1. イントロダクション

AP複合体はクラスリン被覆小胞のストイキオメトリックな被覆成分として，クラスリンのオルガネラ膜への結合に際してアダプターとして働くとともに（これが名前の由来である），積み荷タンパク質の輸送シグナルの認識も行う．AP複合体はファミリーを形成しており，それぞれのメンバーが異なるオルガネラ膜と結合し，異なる積み荷タンパク質を認識することで，「ポストゴルジ・ネットワーク」における輸送の特異性を生み出す重要な分子である[5]．

2. 分子構造・立体構造

AP複合体は100〜140 kDaのラージサブユニット2つ，約50 kDaのμサブユニット1つ，および約20 kDaのσサブユニット1つからなるヘテロ四量体である（図2）．AP複合体は分子ファミリーを形成し，すべての組織・細胞に発現すると考えられる4種類と，細胞種特異的に発現する2種類が知られている（表1）．AP-2の結晶構造解析の結果から，2つのラージサブユニットはN末端（他のサブユニットと結合してcoreドメインを形成）とC末端（earドメイン）の2つの球状ドメインに分かれ，

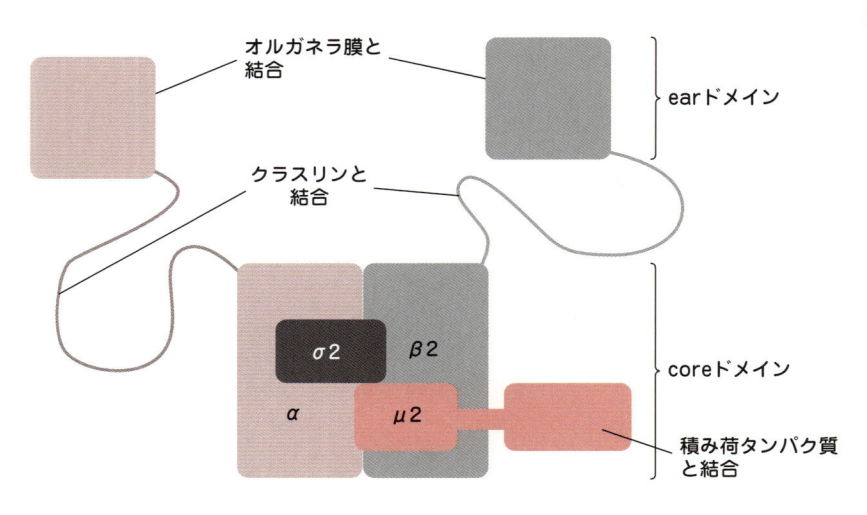

図2 AP複合体の構造

AP-2を例に示す．2つのラージサブユニットはN末端（他のサブユニットと結合してcoreドメインを形成）とC末端（earドメイン）の2つの球状ドメインに分かれ，その間をつなぐヒンジ領域は高次構造を取らずほどけたポリペプチドとして存在するため，earドメインは自由に動き回ることができると考えられる．また，μサブユニットもN末端約1/3はcoreを形成し，C末端約2/3はcoreから突き出している．このC末端領域で積み荷タンパク質の細胞質領域に存在するチロシンモチーフと結合する

その間をつなぐヒンジ領域は高次構造をとらずほどけたポリペプチドとして存在するため，earドメインは自由に動き回ることができると考えられる．earドメインはクラスリン被覆小胞の形成を制御するアクセサリー分子群と相互作用する．

3. 発現様式

AP複合体もクラスリン同様，細胞質の可溶性タンパク質複合体として安定に発現する．表1に示すように，全身性に発現するものと，上皮細胞特異的（AP-1B）あるいは神経細胞特異的（AP-3B）に発現するものとがある．後者は全身性に発現する複合体とサブユニットの一部を共有する．自然変異マウスやノックアウトマウスでの解析から，AP複合体は常に四量体として存在し，単量体あるいはサブコンプレックスとしては存在しないと考えられる．

4. 自然変異マウス・ノックアウトマウスの表現型

AP-3の自然変異マウスとして，*pearl*（β3Aの変異）および*mocha*（δの変異）が知られている[5]．どちらもHermansky-Pudlak症候群のモデルマウスとして維持されてきたものであり，色素沈着異常（メラノソームの形成異常），出血傾向（血小板顆粒の異常），リソソーム酵素の異常分泌など，リソソームおよびリソソーム関連オルガネラの形成異常にもとづく症状を呈する．*mocha*ではこれに加え難聴，平衡感覚障害などの内耳機能障害やけいれんなどの神経症状を伴う．これはβ3Aが全身性に発現するAP-3Aのサブユニットであるのに対し，δはAP-3A，AP-3Bに共通のサブユニットであることにもとづく．しかしAP-3B特異的なμ3Bのノックアウトマウスではけいれんはみられるが内耳障害は認められないことから[5]，内耳障害はAP-3A，AP-3Bの両者を欠損してはじめてあらわれる症状と考えられる．

AP-1に関してはγおよびμ1Aのノックアウト（KO）

表1 AP複合体ファミリー

種類	サブユニット	発現細胞	細胞内局在	機能
AP-1A	γ, β1, μ1A, σ1	全身性	TGN, エンドソーム	TGN−エンドソーム間の輸送？
AP-2	α, β2, μ2, σ2	全身性	細胞膜	細胞膜−エンドソーム間の輸送（エンドサイトーシス）
AP-3A	δ, β3A, μ3A, σ3	全身性	TGN, エンドソーム	エンドソーム−リソソーム間の輸送？
AP-4	ε, β4, μ4, σ4	全身性	TGN？	TGN−リソソーム間の輸送？
AP-1B	γ, β1, μ1B, σ1	上皮細胞	TGN, エンドソーム	TGN and/or エンドソームから側底面細胞膜への極性輸送
AP-3B	δ, β3B, μ3B, σ3	神経細胞	エンドソーム？	エンドソームからのシナプス小胞の形成

TGN：トランスゴルジネットワーク

マウスが報告されている[5]。γKOは受精後まもなく死に至ることから，細胞の生存そのものに必須であると考えられる．一方μ1AKOは胎生13.5日前後まで生存する．これは，発生初期の胎仔では上皮細胞が大半を占めるためμ1Bの発現がある程度μ1A欠損を補うが，種々の組織・器官の分化が進むとμ1Bを発現しない非上皮系細胞が相対的に増えるため，発生中期で死に至るものと考えられる．

AP-2のサブユニットであるμ2のノックアウトマウスもγ同様受精後まもなく死に至ることから，AP-2も細胞の生存そのものに必須であると考えられる[5]．

5. 機能・疾患とのかかわり

AP複合体は一般にラージサブユニットの1つ（α，γ，δ，ε）がオルガネラ膜との結合を担う一方，β4を除く各β鎖はそのヒンジ領域に存在するクラスリンボックスと呼ばれる配列によりクラスリンと結合することで，クラスリンを細胞質からオルガネラ膜へとリクルートする．AP-2以外のAP複合体のオルガネラ膜への結合は低分子量Gタンパク質Arf1による制御を受ける．μサブユニットは輸送シグナルの1つチロシンモチーフを認識し結合する[6]．チロシンモチーフはYXXΦ（Yはチロシン，Xは任意のアミノ酸，Φはロイシン，イソロイシン，フェニルアラニン，メチオニンなど大きな疎水性側鎖をもつアミノ酸）という共通配列をもち，各μ鎖はXの位置のアミノ酸の違いにより異なるチロシンモチーフをより強く認識することで輸送の特異性を決定している．σサブユニットは各サブユニット間を結びつけることで複合体の形成を安定化すると考えられるが，最近γ，δサブユニットと協同でジ・ロイシンシグナルと呼ばれる別の輸送シグナルの結合部位を形成するとの報告がなされた．

AP-2は細胞膜からのクラスリン小胞の形成を制御し，トランスフェリン受容体などの特異的なエンドサイトーシスにかかわる．AP-1AはTGN−エンドソーム間，AP-3Aはエンドソーム−リソソーム間の輸送にかかわると考えられるが，その詳細は今後の解析が待たれる．AP-4もTGN−リソソーム間の輸送にかかわるとの報告がある．AP-1Bは上皮細胞特異的に発現し，側底面細胞膜への極性輸送を担う．またAP-3Bは神経細胞にのみ発現し，エンドソームからのde novoのシナプス小胞（輸送小胞の1つである）形成を行うと考えられる．

AP-3Aのサブユニットβ3Aの遺伝子変異がHer-mansky-Pudlak症候群（色素沈着異常，出血傾向，リソソーム酵素の異常分泌などを呈する．おそらくリソソーム酵素の異常分泌に起因すると考えられる肺線維症が原因で多くは40〜50歳代で死亡する）の原因となることが報告されている[7]．

AP-1B欠損マウスでは腸管上皮細胞の増殖異常が認められ，大腸がんとの関連[8]や，炎症性腸疾患であるクローン病との関連[9]が示唆されている．

【抗体の入手先】

抗αモノクローナル抗体・抗β1/β2モノクローナル抗体・抗γモノクローナル抗体（シグマアルドリッチ社），抗αモノクローナル抗体ハイブリドーマAP.6（ATCC社），抗γモノクローナル抗体・抗εモノクローナル抗体・抗σモノクローナル抗体（ベクトン・ディッキンソン社）

【データベース（EMBL/GenBank）】

ヒト：NM_001128（γ），NM_001127（β1），NM_032493（μ1A），NM_005498（μ1B），NM_001283（σ1），NM_014203（α），NM_001282（β2），NM_004068（μ2），NM_004069（σ2），NM_003938（δ），NM_003664（β3A），NM_012095（μ3A），NM_006803（μ3B），NM_001284（σ3），NM_007347（ε），NM_006594（β4），NM_004722（μ4），NM_007077（σ4）

Keyword

3 COP I 複合体

▶ 英文表記：coatomer protein complex I
▶ 和文表記：コートマータンパク質I複合体

1. イントロダクション

COP I は，当初はゴルジ体層板間の，とりわけシスゴルジからトランスゴルジ方向への順行性の輸送小胞の被覆分子として同定されたが，現在ではゴルジ体内およびゴルジ体から小胞体への逆行性輸送を司ると考えられている．

2. 分子構造・立体構造

COP I は7つのサブユニットからなる約600 kDaのタンパク質複合体である（表2）．β，γ，δ，ζ-COPはそれぞれAP複合体のβ，（α，γ，δ，ε），μ，σサブユニットと弱い相同性を示す．

3. 発現様式

細胞質の可溶性複合体として発現するが，in vitro では条件によりα，β'，ε-COPはB-サブ複合体，β，γ，δ，ζ-COPはF-サブ複合体として単離され，おそらくそれぞれの機能を反映していると考えられる．

4. 機能

COP I 小胞はゴルジ体内およびゴルジ体から小胞体への逆行性輸送を担うと考えられている[10]．B-サブ複合体のα，β'が積み荷タンパク質の細胞質領域に存在する輸送シグナルであるジ・リジンモチーフ K (X) KXX (Kはリジン，Xは任意のアミノ酸) を，またF-サブ複合体のγが別の輸送シグナルであるFFXX (KR) (KR) X_n (Fはフェニルアラニン，Rはアルギニン，nは2以上) を認識する[10]．

【抗体の入手先】
抗β-COP モノクローナル抗体（シグマアルドリッチ社）

【データベース（EMBL/GenBank）】
ヒト：NM_004371 (α-COP)，NM_016451 (β-COP)，NM_004766 (β'-COP)，NM_016128 (γ-COP)，NM_001655 (δ-COP)，NM_007263 (ε-COP)，NM_016057 (ζ-COP)

Keyword

4 COP II 複合体

▶英文表記：coatomer protein complex II
▶和文表記：コートマータンパク質II複合体

1. イントロダクション

COP II は小胞体からゴルジ体への順行性輸送を司る小胞の被覆として比較的最近同定されたタンパク質複合体である[11]．

2. 分子構造・立体構造

COP II 小胞の被覆成分としてはSec23/Sec24複合体とSec13/Sec31複合体の2つの複合体が存在する（表2）．Sec23/Sec24は分子ファミリーを形成する．最近Sec23/Sec24複合体の小胞体膜への結合を制御する低分子量Gタンパク質Sar1とSec23/Sec24との共結晶の構造解析が報告されたが，それによるとこのSar1-Sec23/Sec24複合体の結晶構造は直径60 nmの曲面にちょうどフィットするように湾曲しており，COP II 小胞の50～80 nmとされる直径と一致する．

3. 発現様式

2に述べたSec23/Sec24およびSec13/Sec31（前者はヘテロ二量体，後者はそれぞれが2分子ずつから成るヘテロ四量体）の2つの複合体として細胞質に安定に発現し，小胞体膜と細胞質の間をリサイクルすることでCOP II 小胞の形成に働く[11]．

4. 機能・疾患とのかかわり

COP II 小胞は前述のように小胞体ーゴルジ体間の順行性輸送を担う．COP II 小胞の形成過程は出芽酵母において詳しく解析されている．まず小胞体膜上に存在するGDP/GTP交換因子であるSec12により細胞質のGDP型Sar1がGTP型に変換されるとともに膜に結合する．このGTP型Sar1が次に細胞質から小胞体膜上へとSec23/Sec24複合体をリクルートしてSar1—Sec23/Sec24複合体を形成する．この複合体にさらに細胞質からSec13/Sec31複合体がリクルートされて隣接するSar1—Sec23/Sec24複合体同士を架橋することによりCOP II 被覆が形成される．Sar1—Sec23/Sec24複合体はまた，積み荷タンパク質との結合も司る．その際の選別シグナルとしてはFFモチーフやYXXΦモチーフが知られており，ともにSec23によって直接認識されることが示されている．

表2 COP I，COP II，クラスリン被膜タンパク質の比較

	被覆	低分子量Gタンパク質	積み荷タンパク質の選別	小胞形成
COP I		Arf1	F-サブ複合体 (β, γ, δ, ζ-COP)	B-サブ複合体 (α, β', ε-COP)
COP II		Sar1	Sec23/Sec24複合体	Sec13/Sec31複合体
クラスリン/AP複合体		Arf1（AP-2を除く）	AP複合体	クラスリン

Sar1Bの複数の変異が低脂血症であるAnderson病やカイロミクロン停滞病の原因となる．またSec23Aのミスセンス変異が頭蓋・水晶体・縫合異形成症の，Sec23Bの変異がⅡ型先天性赤血球生成不全性（産生不全性）貧血の原因となるが，前者はSec23Bの，後者はSec23Aの発現が低い組織で症状がみられることから，COPⅡの複数のホモログは類似の機能を担っていると考えられる[11]．

【抗体の入手先】

抗クラスリン重鎖モノクローナル抗体（Affinity BioReagents社）

【データベース（EMBL/GenBank）】

ヒト：NM_006364（Sec23A），NM_006363（Sec23B），XM_09458（Sec24A），NM_006323（Sec24B），NM_004922（Sec24C），NM_014822（Sec24D），NM_030673（Sec13-like），NM_014933（Sec31-like），NM_020150（SAR1A），NG_017002（SAR1B）

参考文献

1) McMahon, H. T. & Boucrot, E.：Nat. Rev. Mol. Cell Biol., 12：517-533, 2011
2) Liu, S. H. et al.：Cell, 83：257-267, 1995
3) Wettey, F. R. et al.：Science, 297：1521-1525, 2002
4) Royle, S. J.：J. Cell Sci., 125：19-28, 2012
5) Ohno, H.：J. Biochem., 139：943-948, 2006
6) Ohno, H. et al.：Science, 269：1872-1875, 1995
7) Angelica, E. C. et al.：Moll. Cell, 3：11-21, 1999
8) Mimura, M. et al.：Int. J. Cancer, 130：1011-1020, 2012
9) Takahashi, D. et al.：Gastroenterology, 141：621-632, 2011
10) Beck, R. et al.：FEBS Lett., 583：2701-2709, 2009
11) Jensen, D. & Schekman, R.：J. Cell Sci., 124：1-4, 2011

参考図書

◆ 『細胞内物質輸送のダイナミズム』（米田悦啓，中野明彦/編），シュプリンガー・フェアラーク東京，1999
◆ 「メンブレントラフィックの奔流」（大野博司，吉森 保/編），共立出版，2009
◆ 『細胞内輸送研究の最前線』（中野明彦，他/編）：実験医学増刊，21（14），羊土社，2003

第2部 キーワード解説　生命現象からみたシグナル伝達因子

9 タンパク質の品質管理
protein quality control

山口奈美子，西頭英起

Keyword　❶フォールディング　❷分子シャペロン　❸天然変性タンパク質
❹小胞体ストレス　❺コンフォメーション病

概論　　　　　　　　　　　　　　　　　　　　Overview

1. はじめに

　われわれの体を構成する約60兆個の細胞は，核酸（DNAとRNA），タンパク質，脂質，糖などによって構成されており，それらがすべて正しく機能することで，生体の恒常性が保たれている．なかでもタンパク質は最も中心的な役割を担っているといっても過言ではない．核酸はタンパク質を合成するためにあり，脂質，糖，ATPなどの分子はすべてタンパク質の機能を介して産生される．このようなタンパク質は，数万種類存在するといわれているが，そのすべてがわずか20種類のアミノ酸によって構成されており，ペプチド結合によってアミノ酸が枝分かれすることなく直鎖状に繋がり（ポリペプチド），そのアミノ酸の順番だけで構造が決まる．このようにして一次構造が決定されたポリペプチドは，高次構造を形成することではじめて機能的なタンパク質となる．このタンパク質形成過程には，その品質を保つためにさまざまなシグナル伝達が必要とされると同時に，タンパク質の構造の変化によって細胞内シグナル伝達が発信される．本稿では，このようなタンパク質の品質管理のメカニズムとそれに伴うシグナルについて概説したい．

2. タンパク質品質管理

　リボソームで翻訳されたポリペプチドは，そのアミノ酸の性質に応じて自然と二次構造と呼ばれる立体構造を作り出す．その主なものは，らせん構造のαヘリックス，平面的なシート構造のβシートである．これらの二次構造が組合わさることで，分子内の構造がほぼ決定され（三次構造），これらのサブユニットがいくつか複合体を形成することで（四次構造），機能的タンパク質となる．もちろん，この高次構造形成において糖鎖，ジスルフィド結合，リン酸化，ユビキチン化などさまざまな翻訳後修飾が付加される．このような過程を経て細胞が作り出すタンパク質のうち，かなりの確率で「不良品」が産生されるといわれている．ある種の細胞内タンパク質では30％しか正しい立体構造を獲得できなかったり，また別の膜タンパク質ではわずか2％しか機能できないことが*in vitro*の実験で示されている．さらに，細胞には常にさまざまなストレスが作用しており，たとえば熱ストレスや酸化ストレスにさらされることでタンパク質の構造が変化（変性）させられる．このようにして**フォールディング**（→Keyword❶）異常を起こした不良タンパク質（unfolded protein）は，**分子シャペロン**（→Keyword❷）と呼ばれる分子群の助けにより，リフォールディング（巻き戻し）されて再び機能することが可能になる．しかし，リフォールディングに失敗した不良タンパク質は，プロテアソーム，リソソーム，オートファジーなどの排除機構により処理される．しかし，細胞内のフォールディングやタンパク質分解の機構がうまく働かなかったり，あるいはストレスが非常に強かったり遷延化したときには，不良タンパク質が蓄積し，細胞が機能不全に陥る．このような不良タンパク質蓄積を原因とする疾患を総称して**コンフォメーション病**（conformational disease）（→Keyword❺），あるいはフォールディング病（folding disease）と呼ぶ（イラストマップ）．近年，いくつかのコンフォメーション病に共通するストレス応答として，**小胞体ストレス**（→Keyword❹）が注

イラストマップ　タンパク質の一生

図中ラベル：
- リボソーム
- ポリペプチド
- 細胞質または小胞体
- フォールディング（Keyword 1）
- 分子シャペロン（Keyword 2）
- 機能タンパク質
- ストレス
- 揺らいだ構造
- 立体構造
- 天然変性タンパク質（Keyword 3）
- 不良タンパク質（小胞体内の不良タンパク質）
- 蓄積・凝集化
- 小胞体ストレス（Keyword 4）
- 細胞機能低下・細胞死
- コンフォメーション病（Keyword 5）
- 分解　プロテアソーム　リソソーム　オートファジー

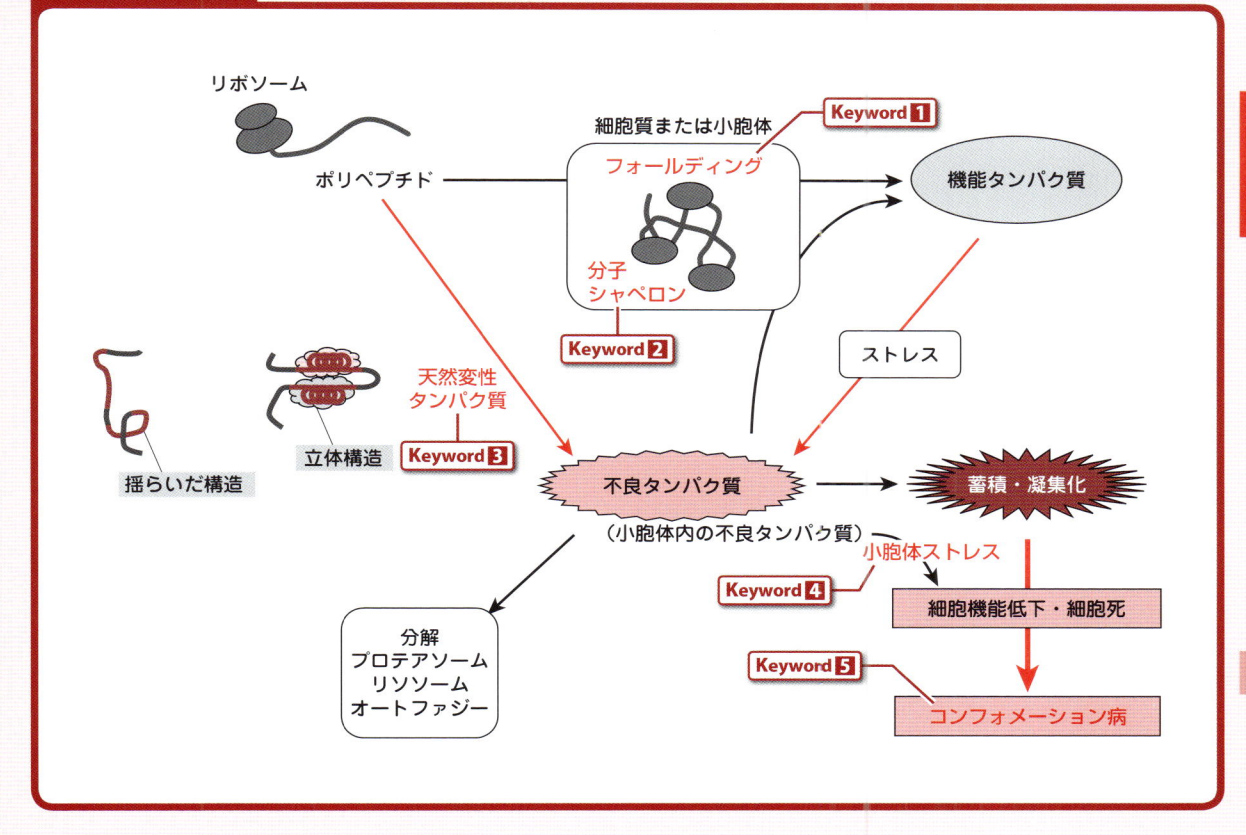

目されている．このストレスは，細胞が受ける何らかのストレスによって，小胞体内腔に不良タンパク質が蓄積することで起こるストレスで，遷延化あるいは増強した小胞体ストレスは，細胞死（アポトーシス）を誘導する．この小胞体ストレス誘導性アポトーシスが，神経変性疾患や糖尿病，さらには虚血性疾患の病態分子メカニズムに重要な役割を担うことが明らかになってきている．

　一方ごく最近では，これまでのタンパク質構造の概念とは一線を画し，通常は一定の立体構造をとらず，"ゆらぎ"の状態でさまざまな構造をもったタンパク質が何らかの生体分子（タンパク質や核酸など）に結合することではじめて構造を取り機能するタンパク質の存在が明らかになっている．これらを総称して，**天然変性タンパク質**（→Keyword 3）と呼ぶ．

3. 臨床応用と今後の展望

　アルツハイマー病，パーキンソン病に代表される神経変性疾患，糖尿病，虚血性疾患（脳，心臓，腎臓など），さらには最近では動脈硬化など生体メタボリズムが関与する疾患などでは，疾患特異的な不良タンパク質の蓄積が疾患発症の原因であることが示唆されてきている．さらに，その不良タンパク質が同定され細胞内のシグナル伝達が明らかになり，その経路を分子標的とすることで，これまで全く手がかりのなかった疾患に対する治療が可能になると期待されている．たとえば，アルツハイマー病の治療として脳内に蓄積したアミロイドβを分解あるいは蓄積を抑制する戦略が有効であることが動物レベルの実験で示されている．今後さらに，タンパク質品質管理とその破綻による疾患のメカニズムが明らかになることで，コンフォメーシン病の克服の道筋がみえてくるものと期待される．

キーワード解説

Keyword 1 フォールディング

1）イントロダクション

　タンパク質のフォールディングに関する研究は，1950年代のアンフィンゼン（Christian Anfinsen, 1972年ノーベル化学賞受賞）によるタンパク質の可逆的な変性，再生実験にはじまる．すなわち，活性を保持した酵素リボヌクレアーゼA（ribonuclease A）は，尿素を加えることで変性（unfolding）し酵素活性が失活する．しかし，この変性リボヌクレアーゼA溶液から透析により尿素を除去すると，変性前と同じ酵素活性が回復されることを証明した[1]．すなわちこの結果は，ゲノム情報に従ってDNAからmRNAに転写され，ポリペプチドに翻訳された一本のポリペプチドの立体構造は，そのアミノ酸の性質に応じて一義的に決定されることを示しており，この概念を「アンフィンゼンのドグマ」と呼ぶ．この概念は今でも基本的には正しく，一部のタンパク質についてはその通りである．一方で，もしすべてのタンパク質がこの概念に従ってフォールディングするのであれば，一種類のタンパク質は一種類の構造しかとらないことになり，しかもその際にフォールディングにかかわるシグナル伝達など不要であることになる．ところが実際には，1つのタンパク質は細胞内の状況に応じて，実にさまざまな構造をとり，それによって異なった機能を発揮するし，フォールディングの際にはシャペロンの介助を必要とする分子が存在し，アンフィンゼンのドグマに従わないタンパク質が数多く存在することが明らかになっている．細胞内の環境は，アンフィンゼンの実験のような試験管内に単一のタンパク質が疎な状態で存在するわけではなく，前述したとおり何万種類ものタンパク質が無数にひしめき合っており，それらがお互いに相互作用している．そのような分子間結合を防ぐためには，シャペロンが必要不可欠である，これによってタンパク質の品質管理が担われているのである．

2）タンパク質の凝集と疾患

　細胞内には多くの水分子（H_2O）が存在し，リボソームで合成されたポリペプチドの疎水性アミノ酸部分は水と馴染まないため，タンパク質が非常に高密度な細胞内では，隣同士のタンパク質が次々と相互作用し結合してしまう．また，いったん正しい立体構造をとったタンパク質も，熱，酸などの刺激によって変性した不良タンパク質となってしまい，それら同士が会合することで凝集（aggregation）し巨大な構造体を形成する．このようにして凝集したタンパク質は，本来の機能を失っているだけでなく，細胞に毒性を発揮しさまざまなコンフォメーション病を引き起こすことが知られている．その代表例の1つが，狂牛病，ヒトのクロイツフェルト・ヤコブ病である．1982年にプルシナー（Stanley Prusiner, 1997年ノーベル医学生理学賞受賞）によって，この感染性疾患の病原体が細菌でもウイルスでもなく，プリオンというタンパク質が変性したものであることが明らかにされた[2]．プリオンには，もともと野生型構造のものがあり，まだ明らかにはなっていないが何らかの生理的な機能を担っていると考えられている．しかし，野生型プリオンがいったん変異型プリオンに相互作用すると，野生型から変異型へと構造変化し，それらが凝集することで細胞毒性を発揮する．そのほかにも凝集により毒性を発揮するものとして，アルツハイマー病のアミロイドβやリン酸化タウ，パーキンソン病のαシヌクレイン，糖尿病の変異型インスリンなど，さまざまな疾患特異的不良タンパク質が同定されており，それらが発信する細胞毒性シグナルの解明が待たれている．

Keyword 2 分子シャペロン

1）イントロダクション

　疎水性領域を露出した不良タンパク質は，細胞にとって非常に危険であるため，周囲のタンパク質から隔離される必要がある．そこで重要になるのが分子シャペロンである．細胞内には，ある一定の割合で不良タンパク質が作られ，熱や酸などのストレスによって変性した構造異常タンパク質が作られる（図1）．分子シャペロンには疎水性の「溝」が存在し，不良タンパク質の疎水性部分がここにはまり込むことで，他のタンパク質との凝集が防がれる．そして，ATPのエネルギーを使って能動的に立体構造形成が行われる．もともとシャペロンとはフラ

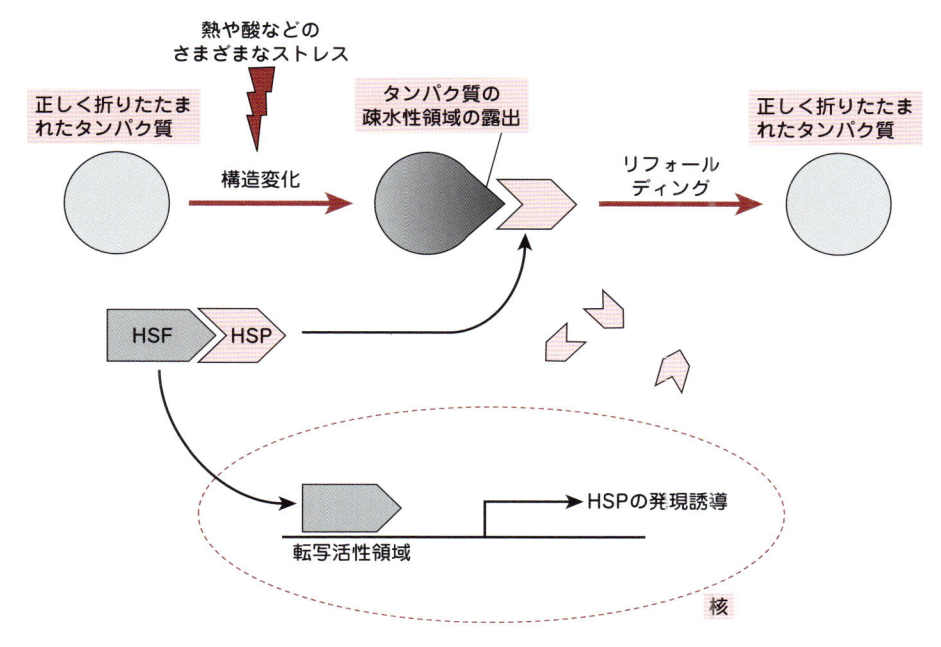

図1 分子シャペロンの誘導

ンス社交界の「介添え役」を意味する言葉で，タンパク質社会において未熟なポリペプチドや不良タンパク質は，シャペロンの介添えによって機能的な成熟したタンパク質へと変化するのである．このような分子シャペロンの代表的なものが，heat shock protein（HSP）と呼ばれるタンパク質群で，HSP27, HSP70, HSP90などが有名である．その多くが細胞の受けるさまざまなストレスによって発現誘導される．

2）HSPの発現誘導メカニズム

分子シャペロンの多くは，熱や酸によってだけでなく，重金属，低酸素ストレスなどさまざまな刺激によって発現誘導される．HSPは，その多くがプロモーター領域にheat shock factor（HSF）と呼ばれる転写因子が結合することで転写誘導される．細胞内に存在するHSFは，通常状態ではHSPと疎水性部分を介して結合しており，その転写活性が負に制御されている．細胞にストレスがかかると，前述のとおり疎水性アミノ酸部分を露出した不良タンパク質が蓄積する．すると，HSPなどのシャペロンが不良タンパク質の「保護」に動員され，その結果，フリーになったHSFが核内へと移行してHSPのプロモーターに結合し，さまざまな種類の分子シャペロンやCHIPなどに代表されるコシャペロンのmRNAを発現誘導する．そして，不良タンパク質はリフォールディングされ，細胞内に分子シャペロンが必要なくなると一部は再びHSFと結合することで，その転写活性が負に抑制される．このように，細胞内の不良タンパク質の量の増減によって，分子シャペロンの発現量は制御されているのである（図1）．

3）分子シャペロンと疾患

近年，多くの疾患で分子シャペロンと疾患メカニズムに関する研究が進んでいる．たとえば，脳虚血では脳血管の梗塞により血流が低下しその支配領域が低酸素状態になる．一過性の虚血でいったん症状が回復しても，その数日後に神経症状が現れ運動や言語などさまざまな後遺症が残ることがしばしばある．これは，虚血による低酸素によって神経細胞内に不良タンパク質が蓄積し，時間が経ってから神経細胞死が起こることによる．これを遅延性神経細胞死という．しかし，動物レベルの実験で，脳を非常に短い時間の虚血状態にさらし，数日後に再び虚血を起こすと，通常は起こる神経細胞死が抑制される．これは，最初の短い虚血によって分子シャペロンがあらかじめ発現誘導されていたために，2回目の虚血による不良タンパク質蓄積が防げたからであり，これを虚血耐性という．この耐性を応用する，つまり虚血罹患部位の細胞にいち早く分子シャペロンを発現誘導させることができれば，その後の遅延性神経細胞死を防ぐことができ

ると期待される．またその逆に，がん治療では温熱療法というものが行われているが，これはがん組織に熱ストレスを与えることで，がん細胞を不良タンパク質によって死滅させることを期待するものである．現在はさまざまな疾患において，細胞内の不良タンパク質の蓄積とそれによって誘導される分子シャペロンをターゲットとした分子標的治療法が研究開発されているところである．

Keyword
3 天然変性タンパク質

1) イントロダクション

タンパク質は立体構造をとることで機能を発揮することを説明してきたが，その一方で決まった構造をとらない不規則領域をもつタンパク質が存在することが最近明らかになってきた．疎水性領域が露出すると凝集が起こるが，逆に長い親水性領域は定まった構造を取りにくく，このような領域をもつタンパク質は intrinsically disordered protein（天然変性タンパク質）と総称される（図2）．天然変性タンパク質は，真核生物の核内に比較的多く存在し，50〜500アミノ酸から構成される不規則領域を介してほかのタンパク質と結合することではじめて立体構造をとり，生理的機能を発揮する．このような「ゆるい結合特異性」のゆえに複数の標的タンパク質を調節することが可能になると考えられている．元来，タンパク質間相互作用は鍵と穴に例えられ厳密な立体構造によると考えられていたが，天然変性タンパク質の発見により，新たなタンパク質間相互作用を起点としたシグナル伝達機構の研究が盛んになってきている．

2) 天然変性タンパク質の特徴

天然変性タンパク質のもつ不規則領域の重要性は，1999年のWrightらの研究によって確立された[3]．その研究によると，親水性，荷電性を有する不規則領域は単独では不定形であるが，相互作用分子が存在するとαへリックスなどの二次構造形成を経て高次構造を形成する．このようなタンパク質は，細胞内で核内に最も多くミトコンドリアには少ない．なぜなら，ミトコンドリアはもともと原核生物である細菌が真核生物の細胞に共生したものであり，天然変性タンパク質が原核生物にはほとんどみられないことに由来すると考えられる．そして，不規則領域を多くもつ分子として，転写因子，コアクチ

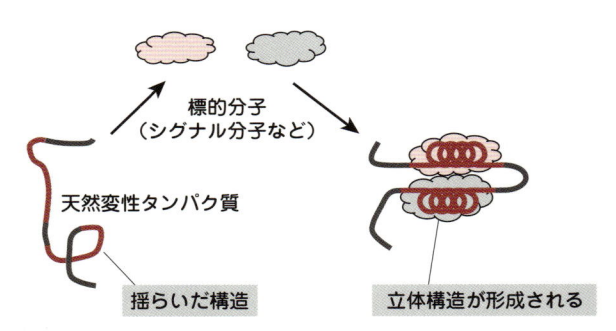

図2 天然変性タンパク質と標的分子の結合

ベーター，転写集結因子，RNA結合タンパク質，細胞周期調節因子などが有名である．なかでも，転写因子の全長配列のうち約半分を不規則領域が占めることが，天然変性タンパク質を予測するプログラム（DISOPRED）[4]を用いた研究から明らかになっている．また，天然変性タンパク質は，その構造の不規則さゆえに複数の分子と結合することが可能で，そのため，細胞内シグナルネットワークのハブタンパク質に多く存在する．そして，不規則領域には，リン酸化，ユビキチン化などの翻訳後修飾を受ける領域も存在し，これらの領域は天然変性タンパク質の機能調節ドメインとして働いている．しかし，なぜこのような分子の外側に揺らいだ状態で存在する領域がペプチダーゼで切断されないのか，なぜ電荷をもった親水性領域同士が会合しないのかなど，解明すべき点は多く残されている．

Keyword
4 小胞体ストレス

1) イントロダクション

分泌タンパク質および膜タンパク質は，リボソームで合成されると同時に，小胞体においてフォールディングを受け，正しい構造へと折りたたまれる．小胞体には，シャペロンやジスルフィドイソメラーゼなどのフォールディングにかかわる酵素が数多く存在し，これらの助けにより分泌タンパク質，膜タンパク質は効率的にフォールディングされる．しかし，何らかの原因でフォールディングに失敗するタンパク質も多く，このような不良タンパク質が蓄積することを小胞体ストレスと呼ぶ（図3）．細胞が小胞体ストレスを受けると小胞体品質管理機

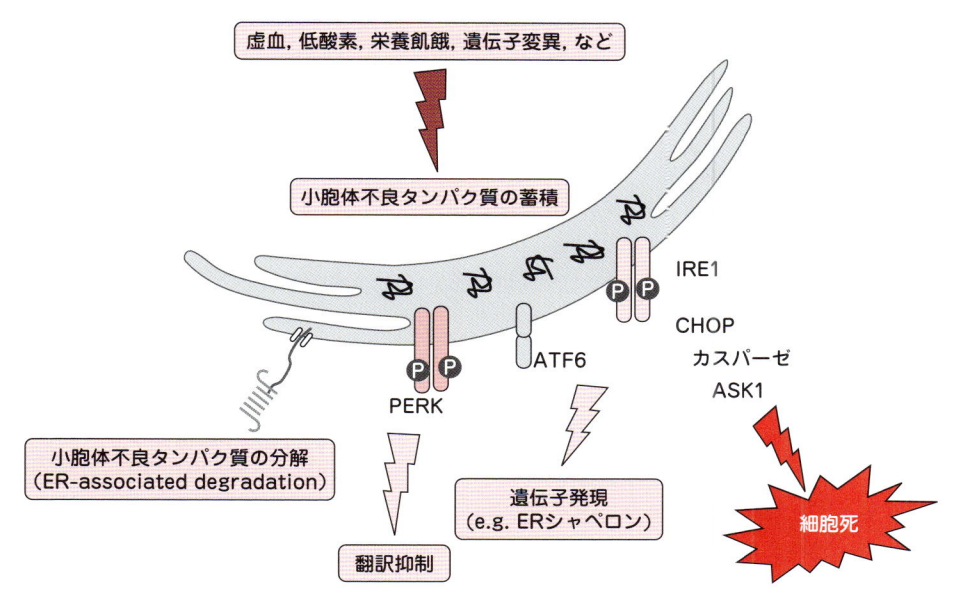

図3 小胞体ストレス応答

構が働き、小胞体シャペロンによってリフォールディングを受けるか、もしくは小胞体関連分解（endoplasmic reticulum-associated degradation：ERAD）によって細胞質側へ輸送されプロテアソーム系で分解される（第2部-10参照）。しかし、フォールディングや分解の機構が破綻したり、小胞体の処理能力を超える不良タンパク質が小胞体内に蓄積したり、あるいは遺伝子変異により正しくフォールディングされることが不可能なタンパク質が合成された場合は、過度の小胞体ストレスとなり細胞死が惹起される[5]（図3）。

2）小胞体ストレス応答（unfolded protein response：UPR）

栄養飢餓、虚血、低酸素、遺伝子異常などのさまざまな細胞外的・内的ストレスによって小胞体ストレスは惹起される。哺乳類細胞には、細胞質側にセリン/スレオニンキナーゼ領域をもつⅠ型膜受容体PERK、IRE1と、N末端に転写活性領域をもつⅡ型膜受容体ATF6の3種類の受容体が存在し、それらの活性化によりUPRシグナルが発信される[5]。これらの受容体はいずれも、小胞体内腔領域に結合する小胞体シャペロンBiPによって不活性化型に保たれている。小胞体不良タンパク質が蓄積するとBiPは受容体から解離し、それによってPERK、IRE1はホモオリゴマーを形成し、ATF6はゴルジ体へ移行することで活性化され、次のようなUPRが起こる。

①タンパク質翻訳停止

PERKのキナーゼ領域が自己リン酸化を受けて活性化され、活性化PERKがタンパク質翻訳調節因子eIF2αをリン酸化することによってタンパク質翻訳開始複合体の形成が阻害され、細胞全体のタンパク質合成が低下する。

②分子シャペロンの誘導

BiPなどの小胞体シャペロン分子がATF4、ATF6、IRE1によって誘導される。ATF4はリン酸化eIF2αによる発現制御を逃れて翻訳が促進され、ATF6はN末端のDNA結合部位がゴルジ体で切断され核内に移行し、それぞれ標的遺伝子の転写を誘導する。一方IRE1は、自己リン酸化依存的に細胞質内のリボヌクレアーゼ領域が活性化され、Xbp-1のmRNAをスプライシングし、活性化型Xbp-1を産生し小胞体シャペロン分子を発現誘導する。

③タンパク質分解

リフォールディングによって修復不可能な不良タンパク質は、小胞体内腔から細胞質側に逆輸送され、プロテアソームによって分解される。この機構を小胞体関連分解（ERAD）と呼ぶ。これらのUPRが機能することによって、細胞は小胞体ストレスを回避して生存することが可能となる。

3）小胞体ストレス誘導性アポトーシス

UPRによって回避できない過度の小胞体ストレスを細

胞が受けた場合，細胞はもはや生存不可能となり死に至る．このときの細胞死は，ミトコンドリアの形態変化に引き続いて，シトクロムcの放出，カスパーゼ3の活性化などが観察され，最終的に核の断片化が誘導される．さらに，この細胞死はカスパーゼ阻害剤によって抑制されることから，小胞体ストレス誘導性細胞死はアポトーシスであることがわかる．近年，小胞体ストレス誘導性アポトーシスと疾患の関係が次々と明らかになり，その分子メカニズムの解明がここ数年で飛躍的に進んでいる．小胞体ストレス誘導性アポトーシスに関連する分子として最初に報告されたのはCHOPである．PERK，ATF6の下流で発現誘導される転写因子の1つで，CHOP$^{-/-}$細胞は小胞体ストレスによる細胞死が抑制されていた[4]．CHOPの転写標的遺伝子としては，GADD34，ERO1，DR5（death receptor 5）などさまざまな分子が報告されているが，CHOPがどのようなタンパク質発現誘導を介してアポトーシスを惹起しているかについては，さらに詳細な検討が必要である．小胞体ストレス誘導性アポトーシスに関与するカスパーゼとして，カスパーゼ2/3/4/7/9/12が報告されている．なかでも最も注目されたのは，カスパーゼ12の同定である．しかし，ヒトのカスパーゼ12はその遺伝子上の変異からタンパク質としては機能せず，他の機能的ヒトホモログとしてカスパーゼ4が報告されているが，その詳細については今後の解明が待たれる．また，多くのアポトーシスシグナルには，Bcl-2ファミリー分子が関与するが，小胞体ストレス誘導性アポトーシスも例外でない．最初にその関係が遺伝学的に証明されたのは，Bax/Bakである．Bax/Bakは，アポトーシス促進に機能するBcl-2ファミリーで，ミトコンドリアからのシトクロムcの放出に関与する．Bax/Bakのダブルノックアウトマウス由来の細胞は，UV刺激などと同様，小胞体ストレスによるアポトーシスが抑制される．一方で，アポトーシスを誘導する多くのストレスがJNK/p38経路を活性化し，しかもノックアウトマウスの解析から，それらの経路がアポトーシスに少なからず関与していることが知られている．小胞体ストレスによって活性化されたIRE1は，アダプター分子TRAF2と直接結合し，さらにストレス応答性MAP3キナーゼのASK1と結合することによってJNK経路を活性化する．ASK1$^{-/-}$細胞では，小胞体ストレス誘導性のJNK活性化ならびにアポトーシスが顕著に抑制されることから，小胞体ストレス誘導性アポトーシスシグナルにこの経路が重要な役割を担っているといえる[6]．（アポトーシスについては**第2部-12参照**）

Keyword

5 コンフォメーション病

1）イントロダクション

不良タンパク質の蓄積が原因となる疾患としては，糖尿病，虚血性疾患，粥状動脈硬化，神経変性疾患などさまざまなものが知られている．これらの疾患では特異的な構造異常タンパク質が細胞内外に蓄積することで，何

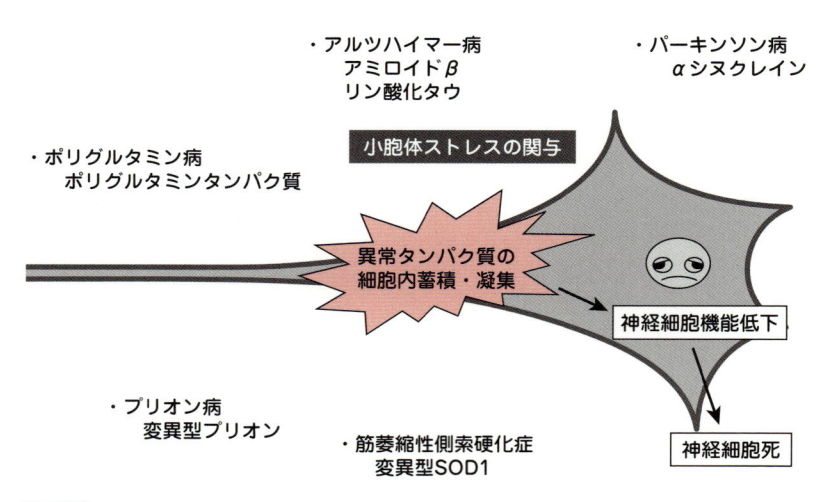

図4 不良タンパク質の蓄積と神経変性疾患

らかの細胞毒性を発揮し，細胞機能低下さらには細胞死が惹起される．細胞毒性のメカニズムとしては，タンパク質との非生理的相互作用，遺伝子発現異常，ミトコンドリア機能異常，細胞骨格の形成異常，活性酸素産生，小胞体ストレスなどがあげられる．近年，不良タンパク質蓄積と神経変性疾患の関係に関する研究が急速に進んでおり[7]，以下に紹介する（図4）．

2）異常タンパク質蓄積による神経変性疾患

ⅰ）アルツハイマー病

アルツハイマー病患者の脳では，神経細胞の消失に関連して異常タンパク質の蓄積斑がみられる．1つは老人斑と呼ばれるアミロイドβを主要成分とした細胞外沈着物であり，もう1つは神経原線維変化と呼ばれるリン酸化されたタウを主要成分とした細胞内線維状構造物である．アルツハイマー病は多くが孤発性であるが，一部は家族性でありその原因遺伝子としてアミロイド前駆体タンパク質（amyloid precursor protein：APP），プレセニリン（presenilin：PS）1/2が知られている．いずれの遺伝子変異によってもアミロイドβ産生が上昇することから，アミロイドβ蓄積はアルツハイマー病の発症に関与するという「アミロイドβ仮説」が広く受け入れられている．アミロイドβは，APPからβおよびγセクレターゼ（PS1がその切断活性分子）によって切断され細胞外に分泌される40〜42のアミノ酸であり，神経毒性を発揮し神経細胞死を引き起こす．アミロイドβペプチドによる神経細胞毒性については，活性酸素をはじめさまざまなメカニズムが報告されているが，その詳細については不明な点も多く残されている．

ⅱ）パーキンソン病

パーキンソン病患者の中脳黒質や青斑核においては，神経細胞の脱落が認められる．孤発性パーキンソン病患者の残存神経細胞には，レビー小体と呼ばれる細胞内封入体が観察される．このレビー小体の主成分はαシヌクレインであり，家族性パーキンソン病においてαシヌクレイン遺伝子変異が発見されている．ラット副腎褐色細胞腫由来神経細胞であるPC12細胞においてαシヌクレインの家族性パーキンソン病の原因変異体であるA53T変異体を発現させると，プロテアソーム抑制やシトクロムcの放出，カスパーゼ3や9の活性化に加え，小胞体ストレスとカスパーゼ12の活性化が観察されている．また，別の家族性パーキンソン病原因遺伝子であるE3ユビキチンリガーゼParkinの基質として，Pael受容体が報告されている．Parkin遺伝子変異によるE3活性の減弱によるPael受容体の小胞体膜での蓄積が，小胞体ストレス誘導性神経細胞の脆弱性に繋がっていることが報告されている．一方で，小胞体ストレスにより活性化される転写因子ATF4によってParkinが転写誘導され，プロテアソーム系非依存的に細胞死を抑制しているという報告もあるなど，パーキンソン病における小胞体ストレスの関与に関しては，今後のさらなる解析が待たれる．

ⅲ）ポリグルタミン病

グルタミンをコードするCAG塩基が，遺伝子上において繰り返し異常伸長することによりポリグルタミン鎖タンパク質が作られ，その結果，神経細胞内に封入体を形成し神経機能障害や神経細胞死を引き起こす．このような，ポリグルタミン鎖が原因となって運動機能障害を呈する疾患を総称してポリグルタミン病と呼び，これまでにハンチントン舞踏病や球脊髄性筋萎縮症，マシャド-ヨセフ病などにおいて少なくとも9種類の原因遺伝子が同定されている．ポリグルタミンタンパク質については，遺伝子発現への影響，さまざまなタンパク質との結合，小胞体ストレス誘導など，さまざまな神経細胞毒性メカニズムが報告されている．

ⅳ）筋萎縮性側索硬化症
（amyotrophic lateral sclerosis：ALS）

ALSは，運動神経が選択的に脱落することによって起こる重篤な運動機能障害性疾患である．多くは孤発性であるが約10％程度において家族性を示し，その原因遺伝子の約20％をスーパーオキシドジスムターゼ1（superoxide dismutase 1：SOD1）が占め，これまでに130以上の遺伝子変異が報告されている．遺伝子変異による変異型SOD1タンパク質は，新たな細胞毒性を獲得することによって運動神経を死に至らしめる．変異型SOD1の分解経路に関係するユビキチンリガーゼとして，CHIPやDorfinなどが同定され，それらの機能破綻が疾患発症に繋がることが示唆されている．一方，変異型SOD1の細胞内発現により，カスパーゼ12の活性化，CHOPの発現誘導が認められることから，変異型SOD1による運動神経細胞死に小胞体ストレスが関与することが示唆されてきた．その分子メカニズムとしては，変異型SOD1がERAD構成因子の1つDerlin-1に特異的に結合することでERADの機能低下を引き起こす．したがって，小胞体ストレス経路を分子標的とした治療法の開発が期待される．

参考文献

1) Anfinsen, C. B. : J. Biol. Chem., 185:827-831, 1950
2) Bolton, D. C. et al. : Science, 218:1309-1311, 1982
3) Wright, P. E. & Dyson, H. J. : J. Mol. Biol., 293:321-331, 1999
4) Ward, J. J. et al. : Bioinformatics, 20:2138-2139, 2004
5) Yoshida, H. : FEBS J., 274:630-658, 2007
6) Homma, K. et al. : Expert Opin. Ther. Targets, 13:653-664, 2009
7) Kadowaki, H. et al. : J. Chem. Neuroanat., 28:93-100, 2004

参考図書

◆ 『タンパク質の一生（岩波新書）』（永田和宏/著），岩波書店，2008
◆ 『細胞における蛋白質の一生』（小椋 光，他/編），蛋白質核酸酵素増刊，50（1），共立出版，2005

第2部 キーワード解説　生命現象からみたシグナル伝達因子

10 タンパク質分解
proteolysis

中山敬一，蟹江共春

Keyword　❶ユビキチン化システム　❷プロテアソーム　❸小胞体関連タンパク質分解（ERAD）
❹オートファジー

概論

1. タンパク質分解とは

　タンパク質分解は，アミノ酸間のペプチド結合を加水分解する不可逆的反応である．立体的に拘束があるタンパク質という高分子をバラバラにする反応は，エントロピーを増大させる発エルゴン反応であり，本来外部からのエネルギーを必要としない．しかしタンパク質分解の代表的な系であるユビキチン・プロテアソーム系では，多くの生体エネルギー（ATP）が実際に使われている．つまり生物はタンパク質分解に相当のコストを支払っているのであり，生体システムの維持に適正なタンパク質分解がいかに重要であるかをうかがい知ることができる．

2. タンパク質分解の場所

　タンパク質分解を考えるとき，その部位によって細胞外，細胞膜内，そして細胞内と大きく3つに分けることができる．分泌されるタンパク質分解酵素（消化酵素等）はもちろん，リソソームの中で起こるタンパク質分解も，トポロジー的には「細胞外」である（イラストマップ）．一般にタンパク質分解酵素は生体にとって危険な存在であり，その機能発現が時空間的に限定されるよう，厳密な制御を受けねばならない．リソソームに存在する多くのカテプシン群は，脂質二重膜で細胞質から隔離されている上に，pHが酸性でないと働かないため，万一膜が破損して細胞質に漏出したとしても，中性の細胞質内では機能しないように二重の安全策が採られている．
　では細胞内の代表的タンパク質分解システムであるユビキチン・プロテアソーム系ではどうであろうか．**プロテアソーム**（→**Keyword❷**）の中央部分は樽状構造をしており，樽内部にはタンパク質分解活性中心が露出しているが，活性中心は細胞質から隔離されているので，無秩序に細胞内タンパク質が破壊されることはない．ユビキチン化酵素によって，ユビキチン鎖というマークを付けられたタンパク質はプロテアソームに結合し，そこで立体構造が解かれると同時に，ユビキチン鎖が脱ユビキチン化酵素によって外された後，プロテアソームの内部へ運ばれて分解されると考えられている（**ユビキチン化システム，→Keyword❶**）．一般にユビキチン化酵素は厳密な特異性を有しており，さらにそれはリン酸化等の別の修飾を認識することが多いので，非特異的にユビキチン化するということはないようになっている．つまり細胞質の中に，分解のための微細コンパートメントをさらに作っているところが面白いし，合目的である．ちなみに別の細胞内タンパク質分解酵素であるカスパーゼは，アポトーシスシグナル伝達の主役分子群であるが，これらは通常，非活性型で存在する．アポトーシスシグナルが入ると，カスパーゼは次々に切断されて活性化されるというカスケードを構築して，タンパク質分解酵素の活性を調節している（第2部-12参照）．細胞内に存在するタンパク質分解酵素系は，それぞれに工夫を凝らした調節メカニズムをもっているし，またそうしなければ細胞が恒常的にダメージを受けてしまう．

3. 細胞外タンパク質分解と細胞内タンパク質分解のクロストーク

　今までは，細胞外のタンパク質分解は主にリソソーム系によって，細胞内のタンパク質分解は主にユビキチ

203

イラストマップ　いろいろなタンパク質分解機構とその局在

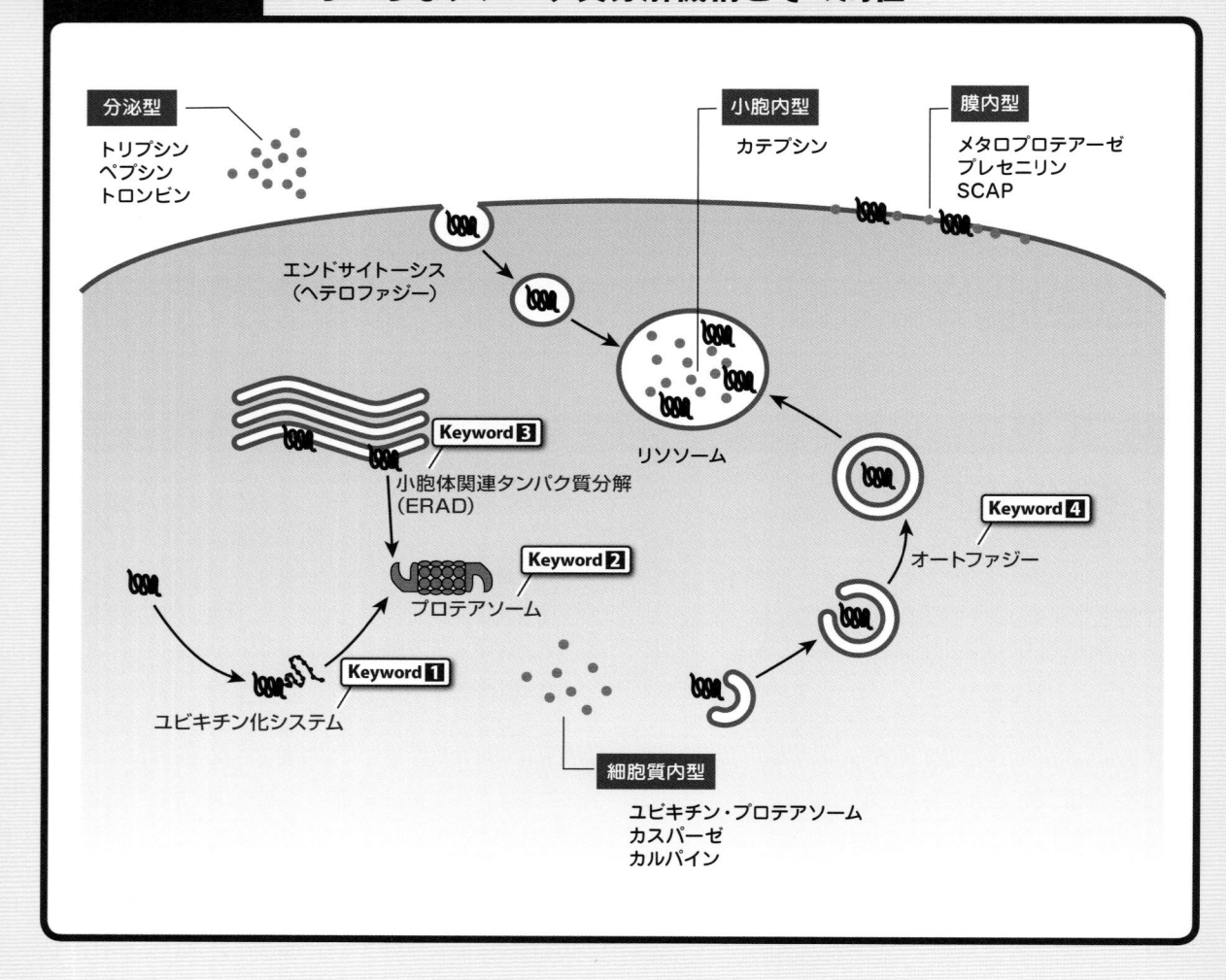

分泌型
トリプシン
ペプシン
トロンビン

小胞内型
カテプシン

膜内型
メタロプロテアーゼ
プレセニリン
SCAP

エンドサイトーシス
（ヘテロファジー）

リソソーム

小胞体関連タンパク質分解
（ERAD）　**Keyword 3**

プロテアソーム　**Keyword 2**

オートファジー　**Keyword 4**

ユビキチン化システム　**Keyword 1**

細胞質内型
ユビキチン・プロテアソーム
カスパーゼ
カルパイン

ン・プロテアソーム系によって行われるものと信じられていたが，近年ではエンドサイトーシスによる膜タンパク質の分解においては，ユビキチン化された基質がリソソームに運ばれて分解されることが明らかとなっている．また小胞体で合成された膜タンパク質や分泌タンパク質のかなりの部分が再び細胞質へ引き戻され，ユビキチン・プロテアソーム系によって分解を受けていることが明らかとなっている〔**小胞体関連タンパク質分解（ERAD）**（→**Keyword 3**）系と呼ぶ〕．また，細胞質内のタンパク質が一括してリソソームに運ばれる**オートファジー**（→**Keyword 4**）系もあり，リソソーム系とユビキチン・プロテアソーム系のクロストークが認識されはじめている．

4. 臨床応用と今後の展望

　タンパク質分解は非常に多くの生体制御系に関与しているので，臨床応用はその各々の局面に関して数多く考えられるが，とりわけがんに対する治療として注目され，すでに臨床応用が開始されている．プロテアソーム阻害剤であるボルテゾミブ（商品名：ベルケード®）は，多発性骨髄腫の一次治療薬として世界各国で使用されている．またキュリン型E3（後述）の活性化分子として知られるNEDD8の活性化酵素阻害薬（MLN4924）は，固形がんに対する治療薬として臨床試験が開始されている．なぜ多くの細胞機能に障害を与えることが予想されるユビキチン・プロテアソーム阻害薬ががんに効くのだろうか？　免疫グロブリンを過剰産生している多発性骨髄腫

においては，プロテアソーム阻害により，正常細胞に比べ異常タンパクが細胞内に顕著に蓄積することで過剰な小胞体ストレスとそれに引き続く細胞死を誘導するのかもしれない．またMLN4924はキュリン型E3の阻害により，その基質であるCdt1の蓄積が，DNAの再複製とそれに伴うアポトーシスを引き起こすため，増殖が盛んながん細胞でより顕著な効果を示すと考えられている[1]．

またパーキンソン病，アルツハイマー病などの神経変性疾患はユビキチン・プロテアソーム系の機能障害による異常タンパク質の蓄積が原因の1つとして考えられており，薬剤の開発が期待されている．脱ユビキチン化酵素（DUB）の1つであるUSP14の阻害により，tauタンパク質などの神経変性疾患関連タンパク質の分解が促進されたという報告があり，今後の発展が期待される．

キーワード解説

Keyword 1 ユビキチン化システム

1）イントロダクション

ユビキチンは76アミノ酸（約8 kDa）から成る小型のタンパク質であり，ヒストンと共に酵母からヒトまで真核生物で最もよく保存されたタンパク質の1つである．ユビキチン化とは，ユビキチンのCOOH末端が標的タンパク質のリジン残基にあるε-アミノ基とペプチド結合を形成することである．このペプチド結合はタンパク質主鎖のペプチド結合に対して側鎖にあるため，イソペプチド結合と呼ばれる．タンパク質はアミノ酸がペプチド結合で連結した一本の鎖であるが，ユビキチン化を受けるとあたかも途中で枝分かれしたような構造（正確にいうと2つのN末端と1つのC末端）となる．この結合は，分子間力による非共有結合やジスルフィド（S-S）結合とは異なり，還元SDS変性条件化でも分離することはないので，ユビキチン化を受けたタンパク質は，SDS-ポリアクリルアミドゲル電気泳動で泳動度が遅くなって，対応するバンドが本来の位置よりも高くなり，8 kDa差のラダー状になったり，スメア状になったりする．

2）フリーユビキチンの生成と調節

ユビキチンは恒常的に発現しているが，その量は一定ではなく，発生過程や細胞内の代謝状態などに応じて変動することが知られている[2]．ユビキチン化に供される単体のユビキチン（フリーユビキチン）は，融合タンパク質としての前駆体から，脱ユビキチン化酵素（DUB）によるプロセシングによって生成される．この融合タンパク質というのは，ユビキチンがタンデムにつながったポリユビキチン（ポリユビキチン化とは異なるので注意）とユビキチンがリボソームの一種と融合したものがある．プロセシングは直ちに行われるため，細胞内においてタンデムユビキチン鎖はほとんど観察されない．またフリーユビキチンの量は，基質に付与されたユビキチン鎖がプロテアソームで分解される際にDUBによって外されることでも調節されている．

3）ポリユビキチン化とモノユビキチン化

リン酸化等の修飾系ではみられない，ユビキチン化のユニークな点は，修飾が多重に起こりうるということである．つまりユビキチン自体もまたタンパク質であるから，ユビキチン上のリジン残基にもさらに別のユビキチンが結合することができる．これをポリユビキチン化という．プロテアソームによって認識されるためには，4つ以上のユビキチンが連結する必要があるといわれている．

ユビキチンはK6，K11，K27，K29，K33，K48，K63という7つのリジン残基（K）をもっており，すべてのリジン残基にユビキチンが付加されうる．加えてN末端のメチオニンのα-アミノ基を介してもユビキチン鎖は形成される（このユビキチン鎖はその立体構造から直鎖状ユビキチン鎖と呼ばれる）．このなかでK11およびK48を介したポリユビキチン鎖がプロテアソームによる分解のシグナルとなることが知られている[3]．一方でK63を介したポリユビキチン鎖や直鎖状ユビキチン鎖はプロテアソームによる分解には関係がなく，NF-κB系のシグナル伝達（K63鎖および直鎖）やDNA修復等（K63鎖）にかかわっている．その他のK鎖によるユビキチン化も質量分析計を用いた解析から存在は確認されているが，生理的意義に関してはまだほとんどわかっていない．

ポリユビキチン化に対して，ユビキチン化が1つだけ付加された場合はモノユビキチン化と呼ぶ．ユビキチンは元々，ヒストンH2Aの結合分子として同定されたのだが，これはモノユビキチン化されたヒストンの研究から得られた知見であった．ポリコーム複合体PRC1の構成要素であるユビキチンリガーゼRING1BによってH2Aがモノユビキチン化されると遺伝子発現は抑制される．またエンドサイトーシスによる膜タンパク質の取り込みやDNA修復においてもモノユビキチン化は重要な役割を果たしていることが知られている[3]．

4）ユビキチンを付加するメカニズム

ユビキチンの付加反応は3段階の酵素反応によって進められている（図1）．第一段階のユビキチン活性化酵素（E1）は2種類，第二段階のユビキチン結合酵素（E2）は，約40種類であるのに対して，ユビキチンリガーゼ（E3）は約600種類存在するといわれており，ユビキチンシステムはE3を多様化することで多彩な生命現象を担うことができるようになったと考えられる．

E3は大別して，HECT型，RINGフィンガー型およびその亜型であるUボックス型に分類される．HECT型E3は28種類であり，残りの約95％は後2者である．RING

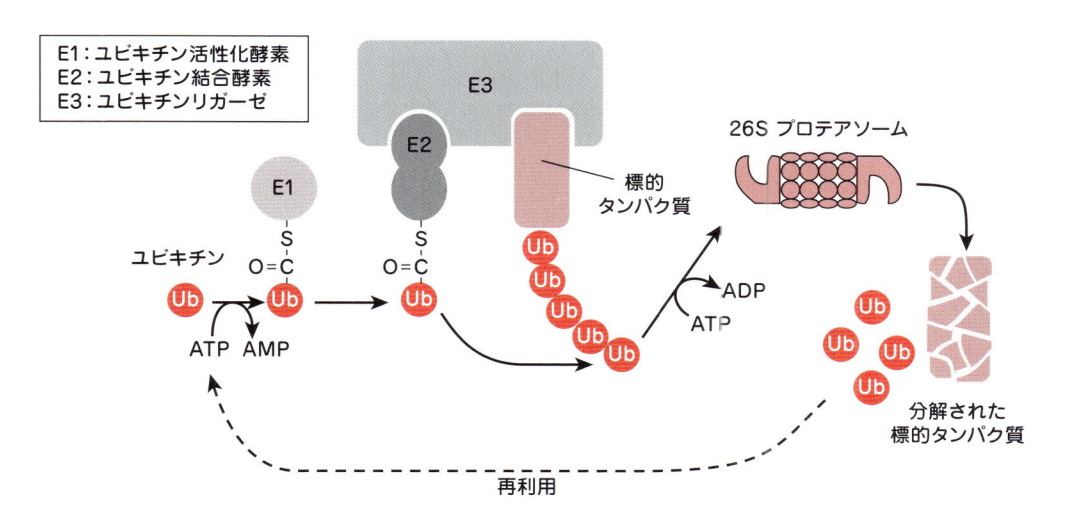

図1　ユビキチンの付加反応

ユビキチンはまずユビキチン活性化酵素（E1）にATP依存的に転位し，そのC末端はE1のSH₂基とジスルフィド結合を形成して，高エネルギー状態になる．ユビキチンはさらにユビキチン結合酵素（E2）のSH₂基とジスルフィド結合を形成する．このユビキチンは，ユビキチンリガーゼ（E3）の媒介によって，最終的に基質タンパク質のリジン残基（NH₂基）とイソペプチド結合を形成する．このユビキチンにさらに別のユビキチン化が起こり，それを繰り返すことによって，ポリユビキチン鎖が形成され，これがプロテアソームの認識シグナルとなって，基質タンパク質は破壊される

フィンガー型とUボックス型では構造が類似しているが，前者が金属をキレートしているのに対し，後者は金属イオンを構造に必要としないという点が異なる．HECT型と後2者との最大の違いは，HECT型E3はユビキチンを自身のシステイン残基にジスルフィド結合によって結合させ，その後基質のリジン残基にイソペプチド結合させるが，後2者では，E2から直接に基質へユビキチンが付加されることである．ユビキチン鎖の種類の決定も，HECT型ではE3自身が行うのに対して，後2者ではE2が行う．

RINGフィンガー型E3はさらに，単量体型と複合体に分類することができ，複合体型のなかで特に注目に値するのは，キュリンという分子をプラットフォームにした，モジュール型酵素群である．これらは共通コンポーネントと可変コンポーネントから成り，可変コンポーネントは数十〜数百種類あるものもある．これは酵素の一部分（特に基質認識にかかわる部分）をモジュール化して独立させ，遺伝子増幅でその種類を増やしていったものと推定される．この酵素群のなかで特に有名なのが，細胞周期を制御するE3複合体であるAPC/CとSCF複合体である．

5）ノックアウトマウスの表現型

E1の1つであるUba1の温度感受性株は非許容温度下でG2期停止が引き起こされる．またもう1つのE1であるUba6のノックアウトマウスも胎生早期に死亡する．このことはユビキチンシステムが生体にとっていかに重要かを示している．一方，E3のノックアウトマウスは重篤な表現型を示すものもあれば，明らかな表現型を示さないものもある．またいくつかのE3に関しては，遺伝学的にE3―基質関係が明確に示されている．RING型単量体E3であるMdm2はがん抑制遺伝子p53をユビキチン化し，分解に導く．Mdm2ノックアウトマウスは胎生早期に死亡するが，Mdm2とp53のダブルノックアウトマウスはp53の単独ノックアウトマウスと同じく，メンデルの法則に則って生まれ，妊娠可能である[4]．またRING型複合体型E3であるSCF^FBXL5は鉄代謝制御タンパク質IRPをユビキチン化し，分解に導く．Fbxl5ノックアウトマウスは胎生8.5日以降に発育遅延と大規模な出血のため死亡するが，Fbxl5とIRP2のダブルノックアウトマウスはメンデルの法則に則って出生する[5]．これらの例は少なくとも発生段階において重要な基質はMdm2ではp53だけであり，FBXL5ではIRP2だけであることを示唆しており，E3の高い基質特異性がうかがえる．

6）機能・疾病とのかかわり

ユビキチン化にかかわる因子，特にユビキチンリガーゼ（E3）にかかわる疾患は数多く知られており，病態解

明も進みつつある．精神発達遅延を主徴とするAngelman症候群はHECT型E3であるE6-APの変異により起こる．腎細胞がん，小脳血管芽種等を主徴とするvon Hippel-Lindau病はRING型複合体型E3の基質認識サブユニットであるpVHLの変異によって起こり，基質である低酸素応答因子HIF-αの蓄積による過剰な低酸素応答が主要な病態を形成する．その他RING型E3の変異による疾患としては，FANCLの変異によるファンコニ貧血，BRCA1の変異による家族性乳がん/卵巣がん等が知られており，どちらもDNA修復において重要な役割を担っている．

一方で多くの神経変性疾患においても，ユビキチン抗体によって染色される封入体が細胞内に生じるという共通の病理所見から，ユビキチン依存的なタンパク質分解の重要性が考えられている．

【抗体・cDNAの入手先】

ユビキチンの抗体に関してはMBL社（クローン名：1B3），サンタクルズ社（クローン名：P9D4），日本バイオテスト研究所（クローン名：FK2）より入手可能．

【データベース（EMBL/GenBank）】

ヒト：U49869（ポリユビキチン遺伝子），NM002954（ユビキチン-リボソーム融合遺伝子）

マウス：BC019850（ポリユビキチン遺伝子），BC002108（ユビキチン-リボソーム融合遺伝子）

Keyword

2 プロテアソーム

1）イントロダクション

プロテアソームは巨大なATP依存性プロテアーゼであり，ユビキチン化されたタンパク質の立体構造をほどいて短いペプチドに分解する．一般にプロテアソームと呼ぶと26Sプロテアソーム（Sは沈降係数を表す）を指すが，近年異なる種類のプロテアソームも同定され，その機能に注目が集まっている．

2）分子構造・立体構造

プロテアソームにはいくつかの種類があるが，触媒ユニット（またはコアユニット）と呼ばれる中央部の部分は20Sプロテアソームと呼ばれ，古典的なプロテアソームである26Sプロテアソームは，20Sプロテアソームの両端に19SサブユニットまたはPA700）と呼ばれる制御ユニットが会合したものである（図2）．20Sプロテアソームはαリング（外側）とβリング（内側）から成り，$\alpha\beta\beta\alpha$の順で会合している．αリングもβリングも7つのサブユニットから成るヘテロヘプタマーであるので，20Sサブユニットは14種28分子から構成されていることになる．βリングの$\beta1$，$\beta2$，$\beta5$の内表面にはスレオニンプロテアーゼ触媒部位が存在する．$\beta1$は酸性アミノ酸の後を切断するカスパーゼ様活性，$\beta2$は塩基性アミノ酸の後を切断するトリプシン様活性，$\beta5$は疎水性アミノ酸の後を切断するキモトリプシン様活性を有する．これら3種類の異なるプロテアーゼ活性により，さまざまなタンパク質をペプチド断片にまで分解することができる．立体構造解析より，単独の20Sサブユニットは外側のαリングが閉じているために，基質タンパク質やペプチドがその内部へ進入することができないことがわかった．ところが19Sサブユニットが20Sサブユニットに会合した場合，αリングが構造変化を起こして開口し，ペプチドが内部へ進入することができるようになる．19Sサブユニットは約20種の因子により構成され，蓋部（lid）と基底部（base）から成り，ユビキチン化されたタンパク質を認識するユビキチン受容体としての機能，タンパク質の高次構造をATP依存的にほどく機能，ユビキチンを外す脱ユビキチン化機能等を有する[7]．

コアユニットおよび制御ユニットは共に不変ではない．コアユニットにおいては，インターフェロンγによってβリングの3つの触媒成分（$\beta1$，$\beta2$，$\beta5$）が免疫型（$\beta1i$，$\beta2i$，$\beta5i$）に置き換わることが知られており，これを免疫プロテアソームと呼ぶ．これによって切断様式が変化し，主要組織適合抗原（MHC）クラスIに効率的に提示されるペプチドが生成される．また胸腺皮質上皮細胞（cTEC）においては$\beta5$サブユニットが$\beta5t$（t：thymus）に置換されており，これを胸腺プロテアソームと呼ぶ．$\beta5t$は$\beta5$，$\beta5i$に比してキモトリプシン様活性が低く，MHCクラスIと弱いアフィニティで結合するペプチドを産生する．これがT細胞の「正の選択」を可能にしていると考えられている[8]．制御ユニットに関しては19Sサブユニットの代わりにPA28と呼ばれるサブユニットがついたタイプのプロテアソームができることが知られている．これは電子顕微鏡による観察結果から「フットボール型」プロテアソームと呼ばれている．PA28にはα，β，γの3種類が存在し，PA28α/βは主に細胞質に存在し，20Sプロテアソームの免疫型βサブ

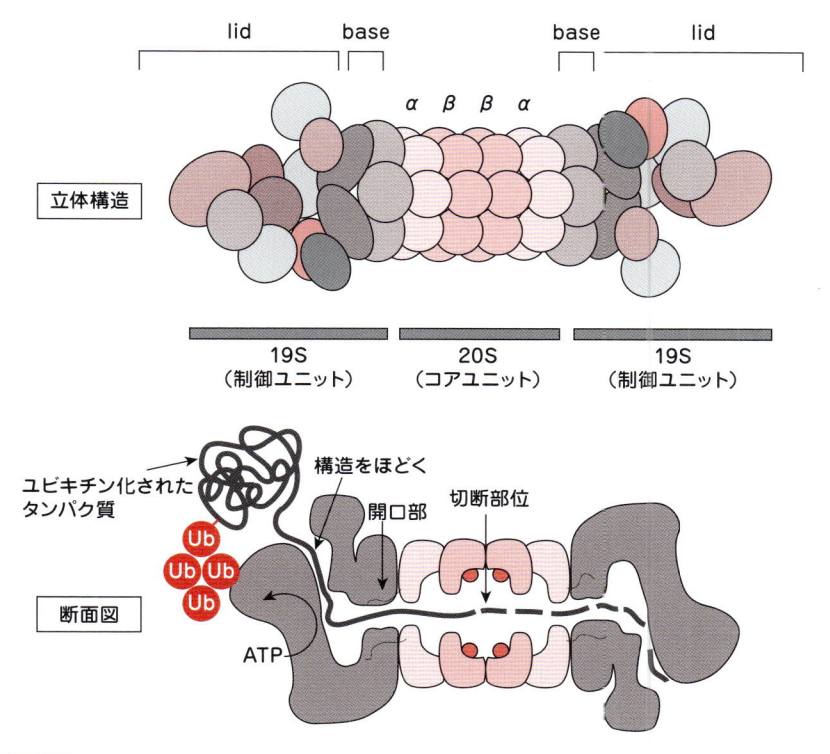

図2　26Sプロテアソームの構造

26Sプロテアソームは中央部のコア部分（20Sサブユニット）とその両端の調節部分（19Sサブユニット）から構成される．ユビキチン化されたタンパク質は，19Sサブユニットに存在するユビキチン受容体によって認識され，ATP依存的にその立体構造が解かれて，20Sサブユニットの内部に存在する触媒部位によって切断される（文献6を元に作成）

ユニットと同様にインターフェロンγによって誘導され，免疫プロテアソームとして機能する．一方PA28γは主に核に存在し，インターフェロンγによって誘導されない．最近になってPA28γ-20Sプロテアソームはステロイド受容体コアクチベーター3（SRC-3）やCDK阻害因子であるp21をATP非依存的かつユビキチン非依存的に分解することが報告されており，タンパク質分解の新たな経路として注目されている．

またPA200という別の制御ユニットはその結合によりプロテアソームの活性を上昇させることが知られているが，その詳しい機能については未だ不明の点が多い．

3）発現様式

26Sプロテアソームのサブユニットはほとんどの細胞に発現しているといわれている．上述したように免疫プロテアソームの20Sサブユニットであるβ1i，β2i，β5iや，PA28はインターフェロンγによって発現が上昇し，脾臓や胸腺などの免疫組織に多く発現する．β5tは胸腺のcTECに特異的に発現しており，その他の細胞では発現がみられない．

また細胞内においては，26Sプロテアソームは細胞質，核，および核小体に局在し，ミトコンドリアや小胞体等のオルガネラの管腔内には存在しない．

4）ノックアウトマウスの表現型

恒常型プロテアソームのノックアウトマウスに関しては，19Sサブユニットの構成因子であるPsmc3とPsmc4のノックアウトマウスの報告があるが，どちらも胎生早期にマウスは死亡する．また免疫型プロテアソームのコアユニットであるβ1i，β2i，β5i，胸腺プロテアソームのコアユニットであるβ5tなどはマウスの生存自体に必要でなく，精力的にノックアウトマウスでの解析が行われている．β5iノックアウトマウスでは内在性ペプチドの生成が障害されており，MHCクラスI抗原の発現も

減少し，細胞障害性T細胞の反応が低下している．一方，β1iノックアウトマウスおよびβ2iノックアウトマウスでは，MHCクラスI抗原の発現は正常であるが，細胞傷害性T細胞数が減少し，ウイルスに対するT細胞の反応が減弱している．β5tノックアウトマウスではCD8シングルポジティブ（SP）細胞の数が激減しており，MHCクラスI/自己ペプチドとT細胞受容体の相互作用による正の選択が障害されていることが示唆されている．

5) 機能・疾患とのかかわり

プロテアソームはほとんどすべての細胞内機能と密接な関係があるが，大別すると，①タンパク質分解制御による種々の分子の量的制御，②タンパク質生成過程における品質管理，③MHCクラスI抗原による免疫プレゼンテーション，に関与している．このうち①については **1ユビキチン化システム** を，②については **3小胞体関連タンパク質分解（ERAD）** を参照されたい．③については上述した通り，インターフェロンγによる機能変換によってMHCクラスI抗原で提示されるペプチドの切り出しに特化し，ウイルスに対する防御に関与している．

【抗体・cDNAの入手先】
プロテアソームの各サブユニットに対する抗体に関しては，バイオモル社より入手可能．

Keyword
3 小胞体関連タンパク質分解（ERAD）

1) イントロダクション

小胞体（endoplasmic reticulum：ER）において分泌タンパク質や膜タンパク質が合成される．小胞体で生合成されたタンパク質は小胞体内に存在するさまざまな分子シャペロンにより正確なフォールディングを維持する（第2部-9参照）．しかし，ミスフォールディングしたタンパク質は，小胞体内のセンサーにより異常を感知され，分泌経路から離脱される．この小胞体内に存在するタンパク質の生合成と分泌経路における品質管理機構は，小胞体品質管理機構（ER quality control mechanism）と呼ばれ，小胞体で生合成されたタンパク質の約30％が，合成過程でミスフォールディングし，分解されるといわれている．これらのミスフォールディングタンパク質は小胞体内のプロテアーゼによって分解されるのではなく，小胞体から細胞質に逆行輸送され，ユビキチン・プロテアソーム系によって分解を受けることが明らかにされ，これは小胞体関連タンパク質分解（ER-associated protein degradation：ERAD）と呼ばれている．このシステムは酵母から哺乳類細胞に至るまで存在し，分子レベルでも関連分子が明らかにされつつある．

2) 基質認識からプロテアソームにいたるまで

小胞体関連タンパク質分解が成立するためには以下のステップが必要となる（図3）．①分解するべき基質の認識，②逆行輸送，③ユビキチン化およびプロテアソームによる分解．このなかで，分解するべき基質の認識はERADの要ともいえる．折り畳み途中のペプチドと折り畳み異常な分解するべきペプチドを厳密に見分けることが必須であり，その識別において重要なのがペプチド上に付加された糖鎖である．小胞体内に入った新生ポリペプチドには，ポリペプチドのアスパラギン残基にグルコース$_3$-マンノース$_9$-N-アセチルグルコサミン$_2$（$Glc_3Man_9GlcNac_2$）が付加された後，グルコシダーゼにより速やかにトリミングされ$Glc_1Man_9GlcNac_2$となる．この形の糖鎖はレクチン（糖結合タンパク質）であるカルネキシン・カルレティキュリンによって認識され，ペプチドの折り畳みが開始される．やがてグルコシダーゼによって末端のグルコースが除去されると，天然構造をとることができたタンパク質は小胞体を出てゴルジ体へと向かう．一方グルコースが除去されるまでに天然構造をとることができなかったペプチドは，UGT1によりグルコースを付加され再び折り畳みのサイクルに入る．折り畳みを誤った異常構造タンパク質は，EDEM, ManIなどに認識されマンノースがトリミングされる．これをOS9, XTP-3Bなどのレクチンが認識し，逆行輸送装置にポリペプチドを送りこむ．逆行輸送にはp97のATPase活性が重要であり，この活性によりポリペプチドはエネルギー依存的に細胞質へと引きずり出される．p97はAAA型ATPaseの1つで六量体のリングを形成し，哺乳類ではVCP, 酵母ではCdc48と呼ばれている．ユビキチン化はER膜結合型E3であるHrd1, TEB4, gp78など，もしくは細胞質のE3であるCHIP, Parkin, SCF^{Fbs1}などにより行われ，ユビキチン付与されたペプチドはプロテアソームへ運ばれ分解される[9]．

3) 細胞内局在

ERADのマップを頭に描くためには，それぞれのコン

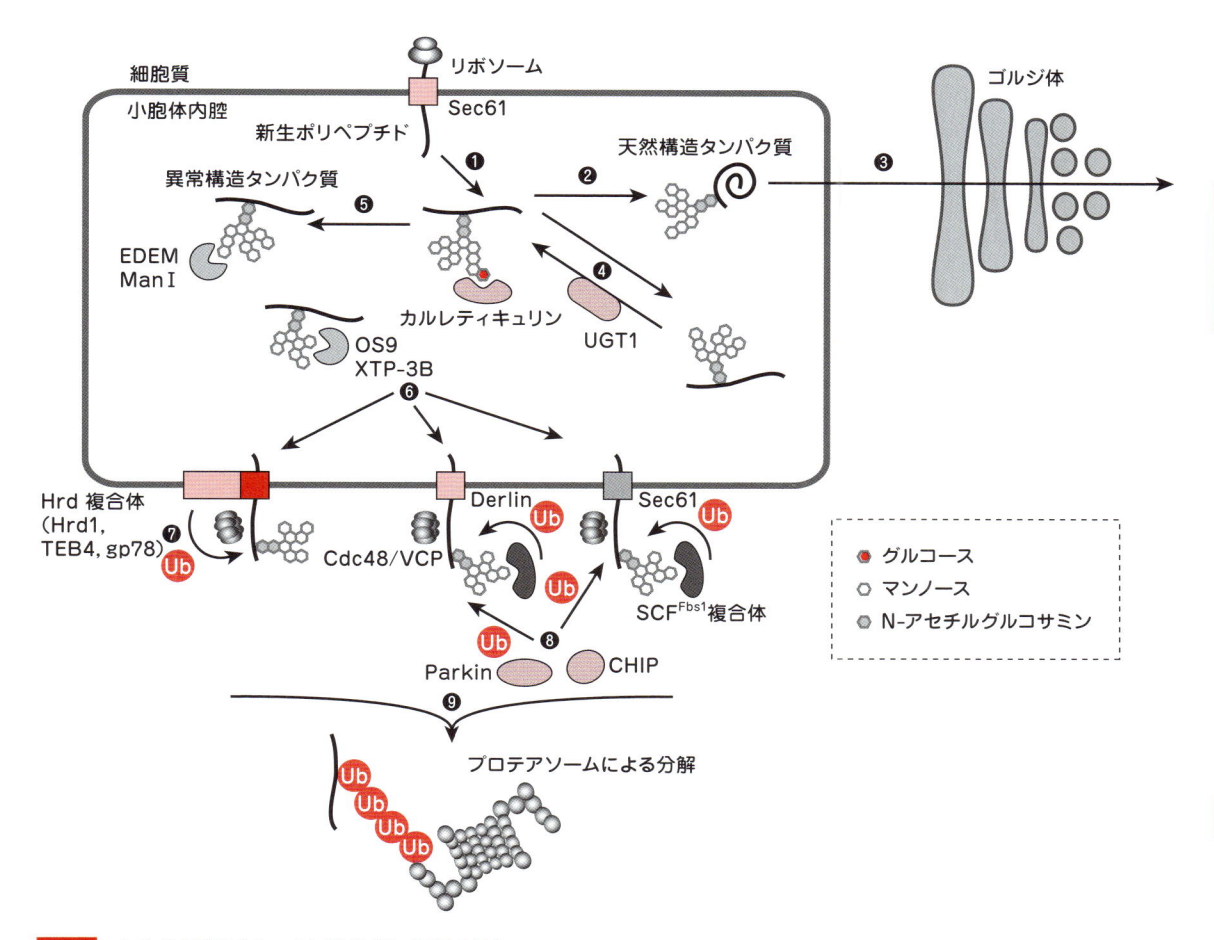

図3 小胞体関連タンパク質分解（ERAD）

新生されたポリペプチドがトランスロコンSec61を通り，小胞体内腔に入る．カルネキシン・カルレティキュリンなどの小胞体シャペロンにより正常にフォールディングを受けて分泌される場合の経路を❶❷❸に示してある．グルコースがトリミングされるまでに天然構造になれなかったポリペプチドが，再度折り畳みサイクルに入る場合を❹に示してある．異常構造タンパク質はEDEM，ManIなどに認識されマンノースがトリミングされる（❺）．マンノースをトリミングされた異常構造タンパク質はOS9，XTP-3Bなどに認識され逆行輸送装置に運ばれる（❻）．逆行輸送された異常構造タンパク質には膜上のE3であるHrd1（❼），もしくは細胞質のE3であるCHIP，Parkin，SCF^{Fbs1}（❽）によってユビキチンが付加され，プロテアソームへと運ばれる（❾）．

ポーネントの細胞内局在を知る必要がある．局在はER管腔内，ER膜上，細胞質内の3つに分類できる．基質認識にかかわるレクチン，分子シャペロンはERADのプロセス全体に渡って関与するため，管腔内，ER膜上，細胞質内のいずれにも存在する．カルレティキュリンはER管腔内，カルネキシンはER膜上，HSP70などは細胞質内で機能する．一方，ERAD基質の目印となる糖鎖修飾酵素は主にER管腔内に存在する．逆行輸送装置は当然ER膜上に存在する．ユビキチン系酵素はER膜上または細胞質内に局在する．E1であるUba1は細胞質に存在する．E2に関しては，Ubc6は膜上，Ubc7は細胞質に存在する．E3に関してはHrd1，TEB4，gp78は膜上，Parkin，CHIP，SCF^{Fbs1}，は細胞質に存在する．

4）遺伝子改変マウスの表現型

ERADの生物学的意義を遺伝学的に解析するためにERAD関連E3の遺伝子改変マウスが作製されている．ER膜上のE3であるHrd1（シノビオリンとも呼ばれる）のトランスジェニックマウスは，滑膜増殖を伴う関節リウマチ様関節症を発症する．Hrd1ノックアウトマウスは胎仔肝臓での造血（二次造血）の障害により胎生13.5日までに致死となる．細胞質E3であるParkinノックアウトマウスは複数のグループから報告されているが，い

ずれの報告においてもヒトのパーキンソン病に特徴づけられるような，明らかな黒質変性や運動症状は認めない．同じく細胞質E3であるCHIPノックアウトマウスは，通常環境下では野生型とほぼ同様に成長するが，熱ショック（深部体温を15分間42℃に上昇させる）を与えると野生型では25％が死亡するのみであったのに対して全例が死亡した．生体におけるストレス反応に対してもCHIPは重要な役割を担っているようである．

5）機能・疾患とのかかわり

ERAD関連の疾患はその発症機序から2つに大別することができる．1つめはERADコンポーネントの機能欠損により異常なタンパク質が蓄積し細胞傷害を引き起こす疾患であり，2つめは，ERADの亢進により分泌タンパク質や膜タンパク質が天然構造をとる前に分解されてしまうことによる疾患である．前者の例としては，Parkinson病をはじめとする，神経変性疾患，後者の例としては，囊胞性線維症（細胞膜のクロライドチャネルをコードするCFTRを原因遺伝子とする）があげられる．欧米の囊胞性線維症患者において高頻度で認めるCFTR ΔF508（508番目のフェニルアラニンの欠失）では，フォールディングにかかる時間が延長し，ERADによる分解が亢進する．そのために細胞膜のCFTR発現量が減少することで疾患が引き起こされる．

【抗体・cDNAの入手先】

Sec61，VCP，Parkinの抗体に関してはサンタクルズ社より入手可能．

【データベース（EMBL/GenBank）】

ヒト：NM013336（Sec61α），NM007126（VCP），AB009973（Parkin），NM005861（CHIP），NM032431（Hrd1），NM001144（gp78/AMFR），BC025233（Fbs1），NM018438（Fbs2）

マウス：NM016906（Sec61α），Z14044（VCP），AB019558（Parkin），NM019719（CHIP），AK004688（Hrd1/Der3），NM011787（gp78/AMFR），NM176848（Fbs1），NM015797（Fbs2）

Keyword
4 オートファジー

1）イントロダクション

オートファジー（自食作用，第1部-25参照）とは，真核細胞に存在する細胞内タンパク質の大規模な分解システムである．ユビキチン・プロテアソーム系は寿命が短いタンパク質の選択的分解に関与する一方，オートファジーは長寿命のタンパク質やオルガネラのバルク分解を担っている．オートファジーにおいて，形態学的に認められる現象としてオートファゴソームの形成がある．オートファジーが誘導されると細胞質において隔離膜が伸張して，その後カップ状の構造となり，最終的に細胞質の一部を完全に囲んだオートファゴソームが形成される．その後，オートファゴソームの外膜とリソソーム膜との融合によりオートリソソームとなり，内膜もろとも内容物が分解を受ける（図4A）．

酵母の遺伝学的なオートファジー研究により，オートファジー不能株（apg：autophagy）が単離され，関連遺伝子が同定された．オートファジー関連遺伝子は，異なる遺伝学的検索から同定された同一遺伝子が多数存在していたため，現在オートファジー関連遺伝子をATG（autophagy）に統一することとなった[10]．出芽酵母のオートファジー関連遺伝子は現在35種同定されている[11]（表1は哺乳類で同定されている遺伝子群）．

これらの関連遺伝子は機能的には5つに分類できる．①タンパク質キナーゼ複合体（Atg1，Atg13，Atg17，Atg29，Atg31），②PI3キナーゼ複合体（Atg6，Atg14），③Atg12結合反応系（Atg12，Atg7，Atg10，Atg5，Atg16），④Atg8―リン脂質結合反応系（Atg8，Atg4，Atg7，Atg3），⑤機能未知だがお互いが相互作用する群（Atg9，Atg2，Atg18）．Atg12結合反応系およびAtg8―リン脂質結合反応系はいずれもユビキチン様タンパク質が関与し，その生化学的反応はユビキチンのタンパク質との結合反応と類似している（図4B）．

2）オートファゴソーム形成システム

アミノ酸飢餓などによりオートファジーを誘導すると，オートファゴソームの形成に先立ってpre-autophagosomal structure（PAS）が形成される．PASとはオートファゴソーム形成に必要なAtgタンパク質の集合体のことである．アミノ酸飢餓によりTORが不活性化するとAtg1キナーゼが活性化し，PAS形成が開始される．次いで膜貫通タンパク質であるAtg9がリクルートされる．Atg9に引き続きPI3K複合体がリクルートされ，PI3Pが産生される．PI3PはAtg18，Atg2などのリクルートに関与する．また一方でAtg8，Atg12の2つのユビキチン様タンパク質結合反応系もPASにリクルートされ，それらの反応を介してオートファゴソーム形成が促進される．

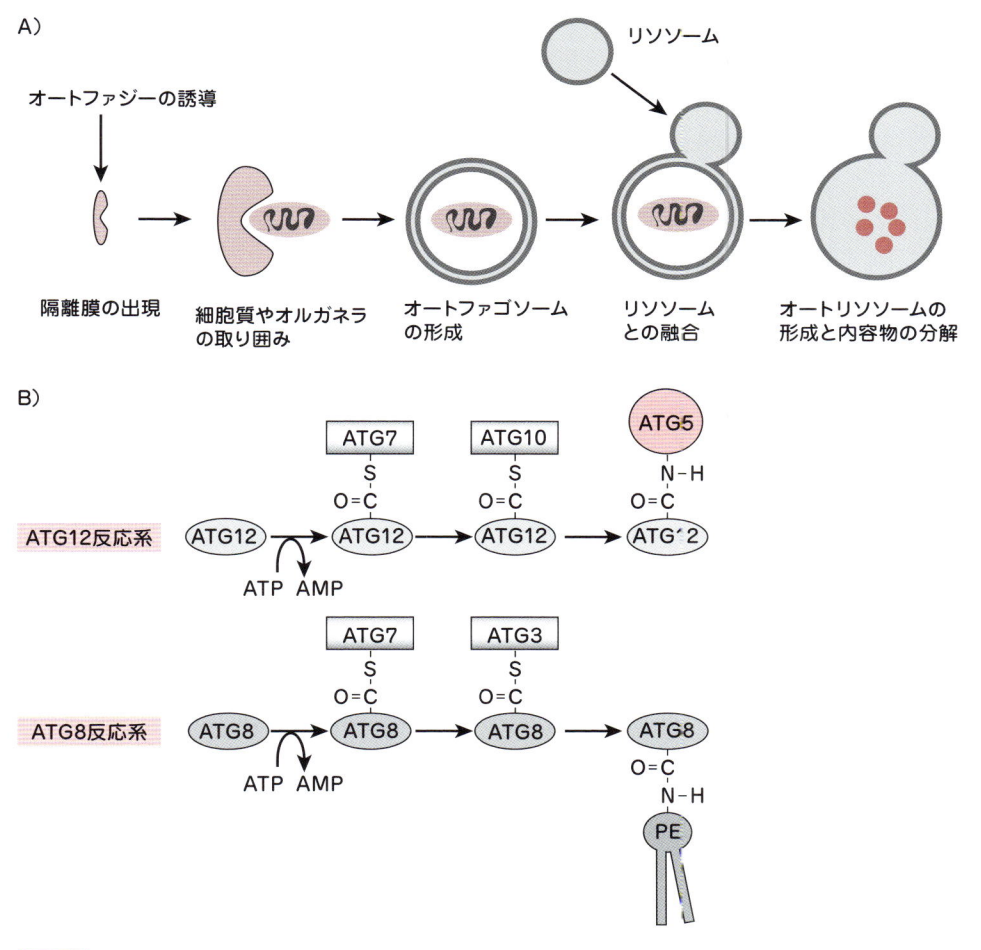

図4　オートファジーの形態学的変化とその生化学的反応

A) オートファジーが誘導されると細胞質において隔離膜が伸張して，細胞質の一部を完全に囲んだオートファゴソームが形成される．その後，オートファゴソームの外膜とリソソーム膜との融合によりオートリソソームとなり，内膜もろとも内容物が分解を受ける．B) ATG12結合反応系およびATG8-リン脂質結合反応系はいずれもユビキチン様タンパク質が関与し，その生化学的反応はユビキチンのタンパク質との結合反応と類似している．PE：ホスファチジルエタノールアミン

3) 発現様式

GFP-LC3（哺乳類Atg8の1つ）を発現させたトランスジェニックマウスを解析することにより，生体内でのオートファジー形成が観察されている．飢餓時においてはほとんどすべての組織において，オートファジーの亢進が認められ，骨格筋，心筋，外分泌腺，胸腺上皮，眼レンズ細胞，腎糸球体足細胞などで特に活発であることが判明している．

4) ノックアウトマウスの表現型

Atg3，Atg5，Atg7，Atg9，Atg16L1の全身性ノックアウトマウスは出生するが，生後ほぼ一日で死亡する．この表現型は胎盤からの栄養供給が途絶えて生じる深刻な栄養飢餓状態（新生仔飢餓）に適応できないためと考えられている．また受精卵も着床して栄養を母体から得られるまでの間にオートファジーを利用して栄養飢餓を乗り切っている．この時期に適切なオートファジーが働かないノックアウトマウスの場合，胚発生は4～8細胞期で停止してしまう．

その他組織特異的ノックアウトマウスも多数作製されている．神経細胞特異的Atg5，Atg7ノックアウトマウスは共に新生仔飢餓を乗り切り成長したが，生後3～4週で運動異常，行動異常が出現し，神経変性疾患モデルマウ

表1　哺乳類オートファジー関連遺伝子群（ATG）

遺伝子名	哺乳動物	機能
ATG1	ULK1	プロテインキナーゼ
ATG2	Atg2	Atg18と結合する機能未知のタンパク質
ATG3	Atg3	Atg8―PE結合反応におけるE2
ATG4	Atg4	Atg8プロセッシング酵素
ATG5	Atg5	Atg12標的分子
ATG6	Beclin-1	PI3K複合体サブユニット
ATG7	Atg7	Atg8―PE，Atg12―Atg5結合反応に共通のE1
ATG8	LC3, GABARAP, GATE-16	PEと共有結合し，膜のヘミフュージョンを媒介
ATG9	Atg9	機能未知の膜貫通タンパク質
ATG10	Atg10	Atg12―Atg5結合反応におけるE2
ATG12	Atg12	Atg5と結合するユビキチン様タンパク質
ATG13	Atg13	Atg1と複合体を形成し，Atg1の活性を制御
ATG14	Atg14	PI3K複合体サブユニット
ATG16	Atg16L	Atg12―Atg5と複合体を形成するタンパク質
ATG18	WIPI	PI3P結合タンパク質

スでしばしば観察される異常反射（limb-clasping）陽性であった．また大脳皮質，海馬などの神経細胞の細胞質にミスフォールドタンパク質のマーカーであるユビキチン抗体陽性の封入体を認め，オートファジーの欠損により神経変性疾患が引き起こされることが強く示唆された[11]．

5）機能・疾患とのかかわり

上述のノックアウトマウスの表現型からもわかるように，オートファジーは生体における生理的・病理的な栄養飢餓に対する反応としてだけではなく，神経細胞での異常タンパクのクリアランスを介して，神経変性疾患に対する防御機構として働いている．また免疫反応やがん化の抑制にもオートファジーは重要な役割を果たしていることが知られている．さらに最近，ヒトのSNP解析により，炎症性腸疾患であるクローン病に感受性を示す一塩基多型（T300A）がAtg16Lにみつかり，注目されている．

【抗体・cDNAの入手先】

ATG5とATG7の抗体に関してはサンタクルズ社より入手可能．

【データベース（EMBL/GenBank）】

ヒト：AF045458（ULK1），AB079384（ATG3），AB066214（ATG4），NM004849（ATG5），AF139131（ATG6/Beclin-1），BC000091（ATG7），NM022818（LC3），AF161586（GABARAP），AJ010569（GATE-16），NM031482（ATG10），AB017507（ATG12），NM030803（ATG16）

マウス：AF053756（ULK1），NM026402（ATG3），BC030861（ATG4），NM053069（ATG5），BC005770（ATG6/Beclin-1），AB079385（ATG7），AF255953（LC3），BC002126（GABARAP），AA124324（GATE-16），NM025770（ATG10），NM026217（ATG12），BC049122（ATG16）

参考文献

1) Bedford, L. et al.：Nat. Rev. Drug Discov., 10：29-46, 2011
2) Weissman, A. M. et al.：Nat. Rev. Mol. Cell Biol., 12：605-620, 2011
3) Clague, M. J. & Urbé, S.：Cell, 143：682-685, 2010
4) Jones, S. N. et al.：Nature, 378：206-208, 1995
5) Moroishi, T. et al.：Cell Metab., 14：339-351, 2011
6) Vierstra, R. D.：Trends Plant Sci., 8：135-142, 2003
7) Stadtmueller, B. M. & Hill, C. P.：Mol. Cell, 41：8-19, 2011
8) Murata, S. et al.：Science, 316：1349-1353, 2007
9) Vembar, S. S. & Brodsky, J. L.：Nat. Rev. Mol. Cell Biol., 9：944-957, 2008
10) Nakatogawa, H. et al.：Nat. Rev. Mol. Cell Biol., 10：458-467, 2009
11) Mizushima, N. & Komatsu, M.：Cell, 147：728-741, 2011

参考図書

◆『タンパク質分解系による生体制御』（村田茂穂，反町洋之/編），実験医学増刊，29（12），羊土社，2011
◆『タンパク質の分解機構』（田中啓二/編），26（2），羊土社，2008
◆『ユビキチン-プロテアソーム系とオートファジー』（田中啓二，大隅良典/編），共立出版，2006

第2部 キーワード解説　生命現象からみたシグナル伝達因子

11 ストレス応答
stress response

斎藤春雄

Keyword　❶p38ファミリー　❷JNKファミリー　❸ストレスMAPKKファミリー　❹ストレスMAPKKKファミリー

概論　Overview

1. ストレス応答とは

　生物学においてストレスとは外部刺激が生体にとって過剰負担になる状態である．一般的には人口過密や騒音などによる精神的なストレスを意味することが多いが，本稿で扱うのは「細胞の環境ストレス」，つまり生体を構成する個々の細胞に対して外部から過剰な物理化学的刺激が加わった状態をさす．細胞はそのような環境ストレスに対してさまざまな適応反応を示すが，そのなかでも特に顕著なものがストレス応答MAPキナーゼ (stress-responsive MAP kinase またはstress-activated protein kinase：SAPK) の活性化を介した応答である．SAPKの活性化を促す環境ストレスとして代表的なものには，熱ショック，γ線（X線），紫外線，高浸透圧，酸化ストレス，エンドトキシン，タンパク質合成阻害物質，亜ヒ酸，炎症性サイトカインなどがある．もちろん，すべての環境ストレスがSAPKを活性化するわけではなく，またSAPKの活性化が環境ストレスに対する唯一の反応でもない．たとえば，熱ショックはSAPKの活性化とは独立に，一群の熱ショックタンパク質 (heat shock protein：HSP) の発現を誘導する（第2部-9参照）．また，紫外線などによりDNAが損傷すると，その修復機構が誘導される（第1部-15参照）．これらは，細胞が個別のストレスによる損傷から回復しようとする特異的適応反応である．それに対して，SAPK反応は細胞ストレス状態に対するより一般的な適応応答であるといえる．たとえば（細胞種によって差異はあるものの），ストレスによって強くSAPKが活性化されるとアポトーシスが誘導されることが多い．これは，細胞にとってストレスの強度がある閾値を超えた場合には，（細胞のがん化などから）個体を保護するために，損傷した細胞の修復をはかるよりアポトーシスによって除去するという生物の生存戦略の表れであろう．

2. シグナルの流れ

　ストレスシグナルの出発点は細胞による環境ストレスの感知であるが，物理化学的ストレスやタンパク質合成阻害ストレスの感知メカニズムに関しては不明な点が多い．炎症性サイトカイン（IL-1，TNF-αなど，**第2部-15参照**）やTGF-β（**第1部-8参照**）の場合は，それぞれ対応する特異的受容体との結合がシグナルを生起する．一方，ストレスの場合には，刺激の種類に応じて，多様なシグナルが生起すると考えられる．たとえば，低分子量Gタンパク質Cdc42/RacやPAK様キナーゼ，あるいはGadd45，TAB1，TRAF6などを介して**ストレスMAPKKK**（→**Keyword❹**）が活性化される（**イラストマップ**）．ストレスMAPKKKは三段階のキナーゼカスケードより成るストレスMAPK経路の第一段目のキナーゼであり，**ストレスMAPKK**（→**Keyword❸**）をリン酸化し活性化する．活性化されたストレスMAPKKは，カスケードの最終段階であるストレスMAPKを活性化する．ストレスMAPKには，**p38ファミリー** (p38α，β，γ，δ)（→**Keyword❶**）と**JNKファミリー** (JNK1, 2, 3)（→**Keyword❷**）とがある．リン酸化によって活性化されたストレスMAPKの一部は細胞質から核へと移行し，核内で転写因子をリン酸化することにより転写活性を制御するが，細胞質内においても機能をもつと考えら

れている.

3. 臨床応用と今後の展望

　ストレスMAPK経路の重要な機能は，ストレスの質・量に応じて生存をはかるか，あるいはアポトーシスを誘導して損傷した細胞を排除するかの決定を行うことである．また，細胞増殖やさまざまな組織の細胞分化にも関与している．しかし，臨床応用面では，その免疫応答と炎症における機能が最も重要かもしれない．SB203580などのp38特異的阻害剤を用いた研究から，p38の活性化が炎症の成立に関与することがわかっている．たとえば，SB試薬はエンドトキシン投与後の炎症性サイトカイン（TNF-α，IL-1，IL-8など）の産生を強く抑制する．したがって，ストレスMAPK経路の活性を制御することによって，関節リウマチやエンドトキシンショックに対する治療が可能になりうるであろう．ストレスMAPK経路については，優れた総説が数多くあるので，さらに詳しく知りたい場合には参照のこと[1)～4)]．

イラストマップ　ストレス応答MAPキナーゼシグナル伝達経路

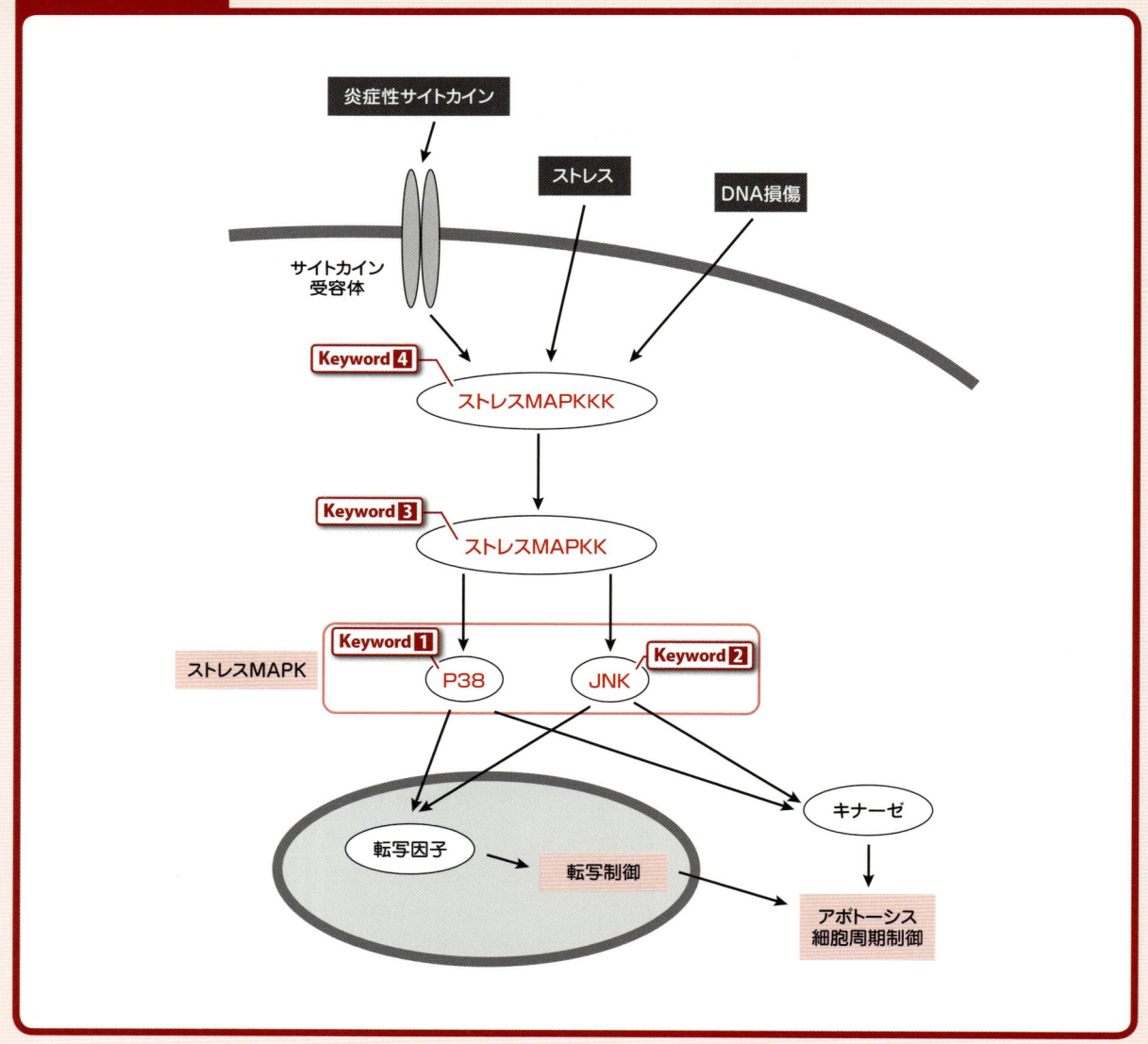

キーワード解説

Keyword 1 p38ファミリー

▶英文表記：p38 family

1）イントロダクション

1994年に3つのグループが新規のキナーゼを発見した．それらは，①エンドトキシン・リポ多糖（LPS）によって活性化されるキナーゼ，②活性化した単球によるIL-1産生を阻害する抗炎症剤（SB203580など）に結合するキナーゼ，③MAPKAPキナーゼを再活性化するキナーゼ，であった．構造の比較から，これらが同一のキナーゼで，しかもいずれも古典的MAPKと高い相同性をもつことがわかり，その分子量からp38ストレスMAPKと名付けられた（表1）．

p38ファミリーのストレスMAPKにはα〜δの4種の遺伝子が存在する．それらはいずれも，各種ストレス〔高浸透圧，過酸化物，熱ショック，リポ多糖（LPS），炎症性サイトカイン（IL-1，TNF-α），TGF-βなど〕の刺激によって活性が誘導される．p38ファミリーのストレスMAPKは直接的には，上流のMAPKKであるMKK3あるいはMKK6によるリン酸化によって活性化される．

2）分子構造

p38αとβのアミノ酸配列は75％，γとδは67％と相互にきわめてよく似ているが，α/βとγ/δの間のホモロジーは少し低くて約63％．ヒトゲノムではαとδが5番染色体上に，βとγは22番染色体上に，隣り合って並んでいることから，1個の遺伝子が2回にわたり重複して，現在の4種になったと考えられる．

p38ファミリーのキナーゼは，古典的MAPキナーゼ（ERK1/2）と約45％のホモロジーをもつキナーゼ領域（〜285aa）と，短いN末端（23〜26aa）およびC末端（52〜57aa）の配列より成る．キナーゼ領域内の活性化ループにはp38ファミリーに特徴的なThr-Gly-Tyr（TGY）モチーフがあり，そのスレオニンとチロシンがMKK3またはMKK6によってリン酸化されることによりキナーゼ活性が顕在化する．これらのアミノ酸をリン酸化することのできないアラニンで置換した変異タンパク質には活性がない．また，C末端配列中には，基質や上流活性化因子との結合部位と考えられるCD（common docking）ドメインがある．

3）発現様式

p38αとβは広範囲な組織で発現がみられる．p38γは骨格筋で発現し，筋細胞の分化過程で発現が上昇する．p38δは肺，腎臓，内分泌器官，小腸などで発現する．非活性化状態の細胞では，p38は主に細胞質に観察されるが，核にも存在する．p38経路が活性化されると，リン酸化したp38は核に蓄積する．

4）ノックアウトマウスの表現型

p38αノックアウトマウスは，胎盤および胚の血管新生不全，あるいはエリスロポエチンmRNAの分解亢進による赤血球産生障害により，胚性致死（E10.5〜11.5）である．

5）機能

p38の機能はアイソフォームによって異なり，また組織・細胞の種類によっても異なる．ある場合には細胞の生存や活性化に必要であり，他の場合には逆に細胞のアポトーシスに関与する．たとえば，好中球ではp38αがLPSによるTNF-αの発現や細胞接着の誘導などに必須である．また，活性化したp38βは心筋の肥大を誘導す

表1 哺乳類のストレスMAPKファミリー

MAPK	別名	ヒト遺伝子	マウス遺伝子	基質
p38α	SAPK2A, p38, CSBP1, CSBP2, EXIP, Mxi2, RK	MAPK14	Mapk14	ATF-2, Elk-1, Sap1a
p38β	SAPK2B, SAPK2, p38-2	MAPK11	Mapk11	p53, MAX, Gadd153
p38γ	SAPK3, ERK6	MAPK12	Mapk12	MEF2C, PRAK, MNK1/2
p38δ	SAPK4	MAPK13	Mapk13	MSK1, MAPKAP-K2/3
JNK1	SAPK1, SAPKγ, JNK	MAPK8	Mapk8	c-Jun, JunD
JNK2	SAPKα	MAPK9	Mapk9	ATF-2, Elk-1
JNK3	SAPKβ, p49[3F12]	MAPK10	Mapk10	p53, NFAT4

るが，p38αはアポトーシスを誘導する．これは，p38α～δのアイソフォーム間で基質（転写因子など）特異性が若干異なるとともに，組織によって発現しているアイソフォームの組合わせも違うことによるが，他の経路のシグナルとの相互作用も重要であると考えられる．

【抗体の入手先】
p38抗体はCell Signaling Technology社，メルクミリポア社，アブカム社，サンタクルズ社などから市販されている．またリン酸化された（活性化した）p38に特異的な抗体もCell Signaling Technology社，プロメガ社などから市販されている．

【データベース（EMBL/GenBank）】
ヒト：NM_001315（p38α），NM_002751（p38β），NM_002969（p38γ），NM_002754（p38δ）
マウス：NM_011951（p38α），NM_011161（p38β），NM_013871（p38γ），NM_011950（p38δ）

2 JNKファミリー

▶英文表記：c-Jun N-terminal kinase family

1）イントロダクション

JNKは，紫外線照射後に転写因子c-JunのN末端にある63番目と73番目のセリン残基をリン酸化するキナーゼ（c-Jun N-terminal kinase）として発見され，またほぼ同時にタンパク質阻害剤により活性化するキナーゼとしても同定された．JNKはそのほかにもさまざまなストレス刺激，たとえば高浸透圧，過酸化物，熱ショック，リポ多糖（LPS），炎症性サイトカイン（IL-1，TNF-α），TGF-β，などによって活性化される．直接的には，JNKはMKK4あるいはMKK7によるリン酸化によって活性化される．

2）分子構造

JNKファミリーのストレスMAPKにはJNK1～3の3種の遺伝子が存在し（表1），46 kDaおよび55 kDaのスプライシングアイソフォームが知られている．JNKファミリーのキナーゼは，古典的MAPキナーゼ（ERK1/2）と約40％のホモロジーをもつキナーゼ領域（～295aa）と，短いN末端（～25aaあるいは～63aa）およびC末端（61～63aa）の配列より成る．JNK1～3のキナーゼドメイン相互のホモロジーは87％に達する．キナーゼ領域内の活性化ループにはJNKファミリーに特徴的なThr-Pro-Tyr（TPY）モチーフがあり，そのスレオニンとチロシンがMKK4またはMKK7によってリン酸化されることによりキナーゼ活性が顕在化する．これらのアミノ酸をアラニンで置換した変異タンパク質に活性がないのはp38と同様である．また，C末端配列中に基質や上流活性化因子との結合部位と考えられるCDドメインがあるのもp38と同じである．

3）発現様式

JNK1/2はほとんどすべての組織で発現するが，JNK3は脳，心臓，睾丸などに限局している．非活性化状態の細胞では，JNKは主に細胞質に観察されるが，核にも存在する．JNK経路が活性化されると，リン酸化したJNKは核に蓄積する．

4）ノックアウトマウスの表現型

JNK1$^{-/-}$，JNK2$^{-/-}$，JNK3$^{-/-}$のシングルノックアウト，あるいはJNK1/JNK3，JNK2/JNK3のダブルノックアウトマウスは，一見正常に発育する．しかしながら，JNK1欠損マウスの神経細胞における微小管の形成と維持に異常が観察される．また，JNK3欠損マウスでは，海馬の神経細胞が興奮性刺激によるアポトーシスに耐性を示す．

JNK1/JNK2のダブルノックアウトマウスは，脳のアポトーシスに顕著な異常が観察され，神経管の閉鎖が起こらず胚性致死（E11.5）になる．しかし，脳内ではアポトーシスが抑制されている部位と亢進している部位とが観察される．

免疫系においては，JNK1欠損マウスではTh1ヘルパー細胞の分化が抑制され，JNK2欠損マウスではTh2ヘルパー細胞の分化が抑制される．T細胞の機能についても相互に一見矛盾する報告がされており，1つのグループは，JNK1$^{-/-}$とJNK2$^{-/-}$のいずれにおいても抗CD3によって誘導されるT細胞のアポトーシスが抑制されると報告しているが，別のグループはJNK1$^{-/-}$ではむしろT細胞のアポトーシスが亢進するとしている．実験手法の詳細やマウスの遺伝的バックグラウンドの違いなどがこのような差異の原因かもしれない．

5）機能

活性化したJNKファミリーのキナーゼは，核において転写因子c-Jun，ATF-2，Elk-1やがん抑制遺伝子産物p53などをリン酸化することにより活性化する．一方，NFAT4は核においてJNKによりリン酸化されると，細胞質へと移行し，その結果転写活性が抑制される．ノックアウトマウスによる解析から，JNKは組織や細胞の状

態により，生存を促進する場合とアポトーシスを促進する場合とがあることが示されている．

【抗体の入手先】
JNK抗体はCell Signaling Technology社，メルクミリポア社，アブカム社，サンタクルズ社などから市販されている．また，リン酸化された（活性化した）JNKに特異的な抗体もCell Signaling Technology社，プロメガ社などから市販されている．

【データベース（EMBL/GenBank）】
ヒト：NM_002750（JNK1），NM_139068（JNK2），NM_002753（JNK3）
マウス：NM_016700（JNK1），NM_016961（JNK2），NM_009158（JNK3）

3 ストレスMAPKKファミリー

▶英文表記：stress MAP kinase kinase family

1）イントロダクション

ストレスMAPK経路にはMKK3，4，6，7の4個のストレスMAPKK遺伝子が知られている（表2）．MKK3/MKK6はp38ファミリーのストレスMAPKを，その活性化ループ内のTGYモチーフのスレオニンとチロシンをリン酸化することにより活性化する．これらのキナーゼは，単独でp38を活性化できることから，重複した機能をもつと考えられる．一方，MKK4とMKK7はJNKファミリーのストレスMAPKを，その活性化ループ内のTPYモチーフをリン酸化することにより活性化する．MKK4はp38をも活性化することができる．

これらのストレスMAPKK自身も同様にその活性化ループ内のセリンおよびスレオニンが上流のストレスMAPKKK（MEKKなど）によってリン酸化されることにより活性化される．

2）分子構造・立体構造

ストレスMAPKKファミリーのキナーゼは，古典的MAPK（MEK1/2）と約40％のホモロジーをもつキナーゼ領域（261～266aa），比較的短いN末端（MKK3/6は～50aa，MKK4/7は100～120aa），および短いC末端（20～39aa）の配列より成る．MEK1/2のキナーゼドメインにあるプロリンリッチな配列がMKK3/4/6/7には存在しないのでMKK3/4/6/7のキナーゼドメインはMEK1/2と比較して30アミノ酸ほど短い．MKK3/4/6/7のN末端配列中には，塩基性アミノ酸の豊富なデルタ（D）ドメインがあり，これを介してストレスMAPK（p38，JNK）のCDドメインに結合すると考えられている[5]．同様に，MKK3/4/6/7のC末端には配列の保存されたDVDドメインがあり，これを介してストレスMAPKKKに特異的に結合する[6]．

活性化ループ内のリン酸化されるセリン・スレオニンをアラニンで置換した変異タンパク質には活性がなく，逆に負の電荷をもつアスパラギン酸あるいはグルタミン酸で置換した変異タンパク質には構成的な活性がある．

3）発現様式

MKK4，MKK7ともに広範囲な組織での発現がみられる．MKK3，MKK6もさまざまな組織で発現しているが，特に骨格筋，心筋，肝臓，膵臓などで高い発現がみられる．

4）ノックアウトマウスの表現型

MKK4ノックアウトマウスは貧血による胚性致死（E12.5）である．卵黄嚢の造血機能は正常であるが，胚の造血器官である肝組織の細胞数が正常マウスに比して大きく減少しているのが貧血の原因と考えられる[7]．MKK7ノックアウトマウスも胚性致死であるが，詳細は報告されていない．

MKK3$^{-/-}$，MKK6$^{-/-}$のシングルノックアウトマウスは，一見正常に発育する[8]．MKK3/MKK6ダブルノック

表2 哺乳類のストレスMAPKKファミリー

MAPKK	別名	ヒト遺伝子	マウス遺伝子	基質
MKK3	MEK3, MAPKK3	MAP2K3	Map2k3	p38
MKK6	MEK6, MAPKK6, SAPKK3	MAP2K6	Map2k6	p38
MKK4	MEK4, SEK1, JNKK1, MAPKK4	MAP2K4	Map2k4	JNK, p38
MKK7	MEK7, SEK2, JNKK2, MAPKK7	MAP2K7	Map2k7	JNK

アウトマウスは，胎盤および胚の血管新生不全による胚性致死（E11.0〜11.5）を示し，p38欠損マウスとよく類似している．したがって，MKK3とMKK6はその酵素活性からも予想されるように生存に必須な機能を重複して果たしている．

5）機能

MKK4はJNKとp38の両者をリン酸化することにより活性化できるが，MKK7はJNKのみを活性化する．JNKの活性化に関しては，MKK4はチロシンを優先的にリン酸化し，MKK7はスレオニンを優先的にリン酸化するので，MKK4とMKK7は細胞内で相補的な機能をもつと考えられる．MKK4欠損の影響は細胞の種類によって異なり，MKK4を欠損したES細胞ではタンパク質合成阻害剤アニソマイシンや紫外線などによるJNKの活性化は強く阻害されるが，p38の活性化には影響がほとんどない．MKK4を欠損した胚性線維芽細胞ではアニソマイシンやIL-1，TNF-αなどによるJNKとp38の活性化がともに強く阻害されるという報告と，そうではないという報告などがあり，用いた細胞の遺伝的バックグラウンドの影響などが考えられる．MKK4の基質としては，ストレスMAPKのほかにレチノイドX受容体（RXR）がある．RXRをリン酸化することにより，レチノイン酸受容体（RAR）/RXR複合体の転写促進活性を抑制すると考えられている．

【抗体の入手先】

MKK3，4，6，7の抗体はCell Signaling Technology社，メルクミリポア社，アブカム社，サンタクルズ社などから市販されている．また，リン酸化された（活性化した）MKK3/6，MKK4/7に特異的な抗体もCell Signaling Technology社などから市販されている．

【データベース（EMBL/GenBank）】

ヒト：NM_145109（MKK3），NM_003010（MKK4），NM_002758（MKK6），NM_145185（MKK7）

マウス：NM_008928（MKK3），NM_009157（MKK4），NM_011943（MKK6），NM_011944（MKK7）

Keyword 4 ストレスMAPKKKファミリー

▶英文表記：stress MAP kinase kinase kinase family

1）イントロダクション

ストレスMAPKKKはストレスMAPKKをリン酸化し活性化する能力をもつようなキナーゼの総称である．最初にみつかったストレスMAPKKKは，古典的MAPKKであるMEK1の活性化因子であるとされたため，MEKキナーゼ1，すなわちMEKK1と名づけられた．しかし，その後の研究から，MEKK1の主要な基質はMKK4/7などだと考えられ，MEKK1のMEK1活性化における生理的意義は不明である．したがって，ストレスMAPKKKを総称してMEKKファミリーと呼ぶこともある．ストレスMAPKKKは，さまざまなストレス刺激やサイトカイン刺激をストレスMAPKに伝える経路の重要な要であるが，その数が多く，また構造的にも多岐に渡っていることなどから，個々のキナーゼの機能や活性化機構についてはいまだ詳細のわかっていないものが多い（**表3**）．

さらに，MAPKKKの上流にあると考えられるキナーゼとして，酵母のSTE20や哺乳類のPAK（p21-activated kinase）と類縁関係のある一群のキナーゼがMAPKKKK（あるいはMAP4K）として知られている（**表4**）．MAP4Kを強制発現するとJNKやp38が活性化されることや酵母のホモログの解析などから，MAP4KはMAPKKK（MAP3K）の上流にあると考えられているが，詳細は不明である．

2）分子構造・立体構造

このファミリーのメンバーはすべてキナーゼとしての最低限のホモロジーを共有しているのは当然であるが，その類縁度によっていくつかのグループに分けることができる．まずMEKK1と比較的よく似ているものとしては，MEKK2，MEKK3，MTK1（MEKK4），ASK1（MEKK5），ASK2（MEKK6）があり，これらは酵母のMAPKKKであるSTE11やSSK2とも高い相同性をもつ．TAO1，TAO2は酵母STE11のさらに上流の活性化因子であるSTE20や哺乳類PAKとの相同性をもっている．MLK2，MLK3，DLK，LZK，TAK1などは構造的にはセリンキナーゼとチロシンキナーゼの特徴をあわせもつので，mixed lineage kinaseと呼ばれるが，活性としてはセリンキナーゼである．TPL2は独自の構造をもっている．

表3 哺乳類のストレスMAPKKKファミリー

MAPKKK	別名	ヒト遺伝子	マウス遺伝子	活性化因子[注]
MEKK1		MAP3K1	Map3k1	NIK, Rac, Cdc42, カスパーゼ
MEKK2		MAP3K2	Map3k2	
MEKK3	MAPKKK3	MAP3K3	Map3k3	Rac, OSM
MTK1	MEKK4, MAPKKK4	MAP3K4	Map3k4	Gadd45$\alpha/\beta/\gamma$
ASK1	MEKK5, MAPKKK5	MAP3K5	Map3k5	TRAF2/5/6, Daxx
ASK2	MEKK6, MAPKKK6	MAP3K6	Map3k6	
TAK1	MEKK7	MAP3K7	Map3k7	TAB1/2/3
TPL2	Cot, c-Cot, MEKK8	MAP3K8	Map3k8	
MLK1	MEKK9	MAP3K9	Map3k9	
MLK2	MST, MEKK10	MAP3K10	Map3k10	Rac, Cdc42, JNK
MLK3	SPRK, MEKK11	MAP3K11	Map3k11	Rac, Cdc42
DLK	MUK, ZPK, MEKK12	MAP3K12	Map3k12	カルシニューリン
LZK	MEKK13	MAP3K13	Map3k13	JIP-1
TAO1		TAOK1	Taok1	
TAO2		TAOK2	Taok2	

注：活性化因子に関する情報は不完全であり，また暫定的なものも含まれている

表4 哺乳類のストレスMAPKKKKファミリー

MAPKKKK	フルネーム	別名	ヒト遺伝子	マウス遺伝子
PAK1	p21-activated kinase 1	PAKα	PAK1	Pak1
HPK1	hematopoietic progenitor kinase 1		MAP4K1	Map4k1
GCK	germinal center kinase	BL44, RAB8IP	MAP4K2	Map4k2
GLK	GCK-like kinase		MAP4K3	Map4k3
NIK	NCK-interacting kinase	HGK	MAP4K4	Map4k4
GCKR	GCK-related	KHS1	MAP4K5	Map4k5
MINK	Misshapen/NIKs-related kinase	YSK1	MAP4K6	Map4k6
TNIK	TRAF2 and NCK interacting kinase		TNIK	Tnik
NRK	NIK-related kinase		NRK	Nrk
STK4	serine/threonine kinase 4	MST1, KRS2	STK4	Stk4
OSR1	oxidative-stress responsive 1		OSR1	Osr1
SPAK	STE20-related proline-alanine rich kinase	DCHT, PASK	STK39	Stk39

　このファミリーのキナーゼは構造的に多様だが，一般的にいってキナーゼドメインのほかに長大なN末端あるいはC末端の制御ドメインをもっており，活性化因子の結合部位，キナーゼドメインを自己阻害するドメイン，二量体化に関与するドメイン，足場タンパク質との結合ドメイン，などが同定されている．

3）発現様式

　一般的にストレスMAPKKKは広範囲の組織で発現しているが，正確な情報のないものも多い．個々の遺伝子については，原著論文を参照していただきたい[9]〜[11]．

4）ノックアウトマウスの表現型

　MEKK3$^{-/-}$のシングルノックアウトマウスは胚性致死（E11）で，胚の血管形成に異常がみられる．一方MEKK1$^{-/-}$，MEKK2$^{-/-}$，ASK1$^{-/-}$などのシングルノックアウトマウスはすべて生育可能で生殖能力もあり，比較的正常である．しかし，詳細に観察するとさまざまな表現型がみられる．たとえばMEKK1$^{-/-}$マウスは眼瞼が開いたまま生まれてくる．MEKK2$^{-/-}$マウスでは，抗CD3抗体によりT細胞の生産するサイトカイン（IL-2，IFN-γなど）の量が増加している．またASK1$^{-/-}$の胚性線維芽細胞ではTNF-αや過酸化水素によるJNK，p38の持続的活性化がみられず，またTNF-α，過酸化水素によるアポトーシスに耐性であった．

5）機能

　ストレスMAPKKKファミリーのメンバーがMKK3/4/6/7などのストレスMAPKKを直接リン酸化し活性化す

ることは明らかであり，全体としてストレス刺激やサイトカイン刺激を伝達すると考えられるが，それぞれのMAPKKKがどのような上流シグナルによって活性化されるかについては不明な点が多い．また相互に部分的に重複する機能をもつものが多いと考えられるので，残された課題の多いシグナル因子群である．

【抗体・cDNA の入手先】
いくつかのMAPKKKについては抗体がCell Signaling Technology社，メルクミリポア社，アブカム社，サンタクルズ社，その他から市販されている．

【データベース（EMBL/GenBank）】
ヒト：NM_005921（MEKK1），NM_006609（MEKK2），NM_002401（MEKK3），NM_005922（MTK1/MEKK4），NM_005923（ASK1），NM_004672（ASK2），NM_003188（TAK1），NM_005204（TPL2），NM_033141（MLK1），NM_002446（MLK2），NM_002419（MLK3），NM_006301（DLK），NM_004721（LZK3），NM_020791（TAO1），NM_016151（TAO2）

参考文献
1) Chang, L. & Karin, M.：Nature, 410：37-40, 2001
2) Raman, M. et al.：Oncogene, 26：3100-3112, 2007
3) Rincón, M. & Davis, R. J.：Immunol. Rev., 228：212-224, 2009
4) Asaoka, Y. & Nishina, H.：J. Biochem., 148：393-401, 2010
5) Tanoue, T. et al.：Nat. Cell Biol., 2：110-116, 2000
6) Takekawa, M. et al.：Mol. Cell, 18：295-306, 2005
7) Brancho, D. et al.：Genes Dev., 17：1969-1978, 2003
8) Tournier, C. et al.：Genes Dev., 15：1419-1426, 2001
9) Lange-Carter, C. A. et al.：Science, 260：315-319, 1993
10) Takekawa, M. et al.：EMBO J., 16：4973-4982, 1997
11) Ichijo, H. et al.：Science, 275：90-94, 1997

参考図書
◆ 「MAPキナーゼ：シグナル伝達の鍵分子」（西田栄介/企画），実験医学，17（2），羊土社，1999
◆ 「MAPキナーゼ研究」（西田栄介/編），蛋白質核酸酵素，47（11），共立出版，2002
◆ 『シグナル伝達研究最前線2012』（井上純一郎，他/編），実験医学増刊，30（5），羊土社，2012

第2部　キーワード解説　生命現象からみたシグナル伝達因子

12 アポトーシス
apoptosis

染田真孝, 米原　伸

Keyword ❶デスリガンド/デスレセプター　❷Bcl-2ファミリー　❸カスパーゼ

概論　Overview

1. アポトーシス

「アポトーシス」(apoptosis) とは, 遺伝子により巧妙に制御された積極的な細胞死で, プログラム細胞死とほぼ同一と考えられており, 生体内で最も重要な役割を担っている細胞死とされている. 不要な細胞, 害をなす細胞, 損傷を受けた細胞やウイルスに感染した細胞などを除去するため, 多細胞生物はアポトーシスと呼ばれる細胞の自殺メカニズムを進化させてきた[1]. 繰り返される細胞分裂や分化によって, われわれの身体を作るための何十億もの細胞が受精卵から生み出されるが, この過程で産生される余分な細胞や有害な細胞は除去されなければならない. また, 成体においても, 恒常性維持のため, 異常な細胞や老化あるいは機能の低下した細胞は取り除かれ, 新しい細胞に置換されるべきである. このような細胞死のメカニズムは遺伝的プログラムに支配されており, 個体発生における形態形成や免疫系の構築のために必要不可欠である. したがって, 神経変性疾患や自己免疫疾患からがんにいたるさまざまな病状において, その異常が示唆されている[1〜3].

アポトーシスのシグナル伝達やその制御機構の研究が世界中で精力的に進められ, その全容が解明されつつある. アポトーシスの研究は学術的価値が高いだけでなく, さまざまな疾患の発病原因の解明や治療法の開発の面からも多くの期待がかけられている.

2. アポトーシス誘導シグナル

アポトーシスは, 何百もの細胞内基質を切断する**カスパーゼ** (caspase) (→Keyword❸) というプロテアーゼの活性化によって実行され, それは, 細胞内のゲノムDNAの分解を含むアポトーシスに特異的な種々の現象に収束する. 哺乳類では, アポトーシス実行経路には大きく分けて2つの経路 (細胞表面のデスレセプターを介する外因性経路とミトコンドリアを介する内因性経路) が存在する (イラストマップ). **デスレセプター** (→Keyword❶) に対する刺激により引き起こされるアポトーシスは, **デスリガンド** (→Keyword❶) がデスレセプターに結合することによりデスレセプターの細胞内ドメインとアダプター分子FADD, さらにFADDと結合するカスパーゼ-8が会合し, 複合体内でカスパーゼ-8が自己切断によって活性化される. さらに, カスパーゼ-8が, アポトーシス実行因子のカスパーゼ-3を切断することによって活性化させ, 活性化型カスパーゼ-3が細胞内のさまざまな基質を切断することによってアポトーシスが実行される. また, カスパーゼ-8はBidを切断して活性化することにより, ミトコンドリアを介する経路 (次に説明する) を活性化し, アポトーシスを実行することもある.

ミトコンドリアを介する内因性経路は, 外因性経路と比べて進化的により古い起源をもち, サイトカインの不足や, DNA損傷に代表されるさまざまなタイプの細胞内損傷などの多種多様なストレスによって実行される (第1部-15参照). このミトコンドリアを介するアポトーシスのシグナル伝達系は**Bcl-2ファミリー** (→Keyword❷) によって巧妙に制御されている. Bcl-2ファミリーは, アポトーシス実行を促進するものと抑制するものという相反する性質を有するグループに分類される.

223

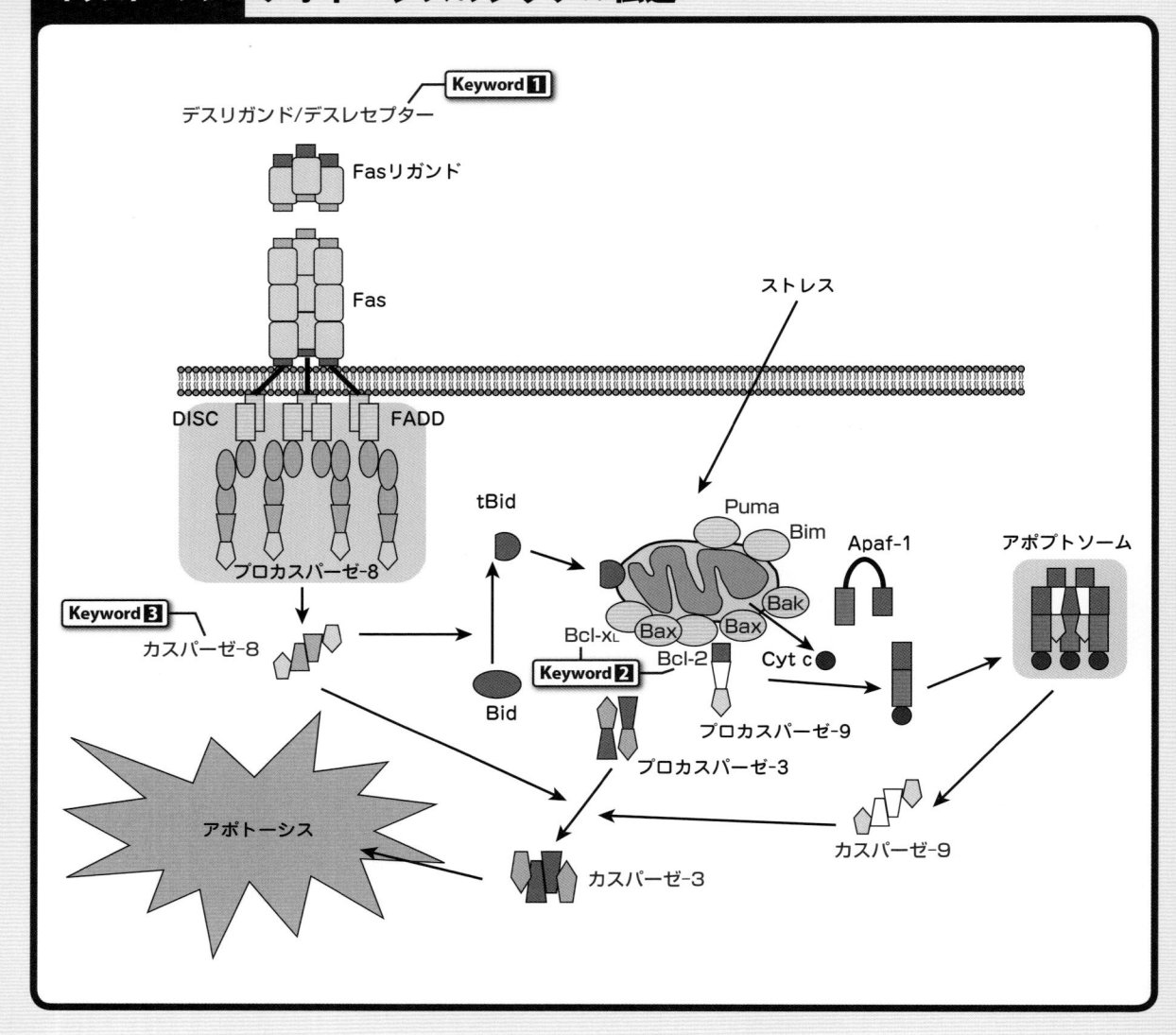

イラストマップ　アポトーシスのシグナル伝達

これらBcl-2ファミリー分子の活性のバランスによってアポトーシスの実行か細胞の生存かが決定する．Bcl-2ファミリー分子によりミトコンドリアで，アポトーシス実行が決定されると，ミトコンドリアからシトクロムc（Cyt c）が放出される．放出されたシトクロムcがApaf-1とカスパーゼ-9とともにアポプトソームと呼ばれる複合体を形成し，この複合体内でプロカスパーゼ-9が自己切断によって活性化する．活性化されたカスパーゼ-9は実行因子のプロカスパーゼ-3や7を切断し，活性化させる．活性化型カスパーゼ-3は細胞内のさまざまな基質を切断し，アポトーシスが実行される．たとえば，DNaseであるCADが活性化し，細胞内のゲノムDNAが分解される．また，アポトーシスが誘導された細胞は細胞膜表面のホスファチジルセリンが露出するためにマクロファージや周囲の細胞にきわめて速やかに貪食され，体内から除去される．

3. 臨床応用と今後の展望

アポトーシスの異常により引き起こされる疾患は大きく2種類に分類される．アポトーシスで除去されるべき有害な細胞が除去されず体内に蓄積されるために発症する疾患と，アポトーシスの亢進により，正常な細胞が必

要以上にアポトーシスが誘導されることによって死滅するために発症する疾患である．前者には，がんや全身性エリテマトーデス，関節リウマチ，糸球体腎炎などの自己免疫疾患がある．がんは遺伝子に障害を受けた異常な細胞が，アポトーシスによって除去されないために発症すると考えられる．また，自己免疫疾患は，自己反応性免疫細胞がアポトーシスにより除去されないことが原因となる．アポトーシスの亢進による後者の疾患としては，アルツハイマー病やパーキンソン病に代表される神経変性疾患がある．これらの疾患は，脳内の神経細胞においてアミロイドタンパク質の蓄積や小胞体ストレスによって，アポトーシスが引き起こされることにより，脳の機能が低下することによって発症する．

今後，アポトーシスのシグナル伝達や制御メカニズムが詳細に解明されることにより，これらのアポトーシスに関連する多くの疾患の発症原因の解明や治療法の確立が期待される．

キーワード解説

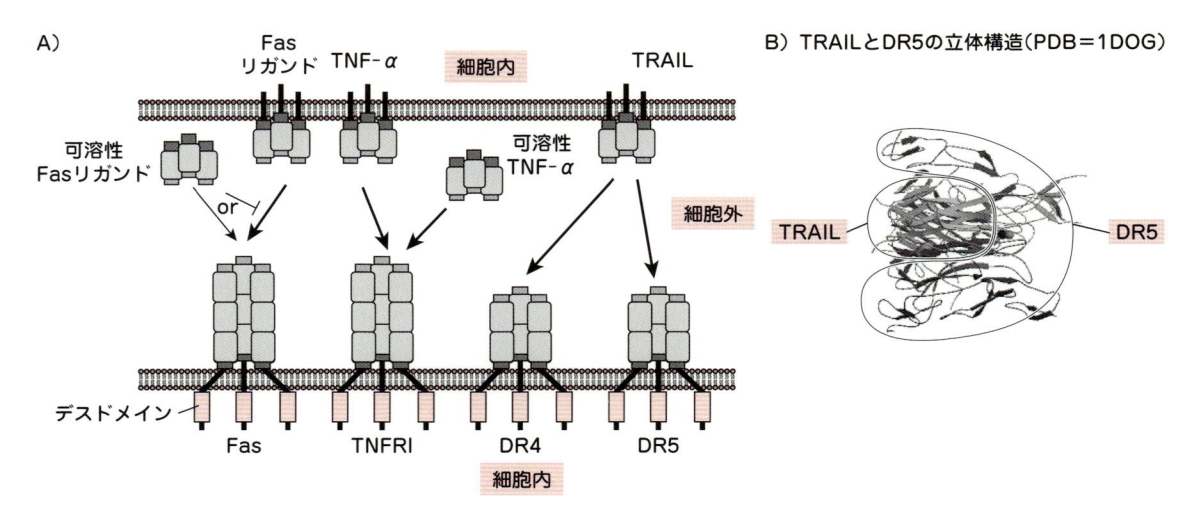

Keyword 1 デスリガンド/デスレセプター

1）イントロダクション

　デスレセプターは，TNF（tumor necrosis factor，腫瘍壊死因子）ファミリーに属するレセプターファミリーで，細胞内領域にデスドメイン（death domain：DD）をもち，生理的なリガンド（TNFファミリーに属する）の作用によってアポトーシス誘導シグナルを細胞内に伝達する細胞表層レセプターであり，6種類が知られている．そのなかで主要な分子としては，Fas，TNFレセプターⅠ（TNFRⅠ），TRAILレセプター（TNF-related apoptosis-inducing ligand receptor，DR4/TRAIL-R1とDR5/TRAIL-R2）がある．これらに対応するリガンドはデスリガンドと呼ばれ，それぞれ，Fasリガンド，TNF-α，TRAILがある．また，デスレセプターは細胞内領域にデスドメイン（DD）をもち，リガンドの刺激を受けると，細胞内領域のDDでアダプタータンパク質（FADDやTRADDが知られている）と結合し，カスパーゼ-8を介して下流にアポトーシスのシグナルを伝達する．

　デスレセプターFasに対するアゴニスティックなモノクローナル抗体の単離とFasのcDNAクローニングがなされたことにより，アポトーシスのシグナル伝達の解明は飛躍的に進んだ．細胞表面上のFasを抗Fas抗体で刺激することにより短時間で典型的なアポトーシスを誘導することが可能となり，世界中の研究者が自らの手で生理的なアポトーシスを誘導することができるようになった．そして，このことより，アポトーシス誘導シグナルの全容解明が可能となった[4]〜[7]．

2）分子構造・立体構造

　強いアポトーシス誘導能を示す主要なデスリガンドはFasリガンド，TNF-α，TRAILの3種類であり，これらTNFファミリーに属するサイトカインはC末端が細胞外にN末端が細胞内にあり，細胞膜を1回貫通するⅡ型膜タンパク質である（図1）．また，これらのデスリガンドはホモ三量体を形成し，同じく三量体を形成するデスレセプターと結合することによって，アポトーシス刺激を細胞内に導入する．

　一方，デスレセプターは，N末端側にシステイン残基に富むドメインを繰り返す構造をもち，この部分でデスリガンドと結合する．また，これらのデスレセプターは，N末端が細胞外にあり，細胞膜を1回貫通するⅠ型膜貫通タンパク質であり，細胞内領域に特徴的なモチーフであるデスドメインをもつ．このデスドメインにアダプター分子が結合し，下流のカスパーゼ-8にシグナルを伝達する．

3）発現様式

　Fasリガンド（FasL），TNF-α，TRAILは，細胞膜タ

図1　デスリガンド/デスレセプター

ンパク質として発現する．Fasリガンドは特異的なメタロプロテアーゼによって細胞外領域で限定分解を受け，可溶性Fasリガンドとなる．可溶性Fasリガンドのアポトーシス誘導能は低く，膜型Fasリガンドの作用を阻害する機能をもつともいう．また，TNF-αは，TACE (TNF-α converting enzyme) と呼ばれる膜結合型メタロプロテアーゼにより可溶型に変換され，可溶型分子が生理活性を示す．

一方，デスレセプターは，基本的には膜結合型であるが，可溶型レセプターになるものがある．これはリガンドが結合することを競合的に阻害するデコイレセプターとして機能すると考えられている．

4）ノックアウトマウス

自然発生劣勢突然変異のlprとgldという自己免疫疾患モデルマウスが古くから解析されてきた．Fasの発見によって，これらのマウスが，それぞれ，FasとFasリガンドの機能不全マウスであることが判明した．lpr, gldやFasノックアウトマウスは異常T細胞の蓄積によるリンパ腺症を発症し，加齢とともに血清中の抗DNA抗体量の上昇が認められ，自己免疫疾患様の表現型を示す．これらのマウスの解析によりFasを介するアポトーシスは，自己反応性のリンパ球の末梢組織における除去などの免疫系の制御に機能することが明らかとなった．また，Fasノックアウトマウスの解析では，加齢に伴う胸腺の生理的退縮に胸腺上皮細胞上のFasが関与していることなどがわかった．このように多くの生命機能に関与しているFasであるが，Fasノックアウトマウスの個体発生は正常であり，子供を作ることも可能である．また，TNFRⅠやTRAILのノックアウトマウスは，免疫系などで異常が認められるもののFasノックアウトマウスほどの大きな異常はなく，個体発生も正常である．

5）機能・疾患とのかかわり

Fasノックアウトマウスの解析からFasは，自己反応性のリンパ球の末梢組織における除去などの免疫系の制御に機能することが明らかとなった．また，Fasリガンドの機能亢進は劇症肝炎や胸腺の退縮などを誘導する．デスリガンドの1種であるTRAILは，がん細胞特異的にアポトーシスを誘導する可能性が示唆され，抗TRAILレセプター抗体とともに臨床応用の開発が進んでいる．

【抗体・cDNA入手先】

アゴニスティック抗ヒトFasモノクローナル抗体：MBL社CH-11（抗ヒト抗体），ベクトン・ディッキンソン社Jo2（抗マウス抗体）
FasL：MBL社4H9（抗ヒト抗体），FLM4（抗マウス抗体）
Fas：MBL社UB2, ZB4（抗ヒト抗体），RMF2, RMF6（抗マウス抗体）

【データベース（EMBL/GenBank）】

ヒト：M67454（Fas），U11821（FasL），X01394（TNF-α），M75866（TNFRI），U37518（TRAIL），AF012535（DR5）

Keyword 2 Bcl-2ファミリー

1）イントロダクション

DNA損傷や各種のストレスに対応して誘導されるアポトーシスシグナルは，主にミトコンドリアからのシトクロムcの漏出を経由する．アポトーシス誘導時にミトコンドリア外膜の膜透過性を制御するのは，Bcl-2ファミリーである．Bcl-2ファミリーは，ミトコンドリアに局在するものや，アポトーシス誘導時にミトコンドリアに移行するものがある．Bcl-2ファミリーに属する分子はアポトーシスに促進的な機能をもつものとアポトーシスに抑制的な機能をもつものに分けられる．ミトコンドリアにおけるBcl-2ファミリーのアポトーシス促進分子と抑制分子のバランスがミトコンドリア外膜の透過性を制御し，ミトコンドリアからのシトクロムcの漏出を介するアポトーシスの誘導を決定する．ミトコンドリアから細胞質に漏出したシトクロムcは，ATP存在下にApaf-1，プロカスパーゼ-9とともに，アポプトソームを形成し，プロカスパーゼ-9を活性化する．活性化したカスパーゼ-9は，実行カスパーゼのプロカスパーゼ-3/7を切断活性化し，活性化型カスパーゼ-3が細胞内のさまざまな基質（death substrates）を切断することによって，アポトーシスを実行する．

2）分子構造・立体構造

Bcl-2ファミリーは，その機能と構造から，3つのサブファミリーに分類される（図2）．

ⅰ）Bcl2サブファミリー（BH1～4のすべてのBHドメインを有する）

Bcl-2に代表されるサブファミリーである．このサブファミリーには，Bcl-2, Bcl-X_L, Mcl-1, Bcl-wが含まれ，アポトーシス抑制機能をもつ．

ii）Baxサブファミリー
（BH4以外のBH1～3のBHドメインを有する）

BaxとBakが構成するサブファミリーである．このサブファミリーはC末端に疎水性の膜貫通領域があり，これを介してミトコンドリア外膜に結合する．このファミリー分子は，ミトコンドリアからシトクロムcを漏出させるチャネルを形成し，アポトーシスの誘導に必須の機能をもつ．

iii）BH3-onlyタンパク質
（BH3ドメインのみを有する）

Bad, Bim, Bid, Noxa, Pumaに代表されるサブファミリーである．BH3-onlyタンパク質は，BH3ドメインのみを保持し，C末端に疎水領域をもつものともたないものがある．また，BH3-onlyタンパク質に含まれる分子の多くは，Bcl-2サブファミリーと結合して，その機能を負に調節し，アポトーシスを誘導する．がん抑制遺伝子 *p53* はPumaやNoxaの発現を誘導し，アポトーシスを引き起こすことができる．

3）ノックアウトマウス

i）Bcl-2とBcl-x

Bcl-2ノックアウトマウスは，アポトーシスの亢進により，発育不良，多嚢胞腎による腎不全，リンパ系組織の退縮を伴い生後2～5週で死に至る．Bcl-xノックアウトマウスは，胎生期に神経細胞の異常なアポトーシス亢進により，胎生13日で死亡する．またこのマウスはリンパ組織にも異常が観察されている．

ii）BaxとBak

BaxノックアウトマウスとBakノックアウトマウスは，

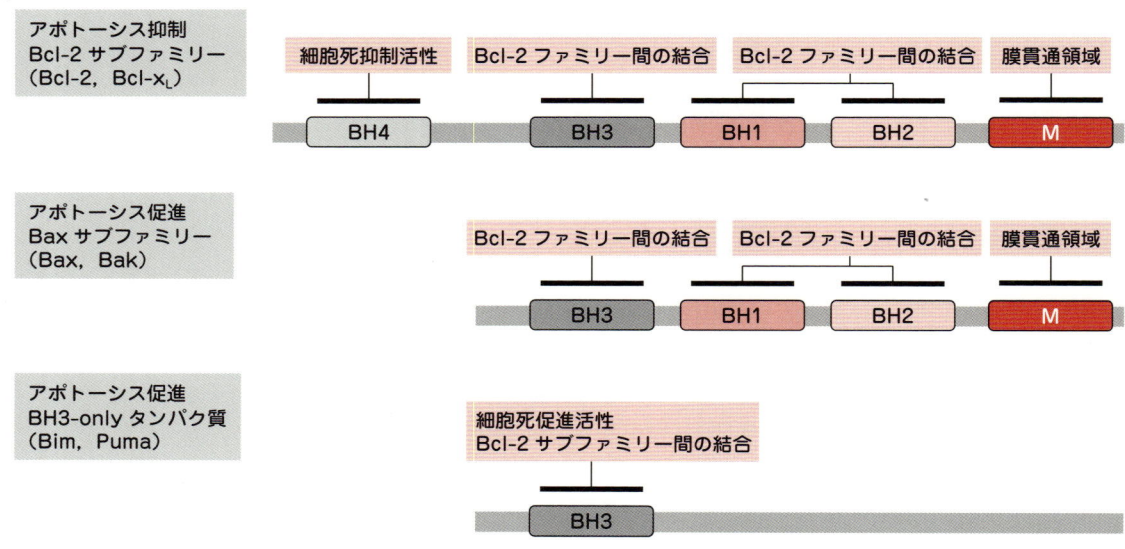

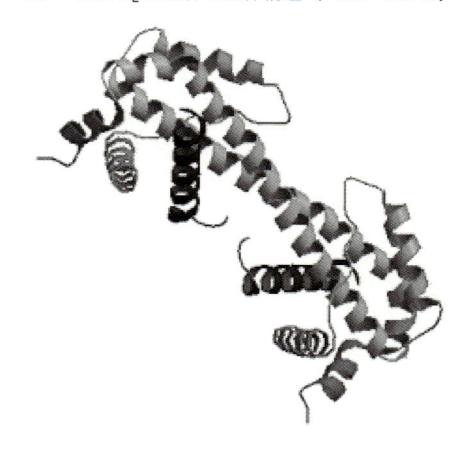

図2 Bclファミリーの構造

表現型の異常がほとんど観察されない．しかし，Bax/Bakダブルノックアウトマウスは，ほとんどが胎生致死の表現型を示す．一方，生まれてきたマウスでは，リンパ節，胸腺，脾臓の異常や，過剰な神経細胞が観察される．また，Bax/Bakダブルノックアウトマウスは内因性経路によるアポトーシスが誘導されない．

iii）Bim

Bimノックアウトマウスは，半数が胎生10日で致死である．一方，生まれてきたマウスにおいては，胸腺での自己反応性T細胞の除去不全，自己免疫性腎炎，過剰な数の血球系細胞（リンパ球を含む）の蓄積などが観察される．BH3-onlyタンパク質のなかでBimノックアウトマウスは表現型の異常が最も顕著である．

iv）NoxaとPuma

NoxaノックアウトマウスやPumaノックアウトマウスでは顕著な表現型の異常は観察されない．

しかし，これらのマウスの全身にX線照射を行うと，Noxaノックアウトマウスでは腸管上皮細胞において，Pumaノックアウトマウスでは胸腺細胞において，放射線によって誘導されるp53依存的なアポトーシスが強く阻害される．

4）機能・疾患とのかかわり

Bcl-2ファミリーの主な機能は，ミトコンドリア膜透過性亢進を制御することによるアポトーシスの制御である．アポトーシス誘導シグナルは，BH3-onlyタンパク質を介してミトコンドリアに到達し，Bcl-2サブファミリーの機能を抑制することによってBaxサブファミリーに伝達される．BH3-onlyタンパク質によるBcl-2サブファミリーの機能抑制によってBaxサブファミリーが活性化して多量体化することによってチャネルを形成し，ミトコンドリア膜透過性が亢進するとともに，このチャネルを介してシトクロムcが放出される．Bcl-2サブファミリーは，BaxやBakを抑制することによってミトコンドリア膜透過性を負に制御している．Bcl-2または，Bcl-X_Lを過剰発現させた細胞では，アポトーシス刺激に対して抵抗性を示す．

【抗体・cDNA入手先】

Bcl-2：ベクトン・ディッキンソン社（抗ヒト抗体）
Bcl-X_L：Cell Signaling Technology社，Transduction Laboratories社（抗ヒト抗体）
Bax：Cell Signaling Technology社（抗ヒト抗体）
Bid：Cell Signaling Technology社（抗ヒト抗体）
Bad：サンタクルズ社C-7（抗ヒト抗体）
Bim：Chemicom社14A8（抗ヒト抗体）

【データベース（EMBL/GenBank）】

ヒト：M13994（Bcl-2），Z23115（Bcl-X_L），L22474（Bax），AF031523（Bad），AF042083（Bid）

Keyword 3 カスパーゼ

1）イントロダクション

アポトーシスの誘導では，カスパーゼ（caspase）カスケードの活性化が中心的なシグナルとなる．カスパーゼはシステインプロテアーゼの1種であり，カスパーゼファミリーを形成している．すべてのカスパーゼは，アスパラギン酸のC末端側を加水分解するエンドプロテアーゼである．カスパーゼはN末端側から，プロドメイン・大サブユニット・小サブユニットがつながった前駆体（プロカスパーゼ）として存在し，切断され，大サブユニットと小サブユニット2つずつから成る四量体の活性化プロテアーゼとなる．このカスパーゼを介するシグナルは，開始カスパーゼ（カスパーゼ-2/8/9/10）から実行カスパーゼ（カスパーゼ-3/6/7）へと増幅される．アポトーシス実行時には，まず，前駆体でも弱いプロテアーゼ活性をもつ開始カスパーゼ（イニシエーターカスパーゼ）が近接化することによる自己切断によって活性化する．活性化した開始カスパーゼが実行カスパーゼを切断し活性化することによりシグナルが増幅され（カスパーゼカスケードという），活性化した実行カスパーゼがさまざまな細胞内基質を切断することによってアポトーシスが実行される．ここでは，アポトーシスに大きく関与するカスパーゼ-2/3/6/7/8/9，について記述する．

2）分子構造・立体構造

カスパーゼの一次構造の特徴として，C末端にプロテアーゼ活性を担うp20大サブユニットとp10小サブユニットが存在する（図3）．カスパーゼは，このp20とp10のサブユニットから成る二量体がさらにホモ二量体を形成し，四量体のプロテアーゼ分子として機能する．カスパーゼは，一次構造のN末端に存在するプロドメインによって以下の3種類に分類できる．この3種類とは，①プロドメインとしてデスエフェクタードメイン（DED）を2つもつ分子（カスパーゼ-8/10），②プロドメインと

してカスパーゼリクルートドメイン（CARD）をもつ分子（カスパーゼ-2/9），③短いプロドメインしかもたない分子（カスパーゼ-3/6/7）である．DEDやCARDというプロドメインをもつ分子は開始カスパーゼであり，短いプロドメインしかもたないカスパーゼは実行カスパーゼである．

3）発現様式

DEDをもつカスパーゼ-8/10は，Fasを代表するデスレセプターを介するアポトーシスに必須の開始カスパーゼである．Fasは，そのアダプタータンパク質であるFADDとDD同士で会合し，FADDがもつDEDとカスパーゼ-8/10のDEDが会合することによりDISCと呼ばれる複合体を形成する．そしてDISC内でプロカスパーゼ-8が自己切断により活性化し，アポトーシスシグナルを下流に伝える．

CARDを含むカスパーゼには，カスパーゼ-2/9がある．カスパーゼ-2は主に細胞内のストレスによって活性化される．また，カスパーゼ-9は，ミトコンドリアを介するアポトーシスの誘導において機能する．

実行カスパーゼであるカスパーゼ-3/6/7は，さまざまな細胞内基質を切断することにより，アポトーシスに特異的な現象（DNAのヌクレオソーム単位での分解，染色体の凝縮，膜表面へのホスファチジルセリンの露出，細胞膜ブレビングなど）を誘導する．

4）ノックアウトマウス

ⅰ）カスパーゼ-8

カスパーゼ-8ノックアウトマウスは，胎生11.5日で心臓からの出血を伴う胎生致死の表現型を示す．また，このとき同時に，神経管の形成異常や羊膜の血管形成の異常が観察される[8]．また，カスパーゼ-8と結合するア

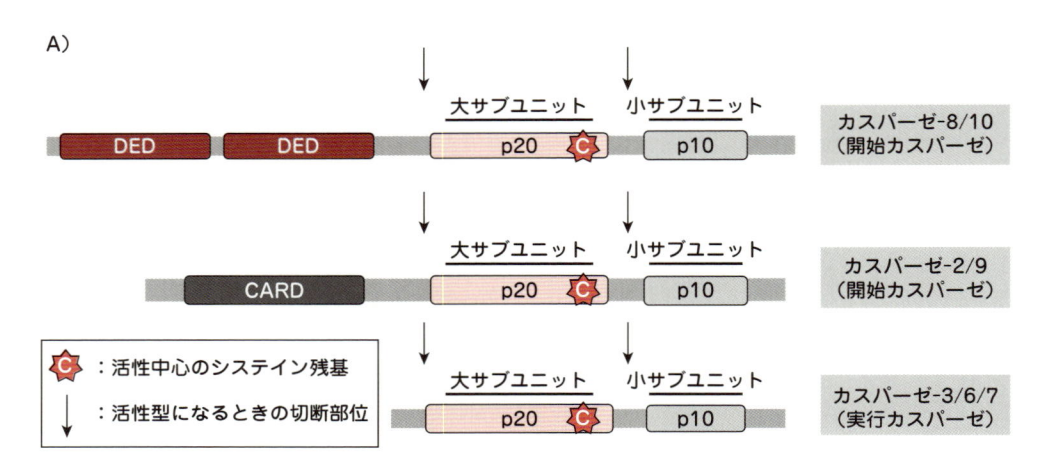

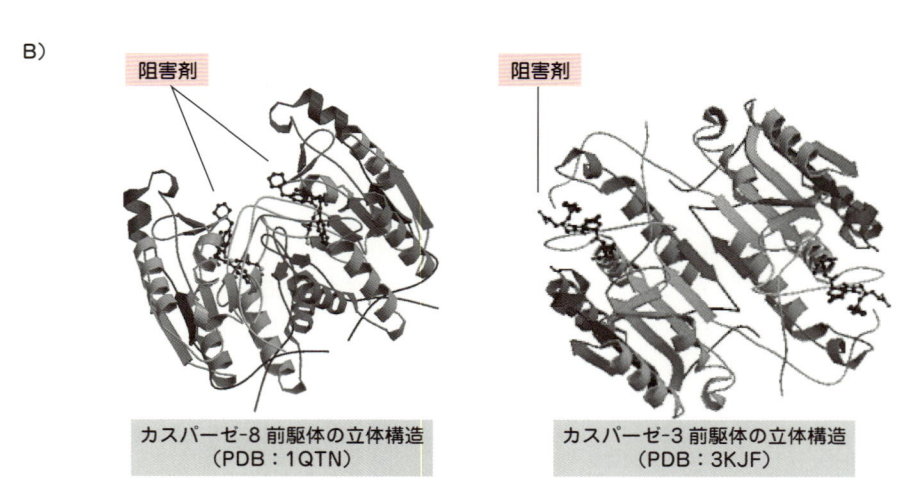

図3 カスパーゼファミリーの構造

ダプター分子であるFADDやカスパーゼ-8の機能を阻害するcFLIPのノックアウトマウスもカスパーゼ-8ノックアウトマウスと類似の表現型を示す．最近の研究により，これらの表現型はアポトーシスとは別の細胞死の1種であるネクローシスに必須の分子であるRIP3または，RIP1のノックアウトマウスとの交配により回復することが示された．これにより，カスパーゼ-8，FADD，cFLIPはネクローシスを抑制する機能があると示唆された．

ⅱ）カスパーゼ-9，カスパーゼ-3

カスパーゼ-9ノックアウトマウスは，中枢神経系の発生に異常が観察され，出生直後に死亡する．また，神経幹細胞のアポトーシスの抑制により終脳部での神経細胞の数が過剰となることが報告されている，カスパーゼ-3ノックアウトマウスも類似の表現型を示すが，カスパーゼ-9ノックアウトマウスの方が重篤である．また，カスパーゼ-9の上流でシトクロムcとアポプトソームを形成するApaf-1のノックアウトマウスもカスパーゼ-9ノックアウトマウスと同様な表現型を示す．

5）機能・疾患とのかかわり

カスパーゼ-8やFADD，cFLIPのノックアウトマウスの表現型は胎生致死であるが，RIP3ノックアウトマウスと交配するとその表現型が回復する．このことから，カスパーゼ-8，FADD，cFLIPの3分子はデスレセプターからのアポトーシスシグナルを制御する機能とは別に，アポトーシスとは別種の細胞死であるネクローシスを共同して阻害する機能も保持していることが示唆されている．

カスパーゼ-9/3のノックアウトマウスの表現型は類似した表現型を示し，共に，中枢神経系における神経細胞数の過剰によって終脳部の異常が観察される．これは，神経細胞または，神経幹細胞のアポトーシスが抑制されたためと考えられている．これにより，神経細胞のアポトーシスはカスパーゼ-9からカスパーゼ-3の経路を介することが示唆される．

カスパーゼ-8に近い構造をもつカスパーゼ-10はマウスには存在しないが，ヒトでは存在する．カスパーゼ-10遺伝子の変異によりヒトでは免疫系の細胞の疾患である急性白血病が発症することが報告されている．これは，カスパーゼ-10のデスレセプターを介したアポトーシスシグナルの抑制が原因となっているのか，カスパーゼ-10のそれ以外の機能が関連しているのかは，不明である．

【抗体・cDNA入手先】

カスパーゼ-8：MBL社 5F7（抗ヒト抗体）
カスパーゼ-9：Cell Signaling Technology社（抗ヒト抗体）
カスパーゼ-3：Cell Signaling Technology社 3G2（抗ヒト抗体）
カスパーゼ-7：MBL社 4G2（抗ヒト抗体）

【データベース（EMBL/GenBank）】

ヒト：AF009620（カスパーゼ-8），HSU56390（カスパーゼ-9），HSU26943（カスパーゼ-3）

参考文献

1) Kerr, J. F. R. et al.：Br. J. Cancer, 26：239-257, 1972
2) Ellis, R. E. et al.：Annu. Rev. Cell Biol., 7：663-698, 1991
3) Raff, M. C.：Nature, 356：397-400, 1992
4) Yonehara, S. et al.：J. Exp. Med., 169：1747-1756, 1989
5) Itoh, N. et al.：Cell, 66：233-243, 1991
6) Yonehara, S.：Cytokine Growth Factor Rev., 13：393-402, 2002
7) Nagata, S.：Cell, 88：355-365, 1997
8) Sakamaki, K. et al.：Cell Death Differ., 9：1196-1206, 2002

参考図書

◆『成熟・展開するアポトーシス研究』（辻本賀英，一条秀憲/編），実験医学増刊，22（11），羊土社，2004
◆『細胞死・アポトーシス集中マスター』（辻本賀英/編），羊土社，2006
◆『細胞死研究 総集編』（三浦正幸/編）実験医学増刊，28（7），羊土社，2010

第2部 キーワード解説　生命現象からみたシグナル伝達因子

13 免疫① 自然免疫とTLRシグナル伝達
innate immunity and Toll-like receptor signaling

山川奈津子，三宅健介

Keyword　**1** TLR4　**2** MyD88　**3** TIRAP　**4** TRIF　**5** TRAM

■ 概　論　　　　　　　　　　　　　　　　　　Overview

1. 自然免疫

多細胞生物は，感染症から身を守るために感染防御機構を有している．自然免疫応答は，病原体の感染を検出し，排除するメカニズムとして進化してきた．特にマウス，ヒトの病原体センサーは，Toll様受容体（Toll-like receptor：TLR），Nod様受容体（Nod-like receptor：NLR），RIG-I様受容体（retinoic acid-inducible gene-I），細胞内DNAセンサーの4つのファミリーから成る．このうちTLRは，最初に発見された病原体センサーである．ほかの病原体センサーがすべて細胞内に局在するのに対して，TLRだけがI型膜貫通タンパク質であり，細胞外，あるいは細胞外から取り込まれた病原体を，それぞれ細胞表面，エンドリソームにおいて認識する．細菌の菌体膜成分や鞭毛タンパク質，核酸に反応し，細胞内シグナル伝達を誘導する．

2. TLRを介したシグナル伝達

TLRは細胞外領域にロイシンリッチリピート（leucine rich repeat：LRR）を，細胞内領域にはTIR（Toll-interleukine 1 receptor）ドメインをもつ．TIRドメインはTLR，IL-1受容体の細胞内領域に共通して使われており，シグナル伝達に必須の機能ドメインである．TLRを介するシグナル伝達経路は，大きく2種類に分けられる（イラストマップ）．1つは，細胞内アダプター分子の1つである**MyD88**（→Keyword**2**）に依存する経路（MyD88依存的経路），もう1つはMyD88を介さない経路（MyD88非依存的経路）である．

MyD88依存的経路は，特に炎症性サイトカインの産生を誘導する．細胞表面のTLRがリガンドと結合すると，細胞内のTIRドメインに，MyD88および**TIRAP**（→Keyword**3**）が結合する．TIRAPはMyD88を細胞表面に移行させる役割があり，細胞内の核酸認識TLRはTIRAPを必要としない．続いてMyD88のN末端に存在するDeathドメイン（DD）にIRAK（IL-1 receptor-associated kinase）が結合する．IRAKはセリン/スレオニンキナーゼであり，IRAK-1，IRAK-2，IRAK-4およびIRAK-Mの4つが知られている．続いてTRAF6（tumor necrosis factor receptor-associated factor 6）やTAK1（TGF-β-activated kinase 1）およびIKK（IκB kinase）の活性化や分解を経て，炎症性サイトカインの産生が誘導される．

MyD88非依存的経路は，主にI型インターフェロンの産生を誘導する．このシグナル伝達経路は細胞表面に局在する**TLR4**（→Keyword**1**）/MD-2と，細胞内のTLR3（キーワード解説図3）によって活性化される．TLR4のTIRドメインに，TIRドメインをもつ**TRAM**（→Keyword**5**）と**TRIF**（→Keyword**4**）が結合する．TRAMはTIRAPと同様に，TRIFを細胞表面へ移行させる役割をもつ分子であり，細胞内に局在するTLR3はTRAMを必要としない．TRIFはTBK1（TANK-binding kinase 1）との結合やIRF（interferon regulatory factor）の活性化を経て，I型インターフェロンの産生を誘導する．

細胞内の核酸認識TLR（第1部-24図参照）のシグナル伝達経路はTLR3を除いてすべてMyD88依存性であり，炎症性サイトカインばかりでなくI型インターフェ

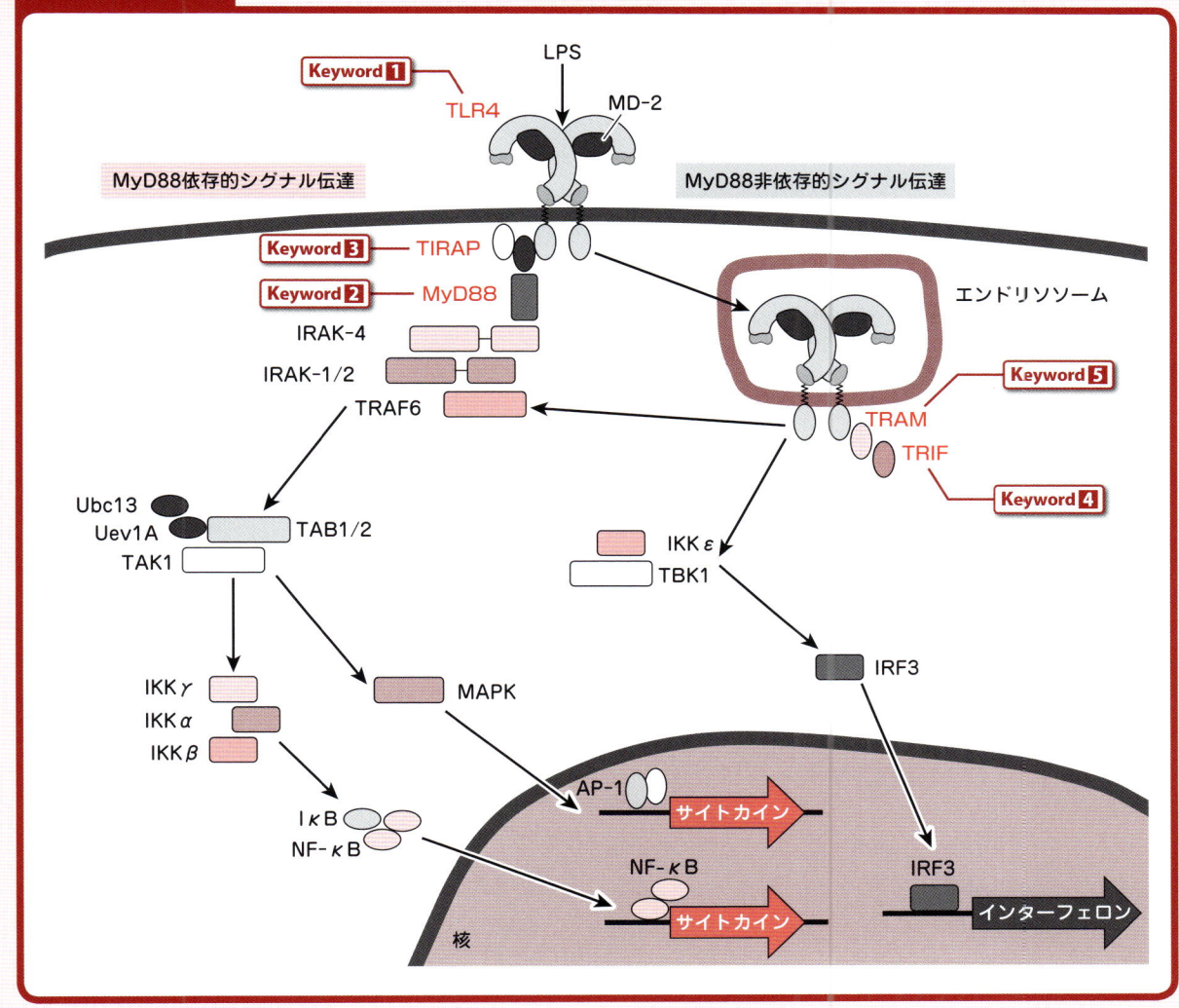

イラストマップ　TLR4を介したシグナル伝達

（図）

- LPS
- TLR4（Keyword 1）
- MD-2
- MyD88依存的シグナル伝達
- MyD88非依存的シグナル伝達
- TIRAP（Keyword 3）
- MyD88（Keyword 2）
- IRAK-4
- IRAK-1/2
- TRAF6
- エンドリソソーム
- TRAM（Keyword 5）
- TRIF（Keyword 4）
- Ubc13
- Uev1A
- TAB1/2
- TAK1
- IKKε
- TBK1
- IKKγ
- IKKα
- IKKβ
- MAPK
- IRF3
- IκB
- NF-κB
- AP-1　サイトカイン
- NF-κB　サイトカイン
- IRF3　インターフェロン
- 核

ロン産生もMyD88依存的に誘導される．

3. 臨床応用と今後の展望

　抗生物質が開発された現在においても，感染症は依然として脅威であり続けている．マラリア，HIVなどに対するワクチンの開発が精力的に進められている．ワクチンにおいては，アジュバントと呼ばれる免疫賦活剤が必須である．このアジュバントとして病原体成分かそれを改変したものが使われることから，アジュバントは，TLRをはじめとする病原体センサーに作用していると考えられる．病原体センサーが同定され，認識機構，シグナル伝達機構が明らかになるにつれて，アジュバントの改良が進むことが期待される．また炎症性疾患においてサイトカインを標的とした抗体医薬が有効であり，大きな期待を集めている．TLRをはじめとする病原体センサーが感染症ばかりでなく，多くの炎症性疾患の病態にかかわっていることが明らかになるにつれて，病原体センサーそのものが新たな抗体医薬の標的となりうる可能性も出てきた．たとえば，TLR4/MD-2やTLR2に対する抗体が炎症性疾患に有効である可能性，TLR7やTLR9に対する抗体が自己免疫疾患に有効である可能性は，今後検討されるべき課題である．TLRを標的とする医薬は，エンドトキシンショックなどの感染症や自己免疫疾患など，サイトカイン過剰産生を特徴とする病態に有効であることが期待される．

キーワード解説

Keyword 1 TLR4

▶ フルスペル：Toll-like receptor 4

1）イントロダクション

TLR4は通常，単量体で細胞膜上に存在し，リガンド認識に必要なMD-2分子と結合している（図1）．リガンドであるリポ多糖（LPS）は，LPS結合タンパク質（LBP）やCD14分子を介して，TLR4―MD-2複合体に結合する．リガンドが結合したTLR4は二量体を形成してシグナルを伝達するとともに，細胞内へ移行する．

2）分子構造

ロイシンリッチリピート（leucine-rich repeat：LRR），細胞膜貫通ドメイン，およびTIR（Toll-interleukine 1 receptor）ドメインから成り立つI型膜貫通タンパク質である．β-シート構造をとったLRRを含む細胞外領域は，馬蹄形を示すことがわかっている．

3）発現様式

マクロファージやマスト細胞に特に発現している．

4）ノックアウトマウスの表現型

C3H/HeJやC57BL/10ScCrと呼ばれる変異マウスがLPSに低応答性を示すことが報告された．この原因遺伝子の解明により，これらのマウスはTLR4遺伝子に変異または欠失があることが明らかとなった[1]．この発見がきっかけとなり，TLRに関する研究が促進され，それぞれのTLRが認識する分子や，シグナル伝達経路などが急速に解明された．

5）機能・疾患とのかかわり

TLR4は感染症への応答以外にも，多くの疾患の病態

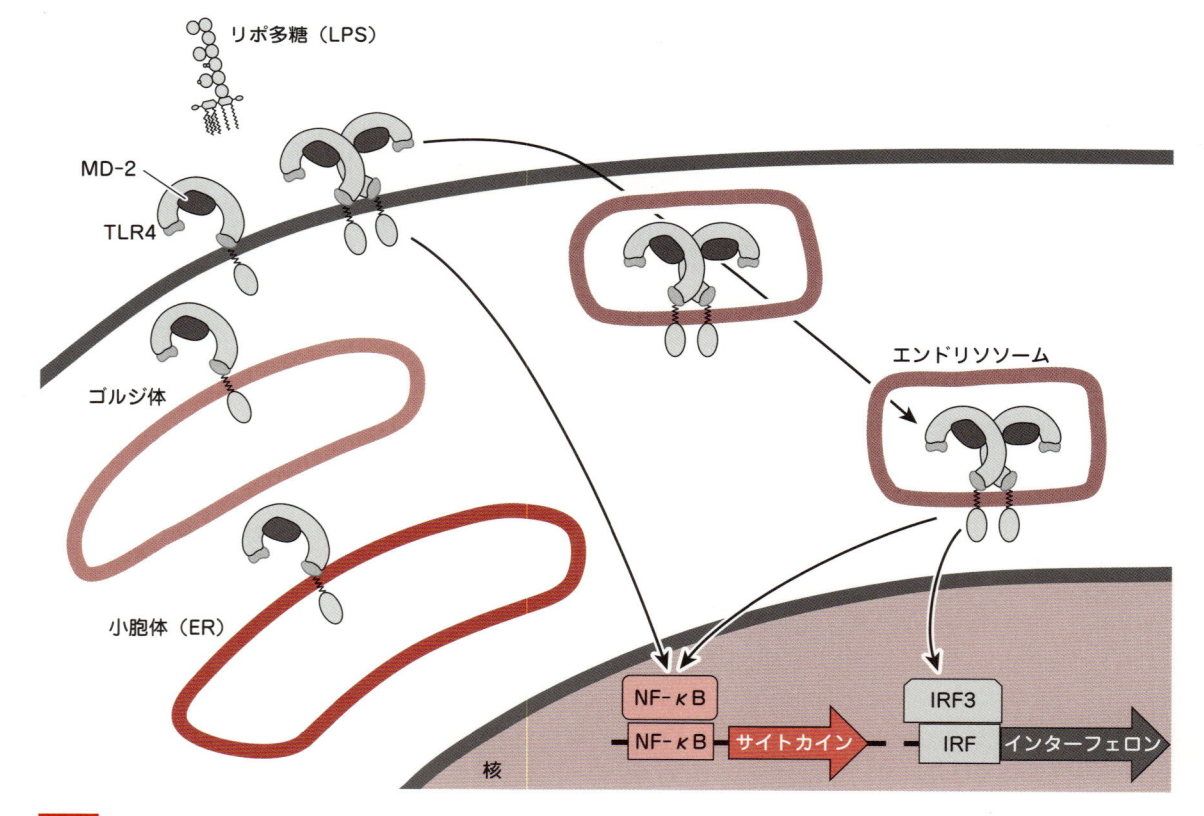

図1　TLR4/MD-2の局在とサイトカイン誘導
TLR4/MD-2は，細胞表面から炎症性サイトカインの産生を誘導するシグナルを伝達した後，細胞内へ移行し，エンドリソソームから，I型インターフェロン産生を誘導するシグナルを伝達する

にかかわる．TLR4－MD-2では，MD-2の疎水性ポケットにLPSの脂肪酸側鎖が入る[2]．LPSばかりでなくミリスチン酸やパルミチン酸のような飽和脂肪酸がTLR4－MD-2を活性化することがわかっている．

現在，肥満は脂肪組織の慢性炎症が病態に深くかかわっていることがわかっている．この炎症の誘導には，TLR4－MD-2と飽和脂肪酸との相互作用が重要である[3]．脂肪細胞から放出されたパルミチン酸が，脂肪組織に浸潤しているマクロファージ上のTLR4－MD-2を刺激して，TNF-αの産生を誘導する．分泌されたTNF-αは脂肪組織における炎症を誘導し，肥満の病態を進める．

またTLR4－MD-2は内因性のタンパク質によっても活性化される．たとえばマウスにおいて，メラノーマ細胞が肺へ転移する際に，肺に炎症が誘導される必要があることがわかっている．その炎症反応の誘導に，肺の血管内皮細胞やマクロファージに発現するTLR4－MD-2と，S100A8やSAA3といったタンパク質との相互作用が重要であることが報告されている[4]．このようにTLR4は，感染症だけでなく，肥満やがん転移など直接的な関与が推察できない疾患の病態にかかわっていることが明らかになりつつある．

【抗体の入手先】
TLR4
マウス：MTS510（eBioscience社）
ヒトTLR4：HTA125（eBioscience社）

【データベース】
マウス（NM_021297），ヒト（NM_138554）

Keyword 2 MyD88

▶ フルスペル：myeloid differentiation primary response gene 88

1）イントロダクション

MyD88はIL-1シグナル伝達経路のアダプター分子として同定された．TLRのシグナル伝達にかかわるアダプター分子のなかでは最初に解析された．

2）分子構造

N末端にDeathドメイン（DD），C末端にTIRドメインをもつ．

3）発現様式

マクロファージなどの血球系細胞に特に発現している．

4）ノックアウトマウスの表現型

MyD88ノックアウトマウス由来のマクロファージでは，TLR4のリガンドであるLPS刺激後の炎症性サイトカイン産生が著しく低下し，またNF-κBの活性化の遅延がみられた．個体レベルでも，LPSを投与するエンドトキシンショック実験において，MyD88ノックアウトマウスはLPSに対する抵抗性を示した．しかし，LPS刺激後のIFN-β産生には影響がないことから，MyD88に依存するシグナル伝達経路（MyD88依存的経路）以外に，MyD88を介さない経路（MyD88非依存的経路）の存在が示された．またTLR4以外に，TLR2/5/7/9のリガンドで刺激をしても，MyD88ノックアウトマウス由来の細胞では炎症性サイトカインの産生が認められなかった[5][6]．

5）機能・疾患とのかかわり

リガンド刺激を受けたTLR2/4/7/9のTIRドメインに，自身のTIRドメインを介して会合する．そしてN末端側のDDを介して，IRAK-1のDDと結合する．MyD88のDDとTIRドメインの間の領域にIRAK-4が結合し，IRAK-4がIRAK-1をリン酸化することでIRAK-1を活性化する（イラストマップ）．IRAK-1は自己リン酸化して，TRAF6結合配列部分でTRAF6と結合する．IRAK-1とTRAF6の複合体はTLRから離れ，TRAF6はTAK1と結合する．そしてTAB1（TAK1-binding protein 1），TAB2と複合体を形成する．この複合体はIRAK-1から離れて細胞質へと向かう．IRAK-1はその役目を終え，ユビキチン化により分解される．細胞質内で，TRAF6複合体はユビキチンのE2リガーゼであるUbc13とUev1Aと会合し，さらに大きな複合体を形成する．このときTRAF6の63番目のアミノ酸のリシンがかかわるポリユビキチン化を介して，TAK1を活性化する．活性化したTAK1はIKKやMKK6をリン酸化することにより，その下流のNF-κB，JNKおよびp38経路が活性化される（図2）．

またMyD88欠損症は，IRAK-4欠損症と類似の表現型を示し，グラム陽性菌（特に肺炎球菌や黄色ブドウ球菌）による感染症が重症化（敗血症，細菌性髄膜炎）するという報告がある[7]．

【データベース】
マウス（NM_010851），ヒト（NM_001172567）

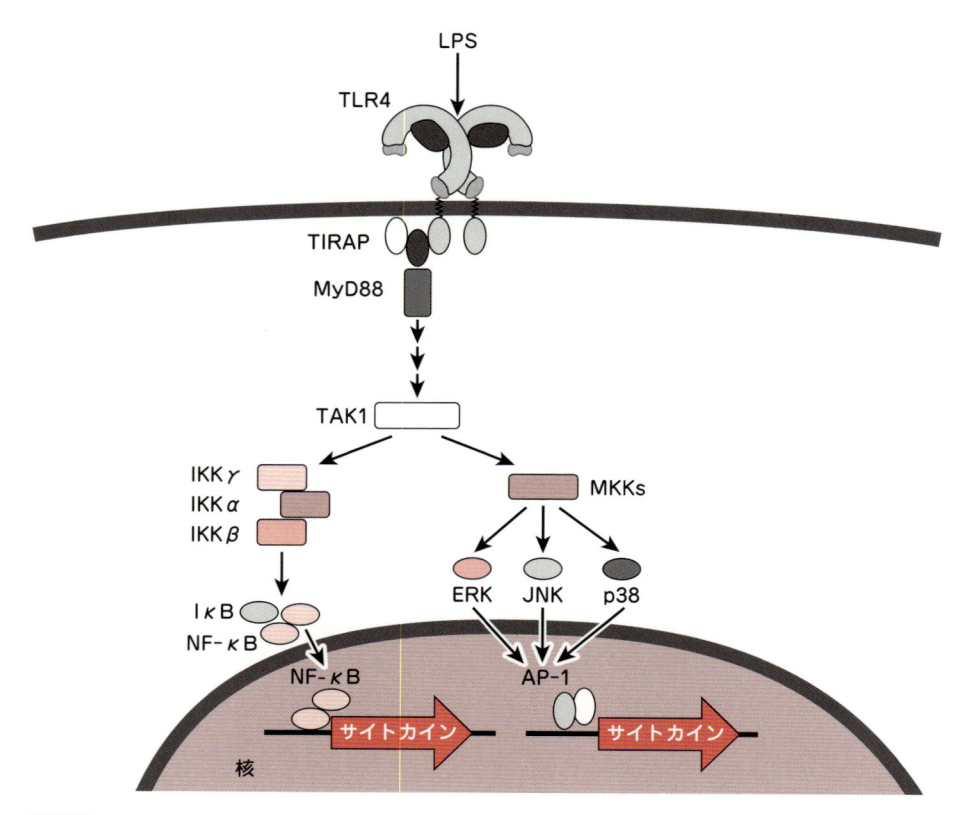

図2 TLR4のMyD88依存的経路による炎症性サイトカインの誘導

TLR4のMyD88依存的経路では、活性化されたTAK1がIKKやMKKをリン酸化する．これにより、下流のNF-κB, ERK, JNKおよびp38経路が活性化され、炎症性サイトカインの産生が誘導される

Keyword

3 TIRAP

▶英文表記：Toll-interleukine 1 receptor domain-containing adaptor protein
▶別名：Mal（MyD88-adaptor like）

1）イントロダクション

データベースの解析により、TIRドメインをもつアダプター分子として同定された．TLR4の細胞内ドメインに会合し、MyD88をリクルートする機能をもつ分子である．

2）分子構造

マウスでは249アミノ酸、ヒトでは235アミノ酸から成る．C末端側にTIRドメインをもつ．

3）発現様式

マクロファージやマスト細胞で特に発現しているが、比較的全身で発現している．

4）ノックアウトマウスの表現型

TIRAPノックアウトマウスの解析において、LPS刺激後の炎症性サイトカイン産生の著しい低下、NF-κBの活性化の遅延は認められるものの、IFN-β産生には影響がないというMyD88ノックアウトマウスと同様の表現型が認められた．またMyD88とのダブルノックアウトマウスにおいてMyD88ノックアウトマウス以上のシグナル伝達異常がみられなかったことから、MyD88依存性シグナル伝達経路において、MyD88と共調して働く分子であることがわかった．TLR2を刺激した際にも、MyD88ノックアウトマウスと同様の結果が得られた．

しかし、MyD88ノックアウトマウスと異なり、TLR5/7/9のリガンド刺激においてTIRAPノックアウトマウスでは異常が認められなかったことから、TIRAPはTLR2/4を介したMyD88依存的シグナル伝達のみに関与する、アダプター分子であることが明らかとなった[8)9)]．

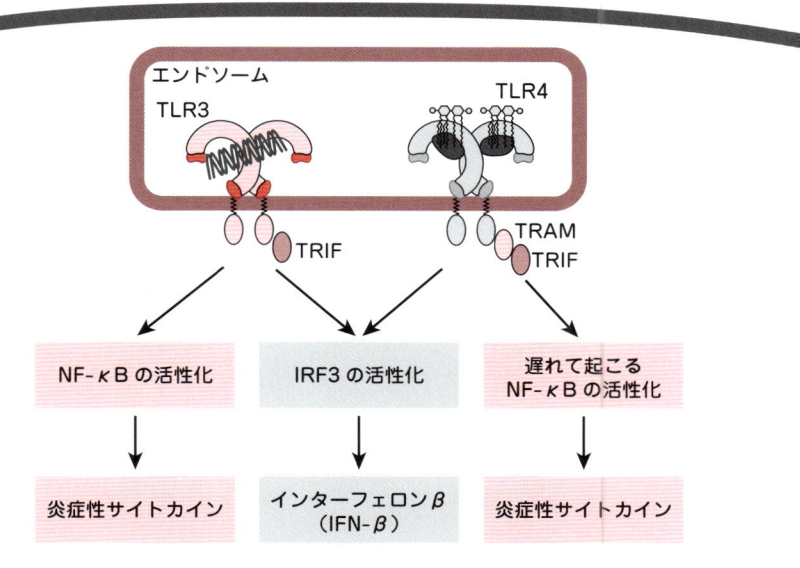

図3 MyD88非依存的シグナル伝達

TLR3がリガンドを認識すると，TRIFが直接結合することによりNF-κB，IRF3が活性化される．一方TLR4は，リガンドが結合すると細胞表面からエンドリソームへ移行し，そこでTRAMを介してTRIFと結合する．TLR4はMyD88非依存的経路により，IRFおよび遅れて起こるNF-κBの活性化を誘導する

TIRAPはMyD88を細胞表面に局在するTLR4やTLR2の細胞内ドメインにリクルートする役割をもつ分子である．細胞内に局在するTLR7，TLR9にMyD88がリクルートされるときには，TIRAPはかかわらない．

【データベース】
マウス（NM_001177845），ヒト（NM_148910）

Keyword
4 TRIF

▶英文表記：TIR domain-containing adaptor-inducing IFN-β
▶別名：TICAM-1（TIR domain containing adaptor molecule-1

1）イントロダクション

TLR3のTIRドメインを用いた酵母ツーハイブリッド法によるスクリーニング[10]，およびTIRドメインを含んだ分子のデータベース解析により同定された[11]．

2）分子構造

マウスでは732アミノ酸，ヒトでは712アミノ酸から成り，そのほぼ中央部にTIRドメインが存在する．

3）発現様式

マクロファージをはじめとして，比較的全身で発現している．

4）ノックアウトマウスの表現型

TRIFノックアウトマウスは，TLR3およびTLR4の刺激によって誘導されるIRF3の活性化がみられず，IFN-βの産生も著しく抑制されていた．対してNF-κBの活性化については，TLR3の下流では認められず，TLR4では活性化の持続がみられなかった．このことより，TLR3はTRIF依存的にシグナル伝達が起こっていることが明らかになった（図3）．またTRIFとMyD88のダブルノックアウトマウスでは，LPS刺激後のNF-κBの活性化，IFN-βの産生が完全に遮断されていて，このことからもTRIFはTLR3,4の下流においてMyD88非依存的経路を担うアダプター分子であることが証明された．

5）機能・疾患とのかかわり

TRIFはMyD88非依存的経路を担い，IRFおよび遅れて起こるNF-κBの活性化を誘導する．このシグナル伝達は，それぞれTBK1もしくはTRAF6との結合によって引き起こされる．TRIFは直接TBK1と結合し，TBK1/

IKKε複合体を活性化する（イラストマップ）．そしてIRF3をリン酸化することでIFN-β産生を誘導する[12]．

【データベース】
マウス（NM_174989），ヒト（NM_182919）

Keyword
5 TRAM

- 英文表記：TRIF-related adaptor molecule
- 別名：TICAM-2
- 別名：TIRP（TIR domain-containing adapter protein）

1）イントロダクション
TIRドメインを含んだ分子のデータベース解析から同定された．

2）分子構造
マウスでは232アミノ酸，ヒトでは235アミノ酸で構成されている．TIRドメインは分子の中央に位置する．TRAMのTIRドメインは，MyD88やTIRAPよりも，TRIFのTIRドメインと非常に相同性がある．

3）発現様式
比較的全身で発現している．

4）ノックアウトマウスの表現型
TRAMノックアウトマウス由来のマクロファージをLPSで刺激すると，炎症性サイトカイン産生は著しく抑制されていた．NF-κBの活性化は，LPS刺激後正常にみられるものの，活性化の持続はみられなかった．また，IRF3の活性化およびIFN-β産生もみられなかった．このように，TRAMノックアウトマウスはTRIFノックアウトマウスと同じ表現型にみえる．しかしTLR3刺激では，TRIFノックアウトマウスと異なり，全く異常が認められなかった．このことより，TRAMはTLR4に限定したアダプター分子であり，MyD88非依存的経路に関与する分子であることが明らかとなった[13]．

5）機能・疾患とのかかわり
*in vitro*の解析で，TRAMはTLR4と直接結合するが，同じシグナル伝達経路にあるTRIFはTLR4と会合しないことがわかった．TRAMは細胞表面に局在するTLR4のシグナル伝達ドメインと結合し，TRIFをリクルートする役割をもつ．TLR4のMyD88非依存的経路の開始には，TRAMを介したTRIFとTLR4の結合が必要である．細胞内に局在するTLR3にTRIFがリクルートされるときには，TRAMは関与しない．

【データベース】
マウス（NM_173394），ヒト（NM_021649）

参考文献
1) Poltorak, A. et al.：Science, 282：2085-2088, 1998
2) Ohto, U. et al.：Science, 316：1632-1634, 2007
3) Suganami, T. et al.：Arterioscler. Thromb. Vasc. Biol., 27：84-91, 2007
4) Hiratsuka, S. et al.：Nat. Cell Biol., 10：1349-1355, 2008
5) Adachi, O. et al.：Immunity, 9：143-150, 1998
6) Medzhitov, R. et al.：Mol. Cell, 2：253-258, 1998
7) von Bernuth, H. et al.：Science, 321：691-696, 2008
8) Yamamoto, M. et al.：Nature, 420：324-329, 2002
9) Horng, T. et al.：Nature, 420：329-333, 2002
10) Oshiumi, H. et al.：Nat. Immunol., 4：161-167, 2003
11) Yamamoto, M. et al.：Science, 301：640-643, 2003
12) Sato, S. et al.：J. Immunol., 171：4304-4310, 2003
13) Yamamoto, M. et al.：Nat. Immunol., 4：1144-1150, 2003

参考図書
◆ 谷村奈津子，三宅健介：最新医学，60：96-106, 2005

第2部 キーワード解説　生命現象からみたシグナル伝達因子

14 免疫② 獲得免疫
adaptive immunity

大洞将嗣，黒崎知博

Keyword ❶ T-bet ❷ GATA-3 ❸ RORγt ❹ Bcl-6 ❺ AID

概論

1. 獲得免疫とは

　哺乳動物では高度な免疫システムが構築されている．病原体に対する感染防御は最初に，単球・マクロファージによる抗原非特異的な貪食機能や，糖質や脂質などの非ペプチド抗原に対する自然免疫応答が惹起される．さらに，近年同定された自然リンパ球も自然免疫応答に重要である．これらの反応に引き続いて，獲得免疫が誘導される．獲得免疫の特徴は，抗原特異性と免疫記憶である．抗原特異性とは，それぞれの病原体等に対して特異的な反応を示すことである．免疫記憶とは，生体が一度感作された抗原に対して速やかな反応性を示すことである．こうした抗原特異性と記憶を得るために，生体内では，さまざまな細胞が複雑に関与し，さらに多様な分子が働いている．本稿では，代表的な細胞と分子に着目し，獲得免疫が形成される過程を解説する．

2. シグナルの流れ

　獲得免疫のなかで抗原特異性をもつリンパ球は，T細胞とB細胞であり，それらは抗原提示細胞（antigen presenting cell：APC）である樹状細胞（dendritic cell：DC）やマクロファージ等と協調して働く．T細胞のうち，T細胞受容体（T cell receptor：TCR）が$\alpha\beta$鎖であるCD4陽性細胞（CD4$^+$ T）とCD8陽性細胞（CD8$^+$ T）の2集団が獲得免疫には重要である．CD4$^+$ T細胞はさまざまなヘルパーT細胞（T$_h$），CD8$^+$ T細胞は細胞傷害性T細胞へと分化することによって，エフェクター機能を発揮する．本稿では，CD4$^+$ T細胞を中心とした獲得免疫の形成について概説する（**イラストマップ**）．

　病原体等の外来抗原が侵入後，自然免疫応答（**第2部-13**参照）が惹起される．そしてDC等のAPCが抗原を取り込み，所属リンパ節に移動し，そこでクラスIIの主要組織適合遺伝子複合体（major histocompatibility complex：MHC）を介して細胞表面上に抗原の一部をペプチド断片としてCD4$^+$ T細胞に提示する．CD4$^+$ T細胞は，TCRを介してMHC-抗原の複合体を認識し，TCR刺激と他の共刺激分子からの刺激を伴って活性化する．活性化したCD4$^+$ T細胞は，さらにインターロイキン（interleukin：IL）と呼ばれるサイトカインの影響を受けて，1型ヘルパーT細胞（T$_h$1），2型ヘルパーT細胞（T$_h$2），IL-17産生ヘルパーT細胞（T$_h$17）や濾胞ヘルパーT細胞（T$_{fh}$）などさまざまなヘルパーT細胞に分化する[1]．サイトカインとJAK-STAT経路の詳細な関係については，本書の**第1部-12**を参照していただきたい．

　T$_h$1細胞へと分化が進むためには，自然免疫応答により初期産生されたinterferon（IFN）-γがSTAT1を介して転写因子**T-bet**（→**Keyword** ❶）を誘導し，さらにT-betがIL-12受容体（IL-12 receptor：IL-12R）β2鎖の発現を誘導する．IL-12Rβ2鎖の発現によってCD4$^+$ T細胞はIL-12反応性を獲得し，STAT4依存的にIFN-γを産生するようになる．またIL-12はIL-18Rα鎖の発現を誘導することで，ヘルパーT細胞はさらにIFN-γの産生能を獲得し，T$_h$1細胞への分化が決定する．

　T$_h$2細胞への分化も，TCRとIL-4シグナルが協調して働くことにより制御されている．自然免疫細胞や活性化されたCD4$^+$ T細胞から産生されたIL-4は，STAT6

239

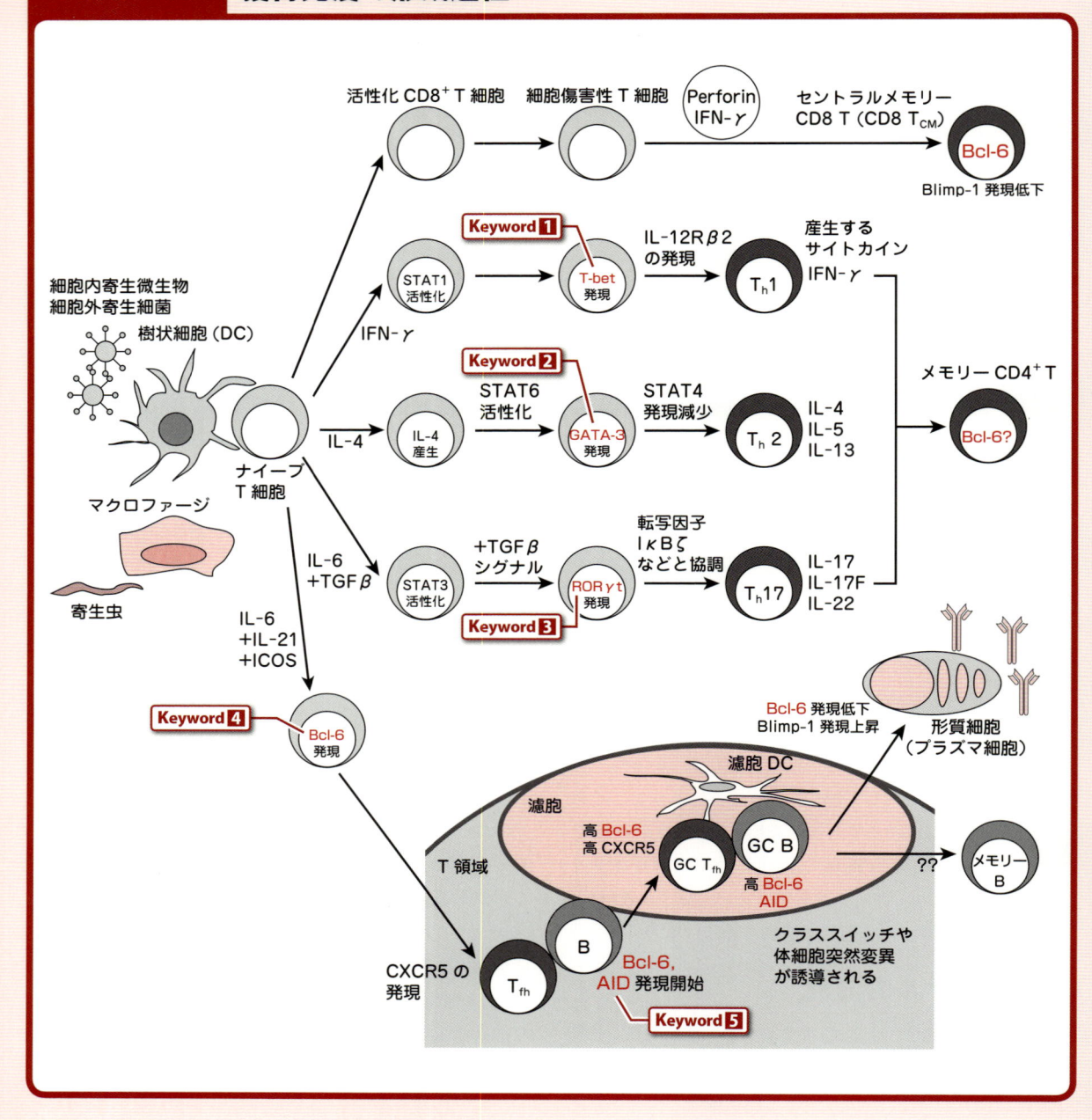

イラストマップ　獲得免疫の形成過程

を活性化し，転写因子 **GATA-3**（→ **Keyword 2**）の発現を誘導する．GATA-3 は B 細胞の増殖やクラススイッチに働く T_h2 型サイトカインのうち *IL-5*，*IL-13* 遺伝子の転写を直接制御し，産生を惹起する．一方 *IL-4* 遺伝子発現に関しては，GATA-3 は IL-4 の遺伝子座のクロマチンリモデリングを引き起こし，STAT6 による *IL-4* 遺伝子の転写を促進する．さらに，GATA-3 は STAT4 の発現を抑制することにより，T_h2 細胞分化を決定づける．

T_h17 細胞へと分化が進むためには，IL-6 と transforming growth factor（TGF）-β（第1部-8 参照）が決定因子となる．活性化 $CD4^+$ T 細胞は，IL-6 による

STAT3の活性化とTGF-βシグナルによって，核内受容体retinoid-related orphan receptor (ROR) γt (→Keyword 3) を高発現する．RORγtは，核内受容体RORαや活性化に伴って発現誘導される他の転写因子I-κBζなどさまざまな分子と協調して*IL-17*遺伝子発現を正に制御する．さらに，IL-23シグナルによって，エフェクター機能を有するT_h17細胞へと分化する．

次に，B細胞における獲得免疫の形成はどのように行われるのであろうか．B細胞はT細胞とは異なり，B細胞受容体（BCR）を介して直接抗原を認識，取り込みを行うことができる．しかし，より強力な免疫応答を獲得するためには，ヘルパーT細胞や抗原提示を担う濾胞樹状細胞（follicular dendritic cell：FDC）などの細胞の助けが必要となる．末梢のリンパ器官では，T細胞に富むT領域と，B細胞に富むB領域に分かれている．抗原刺激後，B細胞が濾胞内に入り活性化する．T細胞は，T領域でAPCによって活性化される．その後，T細胞とB細胞は，T領域と濾胞の境界に移動し，互いに結合する．境界領域において，T細胞はBcl-6 (→Keyword 4) やICOSを発現し，IL-6/IL-21によるSTAT3の活性化やSLAM-SAPシグナル経路の活性化によって，PD-1やケモカイン受容体CXCR5を発現するT_{fh}細胞へと分化する．B細胞も同様に，CXCR5を発現し，Bcl-6の発現が誘導され，胚中心（germinal center：GC）B細胞へと分化する．それぞれ分化後に，濾胞内へ入り，FDCを中心として，T_{fh}細胞，B細胞が集積し胚中心を形成する[2]．GCではB細胞はAID (→Keyword 5) を一過性に高発現する．AIDは体細胞突然変異やさまざまサイトカインとともにクラススイッチを誘導する．この結果，B細胞は，抗原に対するより強い反応性を獲得し，最終的に形質細胞（プラズマ細胞）へと分化し，特異性の高い抗体を産生するようになる．

以上のようなシグナル伝達を通して，T細胞やB細胞が抗原特異的に反応するエフェクター細胞に分化する．そして，この後，一部のT細胞，B細胞は共に，記憶（メモリー）細胞へと分化し獲得免疫が形成される．T細胞やB細胞のメモリー細胞形成の分子機構は，現在精力的に解析されている．これまでに，メモリーT細胞の形成において，Bcl-6が非常に重要な役割を果たしていることは明らかにされている．$CD8^+$ T細胞は，抗原刺激により細胞傷害性T細胞とメモリーT細胞に分化をする．そして，リンパ組織に留まるセントラルメモリー$CD8^+$ T細胞はBcl-6の発現が高く，細胞傷害性機能が高いエフェクターメモリー$CD8^+$ T細胞はBcl-6の発現が低い．メモリー$CD4^+$ T細胞の形成にもBcl-6が関与しているが明らかにされている．

3. 疾病とのかかわり

T_h1は主に細胞内寄生微生物に対する感染防御，T_h2は寄生虫など細胞外寄生性病原体に対する感染防御およびアレルギー，T_h17は主に細胞外細菌や真菌に対する感染防御に関与する．また各T_h細胞に加えて制御性T細胞は，それぞれが産生するサイトカインや細胞表面分子を介して，互いに抑制的に制御し生体内でバランスを維持している．このバランスが遺伝子異常等の何らかの原因で崩れ，T_h1に傾いた場合には，クローン病などの自己免疫疾患が，T_h2に傾いた場合には，喘息やアトピー性皮膚炎などのI型アレルギー疾患，T_h17に傾いた場合には，多発性硬化症，乾癬，関節リウマチなどの自己免疫疾患が引き起こされる．

キーワード解説

Keyword 1 T-bet

- 遺伝子名：Tbx21
- フルスペル：T-box expressed in T cells

1）イントロダクション

T-betは当初，T_h1特異的にIL-2プロモーターに結合するT-box遺伝子ファミリーに属する転写因子として同定された[3)4)]．他のファミリー遺伝子とは異なり，T-betの発現はリンパ系の臓器と肺に限られ，しかもその発現がT_h1細胞で誘導される．T-betは，その発現パターンと過剰発現実験の結果，ナイーブT細胞やT_h2細胞に，IFN-γ産生を誘導しIL-4，IL-5の産生を抑制するT_h1様の表現型を誘導することから，T_h1への分化に重要な役割を果たしているとされた．

2）分子構造

T-betは，カエルのEomesodermin（Eomes）等と相同性が高く，T-boxファミリーに属する転写因子である．T-betは530アミノ酸から成り，約62 kDaである．T-betは分子中央付近に，T-box領域と呼ばれるDNA結合領域をもち，C末端側に転写活性化領域をもつ．（図1A）

3）発現様式

T-betは，肺，胸腺，脾臓で発現し，細胞ではNKおよび$CD8^+$ T細胞，特に$CD4^+$ TのうちT_h1細胞に特異的に発現している．T-betはIFN-γ刺激によりSTAT1依存性に発現が誘導され，IL-4刺激によって抑制される．しかし，STAT1欠損細胞においてもT-betの発現が認められることから，IFN-γ/STAT1非依存性の発現誘導があると思われる．

4）ノックアウトマウスの表現型

T-betノックアウトマウスは，正常に発育し，T細胞，B細胞の分化にも影響がない．しかし，このマウスでは，$CD4^+$ T細胞からのIFN-γ産生が激減する．またT_h1細胞へ分化させた場合でも，IFN-γをほとんど産生できず，逆にT_h2型サイトカインのIL-4やIL-5を産生する．NK細胞においてもIFN-γ産生や細胞傷害活性が著減するが，$CD8^+$ T細胞は正常である．さらに，このマウスでは*in vivo*において，T_h1型の免疫反応が機能せず，Leishmania感染に対して抵抗性を失い，逆に，T_h1型の炎症性腸疾患（inflammatory bowel desease：IBD）に抵抗性になる．また，T_h2型の免疫反応である喘息モデル

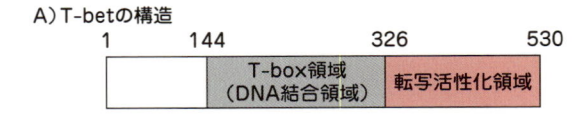

A）T-betの構造

| 1 | 144 | 326 | 530 |

T-box領域（DNA結合領域） | 転写活性化領域

B）T-betによるIFN-γ産生の制御

T-bet → クロマチンリモデリング → STAT4 NF-κB → IFN-γ転写

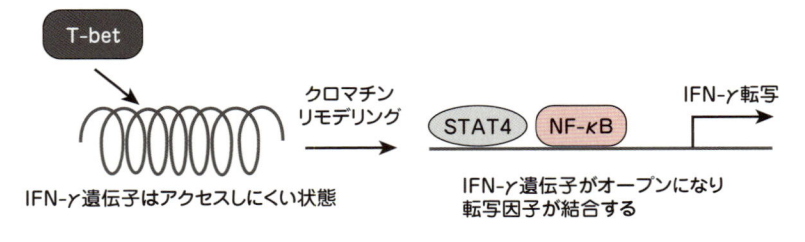

IFN-γ遺伝子はアクセスしにくい状態　　IFN-γ遺伝子がオープンになり転写因子が結合する

図1　T-betの構造と機能

A）T-betの構造．中心部にT-boxファミリーで保存されているDNA結合を担うT-box領域がある．B）T-betによるIFN-γ産生の制御．IFN-γ遺伝子は，最初は転写因子が結合しにくくコンパクトになっている．T-betによって，クロマチンリモデリングが誘導され，IFN-γ遺伝子が緩く，転写因子が結合しやすい状態になる．IFN-γ遺伝子のプロモーターにSTAT4等の転写因子が結合し，IFN-γが産生されるようになる

に対して感受性を示すようになる．そのほか，TNP-KLH免疫後の血中IgG2aが減少する．

5) 機能・疾病とのかかわり

T-betは，IFN-γの産生を強力に誘導し，T_h1への分化，維持に重要な役割を果たしている．T-betによるIFN-γの産生機構は，IFN-γ遺伝子のクロマチンリモデリングを誘導し，自身の転写活性によって，IFN-γの産生に関与していると思われた（図1B）．しかし，IFN-γ遺伝子に対する直接の転写活性に関しては，活性領域のないドミナントネガティブ変異体が，分化後のT_h1クローンのIFN-γ産生を抑制しないことから，IFN-γ産生にはT-betの転写活性は必要ない可能性もある．また，T-betはIL-12Rβ2の発現を誘導する．これによって，T細胞はIL-12応答性を獲得し，さらにIFN-γ産生→T-bet発現→転写因子Hlxの発現→さらにIFN-γ産生というポジティブフィードバックを形成しT_h1への分化を決定的にさせる．T-betはGATA-3の機能または発現を抑制していると考えられているが，詳細は不明なままである．そのほか，T-betはNK細胞からのIFN-γ産生やその細胞傷害活性に重要であるが，$CD8^+$ T細胞からのIFN-γ産生には関与しない．最近，同じT-boxファミリーであるEomesが$CD8^+$ T細胞からのIFN-γ産生に重要であることが報告された．

T-betはさまざまなT_h1/T_h2バランスの破綻による免疫病に重要な役割を果たしている．ノックアウトマウスの解析から，T-betの欠損は喘息等のT_h2型の疾病に対して感受性が高くなり，逆にT_h1型の自己免疫疾患であるIBDに抵抗性になる．感染防御では，Leishmania等の細胞内寄生菌感染に感受性となる．ヒトにおいても，喘息患者由来のT細胞ではT-betの発現が減少しており，逆に，クローン病患者由来のT細胞ではT-betの発現が上昇し，核内に蓄積していることが明らかにされている．今後，T-betの発現調節が可能な薬剤の開発が臨床の場においても非常に望まれると考える．

【抗体・cDNAの入手先】
サンタクルズ社より多種類入手可能．またeBioscience社，アブカム社，labome社などさまざまな業者から入手可能である．

【データベース（EMBL/GenBank）】
ヒト：NM_013351.1
マウス：NM_019507.2

Keyword
2 GATA-3

1) イントロダクション

GATA-3は，TCRのα鎖遺伝子に結合するT細胞特異的な転写因子として同定された[3]．GATA-3はGATAファミリーに属し，T細胞に特異的に発現する唯一の分子である．TCRα，β，γ，δ鎖，$CD8α$等の調節領域内にGATA-3の結合部位が存在し，GATA-3がT細胞のすべての分化段階で発現をしていることから，T細胞の分化に重要な役割を果たしていると考えられている．GATA-3は成熟T細胞において，T_h2に特異的に高発現することから，これまでT_h2への分化，T_h2サイトカインの産生における役割が重点的に解析されてきた．

2) 分子構造

GATA-3はZnフィンガー領域を2つもつ48 kDaの転写因子である．N末端側に転写活性化領域が存在し，C末端側がDNA結合部位であり，認識配列（A/T）GATA（A/G）に結合する（図2A）．

3) 発現様式

GATA-3はT細胞のすべての分化段階において発現しているが，末梢のナイーブ$CD4^+$ T細胞における発現は非常に少なくなり，その後T_h2で特異的に高発現し，T_h1では発現しない．T細胞におけるGATA-3の発現は，初期ではTCRからのシグナルとIL-4/STAT6依存性に誘導されるが，その後，GATA-3は自己増幅しSTAT6非依存性となる．しかし，STAT6欠損マウスにおいてT_h2型の免疫反応を起こした場合に，GATA-3の高発現が認められることから，GATA-3の発現にはSTAT6非依存性の経路も存在すると考えられる．実際，NF-κBの1つであるp50欠損マウスや，ポリコーム（polycomb）群遺伝子の1つであるmel-18欠損マウスではGATA-3の発現が激減し，T_h2反応が減弱する．

4) ノックアウトマウスの表現型

GATA-3ノックアウトマウスは胎生11日から12日目で死亡する．最近，コンディショナルノックアウトマウスが作製された[5]．Lck-Creマウスとの交配から，GATA-3はT細胞初期分化では，$CD4^-CD8^-$（double negative：DN）胸腺細胞のDN3（$CD25^+CD44^-$）からDN4（$CD25^-CD44^-$）ステージへの分化に関与しており，これはTCRのβ鎖の発現がタンパク質レベルで減少していることと関連していた．次にCD4-Creマウスとの交配から，T細胞分化後期では，GATA-3は$CD4^+$ T細胞の

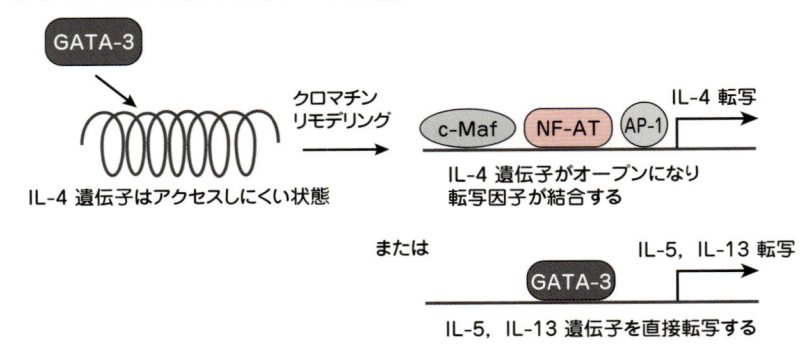

図2 GATA-3の構造と機能

A) GATA-3の構造．N末端側に転写活性化部位，C末端側に2つのZnフィンガー領域があり，ここでDNAと結合する．B) GATA-3によるTh2サイトカインの産生機構．GATA-3は，IL-4遺伝子に結合し，クロマチンのリモデリングを誘導することで，c-Maf等の転写活性化因子を結合させる．IL-5等では，直接転写活性を誘導する

分化に必須の役割を果たしていることが示唆された．また，Lck-Creマウスと交配したマウスを用いた in vivo での解析，および，レトロウイルスでCreを発現させ in vitro でGATA-3を欠損させたT細胞の解析では，T_h2サイトカインの産生が減少することから，GATA-3がT_h2の表現型を維持するために重要であることが確認された[6]．

5) 機能・疾病とのかかわり

上述したように，GATA-3はCD4$^+$ T細胞の分化に必須であり，同時にTCRβ鎖の発現にも関与している．GATA-3は，IL-5やIL-13のプロモーター領域に直接結合し，転写を誘導するが，IL-4のプロモーターに対しては転写活性がなく，クロマチンリモデリングを引き起こすことにより発現を誘導する（図2B）．リモデリングに関与すると予測されるGATA-3のアセチル化部位のアミノ酸305〜307番のKRRをAAAに置換した変異体を過剰発現させたトランスジェニックマウスでは，アレルギー喘息などのTh2型の免疫反応に対して抵抗性を示す[3]．また，GATA-3がT_h1細胞への分化を阻害する機構として，STAT4の発現を抑制することが示唆された[7]．

ヒトの疾患で，GATA-3の変異は報告されていないが，喘息患者のT細胞でGATA-3をはじめ，T_h2型の分子の発現上昇が認められている．

【抗体・cDNAの入手先】

サンタクルズ社，eBioscience社，アブカム社などさまざまな業者から入手可能である．

【データベース (EMBL/GenBank)】

ヒト：variant 1；NM_001002295.1,
　　　variant 2；NM_002051.2
マウス：NM_008091.3

Keyword

3 RORγt

▶ フルスペル：retinoid-related orphan receptor γt

1) イントロダクション

RORγtは，TCR/CD3刺激による細胞死を抑制する分子として同定された[8]．RORγtは，レチノイン酸関連オーファン受容体 (ROR) ファミリーに属し，免疫系にのみ特異的に発現する唯一の分子である．その後の研究によって，RORγtは2次リンパ組織の発生やTh17細胞

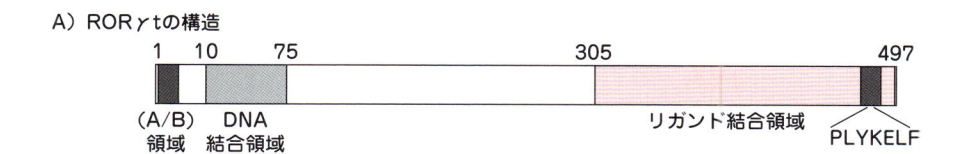

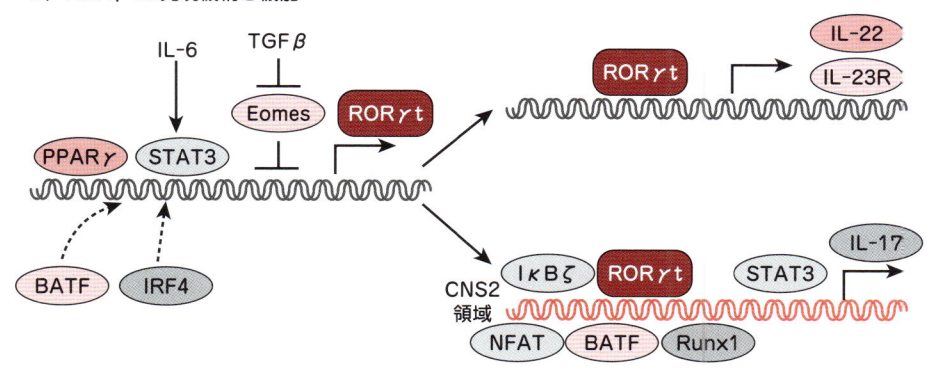

図3 RORγtの構造と機能

A) RORγtの構造．N末端から，（A/B）領域，DNA結合領域，リガンド結合領域がある．PLYKELFはすべてのRORファミリー分子で保存されている．B) RORγtの発現と機能．RORγtの発現は，IL-6-STAT3に加えて，TGFβシグナルによる転写抑制解除によって惹起され，続いて，RORγtは，T_h17細胞特異的な遺伝子の発現を誘導する．RORγtは，IL-17遺伝子のプロモーターではなく，エンハンサー領域であるCNS2領域に結合し，他の転写因子と協調して，IL-17の発現を誘導する

の分化や機能に重要であることが明らかにされた[1]．

2) 分子構造

RORγtは497アミノ酸からなる56 kDaの核内受容体である[9]．RORγtの構造は，N末端側にDNA結合の特異性にかかわる（A/B）領域，続いてDNA結合領域，C末端側にリガンド結合領域で構成されている．リガンド結合部位は14個のαヘリックス（H1-12，H2'，H11'）を含み，12番目のαヘリックス内のPLYKELFはすべてのRORファミリー分子に保存されており，転写活性に重要である．RORファミリー分子は，6 bpのA/Tリッチ配列に続くコア配列RGGTCAに結合する（図3A）．

3) 発現様式

RORγtは，胎児期には，リンパ組織誘導細胞（LTi）に高発現している．一方，成体の定常状態では，$CD4^+$ $CD8^+$胸腺細胞においてのみ高発現しており，他の組織での発現は認められない．感染や炎症状態では，ナイーブ$CD4^+$ T細胞がT_h17細胞に分化する過程で，RORγtの発現が誘導される．RORγtの発現制御機構は完全に解明されていないが，STAT3とPPARγはプロモーター領域に結合し，直接発現を誘導をする（図3B）．また，RORγtを最大限発現するためには，TGFβシグナルが必要である．最近，TGFβがSmad経路非依存性にEomesの発現を抑制することによって，RORγtの発現を誘導していることが報告された[10]．そのほか，BATFやIRF4の欠損によってRORγtの発現量が低下することが報告されているが，直接発現を制御しているのかどうかは明らかではない．

4) ノックアウトマウスの表現型

RORγtノックアウトマウスは，正常に発育し，生殖能力も正常である．しかし，LTi細胞が欠損しているために，リンパ節，パイエル盤，クリプトパッチ等が形成されない[11)12)]．一方，脾臓の形成は影響を受けない．また，アポトーシスの亢進によって，胸腺におけるT細胞の分化が障害されており，$CD4^+CD8^+$胸腺細胞やCD4あるいはCD8シングル陽性細胞の数が激減している．この原因は，抗アポトーシス分子であるBcl-xLの発現が誘導されないことであり，Bcl-xLのトランスジェニックマウスとの交配によって，T細胞の分化は回復する．

5) 機能・疾病とのかかわり

ノックアウトマウスの解析から，RORγtは2次リンパ

組織の形成とT細胞分化に重要であることが明らかにされたが，その後，RORγtはTh17細胞分化のマスターレギュレーターであることが明らかにされた．RORγtは，IL-17発現を単独でも直接惹起するが，STAT3, NFAT, Runx1, IκBζなど他の転写因子と協調することによって，IL-17の発現を強く誘導する[13]．さらに，Th17細胞への分化過程において，RORγtは，IL-23受容体の発現を上昇させることによって，よりTh17細胞へ分化を決定するように作用する．

ヒトの疾患で，RORγtの変異は報告されていない．しかし，RORγtのノックアウトマウスは，ヒトの大腸炎や多発性硬化症モデルなどの自己免疫疾患の発症に抵抗性を示す．さらに，カンジダ菌などの真菌や緑膿菌の感染に対する抵抗性の獲得にもRORγtは重要である．

【抗体・cDNAの入手先】
抗体はeBioscience社，Biolegend社，R & D systems社より入手可能である．

【データベース（EMBL/GenBank）】
ヒト：NM_001001523.1
マウス：AJ132394

Keyword
4 Bcl-6

▶フルスペル：B-cell lymphoma 6 protein

1）イントロダクション

Bcl-6は，ヒトびまん性大細胞リンパ腫（DLBCL）の染色体3q27を含む染色体転座の切断点で同定された[14]．Bcl-6はコリプレッサータンパク質と結合することによって，さまざまな遺伝子の発現調節を行っている．これまでの研究から，Bcl-6は胚中心（GC）B細胞と濾胞ヘルパーT（Tfh）細胞のマスターレギュレーターであることが明らかにされている．また，メモリー細胞の形成にも重要であることが明らかにされつつある．

2）分子構造

Bcl-6は，707アミノ酸から成る約90 kDaの転写抑制因子である．Bcl-6の構造は，N末端側にタンパク質間結合にかかわるBTB領域，続いてリン酸化やアセチル化を受けるリンカー領域，C末端側にDNAと結合する6つのZnフィンガー領域で構成されている[14]．Bcl-6は，BTB領域を介して二量体を形成し，3つのコリプレッサータンパク質と結合可能である．Bcl-6は，認識配列TTC(C/T) T (A/C) GAAに結合する（図4A）．

3）発現様式

Bcl-6は，さまざまな組織や細胞で発現をしているが，GC B細胞で特に高発現している．Bcl-6のプロモーター領域には，自己抑制部位と呼ばれるBcl-6自身が転写を抑制する部位が存在する（図4B）．Bcl-6は，別の代表的な転写抑制因子であるBlimp-1（コードしている遺伝子はPrdm1）と互いに拮抗的に転写を制御し合っていると考えられている[15]．Bcl-6のプロモーター上にはBlimp-1の，Blimp-1のプロモーター上にはBcl-6の結合部位が存在する．GC B細胞ではBcl-6が高発現し，Blimp-1の発現が抑制されている．一方，抗体産生細胞であるプラズマ細胞の分化では，Blimp-1が高発現し，Bcl-6の発現が抑制されている．同様なことが，T細胞においてもみられ，エフェクターCD8$^+$ T細胞ではBlimp-1の発現が高く，Bcl-6の発現は抑制されている．一方，メモリーCD8$^+$ T細胞への分化では，Bcl-6が高発現し，Blimp-1の発現が抑制されている．そのほかに，STAT5, IRF-4はBcl-6の転写を抑制する．さらに，最近，FBXO11を含むSKP-CUL1-F-box proteinユビキチンリガーゼ複合体によって，Bcl-6がユビキチン化され，プロテアソームで分解されること，FBXO11遺伝子の変異や欠損がDLBCLで認められることが報告された[16]．

4）ノックアウトマウスの表現型

Bcl-6ノックアウトマウスは，メンデルの法則にしたがって生まれ，大きさも正常である．しかし，生後数日から3週間程度で，成長の遅延と健康障害が認められはじめ，5週齢で80％程度死亡する[17]．生存個体では，Th2型サイトカインの過剰産生が認められ，その結果，好酸球増加症を伴う心筋炎や肺血管炎を発症する．さらに，T細胞依存抗原による胚中心形成の欠損や，メモリーT細胞の分化障害が認められる[18)19]．また，アポトーシス促進分子であるBaxの発現上昇を伴う精母細胞の細胞死によって，精子数が減少する[20]．最近，Bcl-6ノックアウトマウスが，骨粗鬆症を発症することが報告された[21]．

5）機能・疾病とのかかわり

免疫系におけるBcl-6の代表的な機能として，胚中心形成，プラズマ細胞への分化抑制，メモリーT細胞の形成，破骨細胞の分化抑制等があげられる．特に，胚中心

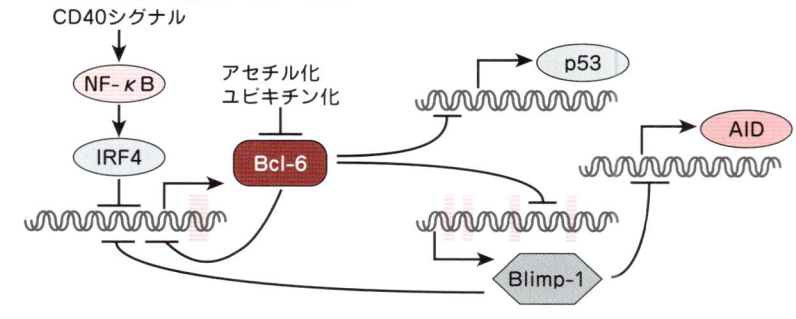

図4 Bcl-6の構造と機能

A) Bcl-6の構造．N末端にBTB領域があり，続いて抑制部位と呼ばれるリンカー領域，C末端側に6個のZnフィンガー領域がある．B) B細胞におけるBcl-6の発現機構と機能．Bcl-6の発現は，CD40シグナル経路，Blimp-1，またはBcl-6自身によって抑制されている．さらに，Bcl-6の機能は，アセチル化，ユビキチン化によって抑制される．Bcl-6は，p53の発現を抑制し，GC B細胞の細胞周期の停止やDNA修復などを抑制する．さらに，Bcl-6は，Blimp-1の発現を抑制し，プラズマ細胞への分化を阻害するとともに，AIDの発現を誘導し，体細胞突然変異やクラススイッチを促進する

形成では，Bcl-6は，GC B細胞とT$_{fh}$細胞のマスターレギュレーターである．Bcl-6は，GC B細胞への分化や，p53を介した増殖促進やDNA損傷応答の抑制，AIDによる抗原に対する親和性の成熟（affinity maturation）に重要である．一方，Bcl-6のT$_{fh}$細胞における機能は完全に解明されていない．その機能は，おそらく，ケモカイン受容体CXCR5発現を惹起することによって濾胞への移動を促進すること，他のヘルパーT細胞のようなエフェクターサイトカインの産生を抑制することであると推測される．

ヒト疾患では，びまん性大細胞リンパ腫の45％のDLBCLでBcl-6の転座が起こっており，約70％でBcl-6遺伝子の5′制御領域に，点変異が認められる．

【抗体・cDNAの入手先】
抗体はサンタクルズ社，Cell Signaling Technology社，Biolegend社等，多数の業者より入手可能である．

【データベース（EMBL/GenBank）】
ヒト：variant 1；NM_001706.4,
variant 2；NM_001130845.1,
variant 3；NM_001134738.1
マウス：NM_009744.3

5 AID

Keyword

▶ フルスペル：activation-induced cytidine deaminase

1) イントロダクション

AIDはクラススイッチ反応（CSR）誘導時のB細胞株から単離され[22]，その発現分布からCSRを制御する分子として期待された．その後のノックアウトマスの解析から，AIDがCSRに必須の分子であり，さらに体細胞突然変異（somatic hypermutation：SHM）にも関与することが明らかとなった[23]．AIDは当初，RNAシチジンデアミナーゼであるとされた．しかし現在，AIDの主な機能はDNAシチジンデアミナーゼであるとされている．

2) 分子構造

AIDはRNAシチジンデアミナーゼであるAPOBEC-1

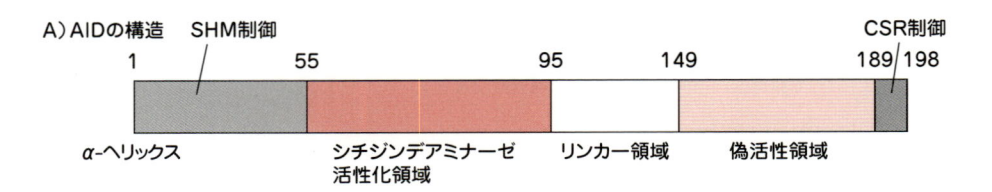

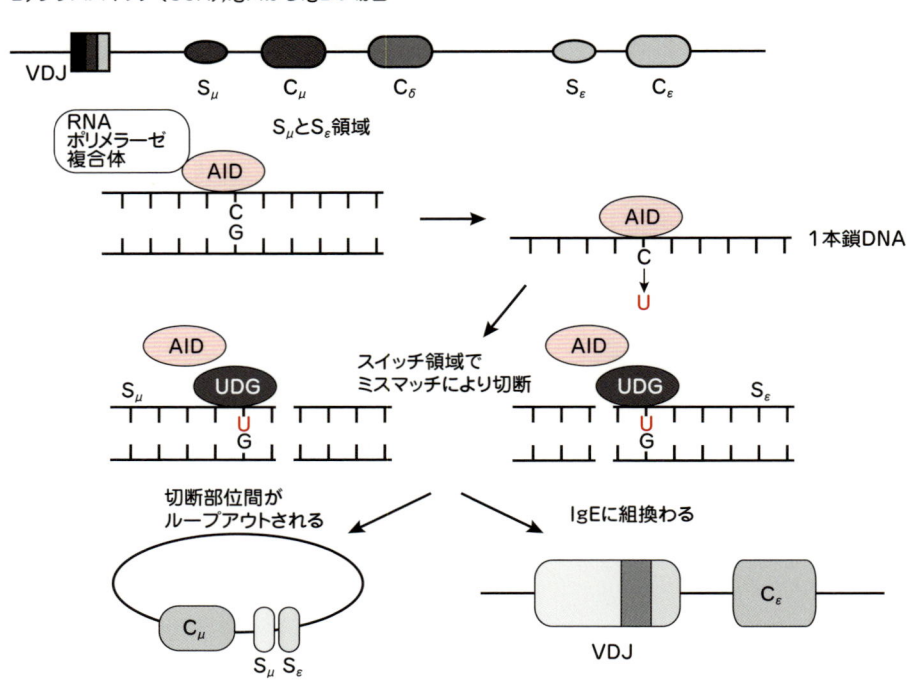

図5 AIDの構造と機能
A) AIDの構造. B) AIDによるクラススイッチの制御モデル. AIDによって, 1度の細胞周期の間に, S領域（S_μとS_ε）にシチジンからウラシルへの変異が誘導される. その後, U:Gミスマッチによって DNA切断が惹起され, 切断部位の除去と修復によりIgのクラススイッチが完了する

と相同性がある約24 kDaの198アミノ酸から成る分子である（**図5A**）. AIDは, N末端でSHMを制御し, C末端10アミノ酸程度でCSRを制御する. AIDが認識するコンセンサス配列はWRCYであり, この配列中のシトシンを脱アミノ化する.

3）発現様式

AIDは組織では, パイエル板やリンパ節で発現している. 特に, 免疫後に2次リンパ器官で形成される胚中心において, 特異的に発現が誘導される. AIDは活性化B細胞に特異的に発現し, LPS, IL-4やTGF-βは単独の刺激でAIDの発現を誘導する. CD40L刺激, BAFF刺激は単独ではAIDの発現をあまり誘導できないが, IL-4等と相乗的に機能する. IL-4刺激はSTAT6依存性であり, CD40からのシグナルはNF-κBのうち少なくともp50には依存している. また, B細胞の分化に必須の転写因子Pax5がAIDのプロモーターに結合し, 転写活性を示すこと, さらにId2がPax5のAIDに対する転写活性を抑制することから, Pax5とId2もAIDの発現に重要であると考えられる. AIDは, non-coding RNA（**第2部-25**参照）であるmiR-155とmiR-181bによっても発現が抑制されている[24]．

4）ノックアウトマウスの表現型

AIDノックアウトマウスでは, T細胞, B細胞の分化は正常である. しかし, B細胞の免疫応答形成にとって

重要な免疫グロブリンのCSRが完全に欠損し，SHMも欠損している．その結果，血清中のIgMが2，3倍に増加する[23]．また，このマウスでは，パイエル版の肥大化と小腸にある孤立リンパ小節の数の増大が認められる．これは，SHMやIgAへのCSRが起きないため，腸管粘膜のIgM+B細胞が嫌気性腸内細菌によりポリクローナルに活性化されていることが原因であると考えられる[25]．

5）機能・疾病とのかかわり

AIDはノックアウトマウスの解析から明らかなように，B細胞におけるCSR，SHM，gene conversionで機能しており，これらの現象におけるマスター分子である．AIDは，一本鎖DNAのCに作用しUへ変換する酵素であり，一本鎖DNAはS（図5B，S_μとS_ϵの場合）領域RNA転写により形成されることが明らかにされた[26]（図5B）．AIDによるCSRの制御には，C末端の10アミノ酸が必須であり，SHMの制御にはN末端，特に23番目のグリシンが重要である．AIDは，urasil DNA glycosylase（UDG）と協調して，CSRやSHMを制御している働いている[27]．しかし，C末端の10アミノ酸によるCSRの制御機構は依然として不明である．また，AIDがどのようにしてS領域へ動員されるのか長い間不明であったが，RNAポリメラーゼII（Pol II）のstalling factorであるSpt5がAIDと直接結合し，AIDとPol IIの結合を促進し，S領域へAIDを動員することが明らかにされた[28]．

ヒトの疾病では，高IgM症候群のII型（HIGM2）において，AID遺伝子上に多数の変異が認められ，AIDがこの病気の原因遺伝子である．また，Bcl-6の転写制御領域に変異を誘導することも知られている．さらに，ピロリ菌感染によるAIDの高発現が胃上皮細胞のp53の変異を惹起し，がんの発症にかかわることが明らかにされた[29]．

【抗体・cDNAの入手先】

抗体はサンタクルズ社，eBioscience社，アブカム社などさまざまな業者から入手可能である．

【データベース（EMBL/GenBank）】

ヒト：NM_020661.2

マウス：NM_009645.2

参考文献

1) Korn, T. et al.：Annu. Rev. Immunol., 27：485-517, 2009
2) Vinuesa, C. G. & Cyster, J. G.：Immunity 35：671-680, 2011
3) Ho, I. C. & Glimcher, L. H.：Cell, 109：S109-S120, 2002
4) Szabo, S. J. et al.：Annu. Rev. Immunol. 21：713-758, 2003
5) Pai, S. Y. et al.：Immunity, 19：863-875, 2003
6) Pai, S. Y. et al.：Proc. Natl. Acad. Sci. USA, 101：1993-1998, 2004
7) Usui, T. et al.：Immunity, 18：415-428, 2003
8) He, Y. W. et al.：Immunity, 9：797-806, 1998
9) Jetten, A. M.：Nucl. Recept. Signal., 7：e003, 2009
10) Ichiyama, K. et al.：Immunity, 34：741-754, 2011
11) Kurebayashi, S. et al.：Proc. Natl. Acad. Sci. USA, 97：10132-10137, 2000
12) Sun, Z. et al.：Science, 288：2369-2373, 2000
13) Okamoto, K. et al.：Nature, 464：1381-1385, 2010
14) Parekh, S. et al.：Leuk. Lymphoma, 49：874-882, 2008
15) Crotty, S. et al.：Nat. Immunol., 11：114-120, 2010
16) Duan, S. et al.：Nature, 481：90-93, 2012
17) Dent, A. L. et al.：Science, 276：589-592, 1997
18) Pepper, M. et al.：Immunity, 35：583-595, 2011
19) Ichii, H. et al.：Nat. Immunol., 3：558-563, 2002
20) Kojima, S. et al.：Development, 128：57-65, 2001
21) Miyauchi, Y. et al.：J. Exp. Med., 207：751-762, 2010
22) Muramatsu, M. et al.：J. Biol. Chem., 274：18470-18476, 1999
23) Muramatsu, M. et al.：Cell, 102：553-563, 2000
24) Gonda, H. et al.：J. Exp. Med., 198：1427-1437, 2003
25) Fagarasan, S. et al.：Science, 298：1424-1427, 2002
26) Chaudhuri, J. et al.：Nature, 422：726-730, 2003
27) Li, Z. et al.：Nat. Immunol., 4：945-946, 2003
28) Pavri, R. et al.：Cell, 143：122-133, 2010
29) Matsumoto, Y. et al.：Nat. Med., 13：470-476, 2007

参考図書

◆『Bio Science新用語ライブラリー免疫』（斉藤　隆，竹森利忠/編），羊土社，2000

第2部 キーワード解説　生命現象からみたシグナル伝達因子

15 炎症
inflammation

吉村昭彦

Keyword
❶プロスタグランジンE2（PGE2）　❷TNFα　❸Th1/2/17
❹抗炎症性サイトカイン（IL-10, TGF-β）

概論 Overview

1. 炎症とは

　炎症とは，感染もしくは外傷などにより生体が有害な刺激を受けたとき，あるいはアレルギーや自己免疫によって免疫応答が働いたときに生体に出現する現象で，発赤，熱感，腫脹，疼痛を「炎症の4徴候」さらに機能障害を含めて「炎症の5徴候」ともいう．臓器内炎症の場合は発赤や熱感は自覚されない場合があるが，基本的には好中球，マクロファージ，リンパ球などの炎症細胞の集積によって引き起こされる．

　発赤や熱感は炎症部位の血管が拡張することにより生じる血流の増加が原因である．腫脹・疼痛は血管透過性が亢進して浮腫ができたり，C線維を刺激することで内因性発痛物質が出現することで起こる．代表的な血管拡張物質は肥満細胞から放出されるヒスタミンである．またブラジキニンは血管透過性を亢進し浮腫や疼痛を誘導する．ついで好中球，単球，マクロファージが病巣に浸潤しプロスタグランジンE2（PGE2）（→keyword❶）などの化学炎症メディエーターが産生され血流の増加や炎症細胞の集積を促す．さらに獲得免疫系が活性化されるとT細胞を中心としたリンパ球の浸潤が起こる．この一連の過程で炎症性サイトカイン（TNFα，IL-1β，IL-6，IL-12，IL-23，IFNγ，IL-17など）が重要な役割を果たす．また全身性の炎症応答も炎症性サイトカインによって起こる．炎症の原因には感染，アレルギー，自己免疫などさまざまなタイプがある（イラストマップ）．また，炎症は組織破壊をもたらすことも多く，微生物等の排除が完了したら適切に制御され，終息されなければならない．したがって，抗炎症に働く抑制性T細胞や抗炎症性サイトカイン（IL-10，TGF-βなど）（→Keyword❹）が，生体の恒常性維持のために重要である．

2. 化学炎症メディエーター

　炎症メディエーターとは，損傷された組織，および炎症部位に浸潤した白血球や肥満細胞，マクロファージなどから放出される生理活性物質で血管透過性亢進，血管拡張，白血球の遊走・浸潤，組織破壊などの作用を引き起こす．プロスタグランジン類やロイコトリエン，ブラジキニン，セロトニン，ヒスタミンなどが含まれる．さらに好中球やマクロファージが産生する活性酸素や一酸化窒素（NO）も含まれる．

3. 炎症性サイトカイン

　感染や外傷によって活性化された自然免疫系細胞（主にマクロファージ）からはTNFα（→keyword❷），IL-1，IL-12，IL-6，IL-23などの炎症性サイトカインが産生される．IL-1やTNFαは感染局所において血管内皮細胞に作用して好中球等の白血球を感染部位に集積させる．しかし重度の感染症などで全身性に放出されると視床下部においてプロスタグランジン産生を誘導し発熱を引き起こす．IL-6は肝臓からCRPなどの急性期タンパク質の誘導，T細胞やB細胞の生存促進，抗体産生促進，発熱，血小板増加などがある．IL-12はNK細胞やT細胞（Th1）（→keyword❸）に作用してインターフェロンγ（IFNγ）産生を，IL-23はT細胞（Th17）に作用してIL-17を誘導する．IFNγはマクロファージを活性

イラストマップ 炎症の細胞応答

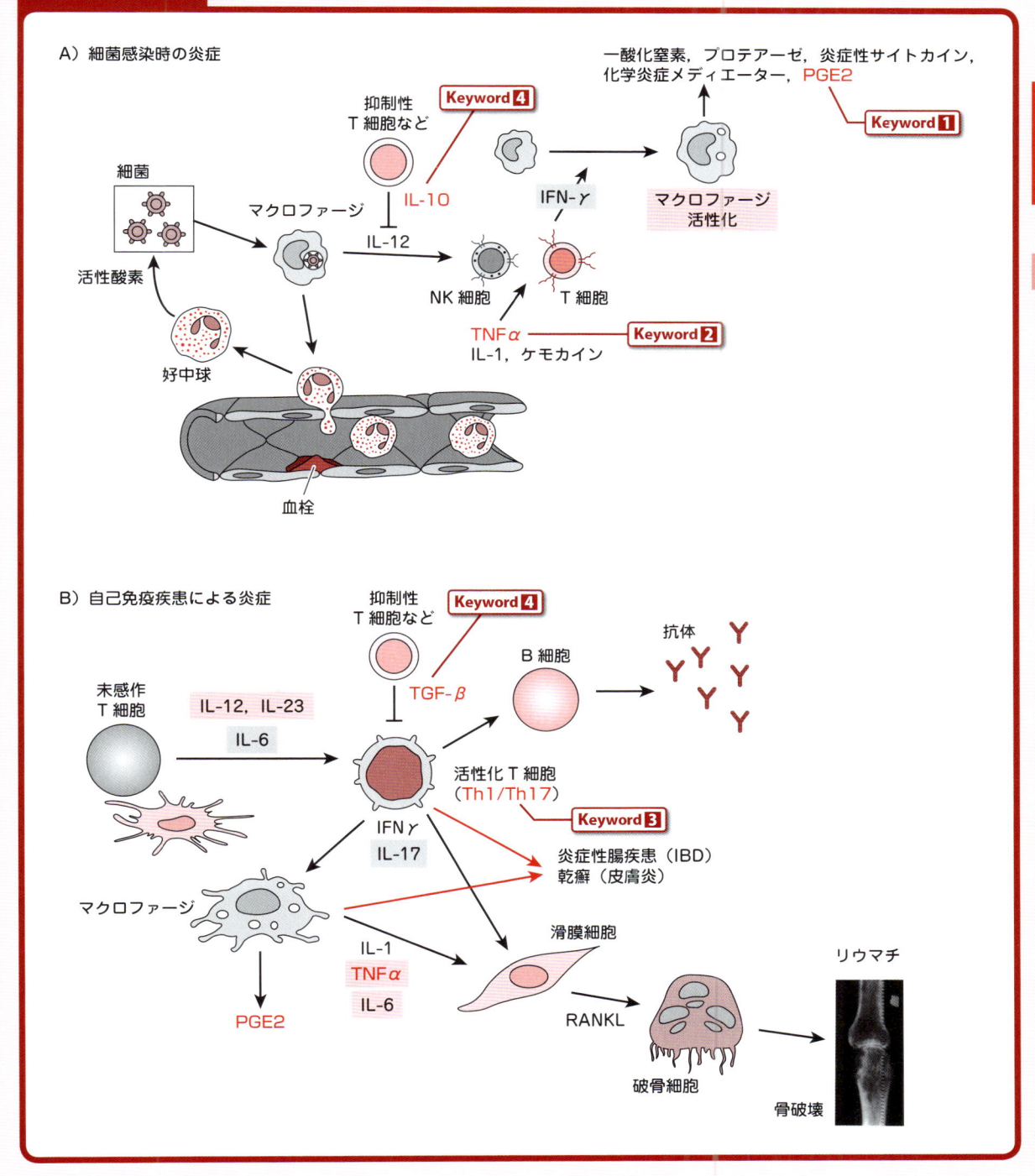

A) 細菌感染時の炎症

B) 自己免疫疾患による炎症

化し，IL-17は主に好中球を主体とした炎症をもたらす（イラストマップ）．また各種ケモカインは白血球，リンパ球を炎症部位に集積させ，特徴的な炎症像をもたらす．

キーワード解説

Keyword 1 プロスタグランジン E2（PGE2）

1）イントロダクション

PGE2 はホスフォリパーゼ A2 によって生成したアラキドン酸がシクロオキシゲナーゼ（COX）とプロスタグランジン合成酵素（PGES）の経路を経て合成される．PGE2 受容体は EP1，EP2，EP3，EP4 の 4 種類が知られている．すべて G タンパク質共役型受容体でそれぞれ発現部位が異なり特徴的な生理活性を有する．

2）受容体の発現と機能

EP1 受容体は G_q と共役して Ca^{2+} 濃度上昇を引き起こす（図1）．肺，腎集合管で発現が高い．平滑筋収縮，ストレス反応（ACTH 分泌等）に関与する．EP2 受容体は G_s と共役し，cAMP 濃度上昇をもたらす．気管支や血管の平滑筋（弛緩），上皮細胞（分泌），肥満細胞（遊離抑制），知覚神経終末（熱感受性増大）に作用する．EP3 受容体は G_i と共役し，cAMP 濃度低下をもたらす．自律神経終末（遊離抑制），脂肪組織（HSL による中性脂肪分解抑制），胃（胃酸分泌を弱く抑制），胃腸管や子宮や血管の平滑筋（収縮），腎遠位尿細管（Na^+ 再吸収抑制），発熱に寄与する．EP4 受容体は G_s と共役し cAMP 濃度上昇をもたらす．PI3 キナーゼも活性化する．静脈，気管，子宮，動脈管の弛緩に働くほか，骨代謝，免疫抑制にも作用する．PGE2 によって上昇する cAMP が CREB などを介して c-Fos や ICER を誘導し NF-kB の活性を抑制する．このために TNFα などの産生が抑制される．一方で PGE2 は IL-23 の産生を亢進させるので Th17 の誘導が促進される[1]．

3）ノックアウトマウス

PGE2 受容体のノックアウトマウスは成宮らによって作製され詳細な解析がなされている[2]．ここでは炎症に関連するものだけ簡単に取り上げる．EP1 はナイーブ T 細胞に発現しており，EP1 欠損マウスは接触皮膚炎モデルに抵抗性であることから EP1 は Th1 分化に重要である．EP3 欠損マウスは LPS や IL-1β などによる発熱が起きないことから脳内 EP3 が発熱に必須であることがわかる．しかし気道のアレルギー応答が増強されており PGE2 は気道上皮の EP3 受容体に働き，ケモカインやその他の炎症・気道リモデリング関連遺伝子の mRNA レベルを低下させ，アレルギー炎症の進展を抑制する働きがあることがわかっている．EP4 欠損マウスの多くは出生直後に動脈管系の異常により死亡する．生存 EP4 欠損マウスでは接触過敏皮膚炎が軽減していることから EP4 はこの系では炎症促進に作用する．一方で EP4 欠損はデキストラン硫酸によって誘導される腸炎が増悪化し，逆にアゴニストは腸炎を軽減させる．したがって EP4 には粘膜保護作用や免疫抑制作用があると考えられる[3]．

4）疾患とのかかわり

PGE2 合成を抑制する薬剤（NSAIDs）は解熱，抗炎症作用を有するが，消化管粘膜の損傷を起こしやすい．これは PGE2 が EP4 を介して消化管上皮細胞の生存や免疫抑制に重要である可能性を示している．

【抗体・cDNA の入手先】

各 PGE2 受容体抗体はサンタクルズ社，アブカム社などから販売されている．

【データベース】

PTGER4 Prostaglandin E2 receptor EP4 subtype の遺伝子情報は HGNC：9596，Entrez Gene：5734，Ensembl：ENSG00000171522，OMIM：601586，UniProtKB：P35408．詳細は Gene Cards（http://www.genecards.org/cgi-bin/carddisp.pl?gene=PTGER4）を参照．

Keyword 2 TNFα

1）イントロダクション

TNF（tumor necrosis factor）は α と β があり，一般的に TNF と呼ばれるものは TNFα であり，TNFβ はリンフォトキシン（LT）と呼ばれることが多い．TNFα は主に Toll-like receptor などの刺激を受けたマクロファージや樹状細胞，マスト細胞から産生され，細胞膜に存在するマトリックスメタロプロテアーゼ〔TNF-alpha converting enzyme（TACE）など〕により切断されて 17 kDa の分子として細胞外に遊離する．低濃度の TNFα は感染局所において血管内皮細胞に作用して E セレク

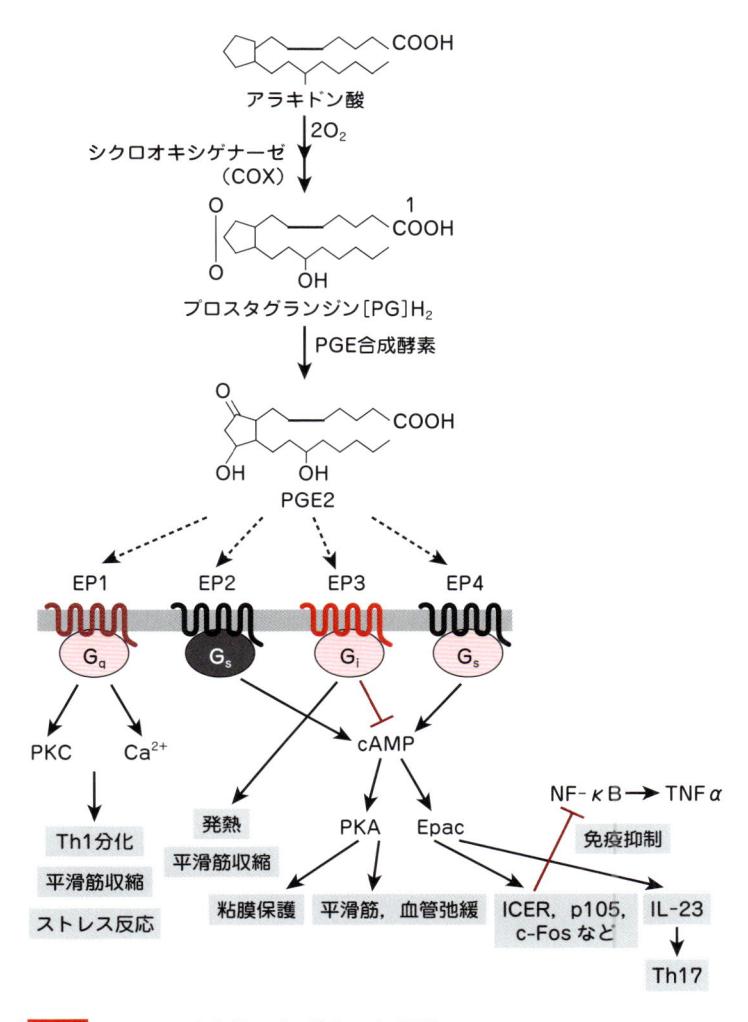

図1 PGE2受容体のシグナルと機能

チン，VCAM1，ICAM1やIL-1，ケモカインを誘導し好中球等の白血球を感染部位に集積させる．重度の感染などによってTNFαが全身性に放出されると視床下部においてプロスタグランジン産生を誘導し発熱を引き起こす．また骨髄からの白血球を産生と動員を増強する．長期間にわたってTNFαが存在すると脂肪の代謝障害と食欲減退が起き，悪液質（cachexia）と呼ばれる症状を引き起こす．さらにTNFαが高濃度になると血圧低下，血栓症，低血糖症を起こしいわゆるseptic shock（endotoxin shockあるいは敗血症）を呈する．またTNFαは慢性の炎症でも重要な役割を果たしている．たとえば関節炎リウマチやクローン病において抗TNF抗体療法が奏効する．

2）TNFα受容体とシグナル

TNFα受容体（TNFR）はp55とp75の2種類が知られているがシグナルを伝えるのはp75である．TNFαと結合すると三量体化し，細胞内領域のdeath-ドメインにTRADD-RIP1-TRAF2といったアダプターを介してI-κBキナーゼ（IKK）複合体とp38，JNK型のMAPキナーゼを活性化する（図2）．JNKはc-junをリン酸化してAP-1転写因子を活性化する[4]．一方NF-κBは通常I-κBと呼ばれる制御タンパク質と複合体を形成し，不活型で細胞質に局在している．I-κBはIKKによりリン酸化されるとユビキチン化され分解される．I-κBが外れたNF-κBは核内に移行し転写因子として作用する．IKKはIKKαとIKKβのリン酸化酵素サブユニットとNEMO

(IKKγ) 調節サブユニットから成る複合体で，この酵素活性自体もTRAFやユビキチン化によって調節されている．またIKKは，TNFαからだけではなくIL-1やTLR，T細胞受容体，B細胞受容体からのシグナル伝達にも関与しNF-κBを活性化する．高濃度のアスピリンはIKKの酵素活性を抑制する．NF-κBについては第1部-7参照．

3）疾患とのかかわり

慢性炎症性疾患である関節リウマチでは臨床においてTNF-αが中心的な役割を果たすことがわかっている．TNF-αは骨吸収を促進するサイトカインの1つとして知られており，間質細胞などに作用してRANKLと呼ばれる分子の産生を促進し破骨細胞を増加させる（イラストマップ，第2部-23参照）．また乾癬の進行にも関与する．脂肪酸産生促進のほかインスリン抵抗性にも関与する．急性炎症においては末梢血管拡張による急激な血圧低下（敗血症性ショック）や播種性血管内凝固症候群（DIC）を引き起こす．

【抗体・cDNA の入手先】

TNFR（TNFRSF1A）抗体はメルクミリポア社，シグマアルドリッチ社，R＆Dシステムズ社，Cell Signaling Technology社などから販売されている．

【データベース】

TNFR（HGNC：11916, Entrez Gene：7132, Ensembl：ENSG00000067182, OMIM：191190, UniProtKB：P19438）

Keyword 3 Th1/2/17

1）イントロダクション

自然免疫（第2部-13参照）に引き続き抗原提示細胞は抗原依存的にT細胞を活性化し獲得免疫（第2部-14参照）を惹起する．T細胞はサイトカインによってTh1/2/17に分化しさらにエフェクターサイトカインを産生して機能を発揮する（図3）これらのヘルパーT細胞サブセットをエフェクターヘルパーT細胞と総称し，各サブセットから放出されたサイトカインは自然免疫系の細胞

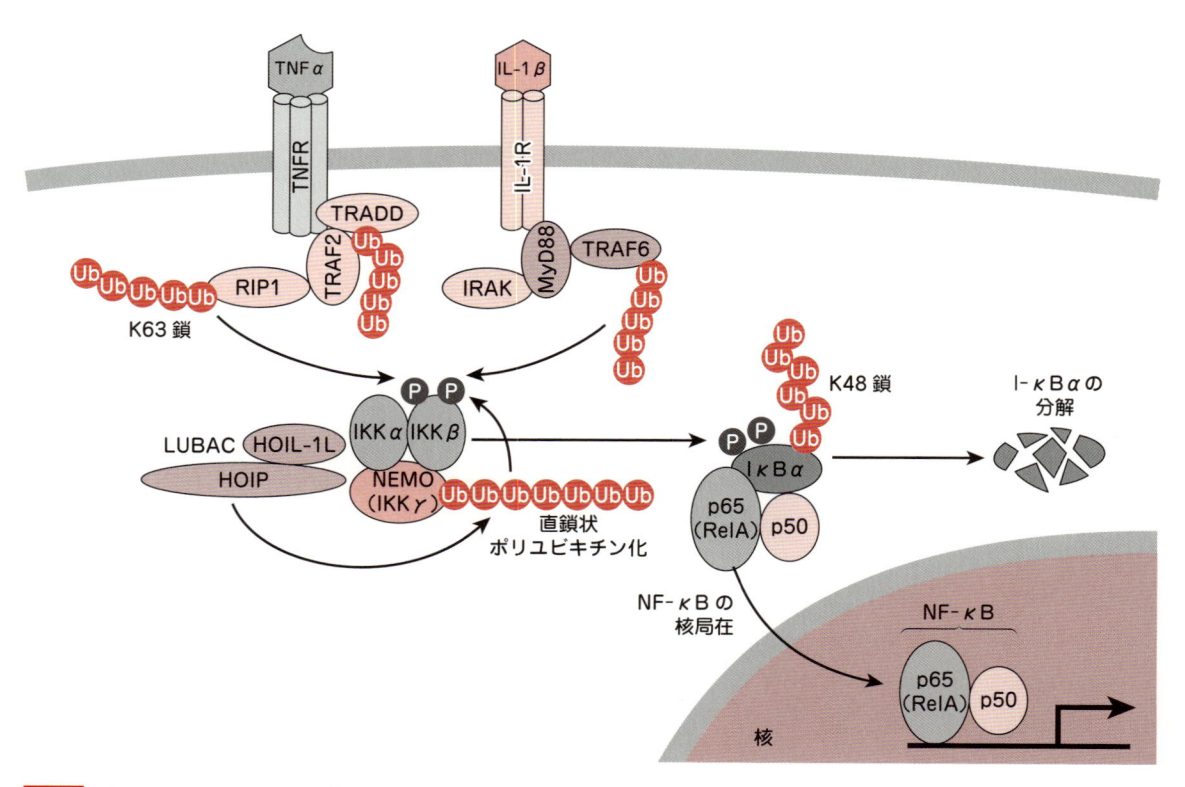

図2 TNFα，IL-1βのシグナル
文献4を元に作成

を活性化，動員したりB細胞に抗体産生を促し，それぞれに特徴的な病理像をもたらす．

2）各ヘルパーT細胞の機能

Th1細胞は主にIFNγを産生しマクロファージなど単核細胞中心の炎症反応が起こる．感染においてTh1細胞が優位に働くと肉芽腫が形成され，感染が局所に封じ込められる．一方Th2細胞はIL-3，IL-4，IL-5，IL-13などのTh2サイトカインを産生し主に好酸球，マスト細胞を中心とした寄生虫感染防御にかかわる．しかし，IL-4によってB細胞から産生されるIgEはマスト細胞を介してアレルギー反応を起こす．IL-5は好酸球を誘導し皮膚炎や喘息に関与する造血因子でもある．このためTh2は好酸球を主体とした炎症にかかわる．IL-3はマスト細胞の増殖因子としても働く．IL-13は粘膜上皮細胞の分化を促進し粘液の産生を促し病原体の排除に寄与するが慢性の過剰な応答は気道過敏や腸炎に関与する．

近年IL-17を産生するTh17細胞が発見された．IL-17は多くの細胞に作用し，TNFα，G-CSFやCXCL1/2，IL-8などの好中球遊走ケモカイン等の産生を誘導する．G-CSFは好中球産生を促す造血因子である．よってTh17は好中球を主体とした強力な炎症を惹起する．またIL-17はβディフェンシンなどの抗菌ペプチドを誘導するほか，真菌感染の防御にも重要な役割を果たす（図3）．

Th17はTGF-βとIL-6の組合わせによってナイーブT細胞から初期分化が誘導される．IL-6＋TGF-βはIL-23受容体を誘導し，IL-23は分化したTh17を増幅，活性化および維持するのに必要である．さらにTh17はIL-21を分泌しオートクライン作用でTh17自身の増殖を促進する．IL-22もTh17から分泌され皮膚や粘膜細胞の保護や増殖にかかわる．Th17のマスター転写因子としてRORγtも発見されている．Th1においてはT-betがIFNγやIL-12受容体の発現に重要であり，またTh2においてはGATA3がIL-4やその受容体の発現に重要な役割を果たすように，Th17ではRORγtがIL-17やIL-23受容体の発現誘導に必須の役割を果たす．

Th1はマクロファージ，Th2は好酸球，Th17は好中球を主体とした炎症を起こす．

3）シグナル伝達

Th1を誘導するのに重要なIL-12はSTAT4を活性化し，Th2に必須のIL-4はSTAT6，Th17に必須のIL-6やIL-23はSTAT3を活性化する．IL-12とIL-23はサブユニットp40を共有し，IL-12受容体β2に会合する．Th1から放出されるIFNγはSTAT1を活性化する．これらのシグナルを図4にまとめた．

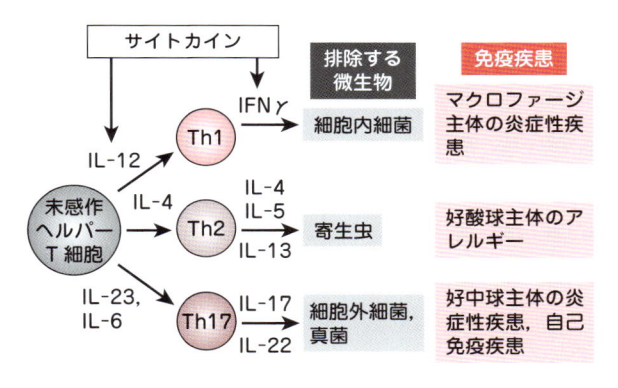

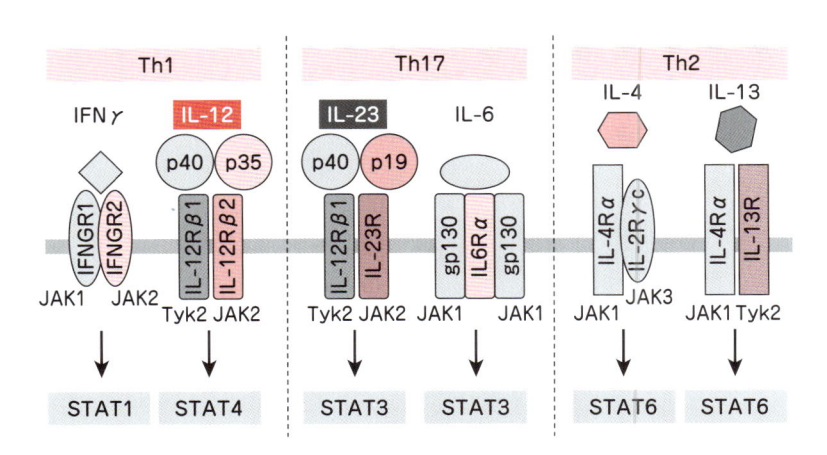

図3 3種類のヘルパーT細胞

図4 ヘルパーT細胞の分化を規定するJAK/STAT経路

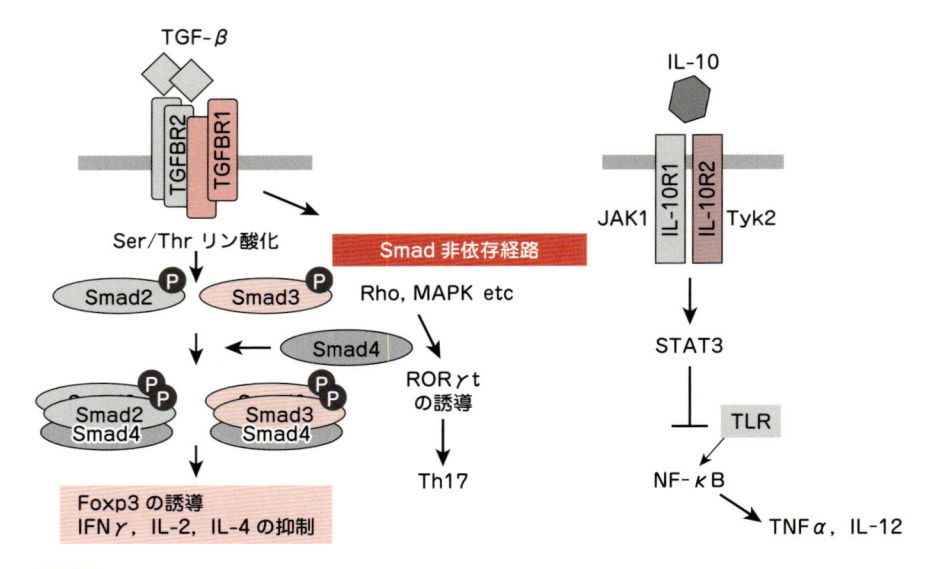

図5 TGF-β受容体とIL10受容体のシグナル伝達

4) 疾患とのかかわり

ヒトでSTAT3の機能が不全の患者は高IgE血漿を示すほかTh17が誘導されにくくカンジダなどの真菌感染に易感受性である[5]．またSTAT1欠損患者は結核やウイルス感染に易感受性である．

Keyword
4 抗炎症性サイトカイン

1) イントロダクション

炎症反応は生体にとっては組織破壊をもたらすことが多く，適切に制御され，微生物等の排除が完了したら終息されなければならない．また常在菌には反応しないなど閾値も必要である．したがって抗炎症に働く分子も炎症性サイトカインと同じく重要である．抗炎症性サイトカインの代表はIL-10とTGF-βである．そのほか副腎皮質ホルモンやPGE2などの化学メディエーターも抗炎症に働く場合がある．そのほか最近IL-27とIL-35も免疫や炎症を抑制するサイトカインとして注目されている．

2) IL-10シグナル経路

IL-10は主にTh2細胞，もしくは抑制性T細胞（Treg）から産生される．マクロファージなどの自然免疫系の細胞も産生する．抗炎症性サイトカインとして有名であり主に活性化されたマクロファージや樹状細胞からのTNFαやIL-12, IL-6などのサイトカイン産生を抑制する．IL-10で刺激された樹状細胞はT細胞の活性化も抑制し，副刺激分子の発現が抑制されるほか，IL-10産生性のT細胞を誘導する．マクロファージからもネガティブフィードバック的にIL-10が産生される．

IL-10はSTAT3を介してTLR経路によるNF-κBの活性化を抑制する．STAT3がどのようなしくみでTLRシグナルを抑制するのか詳細は不明である．しかしgp130の変異受容体やSOCS3欠損マウスの解析からSTAT3が一過性ではなく恒常的に活性化されることが重要と考えられている．

3) TGF-βシグナル経路

TGFβもIL-10と同様に免疫抑制性サイトカインとして知られる．TGFβには3種類知られているが遺伝子破壊マウスの解析から免疫抑制にはTGFβ1が重要と考えられている．TGFβ1は全身の多くの細胞で産生されるが，T細胞では主にTregから分泌され末梢の免疫寛容，経口免疫寛容（食物に対して免疫反応を起こさないこと）に必須の役割を果たす．TGFβ1の重要な免疫抑制作用はIL-2やIFNγなどのサイトカインの産生抑制とFoxp3の誘導（iTreg, 図5）である[5]．

TGFβ1の主要なシグナルはSmad経路である．TGFβは受容体キナーゼがSmad2, Smad3をリン酸化し，それぞれ二量体化を誘導する．Smad2とSmad3はSmad4と三量体を形成して核に移行して転写を制御する．

Smad2とSamd3は機能的に重複してIFNγやIL-2やiNOSの産生を抑制し，同様に重複してFoxp3を誘導する．転写促進と転写抑制がどのような機構で識別されているのかは不明である．TGFβ1はSmad非依存性のシグナル経路も活性化し，Th17の誘導にはSmadは必須ではないことが証明されている[6]．この場合はRhoA経路，JNK経路などが必要と考えられる．

4）疾患とのかかわり

IL-10欠損マウスはマイルドな腸炎を自然発症する．これは消化管ではPGE2等他の抑制系が相補しているためと考えられる．マクロファージでSTAT3を欠失させると腸炎を発症するがこれはIL-10のシグナルが入らないためと考えられている．TGFβ1欠損およびSmad2/3の欠損マウスは重篤な炎症性疾患により生後1カ月以内に死亡する．

【抗体・cDNAの入手先】

TGFβ受容体：抗体はメルクミリポア社，シグマアルドリッチ社，R＆Dシステムズ社，Cell Signaling Technology社などから販売されている．

IL-10受容体：抗体はメルクミリポア社，シグマアルドリッチ社，R＆Dシステムズ社，Cell Signaling Technology社などから販売されている．

【データベース】

TGFBR1（HGNC：11772, Entrez Gene：7046, Ensembl：ENSG00000106799, OMIM：190181, UniProtKB：P36897）

TGFBR2（HGNC：11773, Entrez Gene：70482, Ensembl：ENSG000001635137, OMIM：190182, UniProtKB：P37173）

IL10RA（HGNC：5964, Entrez Gene：3587, Ensembl：ENSG00000110324, OMIM：146933, UniProtKB：Q13651）

IL10RB（HGNC：5965, Entrez Gene：3588, Ensembl：ENSG00000243646, OMIM：123889, UniProtKB：Q08334）

参考文献

1）Yao, C. et al.：Nat. Med., 15：633-640, 2009
2）Narumiya, S.：J. Mol. Med.（Berl），87：1015-1022, Epub, 2009
3）Chinen, T. et al.：Nat. Commun., 2：190, 2011
4）Iwai, K. & Tokunaga, F.：EMBO Rep., 10：706-713, 2009
5）Takimoto, T. et al.：J. Immunol., 185：842-855, 2010
6）Ichiyama, K. et al.：Immunity, 34：741-754, 2011

参考図書

◆ 田宮大雅，吉村昭彦：臨床検査増刊，55：1090-1098, 医学書院, 2011
◆ 『サイトカイン・増殖因子 用語ライブラリー』（菅村和夫，他/編），羊土社，2005
◆ 『サイトカインによる免疫制御と疾患』（吉村昭彦，他/編），実験医学増刊，28（12），2010
◆ 『慢性アレルギー炎症』（久保允人/企画），実験医学，30（6），2012
◆ 『慢性炎症の分子プロセス』（小川佳宏/企画），実験医学，28（11），2010

第2部 キーワード解説　生命現象からみたシグナル伝達因子

16 神経① 神経発生
neural development

吉川貴子，大隅典子

Keyword ❶Shh　❷ホメオドメイン型転写因子　❸bHLH型転写因子　❹Reelin

概論 Overview

1. 神経発生とは

　成体の脳が高度な高次機能を営むためには，胎生期に多種類のニューロンが分化して決まった位置に配置され，それらの間に正確な神経ネットワークが形成されることが必要である．この複雑な神経系の構築は，遺伝的プログラムによって制御される神経発生の初期過程と，ニューロンの電気的活動などに依存した後期過程によって引き起こされる．神経発生初期過程のメカニズムには，神経板の誘導，神経管のパターン形成，ニューロンとグリア細胞の分化，ニューロンの移動，ニューロンの軸索伸長，シナプスの形成がある．後期過程には，栄養因子に制御される細胞死（第2部-12参照），競合によって生じるシナプスの再編成，一生を通じて生じるシナプスの可塑的変化（第2部-17参照）が含まれる（これらについては各稿を参照されたい）．本稿では，神経発生初期過程の，神経管の背腹パターン化（Shh），脳の領域化（転写因子：ホメオドメイン型転写因子Pax6），ニューロン・グリアの分化（bHLH型転写因子），大脳皮質の層形成（Reelin）を代表例として取り上げて各現象を概説する．

2. シグナルの流れ

1）神経管のパターン形成

　脊椎動物では神経管のパターン化が起こる．未分化な神経上皮の集合である神経管が前後軸と背腹軸に沿って区画化され，それぞれの領域に個性が生まれる．背腹軸に沿った領域化には，脊索や底板から分泌されるShh（→Keyword❶）と蓋板から分泌されるBMP（第2部-21参照）などによって生じる濃度勾配がかかわる（イラストマップA）．これらのシグナルにより，神経管の背腹軸によって異なる転写因子の発現が開始する．Shhは神経管腹側部の未分化な神経上皮細胞に作用し，腹側特異的な遺伝子（*Nkx2.2*など）の発現の誘導と，やや背側に発現する遺伝子（*Pax6*など）の発現の抑制が起こり（イラストマップB），神経上皮のドメインごとに異なる**ホメオドメイン型転写因子**（→Keyword❷）が入れ子状に発現する．この転写因子の発現の組合わせにより神経分化のパターン化がもたらされる．

2）ニューロンとグリア細胞の分化

　神経上皮細胞は未分化な神経幹細胞であり，分裂して自己増殖をしながらニューロンやグリア細胞を生み出す（イラストマップC）．神経幹細胞からのニューロンやグリア細胞への分化にはNotchシグナル（第1部-11参照）が重要な役割を果たしている．Notchシグナルにより，**bHLH型転写因子**（→Keyword❸）であるHes1やHes5が発現すると，プロニューラル遺伝子と呼ばれるAscl1（Mash1），Neurog2（Ngn2），Atoh1（Math1），Neurod4（Math3）などの発現を抑制する．この働きにより，神経発生の初期には神経幹細胞の維持に，後期にはグリア細胞への分化に寄与する．一方，Notchシグナルが抑制されると，Hes1やHes5が発現せず，プロニューラル遺伝子が発現してニューロンへの分化が促進される．

3）ニューロンの移動・大脳皮質層形成

　神経上皮細胞から産生されたニューロンは移動を開始し，脳の各層へと配置される（イラストマップD）．大脳皮質においては，辺縁帯（MZ）に存在するカハールレチウス細胞から分泌される**Reelin**（→Keyword❹）タ

イラストマップ　神経発生

A) 神経管背腹方向パターン化
蓋板／背側化／BMP／HD型転写因子（Pax6など）［Keyword 2］／Shh［Keyword 1］／腹側化／底板／脊索

B) 転写因子発現様式
■ Pax6　■ Nkx2.2
終脳原基／間脳／中脳／峡部／r1〜r7／ロンボメア（菱脳分節）

C)
bHLH型転写因子［Keyword 3］／Ascl1, Neurog2, Neurod4, Atoh1／神経幹細胞／ニューロン／グリア細胞／Hes1, Hes5 ← Notch → Hes1, Hes5

D) 大脳皮質層形成
カハールレチウス細胞／放射状グリア／Reelin［Keyword 4］／神経幹細胞／MZ／CP／SP／inside-outの配置
CP：皮質板，SP：サブプレート

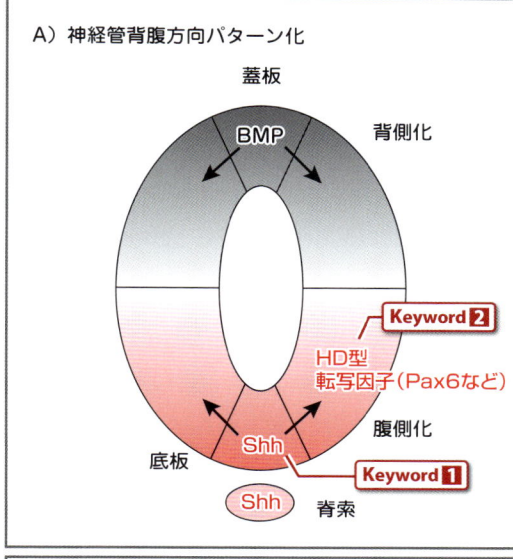

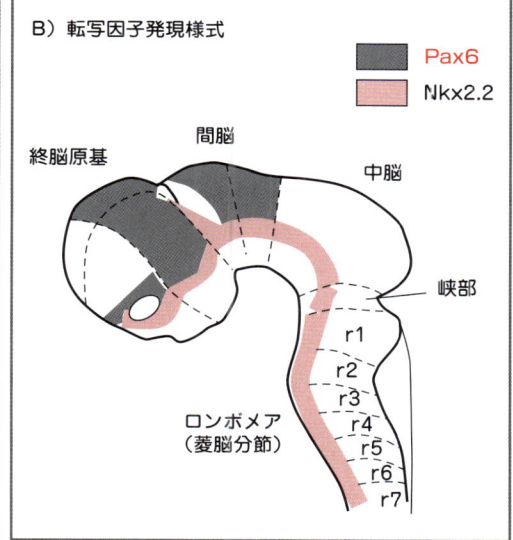

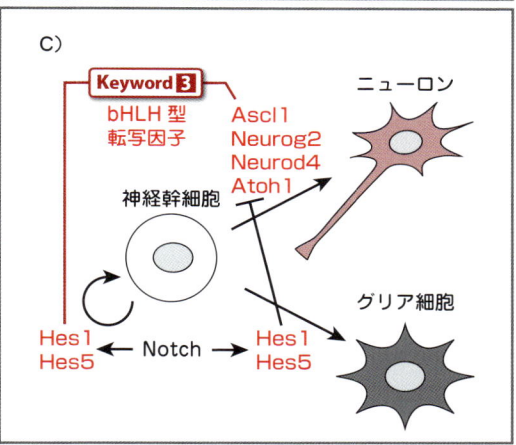

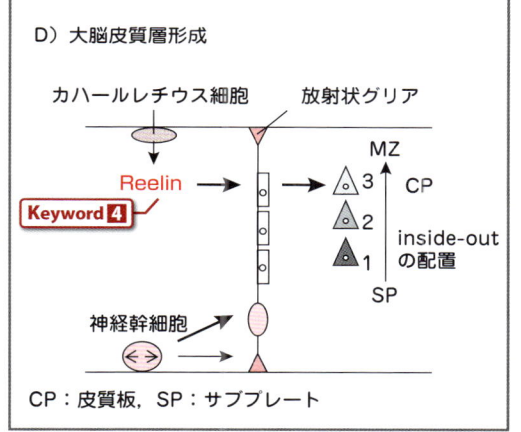

ンパク質がReelin受容体と結合し，神経細胞内にシグナルを伝える．大脳皮質では後から生まれたニューロンが，先に生まれたニューロンを乗りこえて放射状に移動するため，ニューロンの分化時期の順に深層から表層へinside-outの層構造を成す．

3. 臨床応用と今後の展望

脳という器官がどのようにしてできあがるのかを知る「神経発生」の分野においては，遺伝子レベルでの理解が飛躍的に進んできた．とくに近年では，ヒトのゲノムワイドな解析により，中枢神経系疾患の原因遺伝子が次々と同定され，そのなかには胎生期の脳で発現している遺伝子も多い．脳の発生にはかなりの部分が遺伝的なプログラムにもとづいているが，脳の発達や維持には環境的な要因が遺伝子発現に影響を与えるともいわれている．神経発生研究の医学への応用として，遺伝子発現に影響する環境因子を理解し，オーダーメイドのプロトコルを作成することにより，中枢神経系疾患の予防や効果的な治療法の確立につながることが期待される．

キーワード解説

Keyword 1 Shh

▶ フルスペル：sonic hedgehog

1）イントロダクション

ショウジョウバエのセグメントの極性決定にかかわる遺伝子群（segment polarity genes）の1つである*Hedgehog*（*Hh*）（第2部-22参照）の脊椎動物のホモログとして，*Shh*が報告された．

2）分子構造・立体構造

Hedgehogの全長ポリペプチドは自己プロテアーゼである．C末端側のドメインがプロテアーゼ活性をもち，自己消化により生じる約20 kDaのN末端側の断片がShhの活性を担っている．N末端側の断片はコレステロール修飾を受けて活性化し，細胞外へと分泌される．既知の分子とは類似性をもたない特異な分泌性シグナル分子である．

3）発現様式

脊索から分泌されるShhにより，神経管の腹側に底板（floor plate）という構造が誘導される．やがて底板からもShhが分泌されることにより，神経管腹側には，腹側が濃く背側が薄いShhの濃度勾配が形成される（図1A）．一方，背側の蓋板からはBMPやWnt（第1部-9参照）などの分泌因子が産生され，これはShhと逆向きの濃度勾配を神経管背側に形成する．

4）ノックアウトマウスの表現型

*Shh*ノックアウトマウスでは，底板と運動ニューロンが欠失する．前脳の腹側構造が欠損する全前脳症になる．

5）機能・疾病とのかかわり

Shhは神経管の腹側に濃度勾配をもって存在し，前脳から脊髄のすべてのレベルで神経管の腹側化を制御している．Shhは活性化型受容体Patchedを抑制し，Smoothenedへの抑制作用を解除する．Smoothenedは

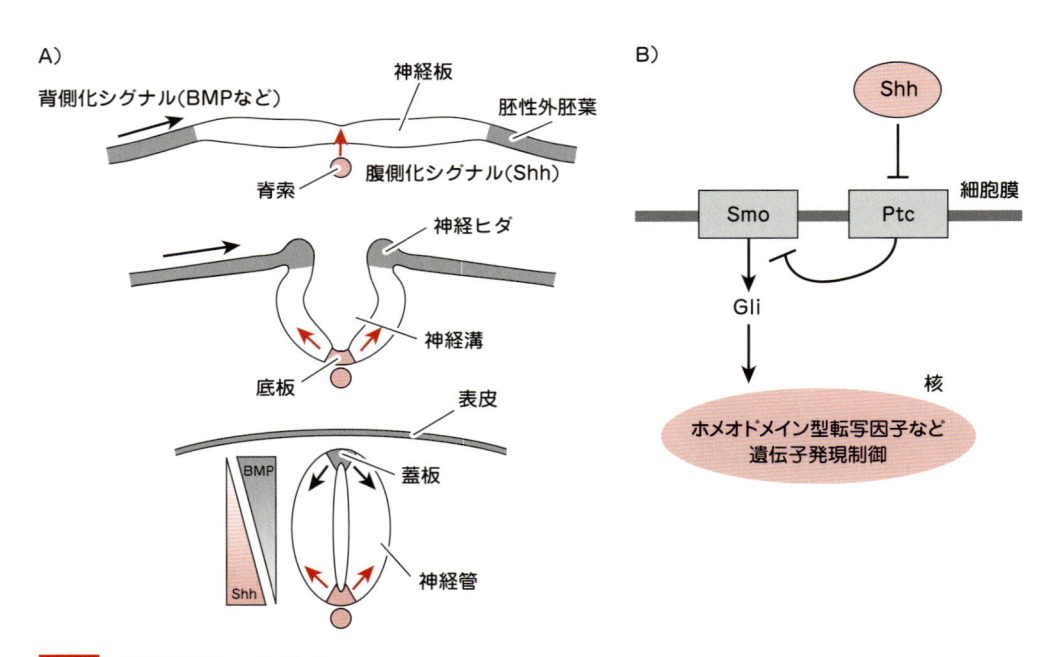

図1　神経管パターン形成

A）神経管形成期に線形管を構成する神経上皮は，脊索および底板から分泌される腹側化シグナル（Shh）と背側化シグナル（BMPなど）を受け取り，神経管の中にはそれぞれの濃度勾配が形成される．B）Shhは活性型受容体Patched（Ptc）に結合し，これを抑制する．Ptcは活性型のときにSmoothened（Smo）を抑制している．SmoはGli転写因子を活性化し，Gliは核へ移行し，標的遺伝子のスイッチを入れる．すなわちShhがある状態ではGliが活性化されるが，Shhがない状態ではGliが不活性となる

Gli型転写因子を活性化し，Gliは核へ移行し標的遺伝子のスイッチを入れる（**図1B**）．Gliによりホメオドメイン型転写因子などの遺伝子発現制御が行われている．菱脳・脊髄では，Shhによって発現が抑制されるクラスI型ホメオドメイン型転写因子群と，Shhにより発現が誘導されるクラスII型ホメオドメイン型転写因子群が知られている（**図2**）[1]．クラスI型転写因子とクラスII型転写因子には互いの発現を抑制し合う作用があり，この作用により明瞭な発現境界の形成が起こる．最終的にはその領域に発現しているホメオドメイン型転写因子の組合わせにより，背腹に沿ったニューロン前駆体ドメインが形成され，それぞれの領域に異なる種類のニューロンが分化する．また，上記以外でもShhは前後軸に沿った異なる領域でそれぞれ異なる遺伝子の発現の誘導を行っている．標的細胞が内在的にどのような遺伝子をもっているかによって，シグナル分子の最終的な生理作用が規定される．また，Shhには神経幹細胞の増殖を促進する働きやニューロン・グリア細胞の分化を抑制する働きがある．臨床では，Shhと全前脳胞症[2]・髄芽細胞腫，Gli3とグレイグ症候群，Ptc1と基底細胞母斑症候群とのかかわりが報告されている．

【抗体入手先】

＜アブカム社＞Shh（Cat# ab50515）：Rat IgG$_{2A}$
＜R＆Dシステムズ社＞Shh（Cat# AF445）：Goat IgG
＜サンタクルズ社＞Shh（Cat# sc-9024）：Rabbit IgG

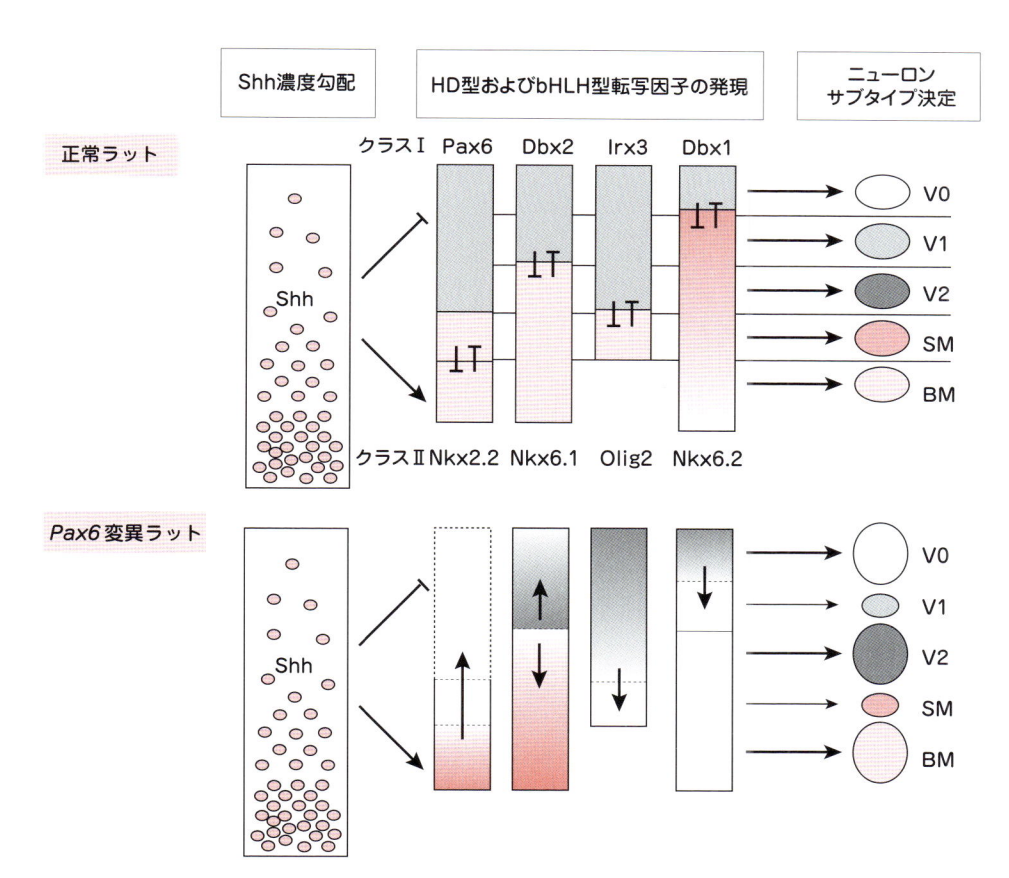

図2 Shhの濃度勾配と転写因子の発現の組合わせ（ラットE12.5〜E13の菱脳）

正常ラット：神経管腹側の底板からShhが分泌され濃度勾配を形成．高濃度のShhにより誘導されるクラスI転写因子群と抑制されるクラスII転写因子群に分けられる．これらの転写因子群の間の明確な発現境界は，それぞれの遺伝子が発現境界付近で互いの発現を抑制することにより起こる．この転写因子の組合わせに対応して，異なるサブクラスのニューロンが産生される．Pax6変異ラット：Nkx2.2の発現領域が本来Pax6の発現がみられる領域まで拡大する．また，Nkx2.2以外の明確な発現境界の形成が乱れる．この転写因子の発現境界の乱れにより，体性運動ニューロン（SM）がより腹側の性質をもつ鰓弓性運動ニューロン（BM）に変化し，またV1介在ニューロンも脊髄・菱脳レベルで消失する．

【データベース（GenBank）】
ヒト：NM_000193，マウス：NM_009170

Keyword
2 ホメオドメイン型転写因子

▶英文表記：homeodomain transcription factor
▶代表例：Pax6

1）イントロダクション

Pax遺伝子群は，ショウジョウバエのペアルール遺伝子Pairedのペアードドメイン（PD）と相同性をもつ遺伝子群として得られた，脊椎動物ホモログである．PD以外にホメオドメイン（HD）（完全なもの，あるいは不完全なもの），オクタペプチド（OP）の有無によって4つのグループに分類されている．Pax6はPax遺伝子群の1つであり，PDとHDをもつが，OPをもたないグループに属している．

2）分子構造・立体構造

Pax6は分子内にPDとHDの2つのDNA結合領域を有する転写因子であり，C末端側のPro, Ser, Thrに富む領域（PST）が転写活性化ドメインと考えられている．PDの6つのα-ヘリックス構造のうち，N末端側の3つとC末端側の3つを含む領域はそれぞれが別々のDNA配列への結合能をもつサブドメインであり，「paired」を二分して「PAI」と「RED」と呼ばれている．Pax6分子全長のDNA結合に重要なのはPAIとHDであるが，エキソン5aのコードする14アミノ酸残基が挿入されるとPAIの立体構造を破壊するため，Pax6（5a）はPax6のコンセンサス配列にはほとんど結合できず，代わりにREDとHDで別のDNAを認識するようになる．

3）発現様式

Pax6は，神経板期（数体節期：マウスE8.5）に，前脳区画および前耳溝以後の菱脳・脊髄で発現が開始する．神経管閉鎖後，脳胞期（約30体節期：マウスE10.5）には，終脳背側（将来の大脳皮質領域），間脳背側（将来の腹側・背側視床），菱脳・脊髄の脳外側で発現する．生後も脳室層，扁桃体，視床，海馬，小脳，下垂体などで発現がみられる．中枢神経系以外では，水晶体，角膜上皮，網膜神経上皮，嗅上皮，膵臓に発現している．

4）遺伝子変異マウスの表現型

自然発症Pax6突然変異マウスは小眼球マウスSmall

表 Pax6変異マウスおよびラットにみられる脳の形成異常

脳部位	表現型
前脳	前脳区画化の異常
	終脳パターニングの異常
	間脳低形成
	大脳皮質層形成異常
	皮質放射状グリア形成異常
	嗅球形成異常（ヘテロ，ホモ）
	側脳室からの細胞移動の異常
	TPOC異常
	後交連異常
	視床皮質路形成異常
	下垂体形成異常
小脳	小脳形成異常
菱脳・脊髄	運動ニューロン分化異常
	介在ニューロン分化異常
	オリゴデンドロサイト発生異常

eye（Sey）と呼ばれる．Seyは眼の形成異常のほか，中枢神経発生に重篤な異常をきたす（表，図2）．

5）機能・疾病とのかかわり

Pax6は脊椎動物における中枢神経系の前後軸・背腹軸に沿った領域化やニューロン分化に必須な遺伝子としてよく研究されてきた．Pax6は，Shhの項で記した菱脳・脊髄における運動ニューロン・介在ニューロン分化に関して，クラスI HDタンパク質とクラスII HDタンパク質との間に正確な境界形成を行うことを通じて菱脳腹側の区画化を制御する（図2）[3]．そのほかPax6には，前脳のコンパートメント形成，神経回路形成（後交連，TPOC，嗅索，視床皮質路），終脳背側ニューロン分化，小脳顆粒細胞の形成など多岐に渡る役割がある（表）．実際にヒトにおいて，PAX6遺伝子のヘテロ変異が先天無虹彩症の発生に関与し，大脳の前交連および脳梁の形成不全が起こることが報告されている．近年，自閉症患者サンプルの遺伝子解析からPAX6遺伝子に有為なSNP（一塩基変異多型）が同定された．われわれはPax6変異ラットの表現型について，自閉症スペクトラムのモデルとして検討している[4]．またPax6変異ラットの解析により，Pax6がグリア細胞の一種であるアストロサイトの増殖・分化に必要であること，成体の海馬におけるニューロン新生を制御することが明らかになっている[5]．

【抗体入手先】
＜Covance社＞Pax6（Cat#PRB-278P）：Rabbit IgG
＜メルクミリポア社＞Pax6（Cat# MAB5554）：Mouse IgG$_1$
＜MBL社＞Pax6（Cat# PD022）：Rabbit IgG

【データベース（GenBank）】
ヒト：NM_000280，NM_001604，NM_001127612
マウス：NM_001244198，NM_001244200，NM_013627，NM_001244201，NM_001244202

Keyword
3 bHLH型転写因子

▶英文表記：basic helix-loop-helix transcription factor

1）イントロダクション

1989年にE2A，daughterless，c-Myc，MyoD，Ascl1，Twistのアミノ酸配列上に類似の領域が見い出された．この領域はループで隔てられた2つのα-ヘリックスから成り，ヘリックス・ループ・ヘリックス（HLH）と名付けられた．*Hes*はショウジョウバエの*hairy*および*Enhancer of Split*〔*E*（*spl*）〕の脊椎動物ホモログとして同定された．*Ascl1*はショウジョウバエの*Achaete-scute*複合体の哺乳類ホモログである．古くからショウジョウバエのニューロン分化の変異体として知られていたが，遺伝子産物が同定され，bHLH型転写因子をコードしていることが明らかになった．

2）分子構造・立体構造

bHLH型転写因子はホモダイマーまたはヘテロダイマーとして機能し，Eボックスと呼ばれる共通のDNA配列（CANNTG）に結合する．bHLHモチーフのN末端側にはDNAとの結合に必要な塩基性（basic）に富む領域が存在し，HLH部位はダイマー形成に関与する．Hesファミリーに関しては，bHLH型転写因子とヘテロ二量体を形成してEボックスへの結合を阻害するのに加え，ホモ二量体を形成してNボックスを介して転写を抑制する機能をもつ．

3）発現様式

Hes1およびHes5は，発生過程の神経系において幹細胞に発現し，神経幹細胞の未分化性の維持に働いている．Ascl1，Neurog2，Atoh1，Neurod4などは神経幹細胞からニューロンに分化しつつある細胞で発現することから，プロニューラル遺伝子と呼ばれている．

4）ノックアウトマウスの表現型

*Hes1*ノックアウトマウスでは，神経管の形成不全，無脳症，小眼症が起こる．*Hes5*ノックアウトマウスでは，Hes5機能の大部分はHes1に補われるため異常は小さい．*Hes1*，*Hes5*のダブルノックアウトマウスでは，Notchによる分化制御が著しく抑制される．*Ascl1*ノックアウトマウスでは，自律神経系，嗅上皮，網膜，大脳等のニューロンに異常が起きる．

5）機能・疾病とのかかわり

bHLH型転写因子は，神経幹細胞の増殖・維持，神経幹細胞からのニューロン・グリアへの分化，ニューロンのサブタイプの決定にかかわっている[6)7)]．抑制型bHLH因子Hes1，Hes5は，発生初期にはニューロン分化を抑制し，前駆細胞を未分化な状態に維持する働きをもち，発生後期にはグリア細胞への分化を促進する役割を有する．Notchシグナル（第1部-11参照）によって発現するHesは，ホモ二量体を形成してNボックスと呼ばれるDNA配列に結合することで，活性型bHLH因子のAscl1やNeurog2の転写を抑制する（図3A）．Notchが抑制されると，Hesが発現せず，Ascl1やNeurog2などが発現する（図3B）．これらはEタンパク質とヘテロ二量体を形成し，ニューロン特異的遺伝子の転写を活性化し，ニューロン分化の促進に寄与する．成体においても神経幹細胞は側脳室および海馬歯状回に存在し，ニューロンが新生することが注目されているが，この領域でもNotchシグナルによる神経幹細胞の維持，プロニューラル遺伝子によるニューロン新生の促進が行われている．最近では，ヒトの繊維芽細胞にASCL1や他の転写因子を組合わせて導入することによって，ドーパミン作動性ニューロンが生み出されることがわかった[8)]．bHLH型転写因子を使用した神経幹細胞維持・ニューロンやグリアへの分化制御を行うことにより神経再生医療への応用が期待できる．

【抗体入手先】
＜サンタクルズ社＞
Hes1（Cat# sc-13842, 13844）：Goat IgG
Hes5（Cat# sc-13860）：Goat IgG
＜アブカム社＞
Hes5（Cat# ab25374）：Rabbit IgG
＜ベクトン・ディッキンソン社＞
Ascl1（Cat# 556604）：Mouse IgG$_1$
＜R＆Dシステムズ社＞
Ascl1（Cat# AF2567）：Goat IgG
Neurog2（Cat# MAB3314）：Mouse IgG$_{2A}$

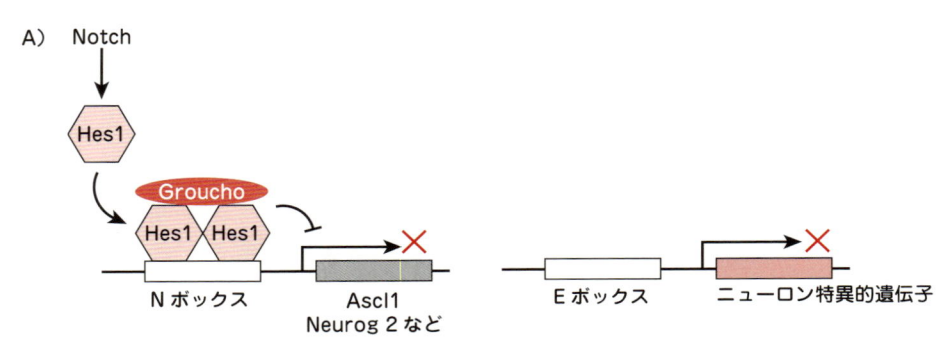

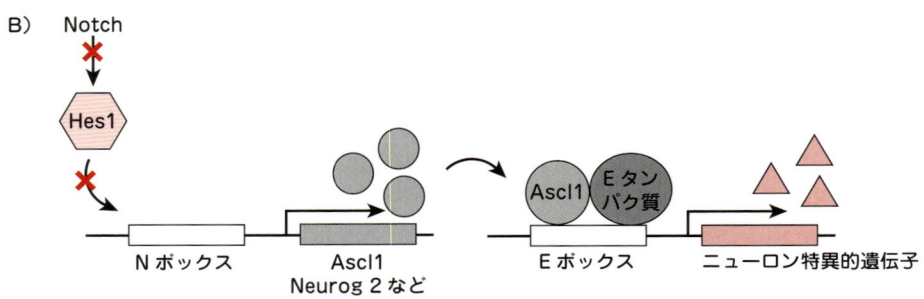

図3 bHLH型転写因子によるニューロン分化制御
A) Notchシグナルの活性化により，抑制型bHLH因子Hes1の発現が誘導される．Hes1はコリプレッサーであるGrouchoと結合して，活性型bHLH因子Ascl1の発現を抑制し，ニューロン分化を阻害する．B) Notchが活性化されない場合は，Hes1の発現が抑制され，Ascl1が発現する．Ascl1はEタンパク質と二量体を形成してEボックスに結合し，ニューロン特異的遺伝子の発現を誘導し，ニューロン分化が促進される

【データベース（GenBank）】
Hes1…ヒト：NM_005524　マウス：NM_008235
Hes5…ヒト：NM_001010926　マウス：NM_010419
Ascl1…ヒト：NM_004316　マウス：NM_008553
Neurog2…ヒト：NM_024019　マウス：NM_009718

Keyword
4 Reelin

1）イントロダクション

自然発症の小脳性運動失調変異マウス*reeler*が1951年に報告され，古典的な神経発生状変異として多くの研究がなされた．1995年に，その原因遺伝子として分泌性の巨大糖タンパクをコードした*Reelin*が同定された．ついでReelinシグナルを構成する受容体ApoER2およびVLDLR，細胞内分子Dab1が遺伝学的，生化学的に同定された（**図4**）．

2）分子構造・立体構造

N末端のシグナル配列に続き，F-spondin相同ドメインと保存されたシステイン残基をもつEGF様モチーフを8回繰り返す一次構造をもつ．分泌されたReelinタンパク質はメタロプロテアーゼによって2カ所で切断され，ホモ二量体を形成して受容体に結合する．

3）発現様式

マウスE11以降，大脳皮質の辺縁帯（MZ）に移動してくるカハールレチウス細胞で発現しているほか，嗅球僧帽細胞など特定の神経細胞群で発現がみられる．成体脳ではGABA作動性の介在ニューロンで発現がみられる．

4）遺伝子変異マウスの表現型

脊髄を含む中枢神経系に広汎に神経細胞の配置異常が観察されるが，特に大脳皮質，海馬，小脳において層構造の大きな乱れが観察される．また神経細胞移動異常から二次的に小脳の低形成が起こる[9]．

5）機能・疾患とのかかわり

大脳皮質，海馬，小脳の層構造は分化過程にあるニューロンの放射方向への移動によって形成され，Reelinシグナルは正常な細胞移動に必須である．Reelinは細胞膜で受容体ApoER2やVLDLRと結合し，Srcチロシン

図4 Reelinシグナル

Reelinは細胞膜において，膜貫通型受容体ApoER2やVLDLRと結合し，SrcチロシンキナーゼファミリーのsrcやFyn依存的に細胞内タンパクDab1をリン酸化する．リン酸化を受けたDab1はLis1, PI3K, CrK, Nckβなどを活性化する

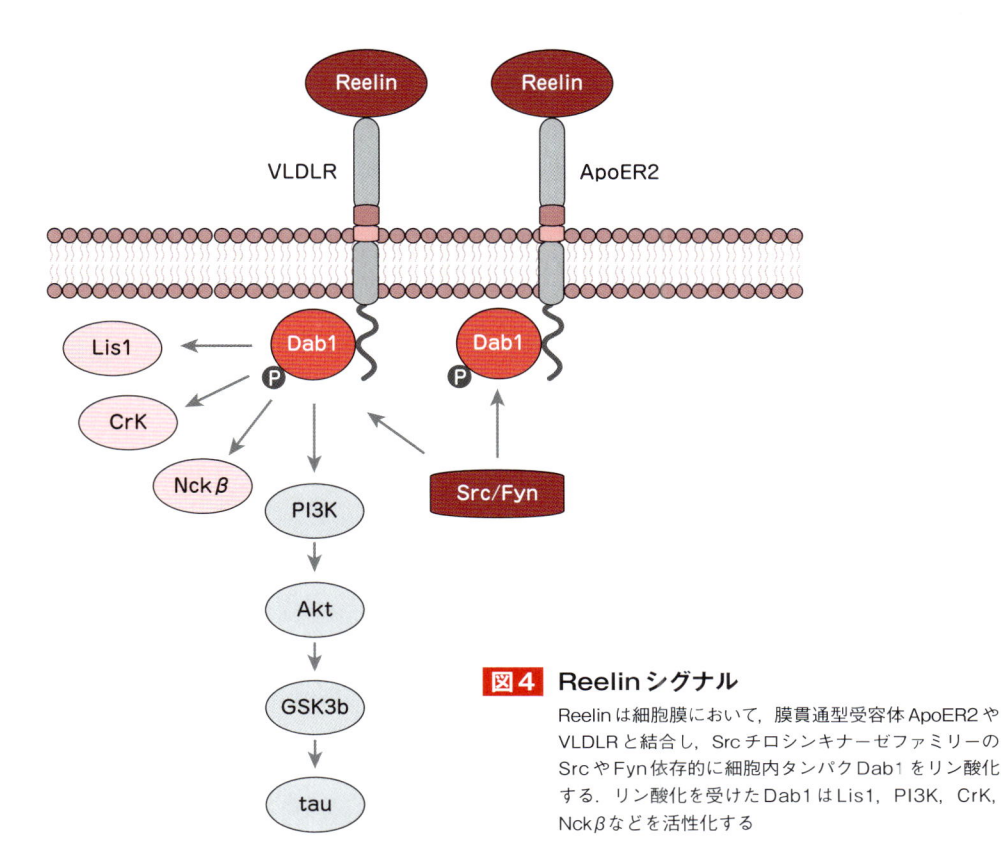

キナーゼファミリー依存的に細胞内タンパクDab1をリン酸化することで，細胞内にシグナルが伝達される．リン酸化を受けたDab1はLis1, PI3K, NMDA受容体, Notchなどのタンパク機能に影響を与えることで神経細胞の運動や樹上突起形成，また成体脳ではシナプス可塑性を制御している．統合失調症患者のゲノムデータベース解析から，この疾患に最も関係性が高い因子であることが示唆されており，双極性障害，自閉症，認知症などの精神疾患においても関係性が示唆されている[10]．

【抗体入手先】

＜メルクミリポア社＞
Reelin（Cat# MAB5364）：Mouse IgG$_1$
Reelin（Cat# 553731）：Mouse IgG$_1$

【データベース（GenBank）】

ヒト：NM_005045, NM_173054
マウス：NM_011261

参考文献

1) Dessaud, E. et al.：Development, 135：2489-2503, 2008
2) Fernandez, B. A. et al.：Clin. Genet., 68：349-359, 2005
3) Takahashi, M. & Osumi, N.：Development, 129：1327-1338, 2002
4) Umeda, T. et al.：PLoS One, 5：e15500, 2010
5) Osumi, N. et al.：Stem Cells, 26：1663-1672, 2008
6) Kageyama, R. et al.：Development, 134：1243-1251, 2007
7) Powell, L. M. & Jarman, A. P.：Curr. Opin. Genet. Dev., 18：411-417, 2008
8) Caiazzo, M. et al.：Nature, 476：224-227, 2011
9) Katsuyama, Y. & Terashima, T.：Dev. Growth Differ., 51：271-286, 2009
10) Fatemi, S. H.：Mol. Psychiatry, 10：251-257, 2005

参考図書

◆ 『脳の発生・発達―神経発生学入門―』（大隅典子/著），朝倉書店，2010
◆ 『脳の発生と発達（シリーズ脳科学4）』（甘利俊一/監，岡本仁/編），東京大学出版会，2008
◆ 『神経の分化，回路形成，機能発現』（三品昌美，他/編），共立出版，2008

第2部 キーワード解説 生命現象からみたシグナル伝達因子

17 神経② 神経可塑性
neural plasticity

渡部文子,真鍋俊也

Keyword　❶NMDA受容体　❷CaMキナーゼ　❸MAPキナーゼ　❹足場タンパク質
❺代謝型グルタミン酸受容体

概論　Overview

1. 神経可塑性とは

　われわれの脳の本質とは,外界からインプットされる情報を処理し,それに応じて神経機能を「可塑的に調節すること」にある.神経細胞同士はシナプスという構造を介してネットワークを形成しており,シナプスにおける神経伝達物質とその受容体によってコミュニケーションをとっている.脳の中の多くの部位において,シナプスの伝達効率は一定に固定されたものではなく,刺激に応じて活動依存的に変化しうることが知られており,この現象は神経可塑性と呼ばれる.シナプス伝達効率の長期増強（long-term potentiation：LTP）や長期抑圧（long-term depression：LTD）といった神経可塑性は,記憶・学習や情動などの脳高次機能を細胞レベルで解き明かすためのモデル系として,活発に研究されている.本稿では,ある種の記憶・学習に重要な役割を担う海馬CA1領域で誘導されるLTPのシグナル伝達機構を中心に現在まで得られている知見や将来展望などを紹介し,神経可塑性の分子機序をシグナルという切り口から概説したい.

2. シグナルの流れ

　海馬のCA1領域におけるLTPやLTDの誘導にはグルタミン酸受容体の1つである**NMDA（N-methyl-D-aspartate）受容体（NMDAR）**（→**Keyword❶**）が重要な役割を果たすことが知られている.NMDARの活性化によってCa^{2+}が細胞内に流れ込むと,さまざまなシグナル伝達系がいっせいに活性化されはじめる[1)2)].そのなかでもCa^{2+}・カルモジュリン（CaM）依存性タンパク質リン酸化酵素の1つである**CaMキナーゼⅡ（CaMKⅡ）**（→**Keyword❷**）はLTPの誘導に必須である.一方Ca^{2+}依存的脱リン酸化酵素としてはカルシニューリン（CN）があるが,CNはインヒビター1（あるいはDARPP-32）という脱リン酸化酵素PP1の阻害分子を抑制するため,結果的にCNの活性化はPP1の活性を上げLTDの誘導をもたらす（**イラストマップ**）.CNはCaMKⅡよりもCaM親和性が高いため,Ca^{2+}の上昇があまり高くないときにはCNが活性化される.このことから一般的にCa^{2+}の上昇が高いとLTPが,低いとLTDが誘導されると考えられているが,時間経過や持続時間にも影響され,未だその詳細な分子機序には不明な点も残されている.CaMKⅡ活性化以降のLTP発現機構については現在も多くの議論があるが,AMPA型受容体（AMPAR）のリン酸化やシナプス後膜への挿入・側方拡散,あるいはその両方によって担われると考えられている.さらにCaMKⅡ以外にも**MAPキナーゼ（MAPK）**（→**Keyword❸**）やAキナーゼ（PKA）,Cキナーゼ（PKC）,PI3キナーゼなどさまざまなシグナル系がLTPの誘導や修飾に関与していることが知られている[3)].

　一方,シナプス後側ではNMDARを含むシナプス後肥厚（postsynaptic density：PSD）という結合の硬い構造があり,さまざまな機能分子が**足場タンパク質**（→**Keyword❹**）と結合して存在している.PSDの主要構成分子の1つであるPSD-95は足場タンパク質としてNMDARやAMPARのシナプス局在に関与するとともに,さまざまなシグナル分子や機能修飾分子群をPSDに集結させている.近年PSD構成分子群のシナプス発達,シ

イラストマップ　海馬興奮性シナプスにおける神経可塑性に関与するシグナル系

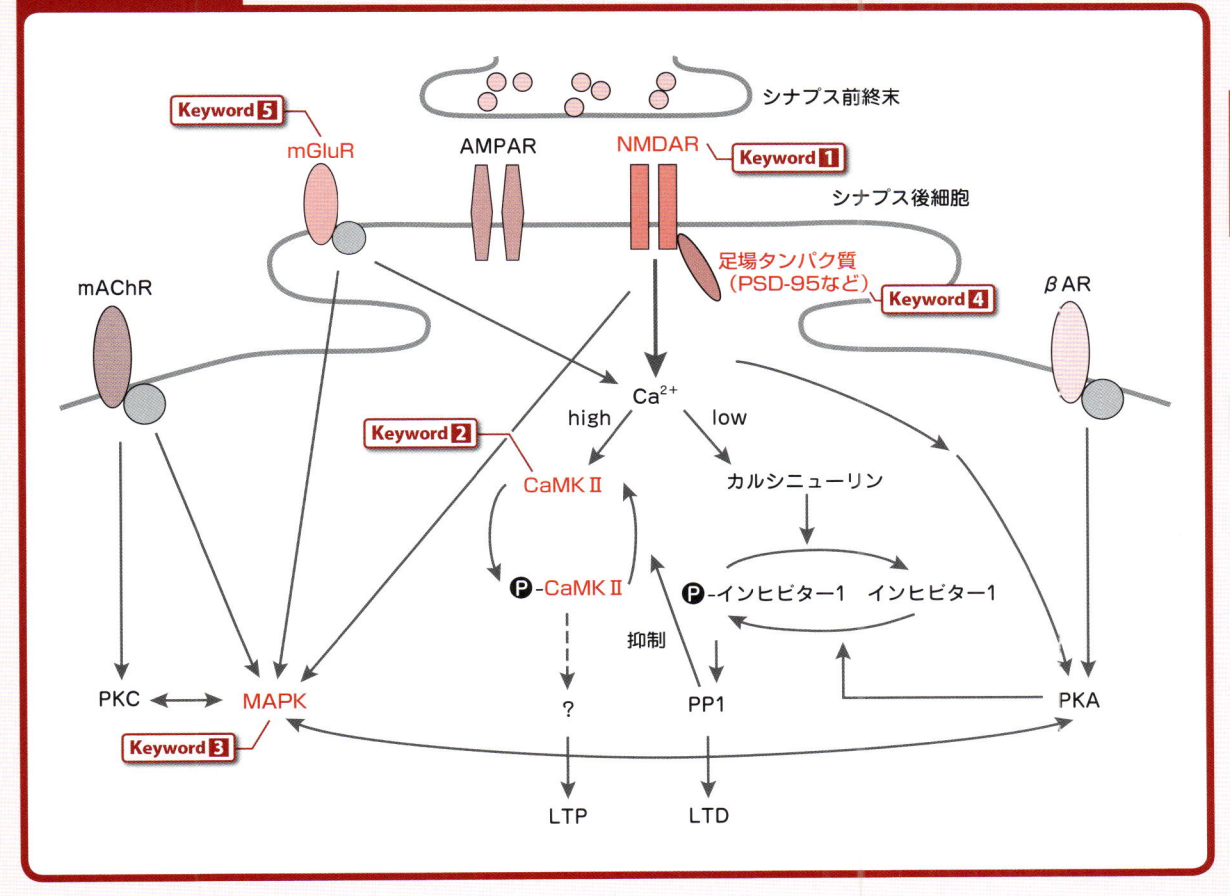

ナプス可塑性や活動依存的なスパインの形態調節における役割が注目され，シナプス伝達という機能的変化からスパインの形という形態的変化をつなぐ分子機序の研究が活発になされている[4)5)].

また，シナプスのより周辺部位には**代謝型グルタミン酸受容体（mGluR）**（→Keyword 5）が存在する．シナプス後細胞に存在するgroup I mGluRは$G_{q/11}$と結合し，PLC（phospholipase C）の活性化をはじめとするさまざまなシグナル系の活性化へとつながる．mGluRの可塑性における役割はNMDARに比べると不明な点も多いが，神経興奮性の制御，さらにはLTPの誘導閾値調節などゲート的な役割を担うと考えられている[6)].

3. 臨床応用と今後の展望

記憶・学習の分子メカニズムの解明は基礎科学的重要性のみならず，加齢やアルツハイマー病等の病態に伴う記銘力低下機序の理解，さらには心的外傷後ストレス症候群（PTSD）やパニック障害など情動依存的な記憶学習障害などの理解にもつながるため，これからの高齢化社会，ストレス社会においてますます重要な研究分野であるといえる．LTPのはじめての報告以来40年近くに渡る多くの研究者の地道な努力の結果，神経可塑性に関与する分子群が同定され，LTP誘導にかかわる主要なシグナル伝達系も多くの部分が明らかになりつつある感がある．また数多くの遺伝子改変マウスの解析を通じて，記憶・学習や情動といった高次脳機能の制御における生理的意義に関しても，その一端が明らかになりつつある．今後はこれら情動と記憶・学習との相互作用なども含めた，より生理的な状態での可塑性修飾作用などのシグナル系の解明が急務になると考えられる．たとえば注意・

高揚ややる気などに深く関与する神経伝達物質であるノルアドレナリンやアセチルコリンによって，LTPが誘導されやすくなることが報告されているが，情動に関与する扁桃体におけるLTPとその生理的意義に関する研究も急速に進められている[7]．また実際の脳の中ではシナプスは次々に異なるパターンの外的刺激を受けることにより，自身の可塑性（LTPやLTDの誘導）の閾値を変化させていることが知られている．つまり可塑性の誘導閾値自体も可塑的に調節されうるわけであり，これをメタ可塑性と呼ぶ．メタ可塑性は，より生理的な現象解明への糸口として今後重要な研究分野となることと期待される．

キーワード解説

Keyword
1 NMDA受容体

▶英文表記：NMDA receptor

1）イントロダクション

　海馬におけるシナプス伝達は主にグルタミン酸受容体の1つであるAMPARによって担われているが，AMPARはGluA2サブユニットを含む限り1価カチオン透過性しかもたない．一方NMDARはCa^{2+}も透過させうるが，静止膜電位付近ではNMDARは細胞外からのMg^{2+}によってブロックされている．このため生理的状態においては，NMDARは①シナプス前細胞からグルタミン酸が放出され，さらに②シナプス後細胞が十分な脱分極を起こすことによってMg^{2+}ブロックが外れる，という2つの条件が同時に起こったときのみに，十分な活性が得られCa^{2+}を流入させうる（図1）．このNMDARの「coincidence detector」としての性質こそが「シナプス前・後細胞が同時に活動したときにのみ，そのシナプスが増強される（ヘブ則）」という神経可塑性の分子基盤となっているのである．

2）分子構造・発現様式

　NMDARは複数のサブユニットをもち，同種あるいは異種のサブユニットで四量体を形成することによりチャネル・受容体複合体を形成する．コアサブユニットであるGluN1と，4種類のGluN2サブユニット（GluN2A〜D）の組合わせにより大きなチャネル活性をもつ受容体が形成される．C末端側にはPSD-95をはじめとするさまざまな機能分子との結合部位があり，あるものはNMDAR自身のリン酸化によりその結合が調節され（AP-2など），またあるものはNMDARに結合する側の分子のリン酸化により（CaMK IIなど）その結合が調節されている．

　GluN1は胎児期から中枢神経系に広く発現するが，GluN2Aサブユニットは胎児期にはほとんど発現がみられず，生後約1週齢以降で特に高い発現を示すようになる．一方GluN2Bサブユニットは胎児期から中枢神経系に広く発現するが，生後約1週齢以降より発現量が減少しはじめ，発現部位も前脳に限局することが知られている．

3）遺伝子改変マウスの表現型

　NMDARに関する遺伝子改変マウスは，現在まで多数報告されている．ここでは可塑性に関与する代表的なもののみを記載するが，他については総説[8]を参照していただきたい．

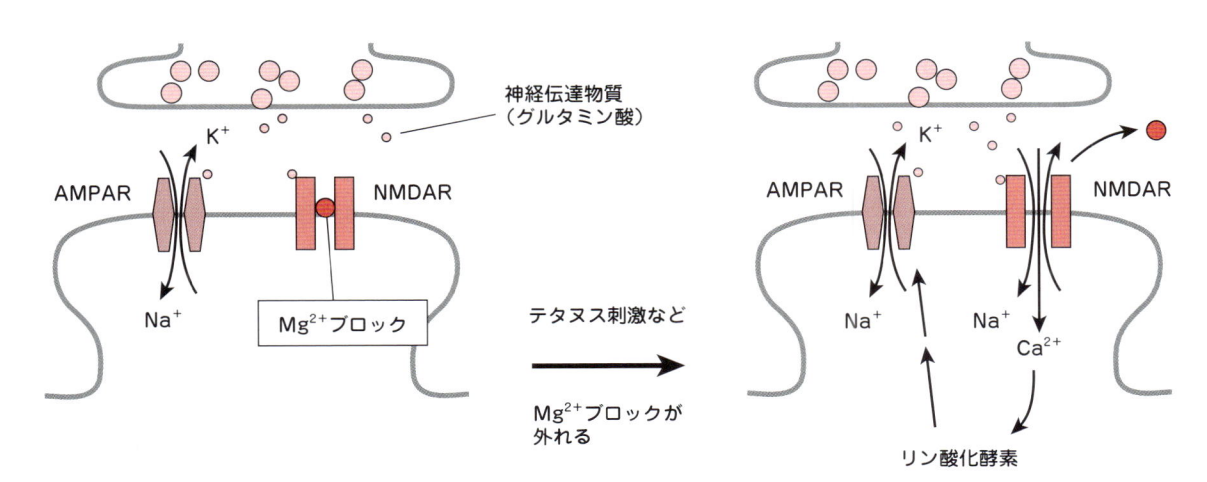

図1　海馬CA1領域の興奮性シナプス伝達とLTP誘導におけるNMDARの役割

通常のシナプス伝達では左図のようにNMDARはMg^{2+}によりブロックされている．しかし右図のように脱分極が起こりかつグルタミン酸が結合した状態では，NMDARは1価カチオンのみならずCa^{2+}も透過させ，さまざまな下流のシグナル系を活性化させることにより，最終的にはAMPARの特性や数が変化してLTPが誘導・発現すると考えられている

ⅰ）GluN2Aノックアウトマウス

正常に生まれ繁殖し，特に解剖学的な異常もみられないが，モリス水迷路による空間学習の障害ならびに海馬CA1領域において100 Hz刺激により誘導したLTPの減弱がみられたことから，LTPの誘導と学習行動のどちらにもNMDARが重要な役割を果たしていることが示された[9]．

ⅱ）GluN2Bノックアウトマウス

正常に生まれるがミルクを飲むことができず生後24時間以内で致死となる．強制授乳などにより人工保育したマウスを解析した結果，海馬CA1領域において機能的なNMDAR活性が消失しており，1 Hz刺激によるLTDに障害がみられることが明らかとなった[10]．

ⅲ）チロシンリン酸化部位変異型ノックインマウス

GluN2BサブユニットY1472F点変異マウスでは扁桃体LTPが減弱し，恐怖条件付け学習に障害がみられた．一方，GluN2AサブユニットY1325F点変異マウスではうつ関連行動が減弱し，線条体におけるDARPP-32リン酸化およびNMDARチロシンリン酸化の制御機構に障害がみられた[11,12]．

Keyword

2 CaMキナーゼ

▶英文表記：calcium/calmodulin-dependent protein kinase

1）イントロダクション

CaMKⅡはPSDの主要構成分子の1つであり，LTPの誘導に必須である．Ca^{2+}・カルモジュリン（CaM）に依存して活性化が制御されること，1つのサブユニットが活性化されるとそれが隣のサブユニットのリン酸化をさらに促進し，超線形的に活性があがること，さらに自己リン酸化型になるとCa^{2+}非依存的にキナーゼ活性を維持できることなどから，細胞内のCa^{2+}濃度の上昇という一過性のシグナルを長期のシグナルへと変換する分子として注目された．

2）分子構造・発現様式

脳内にはCaMKⅡαおよびβアイソフォームが高いレベルで発現している．図2のように触媒ドメイン，調節ドメイン（自己リン酸化部位，擬似基質部位，CaM結合部位），会合ドメインなどよりなり，会合ドメインによってホモあるいはヘテロ12量体を形成する．平常状態では擬似基質部位にマスクされる形でキナーゼ活性をもたないが，CaMが結合することによりマスクがはずれキナーゼが活性化されるとともに，286（βの場合は287）番目の自己リン酸化部位のマスクも外れるため，リン酸化されCa^{2+}非依存型に変わる．この一過性のCa^{2+}シグナルから長期に渡るキナーゼ活性の上昇という変化がLTPの分子的実体であると考えられているが，実際にCaMキナーゼ活性がどの程度の時間持続しうるかはCa^{2+}の濃度上昇に依存することが知られている．またリン酸化によりNMDARの細胞内領域への結合親和性を増し，細胞内からNMDAR直下の膜に移行する．このNMDARとの結合によっても自己リン酸化サイトのマスクを阻止できると同時に，より局所的なCa^{2+}濃度上昇を感知できることになる．

3）遺伝子改変マウスの表現型

ⅰ）αCaMKⅡノックアウトマウス

正常に生まれ解剖学的な異常は認められなかった[13]．海馬におけるNMDAR活性にも異常は認められなかったが，海馬CA1領域での100 Hz刺激によるLTPの顕著な減弱と空間学習行動の障害が認められた．

ⅱ）αCaMKⅡ 286点変異マウス

286番目の自己リン酸化部位をスレオニンからアラニンに点変異で置換すると，キナーゼ活性そのものは保ちながらCa^{2+}非依存型への移行が阻止される[14]．この点変異ノックインマウスではCa^{2+}依存的なCaMKⅡ活性は正常でありながら，100 Hz刺激によるLTPの顕著な減弱とモリス水迷路学習行動の障害が示された．これらの表現型はノックアウトマウスよりも顕著であったことから，点変異CaMKⅡがドミナントネガティブとして働き，Ca^{2+}非依存的活性化の広がりを抑えるのではないかと考えられる．

ⅲ）自己リン酸化型αCaMKⅡ過剰発現マウス

286番目の自己リン酸化を模倣するような点変異（Thr286Asp）を導入したαCaMKⅡを前脳特異的に過剰発現させたマウスでは，海馬CA1領域の100 Hz刺激によるLTPは正常に誘導されたが低頻度刺激によるLTDが大きく亢進しており，LTP/LTDの誘導閾値がシフトしていた一方で，空間学習行動にも障害がみられた[15]．このことから，LTPやLTDといったシナプス伝達の2方向性調節のバランスが正常な学習行動に重要であることが示唆された．

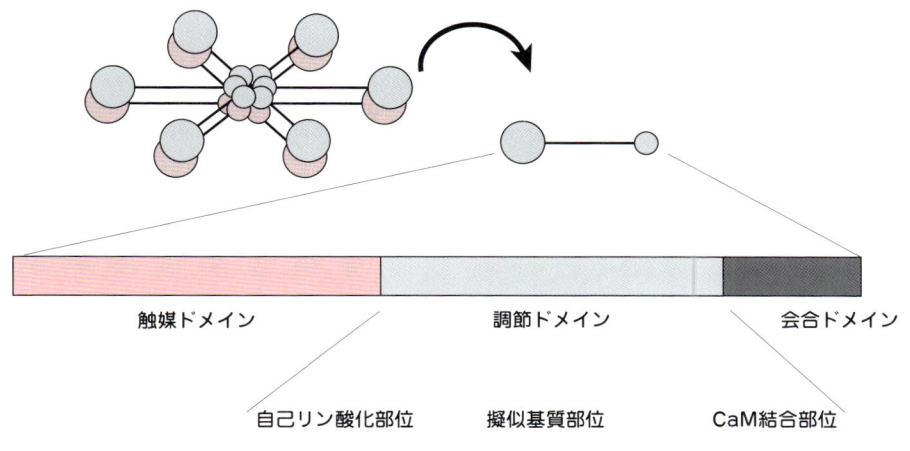

図2 CaMK Ⅱ のドメイン構造

CaMK Ⅱ は主にαあるいはβサブユニットにより12量体を形成し，各サブユニットは触媒ドメイン，調節ドメイン，会合ドメインより成っている．平常状態では調節ドメインが触媒ドメインをマスクするためキナーゼ活性をもたないが，CaMの結合によりマスクがはずれ活性化される

ⅳ）キナーゼ活性欠損型 CaMK Ⅱ ノックインマウス

　CaMK Ⅱ のキナーゼ活性を失う点変異（K42R）を導入したノックインマウスでは，CaMK Ⅱ の発現量は維持されていたが，海馬CA1領域の100 Hz刺激によるLTPおよびスパインの形態的可塑性が大きく減弱していた．さらに海馬依存的学習行動にも障害がみられ，CaMK Ⅱ のキナーゼとしての活性が学習行動および機能的・形態的可塑性に重要な役割を担うことが示唆された．

3 MAPキナーゼ

▶英文表記：mitogen-activated protein kinase
▶略称：MAPK

1）イントロダクション

　MAPKを介するシグナル伝達は細胞の増殖・分化やアポトーシスなど多岐に渡る生命現象において重要な役割を果たすことが知られているが（第1部-4参照），海馬においてもNMDAR刺激をはじめ，βアドレナリン受容体，ムスカリン性アセチルコリン受容体，TrkBなどさまざまな刺激によってMAPK活性が上昇することが報告され，近年その詳細な分子機序の解析が進みつつある．PSD中にはMAPKの機能を正や負の方向に調節する因子が数多く存在することが知られており，神経可塑性においてもMAPKが重要な役割を担うことが示唆されている[16]．なかでも特に，活動依存的な神経細胞の興奮性制御に依存するようなLTPはMAPK感受性が高いことが知られており[17]，LTPの閾値制御の鍵を握ると考えられる．基質としてはさまざまな分子が知られているが，興奮性制御を担うAタイプK$^+$チャネルのサブユニットであるKv4.2が含まれている点も興味深い．ほかにも細胞骨格関連分子などがあり，従来考えられていた核内シグナル制御による遺伝子発現調節などを介した可塑性の遅い時期のみならず，早い時期にも寄与しうると考えられる．

2）分子構造・発現様式

　MAPKスーパーファミリーはアミノ酸配列の相同性からERK1/2（p44/42MAPK），JNK，p38MAPK，ERK5などのサブファミリーに分類される．中枢神経系においても多種のMAPKの発現がみられるが，古典的MAPKであるERKに関しては海馬LTPや学習行動への関与が数多く報告されている．MAPKは上流のMAPKキナーゼ（MEK）によりスレオニン残基とチロシン残基がリン酸化されて活性型となる．ERKのMEK（MEK1，MEK2）を活性化する因子としてB-RafやRaf-1などが知られており，RasやRap1と結合してさまざまな受容体からのシグナル伝達を担っている．RasはERKを介してAMPARの膜への挿入を亢進し，Rap1はp38MAPKを介してAMPARの細胞膜からの除去を促すことにより，

それぞれLTPやLTDの誘導を担っているという報告もある[18]．

3）遺伝子改変マウスの表現型

ⅰ）ERK1ノックアウトマウス

海馬LTPは減弱していたが，側坐核におけるLTPは亢進し，扁桃体LTPには変化がなかった．受動的ならびに能動的回避テストやモルヒネによる快刺激を得た場所の嗜好度は亢進していた[19]．部位による表現型の違いはERK2の補償的発現亢進によるとも考えられ，ERK1とERK2との複雑なクロストークがあることが示唆される．

ⅱ）その他MAPKシグナル制御因子のノックアウトマウス

MAPKシグナル系を正の方向へ調節する因子であるRas-GRF1のノックアウトマウスでは，海馬LTPには変化がなく扁桃体LTPが減弱し，恐怖条件付け学習が低下していた．一方Rasシグナル系を負の方向へ調節する因子でCaMKⅡの基質でもあるSynGAPのノックアウトマウスでは海馬LTPが減弱し，空間学習効率の悪いslow learnerであった[20]．さらにMAPKの上流因子であるH-Rasノックアウトマウスでは海馬LTPが増大していた[21]．SynGAPマウスではMAPKシグナル系の調節に有意な差がみられなかったことや，H-RasマウスでNMDARのリン酸化が大きく亢進していたことなどから，Ras/MAPKシグナルのなかでも複雑なクロストークにより正・負の調節が制御されていることが示唆される．

Keyword
4 足場タンパク質と機能制御補助サブユニット

▶英文表記：scaffolding protein and auxiliary subunits

1）イントロダクション

PSDには，NMDARやCaMKⅡをはじめとするLTP誘導に必須な機能分子群が多数含まれることが知られている．PSDの主要構成分子の1つであるPSD-95は直接あるいは機能制御サブユニット等を介して間接にNMDARやAMPARのシナプス局在を制御するとともに，SynGAPやnNOS，GKAPなどのさまざまなシグナル分子と結合し，AMPARの足場タンパク質であるshankを介して細胞骨格系ともつながるなど，PSDにおけるシグナル伝達や形態制御に重要な役割を担うと考えられている[5)22)]．

2）分子構造・発現様式

PSD-95はmembrane-associated guanylate kinases（MAGUKs）ファミリーに属し，3つのPDZドメイン，SH3ドメイン，GKドメインからなる構造をもつ．ファミリーにはPSD-95/SAP90，chapsin-110/PSD-93，Hdlg/SAP97，SAP102などがあり，それぞれのドメインを介して固有の分子群と結合する．PSD-95は，PDZ1，2を介して，特徴的なT/SXVのアミノ酸モチーフを有するNMDARやshakerタイプK^+チャネルなどのC末端に結合することが知られている．一方AMPARの機能制御補助サブユニットであるTARPs（transmembrane AMPA receptor regulatory proteins）やCNIHs（cornichon-like proteins）と結合することにより，活動依存的なAMPARの膜への挿入やチャネルの電気生理学的および薬理学的特性の制御に関与することが示唆されている．

3）ノックアウトマウスの表現型

ⅰ）PSD-95変異マウス

PSD-95の発現が激減したマウスは，正常に生まれ成長・繁殖し，NMDARの局在に変化はみられず，構造的な異常も現れなかった[23]．しかしながら海馬におけるLTPの誘導が異常に亢進し，通常はLTDを誘導する低頻度刺激によってもLTPが誘導され，LTP/LTDの2方向性の調節が大きく障害されていた．さらに空間学習能力にも重篤な障害がみられたことから，シナプス伝達の2方向性調節のバランスが正常な学習行動に重要であることが示唆された．

ⅱ）TARPs変異マウス

Stargazin（γ2）を含め複数のTARPsのアイソフォームの変異マウスにおいてAMPARの発現やシナプス局在の障害がみられた．またC末端に変異を導入したγ-8変異マウスの解析により，AMPARの発現と局在はそれぞれ異なるドメインが制御することが示された．さらにTARPsのノックアウトと過剰発現の解析により，そのアイソフォームによってAMPARの脱活性化や脱感作，さらにはイオン透過性が制御されることが示された[24]．

Keyword
5 代謝型グルタミン酸受容体

▶ 英文表記:metabotropic glutamate receptor
▶ 略称:mGluR

1) イントロダクション

中枢神経系の興奮性シナプスにおいてはイオン透過型と代謝型という2種類のグルタミン酸受容体を介してシナプス伝達が行われる.代謝型グルタミン酸受容体(mGluR)の役割には未だ不明な点も多く残されているが,神経興奮性の調節や可塑性の修飾,記憶・学習の制御に重要な役割を担っていることが示唆されている[6)25)26)].

2) 分子構造,発現様式

代謝型受容体であるmGluRは7回膜貫通型の構造をもち,会合する三量体Gタンパク質の種類やアミノ酸配列の相同性によってグループⅠ,Ⅱ,Ⅲに分類される.グループⅠにはmGluR1とmGluR5が属し,$G_{q/11}$を介してPLCの活性化をはじめさまざまなシグナル系を活性化する.グループⅡにはmGluR2,mGluR3が,グループⅢにはmGluR4,mGluR6,mGluR7,mGluR8が属し,G_iを介してcAMPシグナル系を負の方向へ調節する.グループⅠは主にシナプス後部に,グループⅡ/Ⅲは主にシナプス前終末に発現し,海馬では主にmGluR1,2,5,7が発現することが知られている.mGluRの機能は,K^+チャネルやNMDARの修飾,Ca^{2+}バランスの調節,興奮性の制御からLTPの誘導閾値調節,PLC,PKC,MAPKをはじめとするさまざまなシグナル系の調節と多岐に渡る.また海馬や小脳のある種のシナプスにおいてはシナプス後細胞の強い脱分極により神経伝達効率が一過性に抑制される現象が知られているが,これもシナプス後細胞側のmGluRの活性化によりPLCを介して内因性カンナビノイドが産生され,これが逆行性にシナプス前終末に作用し伝達物質放出の抑制を引き起こすためと考えられている.このようにmGluRはさまざまな生理作用をもつが,薬理学的実験やノックアウト実験ではLTPや行動学習はマイルドな障害を示すことから,LTP誘導に必須な主要なシグナル系を担うというよりはむしろ,その修飾を行う生理的なゲート的役割を担っていると考えられる.

3) ノックアウトマウスの表現型

mGluRのノックアウトマウスに関してにすでに詳細な総説もあるので,そちらも合わせて参照されたい[27].
mGluR1ノックアウトマウスでは海馬CA1領域LTPの減弱および文脈依存的恐怖条件付けの低下がみられた.mGluR5ノックアウトでは海馬CA1領域LTPの減弱および空間学習行動の障害がみられ,また特別なタイプのLTDが減弱していた.

参考文献

1) Bliss, T. V. & Collingridge, G. L. : Nature, 361 : 31-39, 1993
2) 真鍋俊也:実験医学,21:146-152,2003
3) Malenka, R. C. & Bear, M. F. : Neuron, 44 : 5-21, 2004
4) Murakoshi, H. & Yasuda, R. : Trends Neurosci., 35 : 135-143, 2012
5) Jackson, A. C. & Nicoll, R. A. : Neuron, 70 : 178-199, 2011
6) Lüscher, C. & Huber, K. M. : Neuron, 65 : 445-459, 2010
7) Sah, P. et al. : Ann. N. Y. Acad. Sci., 1129 : 88-95, 2008
8) 森寿,三品昌美:実験医学,21:96-102,2003
9) Sakimura, K. et al. : Nature, 373 : 151-155, 1995
10) Kutsuwada, T. et al. : Neuron, 16 : 333-344, 1996
11) Nakazawa, T. et al. : EMBO J., 25 : 2867-2877, 2006
12) Taniguchi, S. et al. : EMBO J., 28 : 3717-3729, 2009
13) Silva, A. J. et al. : Science, 257 : 206-211, 1992
14) Cho, Y. H. et al. : Science, 279 : 867-869, 1998
15) Mayford, M. et al. : Cell, 81 : 891-904, 1995
16) Wayman, G. A. et al. : Neuron, 59 : 914-931, 2008
17) Watabe, A. M. et al. : J. Neurosci., 20 : 5924-5931, 2000
18) Zhu, J. J. et al. : Cell, 110 : 443-455, 2002
19) Selcher, J. C. et al. : Learn. Mem., 8 : 11-19, 2001
20) Komiyama, N. H. et al. : J. Neurosci., 22 : 9721-9732, 2002
21) Manabe, T. et al. : J. Neurosci., 20 : 2504-2511, 2000
22) Ye, X. & Carew, T. J. : Neuron, 68 : 340-361, 2010
23) Migaud, M. et al. : Nature, 396 : 433-439, 1998
24) Straub, C. & Tomita, S. : Curr. Opn. Neurobiol., 22 : 1-8, 2011
25) Watabe, A. M. et al. : J. Neurophysiol., 87 : 1395-1403, 2002
26) Kato, H. et al. : J. Physiol., in press
27) 松田育雄,饗場篤:実験医学,21:103-111,2003

参考図書

◆ 『改訂第2版 脳神経科学イラストレイテッド』(森寿,他/編),羊土社,2006
◆ 『Foundations of Cellular Neurophysiology』(Daniel Johnston & Samuel Miao-Sin Wu/ed.), The MIT Press, 1995
◆ 『Molecular and Cellular Physiology of Neurons』(Gordon L. Fain), Harvard University Press, 1999

第2部 キーワード解説　生命現象からみたシグナル伝達因子

18 感覚受容　五感
sensory reception -five senses

榎森康文

Keyword ❶ GPCR　❷ 嗅覚受容体　❸ PLC-β　❹ CNGチャネル　❺ TRPチャネル

概論 Overview

1. 感覚受容

　動物は外界からもたらされる情報（外界リガンド）を主に外部感覚器官を介して受容し，中枢神経系（脳）において認知から行動に至る情報処理を行う．リガンドやその意味（たとえば，食べ物，個体識別，空間情報など）によって，感覚器官の種類，受容・伝達系，また，情報処理（コーディング）システムは異なり，また，脳が受けもつ領域も異なる．

　たとえば，普段は夜更かししている都会人が野外で一夜を明かした後の状態を考えてみよう．……目覚めを促すのは晴れていれば太陽光である．瞼を通して降り注ぐ光（電磁波）は眼球の網膜の視細胞を刺激し，体内の概日リズムをリセットして覚醒する．周囲の温度や体が触れている地面を体性感覚神経で感じる．鳥のさえずりは，空気の振動（音波）として外耳を通り，周波数に対応して反応する内耳の有毛細胞から神経伝達物質を放出させるであろう．遠くから漂ってきた食物を想起させる匂い（化学物質）は，鼻の奥にある嗅神経細胞の脱分極を引き起こす．もし，実際に食したものに苦い有害物質が含まれていれば，舌上の味蕾にある味細胞で細胞内Ca^{2+}濃度が上昇しているに違いない．……

　本稿では，これら五感に関する生物学的知見を受容細胞のシグナル伝達の視点で概説し，いくつかの重要なキーワードを通して理解を深めたい．これらは，脳において行われる高度の情報処理（高次脳機能）の前段階であり，外界リガンド刺激の受容と情報変換（外界情報→生物情報）である．五感は，リガンドがそれぞれ異なるのと同じように，感覚器官，感覚細胞（＝受容細胞），感覚神経の性質は異なるが，まったく異なるリガンド，たとえば，光と匂いの場合も受容体やシグナル伝達系に多くの共通点を見出すことができる．また，感覚細胞の次にくるのは，いずれも感覚神経であり，五感のプロセスは基本的には神経過程である．感覚細胞は神経細胞であるか，神経細胞ではない場合でも神経細胞的な要素を多くもつ特異な細胞である．

2. 感覚受容のシグナル伝達

　五感におけるセンサー分子である感覚受容体をみてみよう．イラストマップに示したように，感覚受容で用いられる受容体は，**Gタンパク質共役7回膜貫通型受容体（GPCR）**（→Keyword❶）か，イオンチャネルである．

1) 視覚・嗅覚・味覚のGPCR

　GPCRを受容体とするのは，視覚，嗅覚，味覚である．味覚受容体の一部はイオンチャネルであるが，これまでにわかっている甘味・旨味と苦味の受容体はGPCRである．視覚受容体であるロドプシン（オプシン）と，**嗅覚受容体（OR）**（→Keyword❷）のうち一般的な匂いを受容する**主嗅覚受容体（MOR）**は同じタイプである．甘味・旨味物質（糖やアミノ酸）の受容体（T1R）は，嗅覚受容体のうちのフェロモン受容にかかわる1タイプの鋤鼻嗅覚受容体（V2R）と同じグループであり，苦味受容体（T2R）はもう1つの鋤鼻嗅覚受容体（V1R）と同じグループである．受容体と共役する三量体Gタンパク質（第1部-1参照）はそれぞれ異なり，さらに下流の**PLC-β**（→Keyword❸）などのエフェクターやシグナル伝達も基本的には異なるが，共通性もみられる．こう

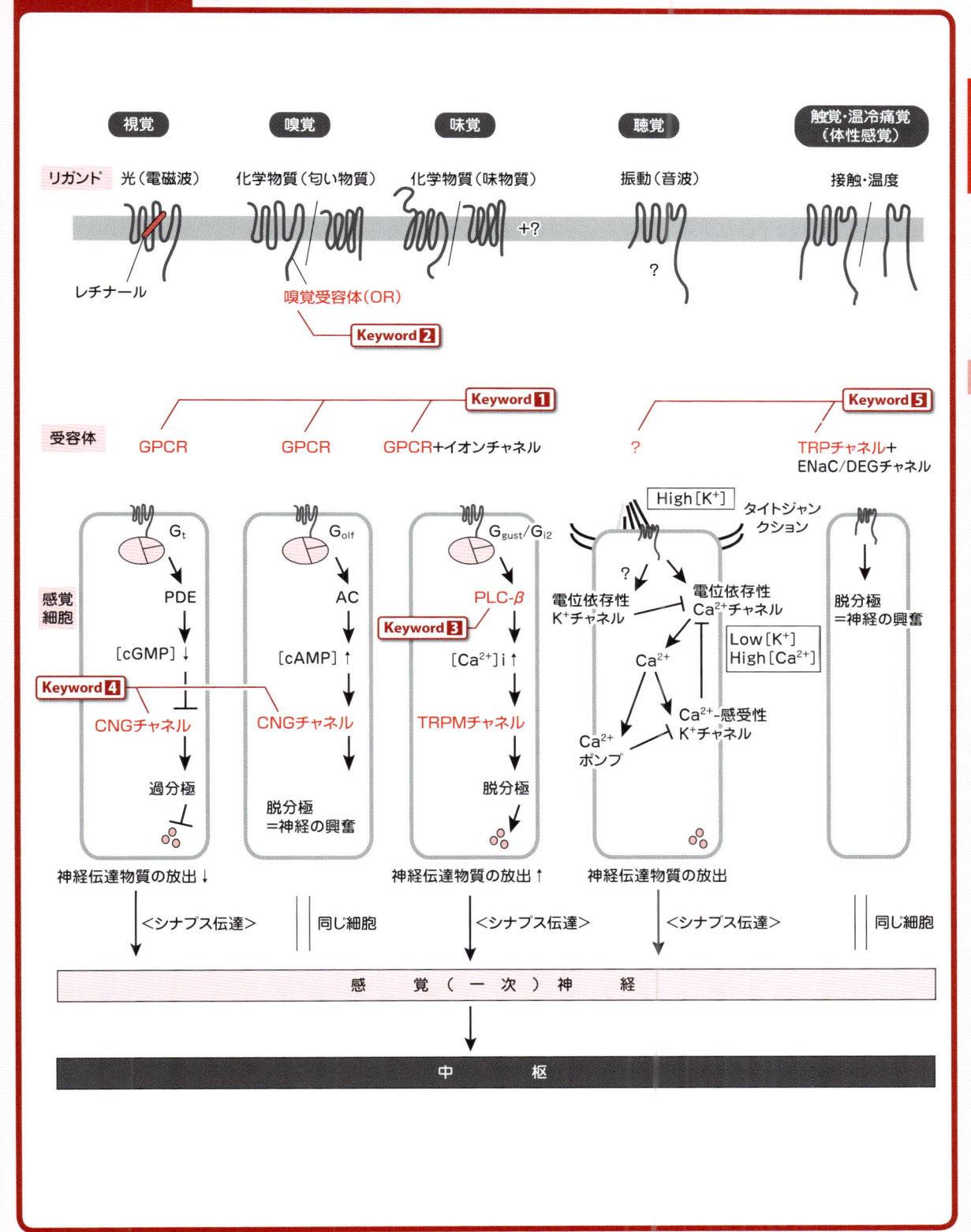

イラストマップ 感覚受容 – 五感

	視覚	嗅覚	味覚	聴覚	触覚・温冷痛覚（体性感覚）
リガンド	光（電磁波）	化学物質（匂い物質）	化学物質（味物質）	振動（音波）	接触・温度

レチナール

嗅覚受容体(OR) — **Keyword 2**

受容体

- GPCR
- GPCR
- GPCR＋イオンチャネル — **Keyword 1**
- ? — **Keyword 5**
- TRPチャネル＋ENaC/DEGチャネル

感覚細胞

視覚系：
G_t → PDE → $[cGMP]↓$ → CNGチャネル（**Keyword 4**）→ 過分極 → 神経伝達物質の放出↓

嗅覚系：
G_{olf} → AC → $[cAMP]↑$ → CNGチャネル → 脱分極＝神経の興奮

味覚系：
G_{gust}/G_{i2} → PLC-β（**Keyword 3**）→ $[Ca^{2+}]i↑$ → TRPMチャネル → 脱分極 → 神経伝達物質の放出↑

聴覚系：
High$[K^+]$、タイトジャンクション
? → 電位依存性K^+チャネル、電位依存性Ca^{2+}チャネル → Ca^{2+} → Ca^{2+}ポンプ、Ca^{2+}-感受性K^+チャネル
Low$[K^+]$ High$[Ca^{2+}]$
神経伝達物質の放出

体性感覚：
脱分極＝神経の興奮

＜シナプス伝達＞／同じ細胞

→ 感覚（一次）神経 → 中枢

したエフェクター系列や細胞内シグナル伝達系，さらには，**CNGチャネル**（→ Keyword 4）のような細胞膜機能にかかわるイオンチャネルは，神経伝達物質の受容系やホルモンの受容系のようなリガンド－受容体系列と大きく異なるものではない．つまり，視覚の G_t（トランスデューシン），嗅覚の G_{olf}，味覚の G_{gust}（ガストデューシン）のように感覚系に特異的な分子も存在するが，基本メカニズムはきわめて類似している．

2）聴覚におけるイオンチャネル

聴覚は，感覚細胞である有毛細胞（内耳のコルティ器にある）の繊毛に伝えられる振動が内在する細胞膜電位の揺らぎと共鳴（同調）することによって生じる．有毛細胞の自発的な電位の揺らぎには細胞外イオンの違いがかかわっており，それに基づいて細胞内シグナル伝達と膜電位変動（**イラストマップ**）がサーキット様に揺らぎを起こしている．音波による繊毛の振動を受容するのは，振動によって開閉するイオンチャネルであるが，その実体は同定されていない．

3）触覚と温冷痛覚のイオンチャネル

高温の温度感覚と痛いという痛覚，また，その両者を併せもつトウガラシの辛味成分を皮膚に塗ったときの感覚は，いずれも認知において共通性があるが，実際に同じ受容体分子（TRPV1）によって受容される（ただし，他の受容体も存在する）．これらと，冷たいという低温の温度感覚は，共に後根神経節（dorsal root ganglion：DRG）に細胞体を置く体性感覚神経の神経終末で受容される感覚である．これらの体性感覚の受容は，イオンチャネルの開口からただちに神経の興奮を引き起こすので，感覚受容＝神経興奮といってよい．この10年あまりの間に，体性感覚を担う主な受容体が同定され，すべてはイオンチャネルであり，TRPファミリーのイオンチャネル（**TRPチャネルファミリー**）（→ Keyword 5）が重要な役割を果たしていることが判明している．また，痛覚（の一部）と触覚では，ENaC/DEGチャネルが受容体となっている．

3. 五感と疾病

五感は，いずれもQOL（Quality of Life）の最大要素であり，どれかを欠くことは障害として生活に困難さをもたらし，また，どれ1つを生きている過程で失うこともQOLの著しい低下を招く．一方，遺伝的要素によって五感のいずれかが失われる例は多く，聴覚機能の形成と維持に関与する多くの遺伝子が同定されている．このような遺伝子に起因する場合以外にも，疾病やその治療の副作用によって五感の障害が生じることは多い．こうした病態の一端は分子レベルで解明されているが，感覚障害全体をみたときには，ごく一部にすぎない．未解明の点が多い原因の1つは，五感自体に関する知見の不足であり，それは，感覚組織細胞レベルから高度脳神経過程（認知のプロセス）に至るすべての段階に関する知見の不足である．たとえば，おそらく加齢によって細胞増殖能が低下することが原因で，味蕾が減少して味が感じにくくなることがあるが，味覚の維持に重要である味蕾細胞のターンオーバー（代替わり）の機構はほとんど解明されていない．また，薬剤や放射線によって嗅覚や味覚に障害が起こることも頻繁にあり，こうしたテーマは今後医療やQOLの問題として重要な研究課題となろう．

キーワード解説

Keyword 1 GPCR

- フルスペル：G protein-coupled seven transmembrane receptor
- 和文表記：Gタンパク質共役7回膜貫通型受容体
- 別名：G protein-linked receptor（Gタンパク質共役受容体）
  serpentine receptor（7回膜貫通型受容体）

1）概要

GPCRをコードする遺伝子は、哺乳類ゲノム中に数百から1,000以上も存在する。過半数は、主嗅覚受容体（MOR）であるが、GPCRには、別のタイプの嗅覚受容体（鋤鼻嗅覚受容体）や視覚受容体（オプシン）、味覚受容体などの感覚受容体が含まれるほか、カテコールアミンなどの神経伝達物質受容体やペプチド性ホルモンの受容体など、さまざまな生理活性物質の受容体が含まれる。図1に示したようにいくつかのサブファミリーに分けられるが[1]、ほとんどはリガンドの受容体への結合によって共役する三量体Gタンパク質（第1部-1参照）を活性化する。また、GPCRと三量体Gタンパク質との組合わせは一義的ではなく、たとえば、アドレナリン受容体（ファミリー1a）には、G_s、$G_{i/o}$、G_qとそれぞれ共役する分子種がある。

2）分子構造とサブファミリー

同じサブファミリーの分子はアミノ酸配列の相同性があり、進化的起源は同じであると考えられるが、サブ

ファミリー	分子構造	リガンド	代表的な受容体
ファミリー1		光、匂い物質 カテコールアミン ATP……（ファミリー1a） ケモカイン トロンビン……（ファミリー1b） ホルモン （LH, TSH）……（ファミリー1c）	ロドプシン（オプシン） アドレナリン受容体
ファミリー2		カルシトニン セクレチン VIP, GnRH	セクレチン受容体 VIP受容体
ファミリー3	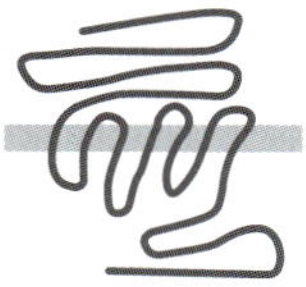	グルタミン酸 Ca^{2+} フェロモン（受容体：V2R） 甘味・旨味物質（受容体：T1R）	代謝型グルタミン酸受容体 甘味受容体
ファミリー4		フェロモン（受容体：V1R） 苦味物質（受容体：T2R）	シクロヘキシミド受容体 デナトニウム受容体
ファミリー5	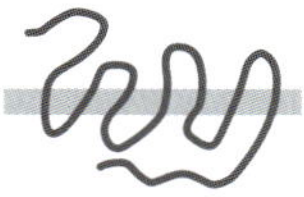	Wnt Hh（ヘッジホッグ）	Frizzled smoothend

図1 GPCRファミリー
ファミリー5の受容体は三量体Gタンパク質とも共役していると考えられているが、主要な細胞内シグナル伝達系は別に存在する。ここにあげたファミリーのほか、粘菌のcAMP受容体や、線虫の嗅覚・味覚受容体もGPCRであると予想されている。これらは、上記のファミリーとの相同性は少ない

ファミリーが異なるとアミノ酸配列の相同性は有意ではなくなる．しかし，いずれもN末端を細胞外に，C末端を細胞内にもち，間に7つの細胞膜貫通領域をもつことは共通している（図1）．N末端側か，細胞膜貫通領域がリガンドの結合に重要であり，特にN末端や細胞外領域が短いGPCRでは，比較的小さなリガンドがいくつかの膜貫通領域が作るリガンド結合ポケットに結合する[1)2)]．

3）遺伝子構造と発現

感覚受容体を含めて多くのGPCRの発現組織や発現時期は限定的であり，したがって，厳密な発現制御を受けていると考えられるが，その制御系はそれぞれ異なる．GPCRをコードする遺伝子は，嗅覚受容体をはじめ，コード領域内にイントロンをもたない場合が多いので，たいていは遺伝子の上流域に発現制御領域があると考えられる．

4）機能

GPCRの機能はそれぞれであり，生命現象を一括りに定義することは難しく，一概には表現できないが，一般的には，感覚受容や神経伝達，ホルモン受容といった細胞機能に直接関与するものが多い．

5）疾病との関連，その他

GPCRは単に変異が疾病などの原因となるばかりではなく，感染症を含むさまざまな疾病の病態と関連しており，ゲノム創薬の標的分子として注目されている．今後は，従来の抗ヒスタミン剤などだけではなく，さまざまなGPCRを標的とした新薬が出回るようになるであろう．

【データベース（EMBL/GenBank）】
GPCRを含むデータベースにはGPCRDB (http://www.gpcr.org/html) やSEVENS (http://sevens.cbrc.jp) などのほか，民間企業が開発した有料データベースがある．

Keyword
2 嗅覚受容体

▶英文表記：olfactory receptor (OR)

1）概要

外界に存在するさまざまな化学物質は嗅覚系（と味覚系）によって感知されている．哺乳類の嗅覚系は膨大な数の匂い物質を嗅ぎ分けている．それらは，主に一般的な匂い物質を受容する主嗅覚受容体（MOR）と，フェロモンなどの主に生得的な反応を引き起こす匂い物質を受容する鋤鼻嗅覚受容体（V1R, V2R）によって感知される．そのうち主嗅覚受容体分子（MOR）は，哺乳類では数百〜千数百もの遺伝子にコードされている（ただし，匂いの感覚が他よりも劣るヒトでは，擬遺伝子を含めた総遺伝子数がマウスの約1/2で，そのうち40％以上が擬遺伝子となっており，機能しているのは400以下である）．感覚細胞である嗅神経細胞には，膨大なレパートリーからただ1種類の遺伝子を発現している．魚類の嗅覚系も同様に水溶性の化学物質を感知しているが，受容体数は哺乳類より1桁少ない．匂い物質と受容体との対応は＜多＞対＜多＞，すなわち，1つの匂い物質は複数の受容体に作用する一方，1つの受容体は複数の化学物質を感知している．その結果，1つの匂い物質は，複数種類の受容体（＝複数種類の嗅神経細胞）の反応パターンとして嗅上皮では受容される．このしくみによって，1,000種類程度の受容体で数万〜数十万の化学物質を認識することができる（原理的にはn種類の受容体によって2^n-1のパターンが可能である）．一方，V1RとV2Rは，MORほどではないが複数の受容体によって，生物種固有の微妙な嗅ぎ分けを行っていると考えられている．

2）分子構造と発現

MOR，V1R，V2Rは，それぞれGPCRの1タイプ（MORはファミリー1a，V1Rはファミリー4，V2Rはファミリー3）であり，視覚受容体やカテコールアミン受容体と進化的に近い（図1）．多くの遺伝子はアミノ酸配列の相同性によって大きな1つの系統樹に描くことができ，系統樹でごく近傍にある非常に類似した遺伝子同士は，染色体上においても近傍にあることが多い[3)〜7)]．

3）今後の展望

ゲノムプロジェクトの進行などによって，網羅的に遺伝子構造が明らかにされている[8)9)]．しかし，リガンド（匂い物質）と受容体との関係が明らかになっているのはそのごく一部にすぎない．また，1つの嗅神経細胞でどのようにして発現するOR遺伝子が選択されるか，そして，同じOR遺伝子を発現する嗅神経がどのようにして同じ場所（嗅球の同じ位置）に投射するのかについても，徐々に解明されている．さらにMORの二次投射先となっている脳神経の複雑性も解明されつつある[10)]．

Keyword
3 PLC-β

- フルスペル：(phosphatidylinositol-specific) phospholipase C-β
- 和文表記：(イノシトールリン脂質特異的) ホスホリパーゼC-β

1) 概要

PLC-βは，いわゆる細胞内 Ca^{2+} 動員の引き金となる反応を触媒し，細胞膜成分であるイノシトールビスリン酸（PIP_2）を分解して2つのセカンドメッセンジャー〔ジアシルグリセロール（DG）とイノシトールトリスリン酸（IP_3）〕を生成する酵素〔ホスホリパーゼC（PLC）〕の1つのサブファミリーである[11]．PLC-βは，三量体Gタンパク質の活性化によって解離する G_q のαサブユニット，G_o や G_i のβ/γサブユニットのエフェクター分子である．すなわち，GPCRへのリガンド結合の情報を細胞内情報に変換する情報伝達・変換酵素である．

2) 分子構造

PLC-βには哺乳類で4つの分子種（PLC-β1〜4）があるが，いずれも1,100アミノ酸残基前後から成り，全体構造は類似している（図2）．触媒活性に必要なX領域とY領域のほか，PHドメイン〔PI (3) P結合〕，EFハンド・C2ドメイン（Ca^{2+} 結合）などを含み，他のサブファミリーのPLC（PLC-γ，δ，ε）に比べてC末端が長い．

3) 発現と機能，ノックアウトマウス

発現の組織特異性は分子種（β1/2/3/4）によって異なる．したがって，機能もそれぞれ異なり，それの一部はすでに作られているノックアウトマウスの表現型から知ることができる．PLC-β1は脳神経系に重要で，ノックアウトマウスは一見正常に生まれるが多くは3週間以内に突然死する．PLC-β2とβ3は，免疫系，感覚受容では味覚系（PLC-β2）などに機能している．PLC-β4は，ショウジョウバエの視覚異常変異の1つである*NorpA*のオルソログであり，同様に視覚系で重要であるほか，脳でも発現・機能している．

4) 今後の展望

PLC-βに関してはそれぞれすでにノックアウトマウスが作製されており，機能はある程度解明されている．しかし，分子種それぞれに関して，まだ知られていない生理機能をもつ可能性があり，また，遺伝病や他の疾病の病態との関連（たとえば，Ca^{2+} 代謝がかかわる多くの疾病には何らかの関与の可能性がある）は十分に解明さ

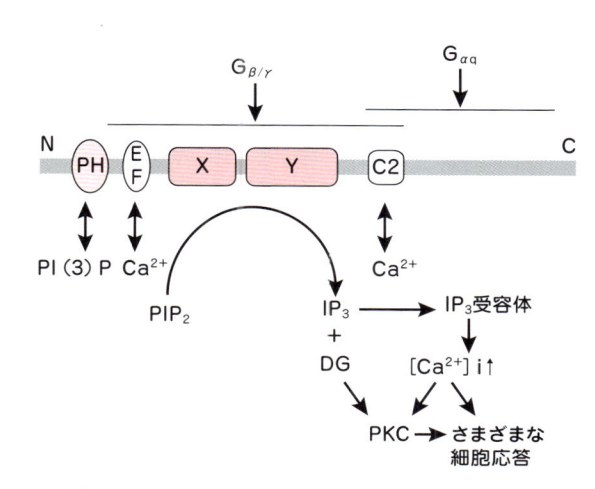

図2 PLC-βの分子構造とシグナル伝達

X・Y領域が触媒活性領域である．$G_{\alpha q}$ と $G_{\beta/\gamma}$ が相互作用するおよその領域を上から示している．その他の相互作用領域（PHドメイン，EFハンド，C2ドメイン）も示した

れたとはいえない．

【データベース（EMBL/GenBank）】

ヒトの各分子種のデータベース番号（accession number）を以下に記す．複数のデータがある場合は代表的なもの2つ程度を/で区分して記してある．原則的にcDNA（mRNA）の配列であるが，遺伝子の配列を基にしている場合は括弧内に（gene）で示した（以下同様）．

ヒト：AJ278313 / NM_015192（PLC-β1a），
　　 AJ278314 / NM_182734（PLC-β1b），
　　 NM_004573（PLC-β2），
　　 U26425（gene）（PLC-β3），
　　 L41349（PLC-β4）

Keyword
4 CNGチャネル

- 英文表記：cyclic nucleotide-gated channel
- 和文表記：サイクリックヌクレオチド開口性チャネル

1) 概要

CNGチャネルは，電位依存性（電位作動性）K^+ チャネルの遠い仲間であるが，透過イオン選択性は異なり，基本的には非選択性の陽イオンチャネルである[12]．サイクリックヌクレオチド（cAMPとcGMPのいずれか，あるいは両方）によって開口し，細胞膜電位を脱分極側に向かわせる．感覚細胞に多く発現し，視覚と嗅覚ではシグナル伝達の中心的な役割を果たしている．また，視覚

系とは遠縁にあたる松果体（ニワトリ）や頭頂眼（爬虫類）でも発現している．HCNチャネル（hyperpolarization-activated cyclic nucleotide-gated channel）と呼ばれる，遠縁のチャネルも存在し，これはサイクリックヌクレオチドにも依存するが主に電位によって開閉する[13]．また，これらのチャネルは，中枢神経系を含む神経系をはじめ，さまざまな組織・細胞でも発現・機能している．

2）分子構造

CNGチャネルは6回の細胞膜貫通領域と1個のポア領域をもつサブユニットが4つ集まって1つのチャネルを形成している（図3）．基本的には，αサブユニット3個とβサブユニット1個のヘテロ四量体（場合によってはαサブユニット2個とβサブユニット2個）であるが，発現系を用いれば他の構成，たとえば，αサブユニットだけから成るチャネルも形成できる．C末端側の細胞内領域にはサイクリックヌクレオチド結合領域がある．これまでに哺乳類では，4種類のαサブユニット（CNGA1～A4）と2種類のβサブユニット（CNGB1, B3）が知られている．

3）機能

分子種ごとに発現特異性や生理機能は異なるが，これまでよく研究されているのは視覚と嗅覚における機能である．視覚系（視細胞）においては，暗状態では高cGMP濃度であり，CNGチャネルは開口している．光刺激によって，光受容体（ロドプシン）→三量体Gタンパク質（G_t）の活性化→cGMP-ホスホジエステラーゼ（cGMP-PDE）の活性化の経路が働き，cGMP濃度を下げ，細胞膜を過分極側に向かわせて神経伝達物質の放出を止める（イラストマップ）．ここにはCa^{2+}によるフィードバック機構が働いているが，そこにはCNGチャネルのCa^{2+}透過性とCa^{2+}濃度恒常性にかかわる因子が結びついている．

一方，嗅覚系においては，匂い刺激によって嗅覚受容体→三量体Gタンパク質（G_{olf}）の活性化→アデニル酸シクラーゼ（AC）の活性化の経路が働き，cAMPが生成する（cAMP濃度が上昇する）．それによってCNGチャネルが開口し，膜電位を脱分極へと導き，嗅神経細胞を興奮させる（イラストマップ）．

4）疾患との関連，その他

以上の視覚系や嗅覚系におけるCNGチャネルの機能は，さまざまな生化学的・生理学的・細胞生物学的研究

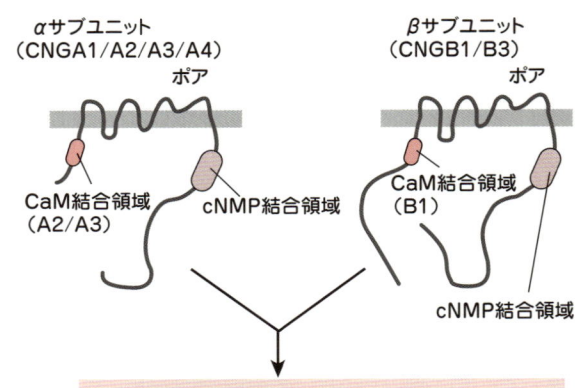

図3　CNGチャネル・サブユニットの構造

分子構造は分子種によって異なるほか，スプライスバリアントが多く存在する．感覚細胞におけるサブユニット構成は代表的なタイプをあげており，他のサブユニット構成のCNGチャネルも機能している可能性が，嗅神経細胞などで示されている

αサブユニット（CNGA1/A2/A3/A4）
βサブユニット（CNGB1/B3）
ポア
CaM結合領域（A2/A3）
cNMP結合領域
CaM結合領域（B1）
cNMP結合領域

視細胞－桿体細胞：CNGA1×3+CNGB1×1
　　　－錐体細胞：CNGA3×3+CNGB3×1
嗅神経細胞：CNGA1×2+CNGA4×1+CNGB1×1

のほか，ノックアウトマウスを用いた遺伝学的な解析によって証明されてきた．また，一部のサブユニット（CNGA3，CNGB3）については，視覚異常や色覚異常の原因となる突然変異も知られている．

【データベース（EMBL/GenBank）】

ヒト：S42457 / M84741（CNGA1），
　　　AX694355 / AX717679（CNGA2），
　　　AF065314（CNGA3），
　　　AX465594 / AX465595（CNGA4），
　　　AF042498 / U58837（CNGB1），
　　　AF272900 / AF228520（CNGB3）

5　TRPチャネル

▶英文表記：TRP channel

1）概要

ショウジョウバエの視覚（光受容）変異体の原因遺伝子TRP（transient receptor potential）にコードされるタンパク質と相同性をもつイオンチャネルの総称である[14) 15)]．その後，哺乳類でもTRPチャネルが多く見い出され，構造によって6～7グループに分類されている．これらは，基本的に非選択性の陽イオンチャネルである

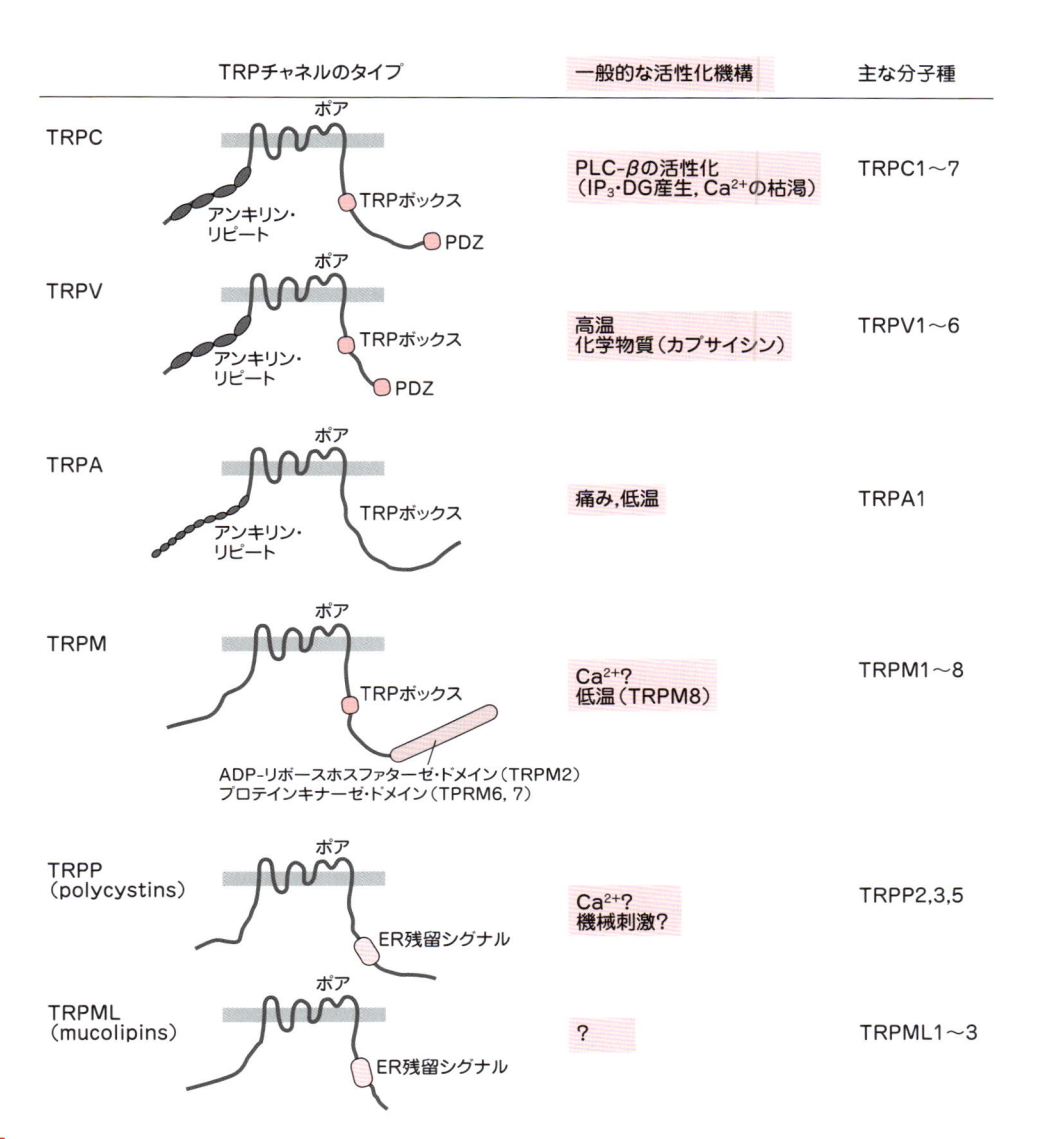

図4　TRPチャネルと主な活性化機構
代表的な6つのタイプのTRPチャネルの構造と活性化（開口）機構を示した．DG：ジアシルグリセロール，ER：小胞体，IP_3：イノシトール3リン酸

が，非選択的なもののほか，Ca^{2+}やMg^{2+}に対する透過性が異なるものがある．TRPチャネルはさまざまな生命現象・細胞生理にかかわっていることが少しずつわかってきており，特に感覚受容においては受容体として機能するなど，重要な役割をもつことが知られるようになった．

2）分子構造

図4に示したように，グループによって細胞内領域の構造は異なるが，チャネルを形成する細胞膜貫通領域やポア領域は類似している．ホモあるいはヘテロ四量体を構成してイオンが透過するポアを形成している．細胞内領域には，アンキリン・リピートをもつタイプ（TRPCおよびTRPV）や，ER残留シグナルをもつタイプ（TRPPおよびTRPML）などがある．

3）機能

多くのメンバーと多様な構造をもつTRPチャネルの機能を一言でまとめることは難しく，分子種それぞれについて理解する必要がある．感覚受容に関しても，TRPV1やTRPV3は体性感覚である高温・痛み受容の受容体として，TRPM8は低温受容の受容体として，TRPM5は味

覚受容系における伝達因子として，TRPC2は齧歯類のフェロモン受容の伝達系因子として機能している．また，神経系や血管系の調節因子として重要であるTRPチャネルも知られている．活性化（開口）機構については，TRPCはGPCRからのシグナルに応答し，TRPVの多くは高温によることが知られている．また，TRPCは細胞内Ca^{2+}濃度（枯渇）に呼応して細胞外からCa^{2+}を取り込む役割（Ca^{2+}ストア作動性Ca^{2+}チャネルの役割）をもっている．TRPAは痛みや冷覚に関係している．

4）疾患との関連，その他

上記以外にもTRPチャネルにはさまざまな側面がある．TRPPはpolycystinとも呼ばれ，嚢胞腎（polycystic kidney disease）の原因遺伝子となっている．一方，TRPMLはmucolipinとも呼ばれ，ムコ脂質症（muco-lipidosis, type IV）の原因遺伝子となっている．哺乳類におけるTRPチャネルの研究の歴史は比較的新しく，今後もさまざまな展開をするものと思われる．

【データベース（EMBL/GenBank）】

ヒト： NM_003304（TRPC1），
XR_000147（TRPC2）：擬遺伝子，
NM_003305（TRPC3），NM_016179（TRPC4），
NM_012471／AF054568（TRPC5），NM_004621（TRPC6），NM_020389（TRPC7）

AY131289（TRPV1），
AJ487963／NM_016113（TRPV2），
AJ487035／NM_145068（TRPV3），
AK127726／NM_021625（TRPV4 variant 1）／NM_147204（TRPV4 variant 2），
AJ487965／NM_019841（TRPV5），
AJ243500／NM_018646（TRPV6）

NM_002420（TRPM1），M64722（TRPM2），
AJ505026（TRPM3），AY046396（TRPM4），
NM_014555（TRPM5），AF448232／NM_017662（TRPM6），NM_017672（TRPM7），
NM_024080（TRPM8）

NM_000297〔TRPP2（PKD2）〕，
NM_016112〔TRPP3（PKD2L1）〕，
NM_182740〔TRPP5（PKD2L2）〕

BC005149〔TRPML1（mucolipin 1）〕，
AY083533／XM_371263〔TRPML2（mucolipin 2）〕，
AF475085／NM_018298〔TRPML3（mucolipin 3）〕
NM_007332〔TRPA1〕

参考文献

1) Bockaert, J. & Pin, J. P.：EMBO J., 18：1723-1729, 1999
2) Hur, E-M. & Kim, K-T.：Cell. Signal., 14：397-405, 2002
3) Edvardsen, φ. et al.：Nucleic Acids Res., 30：361-363, 2002
4) Mombaerts, P.：Nat. Neurosci., 4：1192-1198, 2001
5) Kratz, E. et al.：Trends Genet., 18：29-34, 2002
6) Young, J. M. & Trask, B. J.：Hum. Mol. Genet., 11：1153-1160, 2002
7) Crasto, C. et al.：Nucleic Acids Res., 30：354-360, 2002
8) Godfrey, P. A. et al.：Proc. Natl. Acad. Sci. USA, 101：2156-2161, 2004
9) Malnic, B. et al.：Proc. Natl. Acad. Sci. USA, 101：2584-2589, 2004
10) Franks, K. M. et al.：Neuron, 72：49-56, 2011
11) Fukami, K.：J. Biochem., 131：293-299, 2002
12) Kaupp, U. B. & Seifert, R.：Physiol. Rev., 82：769-824, 2002
13) Craven, K. B. & Zagotta, W. N.：Annu. Rev. Physiol., 68：375-401, 2006
14) Montell, C.：Sci. STKE. 2005：re3, 2005
15) Moran, M. M. et al.：Nat. Rev. Drug Discov., 10, 601-620, 2011

参考図書

◆ 『Principles of Neural Science, 4th Ed.』（Eric R. Kandel, et al.），Appleton & Lange, 2000
◆ 『神経情報伝達のメカニズム』（David G. Nicholls／著　青島均／訳）：シュプリンガー・フェアラーク東京，1998

※抗体・cDNA入手先

「キーワード」のcDNAや抗体の入手に関しては，各種のデータベースや検索サイトを参照することで可能である．

たとえば，cDNAは公共データベースであるHUGE（http://www.kazusa.or.jp/huge/index.html）やATCC（http://www.atcc.org/ATCCAdvancedCatalogSearch/tabid/112/Default.aspx）などのほか，民間会社であるプロメガ社（http://www.promega.co.jp/flexicloning/order.html）やインビトロジェン社（http://clones.invitrogen.com/index.php）などからも入手可能である．

また，抗体に関しては，一般的な検索サイトのantibodies-online（http://www.antibodies-online.com/）やBiocompare（http://www.biocompare.com/Antibodies）などのほか，各販売会社〔たとえば，サンタクルズ社（http://www.scbt.com/）など〕でもそれぞれ検索サイトを設けているところが多い．

第2部 キーワード解説 生命現象からみたシグナル伝達因子

19 血管新生
angiogenesis

矢花直幸, 渋谷正史

Keyword　❶VEGF　❷VEGF受容体　❸HIF　❹Tie2

概論

1. 血管新生とは

　血管は血管内皮細胞（endothelial cells）とそれを囲む血管平滑筋細胞（smooth muscle cells）から主に構成される．血管内皮細胞は管状構造を構築する単層の細胞である．血管平滑筋細胞は末梢血管では周皮細胞（pericyte）とも呼ばれ，血管の収縮を調節する．血管新生（angiogenesis）とは，既存の血管から分岐を生じて血管内皮細胞が増殖し，平滑筋細胞に囲まれた強固な血管を形成する過程を指す．これに対し血管内皮前駆細胞などが分化して新たな血管を形成する過程は血管発生（vasculogenesis）と呼ばれる．

　血管新生は個体の発生，発育に必須の生命現象である．胎生前期（マウスでは7.5〜8日頃）にはvasculogenesisにより血島が形成され，やがて原始的血管網になる．胎生中期には原始的血管網からangiogenesisが起こり，管径の変化，動脈・静脈の分化やアポトーシスによる血管系の退縮を伴いながら血管平滑筋細胞で囲まれた管状の内皮細胞系が構築される．成熟した個体においては性周期に関与する卵巣などを除き，血管新生はほとんどみられないが，がんなどのさまざまな病気では病的血管新生が生じる．

2. シグナルの流れ

　血管新生の主な生理的意義は，低酸素部位に酸素供給を行うために血管を形成することである．正常細胞・腫瘍細胞では低酸素に応答して転写因子HIF（hypoxia-inducible factor）（→Keyword❸）が活性化され，VEGF mRNAを発現誘導する．産生されたVEGF（vascular endothelial growth factor）（→Keyword❶）は，内皮細胞にほぼ限局して発現する受容体型チロシンキナーゼVEGF受容体（VEGFR）（→Keyword❷）に結合して受容体の自己リン酸化を誘導する．活性化された受容体のシグナルにより内皮細胞は細胞外基底膜を分解し増殖・遊走する．こうしたVEGFとVEGFRによるパラクリン系が，血管新生のシグナルの中心に位置づけられる．

　血管内皮細胞と血管平滑筋細胞の接着・離解による血管構造の安定化・不安定化も，血管新生を制御する大きな要因である．この過程には血管内皮細胞に特異的に発現する受容体型チロシンキナーゼTie2（→Keyword❹）とそのリガンドであるアンジオポエチン（angiopoietin：Ang）が主に関与する．アンタゴニストであるAng-2は既存の血管の平滑筋細胞と内皮細胞の離解を誘導して血管を不安定化し，血管新生のトリガーとなる（イラストマップ）．間葉系細胞はアゴニストであるAng-1を分泌し，内皮細胞との接着を強め平滑筋細胞として血管の安定化に寄与する．

3. 臨床応用と今後の展望

　固形腫瘍，糖尿病性網膜症などの眼科疾患，関節リウマチなどの炎症性疾患などにおいては，病的血管新生が誘導され病態の進展に寄与する．こうした新生血管は臨床治療の標的として非常に重要視されてきた．血管新生阻害剤は，すでに抗腫瘍治療，および，加齢黄斑変性症の治療に臨床応用されている．一方下肢の閉塞性動脈硬化症などの虚血性疾患においては，局所でのVEGFを含む血管新生因子の産生を促進して血管新生を誘導する臨床治験が行われている．

イラストマップ　血管新生のシグナルの概略図

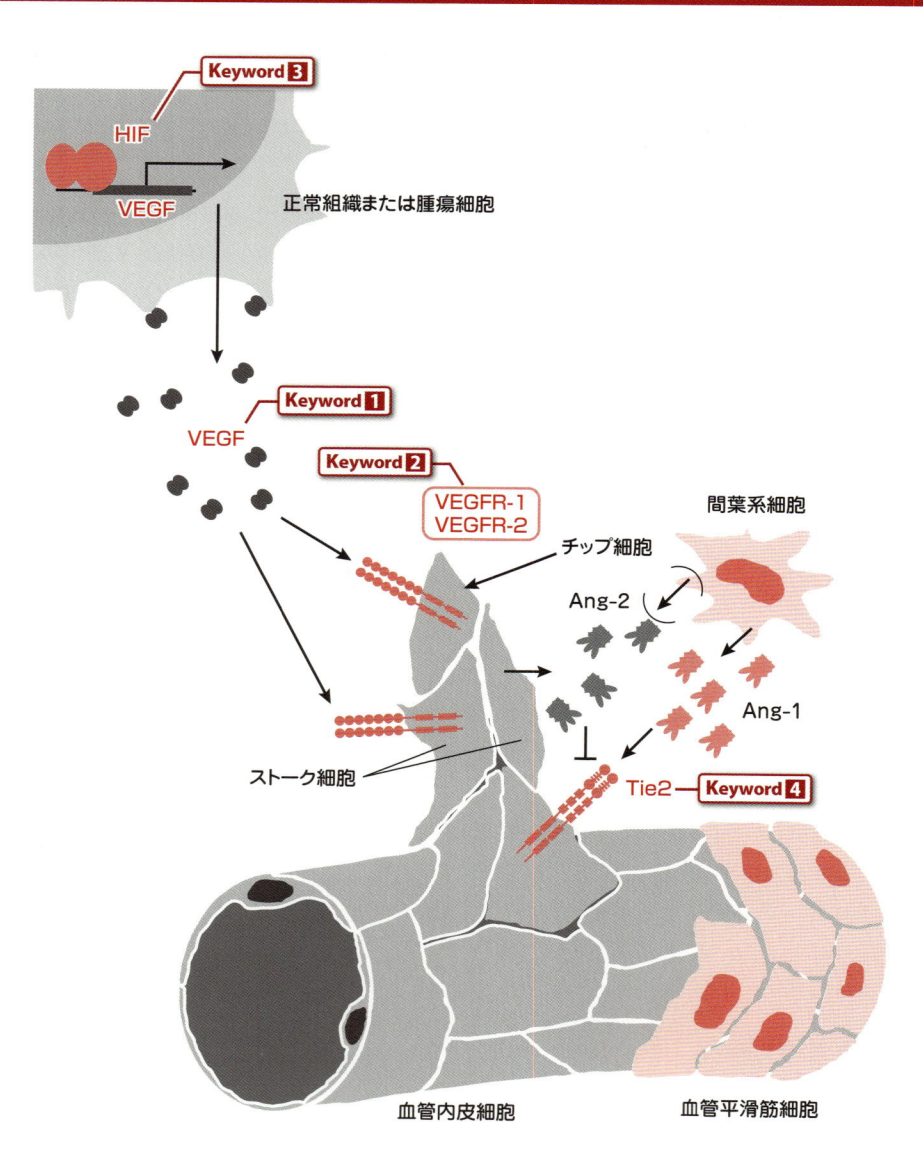

VEGFへ向かって先頭を走る内皮細胞をチップ細胞と呼ぶ．フィロポディアを多くもつが，増殖能は低い．その後ろでVEGFR-2のシグナルなどにより増殖して新しくチューブ形成をする内皮細胞をストーク細胞と呼ぶ

キーワード解説

Keyword
1 VEGF

▶ フルスペル：vascular endothelial growth factor
▶ 和文表記：血管内皮増殖因子

1）イントロダクション

　VEGF（VEGF-A）は in vitro における血管内皮細胞の増殖因子，また血管透過性亢進因子の2つの活性をもつ物質として1989年に同定された．現在までにVEGFファミリーとしてVEGF-B/-C/-D，PlGF（placental growth factor）が単離されている．それぞれの遺伝子産物は図1に示すように，VEGF受容体（VEGFR）に対して特異性をもって結合する[1]．VEGF-C/-Dは主にリンパ管内皮細胞の増殖に重要な役割を果たすが，病的血管新生にも関与する．VEGF-EはOrfウイルスにコードされるVEGF相同タンパク質でVEGFR-2に特異的に結合しVEGF-Aに類似した生理活性をもつ．

2）分子構造

　VEGFは45 kDaの二量体糖タンパク質である．オルタナティブスプライシングにより，ヒトではVEGF$_{121}$，VEGF$_{165}$，VEGF$_{189}$，VEGF$_{206}$などが存在する．正常組織・腫瘍組織ともにVEGF$_{165}$を最も多く発現し，次に量的に多いのはVEGF$_{121}$である．VEGF$_{165}$はC末端側に塩基性のヘパリン結合ドメインを有し，これを介して細胞間基質に結合し細胞表面にとどまる．一方VEGF$_{121}$はヘパリン結合ドメインを欠失し，細胞から分泌後拡散する．またVEGF$_{165}$のヘパリン結合ドメインは内皮細胞上の

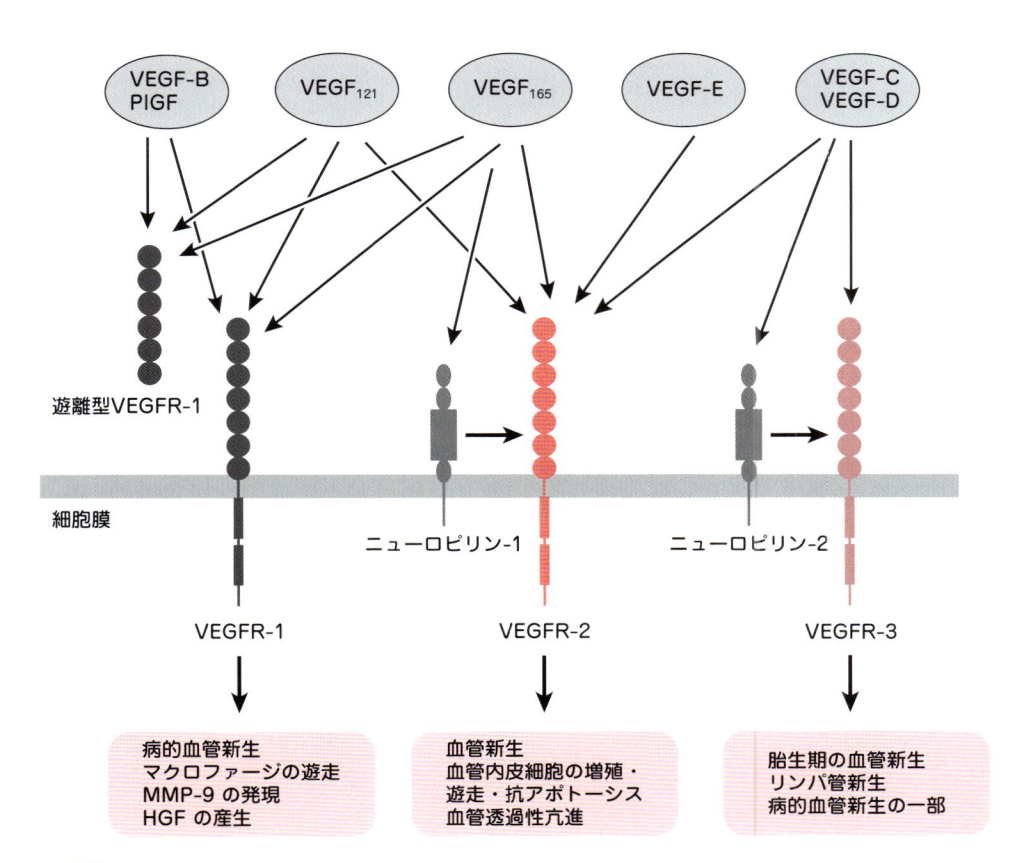

図1　VEGFファミリーとその受容体

リガンドと受容体の特異的な結合を示す．VEGFRは主に内皮細胞上に発現し，それぞれの細胞特異的なシグナルを下流に伝達するが，図では模式的にまとめて示した

ニューロピリン-1との結合に関与する．VEGF$_{165}$と結合したニューロピリンはVEGF$_{165}$とVEGFRの親和性を高め，レセプターからのシグナルを増強する（図1）．近年，オルタナティブスプライシングによりVEGFのC末端が変化したVEGFxxxbが報告された．VEGFに対して阻害的に働く可能性がある．

3）発現様式

VEGFは血管平滑筋細胞，骨格筋細胞，心筋細胞，肝細胞などの組織実質細胞や間葉系細胞から産生される．VEGF mRNAの発現は低酸素環境（**3** HIF参照），増殖因子，がん遺伝子により亢進され，腫瘍組織での発現の亢進もみられる．

4）ノックアウトマウスの表現型

VEGF-A遺伝子をヘテロで欠損したマウス（Vegf$^{+/-}$）は胎生11～12日の間に死亡することが'96年に報告された．Vegf$^{+/-}$マウスでは心血管系の形成異常，卵黄嚢上の血島における有核赤血球数の減少が観察され，胎生期における血管発生・血管新生と血球形成にVEGFが不可欠の役割を果たすことが示された．'99年にはVEGF$_{120}$（ヒトのVEGF$_{121}$に対応，マウスでは1アミノ酸短い）だけを発現するVegf$_{120/120}$マウスが作製・解析され，50％が出生直後に心血管系の異常により死亡し，残りの50％は生後2週間以内に死亡した．これらの結果から，胎生期の血管形成はVEGF$_{120}$だけで可能であるが，胎生後期から出生期の心血管系の形成・機能にはVEGF$_{165}$が必要であると考えられる．Vegf$_{120/120}$マウスの最近の解析によれば，ヘパリン結合ドメインにより細胞表面にトラップされたVEGF$_{165}$は，内皮細胞がフィロポディア（糸状仮足）を伸長するための指標となり，血管が正しいネットワークを形成するのに重要な役割を果たしている[2]．

5）機能・疾病とのかかわり

VEGFは固形腫瘍細胞の増殖，糖尿病性網膜症，関節リウマチなどにおいて発現が増大しており，病的血管新生の主要因子である．また血管透過性を亢進し，がん性腹水貯留の主因でもある．抗VEGF抗体を用いて血管新生を抑制する研究は現在では臨床応用に到達している．大腸がんについては2003年800名のランダマイズドトライアルが終了し，著明な延命効果があることが明らかにされた．その後，VEGF中和抗体は肺がん（非上皮性），乳がん，脳腫瘍（悪性膠芽腫），および，加齢黄斑変性症の治療にも臨床応用されている．

狭心症・心筋梗塞や下肢の閉塞性動脈硬化症などの虚血性疾患では，VEGFの投与による側副血行路の形成が試みられてきた．臨床治験において組換え体VEGF$_{165}$の投与やアデノウイルスのVEGF$_{165}$の発現により，冠動脈虚血の改善，下肢虚血の改善が報告されている．またHGF（hepatocyte growth factor），FGF（fibroblast growth factor）を用いても同様の試みがされている．

【抗体・cDNAの入手先】
われわれの研究室ではR＆D社のヒト組換えVEGF$_{165}$を実験に使用している．

【データベース（EMBL/GenBank）】
ヒト：NM_00376.3（VEGF-A），NM_003377.2（VEGF-B），NM_005429（VEGF-C），NM_004469（VEGF-D），NM_002632（PIGF）

マウス：NM_009509（VEGF-A），NM_011697（VEGF-B），NM_009506（VEGF-C），NM_010216（VEGF-D），NM_008827（PIGF）

Keyword
2 VEGF受容体

▶ フルスペル：vascular endothelial growth factor receptor
▶ 略称：VEGFR

1）イントロダクション

VEGF-Aのレセプターは受容体型チロシンキナーゼVEGFR-1（Flt-1）およびVEGFR-2（KDR/Flk-1）である[3]．VEGFR-2はVEGFの増殖・血管透過性のシグナルで中心的な役割を果たす．VEGFR-1は最も早く1990年にわれわれのグループにより単離されたが，その機能は多岐に渡り現在なお解明するべき点が残されている．VEGFR-3（Flt-4）は類似した構造をもつが，VEGF-C，-Dの特異的受容体でありリンパ管形成に重要な役割を果たす．

2）分子構造

VEGFRファミリーは細胞外ドメインに7個の免疫グロブリン（Ig）様構造をもち，細胞内にチロシンキナーゼドメイン（第1部-3参照）をもつ．またキナーゼドメイン内に約70アミノ酸のキナーゼ挿入領域をもつ．VEGFR-1と-2はVEGFとの結合性およびキナーゼ活性が大いに異なる．VEGFR-1は，Kd（解離定数）＝1～10pMの高親和性でVEGFと結合するが，そのキナーゼ活性は弱い．一方VEGFR-2はKd＝200pM程度の弱いリガンド親和性を示すが，VEGFによる自己リン酸化レ

ベルは高い．いずれの受容体でもリガンドとの結合においては第2～第3 Ig様ドメインが重要である．VEGFR-1は受容体型キナーゼ全長のほかに遊離型VEGFR-1（soluble VEGFR-1，sVEGFR-1，sFlt-1）がオルタナティブスプライシングにより発現する．sVEGFR-1は第1～第6 Ig様ドメインとそれに続く短い配列から成り，強力なVEGF抑制タンパクである．

3）発現様式

VEGF受容体ファミリーの発現は，胎生期・成熟個体の正常組織や腫瘍組織などの血管内皮細胞に限局されている．乳がんなどを除き，ほとんどすべてのヒトがん細胞では発現が強く抑えられている．VEGFR-1は単核球・マクロファージにも発現し，これらの細胞の遊走に関与する．ヒト遊離型VEGFR-1は胎盤の栄養芽層（trophoblast layer）に発現が観察され，生理的機能に興味がもたれる．妊婦血清中には一定レベルのsVEGFR-1が認められるが，妊娠高血圧症候群患者血清中では異常に増加しており，高血圧や腎障害の主な原因物質であることが最近明らかになった．VEGFR-3は胎生中期までは血管内皮に，胎生後期や成熟個体ではリンパ管内皮に主に発現する．

4）ノックアウトマウスの表現型

$Vegfr\text{-}2^{-/-}$マウスは胎生8.5～9.5日で死亡し，血管形成，血島の形成がみられないことから，VEGFR-2は内皮細胞および血球系細胞の発生に不可欠の役割をもつと考えられた．$Vegfr\text{-}1^{-/-}$マウスは胎生8.5～9.5日で死亡するが，この場合には内皮細胞への分化は起こっており，内皮細胞の過増殖による血管形成の異常が死因と考えられた．これらの結果からVEGFR-2がVEGFのシグナル伝達を担うのに対し，VEGFR-1は胎生前期のVEGFシグナルをネガティブに制御していると理解される．さらにVEGFR-1のチロシンキナーゼドメイン欠損マウス（$tk^{-/-}$）では血管形成がほぼ正常に起こることから，図2のようなモデルが支持されている．このモデルによれば，胎生前期の血管形成においては，VEGFR-1の細胞内シグナル伝達はあまり重要ではなく，高親和性の細胞外ドメインによりVEGFをトラップし生理的なVEGFの濃度を維持するのが主要な役割であると考えられる．

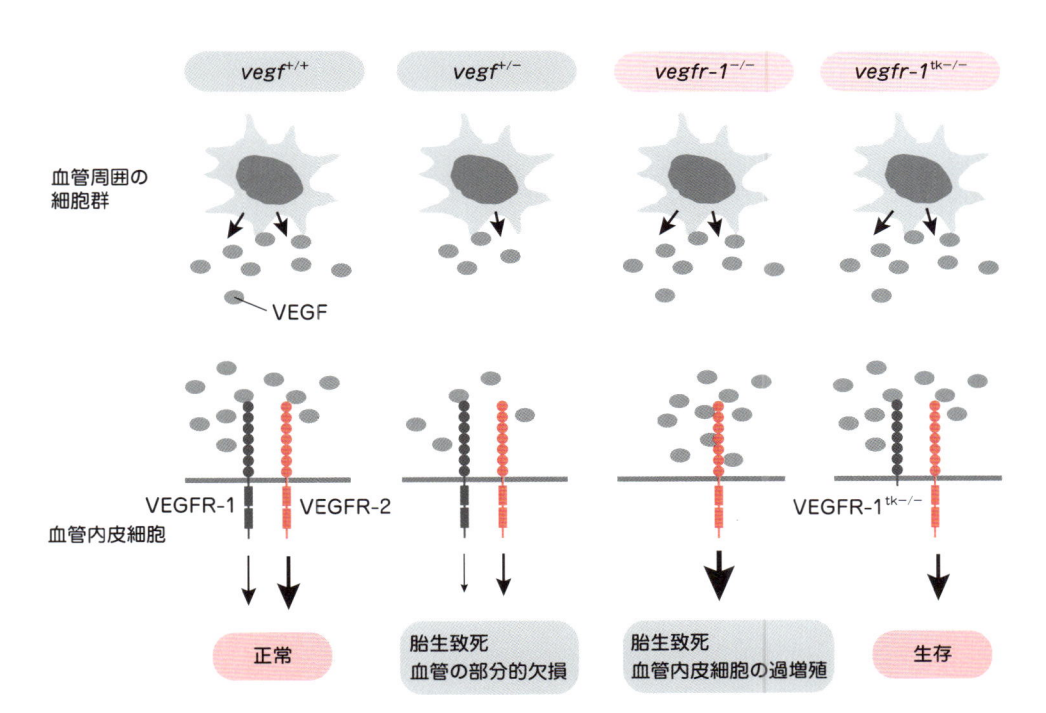

図2　VEGFとその受容体ファミリーのノックアウトマウスの解析

$Vegf^{+/-}$マウスは1個のアリルが欠損するだけで血管の機能障害を生じる．$Vegfr\text{-}1^{-/-}$マウスは内皮細胞の過増殖により胎生致死となるが，これはVEGFR-1の細胞外ドメインがVEGFをトラップせず，VEGFR-2に過剰のシグナルが入るためと考えられる

Vegfr-3$^{-/-}$マウスも血管系の異常により胎生致死となり，胎生期に血管新生とリンパ管発生の両者に関与すると考えられる．

5) 機能・疾病とのかかわり

1) VEGFR-2の機能・疾病とのかかわり

VEGFR-2がVEGFの生理作用の中心的な役割を果たすことは，VEGFR-1/-2それぞれに特異的に結合するVEGFの変異体を用いた解析により示された．VEGFR-2はVEGFとの結合により二量体を形成し自己リン酸化されるが，リン酸化されたTyr1175にホスホリパーゼC-γ（PLC-γ）が結合する．PLC-γの下流でプロテインキナーゼC，Raf-MAPキナーゼ系（第1部-4参照）が活性化されることが，血管内皮細胞の増殖に重要である．VEGFR-2はVEGFの内皮細胞に対する抗アポトーシス作用，内皮細胞の移動，血管透過性亢進のシグナルを担っている．

2) VEGFR-1の機能・疾病とのかかわり

VEGFR-1のシグナルは，前述のように胎生期の血管新生ではあまり重要ではないが，VEGFR-2のシグナルと協調して血管新生を促進しうる[3]．VEGFR-1はこれ以外にさまざまな機能を有し，いくつかの報告を以下に列挙する．①造血幹細胞・造血前駆細胞・内皮前駆細胞が骨髄から動員される際には，VEGFR-1を介したMMP-9（matrix metalloprotease-9）の発現が重要である[4]．②肝類洞壁内皮細胞ではVEGFR-1のシグナルに応じてHGFが発現誘導され，パラクリンにより肝細胞に作用して肝細胞の増殖を促進する[5]．③マクロファージの遊走を促進して腫瘍血管新生を刺激しがんの増殖を促進させる．④腫瘍がVEGFR-1を介して肺でのMMP-9を発現誘導することで，肺への転移能を亢進させる[6]．⑤リウマチなどの炎症を促進する．

3) VEGFRの阻害剤の開発

VEGFが病的血管新生で中心的な役割を果たすことから，その受容体は血管新生阻害の重要な標的と考えられてきた．VEGFRのチロシンキナーゼに対する特異的阻害剤は，すでに腎がん，肝臓がんの治療に臨床応用されている．また遊離型VEGFR-1によるVEGFのトラップも血管新生阻害の効果が高く，加齢黄斑変性症の治療に用いられている．

【抗体・cDNA入手先】

ヒトVEGFR-1，VEGFR-2のcDNAはわれわれの研究室から入手可能である．VEGFR-2抗体として，われわれはサンタクルズ社の抗体を使用している．VEGFR-1抗体もサンタクルズ社から購入しているが，品質にはばらつきがある．

【データベース（EMBL/GenBank）】

ヒト：NM_002019（VEGFR-1），NM_002253（VEGFR-2），NM_182925，NM_002020.1（VEGFR-3）

マウス：D88689（VEGFR-1），NM_010612（VEGFR-2），NM_008029（VEGFR-3）

Keyword

3 HIF

▶ フルスペル：hypoxia-Inducible factor

1) イントロダクション

低酸素がVEGFのmRNAを誘導して血管新生を促進することは，'90年代前半に明らかになった．またHIFが低酸素応答に中心的な役割を果たす転写因子であることも同じ頃に明らかになった．HIFが低酸素で活性化される機構は不明であったが，2001年に細胞内酸素がHIFの安定性を直接制御する機構が解明された[7]．

2) 分子構造

HIF-1はHIF-1α，HIF-1β（ARNT）のヘテロ二量体であり，いずれもbHLH（basic helix loop helix）領域とPAS（Per-AchR/ARNT-Sim homology）領域，C末端側に転写活性化領域をもつ（第1部-29参照）．HIF-1βが常に核に存在しているのに対し，HIF-1αは低酸素による制御を受けて核内に移行しHIF-1βと結合する．HIF-1αとHIF-2α（HRF，MOP2，HLF，EPAS-1）はアイソフォームで，ほぼ同様の活性をもつと考えられる．

3) 発現様式

HIF-1αが広範囲の組織細胞で発現するのに対し，HIF-2αは発現が内皮細胞に特異性が高いことが報告されている．

4) ノックアウトマウスの表現型

Hif-1α$^{-/-}$，*Arnt*（*Hif-1β*）$^{-/-}$のマウスはそれぞれ血管系の異常を示し，胎生致死となる．*Hif-1α*$^{-/-}$マウスでは胎仔組織に加えて卵黄嚢でも血管形成の欠損が観察される．けれども*Hif-1α*$^{-/-}$の胚性幹細胞では低酸素に応答したVEGFの発現が抑えられているものの，発生段階のホモの胎仔では，むしろVEGF mRNAの発現の亢進が観察される．したがって*Hif-1α*$^{-/-}$マウスの血管形成異常の原因はVEGFの発現の減少のみでは説明できない．

5) 機能・疾病とのかかわり

1) HIF-1の低酸素応答による制御

HIF-1αは正常酸素分圧下ではタンパク質の不安定化が起こり，活性が抑えられている．こうした酸素分圧に応じた抑制機構は，近年になって詳細が明らかにされた（図3）．正常酸素分圧下ではPHD（prolyl hydroxylase domain）1～3というHIFプロリン水酸化酵素が酸素分子から水酸基を生成して，HIF-1αのPro402とPro564にこれを付加する．HIF-1αはこれらのProが水酸化されるとVHL（von Hippel-Lindau）E3ユビキチンリガーゼと結合しやすくなり，その結果迅速に分解される（第2部-10参照）．またFIH（factor inhibiting HIF）というHIFアスパラギン水酸化酵素は転写活性化領域上のAsn803を水酸化する．Asn803が水酸化されるとHIF-1αは転写のコアクチベーターであるp300と結合できなくなり，不活性化される．

2) 疾病とのかかわり

多くのがん細胞でHIF-1の発現誘導がみられる．低酸素，増殖因子やRasなどのがん遺伝子，PTEN，p53などのがん抑制遺伝子の欠損によりHIFの発現は促進される．とくに，腎がんで高頻度にみられるがん抑制遺伝子VHLの欠損は，前述の機構によりHIF活性化の直接の要因である．一方VEGFと同様にHIFを発現させて，虚血性疾患で血管新生を誘導する試みも行われている．

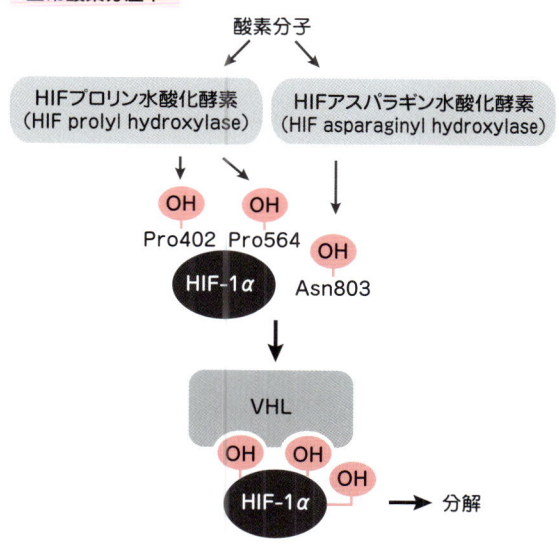

【データベース（EMBL/GenBank）】

ヒト：NM_001530（HIF-1α），NM_001430.2〔HIF-2α（EPAS1）〕，NM_001668.2，NM_178426，NM_178427〔HIF-1β（ARNT）〕

マウス：NM_010431（HIF-1α），NM_010137〔HIF-2α（EPAS1）〕，NM_009709〔HIF-1β（ARNT）〕

Keyword

4 Tie2

▶フルスペル：tyrosine kinase with Ig and EGF homology domain 2

図3 HIF-1αの活性調節機構
HIF-1αは正常酸素分圧下ではプロリン残基が水酸化されることで，VHLと結合して分解される．またアスパラギン残基が水酸化されp300との結合が阻害される．低酸素分圧下ではp300と結合し，HIF-1βとともにVEGFなどの転写を誘導する．HRE：hypoxia response element

1) イントロダクション

Tie2は1992年に血管内皮細胞から単離された受容体型チロシンキナーゼである．Tie1（tyrosine kinase with Ig and EGF homology domain 1）とファミリーを形成することからTie2と命名された．Tie2のリガンドであるアンジオポエチン（Ang）-1は発現ライブラリーからTie2結合タンパク質として'96年にクローニングされ，相同性によりAng-1～4のファミリーが同定された．Ang-1，Ang-4はTie2に結合しリン酸化を誘導するアゴニストであるのに対し，Ang-2，Ang-3はTie2に結合するが活性化しないアンタゴニストである（図4）[8]．本稿では解析がよく進んでいるAng-1，Ang-2について述べる．Tie1のリガンドは現在までわかっていない．

2) 分子構造

Tie2は上皮細胞増殖因子様の繰り返し配列で分離された2つの免疫グロブリン様ループとIII型フィブロネクチン様の3回の繰り返し配列を細胞外領域とし，細胞内は短いキナーゼ挿入領域をもつチロシンキナーゼドメイ

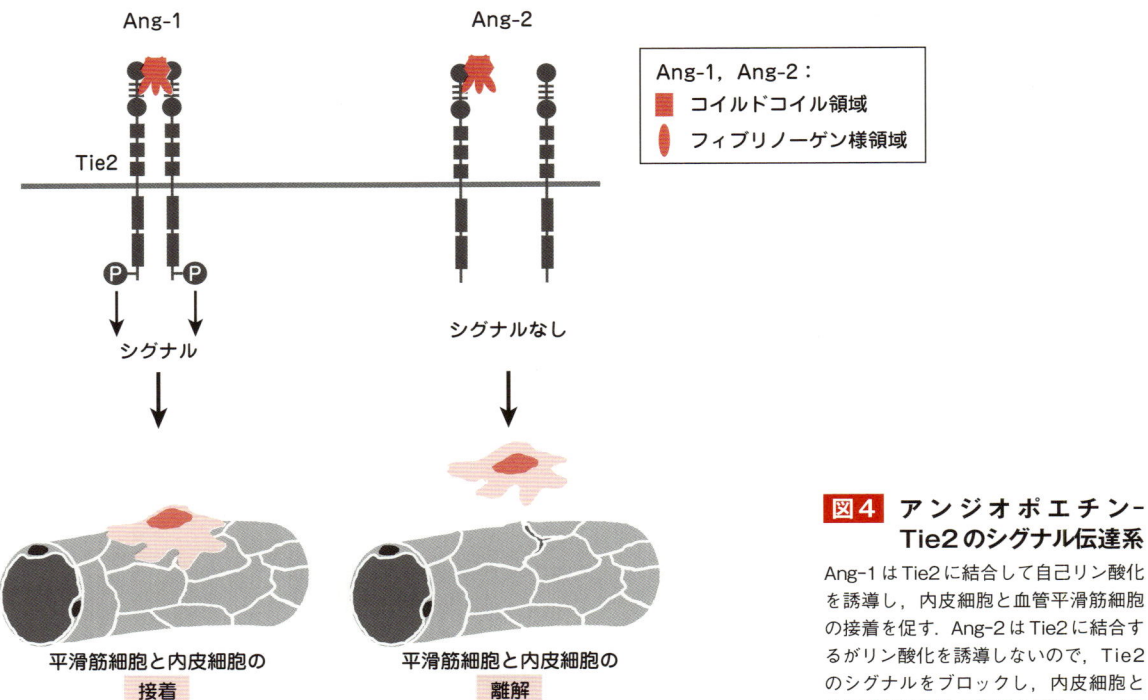

図4 アンジオポエチン-Tie2のシグナル伝達系

Ang-1はTie2に結合して自己リン酸化を誘導し，内皮細胞と血管平滑筋細胞の接着を促す．Ang-2はTie2に結合するがリン酸化を誘導しないので，Tie2のシグナルをブロックし，内皮細胞と血管平滑筋細胞の離解を促進する（文献9を元に作成）

ンを有する（第1部-3参照）．アンジオポエチンは，分子内にコイルドコイル領域を有し，またフィブリノーゲン領域をもつ．コイルドコイル領域を介して多量体を形成する（図4）．

3）発現様式

Tie2は血管内皮細胞，造血幹細胞に発現する．一方Ang-1は平滑筋細胞や血管周囲の間葉系細胞から発現し，Ang-2は血管内皮細胞または血管周囲の間葉系細胞から発現する．

4）ノックアウトマウスの表現型

$Tie2^{-/-}$マウスは胎生9.5〜10.5日で死亡し，大小の血管の区別がなく一様に拡張した血管が観察され，血管の分岐に異常があると考えられた．また$Ang-1^{-/-}$マウスは$Tie2^{-/-}$マウスおよびAng-2過剰発現マウスと同様の表現型を示した．これらの表現型は内皮細胞と平滑筋細胞の接着による血管の安定化が，胎生期の血管新生やリモデリングに不可欠であることを示している．

5）機能・疾病とのかかわり

Ang-Tieシステムの作用機構は図4のモデルが支持されている[9)10)]．間葉系細胞はAng-1を分泌してTie2を活性化し，内皮細胞との接着を強め平滑筋細胞として働く．一方，内皮細胞や間葉系細胞から分泌されたAng-2はTie2に結合するがシグナルをブロックして，平滑筋細胞と内皮細胞の離解を促す．ただしAng-2はAng-1とは異なるシグナルを発信するとの説もある．Ang-2の濃度が優勢な環境では血管が不安定化して枝分かれが起こり，血管の伸長後Ang-1の優勢下で血管が安定化することで，血管新生が進行すると考えられる．腫瘍血管形成の際にはAng-2の上昇が報告されており，Ang-2を分子標的とした制がん剤が検討されている．

個体レベルでAng-1，Ang-2を投与した際の生理的作用は血管周囲の環境により決定され，それぞれについて血管新生促進能・抑制能が報告されている．

Tie2に関しては，静脈異形成症候群の一因がキナーゼ領域の点突然変異による活性化であることが報告されている．

【抗体・DNAの入手先】

Cell Signaling Technology社など多数の企業が抗Tie2抗体を販売している．cDNAについても商業化されているが，使用前にその内容を十分検討すべきである．

【データベース（EMBL/GenBank）】

ヒト：NM_000459（Tie2），NM_001146，NM_139290（Ang-1），NM_001147（Ang-2）

マウス：NM_013690（Tie2），NM_009640（Ang-1），NM_007426（Ang-2）

参考文献

1) Ferrara, N. et al.：Nat. Med., 9：669-676, 2003
2) Ruhrberg, C. et al.：Genes Dev., 16：2684-2698, 2002
3) Shibuya, M.：Proc. Jpn. Acad. Ser. B, Phys. Biol. Sci., 87：167-178, 2011
4) Hattori, K. et al.：Nat. Med., 8：841-849, 2002
5) LeCouter, J. et al.：Science, 299：890-893, 2003
6) Hiratsuka, S. et al.：Cancer Cell, 2：289-300, 2002
7) Pugh, C. W. & Ratcliffe, P. J.：Nat. Med., 9：677-684, 2003
8) Yancopoulos, G. D. et al.：Nature, 407：242-248, 2000
9)「アンジオポエチン系による血管の構築」（高倉伸幸）：『血管研究の最前線に迫る（イラスト医学＆サイエンス）』（渋谷正史/編），羊土社，2000
10) Augustin, H. G. et al.：Nat. Rev. Mol. Cell Biol., 10：165-177, 2009

参考図書

◆ 『血管の先端分子医学と臨床への躍進』（渋谷正史，倉林正彦/編），実験医学増刊，20（8），羊土社，2002
◆ 『よくわかる血管のバイオロジー（実験医学バイオサイエンスシリーズ）』（佐藤靖史/著），羊土社，2001
◆ 『がんと血管新生の分子生物学』（渋谷正史/編），南山堂，2006

第2部 キーワード解説 生命現象からみたシグナル伝達因子

20 幹細胞
stem cell

柳田絢加, 中内啓光

Keyword ❶LIF/Stat3 ❷BMP/Smad ❸FGF/Erk, GSK-3β ❹ニッチ

概論 Overview

1. はじめに

　幹細胞は自己複製能と多分化能をあわせもつ細胞と定義される．幹細胞には大きく分けて，多能性幹細胞と体性幹細胞がある．多能性幹細胞の1つであるES細胞は胚盤胞の内部細胞塊から樹立され，三胚葉のほぼすべての組織に分化可能な細胞である[1,2]．一方，体性幹細胞は胎児および成体を構成する組織中に存在し，その組織を構成する多様な機能細胞へと分化可能な細胞である．発生過程や成体での臓器形成・組織維持を担っており，代表的な体性幹細胞として造血幹細胞，生殖幹細胞，間葉系幹細胞がある．幹細胞の性質維持には，幹細胞自身の転写因子ネットワークおよび周辺環境（ニッチ）との相互作用によるシグナル伝達経路の活性化が必要である．本稿では，マウスES細胞をモデルとした幹細胞の未分化性制御メカニズム，また造血幹細胞を例にした体性幹細胞とニッチの相互作用について概説する．

2. シグナルの流れ

　多能性幹細胞の1つであるマウスES細胞は未分化性維持にLIF（→Keyword❶）の添加が必要である（イラストマップ）[3,4]．LIF刺激によりJak-**Stat3**経路，Shp2-Ras-MAPK経路，Shp2-PI3K-Akt経路など多くのシグナル伝達系が活性化される．マウスES細胞では，Shp2-Ras-MAPK経路とShp2-PI3K-Akt経路は複数の上流因子の刺激により活性化するが，Jak-Stat3経路はLIF刺激により制御されており，Stat3の活性化が未分化性維持に大きな役割を果たしている[5]．抗神経因子である**BMP**（→Keyword❷）シグナルはLIFシグナルと協調的に働くことでES細胞の分化を阻害し，未分化性の保持に働いている[6]．また，FGF4シグナルによるMAPK/Erkの活性化や**GSK-3β**（→Keyword❸）シグナルはES細胞の分化誘導や未分化性維持に関係し，これらのシグナル経路を阻害することでLIF，BMP，血清非存在下でもES細胞の未分化維持培養が可能である[7]．

　一方，生体内の各組織に存在する体性幹細胞は特定の場所（ニッチ）（→Keyword❹）に存在し，自己複製と前駆細胞への分化を行うことで組織を維持している．幹細胞の自己複製や分化はニッチを構成する細胞（ニッチ細胞）との相互作用によって制御されている．現在では，造血幹細胞，生殖幹細胞，間葉系幹細胞などさまざまな幹細胞を制御するニッチが特定されつつある．特に造血幹細胞は細胞表面抗原を用いた高度な純化とクローナルな解析が可能である．この利点から造血幹細胞を維持するニッチシグナル研究が詳細に行われており，主に内骨膜ニッチ[8]と血管性ニッチ[9]において，造血幹細胞の機能が維持されていると考えられている（イラストマップ）．

3. 臨床応用と今後の展望

　ES細胞はその多分化能と遺伝子操作が容易であることから，遺伝子組換え動物の作出や細胞移植治療に利用され，遺伝子の機能や発生過程のメカニズム解明，疾患研究等に大きな飛躍をもたらした．また，体細胞へ特定の遺伝子を導入することによりES細胞と非常に類似した細胞であるiPS細胞が樹立できることが報告された[10]．このことにより樹立に受精卵が必要なES細胞の倫理的問題や免疫拒絶問題が解決でき，多能性幹細胞の臨床応

イラストマップ　未分化性維持に関与するシグナル系, 造血幹細胞ニッチ

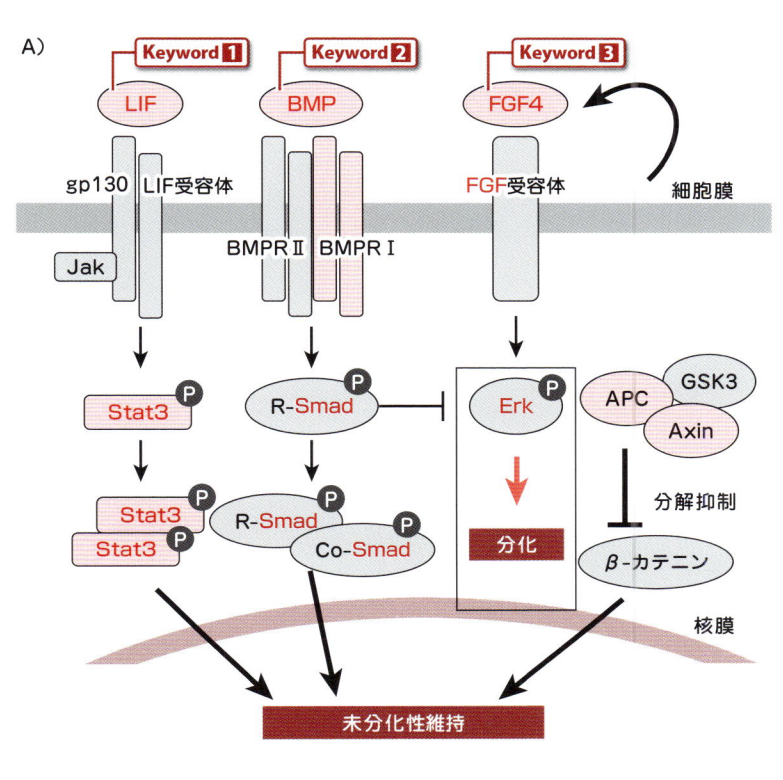

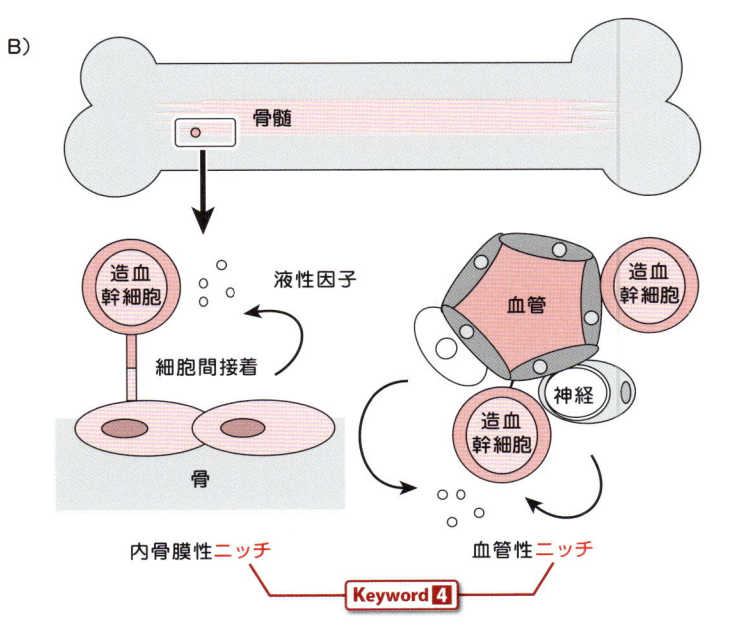

A)

- Keyword 1: LIF
- Keyword 2: BMP
- Keyword 3: FGF4

gp130 / LIF受容体 / BMPR II / BMPR I / FGF受容体　細胞膜

Jak

Stat3-P　R-Smad-P　┤ Erk-P　APC　GSK3　Axin

Stat3-P / Stat3-P　R-Smad-P / Co-Smad-P　分化　分解抑制　β-カテニン

核膜

→ 未分化性維持

B)

骨髄

液性因子

造血幹細胞　細胞間接着　骨

血管　造血幹細胞　神経　造血幹細胞

内骨膜性ニッチ　血管性ニッチ

Keyword 4

用への可能性が広がった．しかし，ES，iPS細胞における動物種間の性質の違い，iPS細胞作製時の初期化メカニズム，腫瘍源性など不明な点も多い．

　自己の体性幹細胞を用いた細胞移植療法・遺伝子治療は，組織中に存在する少数の幹細胞を用いるもので，安全性や免疫拒絶がほとんどない利点がある．一方で，造血幹細胞などを生体外で効率的に維持，増殖することは未だ困難な点が多い．生体内でニッチが幹細胞を制御する分子機構を解明することで，生体外での幹細胞の効率的な維持，増殖が可能になると考えられる．近年，がんの発生とがん幹細胞の関係が報告されている．がん幹細胞の増殖・未分化性維持にもがん幹細胞ニッチが関与していると考えられている．ニッチと幹細胞の制御機構の研究はがん発生メカニズム解明，がん幹細胞を治療標的とした治療法の確立にも有用と考えられる．

キーワード解説

Keyword 1 LIF/Stat3

▶ フルスペル：leukemia inhibitory factor/signal transducer and activator of transcription 3

1）イントロダクション

　LIFはマウスES細胞の未分化性維持に重要なサイトカインとして知られている．マウスES細胞は樹立や培養の際に分裂を停止させたマウス線維芽細胞（mouse embryonic fibroblast：MEF）をフィーダー細胞として用いる．ES細胞の未分化性維持を制御する液性因子として，MEFの分泌タンパク質中からLIFが同定された．LIF刺激によりES細胞ではさまざまな細胞内シグナル伝達系が活性化するが，特にStat3の活性化がES細胞の維持に必要なことが報告されている．また，LIFシグナルは幹細胞の未分化性や多分化能に重要なコア転写因子（*Oct3/4*，*Sox2*，*Klf4*，*Nanog*など）の転写を制御し，これらの転写因子の相互発現制御によりES細胞の性質が維持されている．

2）分子構造・発現様式

　LIFはIL-6（interleukin6）ファミリーに属するサイトカインの1つで，低親和性LIF受容体とgp130の2つのサブユニットから構成されるヘテロ受容体を介し細胞内にシグナルを伝達する（図1）．LIFが低親和性LIF受容体に結合すると，高親和性LIF/gp130ヘテロ受容体が形成される．gp130の下流にはJak-Stat3経路，Shp2-Ras-MAPK経路，Shp2-PI3K-Akt経路が存在するが，マウスES細胞の未分化性維持に特に重要なのがJak-Stat3経路である．gp130は非キナーゼ型の一回膜貫通型サイトカイン受容体で，細胞膜直下のbox1，box2と呼ばれる領域に非受容体チロシンキナーゼのJakが恒常的に結合している．LIFの結合により活性化されると，受容体のチロシン残基がJakによりリン酸化される．このリン酸化チロシン残基にSH2ドメインをもつStat，Shp2がリクルートされ，Jakによるチロシンリン酸化により活性化される．リン酸化したStatはホモ二量体を形成し，核内へ移行し標的遺伝子の転写を行う（図1）．Stat3の標的因子として*Socs3*，*Klf4*などES細胞の未分化性維持に関与する分子，*cyclinD*，*c-Myc*，*Junb*のような細胞増殖に関与する分子，*bcl-x*のような細胞の生存を制御する分子が

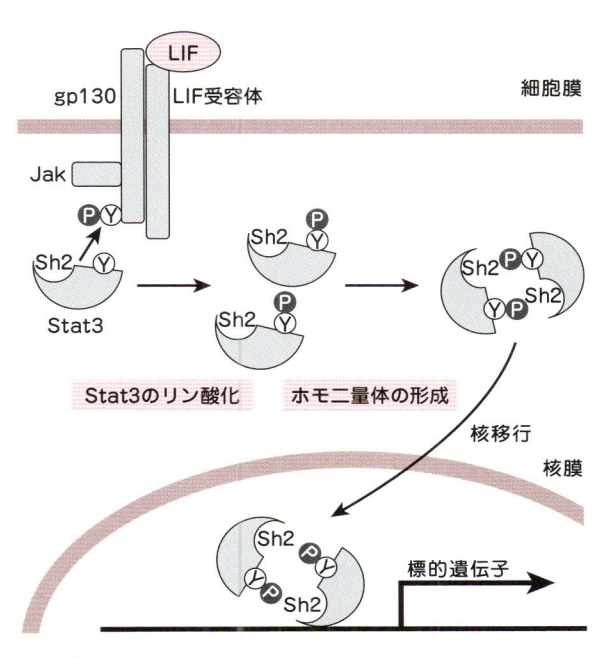

図1　LIFシグナルによるStat3の活性化

LIF刺激はLIF/gp130ヘテロ受容体を介し細胞内に伝達され，gp130に恒常的に結合しているJakが活性化される．Jakの活性化により受容体のチロシン残基がリン酸化され，SH2ドメインをもつStat3がリクルートされる．JakによりStat3はチロシンリン酸化され，ホモ二量体を形成して核内に移行し標的遺伝子の転写を行う

知られ，LIF/Stat3シグナルを介しこれらの分子の転写を制御することでES細胞の未分化性が維持されている．

3）遺伝子改変マウスの表現型

i）LIF受容体，*gp130*ノックアウトマウスの表現型

　*LIF*遺伝子ノックアウトマウスは正常発生を示す．一方，LIF受容体ノックアウトマウス，*gp130*ノックアウトマウスはともに内部細胞塊は正常に形成されるが，生直後あるいは，胎生16.5〜18.5日にかけて心臓や胎盤，造血の異常により致死になる．*LIF*および*gp130*ノックアウトマウスでは着床異常が多く，これらは着床遅延（子宮に着床せず，胚盤胞の状態で発生を停止し，その後正常発生を再開する）に必要なシグナルであるとの報告があり，着床まで胚が未分化性を長期維持するのに関与している可能性がある．

ii）*Stat3* ノックアウトマウス，*Stat3* 変異 ES 細胞の表現型

Stat3 の活性化に必要な SH2 ドメインとチロシン残基を欠損させた *Stat3* ノックアウトマウスは，内部細胞塊は正常に形成されるが，原腸形成以降胎生 6.5～7.5 日にかけて致死になる．Stat3 の優性抑制型変異体を発現させ，Stat3 経路を抑制した ES 細胞は LIF 存在下でも分化が誘導される．また，4-水酸化タモキシフェン添加により人為的に活性化することが可能な Stat3ER を発現させた ES 細胞は 4-水酸化タモキシフェン添加条件下では，血清存在下で LIF 非依存的に未分化状態を維持できる．このことからも，ES 細胞の未分化性維持には Stat3 の活性が必要だと考えられる．

【抗体・cDNA の入手先】
Stat3 に対する抗体は Cell Signaling Technology 社，サンタクルズ社など多くの企業から販売されている．

Keyword 2 BMP/Smad

▶フルスペル：bone morphogenetic protein/Smad

1）イントロダクション

BMP シグナルは LIF シグナルと協調して働くことで ES 細胞の未分化性維持に正に働く．ES 細胞は LIF 存在下でも無血清培養時には神経前駆細胞へ分化することから，LIF/Stat3 シグナル以外の未分化性維持シグナルの存在が示唆されていた．BMP は初期胚において抗神経形成因子として知られ，BMP の単独刺激は ES 細胞を中胚葉などの非神経系列へ分化を誘導する．LIF とともに BMP4 を添加すると，無血清培養時でも ES 細胞の未分化性維持，増殖が可能であることが明らかになった．

2）分子構造・発現様式

BMP は I 型と II 型のヘテロ四量体セリン/チロシンキナーゼ受容体（BMPR）を介し，細胞内のシグナルを活性化する（図2）．未分化な ES 細胞では BMPR I b の発現はほとんどみられないが，BMPR I a および BMPR II が発現している．ES 細胞はリガンドとして BMP4 および，GDF6（BMP relative growth and differentiation factor-6）を発現しており，一部オートクライン的なシグナルも作用していると考えられる．BMP が受容体に結合すると細胞内受容体制御型 Smad（R-Smad：Smad1/5/8）がリン酸化され活性化される．リン酸化した R-Smad は Co-Smad（Smad4）と複合体を形成し，核内へ移行し標的遺伝子の転写を制御する．ES 細胞では BMP による Smad の活性化により，*Id1* 遺伝子が誘導される．*Id1* は抑制型 bHLH（basic-helix-loop-helix factor）転写調節因子である．E タンパク質の解離を通して神経遺伝子 *Mash1* 等の bHLH 型転写因子の転写活性を阻害することで，ES 細胞の神経系列への分化を阻害する．一方で，BMP シグナルは MAPK 経路下流の Erk の活性化抑制に関与し MEK（MAPK/Erk kinase）-Erk シグナルによる ES 細胞の分化を制御している[11]．

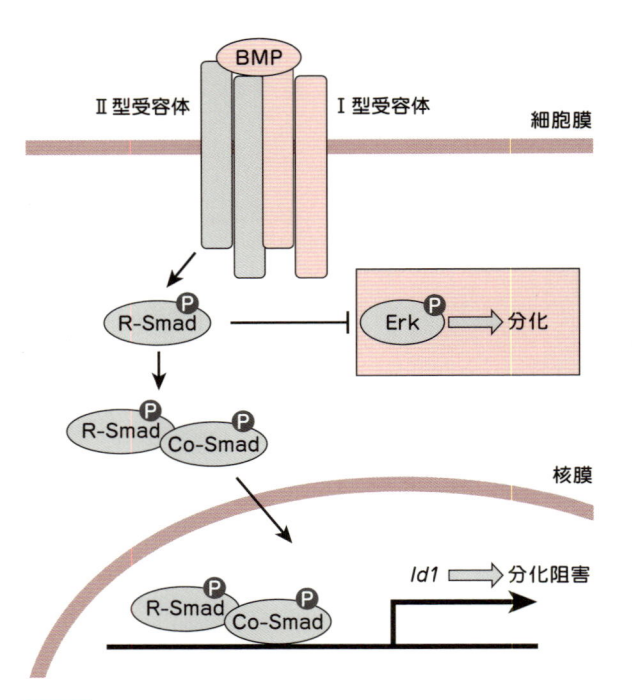

図2 BMP シグナルによる ES 細胞の維持

3）遺伝子改変マウスの表現型

i）*BMP4*，*BMPR I a* ノックアウトマウス

BMP4，*BMPR I a* ノックアウト胚は初期の卵円柱段階までは正常な発生を示すが，エピブラストやそれに続く部位において細胞増殖の減少がみられ，原腸形成前後に致死になる．

ii）*Smad4* ノックアウト ES 細胞

Smad4 ノックアウト胚も初期胚卵円柱段階までは正常に発生するが，それ以降エピブラストやそれに伴う部位において細胞増殖の減少，原腸の形成不全が起こる．*Smad4* ノックアウト ES 細胞を用いたテトラプロイドキ

メラ胚の解析から，この*Smad4*欠損により胚異常はエピブラスト側に起因するものではなく，初期の臓側内胚葉での*Smad4*欠損が原因と考えられる．

【抗体・cDNAの入手先】
BMP4，Smad4抗体はR&Dシステムズ社，アブカム社，サンタクルズ社など多くの企業から販売されている．

Keyword
3 FGF/Erk，GSK-3β

▶ フルスペル：fibroblast growth factor/extracellular signal regulated kinases, glycogen synthase kinase-3β

1）イントロダクション

マウスES細胞培養時にFGF/Erk，GSK-3βシグナルを小分子化合物（SU5402，PD184352，CHIR99021）の添加により阻害することで，サイトカイン非存在下でES細胞の未分化性維持が可能なことが報告された．

ErkはES細胞の未分化性維持を抑制し，分化を誘導するシグナルとして機能している．そこでErkの上流であるFGF受容体チロシンキナーゼやMEK経路を阻害することでES細胞の未分化性維持が可能となった．

GSK-3βはβ-カテニンの核移行を阻害することでWntシグナルを負に制御する．Wntシグナルはさまざまな細胞の分化・増殖に関与することが知られている．上記の2経路に加えGSK-3βシグナルを阻害するとLIF，BMP，血清非存在下でES細胞の未分化性を維持したままより効率的に増殖が可能となった．

2）分子構造・発現様式

ES細胞では，FGF4はオートクライン的な作用でFGF受容体を活性化し，Ras-MEK-Erk経路を介してErk1/2のリン酸化・活性化を誘導する（図3）．Erk1/2の活性化はES細胞の分化を促進する．FGF/ErkシグナルはBMPシグナルによるSmad1のリン酸化を阻害し，BMPシグナルによるES細胞の未分化性維持活性を低下させ，非神経系への分化誘導に関与する[12]．

GSK-3βは代謝や転写，翻訳，細胞周期やアポトーシスなどにかかわる分子である．PI3KやAktを活性化する液性因子等の刺激によってリン酸化を受けることで，GSK-3βの活性が抑制される．GSK-3βはβ-カテニンのリン酸化によるユビキチン系のタンパク質分解を誘導しカノニカルWntシグナルを抑制しており，GSK-3β阻害

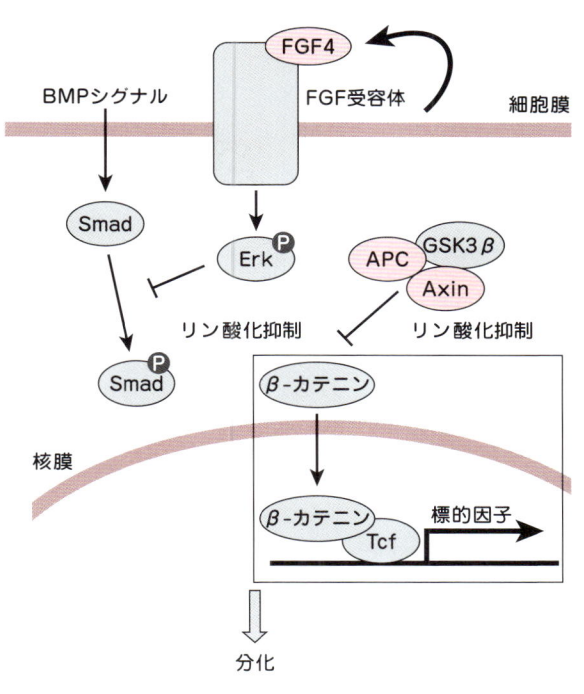

図3 FGF/Erkシグナル，GSK-3βシグナルによるES細胞の分化誘導

剤添加によりβ-カテニンの核移行が起こり，標的因子であるTcf3（T-cell factor 3）が活性化される．この結果，ES細胞では，多くの多能性関連遺伝子の転写が制御され未分化性が維持される．しかし，GSK-3βシグナルは阻害の程度によりES細胞の生存に働く一方で，非神経系への分化促進，神経系への分化抑制にも働く多面性をもっている．Erkの活性と合わせたES細胞内でのGSK-3βシグナルのバランスがES細胞の未分化性維持には重要であると考えられている．

3）遺伝子改変マウスの表現型

i) *FGF4*ノックアウトES細胞

*FGF4*ノックアウトES細胞は培養液からLIFを除いても，数日は未分化マーカーであるOct3/4の発現がみられ，野生型と同程度の細胞増殖を保っている．しかし，神経系細胞への分化効率が悪く分化方向に指向性がある．この神経細胞への分化抵抗性はFGF4やFGF2の添加により抑制される．*FGF4*ノックアウトES細胞は神経系列への分化能力を保っている一方で，FGF4を介したFGF受容体下流のオートクライン的なシグナルがES細胞の分化方向決定に作用していると考えられる．

ii) *Erk2*ノックアウトマウス，ES細胞

*Erk2*ノックアウト胚は胚盤胞の形成，着床，エピブラ

ストの形成は起こるが，中胚葉の形成不全および，栄養外胚葉の形成不全により致死になる．Erk2ノックアウトES細胞では，野生型ES細胞と同様に生存，増殖するが，中胚葉および神経系への分化が抑制されている．

【抗体・cDNAの入手先】
FGF4，Erkの抗体はサンタクルズ社，R＆Dシステムズ社など多くの企業から販売されている．

Keyword
4 ニッチ

▶英文表記：niche

1）イントロダクション

幹細胞ニッチとは幹細胞の機能を維持する特別な微小環境である．ニッチの概念は1978年にRay Schofieldらにより，骨髄移植時に造血幹細胞が骨髄と脾臓に誘導される現象（ホーミング）から提唱され，造血幹細胞以外の体性幹細胞においてもニッチが幹細胞の機能維持に働いていることが報告されている．造血幹細胞を制御するさまざまなサイトカインやケモカインがニッチを構成する細胞から分泌されている．造血幹細胞の静止期維持に重要なシグナルとしてAng1（anigiopetin-1）/Tie2シグナル[13]，TPO（thrombopoietin）/c-Mplシグナル[14]，TGF-β/Smadシグナル[15]が知られる．また，造血幹細胞が骨髄へホーミングするために必要なシグナルとしてCXCL12/CXCR4シグナル[16]が，造血幹細胞の維持や細胞分裂に関与するシグナルとしてSCF（stem cell factors）/c-Kitシグナル[17]が報告されている．

2）分子構造・発現様式

Ang1はコイルドコイルドメイン，フィブリノーゲン様（FL）ドメイン，これらをつなぐリンカー領域から構成される．コイルドコイルドメインはAngの多量体化，FLドメインはTie2受容体への結合，リンカー領域は細胞外基質への接着に働く．Tie2はAng1により活性化される受容体型チロシンキナーゼで，細胞外に免疫グロブリン，EGF様，フィブロネクチン様構造をもつ．Ang1/Tie2シグナルは造血幹細胞において細胞周期抑制因子$p21$の発現を促進し，細胞周期の静止期維持に働くと考えられている．またAng1/Tie2シグナルは造血幹細胞において接着分子の発現を誘導し，骨髄内の支持細胞への接着を亢進させる（第2部-19参照）．

内骨膜表面の骨芽細胞から分泌されるTPOは，静止期の造血幹細胞で発現している受容体チロシンキナーゼ

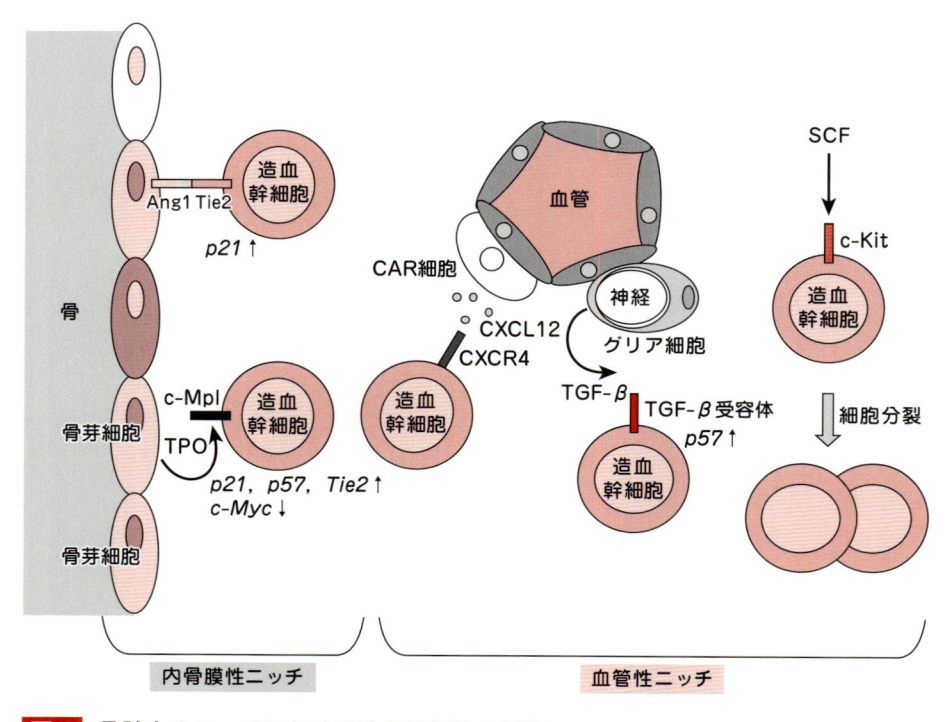

図4 骨髄中のニッチにおける造血幹細胞の制御

c-Mplと結合し活性化させる．TPO/c-Mplシグナルは造血幹細胞において$p21$, $p57$, $Tie2$の発現を上昇させる一方で，c-Mycの発現を低下させることで細胞周期の静止期維持・増殖を制御している．また，接着因子インテグリンβ1の発現を誘導し，ニッチへの接着を亢進することが示唆されている．

造血幹細胞の静止期維持にTGF-β/Smadシグナルが関与することが近年明らかとなった．TGF-βは骨髄中のグリア細胞で活性化され，造血幹細胞のTGF-β受容体に結合することによりSmad2/3をリン酸化する．リン酸化したSmad2/3はSmad4とヘテロ二量体を形成し核内へ移行する．こうしたTGF-β/Smadシグナルは細胞周期抑制遺伝子$p57$等の標的遺伝子の転写を制御している．また，造血幹細胞にTGF-β刺激を加えるとlipid raft（細胞の活性化に伴い集積する細胞膜構成成分）の集積が阻害され，Aktのリン酸化が抑制されることによりFOXO3a（forkhead box O3a）が核内に蓄積する．FOXOの核移行は活性化酸素抵抗性分子や代謝低下にかかわる分子を制御し，細胞周期の静止期維持に働いている．

CXCL12はケモカインファミリーに属するサイトカインの1つで骨髄の細網細胞の一部であるCAR細胞（CXCL12 abundant reticular cell）で高く発現し，造血幹細胞で発現しているCXCR4に結合する．CXCL12/CXCR4シグナルは造血幹細胞が骨髄へホーミングする際に重要な働きをする．

SCFには分泌型と膜結合型との2つのタイプが存在するが，造血幹細胞の維持には膜結合型のSCFが重要だと考えられている．SCFは造血幹細胞で発現しているチロシンキナーゼ型受容体c-Kitに結合することでシグナルを伝達し，造血幹細胞の維持や細胞分裂に関与している．

3）遺伝子改変マウスの表現型

i）*Tie1/Tie2* ノックアウトES細胞を用いたキメラマウス

*Tie1/Tie2*ノックアウト造血幹細胞では胎仔期の造血幹細胞の発生，胎仔肝での造血，骨髄へのホーミングに異常はない．しかし，成体骨髄においては野生型と比べ微小環境中での幹細胞維持が悪い．*Tie1*単独ノックアウトマウスでは成体骨髄の造血幹細胞は正常であるため，Ang1/Tie2シグナルが成体骨髄における造血幹細胞の長期維持に寄与していると考えられる．

ii）*TPO*，*Mpl*ノックアウトマウス

胎仔肝臓において造血幹細胞数の増加がみられるが，成体では巨核球，血小板の減少に加え，造血幹細胞数が減少する．また，*TPO*ノックアウトマウスでは造血幹細胞の細胞周期の回転が亢進している．

iii）細胞特異的SCFノックアウトマウス

膜結合型SCFを欠くSl（steel locus）/Sl^{d}マウスは造血幹細胞の枯渇がみられ胎生致死である．SCF^{flox}マウスとUbc-Cre ERとの交配により胎生期だけでなく成体においてもSCFが造血幹細胞の維持に重要であることが知られている．SCF^{flox}マウスをVav1-Cre（造血幹細胞），Collagen2.3-Cre（骨芽細胞），Nestin-Cre（神経系，一部の間質細胞）と交配し細胞特異的にSCFを欠失させたマウスでは造血幹細胞の維持に異常はみられない．しかし，Tie2-Cre，Lepr-Creとの交配により血管内皮細胞またはレプチン受容体（Lepr）を発現している血管周囲間質細胞においてSCFを欠失させたマウスでは著しく造血幹細胞の維持が抑制される．

参考文献

1）Evans, M. J. & Kaufman, M. H. : Nature, 292 : 154-156, 1981
2）Martin, G. R. : Proc. Natl. Acad. Sci. USA, 78 : 7634-7638, 1981
3）Williams, R. L. et al. : Nature, 336 : 684-687, 1988
4）Smith, A. G. et al. : Nature, 336 : 688-690, 1988
5）Niwa, H. et al. : Nature, 460 : 118-122, 2009
6）Ying, Q. et al. : Cell, 115 : 281-292, 2003
7）Ying, Q. L. et al. : Nature, 453 : 519-523, 2008
8）Wilson, A. & Trumpp, A. : Nat. Rev. Immunol., 6 : 93-106, 2006
9）Kiel, M. J. & Morrison, S. J. : Nat. Rev. Immunol., 8 : 290-301, 2008
10）Takahashi, K. & Yamanaka, S. : Cell, 126 : 663-676, 2006
11）Li, Z. et al. : Cell Stem Cell. 10 : 171-182, 2012
12）Kunath, T. et al. : Development, 134 : 2895-2902, 2007
13）Arai, F. et al. : Cell, 118 : 149-161, 2004
14）Yoshihara, H. et al. : Cell Stem Cell, 1 : 685-697, 2007
15）Yamazaki, S. et al. : Cell, 147 : 1146-1158, 2011
16）Sugiyama, T. et al. : Immunity, 25 : 977-988, 2006
17）Ding, L. et al. : Nature, 481 : 457-462, 2012

参考図書

◆ 『再生医療へ進む最先端の幹細胞研究』（山中伸弥，中内啓光/編），実験医学増刊，26（5），羊土社，2008
◆ 『Essentials of Stem Cell Biology, Second Edition』（Robert Lanza et al.）Academic Press, 2009

第2部　キーワード解説　生命現象からみたシグナル伝達因子

21 初期発生
early embryogenesis

道上達男，浅島　誠

Keyword　❶Wntファミリー　❷dsh/Dvl　❸アクチビン　❹ノーダル関連遺伝子（Xnr）　❺BMP

概論　Overview

1. 初期発生とは

　多細胞生物において，単細胞である卵は受精という信号を受けて細胞分裂を開始し，さまざまな個性をもつ細胞の集合体である個体に成長する．細胞は，細胞外に存在する因子によって刺激を受け，シグナルを核内に伝え，決められたセットの遺伝子発現を制御することによって，新たな個性を獲得する．また，自分または他の細胞に刺激を与え，新たなシグナル伝達を生む．初期発生は，これら一連のシグナル伝達の高次的な積み重ねによって進む．初期発生におけるボディプランの決定には，いくつかの因子の偏在が重要である．ある因子は未受精卵においてすでに偏在し，受精直後からボディプランに影響をおよぼす．また，受精後，胚の一部に新たに限局する因子も存在する．これらの組合わせによって，まず最初に初期発生における重要なプラン決定である背腹軸決定と三胚葉誘導がなされる．続いて前後軸の決定，特定の組織・器官分化などが導かれていく．もちろん，この際にも細胞間・細胞内シグナル伝達が重要な役割を果たすことはいうまでもない．

　初期発生は，アフリカツメガエル（*Xenopus laevis*）（以下ツメガエルと略す）がモデル動物の1つとして非常によく研究されている．誌面の都合上，本稿では主としてツメガエルの研究から得られた初期発生とシグナル伝達機構のかかわりあいについてごく簡単に述べる．また，キーワードは5つのみを取り上げたが，初期発生のキーとなる重要な因子はこれでは全く網羅できていない．より深い理解のためには，稿末に示した参考文献・図書を見ていただきたい[1)2)]．なお，ツメガエルの初期発生におけるシグナル伝達様式は，ヒトをはじめとする哺乳類との間で類似点がきわめて多いことをつけ加えておく．

2. シグナルの流れ

　ツメガエルにおいては，未受精卵の時点で決定されているのは上下の向き（動物極－植物極）のみである．植物極には仮想的な背側化因子が存在していると考えられている（第2部-22参照）．受精後，植物極から見て精子陥入点の逆方向に表層回転が起こると背側化因子は帯域に移動し，背側が規定される．この規定には**Wntファミリー**（→**Keyword❶**）のシグナルが関与すると考えられている（イラストマップ）．胞胚期になると，植物半球に局在するVegTはBix4，Mix1などの発現を活性化して内胚葉を誘導する一方，帯域における**アクチビン**（→**Keyword❸**）様因子，**ノーダル関連遺伝子**（ツメガエルではXnr）（→**Keyword❹**）の発現を活性化する．次にXnrは，FGFシグナルとの協調作用によって，帯域に中胚葉を形成する．さらに，前述のWntシグナル，そしてアクチビン/Xnrとの双方のシグナルによってオーガナイザー因子の発現が誘導され，原腸陥入運動がはじまる．また，**BMP**（→**Keyword❺**）は中期胞胚期に発現がはじまるが，オーガナイザー領域で発現が誘導されたchordinなどによって活性が抑制される結果，BMPシグナルは腹側のみで活性化され，腹側中胚葉への分化を促進する．

　原腸形成には**dsh/Dvl（dishevelled）**（→**Keyword❷**）をはじめとする非カノニカルWntシグナルが重要である．陥入が進行するにつれて，潜り込んだ中胚

イラストマップ　ツメガエルの初期発生とシグナル伝達

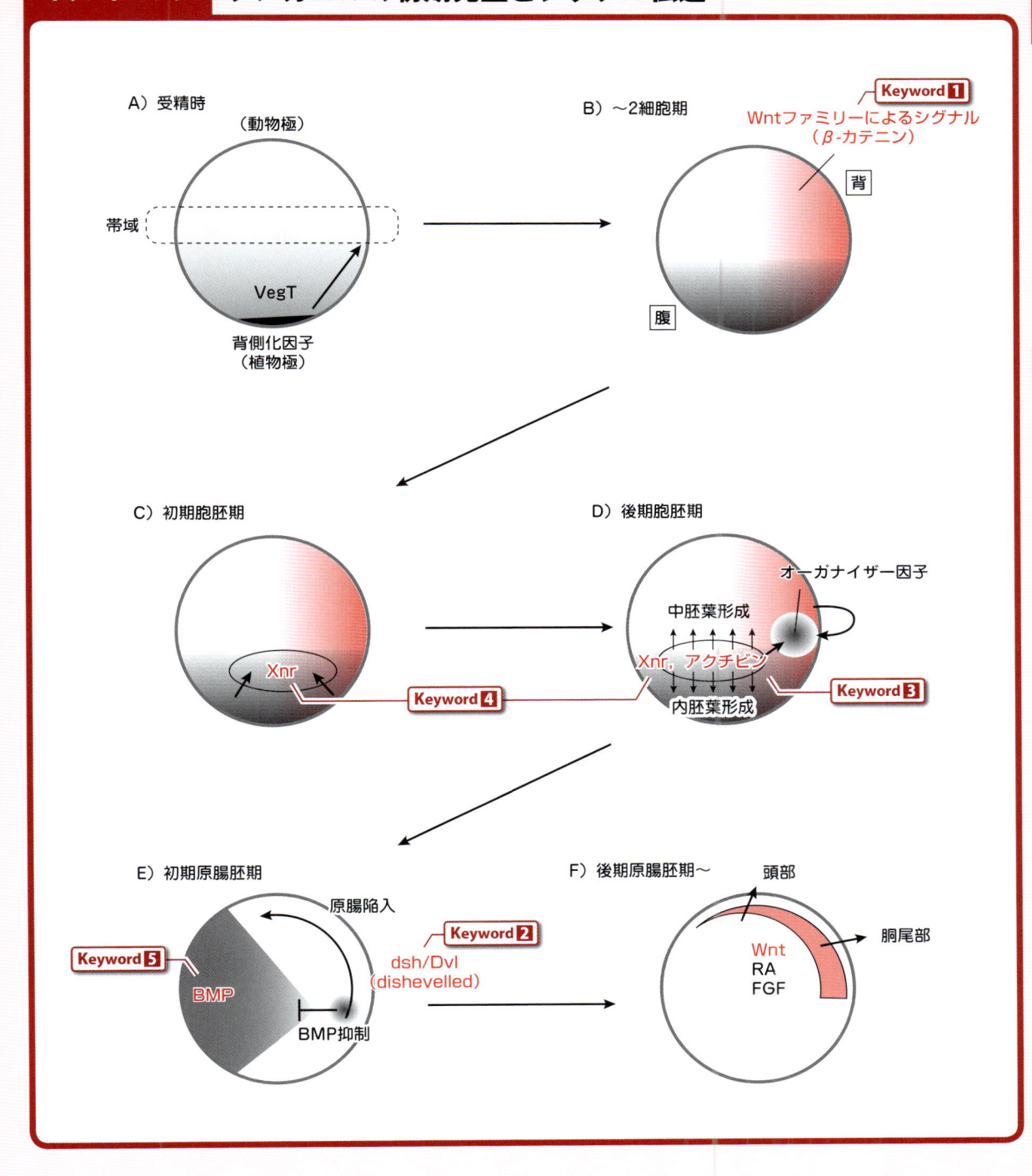

A) 受精時
（動物極）
帯域
VegT
背側化因子
（植物極）

B) 〜2細胞期
Keyword 1
Wntファミリーによるシグナル
（β-カテニン）
背
腹

C) 初期胞胚期
Xnr
Keyword 4

D) 後期胞胚期
オーガナイザー因子
中胚葉形成
Xnr，アクチビン
内胚葉形成
Keyword 3

E) 初期原腸胚期
原腸陥入
Keyword 2
dsh/Dvl
(dishevelled)
Keyword 5
BMP
BMP抑制

F) 後期原腸胚期〜
頭部
Wnt
RA
FGF
胴尾部

21 初期発生

葉の最前方は動物極表面の裏側に達し，外胚葉にシグナルを与えて神経化を促進する．この際，神経組織の前後パターニングにはWnt, FGF, レチノイン酸（RA）などの因子が関与する．たとえば，前方中内胚葉ではWntシグナルが抑制され，予定神経外胚葉は前脳などの前方神経組織に誘導される．一方，後方ではWntシグナルは活性化しており，予定神経外胚葉は脊髄などの後方神経組織に分化する．さらに，神経組織全体の誘導にはBMPシグナルが抑制されていることが必要である．

初期発生におけるシグナルの流れは非常に多岐に渡り複雑であるが，大まかなボディプラン決定に関しては以上のシグナル伝達による．

3. 今後の展望

現在までに行われた非常に多くの研究により，初期発生におけるシグナル伝達の様式の概略はほぼ明らかになったといえる．ただし，まだ不明な点も多く残されている．たとえば，受精時に植物極に局在する背側化因子の正体はまだ明らかになっていない．また，前後パターニングにおけるWntシグナリングについてもターゲット遺伝子が何であるか，網羅的な解明にはいたっていない．

初期発生は体作りの第一歩であり，臨床研究において重要な位置を占めることはいうまでもない．中胚葉誘導活性をもつ因子の発見が未分化細胞での組織・器官誘導という医学的応用研究へと発展したアクチビンなどはその典型的な例である．初期発生の完全な理解にはシグナル伝達機構の解明が不可欠であり，今後得られる新たな知見が医療へのさらなる応用に発展すると思われる．

キーワード解説

Keyword

1 Wntファミリー

▶英文表記:Wnt/wingless family

1. イントロダクション

wingless（*wg*）は，ショウジョウバエにおいてセグメントポラリティー異常を示す変異として知られていた．1987年，ヒトの発がん遺伝子int-1のハエホモログがwinglessであることがわかり，これらを組合わせ，"Wnt"ファミリーと呼ばれるようになった．Wnt遺伝子は分泌性タンパク質をコードしており，7回膜貫通型受容体Frizzledと結合することにより細胞内シグナル伝達経路を活性化する．Wntシグナル伝達経路は，βカテニンを経由するカノニカルWnt経路（Wnt-βカテニン経路），Junキナーゼ/Rhoを経由するPCP経路（非カノニカル経路），Camキナーゼを経由するCa^{2+}依存経路の3つが存在することが知られている（Wnt-βカテニン経路についての詳細は**第1部-9参照**）[3]．他のシグナル伝達系と異なる点は関与する因子数の多さである．また，リガンドがWnt1～11，16，受容体もFrizzled1～10まで報告されており，こちらも非常に種類が多い．

2. 分子構造

Wntタンパク質は，おおむね350～400アミノ酸から成る．特徴的なモチーフは存在しないが，分泌性の糖タンパク質であることがわかっている．立体構造は現在のところ明らかになっていない．その理由はWntタンパク質の精製が非常に困難であったためであるが，近年ようやく可能となり，立体構造の解明が期待される．

3. マウスでの発現様式・ノックアウトマウスの表現型

マウスWnt遺伝子は，Wnt1は受精後8.5日以降脳を含む神経組織などで，Wnt4は受精後12.5日以降の腸管・腎臓などで，Wnt5aは前脳・肢などで，それぞれmRNAの発現がみられる（詳細はhttp://www.informatics.jax.org/参照）．また，ノックアウトマウスの表現型は，Wnt1では脳や神経摺の欠損など，Wnt3では体節の異常・神経組織の欠損など，Wnt4では腎臓形成の不全など，Wnt5では肢・体軸の異常などである（詳細はhttp://www.stanford.edu/~rnusse/wntgenes/mousewnt.html参照）．

4. Wntの役割・機能

Wnt，あるいはWntシグナルに関する研究は数多く行われ，後述する初期発生のパターニング・細胞極性・細胞運動だけでなく，細胞分裂，器官形成，あるいは発がんなど，非常に多くの生命現象にかかわっていることが明らかになった．

ツメガエルの初期発生においては，まず背側の規定にカノニカル経路が関与していることがわかっている[4]．初期胚の背側ではGSK-3βの活性が抑制されてβカテニンが安定化する，すなわちカノニカル経路がOnになることによりsiamois, Xnr3などオーガナイザー誘導に必要な遺伝子の発現が誘導される（**図1A**）．現在のところ，シグナル活性化の引き金となるWntの候補としてWnt11が考えられているものの，最終的な決着はまだついていない．原腸陥入における細胞極性の決定・細胞運動の制御にはPCP経路やCa^{2+}依存経路が重要な役割を果たしている（**図1B**）[5]．3番目としては，原腸胚期から初期神経胚期における神経外胚葉の前後パターン決定において，再びカノニカル経路が関与していると考えられている[6]．陥入時，前方中内胚葉は分泌性のWntアンタゴニスト（Cerberus, dickkopf, Frzbなど）を発現し，Wntタンパク質と直接結合して神経外胚葉におけるカノニカル経路の活性化を抑制することにより，脳をはじめとする頭部神経組織を誘導する（**図1C**）．一方，後方では抑制が起こらないため，カノニカル経路は活性化される．その結果，予定神経外胚葉は脊髄などの後部神経組織に分化する．

ところで，複数種存在するWntタンパク質が3つある細胞内シグナルごとに使い分けられているかどうかについては，今なお諸説ある．Wnt11やWnt5はPCP経路に特異的に機能すると以前は考えられていたが，Wnt11について上述したように，最近ではカノニカル経路への関与も報告されている．一方，Wnt1/3/8については主にカノニカル経路に対して作用すると考えられているが，これについてもRhoキナーゼの作用がWnt3によって活性化されるという報告もあり，さまざまな生命現象とい

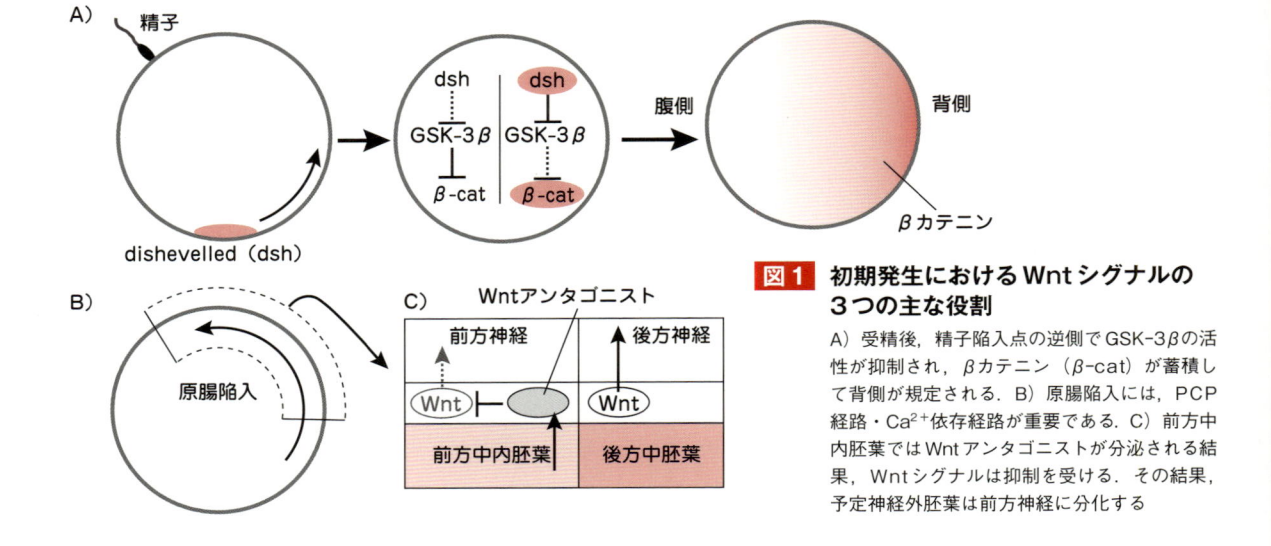

図1 初期発生におけるWntシグナルの3つの主な役割

A）受精後，精子陥入点の逆側でGSK-3βの活性が抑制され，βカテニン（β-cat）が蓄積して背側が規定される．B）原腸陥入には，PCP経路・Ca^{2+}依存経路が重要である．C）前方中内胚葉ではWntアンタゴニストが分泌される結果，Wntシグナルは抑制を受ける．その結果，予定神経外胚葉は前方神経に分化する

う文脈の違いによって例外があるように思われる．

【抗体・cDNAの入手先】
さまざまなWnt抗体がCell Signaling Technology社，サンタクルズ社などから販売されている．

【データベース（EMBL/GenBank）】
Wntタンパク質およびWntシグナル経路関連因子の数は非常に多いので，ここでは省略する．The Wnt homepage（http://www.stanford.edu/~rnusse/wntwindow.html）においていずれもよくまとめられているので参照していただきたい．

Keyword
2 dsh/Dvl

▶ フルスペル：dishevelled

1. イントロダクション

3種類あるWntシグナル伝達経路において，細胞内でシグナル伝達に参加する因子は異なっている．ただし，dishevelled（dsh/Dvl）および一部のdsh/Dvl結合因子のみは，Wnt-βカテニン経路とPCP経路における共通因子として機能する．dsh/Dvlは最初，ショウジョウバエの背中の体毛のちぢれなどを含む表現型を示す突然変異体として単離された．現在では，*dishevelled*変異によって引き起こされる翅毛・個眼の極性異常はPCP経路，初期胚における体節異常はカノニカル経路の異常に起因すると考えられている．dsh/Dvlの役割についてはさまざまな研究がなされているが，いずれにおいてもWntシグナルを促進することが明らかになっている．なお，dsh/Dvlと相互作用する因子は非常に多く，現在までに15種類程度が報告されている[7]．

2. 分子構造・立体構造

ハエ・ツメガエルでは1種類，哺乳類では3種類単離されており，いずれも約750アミノ酸から成るタンパク質をコードしている．主なタンパク質モチーフとして，N末端側からDIXドメイン，PDZドメイン，DEPドメインが存在する．DIXドメインはカノニカル経路に，PDZドメインはカノニカル経路とPCP経路に，DEPドメインはPCP経路に主に関与すると考えられている．

3. マウスでの発現様式・ノックアウトマウスの表現型

マウスDvl1は，胎生7.5日以降，脳・脊髄などの中枢神経系で，成体ではさまざまな組織で広く発現がみられる．ホモ変異では，致死性は示さないものの不妊であり，作巣行動をとらないなどの行動異常を示す．なお，ヒトにおいてDiGeorge症候群と呼ばれる遺伝病患者が，hDvlの3'UTRを欠いていたという報告もある．

4. 役割・機能

dsh/DvlはWntシグナリング関連因子であり，ツメガ

エルの初期発生においてはWnt同様，背側決定や陥入の際の細胞運動に関与していると考えられている（図2）．前述の通り，現在のところ背側化因子の正体は明らかになっていないが，ツメガエルdshタンパク質が表層回転に従って植物極側から将来の背側方向に移動することが抗体による免疫組織学的解析によって示されたことから，少なくともdsh/Dvlタンパク質は初期カノニカル経路の引き金となる因子の第一候補である．

また，原腸陥入運動における中・外胚葉細胞の極性決定・細胞運動にPCP経路が関与しているが，この際dsh/Dvlを介したRac/Junキナーゼ（JNK）経路とRho経路双方の活性化が必要である．さらに，Rho経路の活性化にはdsh/Dvl結合タンパク質Daamが，JNK経路の活性化には同じくdsh/Dvl結合タンパク質であるStrabismus（Stbm）やPrickle（pk）などが関与するとされている[7]．

【抗体・cDNAの入手先】

ヒトdsh抗体が，サンタクルズ社，Cell Signaling Technology社，アブカム社などから販売されている．

【データベース（EMBL/GenBank）】

ヒト：NM_182779（hDvl1），NM_004422（hDvl2），NM_004423（hDvl3）

マウス：NM_010091（mDvl1），NM_007888（mDvl2），NM_007889（mDvl3）

ツメガエル：U31552（xdsh）

Keyword
3 アクチビン

▶英文表記：activin

1. イントロダクション

アクチビンは，TGF-βスーパーファミリーに属する約25 kDaのタンパク質であり，アクチビン受容体に結合してSmadタンパク質のリン酸化を活性化することによってシグナルを細胞内に伝達する（第1部-8参照）．当初アクチビンは濾胞刺激ホルモン（FSH）放出因子として知られていたが，その過程で1990年，骨髄性白血病細胞株の培養上清に強い中胚葉誘導活性が存在することが発見された．この培養上清から単離した誘導物質は赤芽球分化因子EDFであったが，N末端アミノ酸配列を解析したところ，アクチビンと同一であった．こうして，ア

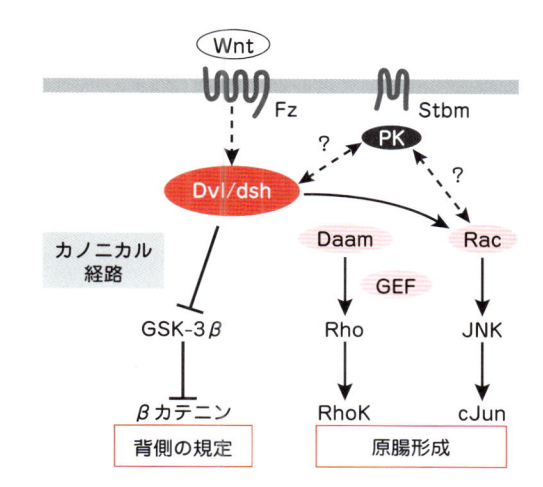

図2　dsh/DvlがかかわるWntシグナル経路と役割

dsh/Dvlは，カノニカル経路を促進して背側の規定にかかわる一方，原腸陥入期にはRac, Rho両経路を活性化することによって細胞の運動・極性にかかわる

クチビンは中胚葉誘導活性をもつ物質として広く知られるようになった．その後，ツメガエル由来の培養細胞（XTC細胞），ニワトリ胚および腎臓，マウスのマクロファージ，骨髄性白血病細胞などから精製された中胚葉誘導因子もアクチビンであることが明らかになった．

2. 分子構造・立体構造

アクチビンは，インヒビンのβ鎖の二量体として存在し，インヒビンβ-A鎖とβ-A，β-B，β-C，β-D，β-E鎖との組合わせで二量体を形成し，それぞれアクチビンA/B/C/D/Eとして呼ばれる．アクチビンは他のTGF-βファミリーに属する因子と同様，前駆体として遺伝子にコードされており，翻訳後プロセシングを受けて活性型となる．立体構造に関しては，アクチビン受容体に関する研究が先行していたが，最近，タイプII型アクチビン受容体に結合した状態のアクチビンAについて結晶解析による立体構造が明らかになった．

3. マウスでの発現様式・ノックアウトマウスの表現型

マウスのアクチビンは，胎生7.5日胚以降mRNAの発現がRT-PCRのレベルで認められる．10.5日以降，β-Aサブユニットは胎生，顔面・心臓などを含む表皮および間充織系の細胞で，β-Bサブユニットは脳・脊髄で発

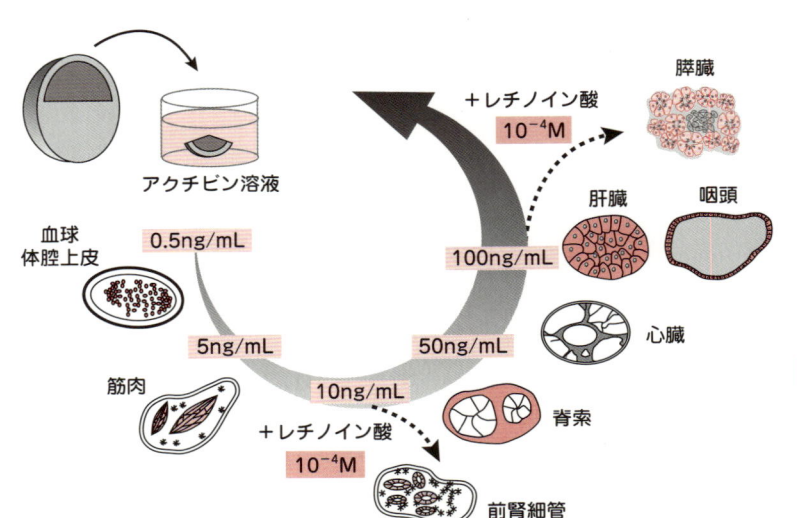

図3 アクチビンによる未分化細胞からの器官誘導

未分化細胞（アニマルキャップ細胞）をさまざまな濃度のアクチビン溶液で処理することにより，濃度依存的に外胚葉・中胚葉・内胚葉性のさまざまな器官を誘導することができる

現がみられる．マウスインヒビンβ-A遺伝子のホモ変異は，鼻毛，二次口蓋，切歯の異常を引き起こし，新生仔致死．なお，受容体のホモ変異の表現型は厳しく，アクチビンタイプIA受容体のホモ変異においては陥入異常を引き起こし，胚生9.5日以内で致死する．

4. 機能・疾病とのかかわり

アクチビンの最も重要な機能的特徴は，前述の通り強い中胚葉誘導活性を有することであるが興味深いのは，異なる濃度のアクチビン処理によって，外胚葉性組織，中胚葉性組織，さらには内胚葉性組織にも分化させることが可能である点である（図3）．ツメガエルの予定外胚葉領域（アニマルキャップ）にさまざまな濃度のアクチビン処理を行うと，低濃度では血球，体腔上皮，筋肉などが，中濃度では脊索，軟骨組織などが，そして高濃度では心臓が誘導される．また，レチノイン酸を同時，あるいは時間差で作用させることにより，腎臓，肝臓，膵臓などを誘導することが可能である．さらに，無処理のものと処理したアニマルキャップを組合わせることによって，頭部，あるいは胴尾部全体も誘導される．このように，アクチビンを用いることにより未分化細胞はさまざまな臓器・器官に分化することができる[8]．この知見を応用し，最近ではES/iPS細胞，あるいは組織幹細胞からの臓器再生にもアクチビン反応系が採り入れられている．

また，アクチビンの初期発生における役割であるが，ツメガエル胚にドミナントネガティブ型のアクチビン受容体を注入すると中胚葉組織の形成が阻害されることから，アクチビンシグナルが実際に中胚葉誘導に関与していることが示唆されている．ただし，アクチビン受容体が他のTGF-βファミリーに属する因子と結合することも明らかになっていることから，中胚葉誘導は他のアクチビン様類似因子が関与していることも否定できない．その有力な候補の1つは後述する **4** ノーダル関連遺伝子である．

【抗体・cDNA入手先】

抗アクチビン（インヒビンβ-A，β-B）抗体は，サンタクルズ社などで市販されている（sc-6308など）．

【データベース（EMBL/GenBank）】

ヒト：NM_002192（インヒビンβ-A），NM_002193（インヒビンβ-B）

マウス：NM_008380（インヒビンβ-A），X83376（インヒビンβ-B），NM_010565（インヒビンβ-C），NM_008382（インヒビンβ-E）

ツメガエル：X68250（インヒビンβ-A），S61773（インヒビンβ-B），D49543（インヒビンβ-D）

その他，ラット，牛，トリ，ゼブラフィッシュなど数多くの生物種において遺伝子が登録されている．

Keyword 4 ノーダル関連遺伝子

▶英文表記：nodal-related genes

1. イントロダクション

nodalは最初マウスで単離された遺伝子で，ホモ接合

体は初期胚において中胚葉組織の異常を生じる．また，左右軸形成においてnodalの果たす役割に関してさまざまな研究報告がある．ツメガエルにおいては，最初Xnodal-related1〜4（Xnr1〜4）が単離され，その後Xnr5/6が単離された．現在，Xnrはツメガエル初期発生における中胚葉誘導因子の有力な候補の1つとしてあげられている[9)10)]．XnrはすべてTGF-βファミリーに属するが，そのなかでXnr3だけは他のnodal-relatedと活性が異なる．すなわち，Xnr1/2/4/5/6は中胚葉誘導活性があるのに対し，Xnr3はBMPアンタゴニストとして働き，中胚葉誘導を伴わずに神経を誘導する活性をもつ．

2. 分子構造

知られているnodal-related genesはすべて，おおむね350〜400アミノ酸から成る．ツメガエルにおいてはXnr1〜6まで知られている一方，マウスを含む哺乳類において報告されているnodalは1種類である．他のTGF-βファミリーと同様，特徴的な7つのシステイン残基を有し（ただし，Xnr3だけは7番目のシステイン残基を欠く），翻訳後ポリペプチドの切断を受けて活性型となる．立体構造に関しては，現在のところ報告はない．

3. マウスでの発現様式・ノックアウトマウスの表現型

マウスnodalは，胎生6.5日胚では原始外・内胚葉で，胎生8.5日胚では原条，側板間充織でmRNAの発現が観察される．その後，脊索での左右非対称の発現がみられる．なお，ホモ変異は8.5日胚において，頭部構造，体軸，体節などの形態異常が観察され，胎生18日までに死亡する．

4. 機能・疾病とのかかわり

ツメガエル初期発生においては，Xnr1/2/4/5/6はいずれもVegT，およびβカテニンによって発現が活性化される（図4）．発現の上昇がより早い時期に起こるのはXnr5/6である．続いてXnr1/2/4が誘導され，これらが協調的に作用して後期胞胚期にgoosecoid（gsc）やbrachyury（bra）の発現を上昇させると考えられている．重要な点は，Xnrは胞胚期の植物極一帯域に実際に存在し，さらにnodalはアクチビンタイプII受容体と相互作用するという点で，中胚葉誘導を担う因子の最も有力な候補であるということである．さらに，Xnr1/2/4/5/6はMixer（Mix）やSox17などの内胚葉特異的遺伝子の発現

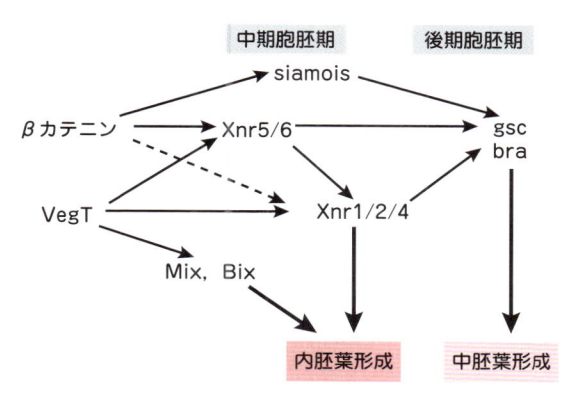

図4 nodal-related genesをとりまくシグナル伝達様式と中内胚葉誘導

を上昇させることから，内胚葉形成にも重要な役割を果たしていると考えられている．一方，Xnr3はカノニカルWnt経路の標的遺伝子であり，中胚葉誘導活性をもたず，神経誘導に関与する点で他のnodal関連遺伝子とは性質が異なる．また，Xnr3はFGFシグナルを介して原腸陥入運動に関与することが明らかになった．ごく最近Xnr3/5において，切断された方のペプチド（pro-region）がBMPアンタゴニストとして働くことが示されたことは非常に興味深い．

【抗体・cDNA入手先】

ツメガエルノーダル関連遺伝子の抗体は市販されていない．cDNAについては国内ではわれわれの研究室から入手が可能．

【データベース（EMBL/GenBank）】

ヒト：NM_018055（human nodal）

マウス：NM_013611（mouse nodal）

ツメガエル：U29447（Xnr1），U29448（Xnr2），U25993（Xnr3），U79162（Xnr4），AB038133（Xnr5），AB038134（Xnr6），AB093327-9（Xtnr3a-c）

Keyword

5 BMP

▶フルスペル：bone morphogenetic protein

1. イントロダクション

BMP（bone morphogenetic protein）は，異所的に骨組織が形成される因子として発見された．現在では，細胞分裂，アポトーシス，細胞運動・分化など非常に多

くの機能を果たすことがわかっている．最初に同定された4種類のBMPのうち，BMP1はメタロプロテアーゼをコードしていたが，他の3種，BMP2～4はTGF-βファミリーに属する分泌性タンパク質であることが明らかになった．細胞内のシグナル伝達は，他のTGF-βファミリー同様，Smadが担っている（**第1部-8参照**）．初期発生においては，BMPは中胚葉において腹側化因子として重要な役割を果たしている[10]．さらに外胚葉では，神経化を抑制する因子として働く[11]．

2. 分子構造

BMPは，現在20種類以上が報告されている．最初，BMPは前駆体として翻訳され，二量体を形成した後，コンセンサスサイト（RXXR↓）でプロテオリシスを受け，矢印の部分で切断される．その結果，活性をもつBMPとなる．立体構造に関しては，BMP2，BMP7において報告されている．

3. マウスでの発現様式・ノックアウトマウスの表現型

マウスBMP4は胚生3.5日ですでに発現が認められる．胎生7.5日で中胚葉組織，胎生8.5日以降では原条・心臓・間充織・予定神経領域など多くの組織で発現がみられる．胎生10.5日以降は，肢芽でも発現がはじまる．

ホモ変異は初期胚における後部構造の異常を生じ，胎生7.5日から10.5日の間で致死．

4. 機能・疾病とのかかわり

ツメガエル初期胚においては，中期胞胚期で弱く全体で発現がみられる．最初は，mRNAの局在に背腹間で差は認められない．しかし，背側でオーガナイザーが誘導されると，chordin，noggin，cerberus，follistatinなどがBMPに直接結合してシグナル伝達を抑制する．BMPシグナルはBMP遺伝子の発現自体を促進するため，初期原腸胚期では，BMP遺伝子の発現は腹側に限局してみられる．BMP遺伝子を過剰発現すると，腹側中胚葉の形成が促進され，逆にドミナントネガティブ型のBMP受容体（tBR）を腹側で発現させると，腹側中胚葉の形成が阻害されることから，BMPは腹側中胚葉の形成に関与すると思われる[11][12]．

さらに，BMPは外胚葉において神経形成にも関与していると考えられている．tBR mRNAをツメガエルの腹側割球に注入すると，二次軸が誘導される．また，BMP mRNAを注入すると，神経マーカーの発現が抑制される．このことは，BMPが初期胚の腹側中胚葉形成のみならず，神経誘導，すなわち神経外胚葉分化の抑制にも関与することを示唆している．神経誘導におけるBMP抑制のしくみとしては，Wntシグナルの活性化によるiroquios遺伝子の発現が重要であることも報告されている．

【抗体・cDNA入手先】
BMP抗体は市販品より入手が可能である．（サンタクルズ社など）

【データベース（EMBL/GenBank）】
ヒト：M22488（BMP1），M22489（BMP2A），M22490（BMP2B），M22491（BMP3），U43842（BMP4），NM_001719（BMP7）など．

マウス：NM_009755（BMP1），NM_007553（BMP2），NM_007554（BMP4），NM_007557（BMP7）など．

カエル：Y09660（BMP1），AJ315159（BMP2），AJ005076（BMP4）など．

参考文献

1) 『Principles of Development (3rd edition)』（Lewis Wolpert, et al.），Oxford University Press, 2007
2) 『Development Biology (8th ed.)』（Scott F. Gilbert），Sinauer Associates, Inc., 2006
3) Peifer, M. & McEwen, D. G.：Cell, 109：271-274, 2002
4) Sokol, S. Y.：Curr. Opin. Genet. Dev., 9：405-410, 1999
5) Wallingford, J. B. et al.：Dev. Cell, 2：695-706, 2002
6) Niehrs, C.：Trend. Gen., 15：314-319, 1999
7) Wharton, Jr. K. E.：Dev. Biol., 253：1-17, 2003
8) Okabayashi, K. & Asashima, M.：Curr. Opin. Genet. Dev., 13：1-6, 2003
9) Schler, A. F. & Shen, M. M.：Nature, 403：385-389, 2000
10) Green, J.：Dev. Dyn., 225：392-408, 2002
11) Dale, L. & Jones, M. C.：Bioessays, 21：751-760, 1999
12) Maeno, M. et al.：Proc. Natl. Acad. Sci. USA., 91：10260-10264, 1994

参考図書

◆ 『生物のボディプラン』（上野直人，黒岩 厚/編），共立出版，2002
◆ 『発生・神経研究の最前線'96-'97』：実験医学増刊，14（8），羊土社，1996
◆ 『分子発生生物学』（浅島 誠，駒崎伸二/著），裳華房，2000

第2部 キーワード解説　生命現象からみたシグナル伝達因子

22 形態形成
morphogenesis

片平立矢，元山　純

Keyword ❶ Hh　❷ Ptch　❸ Smo　❹ Gli　❺ Boc, Cdo, Gas1

概論 / Overview

1. はじめに：領域特異化とモルフォゲンについて

　胚発生における領域特異化には，誘導因子が働いている．誘導因子が限局された領域（シグナルセンター）から濃度勾配をもって周囲組織に拡散する．周囲組織には，異なる濃度に対する閾値反応の違いによって複数の領域が形成される．複数の反応を誘引するようなシグナル分子をモルフォゲンと呼ぶ．モルフォゲンには，神経管形成における **Sonic Hegehog（Shh）**（→ **Keyword ❶**），ゼブラフィッシュ軸形成における Squint（TGF-βファミリー），ショウジョウバエ翅形成における Hedgehog（Hh）・Decapentaplegic（Dpp, TGF-βファミリー）・Wingless（Wg, Wntファミリー）などがあげられる．モルフォゲン濃度勾配による領域特異化は無脊椎動物から脊椎動物まで共通した形態形成メカニズムとして利用されている．領域特異化を終脳発生過程での Shh の役割を例として解説したい．

2. 終脳背腹軸決定

　Shh の変異体は単眼症（cyclopia）となり脊髄も底板と腹側神経が欠損することから，Shh は中枢神経系の正中部と腹側の性質を決定する上で必要であると考えられてきた．しかし Shh 変異体での異常の多くは $Gli3^{-/-}$; $Shh^{-/-}$ 二重変異体ではかなり回復していた[1]．まず Shh 遺伝子が欠損すると胎齢15〜18日目に致死となる．Shh は，マウス胚で正中部形成に必要な細胞群，結節，脊索，底板などで限局して発現する．$Shh^{-/-}$ 変異マウスではそれらの細胞のうち脊索がいったん形成されるが維持されず消失する．底板は脊索が維持されないので発生しない．脳では正中に位置する視床下部（hypothalamus：HTh）や視交差（optic chiasm）構造がなくなり，眼胞（optic vesicle：Op）が正中にできて単眼症となる．将来，大脳半球になる終脳の腹側には抑制性の神経細胞が生まれる中央部基底核隆起および側部基底核隆起（medial ganglionic eminence：MGE, lateral ganglionic eminence：LGE）があるが，$Shh^{-/-}$ 変異体ではMGEは消失し，LGEも顕著に減少する（イラストマップ1C）．転写因子 **Gli3**（→ **Keyword ❹**）はShhシグナルに拮抗する機能をもつと考えられている．$Gli3^{-/-}$ 遺伝子の発現パターンは，背側細胞で高い発現を示す（イラストマップ1A）．$Gli3^{-/-}$ 変異体では，海馬，大脳皮質などに分化する終脳背側部が大きく欠損する．また腹側ではMGE, LGEがやや拡大し，Shh の正中部での発現は拡大しない．一方，$Gli3^{-/-}$ 変異体でBMP, WNT（背側化因子）遺伝子の発現低下が観察される．BMP, WNT は終脳背側では中枢神経系背側の発生に必須であることがわかっている．ShhシグナルとBMP, WNTシグナルが，それぞれ腹側と背側の両端から分泌され濃度勾配を形成して拮抗的に作用するモデルが考えられる（イラストマップ1B）．$Shh^{-/-}$; $Gli3^{-/-}$ 二重変異体では視床が形成されないことを除き $Gli3^{-/-}$ 変異体で観察された脳にとても似ている（イラストマップ1C）[1,2]．腹側からのShhと背側化因子の両方が減少したことで均衡がとれた領域特異化が行われたと考えられる．すなわち腹側からのShhと背側化因子間での拮抗関係によって終脳領域の特異化の量的制御が背腹軸に沿って行われると考えられる．

309

イラストマップ1　モルフォゲンShhの終脳発生過程での役割

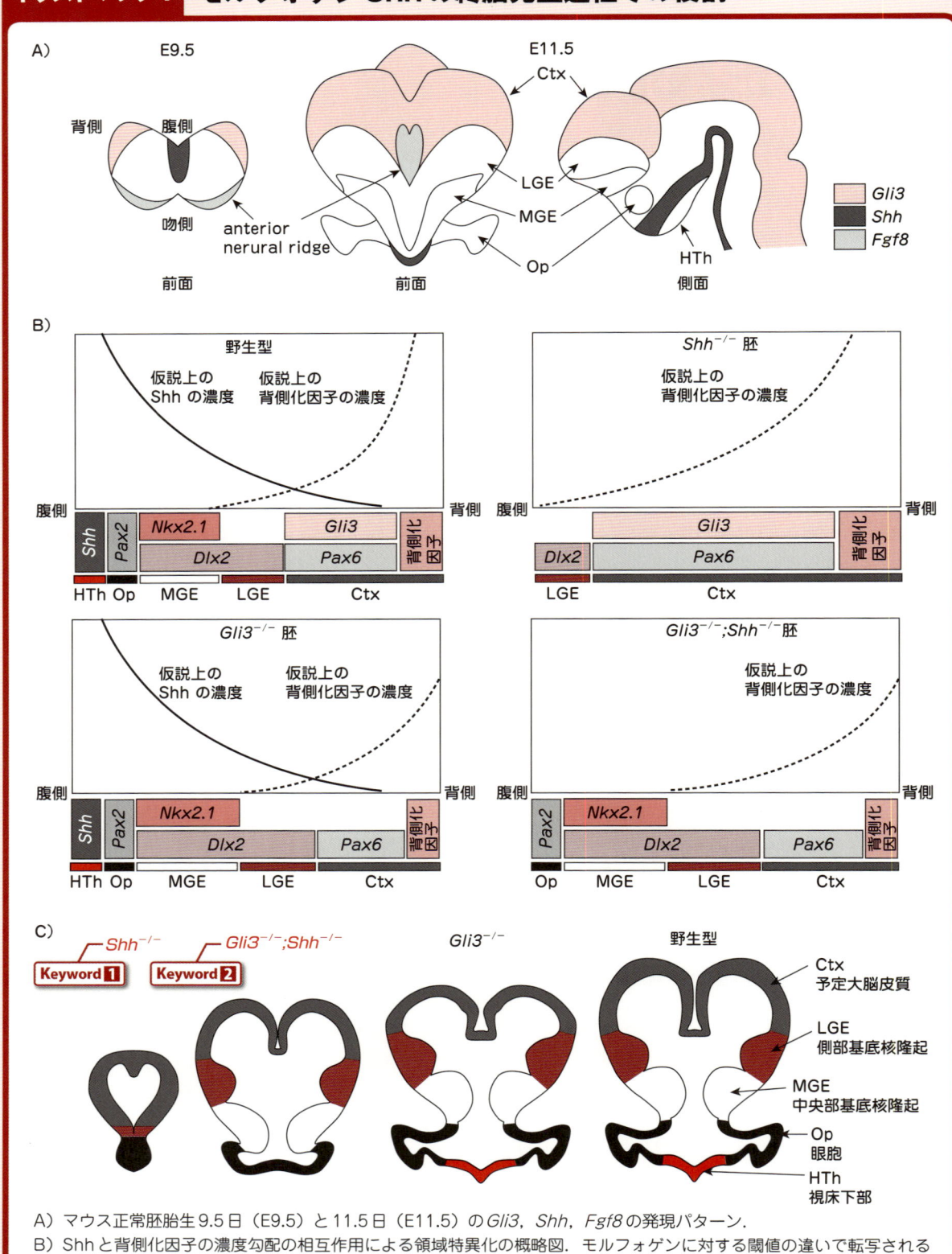

A) マウス正常胚胎生9.5日（E9.5）と11.5日（E11.5）のGli3, Shh, Fgf8の発現パターン.
B) Shhと背側化因子の濃度勾配の相互作用による領域特異化の概略図. モルフォゲンに対する閾値の違いで転写される遺伝子が異なり, 遺伝子セットの違いが領域特異化に働く.
C) ShhとGli3の変異体（E11.5）の背腹軸に沿った領域特異化の表現型の概略図.

3. Hhシグナル経路遺伝子群の終脳形成における役割

Hhシグナル経路の抑制に働く*Ptch1*（→Keyword **2**），*Gli2*, *Sufu*変異体は，腹側マーカー遺伝子が背側に拡大し外脳症になる．Hhシグナル経路の活性に働く*Disp*, *Smo*（→Keyword **3**），*Gas1*；*Cdo*二重変異体（→Keyword **5**）は腹側マーカー遺伝子が欠損して全前脳症になる．Hhシグナル経路遺伝子群が協調して働くことで背腹軸に沿った領域特異化が行われる．

4. リガンドと受容体の背腹軸における関係

Hhシグナルのリガンド，受容体が背腹軸でどのような関係にあるか，発生中の脊髄を例としてみてみよう（イラストマップ2）．脊髄では*Shh* mRNAが腹側の底板に発現し，タンパク質の濃度は腹側で高く背側で低いと考えられる．Gli3が背側に強く発現し，Shh濃度の低い背側では抑制型Gliとなってシグナル伝達に抑制的に働いていると考えられる．さらにBMP，WNT等の背側化因子がShhシグナルと競合的に働いていると思われる．受容体Ptch1が腹側に強く発現し，Ptchの共受容体Boc，Cdo，Gas1が背側に強く腹側に弱く発現している．PtchとBoc，Cdo，Gas1が背腹軸に対して反対向きの濃度勾配で存在することがHhシグナル伝達の強さを調節していると思われる．この濃度勾配の対立は終脳背腹軸，肢芽前後軸などの他の領域にもみられる．腹側ではShh濃度が濃いので，SmoがPtch1からの抑制から解放されていると考えられる．Smoが活性化されるとGliが活性型となって標的遺伝子の転写を活性化する．Gli1とPtch1はHhシグナルの標的遺伝子の1つであり，Gli1はシグナルの活性に働き，Ptch1は抑制の方向に働くためにシグナルが亢進し過ぎないようなフィードバック機構があると考えられる．Hhシグナルの濃度勾配をシグナル強度の違いとして正しく受容できるような調節が行われていると考えられる．

イラストマップ2　Shhシグナル経路の概要

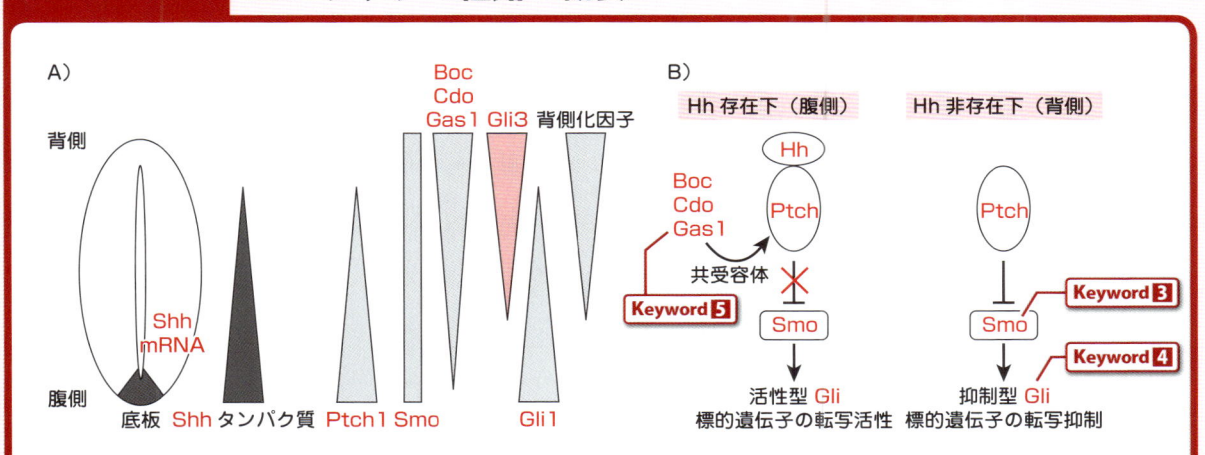

A) 発生中の脊髄におけるHhシグナル経路遺伝子のおおよその発現パターン．Shhタンパク質の濃度勾配は仮説上のものである．
B) Shhの濃度勾配が標的遺伝子に対して腹側で転写活性化を，背側で転写抑制化を誘導する．

キーワード解説

Keyword 1 Hh

▶ フルスペル：Hedgehog

1）イントロダクション

hh遺伝子はまずショウジョウバエ胚で体節形成異常を引き起こす原因遺伝子として単離された．hhは胚発生，成虫原基の発生過程を通して後部コンパートメントに発現している．前部に拡散してモルフォゲンとして作用する．脊椎動物ホモログも胚の発生から成体まで数多くの組織で発現し，機能している．

2）分子構造・立体構造

hhのホモログのヒトShh（第2部-16参照）は462アミノ酸残基，ヒトIhhは411アミノ酸残基，ヒトDhhは396アミノ酸残基である．翻訳されたHhは分泌されるまでにさまざまな修飾を受ける．まずHhは小胞体に輸送されてシグナル配列が切断される（図1）．次にHhのC末端側（Hh-C）にある自己触媒領域（hedgehog/intein domain：hint domain）の作用でHhのN末端（Hh-N）が切断される．またHh-Cにはステロール認識領域（sterol-recognition region：SRR）が存在し，Hh-NのC末端に切断と共にコレステロール基を共有結合させる[3]．Hh-NのN末端にアシルトランスフェラーゼ（hedgehog acyltrasferase：HHAT）がパルミトイル基を共有結合させる．パルミトイル基の付加はHhが機能するために必要で，コレステロール基の付加は分泌細胞からの適切な拡散に必要であることが示されている．脂質修飾されたHh-Nは膜タンパク質Dispによって細胞外に分泌される[3]．

3）発現様式と機能・疾患とのかかわり

Shh遺伝子は神経管のパターニングに働き，はじめ脊索に発現し次に底板に発現する．肢芽後方のZPA（zone of polarizing activity）に発現して腕と指の形成に働く．またShhは内耳，眼，味蕾，毛包の発生にも働いている．Ihh遺伝子は原始内胚葉（primitive endoderm）に発現し，骨の成長と膵臓の発生に働いている．Dhh遺伝子は性腺に発現している．

Hhは成体の幹細胞の維持にもかかわっており，血液幹細胞ではShhはリンパ節と脾臓間質に，Ihhは骨髄に発現している．Ihhの間質細胞への強制発現は骨髄移植後の造血の再生を促す．脳ではShhが，側脳室の脳室下帯と歯状回の顆粒細胞下部の神経幹細胞の維持に働いているようである．

Shhの機能欠損は全前脳症となる（OMIM#142945）．またShh翻訳領域から約1Mbも離れた上流に進化的に保存された肢芽特異的エンハンサーに変異が起きると，本来肢芽の後方だけに形成されるZPAが前方にも形成されてシグナルセンターが両端にできることになり，結果として多指症（OMIM#174500）となる．Ihhの変異は短指症（OMIM#112500）となる．Dhhの変異はXY性腺形成異常症（OMIM#607080）となる（OMIMは本稿末の参考図書を参照）．

【抗体・cDNAの入手先】
Shh（Developmental Studies Hybridoma Bank）

【データベース（EMBL/GenBank）】
Shh（ヒト），NM_000193
Ihh（ヒト），NP_002172
Dhh（ヒト），NP_066382

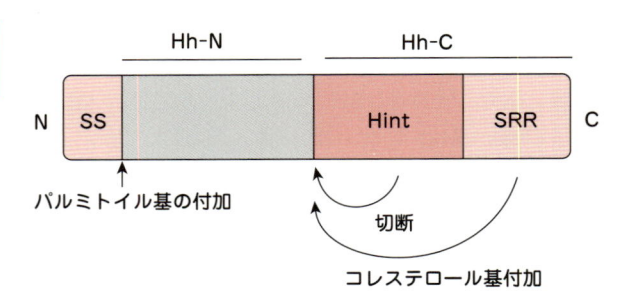

図1　Hh前駆体の模式図

HhのC末端（Hh-C）には自己触媒領域（Hint）とステロール認識領域（SRR）があり，切断とコレステロール基の付加に働いている．HhのN末端（Hh-N）にはさらにパルミトイル基が付加されて分泌される．SS：シグナル配列

Keyword
2 Ptch

▶フルスペル：Patched

1）イントロダクション

PatchedはHhの受容体で，はじめショウジョウバエで同定されたsegment polarity遺伝子である．ヒトではさまざまな身体奇形と皮膚腫瘍を形成するGorlin syndromeの責任遺伝子として同定された．その後孤発性の腫瘍（基底細胞がん，脳腫瘍，筋腫）でヒトのホモログ*Ptch1*遺伝子の変異が確認されたことからがん抑制遺伝子として知られている．

2）分子構造・立体構造

Ptch1は約1,400アミノ酸，Ptch2は約1,200アミノ酸でそれぞれスプライソフォームがある．12回膜貫通型の膜タンパク質である（図2）[4)5)]．Ptch1，Ptch2ともにすべてのHhが結合する．N末端，C末端とも細胞質側にあり，細胞外の2つのループ構造のうち2番目のループ（ループ2）がHh結合に主要に働く．ループ2を欠如したPtchはSmoを恒常的に阻害する．PtchがSmo抑制に機能するためには共受容体としてBoc, Cdo, Gas1のいずれかが必要であることがわかってきた（**5 Boc, Cdo, Gas1**）．SSD（sterol sensing domain）はコレステロールの代謝や透過に働くと考えられている．

Dispatchedは約1,400アミノ酸で，Patchedと同様に12回膜貫通型の受容体で，細胞外に2つのループ構造がある．脂質修飾されたHhの分泌に働いているが，Hhの脂質付加には機能していない．

3）発現様式とノックアウトマウスの表現型

*Ptch1*遺伝子は胎生期には神経管腹側に発現している．*Ptch1*の機能阻害は結果としてHhシグナルが活性化されることになる．*Ptch1*$^{-/-}$マウスは，神経管の腹側マーカーが背側まで拡大する．胎生9.5日に致死となり，外脳症を呈する．*Ptch1*$^{+/-}$マウスは髄芽腫のモデル生物である．生後一年以内に約20％が小脳でがんが発生する．また*Ptch1*$^{+/-}$マウスにUVを6〜9カ月照射すると基底細胞がんを発症する．

*Ptch2*遺伝子は表皮の毛包と発生中の肢芽に*Shh*遺伝子と一致して発現している．*Ptch2*$^{-/-}$マウスは正常に発生し，生殖可能であるが，成獣になると脱毛症を呈する．*Ptch2*$^{-/-}$マウスではがんが生じないが，*Ptch1*$^{+/-}$；*Ptch2*$^{-/-}$マウスが*Ptch1*$^{+/-}$マウスよりも高いがん発症率を示すことから*Ptch2*もがん抑制遺伝子として働いて

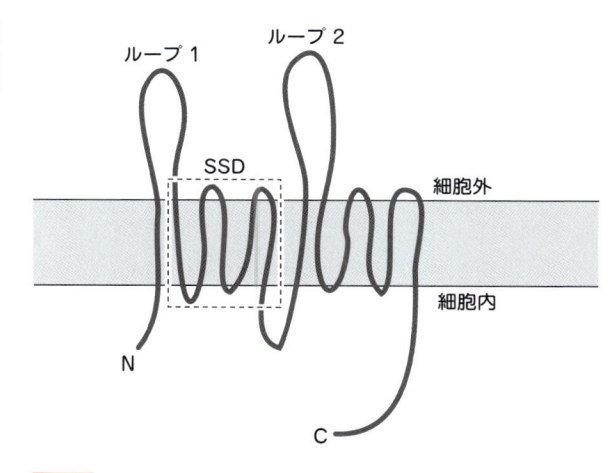

図2 Patchedの模式図

12回膜貫通型の受容体である．細胞外に2つの大きなループ構造があり（ループ1，2），ループ2がHhの結合に主に働く．sterol sensing domain（SSD）はステロール類の代謝や透過に働くと考えられている

いることが示されている．

*Disp1*遺伝子は*Hh*遺伝子とほぼ共通の場所に発現する．*Disp1*$^{-/-}$は全前脳症を呈し胎生9.5日に致死となる．

4）機能・疾患とのかかわり

脊椎動物では，PtchのSmo抑制機構として，Smoの繊毛への移動阻害・PtchがプロビタミンD3の分泌を誘導しSmoの活性を抑制することが報告されている[6)]．

*Ptch1*はGorlin syndrome（OMIM#109400）の責任遺伝子である．Gorlin syndromeの発達上の奇形のほかにがんも多発する．発がんには基底細胞がん（OMIM#605462），髄芽腫（OMIM#155255），卵巣腫瘍の発生がよく知られている．*Ptch2*の変異も基底細胞がん，髄芽腫の原因となる．*Disp1*の変異は全前脳症となる（OMIM#613530）．

【抗体・cDNAの入手先】

該当論文の著者に各自確認されたい．

【データベース（EMBL/GenBank）】

Patched1 isoform L（ヒト），NP_000255
Patched2 isoform 1（ヒト），NP_003729
Dispatched（ヒト），NP_116279

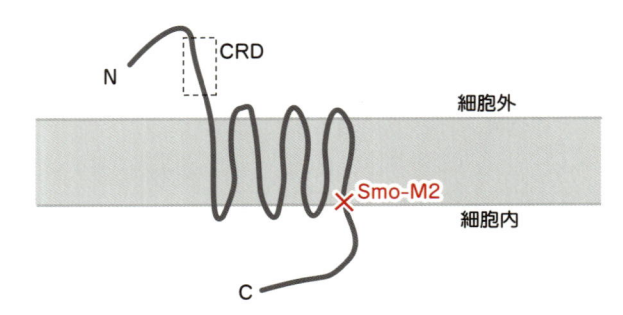

図3 Smoothenedの模式図

7回膜貫通型の受容体である．cysteine rich domain（CRD）はFz受容体ファミリーで保存された配列であるが，Smoでの詳しい機能は不明である．7番目の膜貫通領域に変異が入ると恒常活性型のSmo（Smo-M2）となる

Keyword 3 Smo

▶フルスペル：Smoothened

1）イントロダクション

Smo遺伝子はショウジョウバエでも脊椎動物でも一種類である．PtchがSmoに直接作用して抑制する機構はいくつかの理由からほぼ棄却されている．生化学的にPtchとSmoの結合が確認されていない．細胞中で共発現しているのが確認されない．現在は，過分のSmoを導入してもPtchが抑制することなどからPtchの抑制機構は"触媒的"機構であると考えられている．Ptchが低分子化合物（small-molecule）の濃度や局在を制御することでSmoの活性を制御していると考えられるようになってきた．

2）分子構造・立体構造

Smoは787アミノ酸から成る7回膜貫通型の膜タンパク質でGタンパク質共役型受容体ファミリーに属している（図3）．脊椎動物SmoのC末端は，ショウジョウバエSmoの細胞内C末端よりも短く，PKA，CK1からリン酸化を受ける領域がない．脊椎動物ではGRK2がSMOのC末端のリン酸化に働いている．脊椎動物SmoがPKAから直接リン酸化を受ける証拠はない．しかし脊椎動物では詳しいメカニズムはわかっていないがPKAはSmoが繊毛に移動するために働いていることが示されている．N末端側にあるcysteine-rich domain（CRD）は，ショウジョウバエでCRDに変異があるとSmoの機能が乱れることが報告されているが，脊椎動物のSmoでのはっきりとした機能は不明である．Smoに似た構造をもつFrizzled（Fz）がリガンドのWntを結合するのにCRDが働くことがわかっている．

SmoはPtchが分泌調節するプロビタミンD3が結合することで抑制され，オキシステロールで活性化される[6]．

3）発現パターンとノックアウトマウスの表現型

$Smo^{-/-}$マウスは全前脳症を示し，胎生9.5日で胚性致死となる．シクロパミン（cyclopamine）は梅恵草の近縁種（Veratrum californicum）から単離されたコレステロールに似た構造をもつアルカロイドで，Smoに直接結合することでHhシグナル経路を抑制する．Hhシグナル経路が亢進したがんの増殖を抑制するためにシクロパミン由来の低分子化合物を利用する研究がすすんでいる．

4）機能・疾患とのかかわり

Smoの活性型変異はがん化につながる．基底細胞がんで7番目の膜貫通領域のアミノ酸TrpがLeuに置換したSmo（Smo-M2）が単離されている．Smo-M2はHh非依存的にHhシグナルを活性化する．ほかにもがん化した細胞からSmoの変異体（Smo-M1，Smo-A2，Smo473等）が報告されている．Smoのシグナリングには繊毛が必要であり，Smo-M2は繊毛がない変異体ではHhシグナル経路を活性化できない．

【抗体・cDNAの入手先】
該当論文の著者に各自確認されたい．

【データベース（EMBL/GenBank）】
Smoothened（ヒト），AAD17202

Keyword 4 Gli

▶フルスペル：glioma-associated oncogene

1）イントロダクション

Gli（glioma-associated oncogene）はZincフィンガードメインをもつ転写因子で，ショウジョウバエのCi（Cubitus interuptus）の相同遺伝子である．Gli1はグリア芽腫で強く発現している遺伝子として同定された．脊椎動物ではGli1，Gli2，Gli3の3種類がある．Gli1は転写活性化，Gli2およびGli3は2つの形態があり，全長は転写活性化に働き，N末端断片は転写抑制に働く．

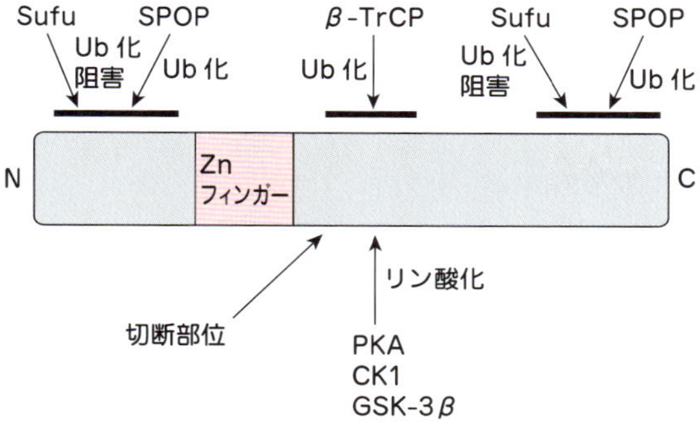

図4 Gliの模式図

N末端側にZnフィンガードメインがあり，そのすぐ後方にリン酸化領域がある．リン酸化されるとユビキチンリガーゼ（β-TrCP）でユビキチン化されて切断部位よりC末端側が分解される．SPOPによるユビキチン化はGliタンパク質全体の分解を引き起こす．SufuがSPOP結合領域で競合して分解を阻害しているようである

2）分子構造・立体構造

Gli1は1,106アミノ酸，Gli2は4つのスプライソフォームがあり，それぞれ810，829，1,241，1,258アミノ酸で，Gli3は1,595アミノ酸である．Gli1はHhシグナルが働くと転写されて標的遺伝子の転写活性化に働くポジティブフィードバックループを形成している．Gli2およびGli3は転写活性型と抑制型の両方の機能をもつ．Hhシグナルがない場合にはGli2とGli3のZnフィンガードメインのすぐ後方が，PKA，CK1，GSK-3βによるリン酸化を受ける（図4）．そこにβ-TrCP（ユビキチンリガーゼ）が働きC末端を分解する．SufuとSPOPが分解の調節をしている．ショウジョウバエではCiのリン酸化にキネシン様タンパク質Costal2（Cos2）が足場として働いているが，Cos2の脊椎動物ホモログKif7，Kif27がGliのリン酸化に働いているか不明である．

3）発現パターンとノックアウトマウスの表現型

Gli1−/−マウスは間脳の一部を除き異常がみられない．Gli3変異マウスextra-toes（Xt）は放射線処理によって作製された．この変異マウスは外脳症，軽度の精神遅滞，両眼隔離症，口蓋裂，眼形成異常，骨形成異常，多指症等がみられる．ホモ変異体は出生時には死亡する．肢芽前方に異所的にShh遺伝子が発現して，本来の肢芽後方に発現するShhと鏡像対象の発現となる．Gli2変異体は骨の低形成になる．Gli2−/−；Gli3−/−二重変異体は肺，気道，食道の低形成を引き起こす[7]．

4）機能・疾患とのかかわり

Gli3の変異はGreig cephalopolysyndactyly syndrome（GCPS，OMIM#175700）とPallister-Hall syndrome（PHS，OMIM#146510）となる．Gli2の変異はネフロン癆（nephronophthisis，OMIM#611498）となる．Gli1の変異はグリア芽腫でみられる．

【抗体・cDNAの入手先】

該当論文の著者に各自確認されたい．

【データベース（EMBL/GenBank）】

Gli1 isoform 1（ヒト），NP_005260
Gli2（ヒト），NP_005261
Gli3（ヒト），NP_000159

Keyword
5 Boc, Cdo, Gas1

1）イントロダクション

膜タンパク質Cdo（CAM-related/downrefgulated by oncogenes），Boc（brother of Cdo），Gas1（growth arrest-specific 1）は近年急速に解析が進んできたHhに対するPtchの共受容体である．Cdo，Boc，Gas1はHhシグナル経路の活性化に働くことがわかっている．Cdo，BocはショウジョウバエIhogとBoiの相同遺伝子である．Gas1は脊椎動物特異的な遺伝子である．

2）分子構造・立体構造

Cdoは1,264アミノ酸，Bocは1,115アミノ酸の膜タンパク質である．Cdoは5つのIgドメインと3つのFN IIIドメインをもつ（図5）．Bocは4つのIgドメインと3つのFN IIIドメインをもつ．Cdo，Bocは3番目のFN IIIですべてのHhと結合する[8]．Cdo，Bocともに細胞内領域はHhシグナル経路に必要ではないが[9]，p38 mitogen-activated protein（MAP）kinaseシグナル経路の裏打ちタンパク質のJLPに結合することが報告されている．

Gas1は345アミノ酸のGPIアンカー型の膜タンパク質である．ShhとIhhに結合することが報告されている．細胞外にGDNFホモロジー領域が2つあり，Hh以外にもチロシンキナーゼ受容体のRetに結合することが報告されている．

Boc，Cdo，Gas1はPtchとそれぞれ結合する．BocについてはPtch1，Gas1と三量体を形成しないことが報

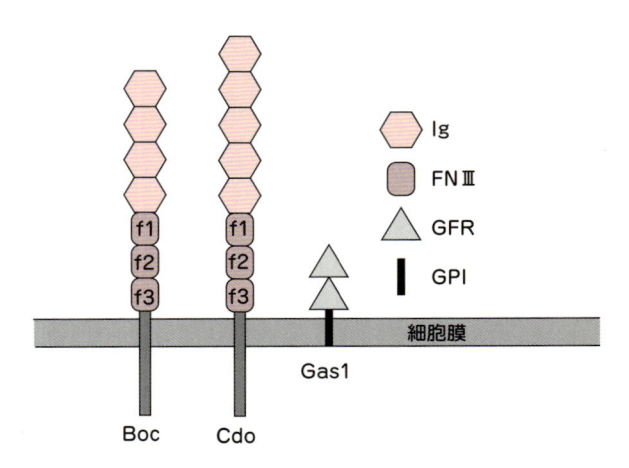

図5 Boc, Cdo, Gas1 の模式図

Boc, Cdoともに3番目のFN Ⅲ (f3) にHhが結合する. Ig：immunoglobulin, FN Ⅲ：fibronetin type Ⅲ, GFR：glial-derived neurotrophic factor family receptor, GPI：glycosylphosphatidylinositol

告されている．BocとPtch1の結合はHh非依存的であることが報告されている．

3) 発現パターンとノックアウトマウスの表現型

Boc, Cdo, $Gas1$ の遺伝子発現領域はShh遺伝子発現領域と重なるが，領域内では相反する発現をする．たとえば発生中の脊髄では，Shhは腹側の底板に発現しているがBoc, Cdo, $Gas1$ は背側に発現している．$Gas1^{-/-}$マウスは全前脳症にならないが，小脳の低形成を示す．このことからはじめGas1はHhシグナル経路を阻害すると予想された．しかし$Shh^{-/-}$；$Gas1^{-/-}$, $Shh^{+/-}$；$Gas1^{-/-}$で強い全前脳症が観察されたこととニワトリ胚脊髄への$Gas1$強制発現がHhシグナルを増強し腹側化を誘導したことからGas1もHhシグナル経路を正に制御することが示された．$Boc^{-/-}$マウスは，全前脳症を示さない．$Cdo^{-/-}$マウスは単鼻孔，半分葉型全前脳症となる．$Cdo^{-/-}$；$Boc^{-/-}$マウスを作製すると$Cdo^{-/-}$の全前脳症より強い表現型を示す．$Cdo^{-/-}$；$Boc^{-/-}$；$Gas1^{-/-}$の三重変異体で$Shh^{-/-}$；$Ihh^{-/-}$, $Smo^{-/-}$と同様の単眼症と前脳が左右に分離しない最も重度の全前脳症を示す[10]．このことからBoc, Cdo, Gas1は重複した機能をもつと考えられる．

　BocはShhをリガンドとして脊髄交連神経，網膜神経節細胞などの軸索誘導に働くことがわかってきた．軸索誘導にはGliの転写を介さないようであり，シグナル伝達経路の今後の解析が待たれる．

【抗体・cDNAの入手先】

Boc（R&Dシステムズ社），Cdo（R&Dシステムズ社），Gas1（R&Dシステムズ社）

【データベース（EMBL/GenBank）】

Boc（ヒト），AAQ88694
Cdo（ヒト），AAC34901
Gas1（ヒト），NP_002039

参考文献

1) Aoto, K. et al.：Dev. Biol., 251：320-332, 2002
2) Motoyama, J.：Congenit. Anom., 46：123-128, 2006
3) Bürglin, T. R.：Genome Biol., 9：241, 2008
4) Mariago, V. et al.：Nature, 384：176-179, 1996
5) Motoyama, J. et al.：Mech. Dev., 78：81-84, 1998
6) Bijlsma, M. F. et al.：PLoS Biol., 4：e232, 2006
7) Motoyama, J. et al.：Nat. Genet., 20：54-57, 1998
8) Beachy, P. A. et al.：Genes Dev., 24：2001-2012, 2010
9) Tenzen, T. et al.：Dev. Cell, 10：647-656, 2006
10) Allen, B. L. et al.：Dev. Cell, 20：775-787, 2011

参考図書

◆ 元山 純：実験医学，23：123-129, 2005
◆ 『エッセンシャル発生生物学 改訂第2版』(Jonathan Slack/著 大隅典子/訳)，羊土社，2007
◆ Online Mendelian Inheritance in Man：OMIM (http://www.ncbi.nlm.nih.gov/omim)
　→ヒトの遺伝性疾患のデータベース

第2部 キーワード解説　生命現象からみたシグナル伝達因子

23 骨代謝
bone metabolism

根岸-古賀貴子，高柳　広

Keyword
1 RANKL関連分子（RANKL，RANK，OPG）　2 NFATc1　3 ITAM分子
4 Runx2，Osx　5 Wnt/Wntシグナル分子（Wnt，LRP5，LRP6）

概論

1. 骨代謝とは

　骨組織は，脊椎動物の形態を決定し運動を可能にする支持組織であると同時に，カルシウムやリンなどのミネラルを貯蔵して，生体のミネラル供給の源となる．また，骨髄腔では間葉系細胞が造血幹細胞の生着や維持に重要な微小環境（ニッチ）を構築して造血の場を提供し，必要に応じて生体に血球系細胞を動員する重要な免疫器官としての役割も果たす．

　胎生期の骨構築や成長期の骨の成長に伴う大きさ・形態の変化はモデリングと呼ばれるのに対し，成長を終えた骨が形態と機能を維持するために吸収と再生を繰り返して骨基質を新しくするプロセスはリモデリングと呼ばれる．重力などの力学的負荷やミネラル供給のための内分泌系刺激に応じて，破骨細胞によって骨が吸収され，骨芽細胞によって新たに補われる．したがって，骨組織の恒常性を維持するために，骨吸収と骨形成のバランスは巧妙に制御されている．近年の分子生物学の進歩により，これらの細胞間のシグナル伝達，およびそれぞれの分化・活性化のメカニズムが分子レベルで明らかになってきた．

2. シグナルの流れ

1）骨吸収のシグナリング

　破骨細胞は，造血幹細胞由来の単球/マクロファージ系前駆細胞が細胞融合を繰り返して分化した多核の巨細胞である．骨芽細胞系列細胞が発現する破骨細胞分化促進因子 **RANKL（receptor activator of NF-κB ligand）**（→ Keyword 1）によって破骨細胞分化が誘導される（イラストマップ）．骨芽細胞系列細胞はM-CSF（macrophage colony-stimulating factor）も分泌し，破骨細胞前駆細胞の生存を担っている．

　RANKLは破骨細胞前駆細胞上でその受容体RANKと結合すると，その下流でTRAF6（tumor necrosis factor receptor-associated factor 6）を介してNF-κB，Akt，およびERK，JNK，p38などのMAPK経路を活性化する．また，RANKLシグナルはAP-1を構成する転写因子c-Fosの発現を誘導する．NF-κBやAP-1等の破骨細胞分化に必須の転写因子によって破骨細胞分化のマスター転写因子である **NFATc1（nuclear factor of activated T-cells c1）**（→ Keyword 2）の発現が誘導され，破骨細胞特異的な分子群の遺伝子を発現して分化を促進する[1,2]．NFATc1の転写活性にはカルシウムシグナルの活性化が必須である．破骨細胞では，DAP12（DNAX-activating protein 12）やFcRγ（Fc receptor common γ subunit）といった **ITAM（immunoreceptor tyrosine-based activation motif）**（→ Keyword 3）をもつ分子が，破骨細胞前駆細胞上の免疫グロブリン様受容体に会合し，細胞内カルシウムシグナルを誘導する[3]．

　成熟破骨細胞は，アクチンフィラメントがリング状に配列した明帯とその内側に多数のひだ状突起を有する波状縁と呼ばれる構造を形成する．明帯ではポドソームと呼ばれる接着機構を介して骨表面に強く接着する．アクチンリングでシールされた内部空間へは，波状縁からリン酸カルシウム等の無機質を溶解する酸や骨基質タンパク質を分解するプロテアーゼを分泌して，骨を分解・吸

イラストマップ　骨組織を構成する細胞による骨代謝シグナリング

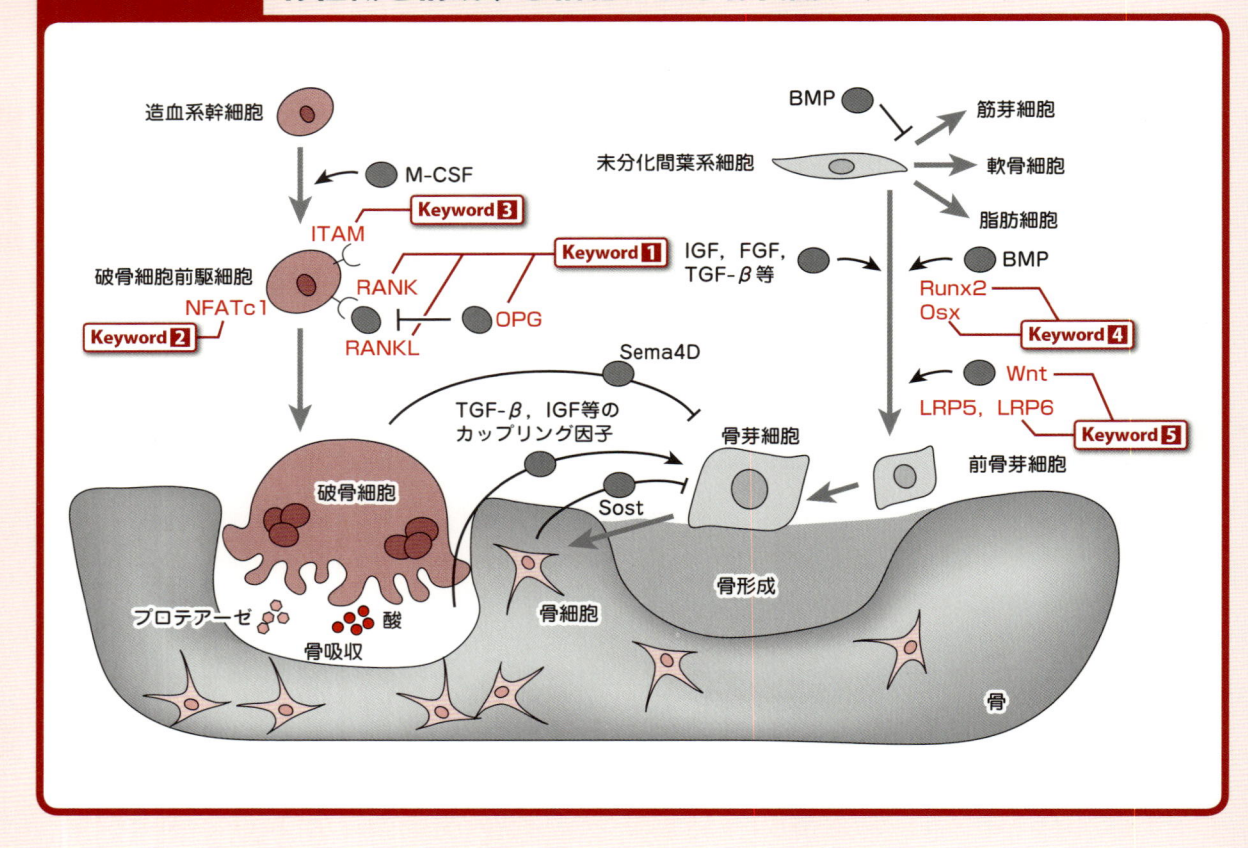

収する．ポドソームにはインテグリンαvβ3が集積し，オステオポンチンやオステオネクチンといった骨基質タンパク質を認識して接着する．インテグリンの細胞内領域はチロシンキナーゼc-SrcやPyk2が細胞骨格再構成を制御し明帯や波状縁の形成に必須の役割を果たす．骨吸収を完了するまでの間，吸収部位近傍での骨形成が起こらないよう，破骨細胞は神経軸索ガイダンス因子として知られるセマフォリン4D（Sema4D）（第1部-22参照）を産生して骨形成を抑制している．

2）骨吸収から骨形成へのスイッチング

破骨細胞が骨吸収を終えると，吸収した分と同量の骨を骨芽細胞が形成し，骨組織は再構築される．骨量を一定に保つために，骨形成は骨吸収に共役（カップリング）して起こる．骨吸収によって骨基質に大量に蓄積されていたTGF-β（transforming growth factor-β）やIGF（insulin-like growth factor）等が放出され，これらが骨形成を促進する．この意味で，TGF-βやIGFはカップリング因子と呼ばれる．破骨細胞自身が発現する膜タンパク質や分泌タンパク質も骨形成を促進するカップリング因子として機能することがわかってきている．

3）骨形成のシグナリング

骨芽細胞は線維芽細胞，筋芽細胞，脂肪細胞，軟骨細胞等と共通の未分化間葉系細胞から分化する．まず，骨形成誘導因子BMP（bone morphometric protein）が筋芽細胞への分化を抑制する一方で，Smad1/5/8等のホモ二量体とSmad4とのヘテロ三量体形成を誘導し，骨芽細胞分化のマスター転写因子**Runx2（runt-related transcription factor 2）**（→Keyword 4）の発現を促進する[4]．Runx2が発現すると未分化間葉系細胞から脂肪細胞への分化は抑制され，前骨芽細胞への分化が進む．続いて，Runx2によってもう1つの骨芽細胞分化に必須の転写因子**Osterix（Osx）**（→Keyword 4）の発現が誘導され，骨芽細胞へ分化する[5]．骨芽細胞はⅠ型コラーゲンやオステオポンチン，オステオカルシン，骨

シアロプロテイン等の非コラーゲン性の骨基質タンパク質を細胞外に分泌し，リン酸カルシウムを沈着させて石灰化する．

Wntシグナル（→Keyword 5）も骨芽細胞への分化を促進する．また，IGF, FGF (fibroblast growth factor), TGF-β等の成長因子やサイトカインも，骨芽細胞の分化や機能を促進する．骨芽細胞はさらに分化が進むと骨基質中に埋没して骨細胞へと最終分化を遂げる．骨細胞はSclerostin (Sost) を分泌し，Wntシグナルを抑制することによって骨形成を強力に阻害する．

3. 臨床応用と今後の展望

骨組織は造血の場として免疫系細胞と環境を共にするだけでなく，骨と免疫系の細胞は多数の共通制御因子を有しているため，関節リウマチに代表されるように炎症と骨破壊は深く関連している．また，古くから骨代謝は副甲状腺ホルモン等の内分泌系により制御されることが知られてきたが，最近では骨が産生するFGF23が腎臓に作用して全身のミネラル代謝を調節するように，内分泌器官としての骨の重要性も注目されるようになった．今後，骨と多臓器間のクロストークを分子レベルで紐解くことが，全身の疾患の診断技術・治療法開発に重要となるだろう．

キーワード解説

Keyword

1 RANKL 関連分子
（RANKL, RANK, OPG）

▶ RANKL：receptor activator of NF-κB ligand
▶ RANK：receptor activator of NF-κB
▶ OPG：osteoprotegerin

1）イントロダクション

1998年に骨代謝学の研究者によって破骨細胞分化を誘導する因子ODF（osteoclast-differentiation factor）が同定されたが，この分子はその前年にT細胞上に発現する樹状細胞活性化因子としてクローニングされたRANKLと同一であった[6)7)]．RANKLは，その受容体RANKと結合し破骨細胞分化シグナルを細胞内に伝達する（図1，図2）．OPGはRANKLのデコイ（おとり）受容体としてRANKと競合的にRANKLと結合し，RANKL-RANKシグナルを阻害する．

2）分子構造・立体構造

RANKLはTNF（tumor necrosis factor）ファミリーに属する膜結合型のサイトカインである．膜近傍にはMMP-14等のマトリックスメタロプロテアーゼによって切断を受ける部分があり，可溶型RANKLが産生される．RANKはTNF受容体ファミリーに属するI型受容体である．OPGもTNF受容体ファミリーに属する可溶型サイトカインであり，4つのTNF受容体ホモロジードメインをもつ．

3）発現様式

骨組織においてRANKLは，ビタミンD_3，プロスタグランジンE_2（PGE_2），副甲状腺ホルモン（PTH）等の多くの骨吸収性因子に応答して，骨細胞をはじめとする骨芽細胞系列の破骨細胞分化支持細胞上に発現が誘導される．関節リウマチ等の炎症下ではTh17細胞がIL-17を産生して滑膜マクロファージを活性化し，炎症性サイトカイン IL-1，IL-6，IL-11，TNF-α等の産生を促進する．これらのサイトカインは滑膜線維芽細胞上のRANKL発現を誘導する．IL-17は，滑膜線維芽細胞に直接作用することによってもRANKLの発現を誘導する．エストロゲンは破骨細胞のアポトーシスを誘導することによって骨吸収を抑制するが，同時に破骨細胞分化支持細胞からのRANKL発現を抑えることによっても抑制的に働いている（図1）．骨組織以外では，RANKLは胸腺やリンパ節のT細胞に強く発現し，また炎症を起こした皮膚でも発現が上昇する．RANKは破骨細胞前駆細胞である単球・マクロファージ系細胞や樹状細胞に発現する．また，乳がん・肺がんなどのさまざまながん細胞に発現し，RANKLによって細胞の走化性が制御される．OPGの発現はユビキタスである．

4）ノックアウトマウスの表現型

RANKL，*RANK*ノックアウトマウスの骨組織には破骨細胞が存在しないために骨髄腔が消失する重篤な大理石骨病様の病態を示す．大理石骨病に伴う歯牙の放出不全と脾臓肥大がみられる．またリンパ節・パイエル板の著しい低形成，胸腺髄質上皮細胞の分化障害，乳腺の発達障害を呈する．*OPG*ノックアウトマウスは破骨細胞数が増加し，骨粗鬆症を示す．

5）機能・疾患とのかかわり

常染色体劣性大理石骨病（autosomal recessive osteopetrosis：ARO）患者において*RANKL*や*RANK*遺伝子の機能喪失を引き起こす変異がみつかっている．また家族性広汎性骨溶解症，骨パジェット病，広汎性骨格性ホスファターゼ症の患者から*RANK*遺伝子の機能獲得型変異が発見され，さらに若年性パジェット病患者では*OPG*遺伝子の欠損や機能喪失型変異が同定されている．

【抗体・cDNAの入手先】

抗ヒト，マウスRANKL抗体はR＆Dシステムズ社，Calbiochem社等から購入可能．抗RANK抗体はR＆Dシステムズ社などから購入可能．抗OPG抗体はCell Signaling Technology社から購入可能．

【データベース（EMBL/GenBank）】

ヒト：ＡＦ０１９０４７（RANKL），ＡＦ０１８２５３（RANK），
　　　ＡＦ１３４１８７（OPG）
マウス：ＡＦ０１９０４８（RANKL），ＡＦ０１９０４６（RANK），
　　　ＡＫ１５９４９８（OPG）

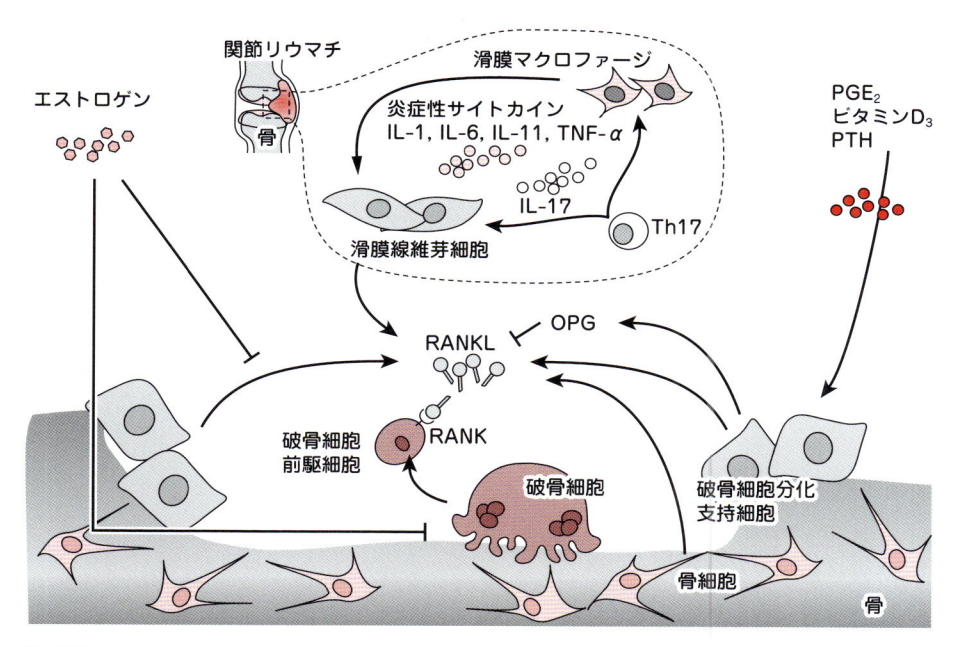

図1 骨組織におけるRANKL発現

Keyword

2 NFATc1

▶NFATc1：nuclear factor activated T cells c1
▶別名：NFAT2，NFATc

1）イントロダクション

　NFATc1はT細胞がTCR刺激に応答して産生するサイトカインIL-2の転写誘導を制御する因子としてクローニングされた．5つのNFATメンバー，NFATc1（別名：NFAT2/NFATc），NFATc2（別名：NFAT1/NFATp），NFATc3（別名：NFAT4/NFATx），NFATc4（別名：NFAT3）とNFAT5でNFATファミリーを構成している．破骨細胞前駆細胞においてはRANKLとITAMを介した共刺激シグナルによって20倍以上にも発現が誘導される（図2）．NFATc1の初期発現はNF-κB，AP-1といった破骨細胞分化に必須の転写因子だけでなくNFATc2によっても誘導されるが，その後，NFATc1が自身のプロモーターを活性化して自己増幅することによって高いレベルの発現を維持する（図2）．T細胞のサイトカイン遺伝子の制御においてはNFATc1とNFATc2は相補的な機能をもつが，破骨細胞分化においては*Nfatc1*遺伝子が選択的に自己増幅されることが重要となるため，NFATc1の機能はNFATc2では代替されない[8]．

2）分子構造・立体構造

　NFAT5を除くNFATc1〜c4はN末端にNFAT homology region（NHR）と，それに続く転写因子NF-κB/RelファミリーのDNA結合ドメインと相同性を示すREL-homology region（RHR）から成る．NHRには多数のセリン残基を含むセリンリッチ領域とセリン-プロリンリピートと呼ばれる複数の保存されたアミノ酸配列（SPxxSPxxSPxxxxxD/E D/E）が存在し，非活性化状態では高度にリン酸化されている．カルシウム/カルモジュリン依存性ホスファターゼであるカルシニューリンにより脱リン酸化されると，カルシウム制御ドメインの構造あるいは他分子との相互作用が変化して核局在配列が露出し，核内に移行して転写因子として機能する．AP-1転写因子と複合体を形成して協調的に機能する．破骨細胞分化においては，AP-1以外にも，PU.1，MITF，CREBといった転写因子と協調して破骨細胞特異的遺伝子群の転写発現を誘導する（図2）．

3）発現様式

　T細胞だけでなくB細胞，NK細胞，マスト細胞，単球などの免疫系細胞でも発現するが，心筋をはじめとする筋組織で非常に高く発現する．脳，肝臓，腎臓以外のほとんどの組織で発現する．

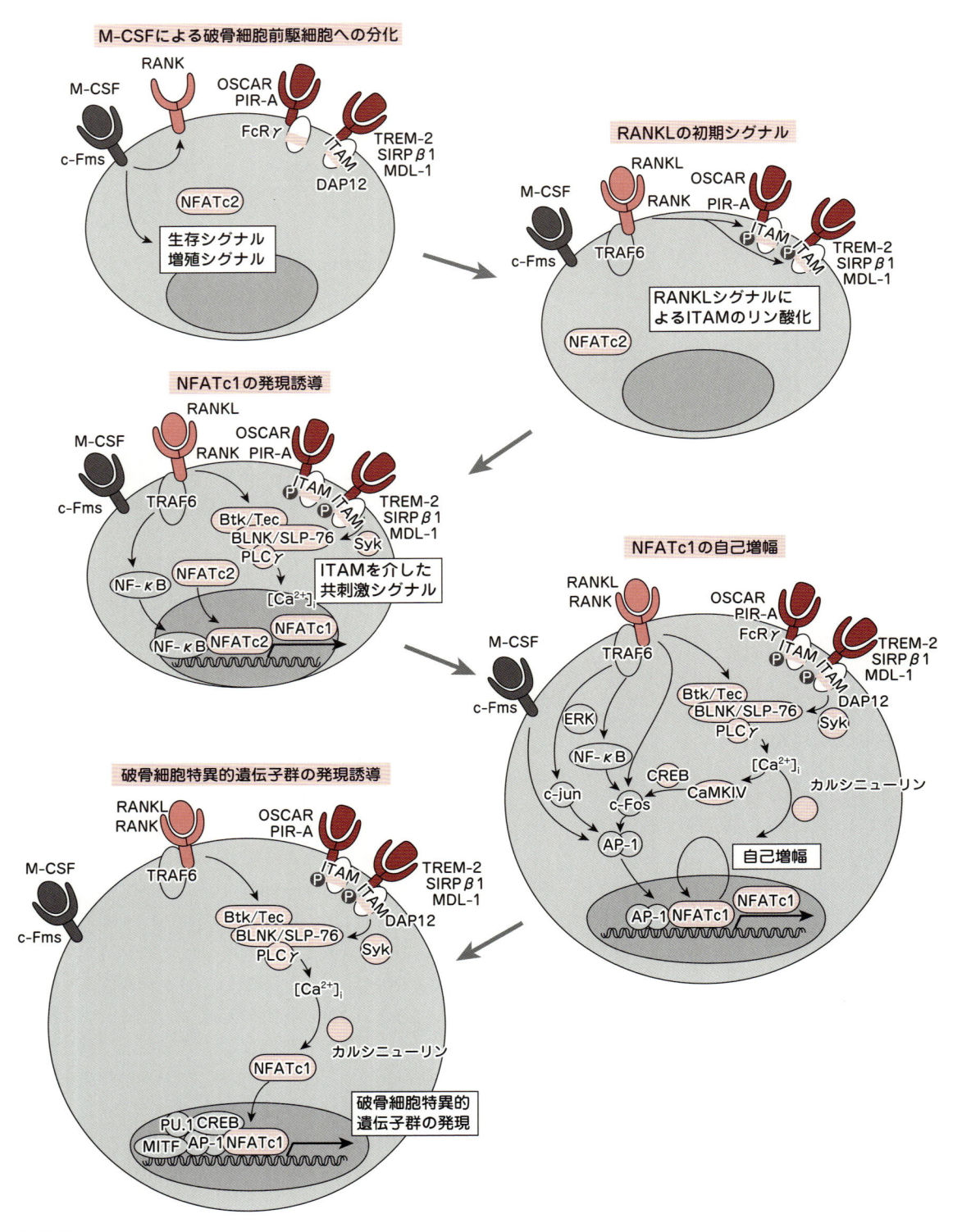

図2 破骨細胞分化のシグナル伝達

4）ノックアウトマウスの表現型

 NFATc1 ノックアウトマウスは心臓弁の形成障害により胎生期に死ぬ．生体の骨組織におけるNFATc1の重要性を証明するために，破骨細胞分化が障害されて大理石骨病を呈する *c-Fos* ノックアウトマウスに *NFATc1* ノックアウトマウスの胎仔由来の肝細胞を移植したマウスが作製されたが，大理石骨病は回復しなかった．また， *NFATc1* ノックアウトES細胞を用いた *c-Fos* ノックアウトキメラマウスが大理石骨病を呈することからも，NFATc1が破骨細胞分化に必須であることがわかった[8]．さらに， *NFATc1* ノックアウトマウスに血管内皮細胞特異的にNFATc1を発現させて心臓弁形成のみ回復させたマウスにおいても，破骨細胞形成が極度に障害されて大理石骨病を呈することが示された[9]．

5）機能・疾患とのかかわり

 ヒト *NFATc1* 遺伝子と疾患との関連についての報告はないが，カルシニューリン－NFATc1経路の抑制がダウン症候群の表現型に関与していることがわかった．21トリソミーのダウン症候群では，21番染色体に存在する *DSCR1* と *DYRK1A* 遺伝子産物がそれぞれカルシニューリンとNFATc1を抑制している．

【抗体・cDNAの入手先】

抗ヒト，マウスNFATc1抗体はサンタクルズ社，Cell Signaling Technology社等から購入可能．

【データベース（EMBL/GenBank）】

ヒト：AK292641
マウス：AF049606

Keyword

3 ITAM分子

▶DAP12：DNAX-activating protein 12
▶FcRγ：Fc receptor common γ subunit

1）イントロダクション

 ITAMはB細胞受容体複合体（BCR）を構成するIgα/Igβ鎖の細胞内領域に存在し，BCRシグナルに必須のモチーフとして同定されたYxxI/L……YxxI/Lのアミノ酸配列．T細胞受容体（TCR）の付属鎖や，マスト細胞・マクロファージ・単球・NK細胞等のFc受容体，NK受容体等に広く共通して認められる．チロシン残基がリン酸化されるとSykやZap70といったチロシンキナーゼが会合し，活性化されてシグナルを下流に伝達する（図2）．破骨細胞にはFcRγとDAP12が発現し，RANKL刺激により未知のキナーゼによってITAMがリン酸化されるとSykが活性化する．その下流では，BLNK（B-cell linker）やLcp2（lymphocyte cytosolic protein 2，別名：SLP-76）といったSLPアダプター分子がSykと複合体を形成する．これと並行して，RANKLはBtk（bruton agammaglobulinemia tyrosine kinase）やTecといったチロシンキナーゼをリン酸化する．TecキナーゼはITAMシグナルに依存して，SLPアダプターおよびPLCγ（phospholipase C γ）と複合体を形成し，カルシウム－カルシニューリンを活性化する[10]．このように，ITAMシグナルはRANKの共刺激シグナルとしてNFATc1を活性化する（図2）．

2）分子構造・立体構造

 FcRγとDAP12はⅠ型膜貫通タンパク質に属し，細胞内領域に1つのITAMをもつ．細胞外領域は非常に短いがシステイン残基を有しており，ジスルフィド結合することによりホモ二量体として存在する．膜貫通領域には負電荷アミノ酸残基（アスパラギン酸）が存在し，会合受容体の膜貫通領域に存在する正電荷アミノ酸残基（アルギニンまたはリジン）との非共有結合を介して相互作用し，会合受容体を細胞膜上に安定に発現させる．

3）発現様式

 FcRγは末梢ではT細胞以外の血球系細胞に広く発現する．NK細胞，マクロファージ，好中球等ではIgGに対する受容体FcγRsと会合している．またマスト細胞や好塩基球ではIgEの受容体FcεRsに会合し，アレルギー反応に関与している．DAP12はNK細胞が自己と非自己を識別する際に働くヒトキラー活性化受容体と会合するアダプター分子として同定された．NK細胞以外にもマクロファージなどの骨髄系細胞に発現しさまざまな受容体と会合する．破骨細胞前駆細胞ではFcRγとDAP12が優位に高く発現し，OSCAR（osteoclast-associated receptor）とPIR-A（paired immunoglobulin-like receptor-A）がFcRγに，TREM-2（triggering receptor expressed on myeloid cell-2），SIRPβ1（signal regulatory protein β1），MDL-1（myeloid DAP_{12}-associated lectin）がDAP12に会合する[3]．

4）ノックアウトマウスの表現型

 FcRγ ノックアウトマウスは，肺胞炎，血管炎，糸球

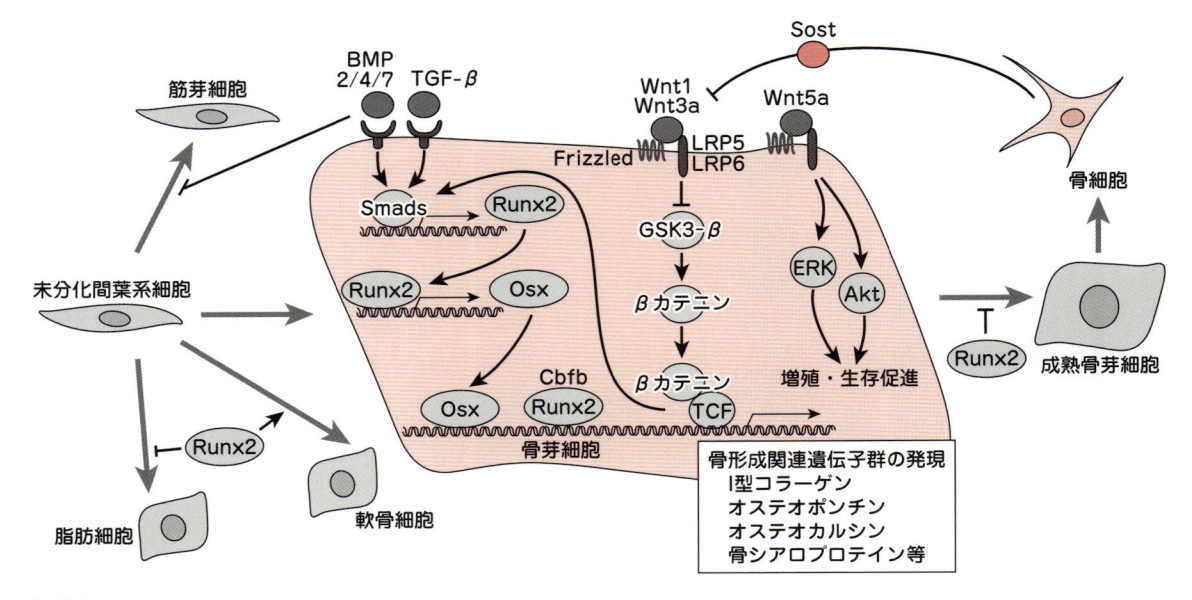

図3 Runx2による骨芽細胞分化制御

体腎炎, 自己免疫性溶血性貧血, IgE誘導性皮膚アナフィラキシーなどの, アレルギー反応や自己免疫疾患の発症に抵抗性を示す. 破骨細胞分化は正常であり, 骨組織に異常はみられない. DAP12ノックアウトマウスはNK細胞や樹状細胞等の活性化障害といった免疫反応が低下するだけでなく, 脳, 特に前頭および視床において, ミエリン低形成, 神経変性, オリゴデンドロサイトの分化障害など, ヒトNasu-Hakola病に似た精神神経障害を示す[11]. 骨組織の表現型としては, 破骨細胞の分化と機能が障害されて, 中程度の大理石骨病を呈する. FcRγとDAP12のダブルノックアウトマウスは, 歯牙の放出は正常であるものの重篤な大理石骨病を呈することから, 破骨細胞分化においてFcRγとDAP12は重複する機能をもち, FcRγの欠損はDAP12によって代替されると考えられる[3].

5) 機能・疾患とのかかわり

DAP12は, 多発性の病的骨折を引き起こす骨病変と性格変化等の統合失調症に似た精神神経症状の後, 初老期痴呆を必発して死に至るNasu-Hakola病の原因遺伝子である. DAP12が会合する受容体TREM-2遺伝子の変異もNasu-Hakola病を発症する[12].

【抗体・cDNAの入手先】

抗DAP12抗体 (ヒト・マウス抗原に反応) はサンタクルズ社等から購入可能. 抗FcRγ抗体 (ヒト・マウス抗原に反応) はサンタクルズ社等から購入可能.

【データベース (EMBL/GenBank)】

ヒト: AF019562 (DAP12), BC033872 (FCRG)
マウス: AF024637 (DAP12), AK155600 (FcRγ)

Keyword

4 Runx2, Osx

▶ Runx2 : runt-related transcription factor 2 〔別名: Cbfa1 (core binding factor α1)〕
▶ Osx : Osterix (別名: Sp7)

1) イントロダクション

Runx2はポリオーマウイルスのエンハンサー領域に結合する因子としてクローニングされたが, ノックアウトマウスの表現型から骨芽細胞分化のマスター転写因子であることが判明した[4]. Runx2はI型コラーゲンやオステオポンチン, オステオカルシン, 骨シアロプロテイン等の非コラーゲン性の骨基質タンパク質や, 骨芽細胞分化のもう1つの必須転写因子Osxの遺伝子発現を誘導する (図3). Osxは, BMP2刺激によりC2C12筋芽細胞が骨芽細胞に分化する際に, Runx2とほぼ同時期に発現誘導される分子として同定された[5]. 分子機能について

の詳細は不明な点が多いが，NFATc1と転写複合体を形成してI型コラーゲン遺伝子のプロモーターを活性化し骨芽細胞分化を促進することが明らかとなっている．

2）分子構造・立体構造

Runx2はショウジョウバエの体節形成に必要なペアルール遺伝子の1つ，runtにホモロジーをもつruntドメイン遺伝子ファミリーに属する転写因子である．Runx2単独ではDNA結合能が弱いが，Cbfbとヘテロ二量体を形成してDNAに強く結合し転写因子として働く．OsxはC2H2タイプのZnフィンガー転写因子SP遺伝子ファミリーに属する．C末端側に3つのDNA結合部位とプロンリッチ領域をもつ．プロンリッチ領域は転写活性に必要な最小領域として機能する．

3）発現様式

Runx2は全身骨格，特に骨芽細胞に強く発現するほか，静止軟骨細胞・増殖軟骨細胞でも弱く発現しており，肥大軟骨細胞へと分化するに従って発現量が増加する．胸腺や腱にも発現がみられる．また，骨折時に強く発現誘導される．骨芽細胞の分化過程においては，間葉系幹細胞がBMP2/4/7の刺激を受けて前骨芽細胞へと分化誘導する際に，Smadsを介してRunx2発現が促進される（図3）．分化が進むと，Runx2は骨芽細胞を未熟な分化状態に保持して骨形成を維持するために，分化抑制に働く．骨芽細胞分化後期ではRunx2発現は低下し，骨芽細胞は骨細胞へと移行する（図3）．Osxは軟骨が形成される初期に軟骨原基の細胞に一過性に発現し，その後はその周囲の細胞とすべての骨芽細胞に特異的に発現する．OsxノックアウトマウスにおけるRunx2の発現は正常であるのに対し，RunxノックアウトマウスにおけるOsxの発現は全くみられないことから，OsxはRunx2の下流で発現誘導されて働く因子であることが示唆されている[5]（図3）．

4）ノックアウトマウスの表現型

Runx2ホモノックアウトマウスは全身の骨格のほとんどが石灰化せず，出生直後に呼吸不全のために死亡する．成熟骨芽細胞は全く存在しない．また，一部の骨に肥大軟骨細胞が認められず，軟骨細胞分化にも重要であることがわかっている．Osxノックアウトマウスは軟骨の形成には異常を示さないが，骨芽細胞の分化が著名に抑制され，膜性骨化・軟骨内骨化のいずれも全く認められない[5]．

5）機能・疾患とのかかわり

RUNX2のヘテロ型遺伝子変異が頭骨や肩甲骨の低形成等を特徴とする鎖骨頭蓋骨異形成症（cleidocranial dysplasia）患者で同定された．これに類似してRunx2ヘテロノックアウトマウスも鎖骨が欠損する．最近，OSX遺伝子の機能欠失型変異が易骨折性や骨変形を伴う骨脆弱性と低骨量を呈する常染色体劣性骨形成不全症（osteogenesis imperfect type XII）患者においてが同定された[13]．

【抗体・cDNAの入手先】

抗ヒト・マウスRunx2抗体はアブカム社，R&Dシステムズ社，Cell Signaling Technology社等から購入可能．抗マウスOsx抗体（ヒト抗原にも反応）はアブカム社，サンタクルズ社から購入可能

【データベース（EMBL/GenBank）】

ヒト：AH005498（RUNX2），AF477981（OSX）
マウス：AF010284（Runx2），AF184902（Osx）

Keyword

5 Wnt/Wntシグナル分子（Wnt，LRP5，LRP6）

▶ Wnt：wingless-related mouse mammary tumor virus（MMTV）integration site
▶ LRP：low density lipoprotein receptor-related

1）イントロダクション

Wnt分子はショウジョウバエで発見された形態制御因子winglessの相同遺伝子であり，胚発生の体軸決定・中枢神経発生をはじめとするさまざまな組織・器官の発生や生体機能調節に関与する．Wntシグナル経路にはWnt/βカテニン経路（古典的経路，第1部-9参照），Wnt/PCP経路（非古典的経路），Wnt/カルシウム経路が存在する．骨芽細胞ではFrizzledとLRP5/6がWnt1やWnt3aの受容体複合体として機能する（図3）．受容体下流ではプロテアソーム複合体に含まれるGSK-3β（glycogen sysnthase kinase-3β）の活性を阻害することによって，βカテニンを細胞内に蓄積する．蓄積したβカテニンは核移行し，転写因子TCF（T-cell factor）と複合体を形成して，骨形成関連遺伝子群やRunx2の発現を促進する．Wnt5aはMAPKカスケードやPI3K-Aktシグナルの活性化を介して，骨芽細胞の増殖と生存

を促進する（図3）．

2）分子構造・立体構造

Wntは分泌性糖タンパク質であり，ヒトでは19種類同定されている．受容体Frizzledは七回膜貫通型の膜タンパク質で，細胞外に存在するシステインリッチ領域でWntと結合する．Frizzledと受容体複合体を構成するLRPは一回膜貫通型タンパク質で，細胞外領域に存在するYWTDリピートとEGF様領域の繰り返し構造を介してWntと結合する．

3）発現様式

Wntは胚発生のさまざまな段階で時間的・空間的に特異的な発現パターンを示すことによって，中枢神経系の発生，体軸の決定，四肢パターンの形成，内臓器官の形成に特異的に関与する．発生後も幅広い組織で発現して細胞運動・増殖を制御している．骨組織ではWnt1，Wnt3a，Wnt5が骨芽細胞分化に関与している．

4）ノックアウトマウスの表現型

Wnt1ノックアウトマウスは中脳・小脳の形成が障害される．Wnt3aノックアウトマウスは後部体節の欠損，海馬・歯状回の欠損，脊索・神経管の異形成等がみられる．Wnt5aノックアウトマウスは四肢短縮と軟骨パターン形成異常が認められる．LRP5ノックアウトマウスは骨芽細胞の増殖能が低下するために骨形成が障害されて骨量減少を呈する[14]．

5）機能・疾患とのかかわり

哺乳類のWntとして最初に同定されたWnt1はマウス乳がんの原因遺伝子であったことからも推察できるように，Wntシグナルの異常な活性化は多くのがんで認められる．LRP5の細胞外領域の突然変異が若年性に骨粗鬆症を発症する骨粗鬆症－偽性神経膠腫症候群（osteoporosis-pseudoglioma syndrome：OPPG）の患者に数多く同定されている[15]．また，LRP5変異は家族性滲出性硝子体網膜症（familial exudative vitreoretinopathy：FEVR）の原因としても報告されている．

【抗体・cDNAの入手先】

抗ヒト・マウスRunx2抗体はアブカム社，R＆Dシステムズ社，Cell Signaling Technology社等から購入可能．抗マウスLRP5抗体（ヒト抗原にも反応）はCell Signaling Technology社，サンタクルズ社から購入可能．

【データベース（EMBL/GenBank）】

ヒト：AH005498（RUNX2），AF064548（LRP5）
マウス：AF010284（Runx2），AF064984（Lrp5）

参考文献

1) Takayanagi, H. et al.：Dev. Cell, 3：889-901, 2002
2) Takayanagi, H.：Nat. Rev. Immunol., 7：292-304, 2007
3) Koga, T. et al.：Nature, 428：758-763, 2004
4) Komori, T. et al.：Cell, 89：755-764, 1997
5) Nakashima, K. et al.：Cell, 108：17-29, 2002
6) Kong, Y. Y. et al.：Nature, 397：315-323, 1999
7) Yasuda, H. et al.：Proc. Natl. Acad. Sci. USA, 95：3597-3602, 1998
8) Asagiri, M. et al.：J. Exp. Med., 202：1261-1269, 2005
9) Aliprantis, A. O. et al.：J. Clin. Invest., 118：3775-3789, 2008
10) Shinohara, M. et al.：Cell, 132：794-806, 2008
11) Kaifu, T. et al.：J. Clin. Invest., 111：323-332, 2003
12) Paloneva, J. et al.：J. Exp. Med., 198：669-675, 2003
13) Lapunzina, P. et al.：Am. J. Hum. Genet., 87：110-114, 2010
14) Kato, M. et al.：J. Cell Biol., 157：303-314, 2002
15) Gong, Y. et al.：Cell, 107：513-523, 2001

参考図書

◆『Osteoimmunology』(Joseph Lorenzo, et al./ed), Academic Press, 2011
◆『新骨の科学』（須田立雄，他/編），医歯薬出版，2007

第2部 キーワード解説　生命現象からみたシグナル伝達因子

24 エピジェネティック制御
epigenetic gene regulation

日野信次朗，中尾光善

Keyword ❶ Dnmt　❷ MBP　❸ HMT　❹ HDM

概論

1. はじめに

　核ゲノムに埋め込まれた膨大な遺伝情報を，細胞機能や環境に応じて選択的に利用することがあらゆる生命活動において必須である．このような遺伝情報の制御を可能にするのがエピジェネティクス機構であり，個体発生，細胞分化，細胞機能の獲得・維持等において重要な役割を果たしており，その破綻が多様な疾患に帰結することがわかってきている．ゲノムDNAが構造タンパク質であるヒストンに巻き付いた構造はクロマチンと呼ばれ，エピジェネティック制御を受ける最小単位となっている．エピジェネティクス機構は，DNA・ヒストン化学修飾や非コードRNAによる局所的なクロマチン構造制御から核内における染色体配置の制御など，多次元で構成されている．本稿では，そのなかでも最も基本的な調節ユニットである局所的クロマチン構造の調節のシグナル伝達機序とその重要因子について取り上げ，解説する．

2. シグナルの流れ

　クロマチン構造には，転写因子等との反応性に富んだ活性型とコンパクトに凝集した抑制型があり，これらの形を継承するか相互に転換するかが制御機構の基本形である（イラストマップ）．遺伝子領域におけるクロマチン構造の変化は，転写量に直接的な影響をおよぼし，遺伝子間領域や繰り返し配列の大部分はヘテロクロマチンと呼ばれる不活性型クロマチンに封入されている．それぞれのクロマチン構造は，DNAメチル化やヒストン翻訳後修飾といった「クロマチンマーク」によって特徴付けられている．活性型はメチル化されたヒストンH3リジン4（H3K4）やアセチル化ヒストンに富んでおり，抑制型はメチル化DNAやメチル化H3K9/H3K27が多く含まれる．このなかで，ヒストンのアセチル化は荷電変化を付与することによりそれ自体がクロマチン構造の開放に直接的な効果をもつが，DNA/ヒストンメチル化はクロマチン上のランドマークとして存在し，多くの場合それらを認識する別の因子による構造変換の足場として機能する．すなわち，クロマチン制御機構は，メチル基転移酵素，アセチル基転移酵素などの「writer」と脱メチル化酵素や脱アセチル化酵素などの「eraser」による実際のクロマチンマーク着脱と，「reader」によるマークの認識・構造変換という階層に分けられる．

3. 臨床応用と今後の展望

　近年，さまざまな材料を用いてゲノムスケールのクロマチンマーク解析が行われ，各マークの役割や組合せの相性がわかってきた[1]．今後の研究でこれらマークの動的変動のしくみが解明されることが期待される．特に個々の遺伝子制御のなかでwriterとeraserがどのように拮抗しているかが興味深い点である．また，エピジェネティクス因子の活性化・不活性化にかかわるシグナル伝達機構について不明な点も多い．この点が解明されると，細胞外刺激がエピゲノムに記憶される機構が明らかになり，エピジェネティクス機構の生理的役割がみえてくるだろう．
　エピジェネティクスを基盤とした臨床応用は現時点では，いくつかのがん種に対するDNAメチル化阻害剤とHDAC阻害剤が使用されている以外は，目立ったものが

ない．しかしながら，エピジェネティクスを標的とした分子治療は，細胞のもつエピジェネティックな記憶をリセットできる可能性を秘めていることから，今後大きく発展する可能性がある．本稿では，「writer」としてDNAメチル基転移酵素（Dnmt）（→keyword❶）およびヒストンメチル基転移酵素（HMT）（→keyword❸），「reader」としてメチル化CpG結合タンパク質（MBP）（→keyword❷），「eraser」としてヒストン脱メチル化酵素（HDM）（→keyword❹）を取り上げる．

イラストマップ　クロマチン構造制御

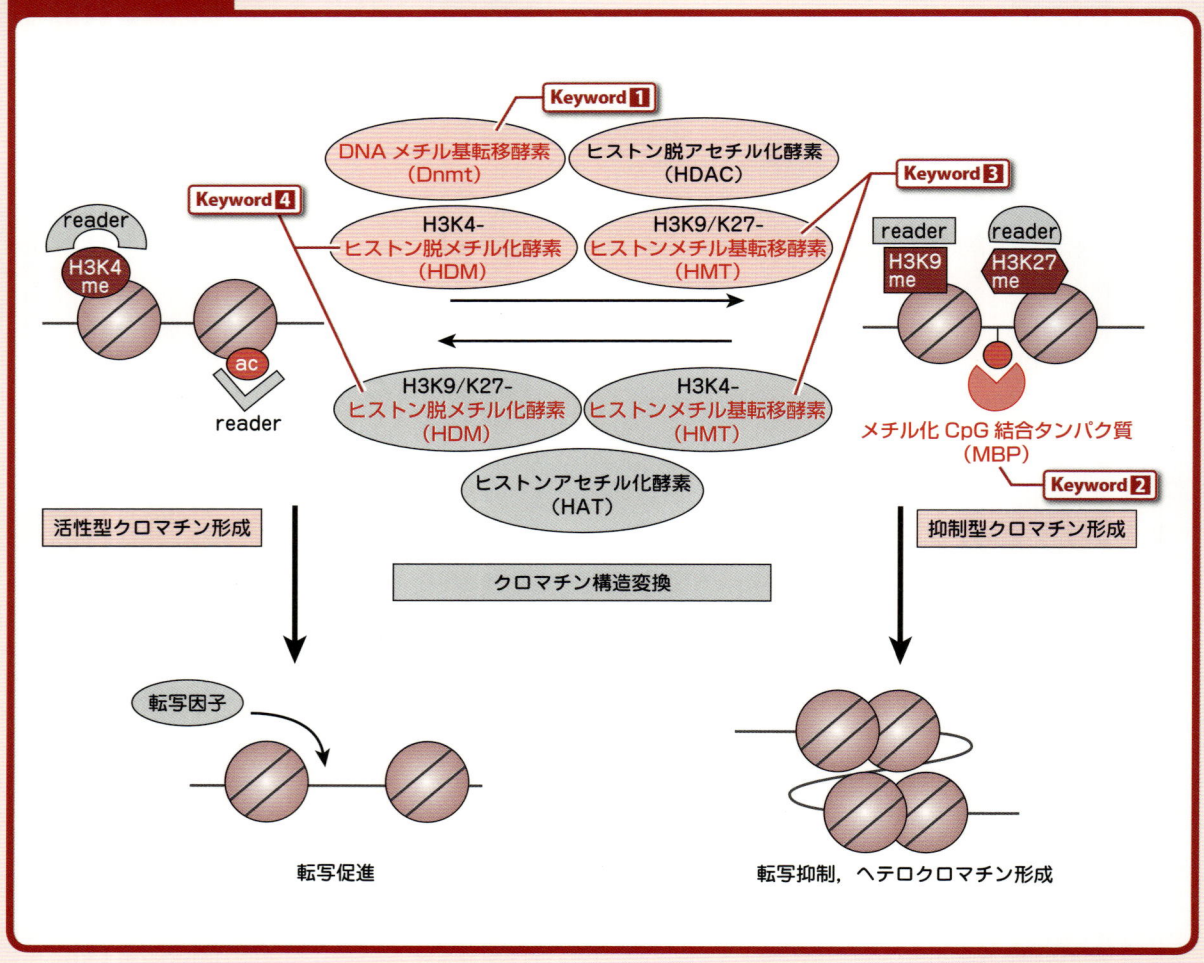

キーワード解説

Keyword
1 Dnmt

▶ フルスペル：DNA methyltransferase
▶ 和文表記：DNA メチル基転移酵素

1）イントロダクション

概論でも述べたように，DNAメチル化はプロモーター活性の抑制や構成的ヘテロクロマチン形成において重要な役割を担っている．哺乳動物におけるDNAメチル化の圧倒的多数は，CpGジヌクレオチドのシトシンに生じる．二本鎖DNAの両鎖に同じCpG配列が存在するため，片側にメチル基が付加されるヘミメチル化と両側に付加されるフルメチル化の2経路が存在することになる．前者は新規にメチル基が追加されることから*de novo*メチル化，後者はDNA複製後の新生鎖にメチル化パターンをコピーする反応であることから維持メチル化と呼ばれる（**図1A**）．それぞれの反応を特異的に触媒する酵素が存在し，*de novo*メチル化はDnmt3aおよびDnmt3b，維持メチル化はDnmt1が行う．

2）分子構造

いずれのDnmtもC末端に触媒領域を有しているが，N末端側は*de novo*および維持メチル化酵素では大きく異なっている．維持メチル化酵素Dnmt1は，複製因子であるPCNA結合部位（PBD）や複製DNA標的化配列（TS）をもち，新規複製DNAと相互作用するためのドメイン構造を有している．また，TS領域では鋳型鎖のメチル化CpGを認識するタンパク質であるNp95と相互作用し，メチル化パターンの新生鎖へのコピーに重要な役割を果たしている（**図1B**）[2]．Dnmt3aおよび3bにはいくつかの共通する重要なドメインがある．PHD（plant homeodomain）と呼ばれる領域では，HDAC1, HP1等の抑制型クロマチンと関連するタンパク質と相互作用する．また，メチル化されていないH3K4と結合することも報告されており，特定のヒストン修飾を認識してDNAメチル化を導入する機構を示唆している．PWWPドメ

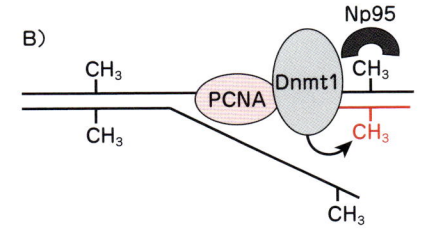

図1 Dnmtの機能
A）Dnmtによる*de novo*メチル化と維持メチル化
B）Dnmt1による複製DNA鎖へのメチル化パターンの継承

インはセントロメア近傍ヘテロクロマチンへの誘導に必要とされている．

3）発現様式

Dnmt1は増殖細胞では幅広く発現しており，その維持メチル化酵素としての機能と合致している．細胞周期による変動もあり，S期に最も高発現となることが報告されている．Dnmt3aおよび3bは胎生組織や未分化ES細胞で高発現しているが，分化した細胞では発現が減弱する．

4）ノックアウトマウスの表現型・分子機能

Dnmt1を欠損したマウスは胎生8.5日で致死となり，グローバルなDNAメチル化が野生型の1/3に低下していた[3]．Dnmt1欠損は，ゲノムインプリンティングやX染色体不活性化の異常を誘発することも報告されている．一方で，Dnmt1欠損ES細胞では，ゲノムワイドな低メチル化を呈するにもかかわらず，細胞生存性，増殖能は変化しなかったが，分化刺激により細胞死が誘導された．これらのことから，Dnmt1によるDNAメチル化制御が初期発生に必須であることがわかる．Dnmt3b欠損の場合も胎生9.5日で致死となり，複数の発生学的異常が観察される．一方，Dnmt3aを欠損したマウスは，野生型と比較して著名に体が小さく，出生後4週ほどで死亡する．マウスにおいていずれのDnmt3を欠損した場合も胎生致死または出生後致死となることから，これらの遺伝子が相互補完の効かない固有の生物学的役割を担っていることが推察される[4]．実際に，生殖細胞形成時のインプリンティングの確立にはDnmt3aが必要であり，マイナーサテライトと呼ばれる繰り返し配列のメチル化にはDnmt3bが必須である．ヒトにおけるDnmt3bの変異は，ICF（immunodeficiency, centromere instability, facial abnormalities）症候群と呼ばれる疾患の原因となることが知られている．この疾患では，サテライトDNAのメチル化の喪失が認められるとともに，染色体異常が観察される．

Keyword
2 MBP

▶ フルスペル：methyl-CpG binding protein
▶ 和文表記：メチル化DNA結合タンパク質

1）イントロダクション

遺伝子発現制御において，ゲノムDNAがメチル化されるとそれ自体が転写因子の結合の障壁となる場合もあるが，多くの場合，発現が抑制される遺伝子はCpGメチル化によってマークされた後，抑制型クロマチン構造変換の対象となる．MBPは，メチル化CpGを認識して多くの抑制型クロマチン関連タンパク質を誘導する役割を果たしている．MBPは，MBD（methyl-CpG binding domain）をもつファミリーとZnフィンガードメインでメチル化DNAと結合するファミリーに大別される．前者は周囲のDNA配列にあまり関係なくメチル化CpGと結合するが，後者は配列特異的な結合を示すことが報告されている．

2）分子構造

現在知られているメチル化CpGに結合するMBDファミリー分子はMeCP2，MBD1，MBD2およびMBD4の4種である（図2A）．MBD4以外はMBDのほかに転写抑制ドメイン（TRD）を有し，HDAC複合体やH3K9メチル化酵素等の抑制型クロマチン因子と相互作用する（図2B）．MBD4はグリコシラーゼドメインをもち，DNA修復に関与することが示されている．MBD3もMBD構造をもつが，哺乳動物ではメチル化CpGに結合しない．ZnフィンガーファミリーにはKaiso，ZBTB4，ZBTB38があり，それぞれ3，6，10個のZnフィンガードメインをもっており，メチル化DNA結合に寄与している．いずれもN末端にBTB/POZドメインをもち，DNAメチル化依存的転写抑制に重要な役割を果たしている．

3）ノックアウトマウスの表現型・分子機能

MeCP2遺伝子の変異はRett症候群と呼ばれる知能の発達遅延を伴う神経疾患の原因となることがよく知られている．MeCP2は神経細胞で高発現しており，インプリンティング遺伝子の発現抑制に寄与している[5]．MeCP2欠損マウスにおいてもRett症候群様の神経症状を呈することが報告されている．MBD1ノックアウトマウスは基本的には表現型はないが，記憶や学習にかかわるシナプス伝達に軽度な異常が認められる[6]．MBD2ノックアウトマウスは，発生・発育に異常はないが，子供を育てない母性行動異常を呈する[7]．これらの例が示すように，DNAメチル化を介した遺伝子制御は高次脳機能に重要な役割を果たしていることが示唆される．また，MBD1欠損マウスは，染色体の異数性が増加するなどのゲノム不安定性を示し，ヒトの大腸がんや肺がんにおいてMBD1の変異が高頻度で認められるとの報告もある．一方で，MBD2欠損マウスを大腸がんモデルである

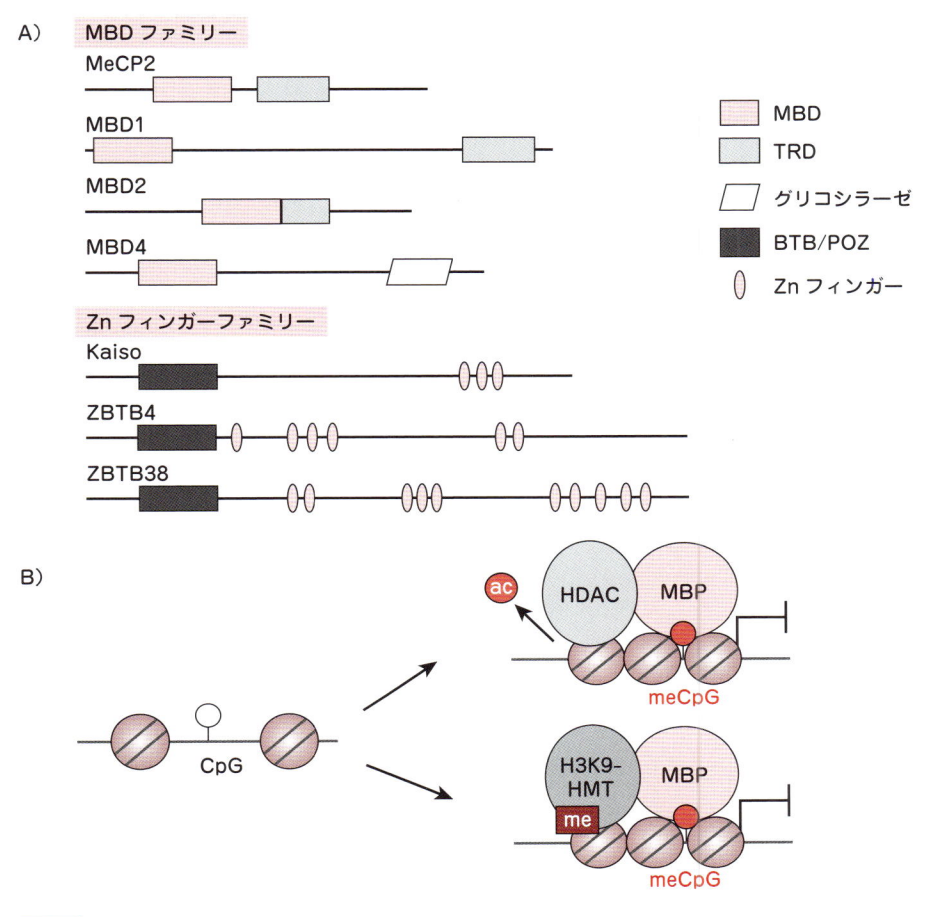

図2 MBPの構造と機能
A) MBPの構造. B) MBPを介したクロマチン構造変換

APC$^{Min/+}$マウスとかけ合わせると，腫瘍形成が低下するとの報告がある．

Keyword
3 HMT

▶フルスペル：histone methyltransferase
▶和文表記：ヒストンメチル基転移酵素

1）イントロダクション

生体内に存在するタンパク質はさまざまな翻訳後修飾を受けることが知られているが，リジンまたはアルギニン残基のメチル化がヒストンを含めて多数のタンパク質において見出されている．ヒストンメチル化は，クロマチン構造に対して直接的な影響をおよぼさないと考えられている．すなわち，メチル化CpGの場合と同様，メチル化ヒストン認識因子や転写調節因子，クロマチン構造変換因子を特定の領域に呼び寄せるためのゲノム上のランドマークとして存在する．さらに重要なこととして，修飾を受けるアミノ酸残基によって認識するタンパク質が異なり，それによってクロマチン構造制御に与える影響に差異が生じる．H3K4のメチル化は遺伝子発現の活性化と関連することがよく知られており，H3K9やH3K27のメチル化は遺伝子発現抑制，凝集クロマチンの形成との関係が深い．リジン残基には，最大3個のメチル基が共有結合するが，メチル基の個数によって認識するタンパク質が異なる場合があり，このことがヒストンメチル化の情報としての多様性を膨らませている．こ

のほかにH3K36, H3K79, H4K20などのリジン残基, H3R2, H4R3などのアルギニン残基のメチル化制御が示され, その生物学的意義が検討されている. それぞれのマークに対して特異的なヒストンメチル化酵素があり, それぞれ個別に制御されるが, 周囲のアミノ酸残基の修飾と相互にリンクしている.

2) 分子構造

これまでに知られているHMTのほとんどに, SET (suppressor of variegation, enhancer of zeste, trithorax) ドメインと呼ばれる特定のアミノ酸残基を認識しメチル基転移反応を触媒する構造がある. そのなかで, H3K4をメチル化するものにMLL1, MLL2, MLL3, MLL4, SET1A/B, ASH1L, Set7/9, Smyd3があり, H3K9にはSuv39h1, Suv39h2, G9a, GLP, ESET, H3K27にはEzh2がある. H3K4-HMTのいくつかは, H3K4結合ドメインであるPHDを有しており, 周囲のH3K4メチル化状況に応じた制御が可能となる. Suv39hはメチル化H3K9を認識するchromoドメインをもち, ゲノム上のH3K9メチル化の進展, ヘテロクロマチン形成に寄与している. 一般に, HMTには特定のDNA配列と結合するドメインはないことから, 標的遺伝子は共役する転写調節因子等によって規定されると考えられている.

3) ノックアウトマウスの表現型・分子機能

H3K27を除いては, 複数のHMTが同一のリジン残基を標的とするが, 標的細胞, 標的遺伝子の選択性についてはあまりわかっていない. しかしながら, 遺伝子改変マウス等の解析から, いくつかのHMTは代替不能な固有の生理機能をもつことが推察されている. また, HMTの多くは非ヒストンタンパク質も基質とするため, ノックアウトマウスの表現型がどこまでヒストンメチル化制御に依存しているかは解釈が難しい. MLL1欠損マウスでは, Hox遺伝子群の制御異常が観察され, 胎生致死となる[8]. Eset欠損マウスは胚盤胞期に内部細胞塊の成長不全により, 胎生3.5〜5.5日で致死となる[9]. また, ESETは内因性レトロウイルスのサイレンシングに必須であることが報告されており, 胎生期の抑制型クロマチンの確立に重要である可能性が示唆される[10]. Ezh2ノックアウトマウスは着床後, または原腸陥入期に発生が止まり, 致死となる[11]. Ezh2はpolycombと呼ばれるタンパク質複合体の構成因子であり, 他のpolycomb構成因子の変異マウスの多くも同様に胎生致死となる. これらの知見は, Hox遺伝子群に代表される, 発生・分化において重要な多数の遺伝子がpolycomb複合体によって制御されることと合致している. また, EZH2はさまざまなヒトの腫瘍において高発現しており, 予後不良因子となりえることが報告されている.

Keyword
4 HDM

▶ フルスペル：histone demethylase
▶ 和文表記：ヒストン脱メチル化酵素

1) イントロダクション

ヒストン脱メチル化についても, ヒストンメチル化の場合と同様にアミノ酸残基特異的な酵素によって行われる. 以前は能動的ヒストン脱メチル化は存在しないと考えられていたが, 2004年にH3K4-HDMとしてLSD1 (lysine-specific demethylase-1) が同定されてから, 数多くの酵素が見い出されている.

2) 分子構造

ヒストン脱メチル化酵素はその酵素学的特徴によりアミノオキシダーゼ系とJumonji C (JmjC) 系に分類される (図3, 図4). アミノオキシダーゼ系は, C末端にアミノオキシダーゼドメインをもつ, FAD (フラビンアデノシンジヌクレオチド) 依存性のHDMであり, LSD1およびLSD2が含まれる. このファミリーは物理化学的性質から, トリメチル化リジンを基質とすることができず, ジメチル, モノメチル化リジンを脱メチル化する. いずれもSWIRMドメインと呼ばれるヒストン結合領域があり, 酵素活性に重要な役割を果たしている. また, LSD1, LSD2はそれぞれTOWERドメイン, CWドメインと呼ばれる構造をもち, 他のタンパク質との相互作用に使われると考えられている. JmjC系は, JmjCドメインをもつα-ケトグルタル酸依存性ジオキシゲナーゼであり, トリメチル化状態からメチル基を除去する活性もある. ほとんどがメチル化リジンを標的とするが, メチル化アルギニンを標的とするものもみつかっている. 多くのJmjC系HDMはPHD, TUDORといったドメインをもち, 標的周辺のクロマチン構造を認識すると考えられる. JmjC系のなかでARIDと呼ばれる構造をもつサブクラスはメチル化H3K4に特化して働く.

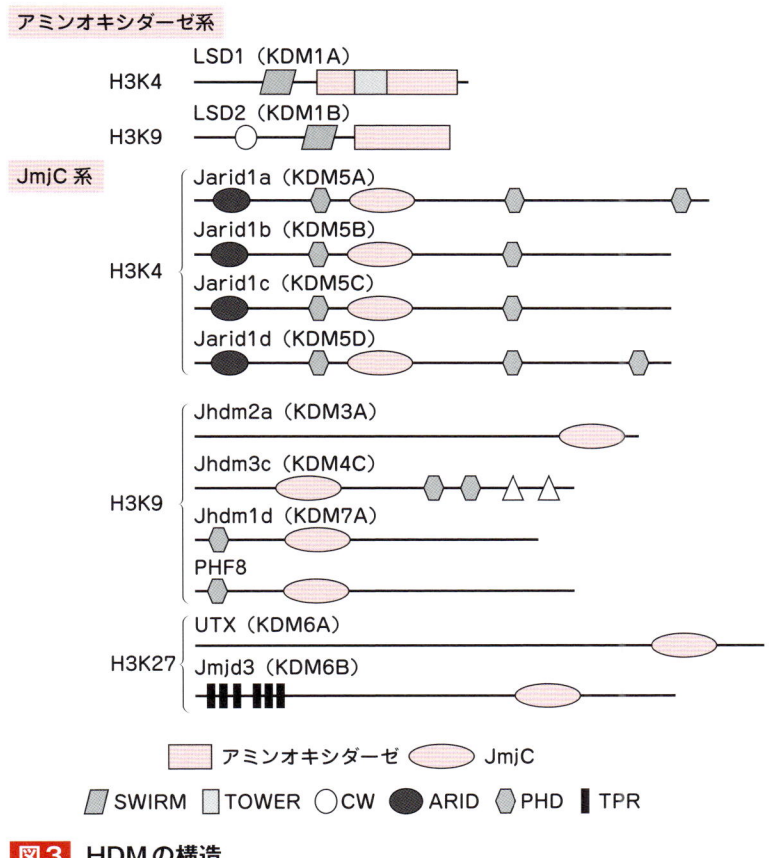

図3　HDMの構造
Jhdm1dはH3K27も脱メチル化する

3) ノックアウトマウスの表現型・分子機能

　アミノオキシダーゼ系のHDMは，H3K4を標的とすることが発見当初から見い出されていたが，その後，アンドロゲン受容体など，特定の転写因子と共役する際にはH3K9も脱メチル化できることが報告されている．LSD1の結晶構造解析では，H3K4脱メチル化の機序が示されている．LSD1ノックアウトマウスは胎生7.5日以前に発生が停止する．LSD1はDnmt1を脱メチル化することによって分解を抑制，安定化させていることが示されており，LSD1ノックアウトではDNA低メチル化が観察される[12]．一方で，LSD2欠損マウスは正常に発生・成育するが，雌の生殖細胞においてゲノムインプリンティングが確立できず不妊となる[13]．

　JmjC系では，Jhdm2a欠損マウスは通常の栄養条件下で肥満になりやすいことが報告されている．H3K9-HDMであるJhdm2aは褐色脂肪組織や骨格筋で高発現しており，熱産生やエネルギー消費の機能が低下していることが肥満になりやすい原因と推察される[14]．Jhdm2aは精巣でも高発現しており，精子形成にも必須の役割を果たすことが示されている．H3K4-HDMであるJarid1c欠損マウスは行動異常を示すことが報告されている．このことはJarid1cの変異がヒトにおいて精神遅滞と関係することと合致している．H3K27-HDMであるUTXは，Hox遺伝子群の制御に重要であることが示されており，マウスにおいて心臓形成に必要であることが報告されている[15]．

　HMTと同様に，HDMもそれぞれ固有の生理的役割をもつことが推察されるが，それぞれがどのように分子レベルで使い分けられているか今後明らかにされる必要がある．

参考文献

1) Wang, Z. et al.：Nat. Genet., 40：897-903, 2008
2) Sharif, J. et al.：Nature, 450：908-912, 2007

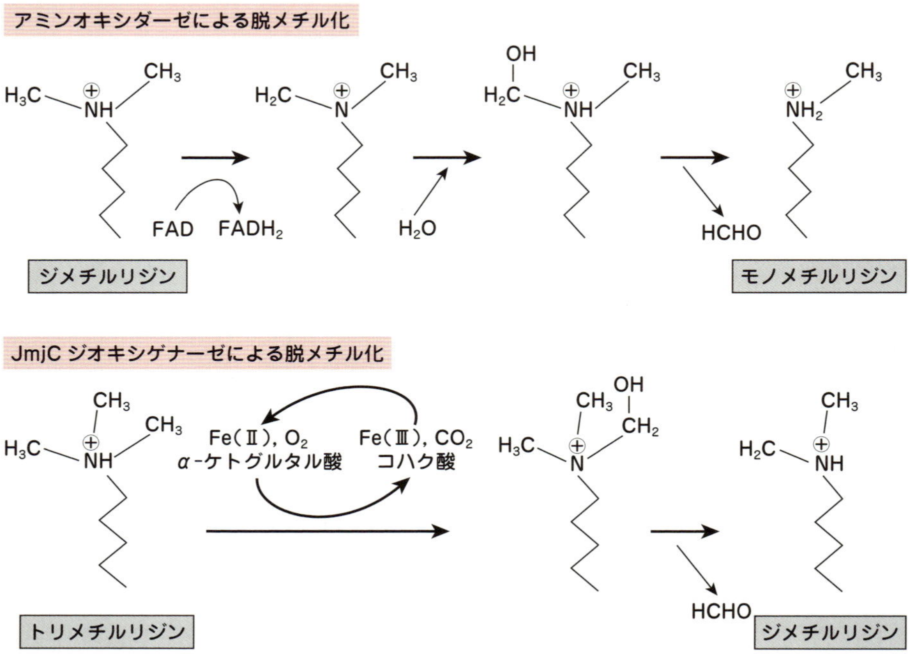

図4　HDMの作用機序
2つのHDMファミリーによる脱メチル化機序の比較

3) Li, E. et al.：Cell, 69：915-926, 1992
4) Okano, M. et al.：Cell, 99：247-257, 1999
5) Horike, S. et al.：Nat. Genet., 37：31-40, 2005
6) Zhao, X. et al.：Proc. Natl. Acad. Sci. USA, 100：6777-6782, 2003
7) Hendrich, B. et al.：Genes Dev., 15：710-723, 2001
8) Yu, B. D. et al.：Nature, 378：505-508, 1995
9) Dodge, J. E. et al.：Mol. Cell. Biol., 24：2478-2486, 2004
10) Matsui, T. et al.：Nature, 464：927-931, 2010
11) O'Carroll, D. et al.：Mol. Cell. Biol., 21：4330-4336, 2001
12) Wang, J. et al.：Nat. Genet., 41：125-129, 2009
13) Ciccone, D. N. et al.：Nature, 461：415-418, 2009
14) Okada, Y. et al.：J. Androl., 31：75-78, 2010
15) Lee, S. et al.：Dev. Cell, 22：25-37, 2012

参考図書

◆『遺伝情報の発現制御』(David S. Latchman/著　五十嵐和彦, 他/訳), メディカルサイエンスインターナショナル, 2012
◆『エピジェネティクスと疾患』(牛島俊和, 他/著), 実験医学増刊, 28 (15), 羊土社, 2010

第2部 キーワード解説　生命現象からみたシグナル伝達因子

25 小分子RNA
small RNA

石田尚臣

Keyword ❶ siRNA　❷ miRNA　❸ piRNA　❹ Argonaute（Ago）

概論

1. はじめに

　DNAの配列に刻みこまれた暗号が，RNAにコピーされ，翻訳され，タンパク質の合成に至り生命現象を司ることが明らかになり，RNAが生命科学現象に深くかかわることは古くから理解されてきた．ヒトゲノム解読が成し遂げられ，明らかにされたことは，タンパク質のアミノ酸配列を決定する暗号が記されたDNA領域が2%にしか過ぎない事実である．DNA→RNA→タンパク質のセントラルドグマのみで複雑な生命科学現象を説明するのに非常に少ない遺伝子数であると疑問が生じた．一方，塩基配列の決定方法において画期的な改良がなされ，われわれの細胞中には，さまざまなRNA分子が存在し，これらによって，高次的で複雑な生命現象が調節されていることがわかりはじめてきた．一見無意味に思えるタンパク質をコードしないRNA分子がどのように生命現象の調節に機能しているのか，現在もその解明が進められているが，その1つが小分子RNAを介した遺伝子発現の調節機構である（イラストマップ）．

2. 小分子RNAが担うgenesliencing

　1993年のCellに掲載された2報の論文がその後のRNA干渉研究のスタートとなった[1)2)]．*Caenorhabditis elegans*で示された*lin-14*遺伝子の5'UTR領域に，相補的なごく短い配列が存在し，*lin-4*遺伝子座の転写産物と相同性を有し，*lin-14*の翻訳を阻害する結果，タンパク質発現を調節しており，*lin-4*遺伝子座の転写産物にはタンパク質をコードしている領域は見い出せなかっ

た．その後，急速に進んだRNA干渉の研究により，*C. elegans*から*Drosophila melanogaster*, *Arabidopsis thaliana*, 酵母，哺乳類と種を超えた生命現象であることが示されるに至っている．リボソームRNAの成熟にかかわるsnoRNAも小分子RNAと考えられるが，本稿では，特にgene silencingにかかわる小分子RNA，small silencing RNAsについて取り上げる．

　表1に示す通り，小分子RNAは，siRNA（→**Keyword ❶**），miRNA（→**Keyword ❷**），piRNA（→**Keyword ❸**）の3種に分類される[3)]．siRNAはRNA干渉を発揮する代表的二本鎖小分子RNAで，哺乳類から原核生物に至るまで種を超えて存在する．21～24塩基の長さをもつ．主にウイルス等に由来する外来RNAを標的として進化してきたと考えられるが，一方で繰り返し配列に由来する内在性のsiRNAが存在することが知られ，大きく2種に大別される．miRNAは，pol IIによる転写産物がその前駆体となる，長さ20～25塩基の一本鎖小分子RNAである．主にmRNAを標的とし，翻訳阻害を介してgene silencingを誘導するが一部siRNAと同様mRNAの切断活性を介して機能を発揮することも知られている．piRNAはトランスポゾンの不活化に寄与すると考えられ，その生合成経路はDicerに依存しないことから，上記2種の小分子RNAと区別される．本稿では，さらに，それらのRNAの機能を発揮するためのプラットフォームを形成する．Argonaute（→**Keyword ❹**）タンパク質の機能についても触れる．表2に示す通り，Argonauteタンパク質は大きく2つのサブファミリーを形成し，それぞれAgo，およびPiwiと呼ばれる（*C.*

イラストマップ　小分子RNAの関与する遺伝子発現調節機構

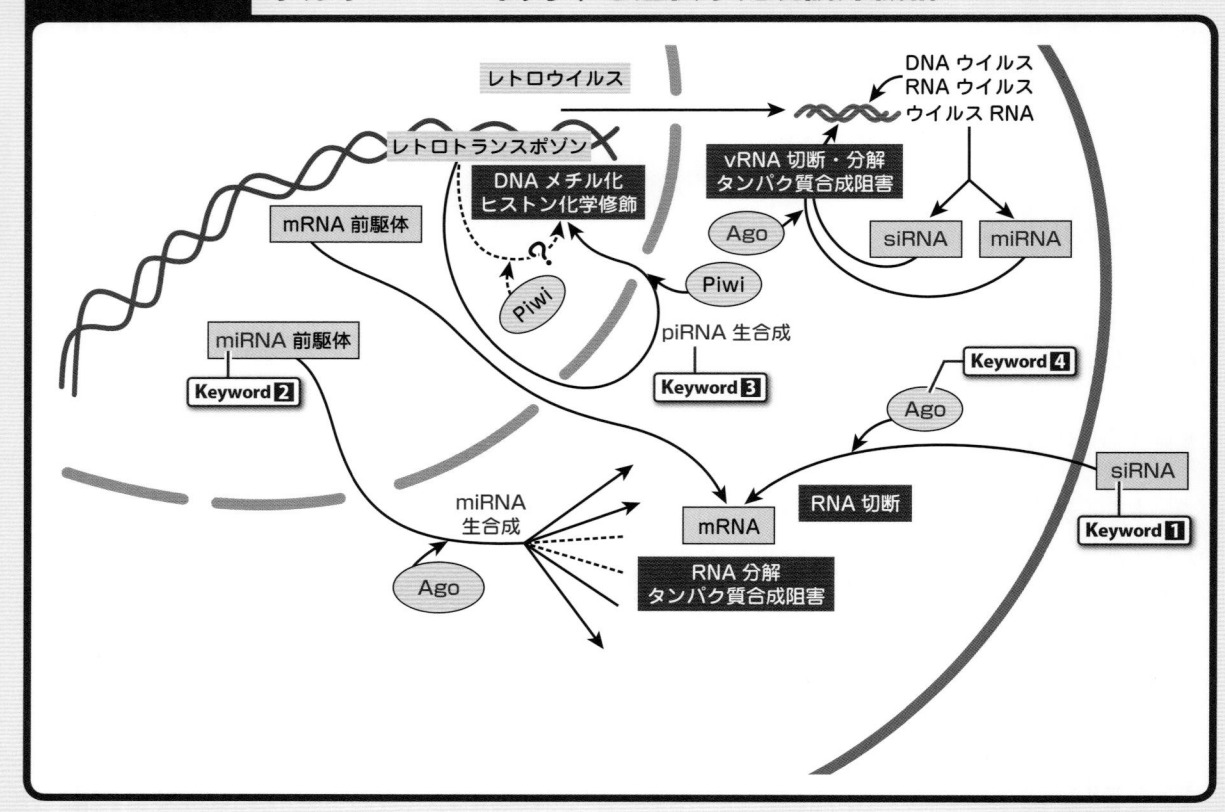

*elegans*において二次的siRNAの機能制御にかかわるWAGOサブファミリーが知られる)[4].

3. 臨床応用と今後の展望

　合成siRNAがgene silencingを効率よく誘導することから，実験室レベルではさまざまな疾患関連遺伝子の制御を行い，原理的には遺伝子治療の1つとして応用可能と考えられている．しかし，いくつかのヒト疾患に対して臨床試験が行われているという情報があるのみで，臨床応用はされていない．RNA自体に細胞毒性があること，効率のよい標的への運搬手段が未開発であることが依然として大きな障害である．一方，miRNAの一部が非常に安定に血漿中に見い出されることが明らかにされ，がん，糖尿病，腎疾患で血漿中のmiRNAのレベルが変化することが明らかになってきている．これらを安定かつ定量する方法も確立されてきており，近い将来，それらの疾患の検査・診断に応用されることが期待されている[5)6]．さらに，小分子RNAの制御にかかわるDicerやdroshaもまた，特定疾患に結びつくという報告もある．近年，大規模次世代塩基配列決定法により，疾患関連miRNAは次々と明らかにされている．siRNAと同様，運搬手段の開発次第ではmiRNAの発現誘導による疾患治療応用も考えられるだろう．RNAはこれまで考えられてきた以上に生命活動に関与しており，その脱制御は当然，疾患の原因になりうる．今後，小分子RNAのみならず，さまざまなRNAのもつ機能制御の解明と理解がヒト疾患の理解へ結びつくことは，タンパク質機能制御解明と同様，言を待たないと思われる．

　最後に，小分子RNAにかかわる分子群は種を超えて保存されているために，非常によく似た名称が付けられているが，機能解析が進むにつれ，名称と機能，あるいは所属するサブファミリーに食い違いが生じ，紛らわしい．文献7に的確にまとめられているので引用したい（表3)[7].

キーワード解説

Keyword 1 siRNA

▶フルスペル：small interfering RNA

1）生合成

　〜21 bpの二本鎖RNAがその相補的配列を有するmRNAを切断するRNA干渉の要となる小分子二本鎖RNAである．一般に長二本鎖前駆体RNAから，Dicerと呼ばれるエクソヌクレアーゼであるRNase Ⅲを介して，3′側が2塩基突出した〜21 bp二本鎖RNAへとプロセスされる．RNase Ⅲによる消化のために5′末端にはリン酸基が残存している．標的mRNAに対して相補的配列を有する鎖（mRNAに対してアンチセンス鎖）を「guide鎖」と呼び，それに相補的な鎖（mRNAに対してセンス鎖）を「passenger鎖」と呼ぶ．

　哺乳類のDicerは後述するmiRNAのプロセスにもかかわるが，*D. melanogaster*のDicerにはDCR-1およびDCR-2の2種類存在し，DCR-2がsiRNAの生合成にかかわる．図1は*D. melanogaster*のsiRNA生合成経路を示している[3]．

　「guide鎖」と「passenger鎖」は5′末端熱力学的安定性を二本鎖RNA結合タンパク質であるR2D2によって認識区別される．R2D2はDCR-2と二量体を形成し，これらは後述するRISC（RNA induced silencing complex）へsiRNAを導く機能を有すると考えられている．RLC（RISC loading complex）にAgo2が会合するとsiRNAはAgo2へ移行し，Ago2により「passenger鎖」は通常「guide鎖」の10番目の塩基と11番目の塩基の間で切断される．切断された「passenger鎖」が複合体から排出され，「guide鎖」の一本鎖RNAが保持された成熟型RISCが形成される．*D. meranogaster*や*A. thaliana*ではその後3′末端部の2′-o-メチル化が行われる．

　以上は，実験的に細胞に導入された二本鎖RNAや，感染したウイルス由来の二本鎖RNAに起因する外来性siRNA（exo-siRNA）と呼ばれるsiRNAの生合成経路である．

2）内在性siRNA

　最近になって*C. elegans*や*A. thaliana*, *D. meranogaster*あるいは哺乳類において，内在性siRNA（endo-siRNA）の存在が確認された．*A. thaliana*においては，トランスポゾンや繰り返し配列に由来し，シスに機能するcasiRNA, miRNAやsiRNAに由来してトランスに機能するtasiRNA, ゲノム上に逆向きに存在する遺伝子の転写産物に由来するnatsiRNA（natural antisense transcript siRNA）の3種が存在する（表1）．これらはいずれもRNA依存性RNAポリメラーゼ（RdRP）の活性により二本鎖RNAを形成し，DCL（Dicer）の活性により生成され，最終的にArgonauteタンパク質に取り込まれてRISCを形成する．casiRNAは最終的に24塩基のsiRNAとしてDNAのメチル化あるいはヒストンの化学修飾を介して転写を抑止し，tasiRNAは21塩基長の，natsiRNAは21ないし24塩基長のsiRNAとして標的mRNAの切断を介してsilencing活性を発揮する．一方，RdRPの存在が知られていないハエや哺乳類では，ゲノム上に存在する相補的配列を有する転写産物が二本鎖RNA形成を担っていると考えられている．レトロトランスポゾンは5′UTR領域でセンス鎖あるいはアンチセン

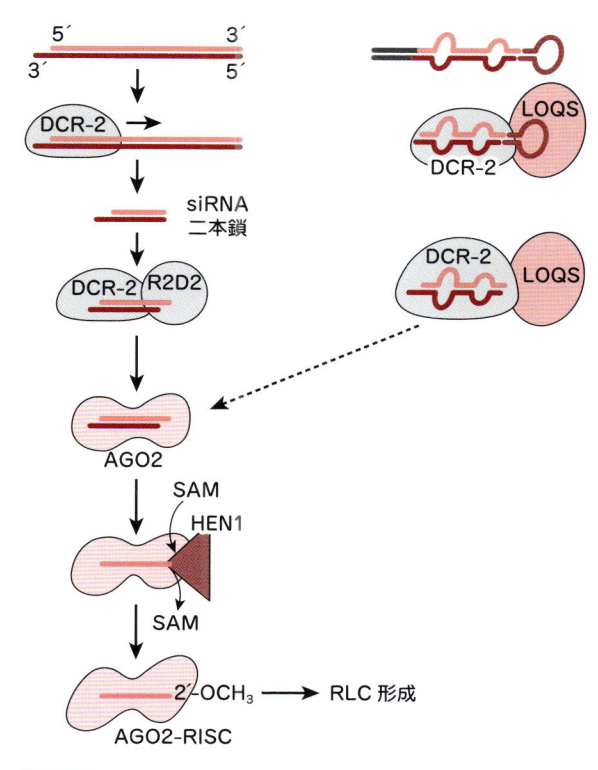

図1 *D. melanogaster*のsiRNA生合成系路

一方，一本鎖RNA由来のヘアピン構造RNAの前駆体からAGO2へロードされる生合成系も存在することが示唆されているが，詳細は不明である

表1 小分子RNAの種類

名称			生物種	長さ(nt)	必要な因子	転写の原因	機能
siRNA	exo-siRNA		動物,菌類,原生生物	～21	Dicer	遺伝子改変,ウイルス,その他の外来性二本鎖RNA	転写後の制御,抗ウイルス防御
			植物	21と24			
	endo-siRNA		藻類,動物,原生生物	～21	Dicer. C. elegansの2次siRNAは,RdRPによって生成されるので除外.また,人工的なsiRNAも除外	遺伝子座の構造,向い合せに重複した遺伝子座,あるいは双方向性の転写.mRNAに対しアンチセンスに転写された偽遺伝子	転写産物やトランスポゾンの転写後の調節あるいは転写抑制による遺伝子不活化
		casiRNA	植物	24	DCL3	トランスポゾン,繰り返し配列	クロマチン修飾
		tasiRNA	植物	21	DCL4	miRNAによって切断されたTAS遺伝子座由来のRNA	転写後の制御
		natsiRNA	植物	22	DCL1	ストレスに誘導される双方向性の転写	ストレス応答遺伝子の制御
				24	DCL2		
				21	DCL1とCDL2		
miRNA			植物,藻類,動物,ウイルス,原生生物	20～25	Drosha(動物のみ),とDicer	Pol IIによる転写(pri-miRNA)	mRNA安定性の制御,翻訳
piRNA			センモウヒラムシを除く後生動物	24～30	Dicer-非依存的	Long, primary transcripts?	トランスポゾンの制御,未知の機能

文献3を元に作成

ス鎖のプロモーターとして機能するため,原理的にその転写産物は二本鎖を形成しうる.また,ゲノム上に存在する偽遺伝子を利用した逆向き転写産物,あるいはごく近傍に逆向きで存在する偽遺伝子が親遺伝子の転写産物とヘアピン構造をもった二本鎖を形成することなどが,endo-siRNAの前駆体RNAとして考えられている.これら哺乳類のendo-siRNAは,exo-siRNAと同様,RISC複合体を介し,標的RNAを切断することにより機能していると考えられる.

Keyword 2 miRNA

1) 生合成

図2に示す通り,miRNA遺伝子より主にpol IIによって転写されたmiRNA前駆体(pri-miRNAs:60～70 bp)から生合成される(一部pol IIIによって転写されるものも存在する).miRNA遺伝子は多くの場合クラスターを形成しており,共通のmiRNA前駆体に由来すると考えられている.pri-miRNAはDroshaと,二本鎖RNA結合ドメインをもつRNase IIIエンドヌクレアーゼ〔哺乳類ではDGCR8(digeorge critical region 8),D. melanogasterではPasha〕の活性によって,ヘアピン構造をもつ二本鎖pre-miRNAへとプロセスされる.このヘアピン型pre-miRNAの末端は3′末端が2塩基突出し,5′末端はリン酸基をもつ特徴がある.核内でプロセスされたpre-miRNAは,エクスポーチン5(Exp5)に結合してRan-GTPase制御による核外輸送経路を経て,細胞質内へ輸送される.細胞質でDicerと二本鎖RNA結合タンパク質〔哺乳類ではTRBP(the human immunodeficiency virus trans-activating response RNA-

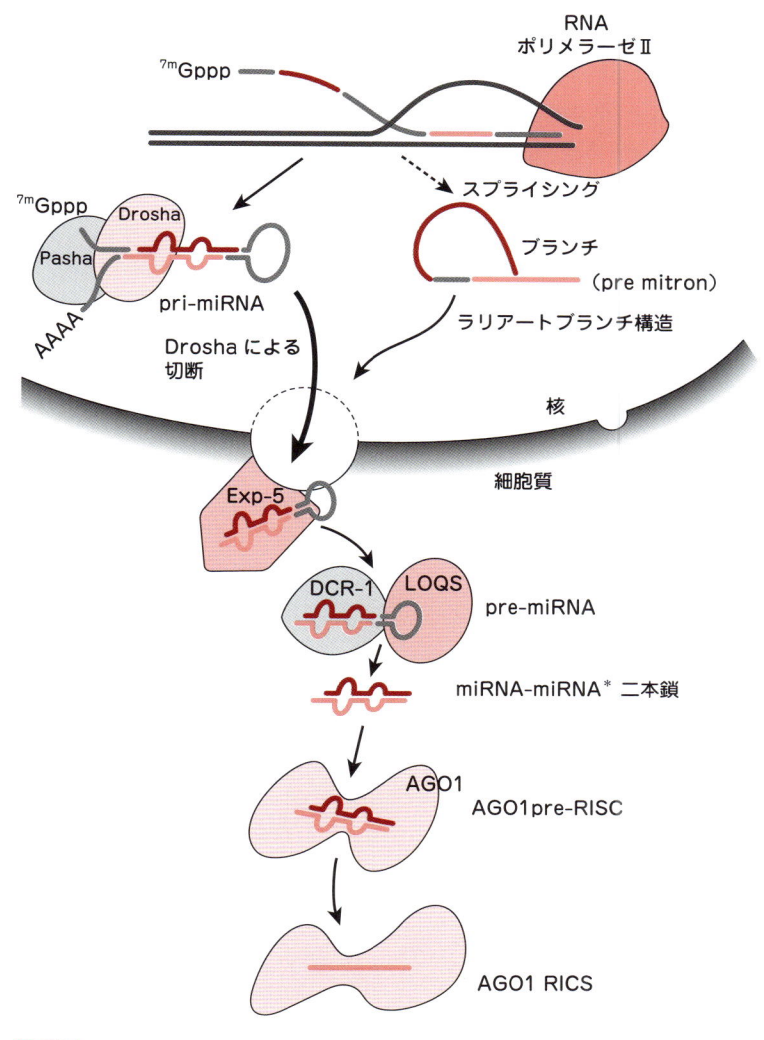

図2 miRNA生合成系路

binding protein），*D. melanogaster*ではLOQS（Loquacious）〕の複合体と結合し，Dicerの活性により，miRNAとmiRNA*と呼ばれる二本鎖RNAにプロセスされる．miRNAとmiRNA*は，siRNAのguide鎖とpassenger鎖のように機能する．双方がmiRNAとして機能する場合もある．しかし，passenger鎖のmiRNA*は多くの場合ほとんど検出できない．

mRNAスプライシングを経る合成経路

D. melanogaster，*C. elegans*，哺乳類の一部では，上記の生合成経路のほか，ごくまれな例としてDroshaによるプロセスを経ず，mRNAスプライシングによって生じるイントロン由来のpre-miRNAが生成される経路が存在する．このようなイントロンをmitronと呼ぶが，そのプロセス以降は一般のmiRNAの生合成経路に従うと考えられている．*A. thaliana*のmiRNAの生合成経路は，上記のプロセスと同様であるが，DCL1と呼ばれるDroshaとDicerの活性を併せもつ機能タンパク質が存在し，pri-miRNAからmiRNAとmiRNA*の二本鎖RNA形成までをプロセスする．また*A. thalian*のmiRNAの3'末端のリボースの2'位がHEN1メチルトランスフェラーゼによってメチル化されているという特徴がある．これは3'のウリジル化からmiRNAを保護して安定性を高める機能があると考えられている．

2）機能

miRNAの主な機能は，mRNAの分解もしくは翻訳阻害にある．これらの機能はmiRNAを取り込むArgonaute

（Ago）の種類，あるいは，標的とするmRNA配列との相同性に依存する．A. thalianaにおいて多くのmiRNA/Ago複合体が標的mRNAの切断活性を介してgene silencingを誘導する．それに対し，哺乳類やD. melanogasterでは，標的配列との相同性が極めて高い場合に限定して標的を切断する活性を有し，多くの場合，5′末端のみの相同性に依存して翻訳阻害，ないしmRNA分解を介してgene silencingを誘導する．この5′末端に存在する相同性の高い領域を「seed region」と呼び，標的配列の特異性に寄与すると考えられているが，一方で，1つのmiRNA配列が異なるmRNAを標的とする（百種以上のmRNAが標的になりうる），ある種の緩い特異性発揮の起因となっている．そのような理由から多くの遺伝子発現の制御を行うmiRNAは多様な生物学的機能を発揮し，発生過程の制御や細胞分化，細胞増殖とがん化等，その影響は計り知れない．細胞増殖とがん化のシグナル伝達に注目して例をあげると，最近，NF-κBの活性化制御機構において，そのアダプタータンパク質であるTRAF6あるいはIRAK1および2のmRNAを標的としたmiRNA（miR-146a）がある種のNK-Tリンパ腫，乳がんにかかわるとする報告[8)9)]や，NIKを標的とするmiR-31がAdult T cell leukemiaで欠損しておりNF-κBの活性化に寄与している等の報告がなされている[10)]．

【データベース】
大規模シークエンス技術の発達によって，miRNAの同定が進み，miRNAのデータベース（http://www.mirbase.org/index.shtml）には現在Homo sapiensでは，1,921種，D. melanogasterで430種，A. thalianaでは328種の成熟型miRNAが登録されている．

Keyword
3 piRNA

▶フルスペル：PIWI interacting RNA

1）イントロダクション

名前の由来の通り，後述するArgonauteタンパク質ファミリーの一員であるPiwiタンパク質に結合する小分子RNAである．AgoタンパクがsiRNAを会合してRNAiに寄与することから，そのファミリーに属するPiwiタンパク質も何らかの形でRNAiに関与しているのではないかと考えられていた．しかし，その発現が，精巣に限局していることなどから，機能についてはよくわかっていなかった．しかし，2006年になって，直接Piwiに小分子RNAが会合し，これらが一本鎖RNA由来でDicerに依存しない生合成経路によって形成されること，従来知られていたsiRNAの21～24塩基長よりも長い，25～30塩基長が会合していることなどが報告され，Piwiタンパク質に結合する小分子RNAはsiRNAとは区別されることが明らかとなった[11)]．piRNAの配列を決めると，これらはトランスポゾン配列に由来することが示され，piRNA-Piwi複合体はトランスポゾンの不活性化にかかわることが示唆された．

2）生合成

図3に示す通り，「ping-pong」モデルと呼ばれるpiRNAの生合成経路はD. melanogasterを用いた研究により明らかとなっている．D. melanogasterのPiwiタンパク質ファミリーは，表2に示す通り，piwi/AUB/AGO3の3種である．このうち，PiwiタンパクおよびAUBはトランスポゾン配列のアンチセンス鎖を保持し，トランスポゾンのmRNAを補足し，アンチセンス鎖5′末端から10塩基目でトランスポゾンmRNAを切断する．一方切断されたトランスポゾンセンス鎖は，AGO3にロードされ，アンチセンス鎖のpiRNA前駆体を補足し，切断する．このようにして，piRNAの生合成のループができあがっている．piRNAの3′末端のリボース2′はHEN1メチルトランスフェラーゼによってメチル化されていることが明らかとなっており，安定化に寄与していると考えられている．D. melanogasterで明らかとなったpiRNAの生合成経路は，次世代シークエンサーを使い，Mus musculusにおいてもその存在が示唆されており，広く種を超えて保存されていると考えられている．

3）機能

Piwiファミリータンパク質は生殖細胞系列の分化と維持に必須と考えられている．D. melanogasterを用いた研究では，PiwiタンパクファミリーのAUBは，オスの生殖細胞において，繰り返し配列Stellateのアンチセンス鎖をコードするSuppressor of Stellate遺伝子座からのpiRNAを利用し，Stellate遺伝子座のsilencingに必須な機能を有する．また，卵細胞にAUBが欠損していると二本鎖DNA切断を介してD. melanogasterの初期発生時の胚軸形成ができなくなることが明らかになっており，二本鎖DNA切断はトランスポゾンの挿入に起因すると考えられている．

ヒトの場合piwiに相同するタンパク質は次項に述べるが，PIWIL（またはHiwi/Hili）と呼ばれ4種存在する．

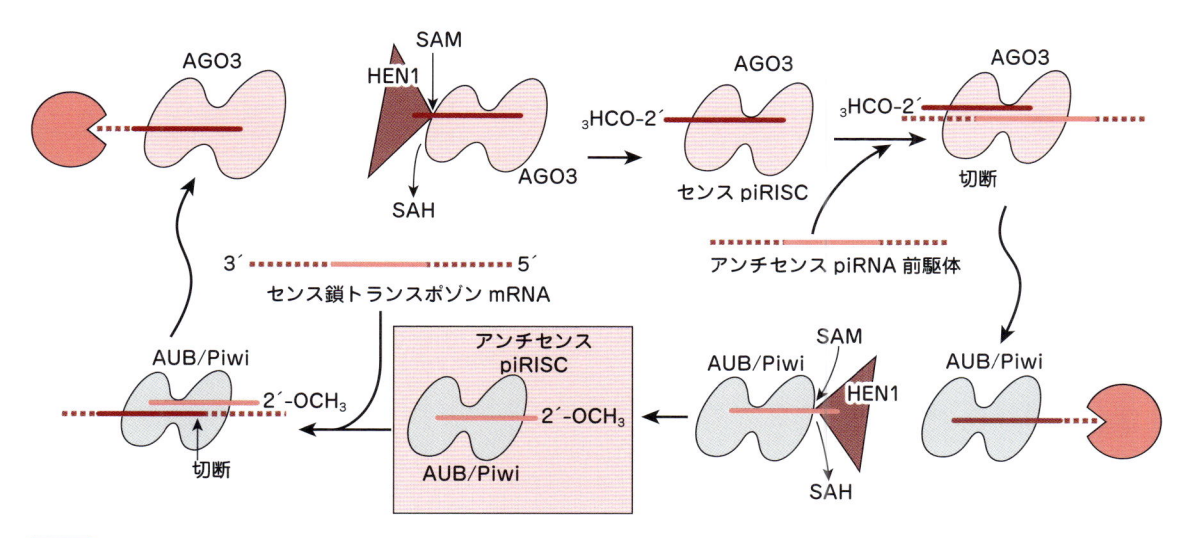

図3 piRNA生合成系路「ping-pong」モデル
SAM：S-adenosyl methionine, SAH：S-adenosyl homocysteine

これらの過剰発現は睾丸，脾臓，胃の造腫瘍と関連があるとされ，欠損は男性生殖不全，外性器異常と精巣萎縮に関係するといわれている．

【データベース】
piRNA BANK（http://pirnabank.ibab.ac.in/）
piRNA cluster-database Imacaque（http://www.uni-mainz.de/FB/Biologie/Anthropologie/494_ENG_HTML.php）

Keyword
4 Argonoute

1）イントロダクション

Argonauteタンパク質は種を超えて高度に保存され，ファミリーを形成している（表2）．大きくAgoタンパク質とPiwiタンパク質，C. eleganceに特有のWAGOタンパク質に分けることができる．Agoファミリータンパク質は，RNAサイレンシングの中核となるタンパク質群であり，小分子RNAを保持してRNA induced silencing complex（RISC）と呼ばれる複合体を形成するプラットフォームとして機能する．Argonauteの名称は，Arabidopsis thalianaの人工変異体誘導で，子葉が細くタコ（Argonaut sp.）のように見える変異体が出現し，その形態から名付けられた[12]．Piwiの名称は，DrosophilaのP-element挿入による変異体誘導により，誘導された変異体，P-element induced wimpy testisに由来する．

2）分子構造と機能

タンパク質のドメイン構造として，N末端，PAZドメイン，MIDドメイン，PIWIドメインと特徴的構造を有する．このうち，PAZドメインは，「guide鎖」の3'末端の2塩基を認識すること，またMIDドメインとPIWIドメインとが形成するポケット構造に「guide鎖」の5'末端リン酸基が固定されること，^{7m}GCAP構造が認識されることも結晶構造解析から明らかにされている[13]（図4）．さらにPIWIドメインは，RNaseHとその構造が酷似しており，RNaseH活性中心としてのDDD/Hモチーフも見出されている．これらのことから，「guide鎖」と相補的標的RNA切断活性（Slicer活性）をAGOタンパク質のPIWIドメインが担うと考えられている．

最近，「guide鎖」の5'末端リン酸基が固定される位置に存在するファミリー間で保存された，529番のチロシン残基がリン酸化を受けることが明らかにされ，このリン酸化は「guide鎖」の固定化を阻害することが明らかとなった．リン酸化を受けるセリン残基やスレオニン残基も同定されており，リン酸化によるArgonauteタンパク質の活性制御機構が存在することが示唆されている[14]．

表2に示す通り，哺乳類ではAgoサブファミリーでは，Ago1～Ago4（M. musculusの場合Ago5が知られているが偽遺伝子の可能性が高い），またPiwiサブファミリーでは，Piwi1～4が知られる．哺乳類Agoタンパク質は，別名EIF2C（eukaryotic translation initiation factor 2C）と呼ばれている．

表2 Argonauteサブファミリータンパク質

サブファミリー	名称	小分子RNAの分類	small RNAの長さ	small RNAの起源	機能
哺乳類					
Ago	AGO1-4	miRNA	21〜23nt	miRNA遺伝子	
		endo-siRNA	21〜22nt	遺伝子間の反復配列，偽遺伝子，endo-siRNAクラスター	mRNA切断（？）
Piwi	MILI（PIWIL2）	pre-pachytene piRNAとpachytene piRNA	24〜28nt	トランスポゾン piRNAクラスター	ヘテロクロマチン形成（DNAメチル化）
	MIWI（PIWIL1）	pachytene piRNA	29〜31nt	piRNAクラスター	?
	MIWI2（PIWIL4）	pre-pachytene piRNA	27〜29nt	トランスポゾン piRNAクラスター	ヘテロクロマチン形成（DNAメチル化）
	PIWIL3	?	?	?	?
ショウジョウバエ					
Ago	AGO1	miRNA	21〜23nt	miRNA遺伝子	翻訳抑制 mRNA分解
	AGO2	endo-siRNA	〜21nt	トランスポゾン，mRNA，繰り返し配列	RNA切断
		exo-siRNA	〜21nt	ウイルスゲノム	ウイルスRNA切断
Piwi	AUB	piRNA	23〜27nt	トランスポゾン，繰り返し配列，piRNAクラスター，Su（Ste）遺伝子座	RNA切断
	AGO3	piRNA	24〜27nt	トランスポゾン，繰り返し配列	RNA切断
	PIWI	piRNA	24〜29nt	トランスポゾン，繰り返し配列，piRNAクラスター	ヘテロクロマチン形成（？）
分裂酵母					
Ago	Ago1	endo-siRNA	〜21nt	セントロメア外側の繰り返し配列，交配型遺伝子座，サブテロメア領域	ヘテロクロマチン形成
シロイヌナズナ					
Ago	AGO1	miRNA	20〜24nt	miRNA遺伝子	mRNA切断 翻訳抑制
		endo-siRNA（tasiRNAiを含むTAS3）	21nt	TAS遺伝子	mRNA切断
		exo-siRNA	20〜22nt	ウイルスゲノム	ウイルスRNA切断
	AGO4とAGO6	rasiRNA	24nt	トランスポゾン，反復配列	ヘテロクロマチン形成
	AGO7	miR-390	21nt	miRNA遺伝子	TAS3RNAの切断

文献4を元に作成

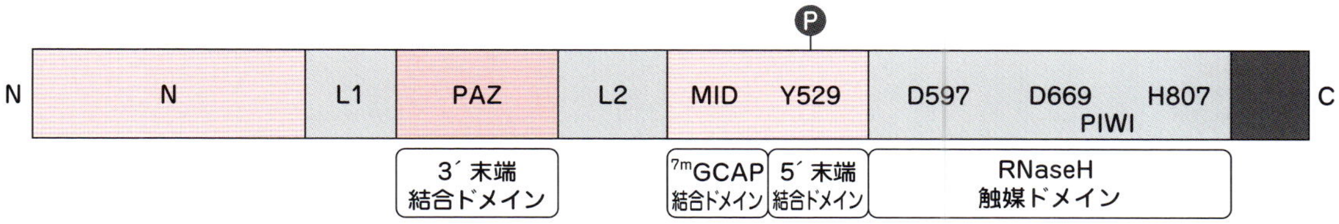

```
N — N — L1 — PAZ — L2 — MID — Y529(P) — D597 — D669 — H807 — C
                                              PIWI
        3´末端          ⁷ᵐGCAP  5´末端      RNaseH
        結合ドメイン     結合ドメイン 結合ドメイン 触媒ドメイン
```

図4 Argonauteの構造モデルと機能ドメイン

表3 RNAiにかかわる登場人物名称一覧表

タンパク質	酵母	植物	ショウジョウバエ	哺乳類 マウス	哺乳類 ヒト
RNsae III	Dcr1	CDL1 CDL2 DCL3 DCL4	DCR-1 DCR-2 DOROSHA	DICER1 DROSHA	DICER1 DROSHA
Argonaute：AGOサブファミリー	Ago1	AGO1 AGO2 AGO4 AGO5 AGO6 AGO7 AGO10 そのほか3種	AGO1 AGO2	AGO1 AGO2 AGO3 AGO4 AGO5	AGO1 AGO2 AGO3 AGO4
Argonaute：PIWIサブファミリー	なし	なし	AGO3 PIWI AUB	MILI（PIWIL2） MIWI（PIWIL1） MIWI2（PIWIL4）	HILI（PIWIL2） HIWI（PIWIL1） UIWI2（PIWIL4） PIWIL3（HIWI3）
二本鎖RNA結合ドメイン（dsRBD）を含むRNase IIIのコファクター	なし	HYL1	PASHA R2D2 LOQS	DGCR8 TRBP（TARBP2） PACT（PRKRA）	DGCR8 TRBP（TARBP2） PACT（PRKRA）
RNA依存性RNAポリメラーゼ（RdRP）	Rdp1	RDR1 RDR2（SMD1） RDR6（SDE1, SGS2） そのほか3種	なし	なし	なし

文献7を元に作成

参考文献

1) Lee, R. C. et al.：Cell, 75：843-854, 1993
2) Weghtman, B. et al.：Cell, 75：855-862, 1993
3) Ghildiyal, M. & Zamore, P. D.：Nat. Rev. Genet., 10：94-108, 2009
4) Kim, V. N. et al.：Nat. Rev. Mol. Cell Biol., 10：126-139, 2009
5) Calin, G. A. et al.：Proc. Natl. Acad. Sci. USA, 101：2999-3004, 2004
6) Mitchell, P. S. et al.：Proc. Natl. Acad. Sci. USA, 105：10513-10518, 2008
7) Siomi, H. & Siomi, M. C.：Nature, 457：396-404, 2009
8) Hou, J. et al.：J. Immunol., 183：2150-2158, 2009
9) Bhaumik, D. et al.：Oncogene, 27：5643-5647, 2008
10) Yamagishi, M. et al.：Cancer Cell, 21：121-135, 2012
11) Vagin, V. V. et al.：Science, 313：320-324, 2006
12) Bohmert, K. et al.：EMBOJ., 17：170-180, 1998
13) Höck, J. & Meister, G.：Genome Biol., 9：210, 2008
14) Rüdel, S. et al.：Nucleic Acids Res., 39：2330-2343, 2011

索引 INDEX

和文

あ

アービタックス®	145
悪液質（cachexia）	253
アクチビン	305
アクチン繊維	76
足場タンパク質	221, 272
アジュバント	233
アセチルコリン	268
アダプタータンパク	189
アティピカルホスファターゼ	27
アデニル酸シクラーゼ	17, 53
アドヘレンスジャンクション	176
アポトーシス	42, 70, 75, 76, 159, 216, 223
アポプトソーム	227
アミロイドβ	196, 201
アミンオキシダーゼ	332
アラキドン酸	252
アルツハイマー病	196, 201
アレルギー	250, 252
アンキリン・リピート	281
硫黄欠乏性毛髪発育異常症	134
イオンチャネル	276
一酸化窒素	67
イノシトールトリスリン酸（IP$_3$）	279
イノシトールリン脂質結合ドメイン	33
イノシトールリン脂質特異的ホスホリパーゼC	18
イマチニブ	148
インスリン	62
インターフェロン	47
インターロイキン	47
インテグリン	92, 177
運動性	91
栄養学的治療法	66
エキソサイトーシス	187
エストロゲン受容体	102
エピジェネティクス	327
エフェクターヘルパーT細胞	254
炎症性サイトカイン	215
エンドサイトーシス	187
エンドソーム	186
エンドトキシンショック	233
オートファゴソーム	84
オートファジー	84, 212
オステオカルシン	324
オステオポンチン	324

か

概日リズム	93
外脳症	311
外部感覚器官	274
カイロミクロン停滞病	193
核内受容体	102
核膜孔複合体	185
過酸化水素	80
カスパーゼ	229
カスパーゼ3	42
カスパーゼ7	42
カスパーゼ8	42
家族性腺腫性ポリポーシス	161
活性化ループ	219
活性酸化窒素種	67
活性酸素種	67, 80
カドヘリン	178
カドヘリンリピート	178
カノニカルWnt	303
可溶性グアニル酸シクラーゼ	68
カルシウム	87, 179
カルシウム依存性リン酸化酵素	74
カルシウム動員	18
カルシニューリン	87
加齢黄斑変性症	286
がん遺伝子	142
感覚細胞	274
感覚神経	274
がん幹細胞	294
環境ストレス	215
幹細胞	60
関節リウマチ	216, 254
乾癬	254
がん抑制遺伝子	70, 157
記憶・学習	267
器官サイズ	58
基底細胞がん	313
キナーゼドメイン	47
キネシン	188
嗅覚受容体	278
嗅上皮	278
嗅神経細胞	278
急性期タンパク質	250
胸腺プロテアソーム	208
クラススイッチ	247
クラスリン	188
グランツマン病	178
グリベック	147, 148
グルココルチコイド	93
グルココルチコイド受容体	102
クロマチン	327
形質細胞	241
血管形成	221
血管透過性亢進因子	285
血管内皮細胞	283
血管内皮増殖因子	285
血管平滑筋細胞	283
ケモカイン	90, 253
ケモカイン受容体	91
高IgM症候群のII型（HIGM2）	249
抗炎症性サイトカイン	256
睾丸性女性化症候群	105
甲状腺ホルモン	102
抗体遺伝子の高頻度変異導入	129
酵母	220
コートマータンパク質I	191
コートマータンパク質II	192
五感	274
コケイン症候群	134
骨シアロプロテイン	324
骨粗鬆症	326
古典的チロシンホスファターゼ	27
コンフォメーション病	194, 200

さ

サーカディアンリズム	93
サーチュイン	64
サイクリックヌクレオチド	279
サイクリン	111
サイクリン/CDK	108
サイクリンB/Cdk1	120
サイクリン依存性キナーゼ	112
サイクリンボックス	111
サイトカイン	47, 250
細胞極性	75, 163
細胞骨格	92, 163
細胞周期	75, 128
細胞数の調節	58
細胞生存	92
細胞接着	174
細胞接着装置	174
細胞走化性	91
細胞内Ca^{2+}動員	279

◆**太字**は第1部で紹介されている経路・因子　◆色文字は本書キーワード

INDEX

細胞内輸送	33
細胞分裂	118
サリラシブ	149
三量体Gタンパク質	**16**
ジアシルグリセロール（DG）	279
ジェミニン	132
色素性乾皮症	134
シグナルトランスデューサー	16
シクロオキシゲナーゼ	252
視交叉上核	93
自己免疫	250
脂質メディエーター	31, 32
自然免疫応答	83, 232
シトクロム c	227
シナプス後肥厚	266
自閉症	262
主嗅覚受容体（MOR）	274
腫瘍血管	288
主要組織適合遺伝子複合体	239
受容体型チロシンキナーゼ	22
腫瘍抑制シグナル	58
小胞体関連タンパク質分解	210
小胞体ストレス	198
小胞輸送	186
初期発生	300
鋤鼻嗅覚受容体	274
神経幹細胞	258
神経細胞移動	264
神経伝達物質	277
真性多血症	47
スーパーオキシド	80
ステロイドホルモン	102
ストレスMAPKK	219
ストレスMAPKKK	220
ストレス応答	215
スプリセル®	147
生殖細胞	73
成長ホルモン	47
セカンドメッセンジャー	32, 279
セツキシマブ	145
接触過敏性皮膚炎	252
接触皮膚炎	252
接触抑制（contact inhibition）	60
セネセンス	70, 159
セマフォリン	77
セマフォリン4D	318
セリン／スレオニンキナーゼ	38
セリン／スレオニンホスファターゼ	27
染色体凝縮	118
繊毛	50
造血因子	47
造血幹細胞	298
増殖因子	25
相同組換え	136
側方抑制	45
損傷乗り越え型DNAポリメラーゼ	129
損傷乗り越え複製	126

た

タイケルブ®	145
体細胞突然変異	247
代謝型グルタミン酸受容体	267, 273
体性感覚神経	276
大腸がん	161
タイトジャンクション	176
ダイニン	188
大理石骨病	320
ダウン症候群	323
ダサチニブ	147
脱ユビキチン化酵素	206
タリン	100, 177
単眼症（cyclopia）	309
タンパク質S-グアニル化	69
タンパク質輸送	185
チェックポイント	55
長期増強	266
長期抑圧	266
チロシンキナーゼ	21
チロシンホスファターゼ	27
低酸素	95, 197, 283
低分子量Gタンパク質	19, 77, 215
デスエフェクタードメイン	229
デスドメイン	226
デストラクションボックス	111
デスモグレイン	182
デスモコリン	182
デスモソーマルカドヘリン	182
デスモソーム	176, 182
デスモプラキン	182
デスリガンド	226
デスレセプター	42, 226
天然変性タンパク質	198
天疱瘡	183
動原体（kinetochore）	118
統合失調症	265
時計遺伝子	93
トラスツズマブ	145

な

ナイミーヘン症候群	138
二重特異性ホスファターゼ	27
ニッチ	292, 298
妊娠高血圧症候群	287
ヌクレオチド除去修復	134
脳虚血	197
ノーダル	306
ノックインマウス	71
ノルアドレナリン	268

は

パーキンソン病	196, 201
ハーセプチン®	145
バイオモジュレーター	32
敗血症性ショック	254
胚中心（GC）B細胞	246
白血球接着不全症	178
バリアント型色素性乾皮症	130
非受容体型チロシンキナーゼ	22
微小管プラス端集積因子	170
ヒストン脱メチル化酵素	332
ヒストンメチル基転移酵素	331
ビタミンD	102
表皮	183
ビンキュリン	183
ファンコーニ貧血症	138
フィラミン	100
フォーカルアドヒージョン	176
フォールディング	194, 196
副甲状腺ホルモン（PTH）	320
複製オリジン	131
プラズマ細胞	241
プリオン	196
プレキシン	77
プログラム細胞死	223
プロスタグランジンE2	250, 252
プロテアソーム	203, 208
プロテインキナーゼC	74
プロテインセリン／スレオニンホスファターゼ（PP）	27
プロテインチロシンホスファターゼ（PTP）	27
プロテインホスファターゼ	27
プロニューラル遺伝子	263
分子シャペロン	196
ヘッジホッグ	50
ヘテロクロマチン	327
ヘミデスモソーム	176
ヘルパーT細胞	239
紡錘体形成	118
捕獲結合	100
ホスホリパーゼC（PLC）	279
ホメオドメイン型転写因子	262

INDEX

ポリグルタミン病	201
ポリユビキチン	206
ポリユビキチン化修飾	35
ボルテゾミブ	204

ま

ミトコンドリア	223, 227
メカニカルストレス	98
メカノセンサー	98
メタ可塑性	268
メチル化CpG	329
メチル化DNA結合タンパク質	330
免疫プロテアソーム	208
毛細血管拡張性運動失調症	140
網膜芽細胞腫	160
モータータンパク質	188
モノユビキチン	206
モルフォゲン	309

や

遊走性	90
遊離型VEGFR-1	287
輸送小胞	186
ユビキチン	203
ユビキチン・プロテアソーム阻害薬	204
ユビキチン化	116, 117
ユビキチン化システム	206
ユビキチン活性化酵素（E1）	206
ユビキチン結合酵素（E2）	206
ユビキチンリガーゼ（E3）	206
陽イオンチャネル	279

ら

ラパチニブ	145
卵成熟促進因子	120
リアノジン受容体	87
リボソーム	62
リポ多糖（LPS）	217, 234
領域特異化	309
リン酸化タウ	196
リン脂質	31
リンパ管内皮細胞	285
リンパ組織誘導細胞	245
レオライシン	149
レチノイン	306
レチノイン酸	102
レプチン	47, 49
ロドプシン	280
濾胞樹状細胞	241

欧文

A

AAA$^+$ファミリー	132
Abl	147
Ago2	337
Agoファミリー	341
AID	247
AKAP	53
Akt	152, 299
ALS	201
AMPAR	266
AMPA型受容体	266
AMPK	94
Anderson病	193
Ang-1	290, 298
Ang-2	290
AP-1	317, 321
AP-1転写因子	253
APC	40, 158, 161, 162
APC/C	121
aPKC	169
ApoER2	264
apoptosis	223
AP複合体	189
AR	105
Arf	19
ARF	70
Argonaute	341
Arp2/3	167
Ascl1	263
Asef	161, 162
ASK1	200
ATF6	200
Atg	85
ATM	70, 138
ATM-Chk2経路	55
ATR	138
ATR-Chk1経路	55
AUB	340
Axin	40, 162
Aキナーゼ	53

B

Bak	228
BARドメイン	172
Bax	228
Bcl-2	228
Bcl-2ファミリー	223, 227
Bcl-6	246
Bcl-x	228
bHLH型転写因子	258, 263
Bim	229
Bix4	300
Blimp-1	246
BLNK	323
BMP	39, 296, 307
Boc	315
bra	307
brachyury	307
BRCA1	136
BRCA2	136
BRCT	136
Btk	323

C

c-Jun	218
c-Src	318
Ca^{2+}依存経路	303
Ca^{2+}振動	87
CaMKⅡ	270
cAMP	17, 53
CaMキナーゼ	270
casiRNA	337
caspase	229
Cbp	146
CD（common docking）ドメイン	217
Cdc14ホスファターゼ	119
CDC2	112
Cdc20	123
CDC25	117
CDC25ファミリー	108
Cdc42	166
Cdc6	132
Cdh1	123
CDK	112
CDK2	156
CDK4	156
CDK9	154
CDK阻害タンパク質群	108
Cdo	315
Cdt1	132
cerberus	308
cGMP	67
Chk1	117, 124
CHK1	139
CHK2	139
CHOP	200
chordin	308
CNGチャネル	279

INDEX

◆太字は第1部で紹介されている経路・因子　◆色文字は本書キーワード

COP I	191
COP II	192
Crb	59
CRE	54
CREB	54
CRTC	54
Csk	146
C キナーゼ	74

D

D (destruction) box	123
Dab1	264
DAP12	323
DCR-2	337
DED	229
Delta	45
DGCR8	338
Dhh	312
DIC	254
Dicer	337
DISC	42
dishevelled	304
Disp	50
Dispatched	313
DNA 修復	126
DNA 損傷	55
DNA 損傷チェックポイント	128, 138
DNA 複製	126
DNA 複製チェックポイント	128
DNA ポリメラーゼ	129
DNA メチル基転移酵素	329
Dnmt	329
Drosha	338
Ds	59
DSCR1	323
dsh/Dvl	304
DSL リガンド	45
Duox	80
Dvl1	304
DYRK1A	323

E

E2F	160
EGFR	144
EGF 受容体	144
EIF2C	341
Emi1	123
EPAC	53
ER	102
ERAD	199, 210

ErbB-1	144
ErbB-2	145
ERK	25
Erk	297
ERα	105
ES 細胞	292

F

factor inhibiting HIF-1	96
Fas	42
FasL	42
Fas リガンド	226
FcRγ	323
FERM	47
FGF	297
FHA	139
FIH-1	96
follistatin	308
FOXO	299
FOXO1	153
Fringe	45
Frizzled	303, 325
Furin	45
F アクチン	92

G

G-CSF	49
G1 停止	75
G2/M 期チェックポイント	119, 120
GAP	17, 19, 77
Gas1	315
GATA-3	243
GDF6	296
GDI	20
GEF	19, 77
gene silencing	335
G_i	252
gld	227
gld マウス	43
Gli	50, 261, 314
global genome repair：GGR	134
GluN1	269
GluN2A	269
GluN2B	269
goosecoid	307
Gorlin syndrome	313
GPCR	277
GR	102
G_s	252
gsc	307

GSK-3β	78, 153, 162, 297, 325
GTPase	17, 19
GTPase-activating protein	123
guide 鎖	337
G タンパク質共役型受容体	90, 252

H

H2AX	140
H_2O_2	80
H3K27	331
H3K4	329
H3K9	330
HDAC	327
HDM	332
HECT 型	206
Hedgehog	260, 312
HER2	145
Hes	263
Hh	50, 260
hh	312
HIF	95, 288
Hippo	58
HMT	331
HP1	329
Hrd1	211
HSF	197
HSP	197
hypoxia inducible factor	95
hypoxia response element	96

I

I-κB	35, 253
Id1	296
IFN	49
IFN-γ	242
IGF	319
Ihh	312
IKK	253
IKKα	36
IL	49
IL-10	256
IL-12	239
IL-17	241
IL-17	255
IL-21	241
IL-23	241
IL-4	239
IL-6	295
INK4	115
ITAM	323

347

INDEX

J〜L

JAK	47
JNK	26
JNKファミリー	218
Jumonji C	332
Keap1	69
KEN box	123
KIP/CIP	113
LATS1/WARTS	124
LC3	85
Lcp2	323
LIF	295
lin-14	335
lpr	227
lprマウス	43
LPS	252
LRP	325
LSD1	332
LTD	266
LTP	266

M

Mad	154
MAPK	25, 271
MAPキナーゼ	25, 253, 271
Mash1	296
maturation-promoting factor	120
Max	154
MBD	330
MBP	330
MCM複合体	132
MDM2	70, 153, 158, 159
Meier-Gorlin症候群	132
MEK	219, 297
MEN	124
mGluR	273
miRNA	338
mitosis	118
mitron	339
Mix1	300
MMP-9	288
MPF	111, 112, 120
MscL	101
MscS	101
mTOR	61
mTORC1	61, 84, 153
mTORC2	61
Mxd	154
Myc	154
MyD88	235

N

NAD^+	64, 94
NAMPT	64, 65
natsiRNA	337
NEMO（IKKγ）	253
NER	134
Neurog2	263
NF-κB	35, 75, 253, 317, 321
NFAT	87
NFATc1	321
NFATc2	321
NMDAR	266
NMDA受容体	266, 269
NMN	66
NO	67
nodal	306
noggin	308
NOS	68
Notch	45, 263
Noxa	229
Noxファミリー	80
NO合成酵素	68
Nrf2	69
NSAIDs	252

O

O_2^-	80
oncogene	142
OPG	320
ORC	131
origin recognition complex	131
Osx	324

P・Q

P-TEFb	154
p120	181
p130Cas	100
p190	123
p21	113, 153, 159
p27	153
P2X4	101
p300/CBP	70
p38	26
p38ファミリー	217
p53	70, 114, 140, 153, 158, 159
p62	85
p63	73
p65	35
p73	73
Paired	262
PAR	169
Parkin	201
Pasha	338
passenger鎖	337
Patched	50, 260, 313
Pax	262
Pax6	258
PCNA	114, 130
PCP	303
PCP経路	304
PDK1	152
Pecam-1	98
PERK	200
PGE2	252
PHD	329
PHDs	95
PI	150
PI3K	150
PI3キナーゼ	150
ping-pong	340
piRNA	340
PIWI interacting RNA	340
PKA	52, 315
PKC	74, 169
PKG	68
PLC	18
PLC-β	279
PLC-γ	288, 323
PLK1	124
Polo関連キナーゼ	124
polycomb	332
polη	130
postsynaptic density	266
PPAR	102
PPM（metal-dependent protein phosphatase）ファミリー	27
PPP（phosphoprotein phosphatase）ファミリー	27
pre-autophagosomal structure（PAS）	212
pre-RC	132
prolyl hydroxylase domain proteins	95
protein kinase C	74
protein kinase G	68
PSD	266, 272
PSTAIRE	112
Ptch	50, 313
Puma	159, 229
QOL	276

INDEX

◆太字は第1部で紹介されている経路・因子　◆色文字は本書キーワード

| QTドメイン | 114 |

R

Rab	19
Rac	77
Rac1	166
Rad51	136
RAD51様タンパク質	136
Rag	61
Ran	19
RANKL	254, 320
Ras	19, 149
Rb	115
RB	160
RdRP	337
reactive oxygen species	67, 80
Reelin	258, 264
Rel/NF-κBファミリー	35
RFC	130
RGS	17
Rheb	61
Rho	19, 77
RhoA	166
RhoGAP	123
Rhoファミリー	166
RINGフィンガー型	206
RISC	338
RLC	337
RNA干渉	335
RORγt	244
ROS	67, 80
Runx2	324

S

SAPK	215
SCF	121
SCF$^{\beta\text{-TrCP}}$	116, 117
Sclerostin (Sost)	319
seed region	340
SERM	105
SETドメイン	332
Shh	258, 260, 312
siRNA	337
SIRT1	65
Skp1-Cul1/Cdc53-F-box protein	121
Smad	38, 256, 296, 299
small interfering RNA	337
Smo	50, 314
Smoothened	260, 314
SOCS	49
Src	22, 145
STAT	47
STAT1	255, 256
STAT3	255, 256
Stat3	295
STAT4	255
STAT6	243, 255
Stellate	340
Suppressor of Fused (Sufu)	50
SV40	71

T

T-bet	242
T-box	242
TACE	252
tasiRNA	337
TAZ	59
Tbx21	242
TCF	325
TCF/LEF	40, 162
Tec	323
Testicular feminization syndrome	105
TGF-β	38, 256, 299, 319
TGFβ1	256
Th1	49, 250, 254, 255
Th17	49, 250, 254, 255, 320
Th2	49, 254, 255
Tie2	289, 298
TIRAP	236
TLR	82, 232
TLR4	234
TLS	129
TNF	226
TNFα	226, 252
Toll-like receptor	82, 232
Toll様受容体	82, 232
TRAF6	317
TRAIL	226
TRAM	238
transcription-coupled repair：TCR	134
Treg	256
TRIF	237
TRP	101, 280
TRPチャネル	280
TRRAP	154
two-hit theory	157
Tリンパ腫	340
Tループ	112

V

VEGF	285
VEGF受容体	286
VEGF中和抗体	286
VegT	300, 307
VHL (von Hippel-Lindau)	289
VLDLR	264
von Hippel-Lindau (VHL) がん抑制遺伝子産物	95

W～Z

WAGO	341
WASP	167
WAVE	167
Wee1	124
WEE1	115
WEE1ファミリー	108
wingless	303
Wnt	40, 303, 325
Wntシグナル	40, 158, 161
XIAP	42
Xnr	307
YAP	59, 101
ZO-1	180

数字・記号

14-3-3	56, 117
26Sプロテアソーム	121
4E-BP1	153
7回膜貫通型受容体	16
8-ニトロcGMP	68
9-1-1複合体	138
αカテニン	98, 180
αシヌクレイン	196, 201
βカテニン	40, 158, 161, 162, 181, 303, 325
βディフェンシン	255
+TIPs	170

編者紹介

山本　雅（やまもと　ただし）

1972年大阪大学理学部卒業．米国国立がん研究所（NCI）研究員，東京大学医科学研究所教授を経て2011年より沖縄科学技術大学院大学教授．2012年東京大学名誉教授．この間，レトロウイルスLTRの転写プロモーター活性の証明やsrcファミリーならびにerbBファミリーがん遺伝子の構造と機能の解析を進めてきた．現在はerbBファミリー遺伝子産物の下流アダプター分子TobやTobと会合するCCR4-NOT脱アデニル化酵素複合体，またsrcファミリー遺伝子産物が神経系で果たす役割について，細胞シグナル制御の視点から研究を進めている．

仙波憲太郎（せんば　けんたろう）

1988年東京大学理学系研究科修了（理学博士）．東京大学医科学研究所制癌研究部助手（現：癌細胞シグナル分野），Salk研究所ポスドク，細胞化学研究部（現：分子発癌分野）准教授を経て，2007年より早稲田大学生命医科学科教授．制癌研究部でerbB2, fynのクローニングにかかわって以来，ヒトの発がんにかかわる遺伝子の発見と機能の解析という基礎研究を進めつつ，どのような形ででも臨床に貢献したいとの希望をもって研究を続けている．

山梨裕司（やまなし　ゆうじ）

1989年東京大学理学系研究科修了（理学博士）．東京大学医科学研究所，MITを経て2001年より東京医科歯科大学難治疾患研究所教授．2008年より東京大学医科学研究所教授．豊島久真男先生と山本雅先生のもと，大学院・助手時代に携わったチロシンキナーゼ研究に興味が尽きず，当該シグナルが細胞の増殖・活性化や形態形成をどのように制御し，その破綻がどのように疾患に結びつくのかを理解したいと考えている．現在，独自に発見した疾患の治療法開発にも注力している．

イラストで徹底理解する
シグナル伝達キーワード事典

2012年8月15日　第1刷発行	編　集	山本　雅，仙波憲太郎，山梨裕司
2017年3月15日　第3刷発行	発行人	一戸裕子
	発行所	株式会社　羊　土　社
		〒101-0052
		東京都千代田区神田小川町2-5-1
		TEL　03（5282）1211
		FAX　03（5282）1212
Ⓒ YODOSHA CO., LTD. 2012		E-mail　eigyo@yodosha.co.jp
Printed in Japan		URL　www.yodosha.co.jp/
ISBN978-4-7581-2033-3	印刷所	三報社印刷株式会社

本書に掲載する著作物の複製権，上映権，譲渡権，公衆送信権（送信可能化権を含む）は（株）羊土社が保有します．
本書を無断で複製する行為（コピー，スキャン，デジタルデータ化など）は，著作権法上での限られた例外（「私的使用のための複製」など）を除き禁じられています．研究活動，診療を含み業務上使用する目的で上記の行為を行うことは大学，病院，企業などにおける内部的な利用であっても，私的使用には該当せず，違法です．また私的使用のためであっても，代行業者等の第三者に依頼して上記の行為を行うことは違法となります．

JCOPY ＜（社）出版者著作権管理機構 委託出版物＞
本書の無断複写は著作権法上での例外を除き禁じられています．複写される場合は，そのつど事前に，（社）出版者著作権管理機構（TEL 03-3513-6969，FAX 03-3513-6979，e-mail：info@jcopy.or.jp）の許諾を得てください．

実験医学

生命を科学する 明日の医療を切り拓く

便利な
WEB版
購読プラン
実施中！

医学・生命科学の最前線がここにある！
研究に役立つ確かな情報をお届けします

定期購読のご案内

【月刊】毎月1日発行 B5判
定価（本体2,000円+税）

【増刊】年8冊発行 B5判
定価（本体5,400円+税）

定期購読の❹つのメリット

1 注目の研究分野を幅広く網羅！
年間を通じて多彩なトピックを厳選してご紹介します

2 お買い忘れの心配がありません！
最新刊を発行次第いち早くお手元にお届けします

3 送料がかかりません！
国内送料は弊社が負担いたします

4 WEB版でいつでもお手元に
WEB版の購読プランでは，ブラウザから
いつでも実験医学をご覧頂けます！

年間定期購読料　送料サービス
海外からのご購読は送料実費となります

通常号（月刊）
定価（本体24,000円+税）

通常号（月刊）+増刊
定価（本体67,200円+税）

WEB版購読プラン　詳しくは実験医学onlineへ

通常号（月刊）+ WEB版※
定価（本体28,800円+税）

通常号（月刊）+増刊+ WEB版※
定価（本体72,000円+税）

※ WEB版は通常号のみのサービスとなります

お申し込みは最寄りの書店，または小社営業部まで！

発行　羊土社
TEL 03 (5282) 1211
FAX 03 (5282) 1212
MAIL eigyo@yodosha.co.jp
WEB www.yodosha.co.jp/ ▶▶▶ 右上の「雑誌定期購読」ボタンをクリック！